土木工程力学

（第2版）

王长连　主　编
王　妍　副主编

清华大学出版社
北　京

内容简介

本书是根据教育部高职高专土建类专业对力学课程的基本要求编写的土建类多学时力学教材。本书是在第1版的基础上根据选用该教材院校的老师提出的意见完成修订工作。本书保持了原书编写的基本思路：以必须够用为度。结合高职院校学生学习的实际情况，对某些章节的内容进行了适当的增减和调整；为了提高学习效果，对一些例题和习题进行了优化；为适应"互联网＋"发展，结合信息化教学模式的要求，采取二维码（包含图片、动画及重难点例题讲解视频等）形式提供给读者；为落实"课程思政"、加强和改进职业院校德育工作，教材中引入与力学相关科学家简介进行思政教育。

全书共分四篇14章。第一篇静力学基础，第二篇静定杆件的内力、强度与稳定性计算，第三篇静定结构的几何组成、内力与位移计算，第四篇超静定结构的内力与位移计算。其主要内容如下：力的性质与静力学公理，结构的计算简图与受力图，平面力系的平衡条件及其应用；静定杆的内力、强度和变形计算，强度理论和组合变形，压杆稳定性计算，影响线及其应用；平面体系的几何组成分析，静定结构的内力、位移计算；超静定结构的内力与位移计算等。

本书可作为高职高专、本科院校开办的二级职业技术学院和民办高校土建类专业和近土建类专业的力学教材，也可作为相关专业和岗位培训及工程技术人员的参考用书。本书配套有由清华大学出版社出版的《土木工程力学解惑》和《土木工程练习册》。《土木工程力学解惑》可以作为教师备课以及答疑解惑的辅助教材；《土木工程练习册》可以作为学生课后巩固练习的辅助材料。

图书在版编目（CIP）数据

土木工程力学/王长连主编. —2版. —北京：清华大学出版社，2021.8
ISBN 978-7-302-58663-0

Ⅰ. ①土…　Ⅱ. ①王…　Ⅲ. ①土木工程－工程力学－教材　Ⅳ. ①TU311

中国版本图书馆CIP数据核字（2021）第142441号

责任编辑：秦　娜
封面设计：陈国熙
责任校对：王淑云
责任印制：刘海龙

出版发行：清华大学出版社
　　网　　址：http://www.tup.com.cn，http://www.wqbook.com
　　地　　址：北京清华大学学研大厦A座　　**邮　　编**：100084
　　社 总 机：010-62770175　　**邮　　购**：010-62786544
　　投稿与读者服务：010-62776969，c-service@tup.tsinghua.edu.cn
　　质量反馈：010-62772015，zhiliang@tup.tsinghua.edu.cn
印 装 者：北京嘉实印刷有限公司
经　　销：全国新华书店
开　　本：185mm×260mm　　**印　张**：23.25　　**字　　数**：566千字
版　　次：2015年12月第1版　2021年10月第2版　　**印　　次**：2021年10月第1次印刷
定　　价：69.80元

产品编号：093106-01

第2版前言

2015年出版的《土木工程力学》是高等职业教育建筑工程专业精品教材。第1版经过五年多的使用,得到广大师生的认可,也发现了一些不足,需要及时修订。在修订前,我们同选用该教材的院校老师进行了广泛交流,了解他们及学生对本教材的使用情况,并征询了他们对第1版的修改意见。在此基础上我们对第1版进行了细致修订,形成了第2版。

在第2版的修订中,订正了第1版的印刷错误,调整了部分章节内容,使教材更加规范;结合高职院校学生学习的实际情况,对某些章节的内容进行了适当的增减和调整;为了提高学习效果,对一些例题和习题进行了优化;为了适应"互联网+"发展,结合信息化教学模式的要求,采取二维码的形式提供给读者动画及重难点例题讲解视频等内容;为落实"课程思政",加强和改进职业院校德育工作,教材中引入与力学相关科学家简介进行思政教育;为方便老师教学和学生学习,专门制作了全书的配套课件。

本书由王长连任主编、四川建筑职业技术学院王妍任副主编,对全书进行了较为详细的审读修订。四川建筑职业技术学院王倩、范晓南也参与了修订工作。王长连负责绪论、第1、2、9、10、11章的修订工作;王妍负责第12～14章、附录的修订工作;王倩负责第6～8章的修订工作;范晓南负责第3～5章的修订工作;全书由王妍统稿。

本书在修订过程中得到了清华大学出版社和四川建筑职业技术学院土木工程系力学教研室老师们的大力支持,在此表示衷心的感谢。

由于编者水平有限,加之时间紧迫,书中一定还有诸多缺点和不当之处,恳请广大教师和读者批评指正。

编　者

2021年2月

第1版前言

编者在动手编著本教材之前做了一些力所能及的高职高专力学教材的调研工作。调研后发现，无论是《建筑力学》还是《土木工程力学》，版本繁多，但内容大同小异，只是内容安排顺序、编写技巧、编写繁简程度、例题习题类型、文字水平有所不同罢了，当然也各有各的优势、特色与不足。那到底什么样的版本形式较合理呢？经过分析、比较，认为这样的结构形式较合理：将高职高专土木工程力学所涵盖的内容分为四篇。

第一篇 静力学基础。其具体内容包括力与力系的基本定理，土木工程结构计算简图与受力图，平面力系的平衡条件及其应用。

第二篇 静定杆件的内力、强度与稳定性计算。其具体内容包括静定杆件的内力计算，杆件的应力计算与强度条件，压杆的稳定性及影响线。

第三篇 静定结构的几何组成、内力与位移计算。其具体内容包括平面体系的几何组成分析，静定结构的内力和位移计算。

第四篇 超静定结构的内力与位移计算。其具体内容包括用力法、位移法与力矩分配法计算超静定结构和拉压杆与梁的简单弹塑性问题。

在附录中讲授截面的几何性质。

那么，为什么说这种土木工程力学结构形式较合理呢？

一、教材结构与建筑结构相对应。力学研究对象为杆件和杆件结构。从结构静定性上讲结构分为静定结构与超静定结构。静定结构又分为静定杆件和静定杆件结构；从力的作用性质上结构又分为静载计算和动载计算。上述四篇按这一思路组合本书的内容，也正与结构实际相对应。

二、内容出场次序合理，符合人们从简单到复杂的认知规律。本书的安排是先杆件后杆件结构，先静定结构后超静定结构，先静荷载问题计算后动荷载问题计算。试想，杆件结构是由一根根杆件组成的，如果先将一根根杆件研究清楚了，那么对于由杆件组成的杆件结构，当然也就容易懂了，即本书这样的编排能降低学习难度；再者，这样处理也能满足后续课程的需求。

三、相似相近内容组合方式易于学习记忆。将相近相似的内容集于一篇中，形成便于当今施教的教学模块。这样做的好处是，一，像城市科技一条街、水果一条街、电器一条街便于人们购物一样，也便于学生汲取知识；二，在同一气氛中讲相似相近问题，便于概念的叙述，便于理解和记忆，也有利于学生形成力学概念，将重点真正转移到三基上面。

四、增加了钢筋混凝土规范中普遍应用的塑性知识。塑性变形在实际工程结构中普遍存在，钢筋混凝土规范中早已考虑，这样可以充分利用材料性能提高设计的经济性。为了便于学生理解规范，故增加了拉压杆和梁的简单弹塑性问题这一章。

上面是针对教材的结构和内容讲的，但关键在于，所讲内容叙述是否简练、清楚、有趣。

所以在编写过程中,尽量写得简单扼要,通俗易懂,繁简有度,深入浅出,紧密联系工程实际,引用大量与专业相结合的例题、习题,并特意加强了重点章节的内容和习题分量。另外,再用小实验、小贴士、小知识、知识连接、温馨提示等方式,增加知识性、趣味性;在此基础上,再认真进行编辑和文字润色等。

另外,还有与之配套的《土木工程力学解惑》和《土木工程力学练习册》,这给函授和自学者带来极大的方便。

本书由四川建筑职业技术学院王长连主编;另外,参加搜集资料、打印、扫描、复印、插图、校对的有王蓉、陈安英、罗怡雄、王玉、王茜等。

四川建筑职业技术学院胡兴福教授认真审阅了全稿,并提出一些改进建议,在此表示衷心的感谢。

教材是为教学服务的,即使相同的学时,也因专业不同需要选用不同的教学内容,所以本教材加了些带*号的内容,供选用。本书可作为高职高专、成人高校、本科院校举办的二级职业技术学院和民办高校土建类专业及近土建类专业,课时为90～110学时的力学课程教材;若加上带*号内容也可作为110～130学时的建筑工程、道路工程、市政工程、水利工程等专业的力学课程教材;对于相关专业的工程技术人员和中专师生,也有较好的参考价值。

限于编者水平和条件,书中难免存在不足和遗漏之处,希望读者批评与指正,以便不断提高与完善。

编　者

2015年1月

目 录

第二篇 静定杆件的内力、强度与稳定性计算

<<<

绪　　论

0.1　土木工程力学的研究对象和任务

在人类社会发展的进程中，人们都有这样的理念，无论是生活、生产工具或是住房、办公室、工业厂房等一律要求经久耐用，而又造价低廉。所谓经久耐用是指使用的时间长久、好用且在使用过程中不易损坏；所谓造价低廉是指所用的建造材料取材方便，易于建造，生产成本低等。

那么，怎样才能实现上述要求呢？当然要涉及多方面的科学知识和生产技能，其中，土木工程力学就是最重要的基础知识之一。

土木工程力学是研究物体机械运动一般规律与承载能力的一门学科。所谓机械运动是指物体在空间的位置随时间的改变。它是一切物质运动最简单、最基本的形式。静止则是机械运动的特殊情况。

土木工程力学研究的内容相当广泛，研究的对象也相当复杂。它所涉及的实际研究对象，常常抓住一些带有本质性的重要特征，略去一些次要因素，从而抽象成力学模型，作为具体的研究对象。例如，当物体的运动范围比它本身的尺寸大很多时，可以把物体当成只有一定质量而无形状、大小的质点；当物体在力的作用下产生变形，而在所研究的问题中可以不考虑或暂时不考虑这种变形时，则可以把它当作不发生变形的**刚体**；当物体的变形不能忽略时，就要将物体当作变形固体，简称**变形体**。具体来说，土木工程力学的研究对象为构件与结构。所谓结构，是指建筑物或构筑物及其他物体中，能承受荷载、维持平衡，并起骨架作用的整体或部分；若以建筑物为研究对象，通称为建筑结构。所谓构件，是指构成结构的零部件。若构件的长度远大于横截面的高、宽尺寸，则称为杆件。本土木工程力学研究的具体对象为**杆件**和由杆件组成的**杆件结构**。

图 0-1(a)所示的房屋结构是由预制构件组成的；图 0-1(b)、(c)所示为由此结构分解成的杆件——梁、板、柱。

图 0-2(a)所示为现浇梁板式结构，图 0-2(b)为此结构分解成的杆件——梁、板、柱。由此可知，梁、板、柱是组成建筑结构的主要构件，也是土木工程力学研究的主要对象。

那么，一幢建筑物是怎样建造的呢？它的建造程序包括立项→勘察→设计→施工→验收等过程。建筑物的设计包括工艺设计、建筑设计、结构设计、设备设计等方面；结构设计又包括确定方案、结构计算、构造处理等部分；结构计算又包括荷载计算、内力与变形计算、截面尺寸选择等工作。综上所述，可以用图 0-3 表示一幢建筑物的建造流程，它形象地说明，在房屋建造中，土木工程力学所承担的任务是建筑结构设计中的荷载计算、内力与变形计算、截面尺寸选择等。

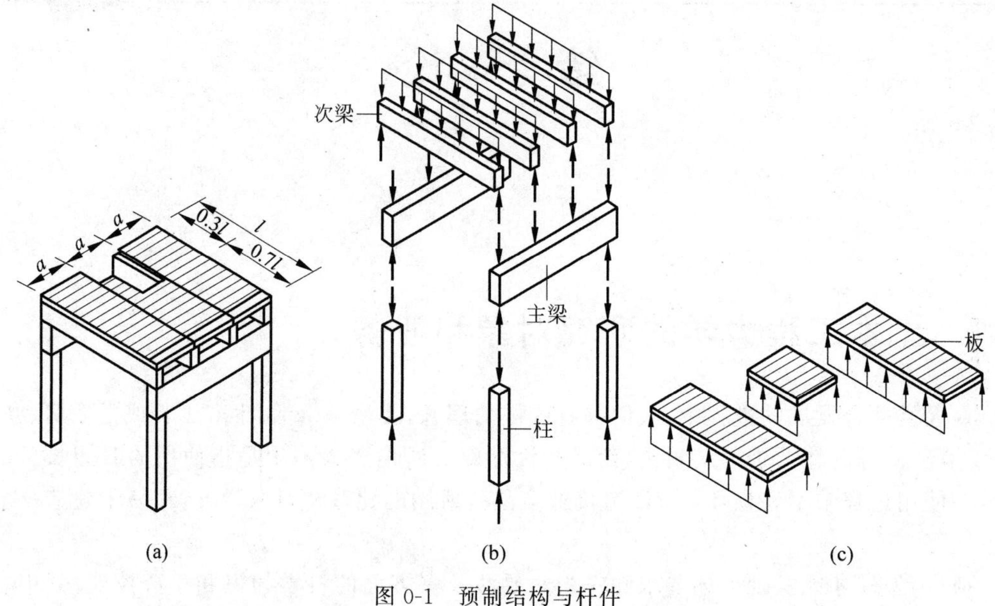

图 0-1　预制结构与杆件

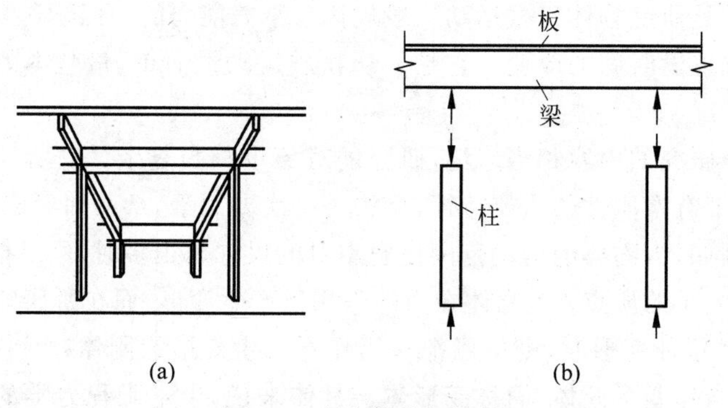

图 0-2　现浇结构与杆件

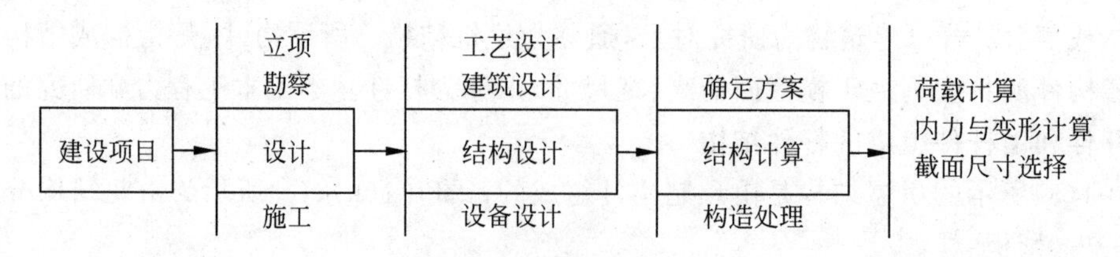

图 0-3　建筑物建造流程

具体来说，土木工程力学的任务应包括以下 5 个方面。

(1) 力系的简化和平衡问题：对杆件和结构进行受力分析，研究力系的简化和平衡理论。

(2) 强度问题：研究构件抵抗破坏的能力。构件在荷载作用下不发生破坏，即具有抵抗破坏的能力，满足强度要求。

当结构中的各构件均已满足强度要求时，整个结构也就满足了强度要求。所以，在研究强度问题时，只需以构件为研究对象即可。

(3) 刚度问题：研究构件或结构抵抗变形的能力。构件或结构在荷载作用下的变形未超出工程允许的范围，即具有抵抗变形的能力，满足刚度要求。所以，解决刚度问题的关键是计算出构件或结构的变形。

(4) 稳定性问题：研究构件或结构在荷载作用下保持其原有的平衡状态的能力。构件或结构在荷载作用下不会突然改变其原有的形态以致发生过大的变形而导致破坏，即满足稳定性的要求。

(5) 结构的几何组成分析：研究杆系的几何组成规律，保证杆系的几何形状和位置保持不变，能够承受各种及各个方向可能存在的荷载。

绪论都讲些什么内容？

可以说，几乎每本教科书都有绪论。那么，绪论都讲些什么内容呢？当然，对于不同类型的书，或不同写作背景的人，所讲内容也就不一样了。一般来讲，绪论会简略地叙述全书的编写思路、研究对象、任务、学习方法及相应的一些重要名词、概念等，为全书的逐步展开描绘出一个大致的轮廓，为下面分章学习奠定必要的基础。本书绪论主要介绍土木工程力学的研究对象、任务、性质、作用和力学的基本分析方法等。

0.2 土木工程力学的性质与作用

土木工程力学是建筑工程、道桥工程、市政工程、水利工程等一切土木工程专业的一门重要的技术基础课，可为物体的平衡和构件的强度、刚度和稳定性计算提供基本理论和基本方法，在基础课与专业课之间起桥梁作用。因此，学习本门课程的要领是重点掌握公理、定律及假设，并以此为依据，利用数学演绎、抽象方法得出简单结构的平衡及杆件受力破坏的规律，并深刻理解基本概念、基本理论、基本方法，还须通过练习一定数量的习题来加深和巩固对所学知识的理解。

土木工程力学对生产实践也起着重要的指导作用，为工程中构件的设计和计算提供简便实用的方法；同时，土木工程力学又被生产的发展所推动，两者相互促进、共同发展。

在工程实际中，物体在外力作用下的变形和破坏形式各不相同，这就要求在分析研究问题时，必须抓住主要因素，并运用抽象化的方法，得出比较合乎实际的力学模型和强度准则。例如，在研究物体的平衡时，其变形就是次要因素，忽略这一点，就可将物体视为刚体；但在研究物体的强度及刚度时，变形成了主要因素，因此可用变形固体这一力学模型来代替真实物体。对于工程实际中的问题，可运用科学抽象的方法，加以综合、分析，再通过试验与严密的数学推理，从而得到工程中实用的理论公式，以指导实践，并为实践所检验。所以，土木工程力学可为生产实践提供必要的理论基础。

对于工科类学生，要求在学完本门课程之后，具有将简单的工程实际问题抽象为力学模型的初步能力;能够运用基础知识,尤其是数学、物理的基本理论和方法,并结合本门课程所讲述的内容,对建筑物进行受力平衡分析;能够正确运用强度、刚度和稳定条件对简单受力杆件进行校核、截面选择以及确定许可荷载。这些不仅是学好专业课的重要基础,而且运用所学知识也能直接解决一些工程实际问题。

0.3 土木工程力学的常见分析方法

土木工程力学是一门古老的科学,它有一套成熟的分析与研究方法,若有意识地进行掌握,那么在学习中将会达到事半功倍的效果。在此进行简略介绍,为各章具体应用奠定必要的基础。其常见分析方法如下所示。

1. 受力分析法

受力分析法,是指分析结构或构件受哪些力,哪些是已知力,哪些是未知力,已知力与未知力之间有什么联系,通过什么途径计算出所需未知力。力学中将这一分析过程称为结构的受力分析。实践证明,能否熟练掌握这一分析方法,是能否学好土木工程力学的关键。

2. 截面法

截面法,是在求某一杆件某截面上的内力时,假想地用一截面将其截开,取其中任一部分(哪部分方便取哪一部分)为研究对象,画出脱离体受力图,利用平衡条件求出所需内力。它是四种基本变形,乃至组合变形求内力的通用方法,一定要熟练掌握。

3. 变形连续假设分析法

实际变形固体在变形前或变形后是否都连续呢?不一定。为了计算简便并能使用数学公式,不管它连续或是不连续,一律假设均匀连续、各向同性,这就给各种计算带来很多方便,也能满足一般工程需要。若要进行精确计算,就只有采用“断裂力学”的处理方法了。

4. 物理关系分析法

在弹性范围内,力与变形成正比,这就是力与变形的物理关系。利用这一关系,可方便地解决变形与内力间的一些问题。

5. 小变形分析法

小变形分析法,是指结构或构件在变形后,与原尺寸相比相差很小,在内力、位移计算中可以用原尺寸,可用叠加原理计算内力和变形。

6. 刚化分析法

刚化分析法,是指在研究变形固体的平衡条件时,为了分析简便,可将变形固体视为刚体,并认为此刚体仍处于平衡状态。静力学中都是这样处理平衡问题的。

7. 试验法

试验法是力学研究中的一个重要手段,它能将力学涉及的材料力学性质,各种材料间的应力-应变关系等用试验来解决。可以说,若没有试验,力学中的许多问题将无法解决。

力学具有二重性

就学科性质而言，力学具有二重性：力学是一门基础科学，它所阐明的规律带有普遍的性质；力学又是一门技术科学，它是许多工程技术的理论基础，又在广泛的应用过程中不断得到发展。力学具有的这种二重性，一方面，使广大力学工作者感到自豪，因为他们肩负了人类认识自然和改造自然的双重任务；另一方面，又使力学学科内容显得庞杂，因为力学内部诸多学科分支各自有所侧重，从而呈现出力学错综复杂和异彩纷呈的局面。

0.4 土木工程力学的发展简史

远在公元前6世纪，人类对力、平衡和运动就有了初步的认识。公元前4—前3世纪中国春秋时期，在墨翟及其弟子的著作《墨经》中，就有了关于力、杠杆的平衡及重心、浮力、强度和刚度等概念的描述。

17—18世纪末，力学在自然科学领域占据中心地位，世界上最伟大的科学家几乎都集中在这一学科，如伽利略、惠更斯、牛顿、胡克、莱布尼茨、伯努利、拉格朗日、欧拉、达朗贝尔等。由于这些杰出科学家的努力，借助于当时取得的数学进展，力学取得了十分辉煌的成就，在整个知识领域中起着举足轻重的支配作用。到18世纪末，经典力学的基础——静力学、运动学和动力学已经建立并得到极大的完善，并且开始了材料力学、流体力学以及固体和流体的物性研究。

19世纪，欧洲的主要国家相继完成了产业革命，大机器工业生产对力学提出了更高的要求。为适应当时土木工程建筑、机械制造和交通运输的发展，材料力学、结构力学和流体力学得到空前的发展和完善。建筑、机械中出现的大量强度和刚度问题，便是由材料力学或结构力学来解决的。作为探索普遍规律而进行的弹性力学、塑性力学基础研究，也在这一时期取得了极大的进展。届时土木工程力学的核心内容——理论力学、材料力学和结构力学基本建立。之后土木工程力学或建筑力学作为一个独立学科得到长足的发展。

思考题

0.1 什么是绪论？它在书中起什么作用？

0.2 土木工程力学的研究对象和任务是什么？

0.3 什么是构件的强度、刚度与稳定性？刚度与强度有什么区别？

0.4 土木工程力学的研究内容和作用是什么？

0.5 分析研究土木工程力学有哪些常用方法？

第一篇　静力学基础

本篇研究的对象为**刚体**，所以在本篇研究任何问题时都可作为刚体来考虑。也就是说，在研究结构的计算简图、确定杆件或结构的受力图及研究平面力系的平衡条件时，都将研究对象作为刚体来考虑。对于结构的计算简图，只需会画常见简单结构的计算简图；对于杆件的受力分析，必须正确研究各物体之间的接触与连接方式，要熟练掌握简单物体的受力图画法，特别注意作用力与反作用力的表示法；平面力系的平衡条件及其应用是本篇的重点内容，要熟练掌握平面汇交力系、平面平行力系、平面一般力系及平面力偶系的平衡条件及其应用，它们是后面各章分析计算的基础。

在此需要强调，本篇所学的力学定义、定理，有的是无条件的，任何情况下都可运用，如作用与反作用定律、力的平行四边形法则等；有的适用于一定限制条件下，如力的可传性、二力平衡定理、加减平衡力系原理等，只有在研究刚体和变形体平衡时才能使用。

这篇内容中的有些定义、定理、概念在初中或高中物理课上都学过，从表面上看，学起来不会很困难，其实却不然。多年教学实践证明，学好本篇内容并不容易，深入理解、灵活应用更难，有些工程技术人员也常在这些简单问题上犯这样或那样的概念错误。建议读者在学习本篇时，要深入理解定义、定理及在基本概念上下功夫，搞清基本定义、定理的含义及适用范围，使此篇真正成为学习土木工程力学的基础。

<<< 第 1 章

力的性质与静力学公理

1.1　力的概念与力的作用效应

1.1.1　力的概念

在日常生活中，人们常看到这样一些现象：用手推车，车由静止开始运动(见图 1-1(a))；人坐在沙发上，沙发会发生变形(见图 1-1(b))。那么，车为什么由静止开始运动呢？沙发为什么会发生变形呢？这是因为人对车、沙发施加了力，力使车的运动状态发生改变，力使沙发发生了变形。那么，什么是力呢？

综合无数事例，可以概括地说：**力就是物体间的相互机械作用，力不能脱离物体而单独存在**。什么是机械作用呢？就是指使物体发生位置移动和形状改变的作用。是否有物体就一定有力存在呢？不是。有物体只是力存在的条件，而不是产生力的原因，物体间存在相互机械作用才能产生力。如图 1-2(a)所示的甲、乙两物体，二者没有接触，没有相互作用，所以它们之间不能产生力；若变成图 1-2(b)所示情形，二者就可以产生力了。因为甲对乙产生压迫，乙对甲产生反抗，二者发生相互作用，根据力的定义，甲、乙之间就产生了力。由于力是物体间的相互作用，所以力一定是成对出现的，不可能只存在一个力。例如，由万有引力定律知，物体受到地球的吸引才有重量，简称重力；同样，地球也受到物体的吸引力。

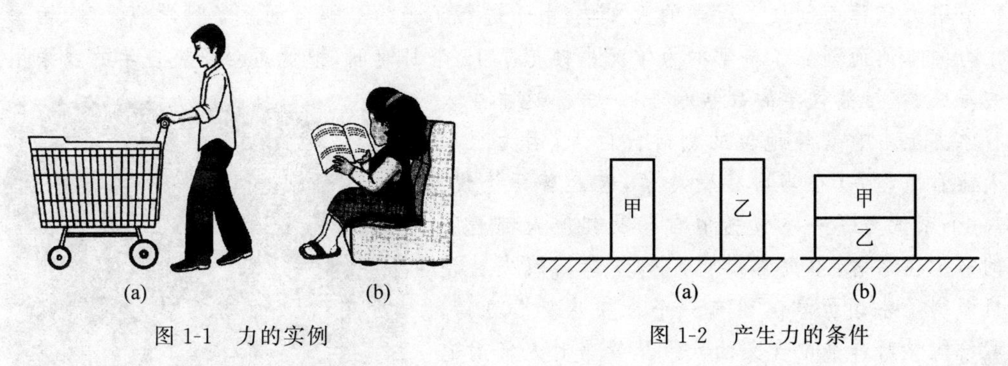

图 1-1　力的实例　　　图 1-2　产生力的条件

在力学中，力的作用方式一般有两种情况：一种是两个物体相互接触时，它们之间产生相互作用的力，例如吊车和构件之间的拉力、打夯机与地基土之间的压力等；另一种是物体与地球之间产生的吸引力，对物体来说，这种吸引力就是重力。

那么，地球对物体的吸引产生的重力，与物体对地球的引力有什么关系呢？对于这个问题，牛顿第三定律作了圆满的回答，即**这对力大小相等、方向相反、作用线共线，且作用在不同的两个物体上**。在力学中，将这一规律称为作用与反作用定律。它是一个普适定律，不论对于静态的相互作用，或是动态的相互作用都适用，它是本书自始至终重点研究的内容之一。

力的大小反映了物体间相互作用的强弱程度。国际通用力的计量单位是“牛[顿]”，简称“牛”，用英文字母 N 表示。1N 相当于一个中等大小苹果的重力，用在工程中显然单位太小，一般用千牛作力的单位。所谓千牛就是 1000 牛，即 1kN＝1000N。

力的作用方向是指物体在力的作用下运动的指向。沿该指向画出的直线称为**力的作用线**，力的方向包含力的作用线在空间的方位和指向。

力的作用点是指物体间相互作用的接触点。实际上，两物体接触处一般不会是一个点，而是一个面积，力大多作用于物体的一定面积上。如果这个面积很小，则可将其抽象为一个点，这时作用力称为**集中力**；如果接触面积比较大，力在整个接触面上分布作用，这时的作用力称为**分布力**，通常用单位长度的力表示沿长度方向上的分布力的强弱程度，称为**荷载集度**，用字母 q 表示，单位为 N/m 或 kN/m。

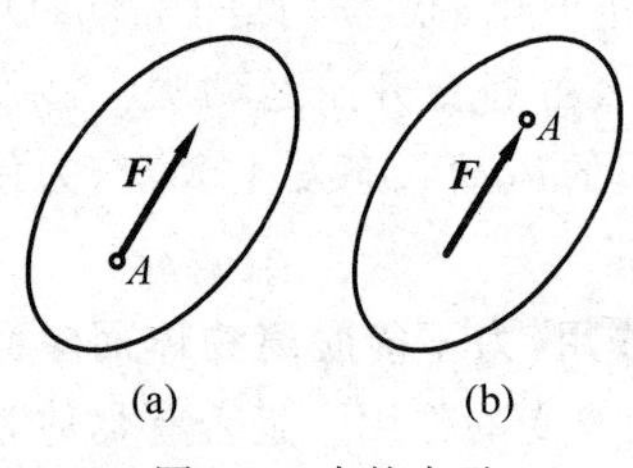

图 1-3　力的表示

综上所述，力为矢量(见图 1-3)。矢量的模表示力的大小；矢量的作用方位加上箭头表示力的方向；矢量的始端(见图 1-3(a))或矢量的末端(见图 1-3(b))表示力的作用点。所以在确定一个未知力的时候，一定要明确它的大小、方向、作用点，才算真正确定了这个力。在此常犯的错误是，**只注意计算力的大小，而忽略确定力的方向和作用点**。

没人看得懂的巨著

自然哲学的数学原理

牛顿简介

人们一直认为，牛顿是“迄今最伟大的科学家”。恩格斯对牛顿的评价如下：“由于发现了万有引力定律而创立了科学的天文学，由于进行了光的分解而创立了科学的光学，由于认识了力的本质而创立了科学的力学。”牛顿花了 15 个月时间，把他悉心研究多年的成果用拉丁文写成了《自然哲学的数学原理》一书。这本在人类科学史上占有辉煌地位的划时代巨著，因为很少有人能看懂，所以在当时备受冷落，有人曾评论说：“有一个家伙写了一本包括他自己及其他人都看不懂的书。”在名著《格列佛游记》中，作者斯威夫特还借机讽刺了牛顿哲学。还有一个贵族悬赏 500 镑，以奖给能够解释书中含义的人。尽管当时人们对它没有特别的需求，它却成为一般人演讲少不了的题材。于是，自然哲学首次成为上流社会附庸风雅的议题，科学也第一次代表了流行及时髦。图 1-4 为正在做试验的牛顿。

图 1-4　正在做试验的英国科学家牛顿

1.1.2　力的作用效应

力能使物体产生运动和变形，称为**力的作用效应**。它取决于力的大小、方向、作用点，这三点通称**力的三要素**。

1. 力的运动效应

物体的运动变化是指物体运动速度大小或运动方向的改变。力作用在物体上可产生两种运动效应。

(1) 若力的作用线通过物体的重心，则力能使物体沿力的方向产生平行移动，简称**平动**，如图 1-5(a)所示；

(2) 若力的作用线不通过物体的重心，则力既能使物体产生平移又发生转动，称为**平面运动**，如图 1-5(b)所示。

本书不研究物体运动的一般规律，只研究物体运动的特殊情况——相对地球的平衡条件。

由实践可知，当力作用在刚体上时，只要保持力的大小和方向不变，可以将力的作用点沿力的作用线移动，而不改变刚体的运动效应，如图 1-6 所示。力的这一性质称为**力的可传性**。

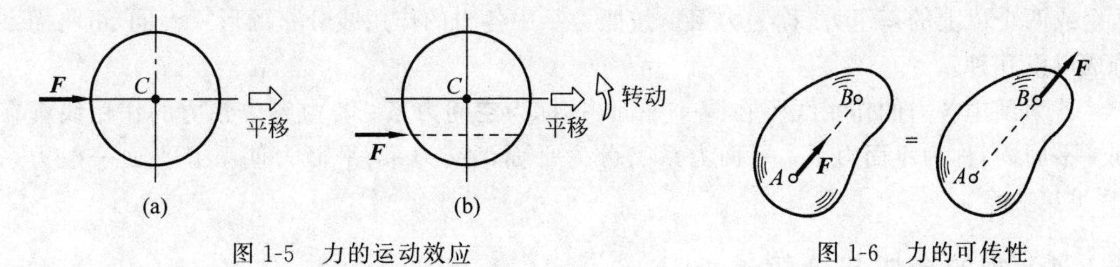

图 1-5　力的运动效应　　　图 1-6　力的可传性

2. 力的变形效应

当力作用在物体上时，除产生运动效应外，还要产生变形效应。所谓**变形效应**，是指力作用在物体上，产生形状和尺寸的改变。如图 1-7(a)所示的杆件，在 A、B 两处施加大小相等、方向相反、沿同一作用线作用的两个力 $\boldsymbol{F}_1$、$\boldsymbol{F}_2$，杆件变长、变细了，这种变形称为拉伸变形。

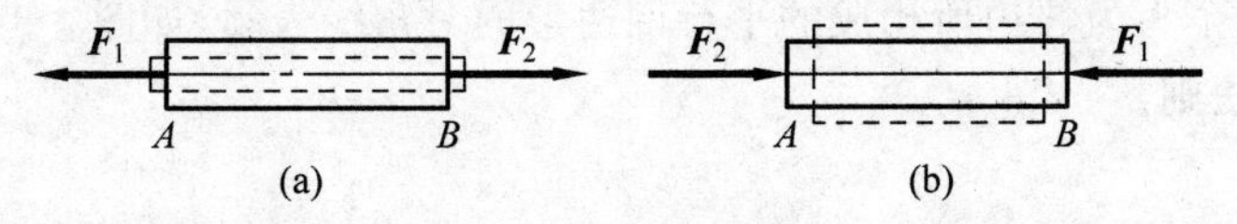

图 1-7　力的拉压变形

值得提出的是，力的可传性对于变形物体并不适用。如将图 1-7(a)所示的两个力 $\boldsymbol{F}_1$、$\boldsymbol{F}_2$ 分别沿其作用线移至 B 点和 A 点，如图 1-7(b)所示，这时二者的变形是不同的，这种变形称为压缩变形。因此，**力的可传性只适用于力的运动效应，不适用于力的变形效应**。

分布荷载与集中荷载

如图 1-8 所示，用硬纸比拟梁，链条当荷载。链条展开产生的变形，远小于集中堆放产生的变形。因此,工程中必须有分布荷载和集中荷载两种力学模型。所谓荷载,也就是主动外力,它属于同一问题的两种称呼而已。

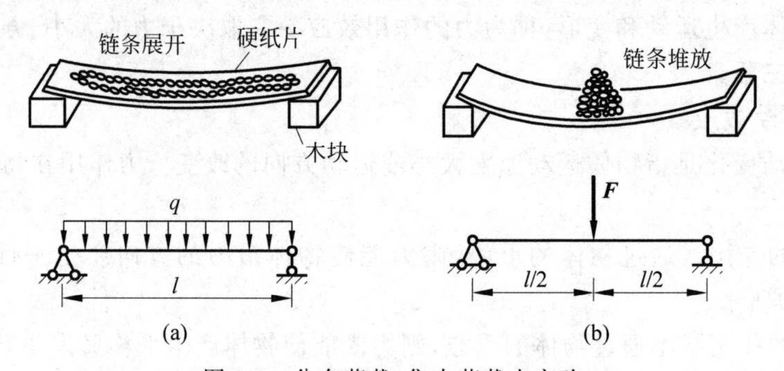

图 1-8 分布荷载、集中荷载小实验

(a) 分布荷载,纸片变形小;(b) 集中荷载,纸片变形大

1.1.3 力系的概念

物体受到力的作用,往往不止一个,而是若干个,且多种多样。通常将作用在物体上的两个或两个以上的一组力,称为**力系**。按照力系中各力的作用线分布的形式不同,可将力系分成以下几种。

若力系中各力的作用线不在同一平面内,称为**空间力系**;若力系中各力的作用线都在同一平面内,称为**平面力系**;平面力系又分为平面汇交力系、平面力偶系和平面一般力系(详见第3章)。

1.1.4 力的合成与分解

如果某一力系对物体产生的效应可以用另一个力系来代替,则这两个力系互称为**等效力系**。当一个力与另一个力系等效时,则该力称为这个力系的**合力**,该力系中的每一个力称为**分力**;反过来,把一个力分解成两个力,称为力的分解。那么,力怎样进行合成与分解呢?

作用于物体上同一点的两个力,可以合成一个合力,合力也作用于该点。合力的大小和方向,可由以这两个力为邻边所构成的平行四边形的对角线表示,如图1-9(a)所示。这就是**力的平行四边形法则**。

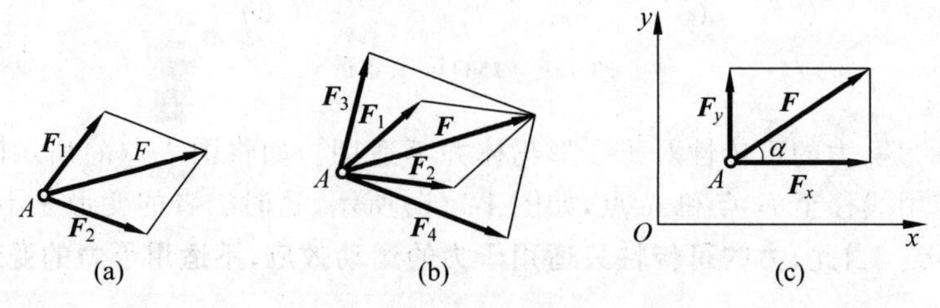

图 1-9 力的平行四边形法则

这个法则说明,力的合成是遵循矢量加法规则的,只有当两个力共线时,才能用代数加法计算合力。

两个共点力可以合成为一个合力;反之,一个已知力也可以分解为两个分力。具体做法是，以一个力的矢量为对角线作平行四边形。如图 1-9(b)所示，力 $\boldsymbol{F}$ 既可以分解为 $\boldsymbol{F}_1$ 和 $\boldsymbol{F}_2$，也可以分解为力 $\boldsymbol{F}_3$ 和 $\boldsymbol{F}_4$ 等。要得出唯一的解答，必须给出限制条件。如给定两分力的方向求大小，或给定一分力的大小和方向求另一分力等。

但在解决实际工程问题时，常把一个力 $\boldsymbol{F}$ 沿直角坐标轴方向分解，可得出两个互相垂直的分力 $\boldsymbol{F}_x$ 和 $\boldsymbol{F}_y$，如图 1-9(c)所示。分力 F_x 和 F_y 的大小可由三角公式求得：

$$F_x = F\cos\alpha, \quad F_y = F\sin\alpha \tag{1-1}$$

式中，α 为力 $\boldsymbol{F}$ 与 x 轴间所夹的锐角。

学习力的定义、定理时要注意适用条件

力、力的合成与分解、力矩、力偶的定义和性质，这些内容看似简单，要想真正掌握却很难。本章在此基础上，结合土木工程力学的特点进行了深化。为了取得好的学习效果，建议在学习本部分时，先复习一下初、高中的相关内容。

在此需要强调的是，这部分所学的定义、定理，有的是无条件的，任何情况下都可使用，如作用与反作用定律、力的平行四边形法则等；有的是有条件的，只有在一定限制条件下才能使用，例如力的可传性、二力平衡定理、加减平衡力系原理、力线的平移定理等，只有在研究刚体和变形体的平衡时才能用。

1.2　力矩与力偶

1.2.1　力矩

杠杆原理

力矩就是力对点之矩，很早以前，人们在使用杠杆、滑车、绞盘等机械搬运或提升重物时形成了这种概念。现以扳手拧螺母为例来说明。如图 1-10 所示，在扳手的 A 点施加一力 $\boldsymbol{F}$，将使扳手和螺母一起绕螺钉中心 O 转动。实践表明，扳手的转动效果不仅与力 $\boldsymbol{F}$ 的大小有关，还与 O 点到力作用线的垂直距离 d 有关。当 d 保持不变时，力 $\boldsymbol{F}$ 越大，转动越快。当力 $\boldsymbol{F}$ 保持不变时，d 值越大，转动也越快。若改变力的作用方向，则扳手的转动方向也就会发生改变。因此，我们用 F 与 d 的乘积，再冠以正负号来表示力使物体绕 O 点转动的效应，并称为**力 $\boldsymbol{F}$ 对 O 点之矩**，简称**力矩**，以符号 $M_O(F)$表示，即

$$M_O(F) = \pm F \cdot d \tag{1-2}$$

O 点称为转动中心，简称**矩心**。矩心 O 到力作用线的垂直距离 d 称为**力臂**。

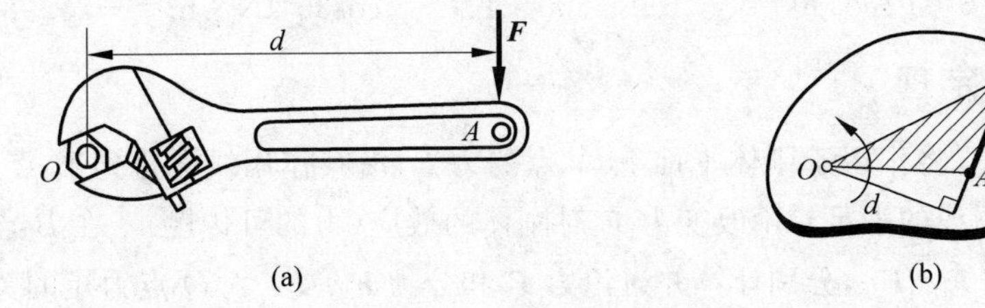

图 1-10　力矩示例

式(1-2)中的正负号表示力矩的转向。通常规定：**力使物体绕矩心做逆时针方向转动时,力矩为正；反之为负**。在平面力系中,力矩可正、可负、可为零,因此力矩为代数量。

从图1-10(b)中可以看出,力对点之矩还可以用以矩心O为顶点,以力矢量AB为底边所构成的三角形面积的2倍来表示,即

$$M_O(F)=\pm 2\triangle OAB\text{ 面积}$$

显然,力矩在下列两种情况下等于零：①力等于零；②力臂等于零,它表示力的作用线通过矩心。

力矩的单位是牛[顿]·米(N·m)或千牛[顿]·米(kN·m)。

例1-1 如图1-11所示半径为R的带轮绕O转动,如已知紧边带拉力为$\boldsymbol{F}_{T1}$,松边带拉力为$\boldsymbol{F}_{T2}$,刹块压紧力为$\boldsymbol{F}$。试求各力对转轴O之矩。

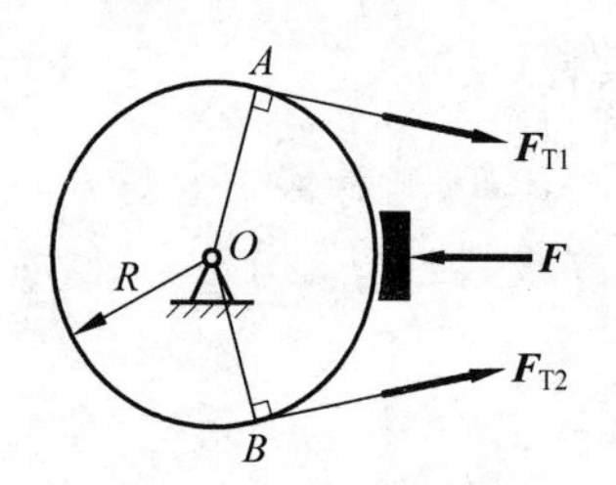

图1-11 带轮绕O轴转动

视频讲解

解：解题分析 由于带的拉力作用线必与带轮外缘相切,故矩心O到$\boldsymbol{F}_{T1}$、$\boldsymbol{F}_{T2}$作用线的垂直距离均为R,即力臂为R。而$\boldsymbol{F}_{T1}$对O点的矩为顺时针转向,$\boldsymbol{F}_{T2}$时O点的矩为逆时针转向,由此可确定力矩正负号。

力臂皆为$d=R$。$\boldsymbol{F}_{T1}$对O点的力矩为顺向转动。由式(1-2)得

$$M_O(\boldsymbol{F}_{T1})=-F_{T1}R$$

$\boldsymbol{F}_{T2}$对O点的力矩为逆时针转动,由式(1-2)得

$$M_O(\boldsymbol{F}_{T2})=F_{T2}R$$

由于压紧力$\boldsymbol{F}$的作用线通过O点,由式(1-2)得

$$M_O(\boldsymbol{F})=0$$

例1-2 如图1-12所示为用小手锤拔起钉子的两种加力方式。已知在两种情况下,加在手柄上的力$\boldsymbol{F}$的数值都等于100N,方向如图1-12所示,手柄长度$l=300$mm。试求两种情况下,力$\boldsymbol{F}$对点O之矩。

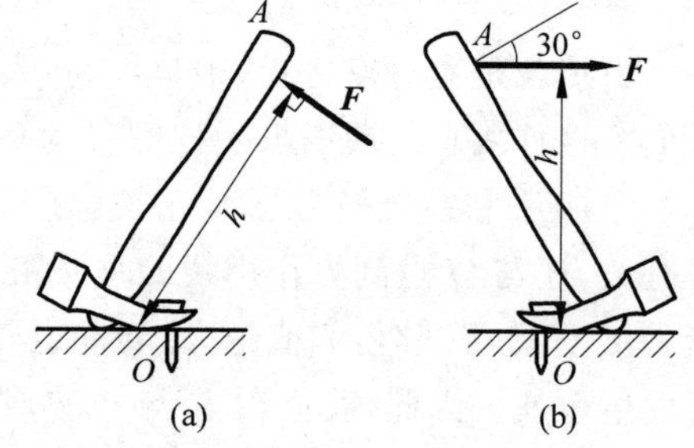

图1-12 用小手锤拔钉子

解：(1) 图1-12(a)所示情况。在这种情况下,力臂为点O到力$\boldsymbol{F}$作用线的垂直距离,即等于手柄长度,力$\boldsymbol{F}$使手锤绕O点逆时针方向转动,所以$\boldsymbol{F}$对O点之矩为

$$\begin{aligned}M_O(\boldsymbol{F})&=Fh=Fl\\&=(100\times 300\times 10^{-3})\text{N}\cdot\text{m}=30\text{N}\cdot\text{m}\end{aligned}$$

(2) 图1-12(b)所示情况。在这种情况下,力臂为$h=l\cos 30°$,力$\boldsymbol{F}$使手锤绕O点顺时针方向转动,所以$\boldsymbol{F}$对O点之矩为

$$M_O(\boldsymbol{F})=-Fh=Fl\cos 30°=(-100\times 300\times 10^{-3}\times\cos 30°)\text{N}\cdot\text{m}=-25.98\text{N}\cdot\text{m}$$

1.2.2 合力矩定理

如图1-13所示,将作用于刚体平面上A点的力$\boldsymbol{F}$,沿其作用线滑移到B点(B点为任意点O到力$\boldsymbol{F}$作用线的垂足),不改变力$\boldsymbol{F}$对刚体的效应(力的可传性)。在B点将$\boldsymbol{F}$沿坐标轴正方向分解为$\boldsymbol{F}_x$、$\boldsymbol{F}_y$,分别计算并讨论力$\boldsymbol{F}$和分力$\boldsymbol{F}_x$、$\boldsymbol{F}_y$对O点力矩的关系。

由式(1-1)知

$$F_x = F\cos\alpha,\quad F_y = F\sin\alpha$$

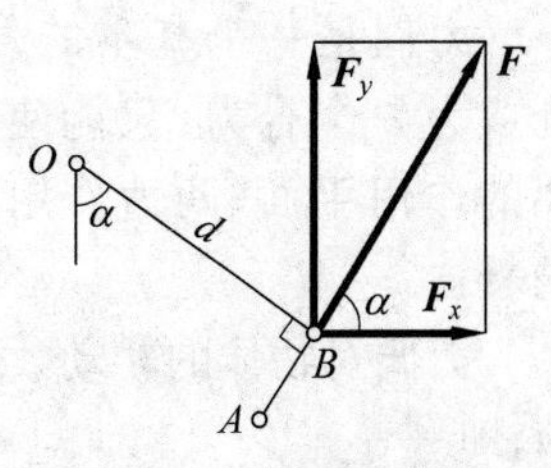

图 1-13　合力矩定理

则分力 $\boldsymbol{F}_x$，$\boldsymbol{F}_y$ 对 O 点之矩分别为

$$M_O(\boldsymbol{F}_x) = Fd\cos\alpha\cos\alpha = Fd\cos^2\alpha$$

$$M_O(\boldsymbol{F}_y) = Fd\sin\alpha\sin\alpha = Fd\sin^2\alpha$$

将 $M_O(\boldsymbol{F}_x)$、$M_O(\boldsymbol{F}_y)$ 相加得

$$M_O(\boldsymbol{F}_x) + M_O(\boldsymbol{F}_y) = Fd\cos^2\alpha + Fd\sin^2\alpha = Fd$$

即合力对 O 点之矩为 $M_O(\boldsymbol{F}) = Fd$。

由此证明，**合力对某点的力矩等于各分力对同一点力矩的代数和**。该定理不仅适用于正交分解的两个分力系，对任何有合力的力系皆成立。若力系有 n 个力作用，则

$$M_O(\boldsymbol{F}) = M_O(\boldsymbol{F}_1) + M_O(\boldsymbol{F}_2) + \cdots + M_O(\boldsymbol{F}_n) = \sum M_O(\boldsymbol{F}) \tag{1-3}$$

式(1-3)称为**合力矩定理**。

在平面力系中，求力对某点之矩，一般采用以下两种方法：

(1) 用力和力臂的乘积求力矩　这种方法的关键是确定力臂 d。需要注意的是，力臂 d 是矩心到力作用线的垂直距离。

(2) 用合力矩定理求力矩　工程实际中，有时求力臂 d 的几何关系很复杂，不易确定时，可将作用力正交分解为两个分力，然后应用合力矩定理求原力对矩心的力矩。

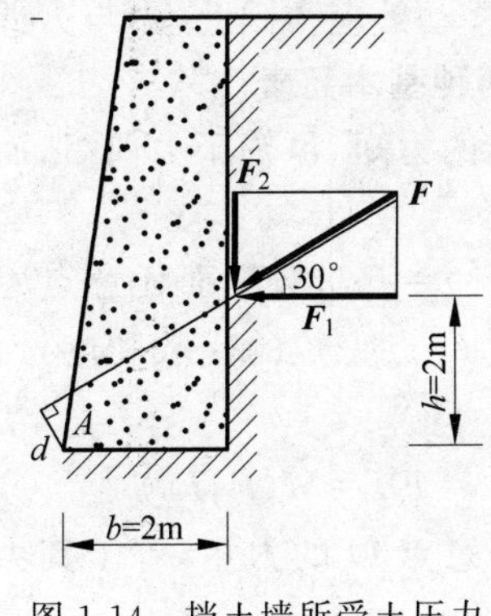

图 1-14　挡土墙所受土压力

例 1-3　如图 1-14 所示，每米长挡土墙所受土压力的合力为 $\boldsymbol{F}$，它的大小 $F=200\text{kN}$，方向如图 1-14 所示，求土压力 $\boldsymbol{F}$ 使墙倾覆的力矩。

解：土压力 $\boldsymbol{F}$ 可使挡土墙绕 A 点倾覆，求 $\boldsymbol{F}$ 使墙倾覆的力矩，就是求它对 A 点的力矩。由于 $\boldsymbol{F}$ 的力臂求解较麻烦，但如果将 $\boldsymbol{F}$ 分解为两个分力 $\boldsymbol{F}_1$ 和 $\boldsymbol{F}_2$，则两分力的力臂是已知的。为此，根据合力矩定理，合力 $\boldsymbol{F}$ 对 A 点之矩等于 $\boldsymbol{F}_1$、$\boldsymbol{F}_2$ 对 A 点之矩的代数和，则

$$\begin{aligned} M_A(\boldsymbol{F}) &= M_A(\boldsymbol{F}_1) + M_A(\boldsymbol{F}_2) = F_1h - F_2b \\ &= (200\times\cos30^\circ\times2 - 200\times\sin30^\circ\times2)\text{kN}\cdot\text{m} \\ &= 146.41\text{kN}\cdot\text{m} \end{aligned}$$

1.2.3　力偶

在生产实践中，力矩可以使物体产生转动效应。另外，还可以经常见到使物体产生转动的例子，如图 1-15(a)、(b)所示，司机用双手转动方向盘，钳工用双手转动绞杠丝锥攻螺纹。在力学中，将这种使物体产生转动效应的一对大小相等、方向相反、作用线平行的两个力，称为**力偶**。

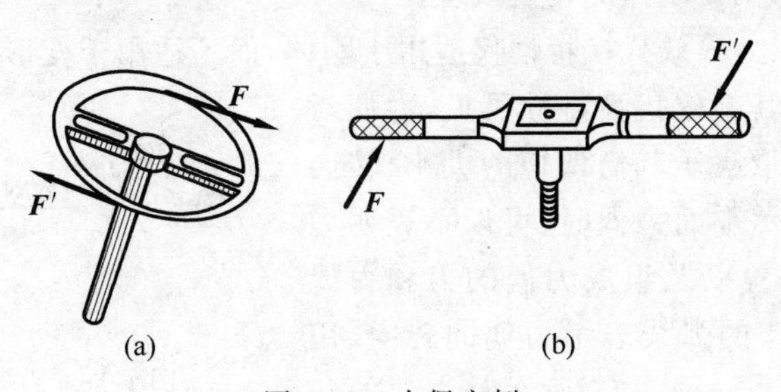

图 1-15　力偶实例

力偶是一个基本的力学量,并具有一些独特的性质,它既不能与一个力平衡,也不能合成为一个合力,只能使物体产生转动效应。力偶中两个力作用线所决定的平面称为**力偶的作用平面**,两力作用线之间的距离 d 称为**力偶臂**,力偶使物体转动的方向称为**力偶的转向**。

力偶对物体的转动效应,取决于力偶中力与力偶臂的乘积,称为**力偶矩**,记作 $M(\boldsymbol{F},\boldsymbol{F}')$ 或 M,即

$$M(\boldsymbol{F},\boldsymbol{F}')=\pm Fd \tag{1-4}$$

在平面内,力偶矩和力矩一样都是代数量。其正负号表示力偶的转向,正负号规定与力矩一样,即**逆时针转向时,力偶矩为正;反之为负**。力偶矩的单位与力矩一样,也是 N·m 或 kN·m。力偶矩的大小、转向和作用平面,称为**力偶的三要素**。三要素中的任何一个发生了改变,力偶对物体的转动效应都将发生改变。

1.2.4 力偶的性质

根据力偶的定义,力偶具有以下性质。

(1) 力偶无合力,在任何坐标轴上投影的代数和为零。力偶不能与一个力等效,也不能用一个力来平衡,力偶只能用力偶来平衡。

力偶无合力,可见它对物体的效应与一个力对物体的效应是不相同的。一个力对物体有移动和转动两种效应;而一个力偶对物体只有转动效应,没有移动效应。因此,力与力偶不能相互替代,也不能相互平衡,而将**力和力偶看作构成力系的两种基本元素**。

(2) 力偶对其作用平面内任一点的力矩,恒等于力偶矩,而与矩心的位置无关。

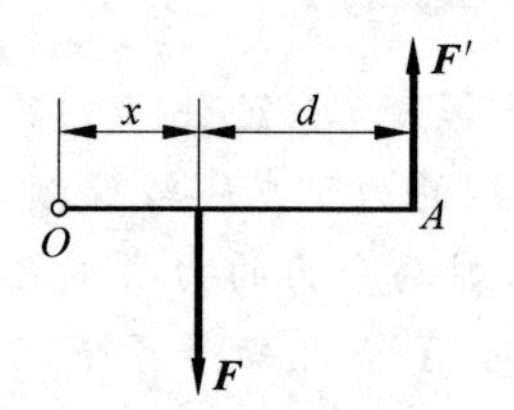

图 1-16 力偶矩与矩心无关

如图 1-16 所示,一力偶 $M(\boldsymbol{F},\boldsymbol{F}')=Fd$,对平面任意点 O 的力矩,用组成力偶的两个力分别对 O 点力矩的代数和度量,记作 $M(\boldsymbol{F},\boldsymbol{F}')$,即

$$M_O(\boldsymbol{F},\boldsymbol{F}')=F(d+x)-F'x=Fd=M(\boldsymbol{F},\boldsymbol{F}')$$

由此可知,力偶对刚体平面上任意点 O 的力矩,等于其力偶矩,与矩心到力作用线的距离 x 无关,即与矩心的位置无关。

(3) 力偶的等效性及等效代换特性。从力偶的性质知,同一平面内的两个力偶,如果它们的力偶矩大小相等,转向相同,则两力偶等效,可相互代换,称为**力偶的等效性**。

由力偶的等效性,可以得出力偶的等效代换特性:

① 力偶可在其作用平面内任意移动位置,而不改变它对刚体的转动效应。

② 只要保持力偶矩的大小和力偶的转向不变,可以同时改变力偶中力的大小和力偶臂的长短,而不会改变力偶对刚体的转动效应。

值得注意的是,以上等效代换特性仅适用于刚体,而不适用于变形体。

由力偶的性质及其等效代换特性可见,力偶对刚体的转动效应完全取决于其力偶矩的大小、转向和作用平面。因此表示平面力偶时,可以不表明力偶在平面上的具体位置以及组成力偶的力和力偶臂的值,可用一带箭头的弧线表示力偶的转向,用力偶矩表示力偶的大小。图 1-17 所示是力偶的几

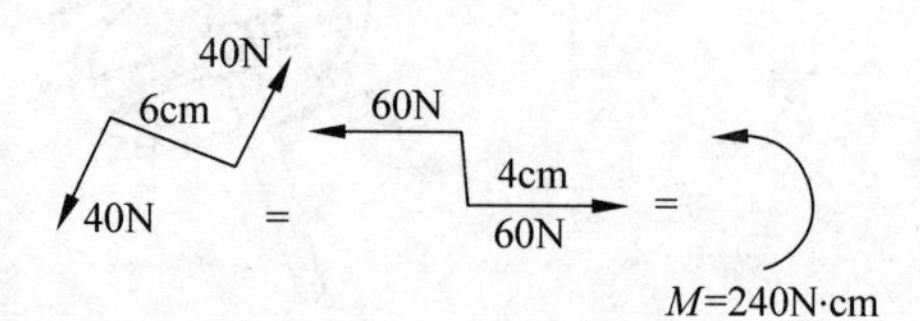

图 1-17 力偶的等效表示法

种等效表示法。

蜡烛跷跷板

如图 1-18 所示，两头都可点燃的蜡烛，中间穿针，支撑在两只水杯上。蜡烛未点燃时，平衡于水平位置。点燃蜡烛之后，你会发现一种惊人的跷跷板现象。试用所学力偶知识解释这一现象。

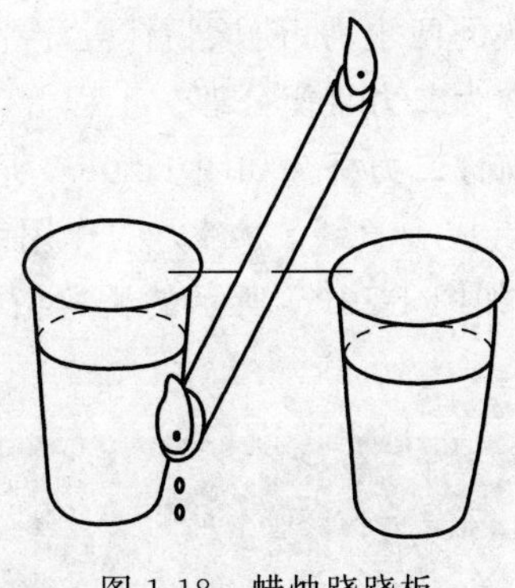

图 1-18　蜡烛跷跷板

蜡烛跷跷板

1.3　静力学公理

平衡，是指物体相对于地球处于静止或做等速直线运动状态。物体不是在任何力系作用下都能处于平衡状态的，只有力系满足一定的条件时，物体才能处于平衡状态。一刚体在某个力系作用下处于静止或等速直线运动状态，则称力系的运动效果为零，即刚体处于平衡状态。使刚体处于平衡状态的力系称为**平衡力系**。

平衡必须相对于其周围某一参考物体而言才有意义。在静力学中，如不特别指明，所谓平衡是相对于地球而言的。

1.3.1　二力平衡公理

杂技演员头顶缸，缸为什么掉不下来？

大家都看过如图 1-19 所示杂技演员头顶缸的情景。缸就像粘在头顶上一样，任凭杂技演员怎么晃动，缸就是掉不下来。这到底是怎么回事呢？其实道理很简单，那就是二力平衡问题。此时缸只受到两个力的作用，一个是缸的重力 $\boldsymbol{G}$，一个是头顶对缸的支承力 $\boldsymbol{F}_{\mathrm{N}}$。杂技演员随着缸的晃动，不断变换身体的位置，其目的就是始终使缸的重力 $\boldsymbol{G}$ 的作用线与头顶对缸的支承力 $\boldsymbol{F}_{\mathrm{N}}$ 的作用线重合，以保持缸的相对平衡，这样缸就掉不下来了。

图 1-19 杂技演员顶缸

由杂技演员顶缸知,作用在同一个物体上的两个力,使该物体处于平衡状态的条件是:这两个力大小相等、方向相反、作用线共线,称为**二力平衡公理**。工程上,将结构中只在两点受力而处于平衡状态的杆件称为二力杆件,简称**二力杆**。如图 1-20(a)所示刚架中的 BC 曲杆(杆的重力略去不计),连接两个力的作用点成一直线,为二力的作用线(图 1-20(b)),这二力必等值、反向,否则构件无法保持平衡。如图 1-20(c)所示的桥梁桁架中的各杆也属于二力杆。

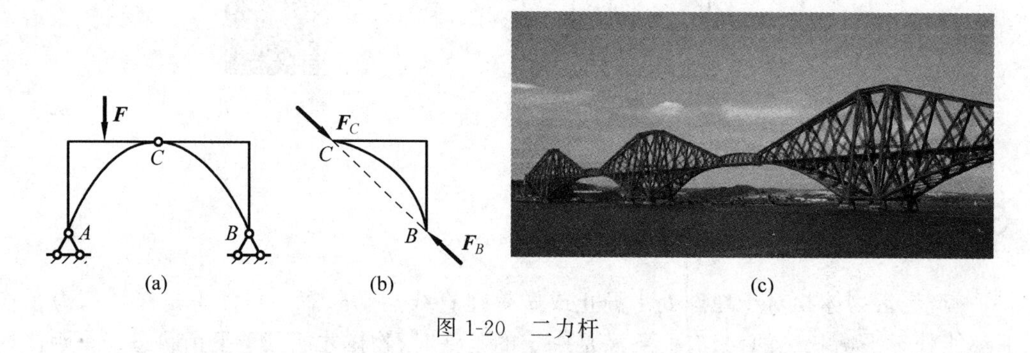

图 1-20 二力杆

值得注意的是,对于刚体,上述二力平衡条件是必要与充分的,但对于只能受拉、不能受压的柔性体,上述二力平衡条件只是必要的,而不是充分的。如图 1-21 所示的绳索,当承受一对大小相等、方向相反的拉力作用时,可以保持平衡,如图 1-21(a)所示;但是如果承受一对大小相等、方向相反的压力作用时,绳索便不能保持平衡了,如图 1-21(b)所示。

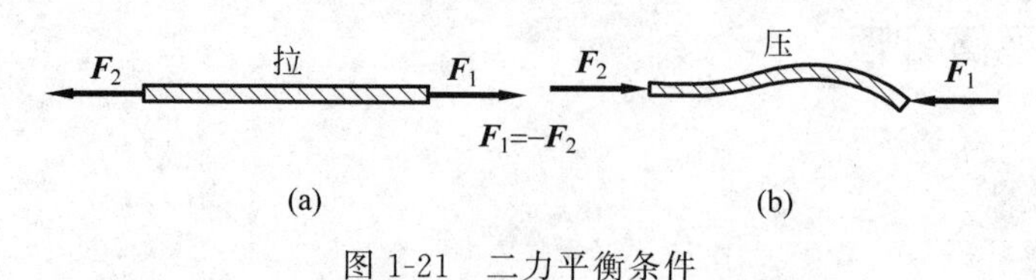

图 1-21 二力平衡条件

特别提醒,不能将二力平衡中的两个力与作用力和反作用力中的两个力的性质相混淆。满足二力平衡条件的两个力作用在同一物体上;而作用力和反作用力,则是分别作用在两个不同的物体上。

1.3.2　三力平衡汇交定理

在一物体上，若三个互不平行力的作用线位于同一平面内，如平衡则三力的作用线必须汇交于一点。这就是**三力平衡汇交定理**。

如图 1-22 所示物体，在同一平面内的三个互不平行的力分别为 $\boldsymbol{F}_1$、$\boldsymbol{F}_2$、$\boldsymbol{F}_3$。为了证明上述结论，首先将其中的两个力合成，例如将 $\boldsymbol{F}_1$ 和 $\boldsymbol{F}_2$ 分别沿其作用线移至二者作用线的交点 O 处，将二力按照平行四边形法则合成一合力 $\boldsymbol{F}=\boldsymbol{F}_1+\boldsymbol{F}_2$。这时的刚体就可以看作是只受 $\boldsymbol{F}$ 和 $\boldsymbol{F}_3$ 两个力作用。

根据二力平衡条件，力 $\boldsymbol{F}$ 和 $\boldsymbol{F}_3$ 必须大小相等、方向相反，且共线。由此证明三力平衡汇交定理。

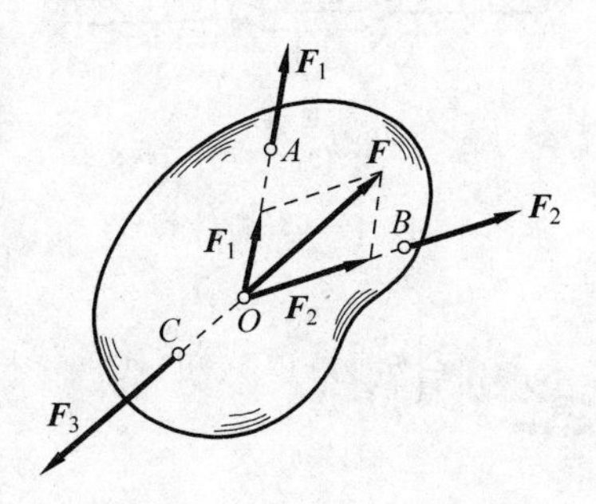

图 1-22　三力平衡汇交定理

1.3.3　加减平衡力系公理

在承受任意作用力的物体上，加上任意平衡力系，或减去任意平衡力系，都不改变原力系对物体的作用效应。这就是**加减平衡力系公理**。换句话说，如果物体是平衡的，加上或减去一个平衡力系，还是平衡的；如果物体是不平衡的，加上或减去一个平衡力系，还是不平衡的。此公理多用于力的有关性质的证明或力的简化，例如 1.3.4 节力的平移定理就是利用此公理证明的。

1.3.4　力的平移定理

由力的可传性知，作用于刚体上的力可沿其作用线在刚体上移动，而不改变对刚体的作用效应。现在问，能否在不改变作用效应的前提下，将力平行移到刚体的任意点呢？回答是肯定的。

图 1-23 具体描述了力 $\boldsymbol{F}$ 平移到刚体内任一点 O 的过程。在 O 点加上一对平衡力 $\boldsymbol{F}'$、$\boldsymbol{F}''$，并使 $F'=F''=F$。根据加减平衡力系原理，$\boldsymbol{F}$、$\boldsymbol{F}'$ 和 $\boldsymbol{F}''$ 与图 1-23(a)中的 $\boldsymbol{F}$ 对刚体作用等效。显然 $\boldsymbol{F}''$ 与 $\boldsymbol{F}$ 组成了一个力偶，称为附加力偶，其力偶矩为

$$M(\boldsymbol{F},\boldsymbol{F}'')=\pm Fd=M_O(\boldsymbol{F})$$

此式表示，其附加力偶矩等于原力 $\boldsymbol{F}$ 对新作用点 O 的力矩。

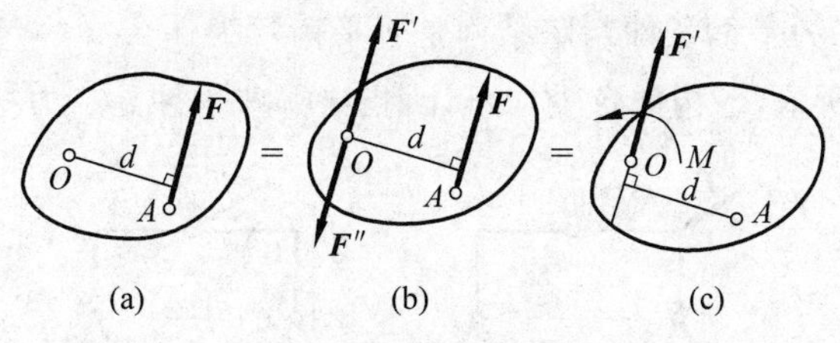

图 1-23　力的平移过程

由此得出力的平移定理：**作用于刚体上的力，可平移到刚体上的任一点而不改变对刚体的效应，但必须附加一力偶，其附加力偶矩等于原力对新作用点的力矩。**

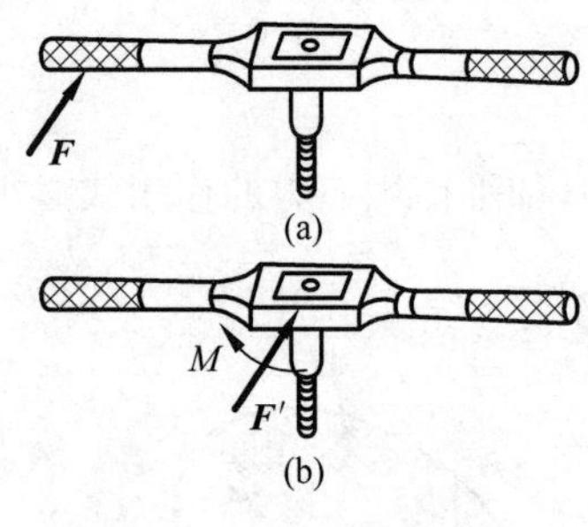

图 1-24 绞杠丝锥攻螺纹

如图 1-24(a)所示,钳工用绞杠丝锥攻螺纹时,如果用单手操作,在绞杠手柄上作用着力 $\boldsymbol{F}$。如将力 $\boldsymbol{F}$ 平移到绞杠中心时,必须附加一力偶 M 才能使绞杠转动(图 1-24(b))。平移后的 $\boldsymbol{F}'$ 会使丝锥杆变形甚至折断。如果用双手操作,两手的作用力保持等值、反向、平行,则平移到绞杠中心的两平移力相互抵消,绞杠只产生转动,这样攻出来的螺纹质量才好。也就是说,用绞杠丝锥攻螺纹时,只能用双手操作,且用力均匀,而不能用单手操作。

弄清概念 掌握定理

本章主要研究的内容为:力的概念与力的基本性质,力矩、力偶的概念及力偶的性质,平衡的概念和静力学公理等。要弄清概念,掌握定理,为以后各章学习奠定良好基础。

思考题

1-1 试说明式子 $\boldsymbol{F}_R=\boldsymbol{F}_1+\boldsymbol{F}_2$ 和 $F_R=F_1+F_2$ 的意义与区别。

1-2 二力平衡公理和作用与反作用定律中,作用于物体上的二力都是等值、反向、共线,其区别在哪里?

1-3 判断下列说法是否正确。

(1) 物体相对于地球静止时,物体一定平衡;物体相对于地球运动时,则物体一定不平衡。

(2) 桌子压地板,地板以反作用力支撑桌子,二力大小相等、方向相反且共线,所以桌子平衡。

(3) 合力一定比分力大。

(4) 二力杆是指两端用铰链连接的直杆。

1-4 如思 1-4 图所示结构,各杆自重不计,连接处皆为铰链,力 $\boldsymbol{F}$ 与 $\boldsymbol{F}'$ 等值、反向、共线。试问:能否根据二力平衡条件判定结构是否平衡?为什么?

1-5 如思 1-5 图所示,各构件自重均不计,指出哪些构件是二力杆。

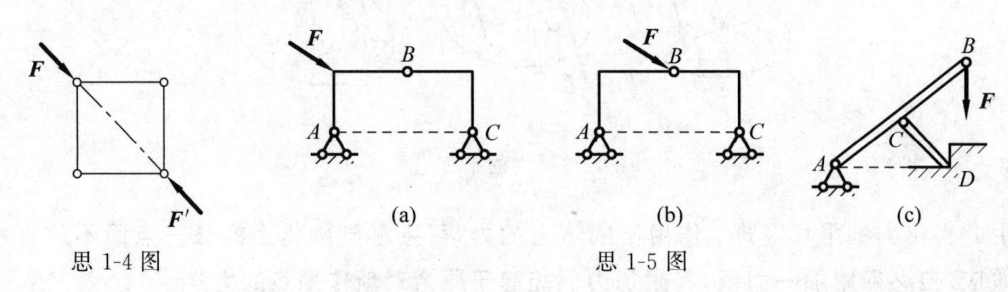

思 1-4 图

思 1-5 图

1-6　如思 1-6 图所示，两物体平面分别作用一平面汇交力系，且各力都不等于零，思 1-6(a)图中的 $\boldsymbol{F}_1$ 与 $\boldsymbol{F}_2$ 共线。判断两个力系能否平衡？

1-7　思 1-7 图所示为圆轮分别受力的两种情况。分析两种情况对圆轮 O 点的作用效果是否相同？为什么？

1-8　如思 1-8 图所示结构，当分析杆 AB 与杆 BC 的受力时，能否将作用于杆 AB 上 D 点的力 $\boldsymbol{F}$ 沿其作用线传到杆 BC 上的 E 点？为什么？

1-9　为什么有的定理只适用于刚体而不适用于变形体？

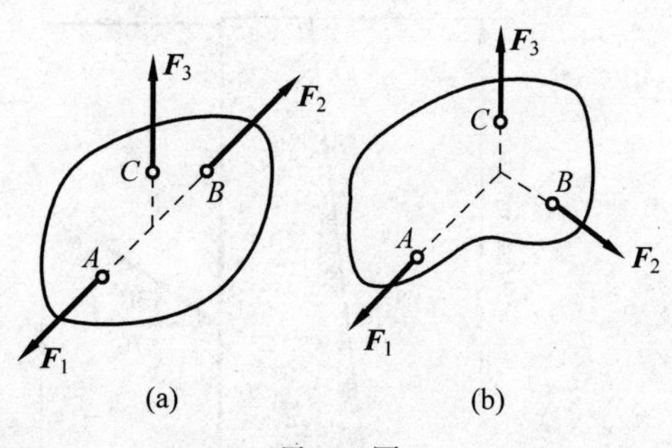

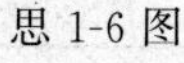
思 1-6 图

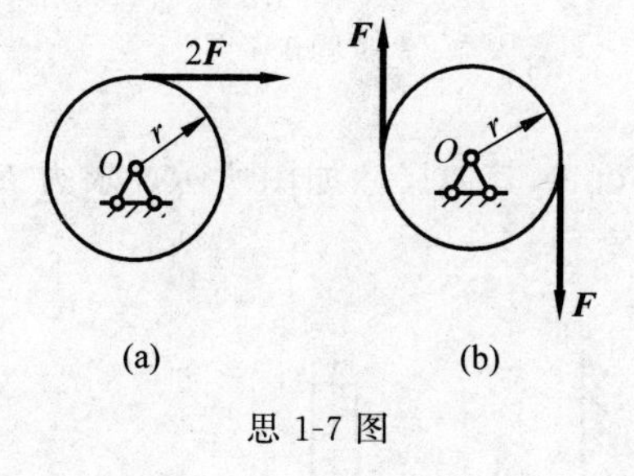

思 1-7 图

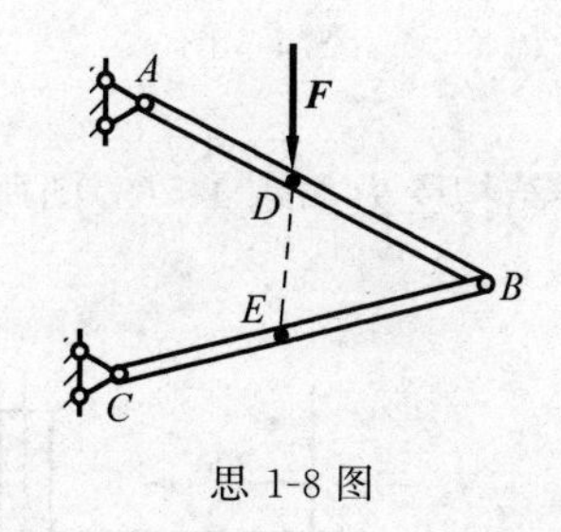

思 1-8 图

习题

1-1　托架受力如题 1-1 图所示，作用在 A 点的力为 $\boldsymbol{F}$。已知 $F=500\text{N}$，$d=0.1\text{m}$，$l=0.2\text{m}$。试求力 $\boldsymbol{F}$ 对 B 点之矩。

1-2　已知：$F_\text{n}=1000\text{N}$，$D=100\text{mm}$，$\alpha=20°$。求 $M_O(\boldsymbol{F}_\text{n})$的值。

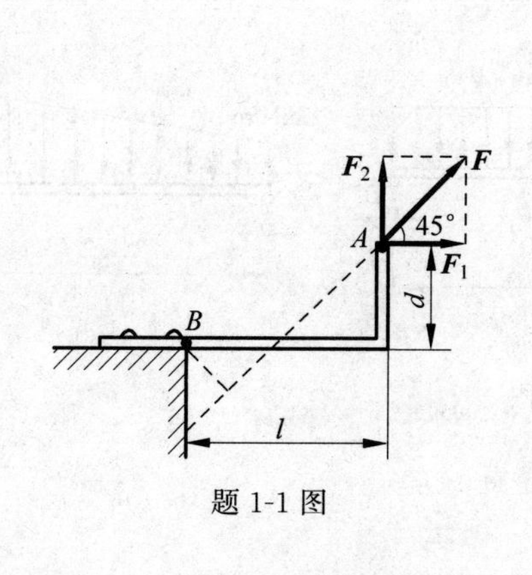

题 1-1 图

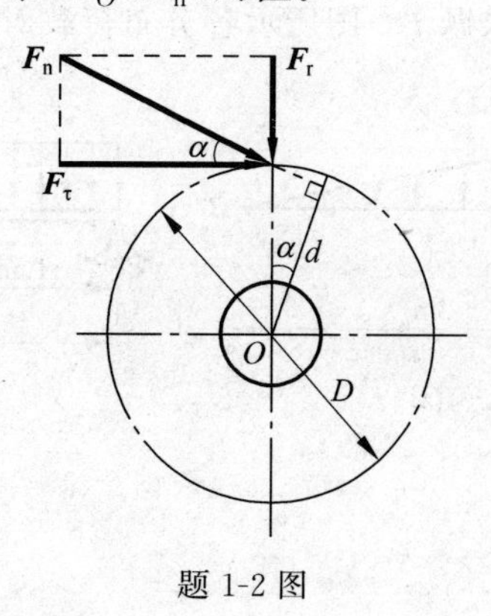

题 1-2 图

1-3　某水库排水渠道的挡土墙，每米长所受土压力的合力 $F=150\text{kN}$，方向如题 1-3 图所示。求土压力 $\boldsymbol{F}$ 使墙倾覆的力矩。

1-4 设电线杆上两根钢绳的拉力分别为 $F_1=120\text{N}$，$F_2=100\text{N}$，试分别计算 $\boldsymbol{F}_1$ 和 $\boldsymbol{F}_2$ 对电线杆根部 O 点的力矩。

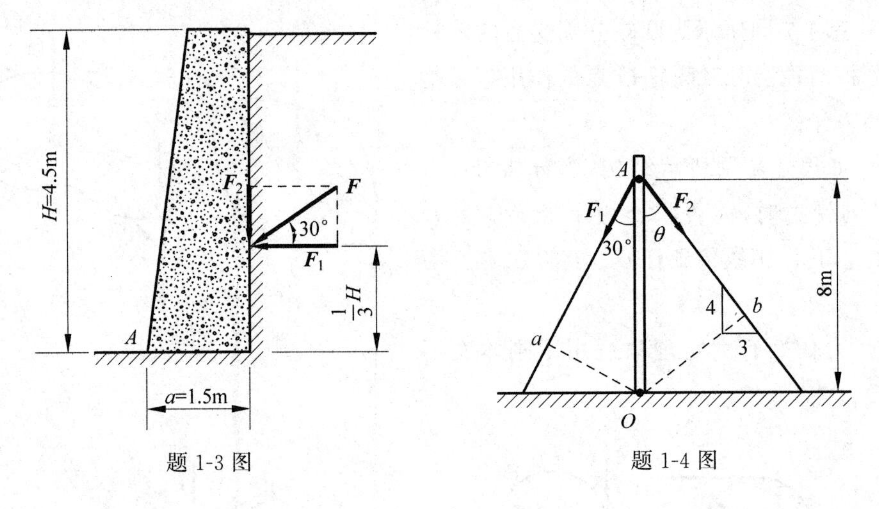

题 1-3 图　　　　题 1-4 图

1-5 某结构受力如题 1-5(a)图所示，$F=100\text{N}$，其他尺寸如图所示。求力 $\boldsymbol{F}$ 对 C 点的力矩。

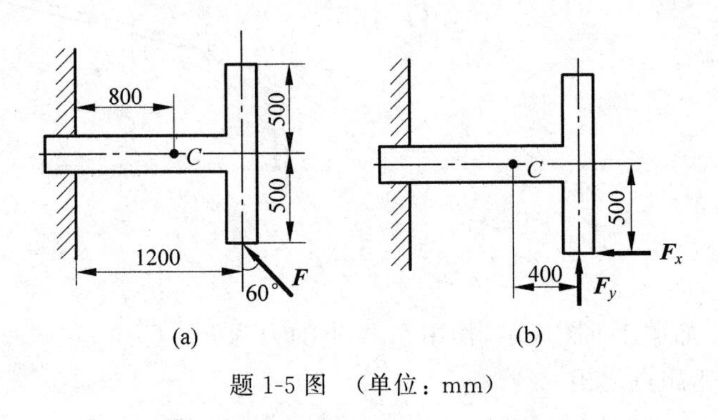

题 1-5 图 （单位：mm）

1-6 求题 1-6 图所示各分布荷载对 A 点之矩。

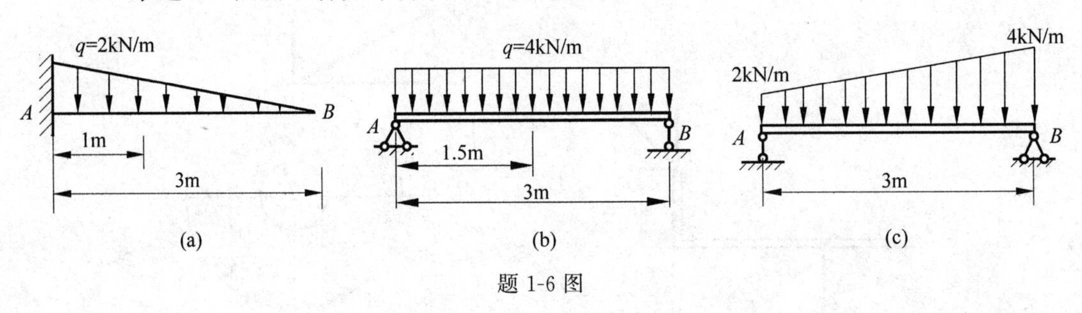

题 1-6 图

结构的计算简图与受力图

2.1 结构的计算简图

实际结构是很复杂的，完全按照结构的实际情况进行力学分析是不可能的，也是不必要的。因此，在对实际结构进行力学分析之前，必须加以简化，用一个简化了的图形来代替实际结构。这个简化图形称为结构的计算简图，简称**计算简图**。其实，土木工程力学研究的真正对象也就是杆件和杆系结构的计算简图。在选取结构计算简图时，一般应遵守以下两条原则：

(1) 忽略次要因素，尽可能地反映出实际结构的主要受力性能；

(2) 分清主次，略去细节，使计算简图便于计算，计算结果有足够的精确性。

在上述两条原则的前提下，选取结构计算简图需要进行 4 方面简化，下面简要地说明杆系结构计算简图的简化要点。

2.1.1 结构体系的简化

一般结构都是空间结构，各部分相互连接成为一个空间整体，以承受各个方向可能出现的荷载。但在多数情况下，常可以忽略一些次要的空间约束，而将实际结构分解为平面结构，使计算得以简化。本书只讨论平面结构的计算问题。

2.1.2 平面杆系结构的简化

1. 杆件的简化

平面杆系结构是由杆件组成的。杆件的几何特征是它的长度 l 远大于其横截面的宽度 b 和高度 h。**横截面**和**轴线**是杆件的两个主要几何因素，前者指的是垂直于杆件长度方向的截面，后者则为所有横截面形心的连线。如果杆件的轴线为直线，则称为**直杆**，如图 2-1(a) 所示；若杆件的轴线为曲线，则称为**曲杆**，如图 2-1(b)所示。根据杆的各横截面相等或不相等，分为等直杆(图 2-1(a))和变截面杆(图 2-1(c))。在计算简图中，杆件用其轴线表示，杆件之间的连接处用结点表示，杆长用结点间的距离表示，而荷载的作用点也都转移到轴线上。

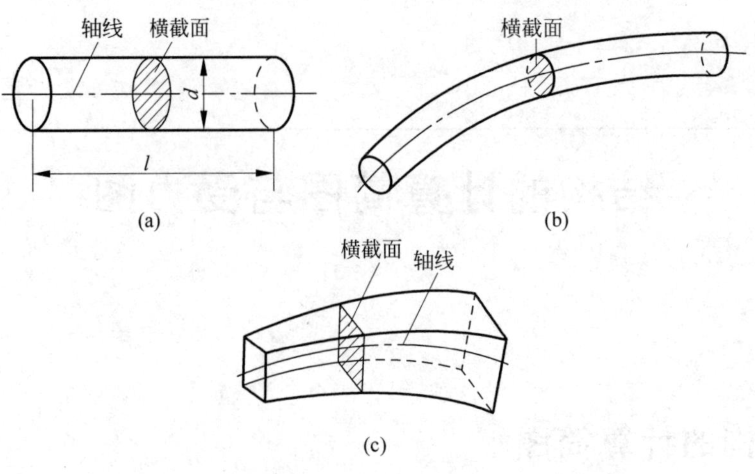

图 2-1 杆件的分类

在土木工程中,实际杆件是很复杂的,主要表现在以下几方面。

(1) 各式各样的截面形状,如图 2-2 所示。

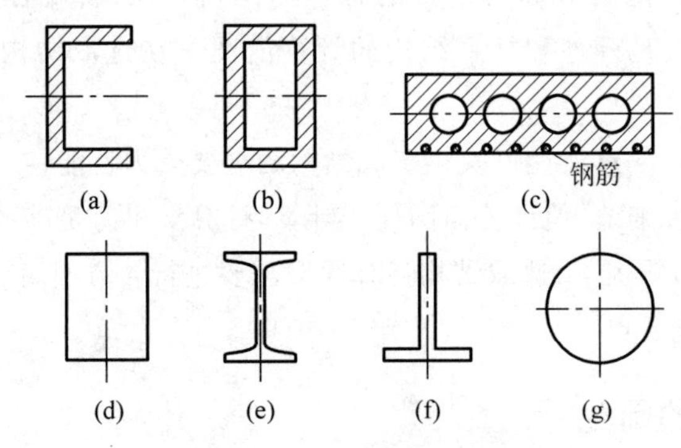

图 2-2 常见杆件截面形状

(2) 连接方式繁多,如图 2-3 所示。

(3) 所用材料多种多样。在土木、水利工程中结构所用的建筑材料通常为钢、混凝土、砖、石、木料等。在结构计算中,为了简化,对组成各构件的材料一般都假设为连续的、均匀的、各向同性的、完全弹性或弹塑性的。上述假设对于金属材料在一定受力范围内是符合实际情况的。对于混凝土、钢筋混凝土、砖、石等材料则带有一定程度的近似性。至于木材,因其顺纹与横纹方向的物理性质不同,故应用这些假设时须注意。

2. 荷载的简化

1) 荷载的概念

荷载通常指作用在结构上的主动力。如结构的自重、水压力、土压力、风压力以及人群、货物的重量、吊车轮压等,它们在结构荷载规范中统一称为直接作用;另外还有间接作用,如地基沉陷、温度变化、构件制造误差、材料收缩等,它们同样可以使超静定结构产生内力和变形。

合理确定荷载,是结构设计中非常重要的工作。如将荷载估计过大,会使所设计的结构尺寸偏大,造成浪费;如将荷载估计太小,则所设计的结构不安全。因此,在结构设计中,要慎重考虑各种荷载的大小,要严格根据国家颁布的《建筑结构荷载规范》(GB 50009—2012)

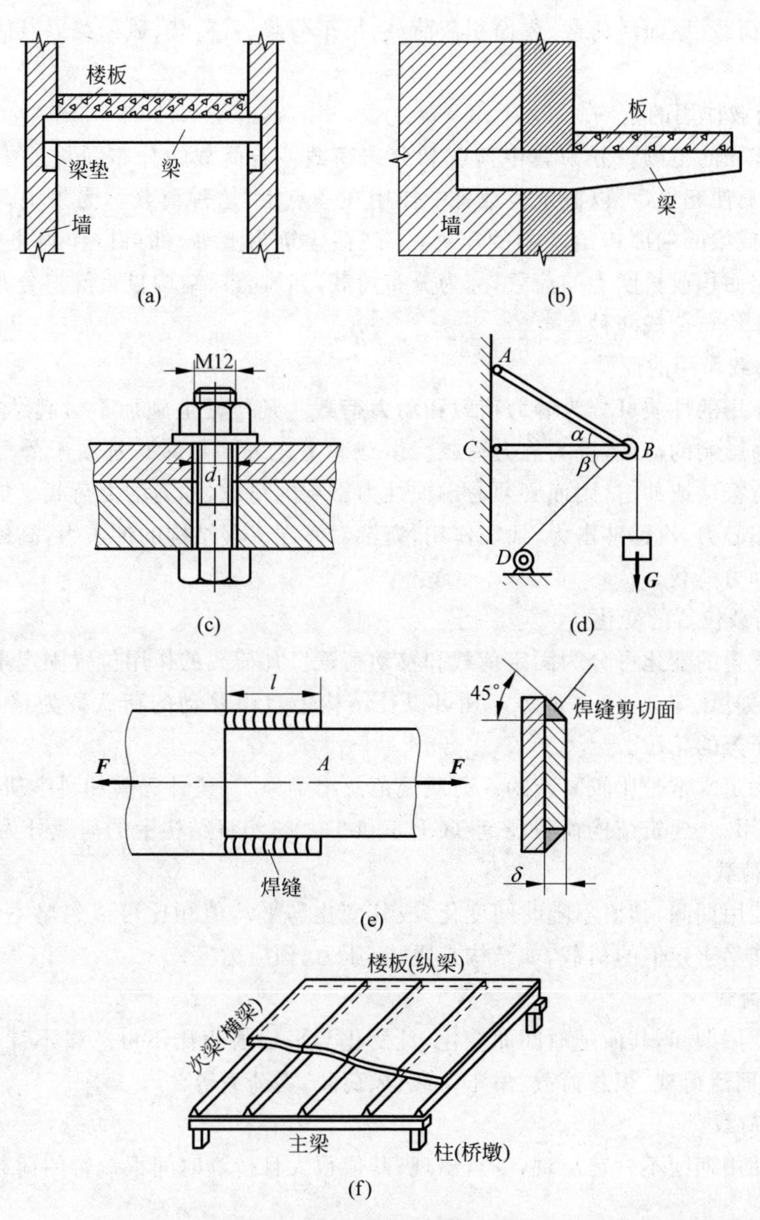

图 2-3　杆件的常见连接方式

(a) 梁墙连接；(b) 阳台连接；(c) 铆接；(d) 吊架连接；(e) 焊接；(f) 主次梁连接

来确定荷载值。

2) 荷载的分类

在对结构进行分析前，必须先确定结构上所承受的荷载。在建筑工程设计中，将荷载按其不同的特点加以分类。

(1) 按荷载作用时间的久暂

按荷载作用时间的久暂可分为恒载和活载。恒载是指长期作用在结构上的不变荷载，如屋面板、屋架、梁、楼板、墙体、柱、基础等各部分构件的自重，及安装在结构上设备的重量等，这种荷载的大小、方向和作用的位置都是不变的。活载是指作用在结构上的可变动荷载,如楼面活荷载、屋面活荷载、屋面积灰荷载、吊车荷载、雪荷载、风荷载以及施工或检修时的荷载等。

(2) 按荷载作用的范围

按荷载作用的范围可分为**集中荷载**和**分布荷载**。若荷载的分布面积远小于结构尺寸时,为了计算简便起见,可以假定荷载集中作用在一点上,这种荷载称为集中荷载。如车轮的轮压、屋架或梁的端部传给柱子的压力,人站在建筑物上等,都可以作为集中荷载处理。凡分布在一定面积或长度上的荷载,称为分布荷载,如风、雪、结构自重等。分布荷载又分为均布荷载和非均布荷载两种。

(3) 按荷载作用的性质

按荷载作用的性质可分为**静力荷载**和**动力荷载**。凡缓慢地施加不引起结构振动,因而可忽略惯性力影响的荷载,称为静力荷载。恒载和上述大多数活载都属于静力荷载。凡能引起结构显著振动或冲击,因而必须考虑惯性力影响的荷载,称为动力荷载。如动力设备转动时产生的偏心力,汽锤冲击力,地震作用,海浪对海洋工程结构的冲击力,高耸建筑物上的风力等都是动力荷载。

(4) 按荷载位置的变化

按荷载位置的变化可分为**固定荷载**和**移动荷载**。凡荷载的作用位置固定不变的荷载称为固定荷载,如风、雪、结构自重等。凡可以在结构上自由移动的荷载称为移动荷载,如吊车、汽车、火车等的轮压。

荷载的确定常常是比较复杂的。荷载规范总结了施工、设计经验和科学研究成果,供施工、设计时使用。《建筑结构荷载规范》(GB 50009—2012)将结构上的荷载分为以下三类。

① **永久荷载**

在结构使用期间,其值不随时间变化,或其变化与平均值相比可以忽略不计,或其变化是单调的并能趋于定值的荷载,如结构自重、土压力、预应力等。

② **可变荷载**

在结构使用期间,其值随时间而变化,且变化与平均值相比不可忽略不计的荷载,如楼面活荷载、屋面活荷载、积灰荷载、吊车荷载、风荷载、雪荷载等。

③ **偶然荷载**

在结构使用期间不一定出现,一旦出现,其值很大且持续时间很短暂的荷载,如爆炸力、撞击力等。

上面介绍了荷载及其分类,实际荷载是很复杂的,只了解这些荷载知识是不够的,在很多情况下,设计者还需深入现场对实际结构进行调查研究,只有这样,才能在设计、施工中正确地选用荷载。

例 2-1 图 2-4 中的 AB 杆,表示一根搁置在砖墙上的钢筋混凝土梁,其上受均布荷载 q(包括梁的自重)的作用,试画其计算简图。

解: 此梁为直杆,可用轴线表示。为能对这种梁的支承作出正确的简化,我们先研究一下梁在受力后的情况:(1)梁搁置在砖墙上,其两端不可能有竖直向下的移动,但梁弯曲时两端可发生转动;(2)整个梁不允许在水平方向发生整体移动;(3)当梁受到温度变化引起热胀冷缩时,墙很难起到阻止作用。考虑到梁的这些特点,可以对梁的支承情况作如下处理:用刚性的链杆支座代替实际支座,如图 2-4(b)所示。对支座作这样的简化,可使计

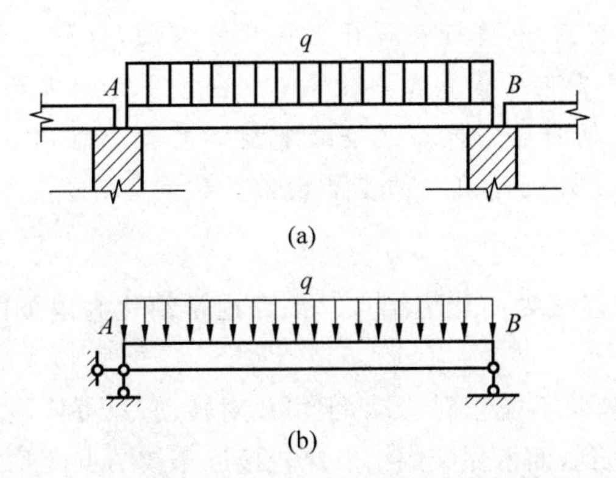

图 2-4　搁置在砖墙上的钢筋混凝土梁计算简图

算工作大为简化，同时也能满足梁的上述特点，基本符合此梁的实际工作状态。在图 2-4(b)中，两根竖向的刚性链杆阻止了梁的上下移动，但当梁弯曲时，梁的端部可以自由转动，这就符合了上述梁的第一个特点；由于在左端有一水平链杆限制了梁在水平方向的整体移动，这就符合了第二个特点；由于右端无水平链杆，允许梁受到温度等影响后能在水平方向伸缩，这就基本上符合了第三个特点。故此梁的计算简图为如图 2-4(b)所示简支梁。

例 2-2　图 2-5(a)所示为一水利工程中的钢筋混凝土渡槽，试画其计算简图。

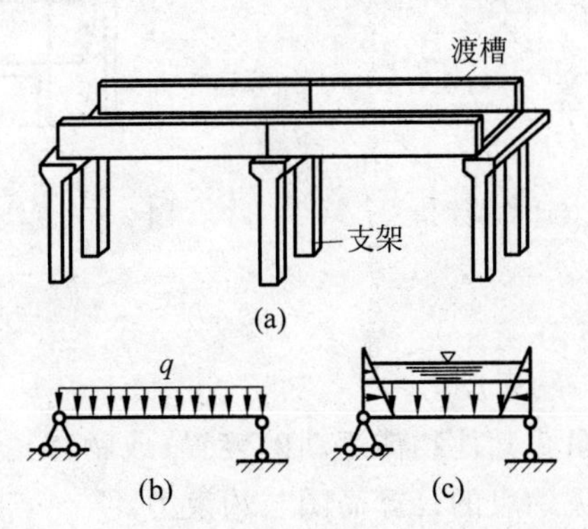

图 2-5　水利工程中钢筋混凝土渡槽计算简图

解：在纵向计算中，单根槽身可视为支承在支架上的简支梁，梁的横截面为 U 形，所受荷载是均布的水重和自重，可简化为均布的线荷载 q，其计算简图如图 2-5(b)所示。

为了进行横向计算，我们用两个垂直于纵向轴线的平面从槽身截出单位长度的一段，这是一个 U 形刚架，如图 2-5(c)所示。刚架所受的内部水压力在底部为均匀分布，在两侧为三角形分布。

杆　秤

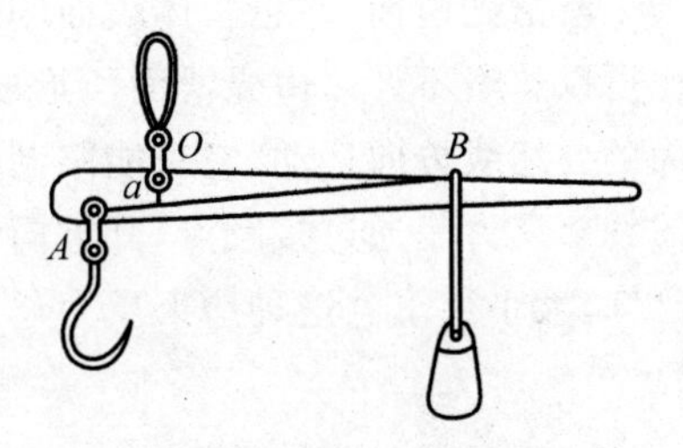

图 2-6　杆秤的简化模型

图 2-6 所示为杆秤的简化模型。杆秤是我国古代常用的称量工具。仔细观察杆秤可以发现，悬挂物体的秤

钩支点 A 稍低于提绳的支点 O,秤砣在秤杆上沿秤杆移动,以秤杆的上缘 B 为支点。连接 A 和 B 并不通过 O 点,而是向下偏离微小距离 a。由于秤杆向端部变细,物体越重,秤砣离提绳越远,偏离距离 a 就越明显。虽然这个毫米量级的微小距离 a 不大容易被注意到,但实践证明,a 是杆秤正常工作必不可少的重要因素。试问为什么。

3. 结点的简化

在结构中,杆件间的连接处简化为结点。结点通常简化为以下两种理想情形。

(1) 铰结点

被连接的杆件在连接处不能相对移动,但可相对转动,只可传递力,但不能传递力矩。这种理想情况实际上很难遇到,而木屋架的结点比较接近于铰结点(图 2-7)。

(2) 刚结点

被连接的杆件在连接处既不能相对移动,也不能相对转动;既可以传递力,也可以传递力矩。现浇钢筋混凝土结点通常属于这类情形(图 2-8)。

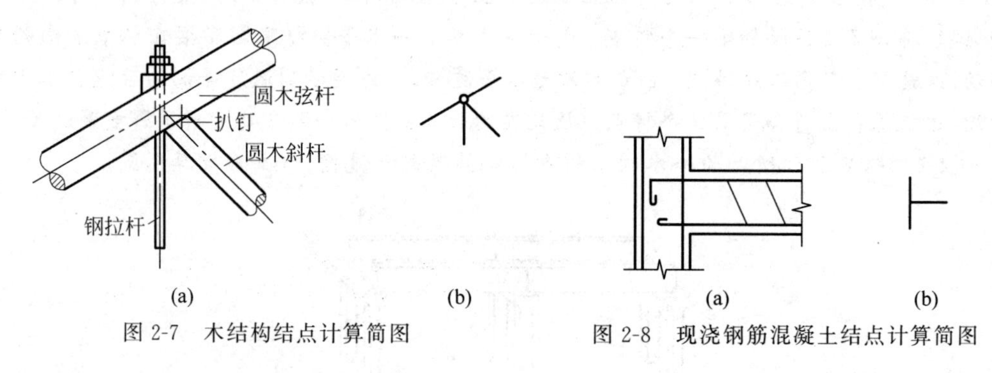

图 2-7 木结构结点计算简图

图 2-8 现浇钢筋混凝土结点计算简图

4. 结构外部约束的简化

1) 外部约束计算简图与约束反力

所谓**约束**,是指限制或阻止其他物体运动的装置(或物体)。平面结构的外部约束多种多样,下面分别介绍几种常见约束的计算简图与约束力。

(1) 柔性约束

由绳索、皮带、链条等柔性物体形成的约束,称为**柔性约束**。这种约束只能拉物体,不能压物体,所以柔性约束只能限制物体沿着柔性约束中心线离开的运动,而不能限制物体沿其他方向的运动,所以柔性约束的约束反力只能通过接触点,其方向总是沿着柔性约束的中心线背离物体(即拉力),如图 2-9 所示。

(2) 光滑面约束

所谓光滑面,是指物体表面刚性光滑,或者说两物体接触处的摩擦力很小,与其他力相比可以忽略不计。由光滑面所形成的约束称为**光滑面约束**。这种约束不能限制物体沿光滑面的公切线方向运动,它只能限制物体沿光滑面的公法线指向光滑面的运动。所以光滑面的约束反力是通过接触点,其方向沿着光滑面的公法线而指向物体(压力),即约束反力方向已知,大小待求。这种约束反力通常用 $\boldsymbol{F}_{\mathrm{N}}$ 表示,如图 2-10 所示。

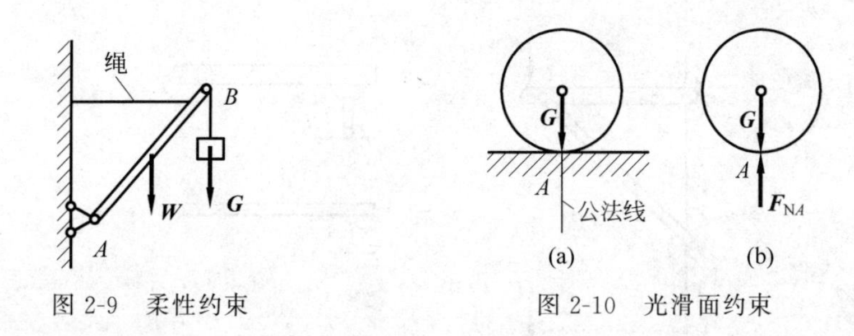

图 2-9　柔性约束

图 2-10　光滑面约束

(3) 光滑铰链约束

在两个物体上，分别钻上直径相同的圆孔，再将一直径略小于孔径的圆柱体销钉插入两物体的孔中，略去摩擦，便形成了**光滑铰链约束**，如图 2-11(a)所示。此连接体简称为**铰链**或**铰**，图 2-11(b)是它的计算简图。这类约束的特点是，只能限制物体沿销钉的径向运动，而不能限制物体绕销钉的转动。再者，由于销钉与圆孔是光滑面接触约束(图 2-11(c))，其约束反力应过接触点、沿公法线指向物体。由于接触点的位置不能预先确定，因此，约束反力的方向也不能预先确定。所以，圆柱铰链的约束反力是在垂直于销钉轴线的平面内，通过铰链中心，而方向未定的反力。为了计算方便，将这一反力分解为互相垂直的两个分反力，这对约束分反力作用在铰心，而大小未知，如图 2-11(d)所示。

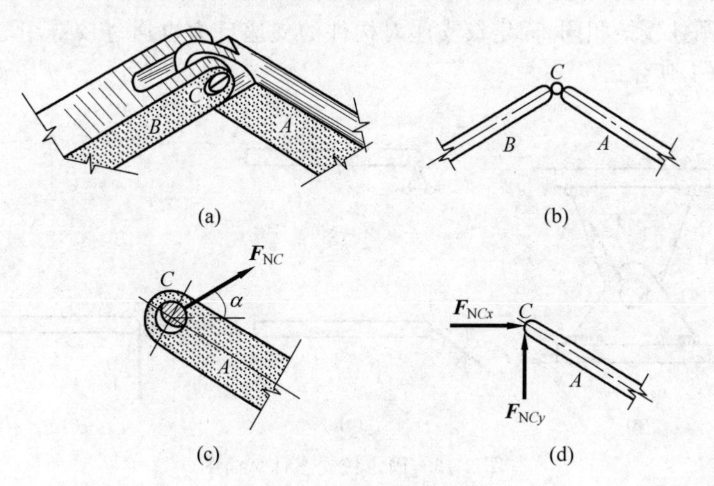

图 2-11　光滑铰链约束

(4) 链杆约束

两端用铰链与物体连接，且中间不受力(自重忽略不计)的刚性杆(可以是直杆，也可以是曲杆)，称为**链杆**，如图 2-12(a)、(b)中的 AB 杆。链杆只在两端各有一个力作用而处于平衡状态，故链杆又称为**二力杆**，如图 2-12(d)所示。这种约束只能阻止物体沿着杆两端铰连线的方向运动，不能阻止其他方向的运动。所以，链杆的约束力方向沿着链杆两端铰连线，指向未定。链杆约束的约束反力如图 2-12(e)、(f)所示。

2) 支座计算简图与支座反力

工程中，将杆件或结构支承在基础或另一结构上的装置，称为**支座**。支座也是约束，它是与基础连接的约束。支座对它所支承结构的约束力称为**支座反力**，简称**反力**。现将工程中常见的支座介绍如下。

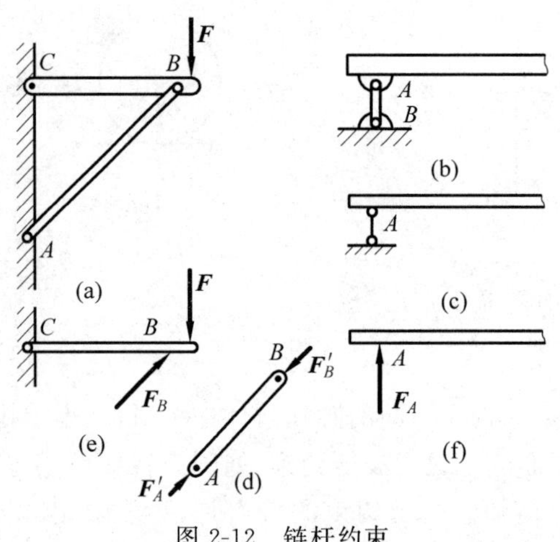

图 2-12 链杆约束

(1) 固定铰支座(铰链支座)

用圆柱铰链把构件或结构与支座底板连接,并将底板固定在支承物上构成的支座,称为**固定铰支座**(图 2-13(a))。固定铰支座的计算简图如图 2-13(b)所示。这种支座能限制构件在垂直于销钉平面内任意方向的移动,而不能限制构件绕销钉的转动。可见固定铰支座的约束性能与圆柱铰链相同,固定铰支座对构件的支座反力也通过铰链中心,而方向不定,如图 2-13(c)、(d)所示。

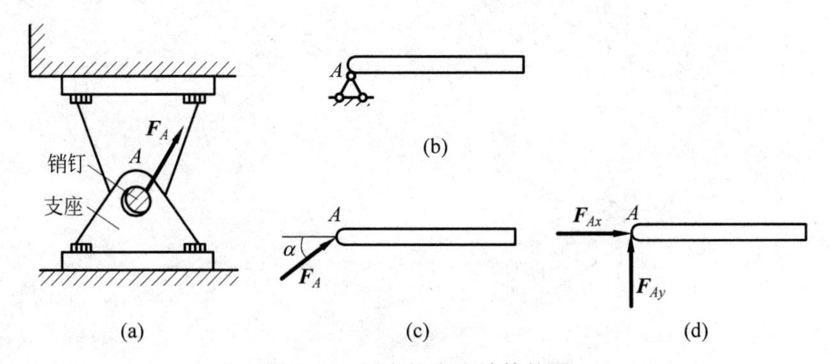

图 2-13 固定铰支座计算简图

在工程实际中,桥梁上的某些支座比较接近理想的固定铰支座,而在房屋建筑中这种理想的支座很少,通常把限制移动而允许产生微小转动的支座都视为固定铰支座。例如,在房屋建筑中的屋架,它的端部支承在柱子上,并将预埋在屋架和柱子上的两块钢板焊接起来,可以阻止屋架的移动,但因焊缝的长度有限,对屋架的转动限制作用很小,因此,可以把这种装置视为固定铰支座(图 2-14)。

(2) 活动铰支座

在固定铰支座的下面加几个辊轴支承于平面上,由于支座的连接,它不能离开支承面,就构成**活动铰支座**(图 2-15(a)),也称可动铰支座。可动铰支座的计算简图如 2-15(b)所示。

这种支座只能限制物体垂直于支承面方向的移动,但不能限制物体沿支承面切线方向

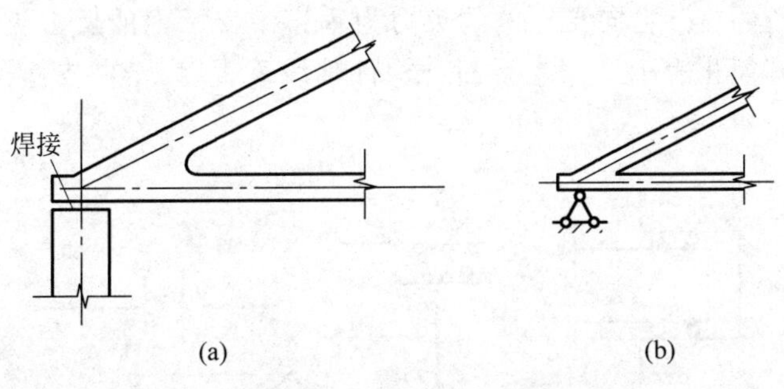

图 2-14　固定铰支座实例

的运动，也不能限制物体绕销钉转动。所以，可动铰支座的约束力通过销钉中心，**垂直于支承面，指向未定**，如图 2-15(d)所示(图中 $\boldsymbol{F}_A$ 的指向是假设的)。

在房屋建筑中，如钢筋混凝土梁通过混凝土垫块搁置在砖墙上(图 2-15(e))，就可将砖墙简化为活动铰支座。

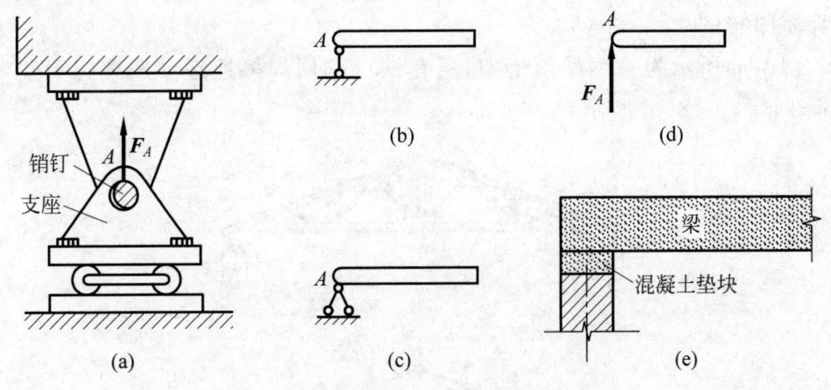

图 2-15　活动铰支座计算简图

(3) 固定端支座

房屋建筑中的阳台挑梁如图 2-16(a)所示，它的一端嵌固在墙壁内，或与墙壁、屋内梁一次性浇筑。墙壁对挑梁的约束既限制它沿任意方向移动，又限制它的转动，这样的约束称为**固定端支座**。它的构造简图如图 2-16(b)所示，计算简图和受力图如图 2-16(c)所示。

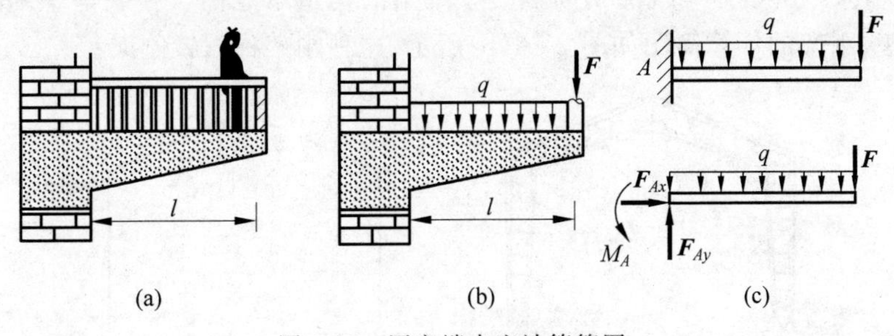

图 2-16　固定端支座计算简图

(4) 定向支座

定向支座能限制构件的转动和垂直于支承面方向的移动，但允许构件沿平行于支承面方向的移动(图 2-17(a))。定向支座的约束力为垂直于支承面的反力 $\boldsymbol{F}_{\mathrm{N}}$ 和反力偶矩 M,图 2-17(b)所示为其简化表示。当支承面与构件轴线垂直时,定向支座的反力为水平方向(图 2-17(c))。

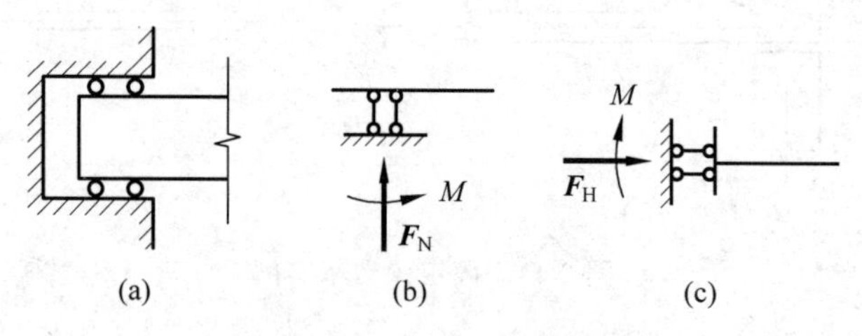

图 2-17 定向支座计算简图

在此需要指出的是,上述各种支座都假设本身不变形,在计算简图中支杆为刚性杆,因此,总称它们为**刚性支座**。如果作结构分析时需要考虑支座(包括地基在内)本身的变形,这种支座称为**弹性支座**。本力学所涉及的支座皆为刚性支座。

3) 计算简图实例

(1) 图 2-18(a)所示为一钢屋顶桁架,所有结点都用焊接连接。按理想桁架考虑时,屋架的计算简图如图 2-18(b)所示。

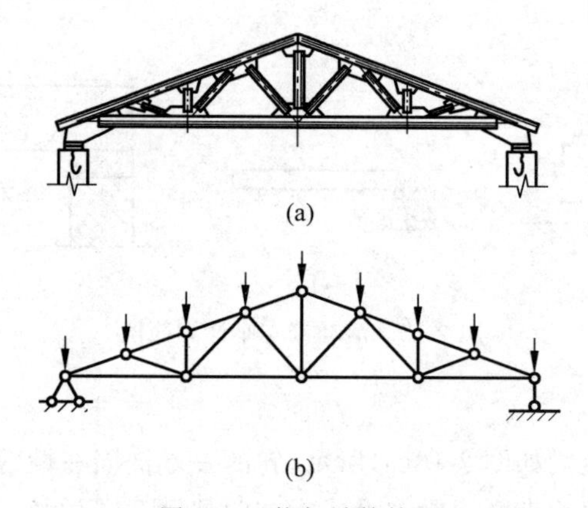

图 2-18 桁架计算简图

(2) 图 2-19(a)所示为一现浇钢筋混凝土刚架的构造示意图。柱底与基础的连接可看作固定铰支座,刚架的计算简图如图 2-19(b)所示,这种刚架称双铰刚架。

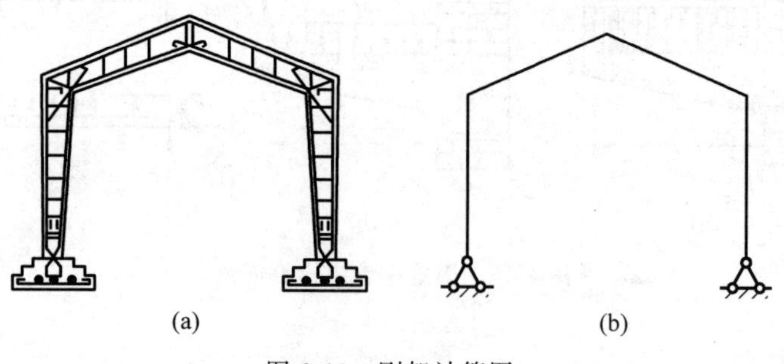

图 2-19 刚架计简图

(3) 图 2-20(a)所示为现浇多层多跨刚架。其中所有结点都是刚结点,这种结构称为框架,图 2-20(b)是其计算简图。

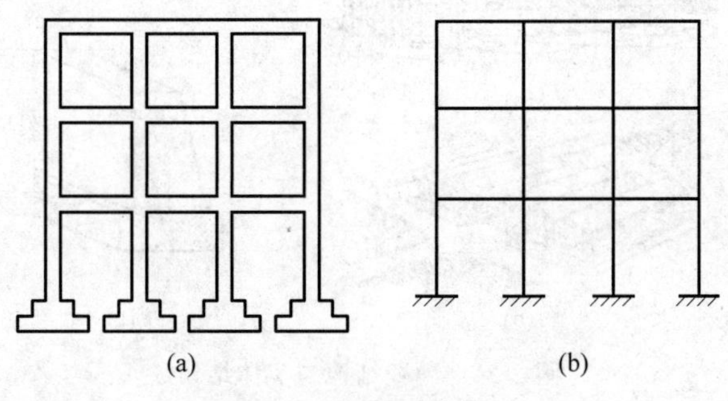

(a)　　(b)

图 2-20　框架计算简图

为何在此讲授结构计算简图?

土木工程力学的真正研究对象为杆件和杆件结构的计算简图,而不是实际结构。那么,为何在此讲授这一内容呢?因为结构计算简图不是一蹴而就的,必须在反复讲授中才能掌握。在此安排这一内容,一是因为开始就讲明土木工程力学的真实研究对象,为全书讲授做好铺垫;二是在下面一些章节中还要继续深化,这样为下一步深化及理论联系实际创造了条件。

2.2　杆件结构的分类

2.2.1　结构的分类

在土木工程中结构一般分为三类:

(1) 杆件结构。即由上面讲的杆件按照一定的组合方式组合而成的杆件体系。

(2) 薄壁结构。这类结构由薄壁构件组成,它的厚度要比长度和宽度小得多。如楼板、薄壳屋面(图 2-21(a))、水池、折板屋面(图 2-21(b))、拱坝、薄膜结构等。

(3) 实体结构。这类结构本身可看作一个实体构件或由若干实体构件组成的。它的几何特征是呈块状的,长、宽、高三个方向的尺寸大体相近,且内部大多为实体。例如挡土墙(图 2-21(c))、重力坝、动力机器的底座或基础等。

2.2.2　平面杆件结构分类

平面杆件结构的分类,实际是对杆件结构计算简图的分类。实际的杆件结构一般均为空间杆结构,如图 2-22(a)所示钢筋混凝土厂房结构,梁和柱都是预制的。柱子下端插入基础的杯口内,然后用细石混凝土填实。梁与柱的连接是通过将梁端和柱顶的预埋钢板进行焊接而实现的。在横向平面内柱与梁组成排架(图 2-22(b)),各个排架之间在梁上由屋面板连接,在柱的牛腿上由吊车梁连接。但在实际工程计算中,为了简化计算均简化成图 2-22(c)所示的计算简图。

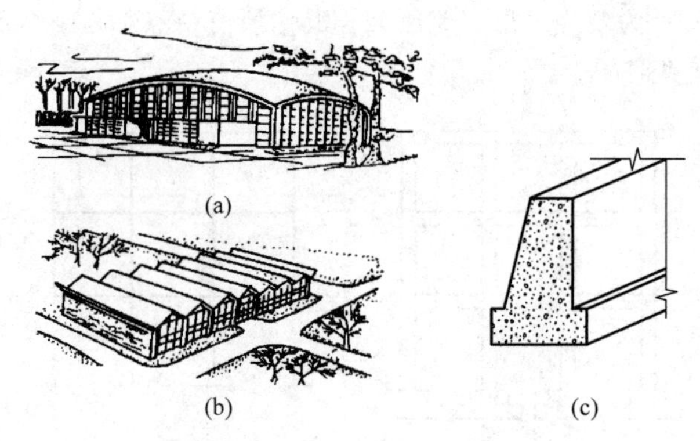

图 2-21 薄壁结构与实体结构
(a) 薄壳屋面;(b) 折板屋面;(c) 挡土墙

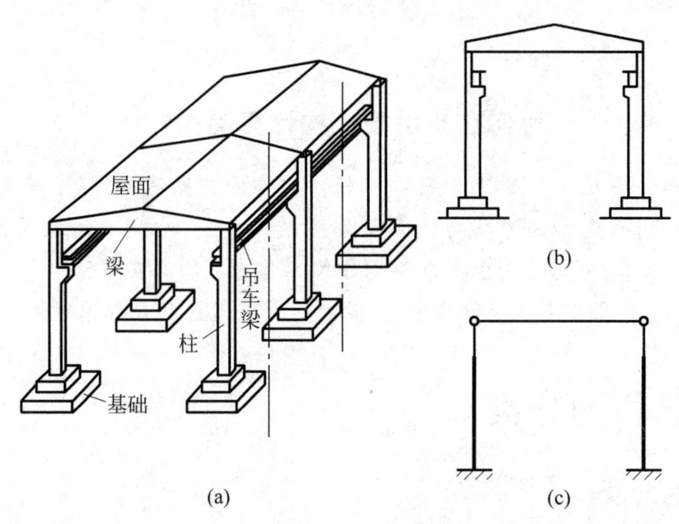

图 2-22 钢筋混凝土厂房结构计算简图

首先,厂房结构虽然是由许多排架用屋面板和吊车梁连接起来的空间结构,但各排架在纵向以一定的间距有规律地排列着。作用于厂房上的荷载,如恒载、雪荷载和风荷载等一般是沿纵向均匀分布的,通常可把这些荷载分配给每个排架,而将每一排架看作一个独立的体系,于是实际的空间结构便简化成平面结构(图 2-22(b))。

其次,梁和柱都用它们的几何轴线来代表。由于梁和柱的截面尺寸比长度小得多,轴线都可近似地看作直线。

梁和柱的连接只依靠预埋钢板的焊接,梁端和柱顶之间虽不能发生相对移动,但仍有发生微小相对转动的可能,因此可取为铰结点。柱底和基础之间可以认为不能发生相对移动和相对转动,因此柱底取为固定支座。

再如图 2-23(a)所示水电站的高压水管,水管支承在一系列支托上,从整体看是一个连续梁。固定台很重,可看作梁的固定端,而支托可看作支杆。在水管自重和管内水重作用下,水管可按均布荷载作用下的连续梁来计算,计算简图如图 2-23(b)所示。

以上是计算水管纵向应力所取的计算简图。当计算环向应力时,由于水管很长,且每一截面所受的水压力也是一样的,因而可以截取一单位宽度的圆环进行计算,计算简图如

图 2-23(c)所示。当水管突然放空而形成真空时，由于外压的存在，有丧失稳定的可能，原先的圆环在失稳后变为椭圆形，故还须验算圆环在均匀外压作用下的稳定性(图 2-23(d))。

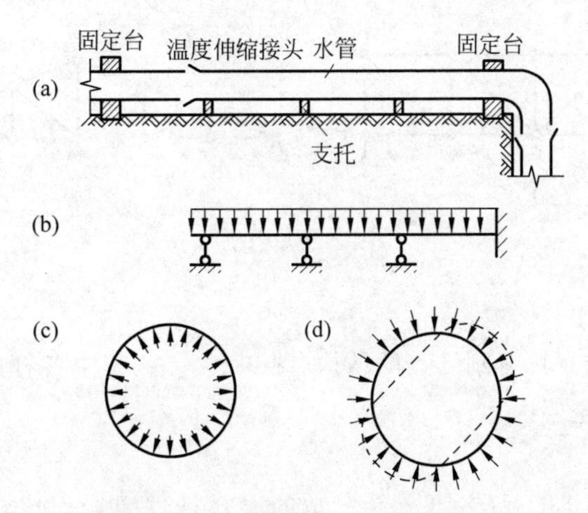

图 2-23　水电站的高压水管计算简图

按照不同的构造特征和受力特点，平面杆件结构又分为以下五类。

1. 梁

梁是一种受弯为主的杆件，其轴线通常为直线。它可以是单跨的(图 2-24(a)、(c))，也可以是多跨的(图 2-24(b)、(d))。

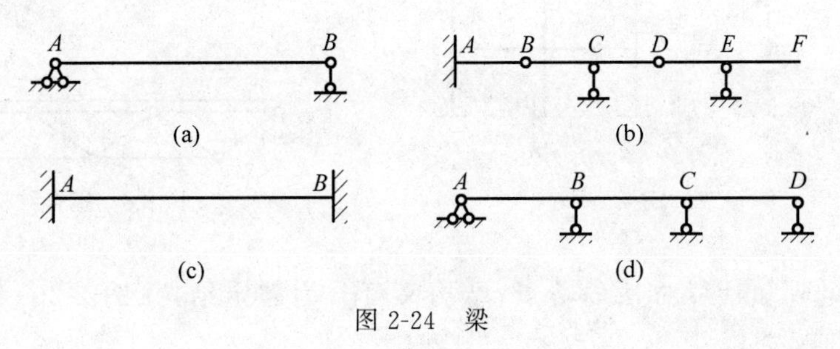

图 2-24　梁

2. 拱

拱的轴线通常为曲线，它的受力特点是：在竖向荷载作用下产生水平反力，通常称为推力。由于推力的存在将使拱内弯矩远小于同跨度、同荷载及支承情况相同梁的弯矩(图 2-25)。

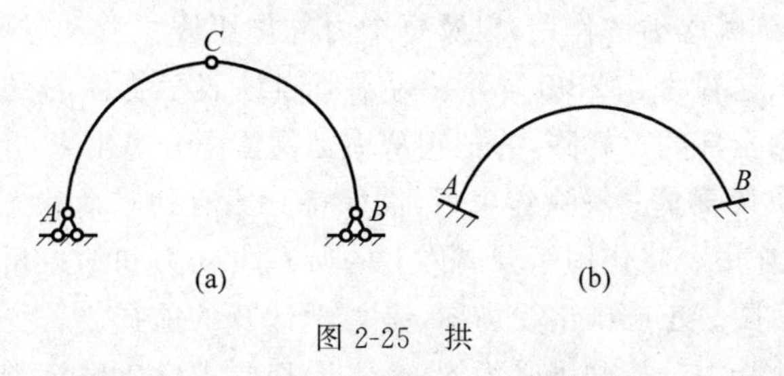

图 2-25　拱

3. 桁架

桁架是由若干杆件在杆件两端用理想铰联结而成的结构(图 2-26)，也可以说桁架就是由链杆组成的结构。各杆的轴线都是直线,当只受作用于结点的荷载时,各杆只产生轴力。

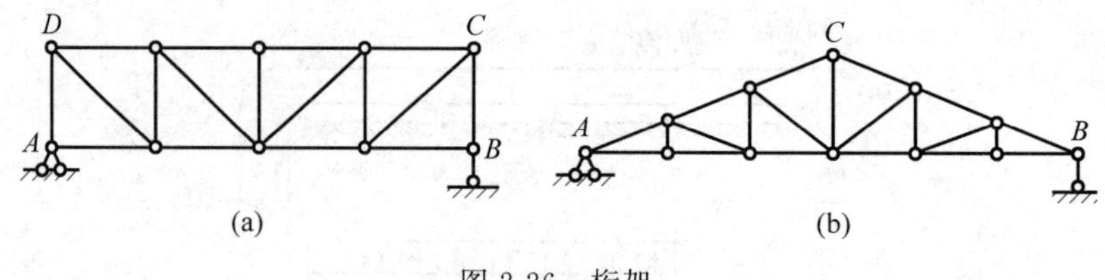

图 2-26 桁架

4. 刚架

刚架是由直杆组成并具有刚结点的结构(图 2-27)。刚架中各杆的内力一般有弯矩、剪力和轴力,多以弯矩为主要内力。

5. 组合结构

由只承受轴向力的链杆和主要承受弯矩的梁式杆件组合而成的结构,称为组合结构(图 2-28)。在工业厂房中,当吊车梁的跨度较大(12m 以上)时,常采用组合结构,工程界称为桁架式吊车梁。

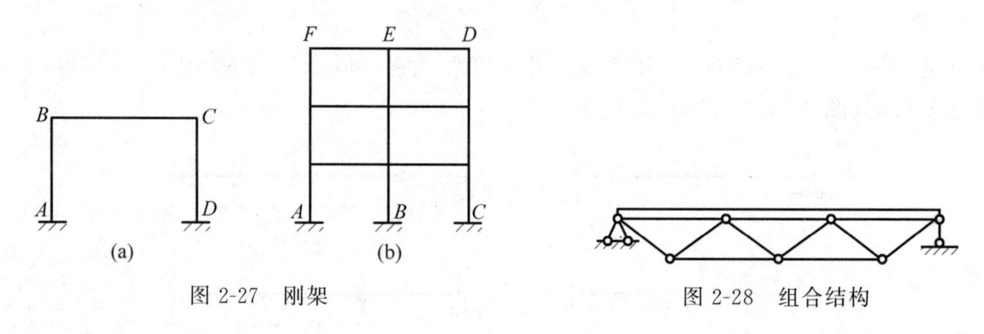

图 2-27 刚架

图 2-28 组合结构

按照几何组成和计算方法的特点,结构又可分为静定结构(图 2-26)和超静定结构(图 2-27 和图 2-28)。

2.3 结构的受力图

在对杆件(或结构)进行力学计算时,首先要对它们进行受力分析。所谓**受力分析**是指,分析杆件(或结构)受到哪些力的作用,以及每个力的作用线位置和方向,哪些是已知力,哪些是未知力,通过什么途径求出未知力等。为了清晰地表示物体的受力情况,便于分析计算,需把研究对象上的全部约束解除,并把它从周围物体中分离出来,用简图单独画出,这个图形称为**分离体**,也称**隔离体**;解除约束后,欲保持其原有的平衡状态,必须用相应的约束反力来代替原有约束作用。将作用于分离体上的所有主动力和约束反力,以力矢形式表示在分离体上,称为**受力图**。正确画出受力图,是力学计算的前提。若受力图出现错误,则以后的计算毫无意义,故受力分析和画受力图,是本课程要求学生熟练掌握的基本技能之一。画受力图的步骤如下:

(1) 根据要求选取构件或结构的计算简图为研究对象。

(2) 取分离体,即取整个结构或部分结构为研究对象,去掉全部约束。

(3) 画出分离体上作用的全部外荷载。

(4) 画出分离体上撤掉约束后的约束反力。在此要特别注意,画约束反力(或支座反力)时,要根据约束性质确定反力,注意反力要符合作用力与反作用力定律,切不可主观臆断、只凭想象,更不要画出内力。

画受力图是对研究对象进行受力分析的第一步,也是最重要最关键的一步,如果这一步错了,那么以后的计算就步步皆错。因此,画受力图时必须认真仔细。下面用4个例子具体说明受力图的画法。

例 2-3　试画出如图2-29(a)所示杆件 AB 的受力图(不计摩擦)。

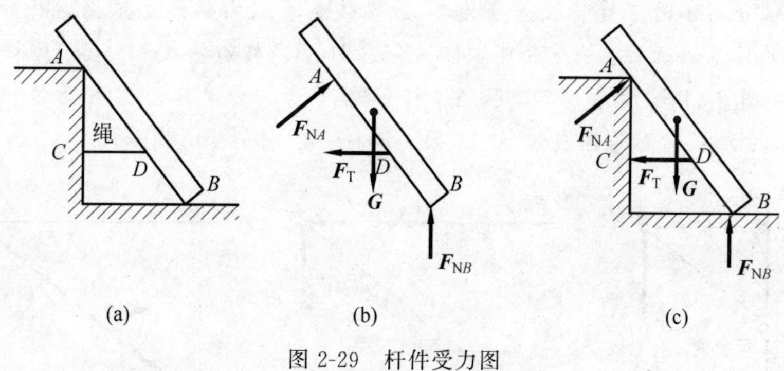

图2-29　杆件受力图

解:取杆件 AB 为研究对象,将其分离出来(图2-29(b))。杆件 AB 与基础在 A、B 两处的约束为光滑接触面约束,故 A、B 处的约束反力皆指向构件 AB,并与接触点的切线垂直,用 $\boldsymbol{F}_{NA}$、$\boldsymbol{F}_{NB}$ 表示。自重作用在构件的重心,用 $\boldsymbol{G}$ 表示。CD 为柔体约束,其约束反力为背向构件的拉力,用 $\boldsymbol{F}_T$ 表示。图2-29(b)即为构件 AB 的受力图。

为了画图方便,对于简单问题可以不另画分离体,而是假想地将约束去掉,画出相应的约束反力,如图2-29(c)所示。这种方法简单明了,因此,在工程中普遍采用。不过对于初学者,为了增强这方面的概念还是画出分离体好。

例 2-4　用力 $\boldsymbol{F}$ 拉动轮子以越过障碍,如图2-30(a)所示,试画出轮子的受力图。

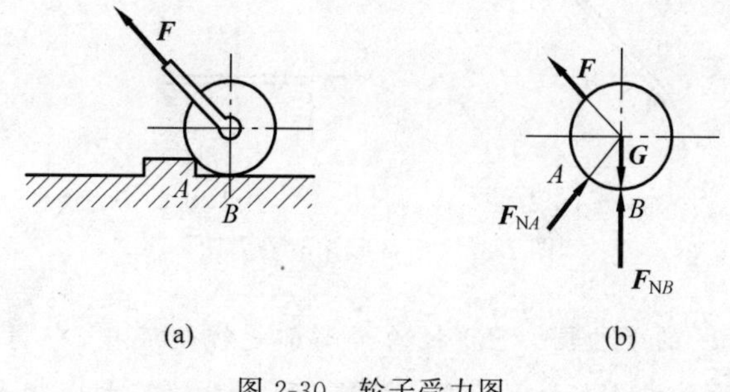

图2-30　轮子受力图

解:解题思路　恰当地选取研究对象,画出分离体→画主动力→画约束反力。

(1) 根据题意取轮子为研究对象,画出分离体图。

(2) 在分离体上画出主动力。主动力有轮子所受的重力 $\boldsymbol{G}$,作用于轮子中心竖直向下;

杆对轮子中心的拉力 $\boldsymbol{F}$。

(3) 在分离体上画约束反力。因轮子在 A 和 B 两处受到障碍和地面的约束,如不计摩擦,则均为光滑接触面约束,故在 A 处受障碍的约束反力过接触点 A,沿着接触点的公法线(沿轮子半径,过中心)指向轮子;在 B 处受地面的法向反力 $\boldsymbol{F}_{NB}$ 的作用,也是过接触点 B 沿着公法线而指向轮子中心。

把 $\boldsymbol{G}$、$\boldsymbol{F}$、$\boldsymbol{F}_{NA}$、$\boldsymbol{F}_{NB}$ 全部画在轮子分离体上,就得到轮子的受力图,如图 2-30(b)所示。

例 2-5 图 2-31 所示为墙上支架简图,试画 AB 杆、AC 杆的受力图。

解:此问题与上面问题不同的是,在铰 A 上作用着一集中力 $\boldsymbol{F}$,将杆在铰 A 处拆开时力 $\boldsymbol{F}$ 属于哪根杆呢?为弄清这个问题在此必须明确,凡作用在铰上的集中力其作用点均在铰的圆柱上,取分离体时不能将铰一分为二,应在铰左或铰右拆开。根据这种分析,AB 杆、AC 杆受力图的画法有两种:一是分别取铰 A、AB 杆、AC 杆为分离体。因 AB 杆、AC 杆为链杆,其受力图如图 2-31(b)所示。二是取 AB 杆和铰 A 为一分离体,AC 杆为另一分离体。因 AB 杆带着铰,其力 $\boldsymbol{F}$ 必然作用在铰 A 上,故 AB 杆、AC 杆的受力图如图 2-31(c)所示。

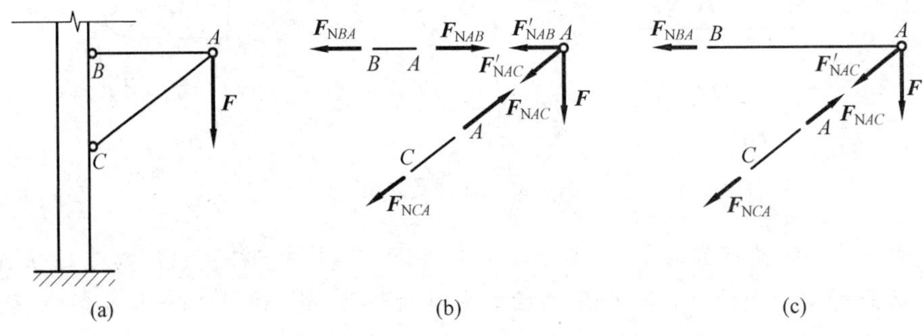

图 2-31 杆件与铰结点受力图

例 2-6 如图 2-32 所示△ABC 托架中,A、C 处是固定铰支座,B 处为铰链连接。各杆的自重及各处的摩擦不计。试画出斜杆 BC、水平杆 AB 及三角托架的受力图。

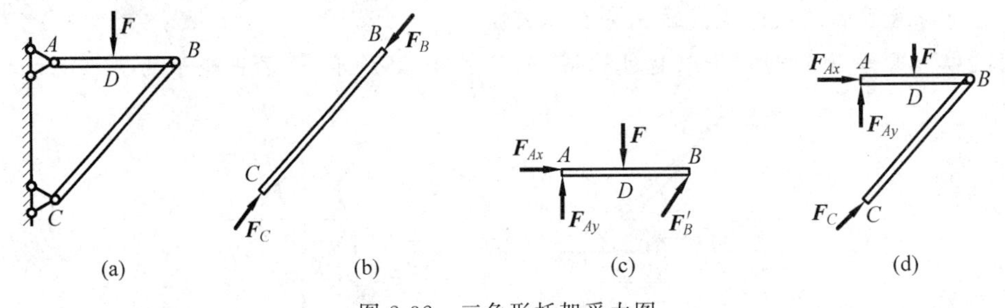

图 2-32 三角形托架受力图

解:(1) 画斜杆 BC 的受力图。BC 杆的两端都是铰链连接,中间不受力,其约束力应当是通过铰链中心的两个力 $\boldsymbol{F}_C$ 和 $\boldsymbol{F}_B$,$\boldsymbol{F}_C$ 与 $\boldsymbol{F}_B$ 两个力必定大小相等、方向相反,作用线是沿两铰链中心的连线,指向可任意假定。BC 杆的受力图如图 2-32(b)所示。

(2) 画水平杆 AB 的受力图。杆上作用有主动力 $\boldsymbol{F}$。A 处是固定铰支座,其约束力用 $\boldsymbol{F}_{Ax}$、$\boldsymbol{F}_{Ay}$ 表示;B 处是铰链连接,其约束力用 $\boldsymbol{F}'_B$ 表示,$\boldsymbol{F}'_B$ 与 $\boldsymbol{F}_B$ 应为作用力与反作用力关系,即 $\boldsymbol{F}'_B$ 与 $\boldsymbol{F}_B$ 等值、反向且共线。AB 杆的受力图如图 2-32(c)所示。

(3) 画整体的受力图。整体上受到的主动力为 $\boldsymbol{F}$，约束力为 $\boldsymbol{F}_{Ax}$、$\boldsymbol{F}_{Ay}$ 和 $\boldsymbol{F}_C$。B 处的作用力为内力不用画出。整体的受力图如图 2-32(d)所示。

挂表小试验

将一根火柴伸出桌面，将铁丝的一头弯成钩挂上手表，另一头挽成小圈套在火柴的悬出段上，要求小圈不能进入桌面范围。你能松开手让手表挂在铁丝上吗？试从图 2-33(b)中得到启发，并亲手做成这个试验。再以火柴、铁丝一起为分离体画受力图，分别以火柴、铁丝为分离体画受力图。

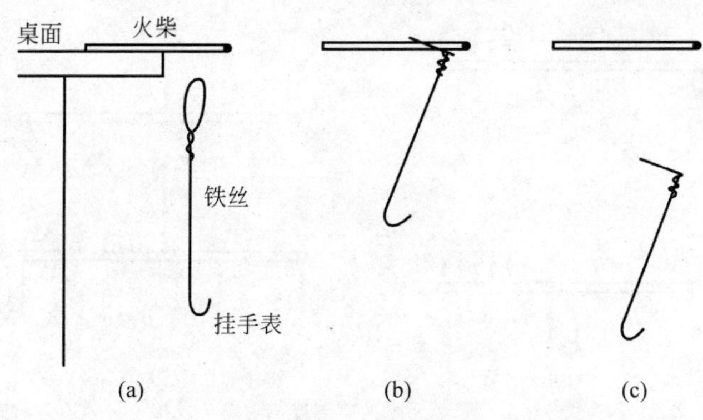

图 2-33　力学小试验

(a) 试验装置；(b) 火柴与铁丝；(c) 火柴、铁丝

思考题

2-1　什么是结构计算简图？为什么要画结构计算简图？

2-2　试述结构计算简图做了哪些简化。

2-3　什么是结构？常见的结构分哪几类？杆系结构分哪几种？

2-4　通过简化，可将实际结构简化成结构计算简图，试判断思 2-4 图所示计算简图是否正确。

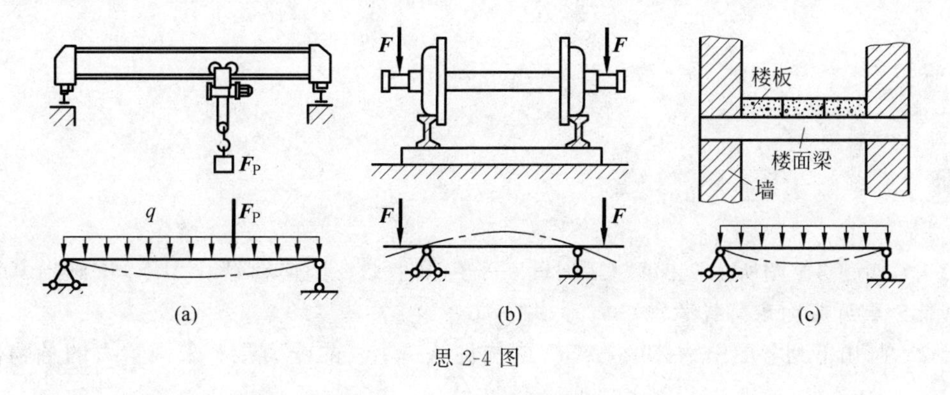

思 2-4 图

2-5 什么是分离体?什么是受力图?

2-6 为什么要画受力图?画受力图时应注意哪些事项?

2-7 思 2-7 图(1)~(4)中各物体的受力图是否有错误?如有错误,如何改正?

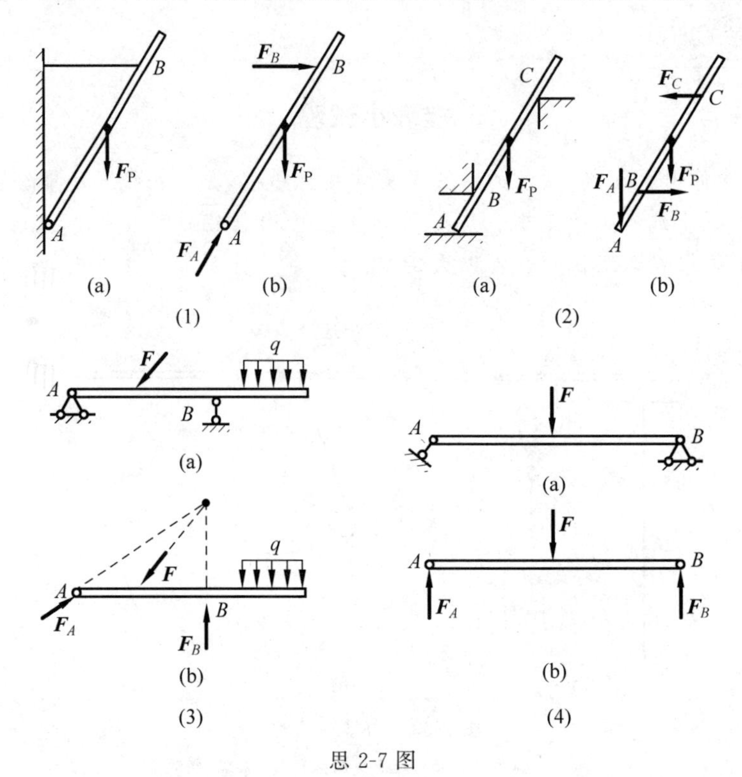

思 2-7 图

2-8 若将思 2-8 图中力 $\boldsymbol{F}$ 作用于三铰拱的铰链 C 处的销钉上,所有物体重量不计。

(1) 试分别画出左、右两拱及销 C 的受力图;

(2) 若销钉 C 属于 AC,分别画出左、右两拱的受力图;

(3) 若销钉 C 属于 BC,分别画出左、右两拱的受力图。

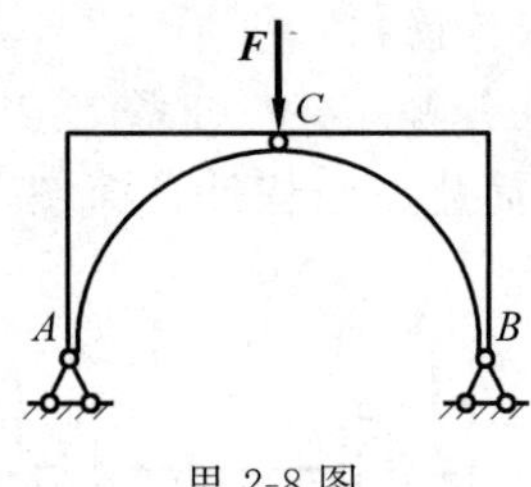

思 2-8 图

习题

2-1 如题 2-1 图所示楼梯斜梁,搁置在平台梁上。在竖向荷载作用下,试画出其计算简图(梁自重可按均布荷载考虑)。

2-2 画出下列各图中物体 A,ABC 或构件 AB,AC 的受力图。未画重力的各物体的自重不计，所有接触处均为光滑接触。

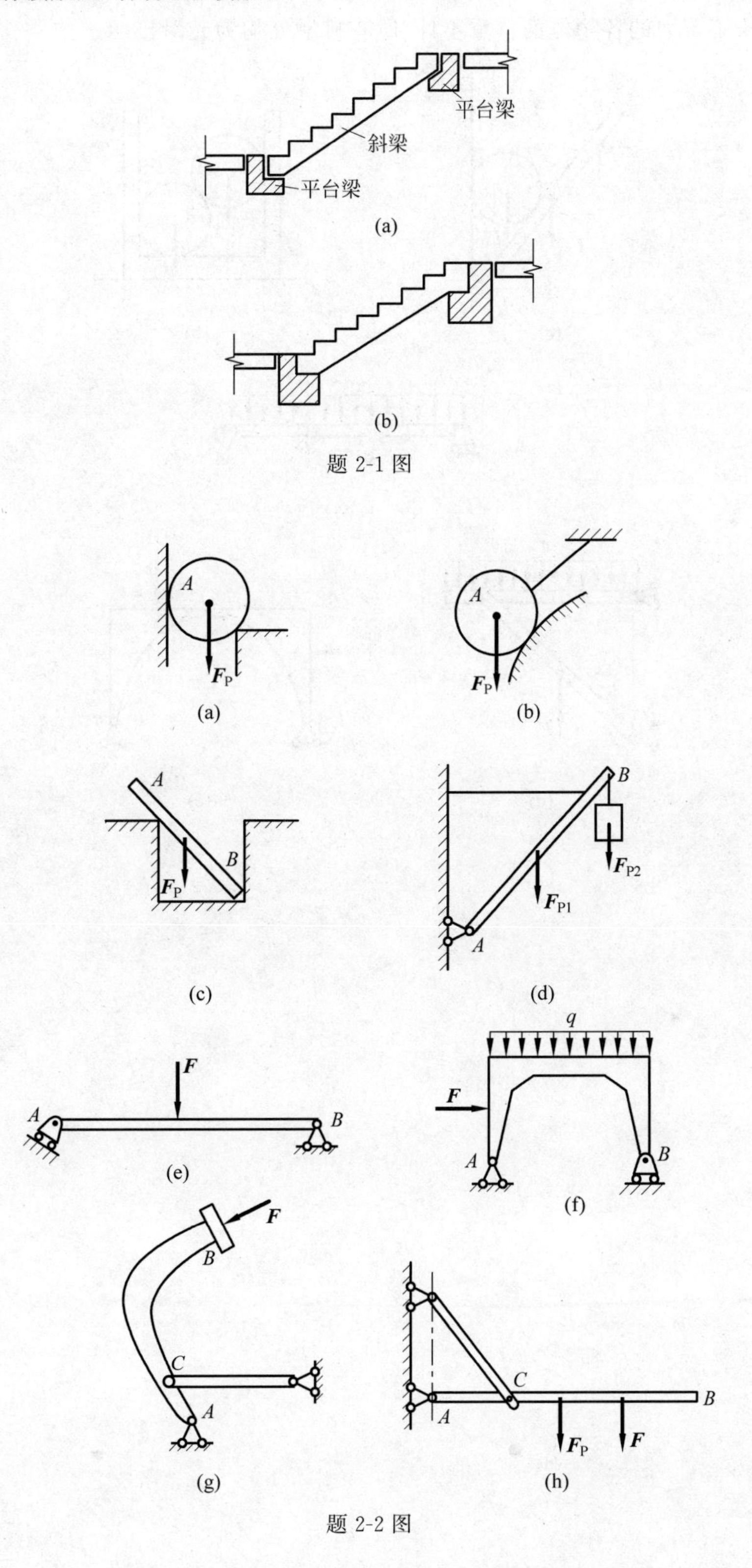

题 2-1 图

题 2-2 图

2-3 画出下列每个标注字符的物体(不包含销钉与支座)的受力图与系统整体受力图。题2-3图中未画重力的各物体的自重不计,所有接触处均为光滑接触。

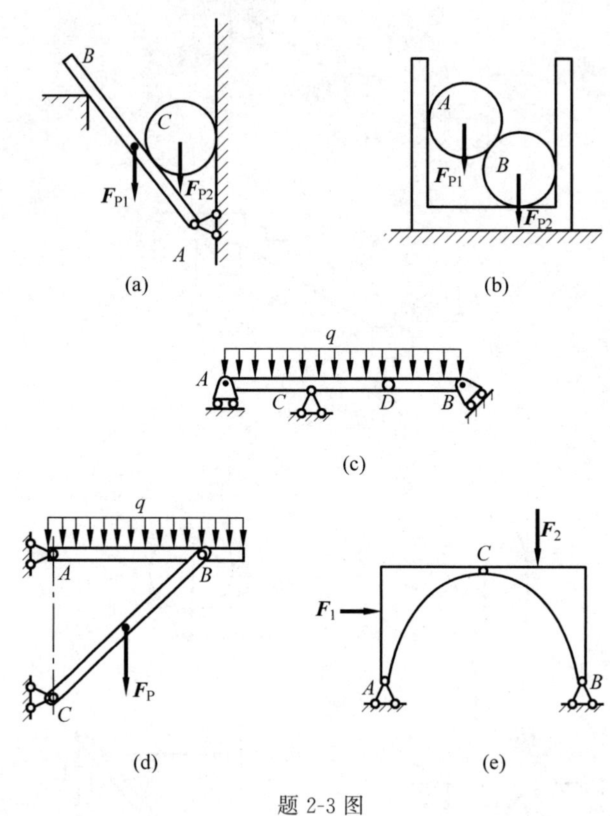

题2-3图

平面力系的平衡条件及其应用

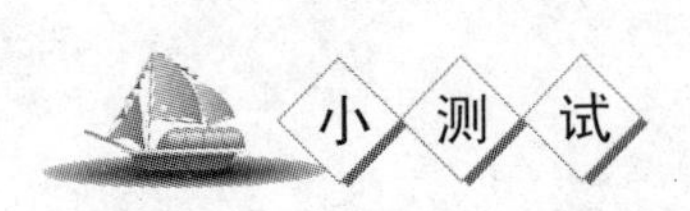

平面力系的分类

在1.1节力系的概念中，讲过平面汇交力系、平面力偶系和平面一般力系的概念，你能否从图3-1(a)所示的实例中，找出上述平面力系？试在图3-1(b)～(e)所示的力系旁边填空(选填：共线、汇交、平行、一般)。

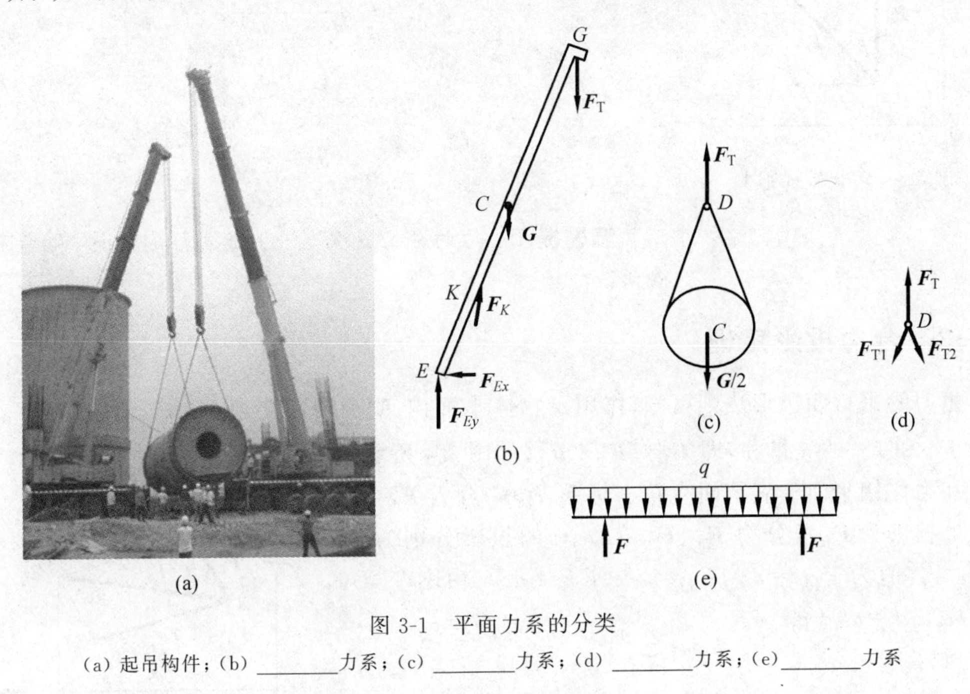

图3-1 平面力系的分类

(a) 起吊构件；(b) ________力系；(c) ________力系；(d) ________力系；(e) ________力系

3.1 平面汇交力系的合成与平衡条件

3.1.1 力在轴上的投影

所谓力 $\boldsymbol{F}$ 在 x 轴上的投影，是指力矢 $\boldsymbol{F}$ 的两端 A 和 B，向 x 轴引垂线，得到垂足 a 和 b，则线段 ab 即为 $\boldsymbol{F}$ 在 x 轴上的投影，用 $\boldsymbol{F}_x$ 表示。若从 a 到 b 的指向与 x 的正向一致，则

投影为正(图3-2(a));反之为负(图3-2(b));若力 $\boldsymbol{F}$ 与 x 轴的正向夹角为 α,则有 $F_x = F\cos\alpha$。在实际计算中,力在某轴上的投影,等于此力的大小乘以此力与投影轴所夹锐角的余弦,至于正负符号,则可直接观察确定。

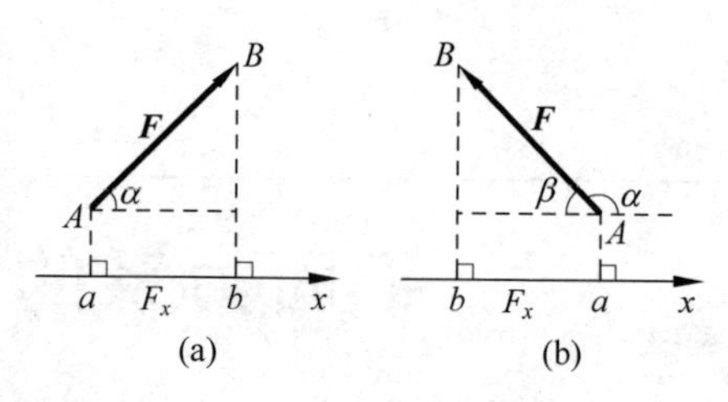

图3-2 力在轴上的投影

在计算力的投影时,要特别注意它的正负符号。由 $F_x = F\cos\alpha$ 得出,当 $\alpha = 0°$ 时,$F_x = F$;当 $\alpha = 90°$ 时,$F_x = 0$;当 $\alpha = 180°$ 时,$F_x = -F$。

3.1.2 力在直角坐标轴上的投影

将力 $\boldsymbol{F}$ 分别向直角坐标轴 x 和 y 上投影,如图3-3所示,有

$$\left.\begin{aligned} F_x &= F\cos\alpha \\ F_y &= F\sin\alpha \end{aligned}\right\} \tag{3-1}$$

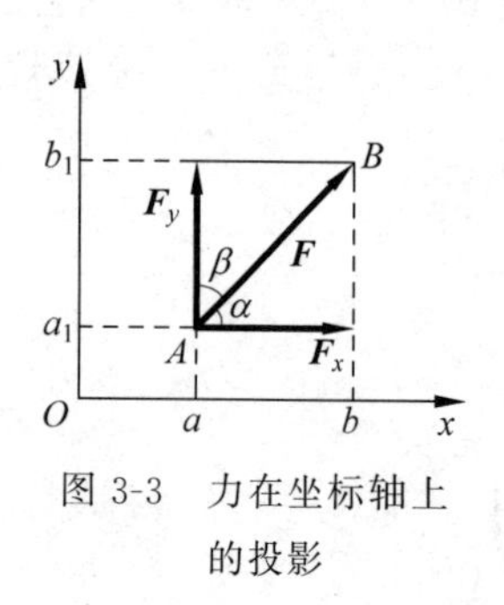

图3-3 力在坐标轴上的投影

若已知力 $\boldsymbol{F}$ 在直角坐标轴上的投影为 $\boldsymbol{F}_x$、$\boldsymbol{F}_y$,则该力的大小和方向为

$$\left.\begin{aligned} F &= \sqrt{F_x^2 + F_y^2} \\ \cos\alpha &= \frac{F_x}{F} \\ \cos\beta &= \frac{F_y}{F} \end{aligned}\right\} \tag{3-2}$$

温馨提示:力的分力是矢量,力的投影是标量,两者不可混淆。

3.1.3 合力投影定理

由力的平行四边形法则可知,作用于物体平面内 A 点的两个力 $\boldsymbol{F}_1$、$\boldsymbol{F}_2$,其合力 $\boldsymbol{F}_R$ 等于力 $\boldsymbol{F}_1$ 和 $\boldsymbol{F}_2$ 的矢量和,即 $\boldsymbol{F}_R = \boldsymbol{F}_1 + \boldsymbol{F}_2$,如图3-4所示。

在力作用平面建立平面直角坐标系 xOy,合力 $\boldsymbol{F}_R$ 在 x 轴上的投影为 $\boldsymbol{F}_{Rx}$,分力 $\boldsymbol{F}_1$、$\boldsymbol{F}_2$ 在 x 轴的投影分别为 $\boldsymbol{F}_{1x}$ 和 $\boldsymbol{F}_{2x}$,其值为 $F_{Rx} = ad$,$F_{1x} = ab$,$F_{2x} = ac$。由图3-4知,$ac = bd$,$ad = ab + bd$。

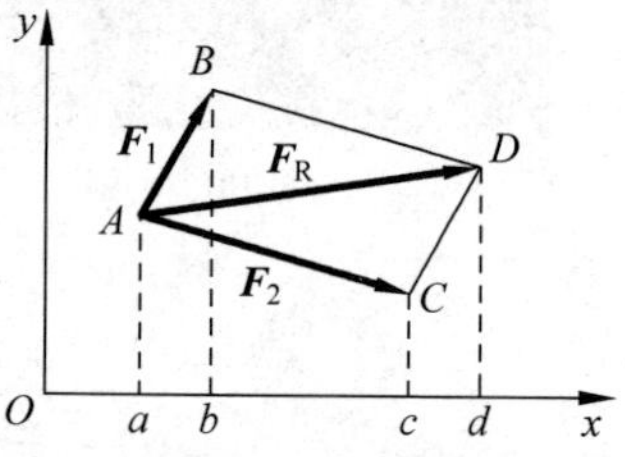

图3-4 合力投影定理

所以

$$F_{Rx} = ad = ab + bd = F_{1x} + F_{2x}$$

同理

$$F_{Ry} = F_{1y} + F_{2y}$$

若物体平面上的某一点作用着 n 个力,$\boldsymbol{F}_1, \boldsymbol{F}_2, \cdots, \boldsymbol{F}_n$,按两个力合成的平行四边形法则,依次类推,从而得出力系的合力等于各分力的矢量和,即

$$\boldsymbol{F}_R = \boldsymbol{F}_1 + \boldsymbol{F}_2 + \cdots + \boldsymbol{F}_n = \sum \boldsymbol{F}$$

将上述矢量等式分别向 x、y 轴投影,得

$$\left.\begin{aligned}F_{Rx}&=F_{1x}+F_{2x}+\cdots+F_{ix}+\cdots+F_{nx}=\sum F_x\\F_{Ry}&=F_{1y}+F_{2y}+\cdots+F_{iy}+\cdots+F_{ny}=\sum F_y\end{aligned}\right\}\tag{3-3}$$

式(3-3)表明：**合力在某一轴上的投影，等于各分力在同一轴上投影的代数和**，这就是**合力投影定理**。式中 $\boldsymbol{F}_{1x}$ 和 $\boldsymbol{F}_{1y}$，…，$\boldsymbol{F}_{nx}$ 和 $\boldsymbol{F}_{ny}$ 分别表示各分力在 x 和 y 轴上的投影。

求出合力的投影后，合力的大小和方向可用下式计算：

$$\left.\begin{aligned}F_R&=\sqrt{F_{Rx}^2+F_{Ry}^2}\\\cos\alpha&=\frac{F_{Rx}}{F_R}\\\cos\beta&=\frac{F_{Ry}}{F_R}\end{aligned}\right\}\tag{3-4}$$

式中，α 和 β 分别为合力 $\boldsymbol{F}_R$ 与 x 轴、y 轴的正向夹角。利用投影对力系进行合成的方法，称为**解析法**。

例 3-1　一吊环受到三条钢丝绳的拉力，如图 3-5(a)所示。已知 $F_1=2000\text{N}$，水平向左；$F_2=2500\text{N}$，与水平成 30°夹角；$F_3=1500\text{N}$，铅直向下，试用解析法求合力的大小和方向。

解：以三力的汇交点 O 为坐标原点，取坐标如图 3-5(a)所示，先分别计算各力的投影。

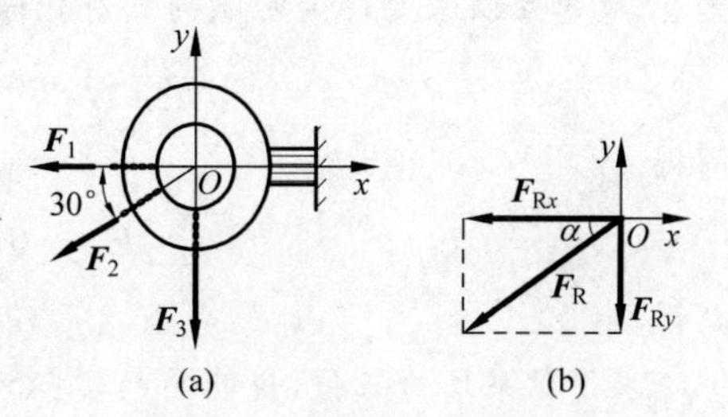

图 3-5　钢丝绳拉力的合力

$F_{1x}=-F_1=-2000\text{N}$

$F_{2x}=-F_2\cos30°=(-2500\times0.866)\text{N}=-2165\text{N}$

$F_{3x}=0$

$F_{1y}=0$

$F_{2y}=-F_2\sin30°=(-2500\times0.5)\text{N}=-1250\text{N}$

$F_{3y}=-F_3=-1500\text{N}$

由式(3-3)得

$$F_{Rx}=\sum F_x=(-2000-2165+0)\text{N}=-4165\text{N}$$

$$F_{Ry}=\sum F_y=(0-1250-1500)\text{N}=-2750\text{N}$$

由式(3-4)得

$$F_R=\sqrt{F_{Rx}^2+F_{Ry}^2}=\sqrt{(-4165)^2+(-2750)^2}\text{N}=4991\text{N}$$

由于 F_{Rx} 和 F_{Ry} 都是负值，所以合力 F_R 应在第三象限(图 3-5(b))。

$$\cos\alpha=|F_{Rx}|/F_R=4165/4991=0.835$$

$$\alpha=33.5°$$

3.1.4　平面汇交力系的平衡条件

若作用于物体上的平面汇交力系合力等于零，即 $F_R=\sqrt{F_{Rx}^2+F_{Ry}^2}=0$，则物体处于平衡状态。若 $F_R=0$，则 $F_{Rx}=0$，$F_{Ry}=0$，于是有

$$\left.\begin{array}{l} F_{Rx} = \sum F_x = 0 \\ F_{Ry} = \sum F_y = 0 \end{array}\right. \quad 即 \quad \left.\begin{array}{l} \sum F_x = 0 \\ \sum F_y = 0 \end{array}\right\} \tag{3-5}$$

式(3-5)即为平面汇交力系的平衡方程。它表明平面汇交力系平衡的充分和必要条件是:**力系中各力在直角坐标轴上投影的代数和分别等于零**。根据这两个独立的平衡方程式,可以求解两个独立未知量。

例 3-2 重量 $G=100\text{N}$ 的小球,用两根绳悬挂固定,如图 3-6(a)所示。试求两绳的拉力。

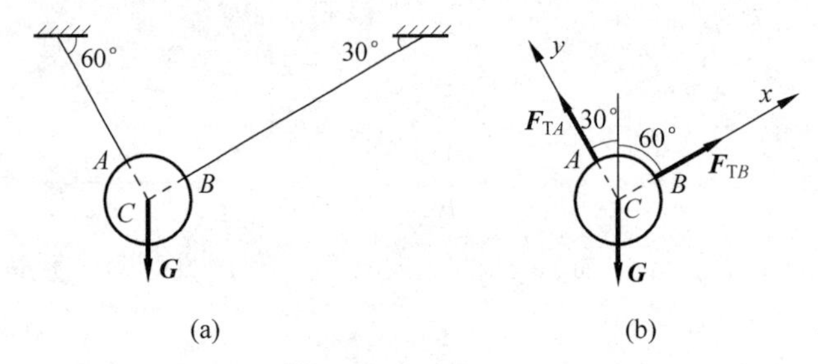

图 3-6 悬挂小球

解:以球 C 为研究对象,受力图如图 3-6(b)所示。由于未知力 $\boldsymbol{F}_{TA}$ 和 $\boldsymbol{F}_{TB}$ 的作用线正好垂直,故建立以球心 C 为原点的直角坐标参考系 xCy,如图 3-6(b)所示。列出平衡方程如下:

$$\sum F_x = 0, \quad F_{TB} - G\sin 30° = 0$$

解得

$$F_{TB} = (100\sin 30°)\text{N} = 50\text{N}$$

$$\sum F_y = 0, \quad F_{TA} - G\cos 30° = 0$$

解得

$$F_{TA} = (100\cos 30°)\text{N} = 86.6\text{N}$$

求得结果均为正值,说明力的实际方向与假设方向相同,力 $\boldsymbol{F}_{TA}$ 和 $\boldsymbol{F}_{TB}$ 都是拉力。

例 3-3 压榨机简图如图 3-7(a)所示,在 A 铰链处作用一水平力 $\boldsymbol{F}$,使 C 块压紧物体。若杆 AB 和 AC 的重量忽略不计,各处接触均为光滑,求物体 D 所受的压力。

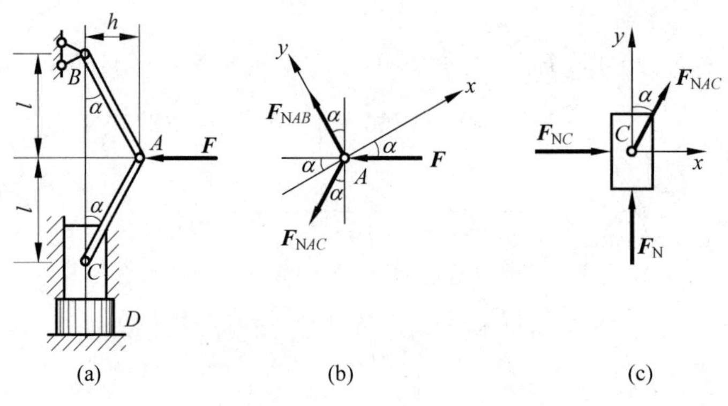

图 3-7 压榨机的压力

解:根据作用力与反作用力的关系,求压块 C 对物体 D 的压力,可通过求压块的约束反力 $\boldsymbol{F}_N$ 得到,而欲求压块 C 所受的反力 $\boldsymbol{F}_N$,需先确定 AC 杆所受的力。为此,应先考虑铰链 A 的平衡,找到杆 AC 的内力与主动力 $\boldsymbol{F}$ 的关系。

根据上述分析，可先取铰链 A 为研究对象，设二力杆 AB 和 AC 均受拉力，因此铰链 A 的受力图如图 3-7(b)所示。

$$\sum F_x = 0, \quad -F\cos\alpha - F_{NAC}\cos(90° - 2\alpha) = 0$$

解得

$$F_{NAC} = -F\,\frac{\cos\alpha}{\sin 2\alpha} = -\frac{F}{2\sin\alpha}$$

再选取压块 C 为研究对象，其受力图如图 3-7(c)所示，取坐标系如图 3-7(c)所示。

$$\sum F_x = 0, \quad F_{NAC}\cos\alpha + F_N = 0$$

解得

$$F_N = -F_{NAC}\cos\alpha = -\left(\frac{-F}{2\sin\alpha}\right)\cos\alpha = \frac{F\cot\alpha}{2} = \frac{Fl}{2h}$$

3.2　平面力偶系的合成与平衡条件

3.2.1　平面力偶系的合成

作用在同一平面内的若干组力偶，称为平面力偶系。设在物体上同一平面内作用着两个力偶，其力偶矩分别为 $M_1 = F_1 d_1$，$M_2 = -F_2 d_2$(图 3-8(a))。求其合成结果。

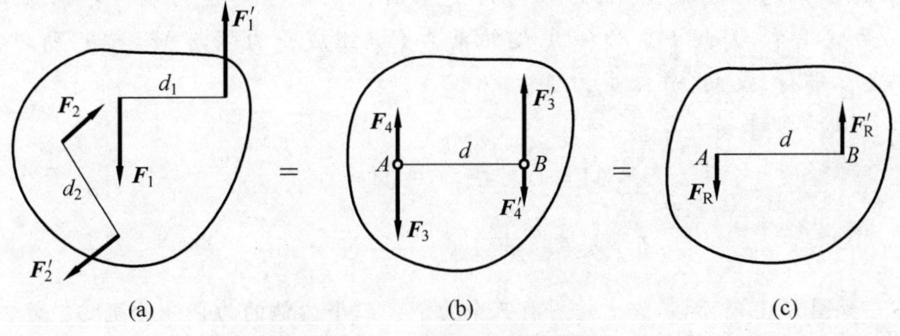

图 3-8　平面力偶系的合成

在力偶的作用面内任取一线段 $AB = d$，令此两力偶的力偶臂均等于 d，则它们的力分别为

$$F_3 = \frac{M_1}{d}, \quad F_4 = \frac{M_2}{d}$$

将两力偶在平面内移转，使其力偶臂重合于线段 AB，则在 A 点有力 $\boldsymbol{F}_3$、$\boldsymbol{F}_4$，且二力重合在同一直线上，其合力为 $\boldsymbol{F}_R$；在 B 点有力 $\boldsymbol{F}_3'$、$\boldsymbol{F}_4'$，且二力重合在同一直线上，其合力为 $\boldsymbol{F}_R'$(图 3-8(b)、(c))。$\boldsymbol{F}_R$ 与 $\boldsymbol{F}_R'$等值、反向、平行，组成一新的力偶，称它为 M_1 与 M_2 的合力偶，其合力偶矩为

$$M = F_R d = (F_3 - F_4)d = F_3 d - F_4 d$$

式中，$F_3 d = M_1$，$-F_4 d = M_2$，则有

$$M = M_1 + M_2$$

若平面内有 n 个力偶，则其合力偶矩应为

$$M_R = \sum M_i \tag{3-6}$$

即平面力偶系合成结果是一个合力偶,合力偶矩等于各分力偶矩的代数和。

3.2.2 平面力偶系的平衡条件

平面力偶系合成的结果是一个合力偶,若合力偶矩等于零,则力偶系平衡,即

$$\sum M = 0 \tag{3-7}$$

可见,平面力偶系平衡的必要和充分条件是:力偶系中各力偶矩的代数和等于零。式(3-7)是解平面力偶系平衡问题的基本方程,利用它可求出一个未知量。

例 3-4 如图 3-9 所示梁 AB 上作用一力偶,其力偶矩 $M=100\text{N}\cdot\text{m}$,梁长 $l=5\text{m}$,不计梁的自重,求 A、B 两支座的约束力。

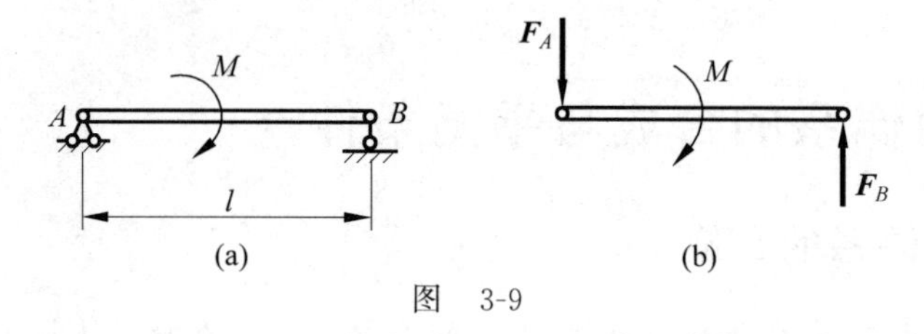

图 3-9

解:(1) 取梁 AB 为研究对象,分析并画受力图,如图 3-9(b)所示。

梁 AB 的 B 端为活动铰支座,约束力沿支承面公法线指向受力物体。由力偶性质知,力偶只能与力偶平衡,因此 $\boldsymbol{F}_B$ 必和 A 端约束力 $\boldsymbol{F}_A$ 组成一力偶与 M 平衡,所以 A 端约束力 $\boldsymbol{F}_A$ 必与 $\boldsymbol{F}_B$ 平行、反向,并组成力偶。

(2) 列平衡方程求解

$$\sum M = 0, \quad F_B l - M = 0$$

$$F_A = F_B = M/l = \frac{100}{5}\text{N} = 20\text{N}$$

例 3-5 如图 3-10 所示,工件上作用有三个力偶。三个力偶的力偶矩分别为:$M_1=10\text{N}\cdot\text{m}$,$M_2=10\text{N}\cdot\text{m}$,$M_3=20\text{N}\cdot\text{m}$;固定螺柱 A 和 B 的距离 $l=200\text{mm}$。求两个光滑螺柱所受的水平力。

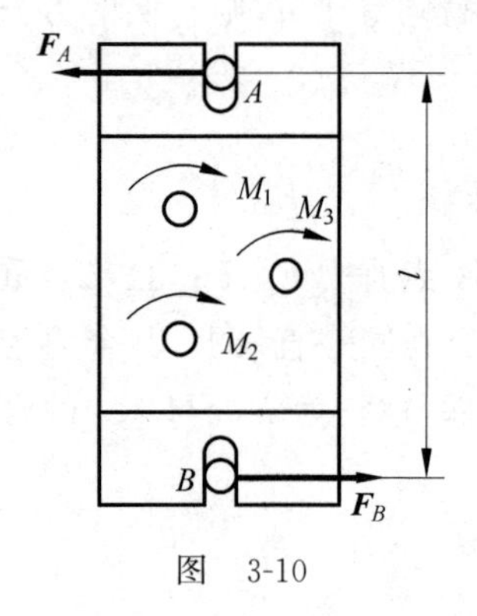

图 3-10

解:选工件为研究对象。工件在水平面内受三个力偶和两个螺柱的水平约束力的作用。根据力偶系的合成定理,三个力偶合成后仍为一力偶,如果工件平衡,必有一力偶与它相平衡。因此螺柱 A 和 B 的水平约束力 $\boldsymbol{F}_A$ 和 $\boldsymbol{F}_B$ 必组成一力偶,它们的方向假设如图 3-10 所示,则 $F_A=F_B$。由力偶系的平衡条件知

$$\sum M = 0, \quad F_A l - M_1 - M_2 - M_3 = 0$$

解得

$$F_A = \frac{M_1 + M_2 + M_3}{l}$$

代入已给数值得

$$F_A = \frac{10+10+20}{200\times 10^{-3}}\text{N} = 200\text{N}$$

因为 F_A 是正值，故所假设的方向是正确的，而螺柱 A、B 所受的力则应与 $\boldsymbol{F}_A$、$\boldsymbol{F}_B$ 大小相等，方向相反。

小故事

什么是相对论

图 3-11　美国著名科学家爱因斯坦

爱因斯坦简介

有一天，一群“粉丝”进入爱因斯坦(图 3-11)的书房，问大师：“要弄懂相对论到底有多难？”“一点儿也不难，”爱因斯坦侃侃而谈：“如果你在漂亮的姑娘旁坐了一个小时，你一定会觉得只过了片刻，而如果让你大热天坐到火炉旁，片刻也会像一个小时——这就是相对论。”而在另一次，一些政客提出类似的问题时，爱因斯坦的回答却是：“现在我成功了，所以在德国被称为是‘德国的学者’，而英国人称我是‘瑞士的犹太人’；而如果我是一个令人生厌的家伙，那就会倒过来，德国人会说我是‘瑞士的犹太佬’，而英国人则会说我是‘德国学者’了，这也是相对论。”

3.3　平面一般力系的简化与简化结果分析

3.3.1　平面一般力系的简化

利用力的平移定理，可以将平面一般力系分解为一个平面汇交力系和一个平面力偶系。然后，再将这两个力系分别进行合成。其简化过程如下：

设物体上作用一平面任意力系 $\boldsymbol{F}_1,\boldsymbol{F}_2,\cdots,\boldsymbol{F}_n$，在力系的作用面内任取一点 O，O 点称为**简化中心**，如图 3-12(a)所示。

根据力的平移定理，将力系中各力平移到 O 点，同时加入相应的附加力偶，其矩分别为 $M_1=M_O(\boldsymbol{F}_1)$，$M_2=M_O(\boldsymbol{F}_2)$，$\cdots$，$M_n=M_O(\boldsymbol{F}_n)$。于是，得到作用于 O 点的平面汇交力系 $\boldsymbol{F}'_1,\boldsymbol{F}'_2,\cdots,\boldsymbol{F}'_n$ 以及相应的附加平面力偶系 $M_1,M_2,\cdots,M_n$，如图 3-12(b)所示。这样就把原来的平面一般力系分解为一个平面汇交力系和一个平面力偶系，显然，原力系与此二力系等效。

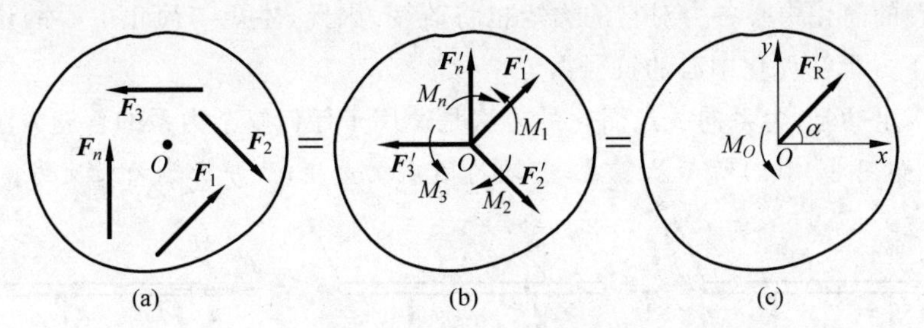

图 3-12　平面一般力系的简化

平面汇交力系 $\boldsymbol{F}'_1,\boldsymbol{F}'_2,\cdots,\boldsymbol{F}'_n$ 可合成为一个作用于 O 点的合矢量 $\boldsymbol{F}'_R$。$\boldsymbol{F}'_R$ 等于该力系中各力的矢量和。因为 $F'_1=F_1$，$F'_2=F_2$，$\cdots$，$F'_n=F_n$，所以 $\boldsymbol{F}'_R$ 也等于原力系中各力

的矢量和,即

$$\boldsymbol{F}'_{\mathrm{R}}=\boldsymbol{F}_1+\boldsymbol{F}_2+\cdots+\boldsymbol{F}_n=\sum \boldsymbol{F}$$

$\boldsymbol{F}'_{\mathrm{R}}$称为原力系的**主矢**。

通过 O 点取 xOy 坐标系,如图 3-12(c)所示,用解析法可求出主矢 $\boldsymbol{F}'_{\mathrm{R}}$的大小和方向。根据合力投影定理,得

$$F'_{\mathrm{R}x}=F_{x1}+F_{x2}+\cdots+F_{xn}=\sum F_x$$

$$F'_{\mathrm{R}y}=F_{y1}+F_{y2}+\cdots+F_{yn}=\sum F_y$$

于是,主矢 $\boldsymbol{F}'_{\mathrm{R}}$的大小和方向由下式确定:

$$\left.\begin{aligned}F'_{\mathrm{R}}&=\sqrt{F'^2_{\mathrm{R}x}+F'^2_{\mathrm{R}y}}=\sqrt{\left(\sum F_x\right)^2+\left(\sum F_y\right)^2}\\ \tan\alpha&=\left|\frac{F'_{\mathrm{R}y}}{F'_{\mathrm{R}x}}\right|=\left|\frac{\sum F_y}{\sum F_x}\right|\end{aligned}\right\}\tag{3-8}$$

式中,α 为 $\boldsymbol{F}'_{\mathrm{R}}$与 x 轴所夹的锐角。$\boldsymbol{F}'_{\mathrm{R}}$的方向由 $\boldsymbol{F}'_{\mathrm{R}x}$、$\boldsymbol{F}'_{\mathrm{R}y}$的正负号判定。

附加平面力偶系可进一步合成为一个力偶,其力偶矩 M_O 大小等于各附加力偶矩的代数和。因为 $M_1=M_O(\boldsymbol{F}_1),M_2=M_O(\boldsymbol{F}_2),\cdots,M_n=M_O(\boldsymbol{F}_n)$,所以 M_O 也等于原力系中各力对 O 点之矩的代数和,即

$$\begin{aligned}M_O&=M_1+M_2+\cdots+M_n\\&=M_O(\boldsymbol{F}_1)+M_O(\boldsymbol{F}_2)+\cdots+M_O(\boldsymbol{F}_n)\\&=\sum M_O(\boldsymbol{F})\end{aligned}$$

M_O 称为原力系对简化中心 O 的**主矩**。

综上所述,可得如下结论:平面任意力系向作用面内任一点 O 简化,一般可以得到一个力和一个力偶。该力作用于简化中心,其大小及方向等于原力系的主矢;该力偶之矩等于原力系对简化中心的主矩。

由于主矢 $\boldsymbol{F}'_{\mathrm{R}}$只是原力系的矢量和,它完全取决于原力系中各力的大小和方向,因此,主矢量同简化中心的位置无关;而主矩 M_O 等于原力系中各力对简化中心之矩的代数和,选择不同位置的简化中心各力对它的力矩也将改变,因此,主矩与简化中心的位置有关,故主矩 M_O 右下方标注简化中心的符号。

在此应指出的是,力系向一点简化的方法是适用于任何复杂力系的普遍方法。

例 3-6 如图 3-13(a)所示悬臂梁,A 端为固定端支座,试分析其约束反力。

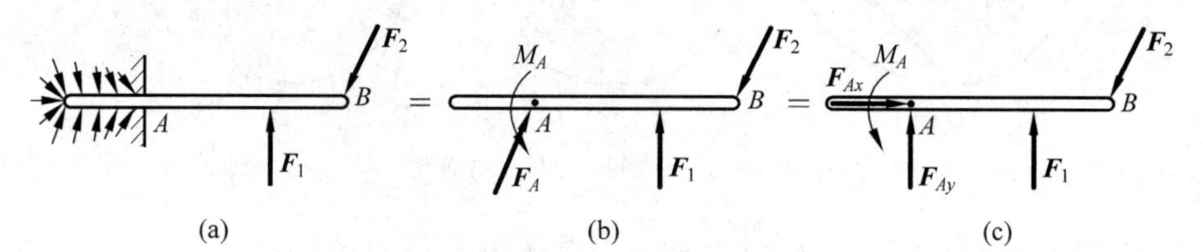

图 3-13 固定支座的支座反力

解：设梁上受主动力系作用，梁的固定端受分布的约束力系作用。假设主动力系和约束力系都作用在梁的纵向对称平面内，组成平面力系，如图3-13(a)所示，应用平面力系简化理论，约束力系可向固定端A点简化为一力$\boldsymbol{F}_A$和一力偶M_A，即是原力系向A点简化的主矢和主矩，分别称为支座**反力**和**反力偶**，如图3-13(b)所示。因为约束反力的方向未知，所以也可以将约束反力沿水平方向和铅垂方向分解成两个分力$\boldsymbol{F}_{Ax}$和$\boldsymbol{F}_{Ay}$，如图3-13(c)所示。由此可知，固定端支座可产生两个**反力**和一个**反力偶**。

3.3.2　简化结果分析

据3.3.1节所述，平面任意力系向任一点O简化，其简化结果为一个主矢$\boldsymbol{F}'_{\mathrm{R}}$和一个主矩$M_O$。

(1) 若$F'_{\mathrm{R}}=0$、$M_O\neq 0$，则原力系简化为一个力偶，其矩等于原力系对简化中心的主矩。在这种情况下，简化结果与简化中心的选择无关。不论力系向哪一点简化都是同一个力偶，而且力偶矩等于主矩。

(2) 若$F'_{\mathrm{R}}\neq 0$、$M_O=0$，则原力系简化成一个力。在这种情况下，附加力偶系平衡，主矢$\boldsymbol{F}'_{\mathrm{R}}$即为原力系合力$\boldsymbol{F}_{\mathrm{R}}$，作用于简化中心。

(3) 若$F'_{\mathrm{R}}\neq 0$、$M_O\neq 0$，则原力系简化为一个力和一个力偶。在这种情况下，根据力的平移定理，这个力和力偶还可以继续合成为一个合力$\boldsymbol{F}_{\mathrm{R}}$，其作用线离$O$点的距离为

$$d=\frac{M_O}{F'_{\mathrm{R}}} \tag{3-9}$$

用主矩M_O的转向来确定$\boldsymbol{F}_{\mathrm{R}}$合力的作用线在简化中心$O$点的哪一侧。

(4) 若$F'_{\mathrm{R}}=0$、$M_O=0$，则原力系为平衡力系。

3.4　平面一般力系的平衡条件

从上面分析知，主矢$\boldsymbol{F}'_{\mathrm{R}}$和主矩$M_O$都不等于零，或其中任何一个不等于零时，力系是不平衡的。只有$F'_{\mathrm{R}}=0$、$M_O=0$，平面任意力系才平衡，即

$$F'_{\mathrm{R}}=\sqrt{\left(\sum F_x\right)^2+\left(\sum F_y\right)^2}=0$$

$$M_O=\sum M_O(\boldsymbol{F})=0$$

要使$F'_{\mathrm{R}}=0$，必须$\sum F_x=0$，$\sum F_y=0$，由此得平面一般力系的平衡条件为

$$\left.\begin{aligned}\sum F_x&=0\\ \sum F_y&=0\\ \sum M_O(\boldsymbol{F})&=0\end{aligned}\right\} \tag{3-10}$$

式(3-10)称为**平面一般力系的平衡方程**。它是平衡方程的基本形式，表示力系中各力在任何方向的坐标轴上投影的代数和等于零；各力对平面内任意点之矩的代数和等于零。前者说明力系对物体无任何方向的平动作用，方程称为投影方程；后者说明力系对物体无转动

作用,方程称为力矩方程。

因为式(3-10)是力系平衡的必要和充分条件,故平面一般力系有三个独立的平衡方程,用这组方程可求解三个未知量。

应该指出的是,坐标轴和简化中心(或矩心)是可以任意选取的。在应用平衡方程解题时,为使计算简化,通常将矩心选在众多未知力的交汇点上;坐标轴则尽可能选取与该力系中多数未知力的作用线平行或垂直,尽量使一个方程求解一个未知数,尽可能避免解联立方程组。

坐标系和力矩中心的选择

选择适当的坐标系和力矩中心,可以减少每个平衡方程中所包含未知量的数目。在平面力系的情形下,力矩中心应尽量选在两个或多个未知力的交点上,这样建立的力矩平衡方程中将不包含这些未知力;坐标系中坐标轴取向应尽量与多数未知力相垂直,从而使这些未知力在这一坐标轴上的投影等于零,这同样可以减少力的投影平衡方程中未知力的数目。

需要特别指出的是,平面力系的平衡方程虽然有3种形式,但是独立的平衡方程只有3个。这表明,平面力系平衡方程的3种形式是等价的。采用了一种形式的平衡方程,其余形式的平衡方程就不再是独立的,但是可以用于验证所得结果的正确性。

在很多情形下,采用力矩平衡方程计算,往往比采用力的投影平衡方程方便些。

例 3-7 如图 3-14(a)所示悬臂梁。已知 $F=10\text{kN}, q=2\text{kN/m}, M=4\text{kN}\cdot\text{m}$,试计算固定端支座 A 的支座反力。

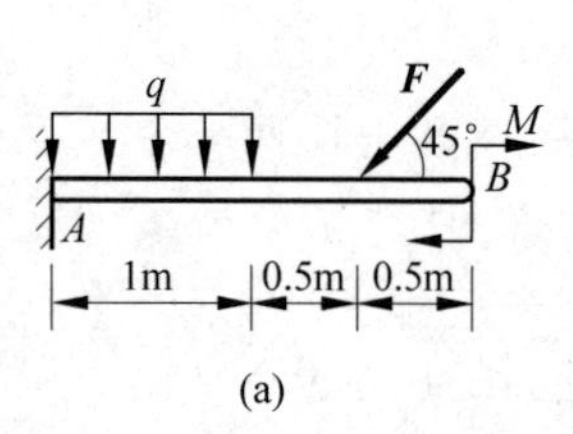

(a)

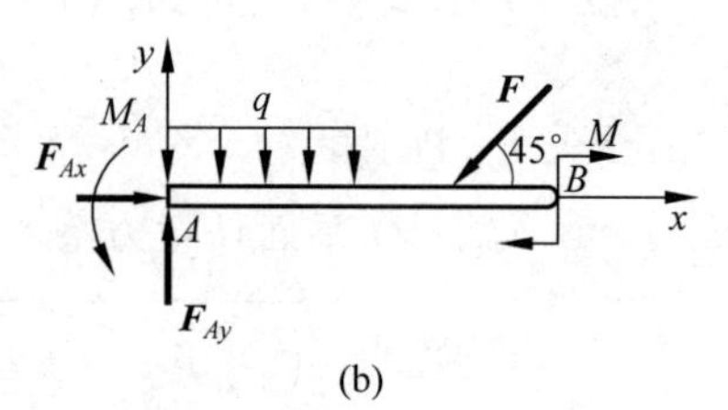

(b)

图 3-14 固定支座反力

解:以 AB 梁为研究对象,画出受力图,如图 3-14(b)所示。以 A 为原点建立如图 3-14(b)所示直角坐标系。

$$\sum F_x=0,\quad F_{Ax}-F\cos45^\circ=0$$

$$F_{Ax}=F\cos45^\circ=(10\times\cos45^\circ)\text{kN}=7.07\text{kN}$$

$$\sum F_y=0,\quad F_{Ay}-q\times1-F\sin45^\circ=0$$

$$F_{Ay}=q\times1+F\sin45^\circ=(2\times1+10\times\sin45^\circ)\text{kN}=9.07\text{kN}$$

$$\sum M_A(\boldsymbol{F})=0,\quad M_A-q\times1\times\frac{1}{2}-F\sin45^\circ\times1.5-M=0$$

$$\begin{aligned}M_A&=q\times1\times\frac{1}{2}+F\sin45^\circ\times1.5+M\\&=\left(2\times1\times\frac{1}{2}+10\times\sin45^\circ\times1.5+4\right)\text{kN}\cdot\text{m}\\&=15.6\text{kN}\cdot\text{m}\end{aligned}$$

各未知量的计算结果均为正，说明假设的未知量的方向与实际方向相同。

式(3-10)为平面一般力系的基本方程，除它的基本形式外，还有其他两种形式。

(1) 二矩式平衡方程

$$\left.\begin{aligned}&\sum F_x=0\left(\text{或}\sum F_y=0\right)\\&\sum M_A(\boldsymbol{F})=0\\&\sum M_B(\boldsymbol{F})=0\end{aligned}\right\}\qquad(3\text{-}11)$$

使用条件：A、B 两点的连线不能与 x 轴(或 y 轴)垂直。

(2) 三矩式平衡方程

$$\left.\begin{aligned}&\sum M_A(\boldsymbol{F})=0\\&\sum M_B(\boldsymbol{F})=0\\&\sum M_C(\boldsymbol{F})=0\end{aligned}\right\}\qquad(3\text{-}12)$$

使用条件：A、B、C 三点不能选在同一直线上。

应该注意，不论选用哪种形式的平衡方程，对于同一平面力系来说，最多只能列出3个独立的平衡方程式，因而只能求出3个未知量。

在此特别注意，若选用力矩式方程时必须满足使用条件，否则所列平衡方程将不能独立。

例3-8　一汽车式起重机，车重 $Q=26\text{kN}$，起重机伸臂重 $G=4.5\text{kN}$，起重机旋转及固定部分重 $F_\text{W}=31\text{kN}$。各部分尺寸如图3-15所示。设伸臂在起重机纵向对称面内，且放在最低位置，求此时车不致翻倒的最大起重量 F_P。

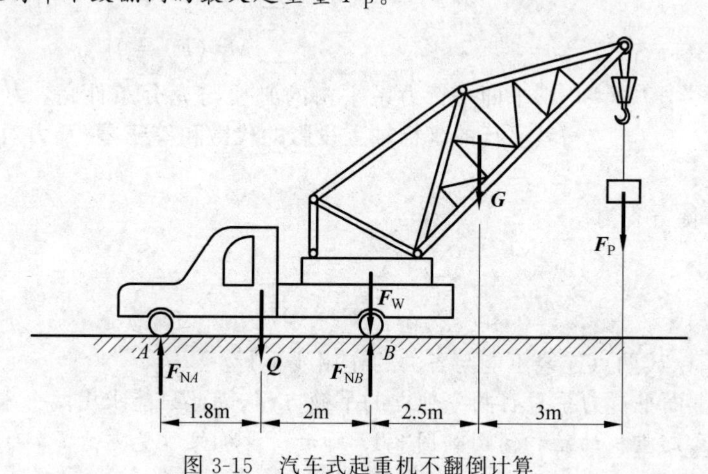

图3-15　汽车式起重机不翻倒计算

解：取汽车为研究对象，受力分析如图3-15所示。

汽车在满载时可能绕点B翻倒。其力学特征是前轮脱离地面，此时$F_{NA}=0$。

而不翻倒的条件为

$$F_{NA} \geqslant 0$$

取临界情况$F_{NA}=0$，列出力矩平衡方程：

$$\sum M_B = 0,\quad 2Q - 2.5G - 5.5F_P = 0$$

解得

$$F_P = \frac{1}{5.5}(2Q - 2.5G) = \frac{1}{5.5}(2\times 26 - 2.5\times 4.5)\text{kN} = 7.41\text{kN}$$

故最大起重量为

$$F_{Pmax} = 7.41\text{kN}$$

特别提醒：本题中，力$\boldsymbol{F}_P$、$\boldsymbol{G}$使汽车绕点B翻倒，故对点B之矩称为翻倒力矩。而重力$\boldsymbol{Q}$有阻碍翻倒的作用，此力对点B之矩称为稳定力矩。不翻倒时，必须满足：

稳定力矩≥翻倒力矩

对于本题，此条件可写成

$$2Q \geqslant 2.5G + 5.5F_P$$

从而得

$$F_P \leqslant 7.41\text{kN}$$

3.5 平面平行力系的平衡条件

平面汇交力系和平面力偶系是平面任意力系的特殊情况。在工程上还常遇到平面平行力系问题，它也是平面一般力系的一种特殊情况。所谓平面平行力系，就是各力作用线在同一平面内且互相平行的力系。

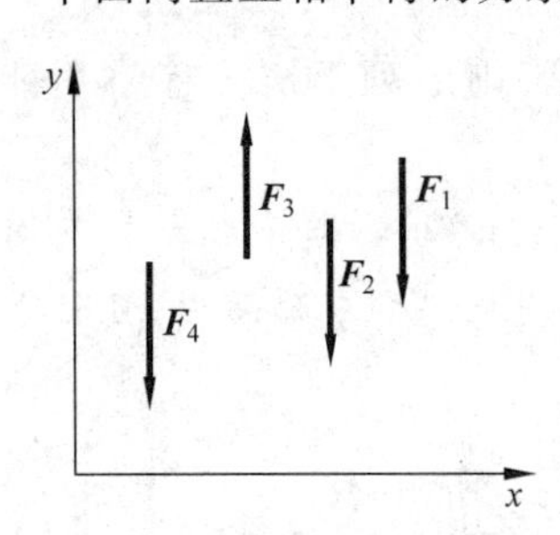

图3-16 平面平行力系

设物体上作用一平面力系$\boldsymbol{F}_1, \boldsymbol{F}_2, \cdots, \boldsymbol{F}_n$，如图3-16所示。若取坐标系中$y$轴与各力平行，则不论该力系是否平衡，各力在$x$轴上的投影恒等于零，即$\sum F_x \equiv 0$。因此，平面平行力系的平衡方程为

$$\left.\begin{aligned} \sum \boldsymbol{F}_y = 0 \\ \sum M_O(\boldsymbol{F}) = 0 \end{aligned}\right\} \tag{3-13}$$

则平面平行力系平衡的必要与充分条件是：**力系中各力在与其平行的坐标轴上投影的代数和等于零，及力对任一点之矩代数和等于零。**

其力矩式平衡方程为

$$\left.\begin{aligned} \sum M_A(\boldsymbol{F}) = 0 \\ \sum M_B(\boldsymbol{F}) = 0 \end{aligned}\right\} \tag{3-14}$$

适用条件：A、B两点连线不能与各力的作用线平行。

由此可见，平面平行力系只有两个独立的平衡方程，因此只能求出两个未知量。

例3-9 塔式起重机的结构简图如图3-17所示。设机架所受重力$F_W=500\text{kN}$，重心在

C 点，与右轨 B 相距 $a=1.5\mathrm{m}$。最大起重量 $F_{\mathrm{P}}=250\mathrm{kN}$，与右轨 B 最远距离 $l=10\mathrm{m}$。平衡物所受重力为 $\boldsymbol{G}$，与左轨 A 相距 $x=6\mathrm{m}$，二轨相距 $b=3\mathrm{m}$。试求起重机在满载与空载时都不致翻倒的平衡物重 G 的范围。

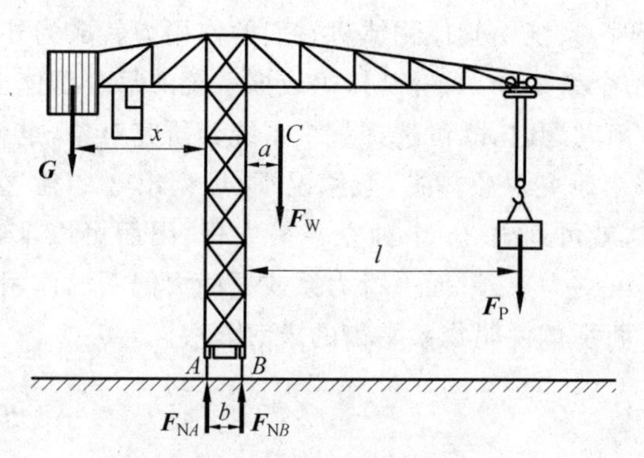

图 3-17　塔式起重机稳定性计算

解：起重机在起吊重物时，作用其上的力有机架重力 $\boldsymbol{F}_{\mathrm{W}}$、平衡物重力 $\boldsymbol{G}$、起重量 $\boldsymbol{F}_{\mathrm{P}}$ 以及轨道轮 A、B 的约束力 $\boldsymbol{F}_{\mathrm{NA}}$、$\boldsymbol{F}_{\mathrm{NB}}$，这些力组成平面平行力系，受力图如图 3-17 所示。

起重机在平衡时，力系具有 $\boldsymbol{F}_{\mathrm{NA}}$、$\boldsymbol{F}_{\mathrm{NB}}$ 和 $\boldsymbol{G}$ 三个未知量，而力系只有两个独立的平衡方程，问题不可解。但是，本题是求使起重机满载与空载都不致翻倒的平衡物重 G 的范围。因而可分为满载右翻与空载左翻的两个临界情况来讨论 G 的最小值与最大值，从而确定 G 值的范围。

满载（$F_{\mathrm{P}}=250\mathrm{kN}$）时，起重机可能绕 B 轨右翻，在平衡的临界情况（即将翻而未翻时），左轮 A 将悬空，$F_{\mathrm{NA}}=0$，这时由平衡方程求出的是平衡物所受重力 G 的最小值 $G_{\min}$。列平衡方程 $\sum M_B(\boldsymbol{F})=0$，有

$$G_{\min}(x+b)-F_{\mathrm{W}}a-F_{\mathrm{P}}l=0$$

解得

$$G_{\min}=\frac{F_{\mathrm{W}}a+F_{\mathrm{P}}l}{x+b}=\frac{500\times1.5+250\times10}{6+3}\mathrm{kN}=361.1\mathrm{kN}$$

空载（$F_{\mathrm{P}}=0$）时，起重机可能绕 A 轨左翻，在平衡的临界情况下，右轮 B 将悬空，$F_{\mathrm{NB}}=0$，这时由平衡方程求出的是平衡物所受重力 G 的最大值 $G_{\max}$。列平衡方程 $\sum M_A(\boldsymbol{F})=0$，有

$$G_{\max}x-F_{\mathrm{W}}(a+b)=0$$

解得

$$G_{\max}=\frac{F_{\mathrm{W}}(a+b)}{x}=\frac{500\times(1.5+3)}{6}\mathrm{kN}=375\mathrm{kN}$$

故在取 $x=6\mathrm{m}$ 的条件下，平衡物重 G 的范围为 $361.1\mathrm{kN}\leqslant G\leqslant375\mathrm{kN}$。

3.6　物体系统的平衡问题

前面讨论的仅限于单个物体的平衡问题。在工程实际中，常遇到由几个物体通过连接所组成的物体系统，简称**物系**。在这类平衡问题中，不仅要研究外界物体对这个系统的作

用，同时还要分析系统内部各物体之间的相互作用。外界物体作用于系统的力，称为外力；系统内部各物体之间相互作用的力，称为内力。内力与外力的概念是相对的，在研究整个系统平衡时，由于内力总是成对出现，相互平衡，因此内力是不必考虑的；当研究系统中某一物体或部分物体的平衡时，系统中其他物体对它们的作用力就成为外力了，必须予以考虑。

由平衡定理知，当整个系统处于平衡时，组成该系统的每个物体也都处于平衡状态。因此在求解物体系统的平衡问题时，既可选择整个系统为研究对象，也可选单个物体或部分物体为研究对象。对每一个研究对象，在一般情况下，可列出3个独立的平衡方程，对于由 n 个物体组成的物体系统，就可列出 $3n$ 个独立平衡方程，因而可以求解 $3n$ 个未知量。如果系统中有的物体受平面汇交力系、平面平行力系或平面力偶系的作用时，整个系统的平衡方程数目相应地减少。下面举例说明物系平衡的求解方法。

求解物系平衡时应注意的方面

根据物系的特点，分析和处理物系平衡的问题时，应注意以下几个方面。

(1) 认真理解、掌握并能灵活运用"物系整体平衡，组成物系的每个局部必然平衡"的概念。

(2) 要灵活选择研究对象。所谓研究对象包括物系整体、单个刚体以及由两个或两个以上刚体组成的局部系统。灵活选择研究对象，一般应遵循：研究对象上既有未知力，又有已知力或者前面计算过程中已计算出结果的未知力；同时，应当尽量使一个平衡方程中只包含一个未知约束力，不解或少解联立方程。

(3) 注意区分内力与外力、作用力与反作用力。内力只有在系统拆开时才会出现，故在考查整体平衡时，无须考虑内力。当同一约束处有两个或两个以上刚体相互连接时，为了区分作用在不同刚体上的约束力是否互为作用力与反作用力，必须逐个对刚体进行分析，分清哪一个是施力体，哪一个是受力体。

(4) 注意对分布荷载进行等效简化。考查局部平衡时，分布荷载可以在拆开之前简化，也可以在拆开之后简化。需要注意的是，先简化、后拆开时，简化后合力施加在何处才能满足力系等效的要求。

例3-10 如图3-18(a)所示多跨静定梁，由 AB 梁和 BC 梁用中间铰 B 连接而成。C 端为固定端，A 端为活动铰支座。已知 $M=20\text{kN}\cdot\text{m}$，$q=15\text{kN/m}$。试求 A、B、C 三点的约束反力。

视频讲解

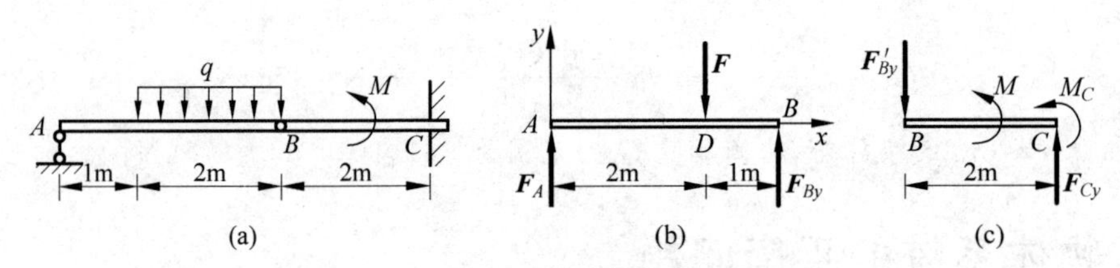

图3-18　多跨静定梁

解：(1) 取 AB 梁为研究对象，受力如图3-18(b)所示，均布荷载 q 可以简化为作用于 D 点的集中力 $\boldsymbol{F}$，在受力图上不再画 q，以免重复。因梁 AB 上只作用主动力 $\boldsymbol{F}$，且铅直向下，故判断 B 铰的约束反力只有铅直分量 $\boldsymbol{F}_{By}$，AB 梁在平面平行力系作用下平衡。

$$\sum M_B(\boldsymbol{F})=0,\quad -3F_A+F=0$$

解得

$$F_A=\frac{F}{3}=\frac{15\times2}{3}\text{kN}=10\text{kN}$$

$$\sum M_A(\boldsymbol{F})=0,\quad 3F_{By}-2F=0$$

解得

$$F_{By}=\frac{2}{3}F=\left(\frac{2}{3}\times15\times2\right)\text{kN}=20\text{kN}$$

(2) 取 BC 梁为研究对象，受力如图 3-18(c)所示，注意 $\boldsymbol{F}_{By}$ 和 $\boldsymbol{F}'_{By}$ 是作用力与反作用力关系，同样可以判断固定端 C 处只有反力 $\boldsymbol{F}_{Cy}$ 和反力偶 M_C。BC 梁在平面一般力系作用下平衡。列平衡方程：

$$\sum F_y=0,\quad F_{Cy}-F'_{By}=0$$

解得

$$F_{Cy}=F'_{By}=20\text{kN}$$

$$\sum M_B(\boldsymbol{F})=0,\quad M_C+M+2F_{Cy}=0$$

解得

$$M_C=-M-2F_{Cy}=(-20-2\times20)\text{kN}\cdot\text{m}=-60\text{kN}\cdot\text{m}$$

负值表示 C 端的约束反力偶的实际转向是顺时针的。

温馨提示：对于静定连续梁，若只选整体为研究对象，未知力数目大于平衡方程数，解不出来，故还要灵活选取部分为研究对象，然后用平面一般力系平衡方程求解。

例 3-11　如图 3-19(a)所示载重汽车，拖车与汽车之间用铰链连接，汽车重 $G_1=3\text{kN}$，拖车重 $G_2=1.5\text{kN}$，载重 $G_3=8\text{kN}$，重心位置如图 3-19(a)所示。求静止时地面对 A、B、C 三轮的约束反力。

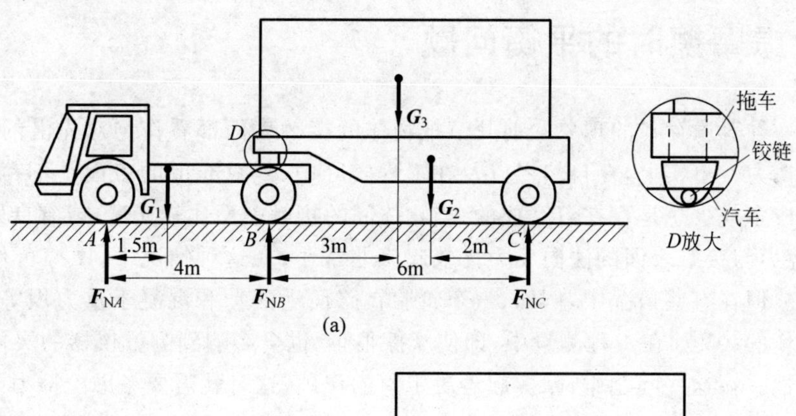

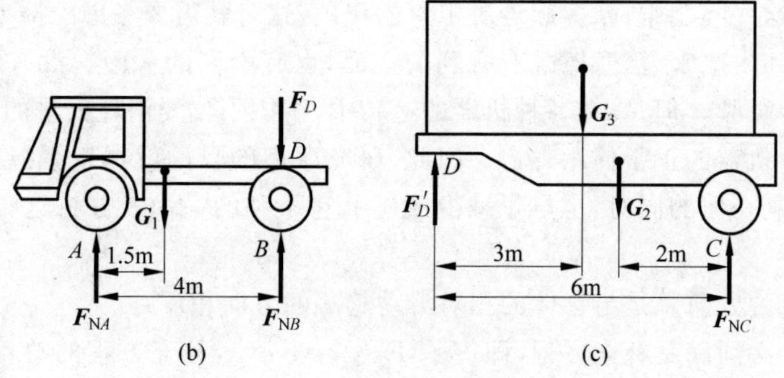

图 3-19　载重汽车

解:解题分析　在不考虑摩擦力的情况下,地面对车轮的约束反力沿三者的公法线方向,有三个未知力,仅考虑整体平衡是无法确定这些约束反力的。为求约束反力,现将拖车与汽车从铰接处拆开,分别考虑各部分的平衡。

(1) 取拖车为研究对象

$$\sum M_D=0,\quad F_{NC}\times 6-G_3\times 3-G_2\times 4=0$$

解得

$$F_{NC}=5\text{kN}$$

$$\sum M_C=0,\quad G_2\times 2+G_3\times 3-F'_D\times 6=0$$

解得

$$F_D=F'_D=4.5\text{kN}$$

(2) 再取汽车为研究对象

$$\sum M_A=0,\quad F_{NB}\times 4-G_1\times 1.5-F_D\times 4=0$$

将 $F_D=4.5\text{kN}$ 代入得

$$F_{NB}=5.625\text{kN}$$

$$\sum M_B=0,\quad -F_{NA}\times 4+G_1\times 2.5=0$$

解得

$$F_{NA}=1.875\text{kN}$$

通过上述两例,下面讨论两个问题:

(1) 选择“最佳解题方案”问题。求解物体系统的平衡问题,往往要选择两个以上的研究对象,分别画出受力图,列出必要的平衡方程,然后求解。因此在解题前必须考虑解题最佳方案问题,尽量使一个平衡方程解决一个未知量,尽量不解联立方程组。

(2) 选择平衡方程形式问题。为了减少平衡方程中所包含的未知量数目,在力臂易求时,尽量采用力矩方程,以避免求解联立方程组;求力臂较烦琐时,可尽量采用投影方程。

*3.7　考虑摩擦时的平衡问题

摩擦是一种普遍存在的现象。前几节把物体的接触表面都看作绝对光滑的,忽略了物体之间的摩擦力。事实上,在自然界以及在工程实际中,绝对光滑的表面是不存在的,两物体的接触处或多或少总是存在着摩擦的,当物体间的接触表面比较光滑,或有良好的润滑条件,以至摩擦力与接触表面的法向反力比较起来非常小,在这种情况下,摩擦可作为次要因素忽略不计。但在有些情况中,例如,汽车轮胎在路面上滚动和混凝土重力坝等,都是依靠摩擦进行工作的;又如在工程测量中,即使摩擦很小,也会影响到测量仪器的灵敏度和测量数据的准确性。在这些问题中,摩擦起着决定性的作用,这时就需要考虑摩擦力的影响。

对人类的生活和生产来说,摩擦既有有利的一面,也有不利的一面。没有摩擦,人就不能行走,车辆也不能行驶。但是,在各种机器的运转中,摩擦不仅要消耗大量的能量,而且还会磨损零部件,减少机器的正常使用寿命。因此,研究摩擦的目的就在于掌握摩擦的规律,在尽量利用摩擦有利一面的同时,也尽量减少或避免它不利的一面。分析这类问题时应注意以下几点:

(1) 摩擦力 $\boldsymbol{F}_f$ 的方向总是与物体的相对滑动趋势的方向相反。

(2) 摩擦力 $\boldsymbol{F}_f$ 必须满足补充方程,即 $F_f\leqslant F_{fmax}=f_sF_N$,补充方程的数目与有摩擦的界面的数目相同。

(3) 由于物体平衡时摩擦力有一定的范围($0\leqslant F_f\leqslant F_{fmax}$)，故有摩擦的平衡问题的解也有一定的范围，而不是一个确定的值。为了计算方便，一般先在临界状态下计算，求得结果后再分析，讨论其解的范围。

3.7.1 滑动摩擦定律

将重 $\boldsymbol{G}$ 的物块放在水平面上，并施加一水平力 $\boldsymbol{F}$(图 3-20)。当力 $\boldsymbol{F}$ 较小时，物块虽有沿水平面滑动的趋势，但仍保持静止状态，这是因为接触面间存在一个阻碍物块滑动的力 $\boldsymbol{F}_f$。这个力称为**静滑动摩擦力**，简称**静摩擦力**。它的大小由平衡方程求得，$F_f=F$，方向与滑动趋势的方向相反(图 3-20)。若 $F=0$，则 $F_f=0$，即物体没有滑动趋势时，也就没有摩擦力；当 F 增大时，静摩擦力 F_f 也随着增大，当 F 增大到某一数值时，物块处于将动而未动的临界平衡状态，这时静摩擦力达到最大值，称为**最大静摩擦力**，用 $\boldsymbol{F}_{fmax}$ 表示。

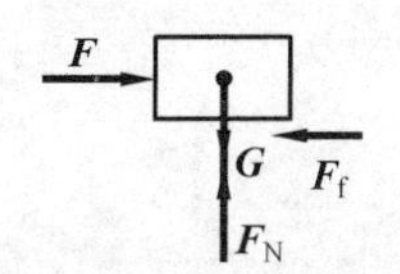

图 3-20 静摩擦力

由上可知，静摩擦力的方向与相对滑动趋势的方向相反，大小随主动力的变化而变化，变化范围在零与最大值之间，即

$$0\leqslant F_f\leqslant F_{fmax} \tag{3-15}$$

大量试验证明，最大静摩擦力的大小与接触面间的正压力(即法向反力)F_N 成正比，即

$$F_{fmax}=f_sF_N \tag{3-16}$$

这就是**静滑动摩擦定律**，简称**静摩擦定律**。式中比例常数 f_s 称为**静摩擦因数**，它的大小与接触物体的材料，接触面的粗糙度、湿度、温度等情况有关，而与接触面积的大小无关。各种材料在不同表面情况下的静摩擦因数是由试验测定的，这些数值可在工程手册中查到。

知识链接

库 仑 定 律

物体之间因接触和滑动产生的阻尼力有着十分复杂的机理。在没有液体润滑情况下的滑动摩擦称为干摩擦。1781 年法国物理学家库仑(图 3-21)通过对干摩擦的物理试验总结出一条著名的库仑定律。可叙述为：物体之间保持静止接触的最大静摩擦力 $\boldsymbol{F}_{fmax}$ 与相互作用的正压力 $\boldsymbol{F}_N$ 成正比：

$$F_{fmax}=f_sF_N$$

其中的比例系数 f_s 与物体接触的表面状况有关，称为静摩擦因数。库仑定律很容易被试验证实。在地板上拖动一只箱子，箱子越重摩擦力就越大，也就越难拖动。

当物体之间有相对滑动时，所产生的动摩擦力 $\boldsymbol{F}_d$ 也能用库仑定律描述为

$$F_d=fF_N$$

公式中的系数 f 称为动摩擦因数。一般情况下，动摩擦因数要小些。$f<f_s$ 这也是容易理解的，箱子一旦被拖动，用的力

图 3-21 库仑

库仑简介

就比拖动前要小些。对于动摩擦情形,如果以滑动速度为横坐标,动摩擦力 F_d 为纵坐标,可作出 F_d 的函数,如图 3-22 所示。

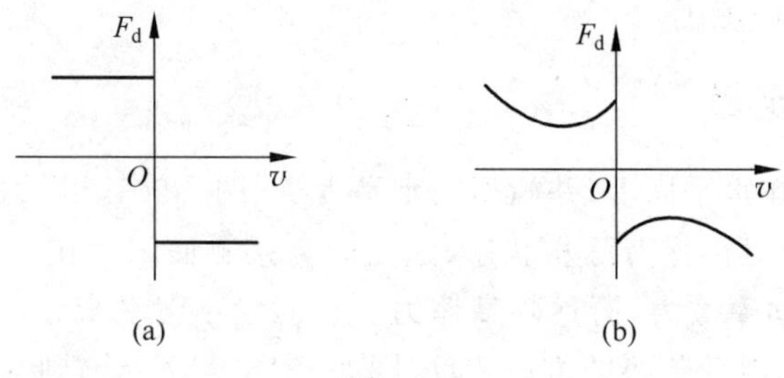

图 3-22

(a) 库仑动摩擦力的变化规律;(b) 更准确的动摩擦力变化规律

库仑定律只是对干摩擦规律的近似描述,它忽略了滑动速度的变化对动摩擦力的影响。通过更深入的试验研究了解到相对速度从零开始增大时,摩擦力一开始快速降低,随后随着速度的继续增加而缓慢增大,如图 3-22(b)中给出的 F_d 曲线函数所示。

3.7.2 有摩擦的平衡问题

求解有摩擦的平衡问题,在加上静摩擦力之后,其方法和步骤与 3.6 节相同。但应注意,静摩擦力的方向总是与相对滑动趋势的方向相反,不能假定;静摩擦力的大小有个变化范围,相应地平衡问题的解答也具有一个变化范围。通常都是对物体将动未动的临界状态进行分析,列出 $F_{\text{fmax}}=f_s F_N$ 作为补充方程。摩擦力有几个,补充方程也应有几个。

例 3-12 某人骑自行车匀速上一坡度为 5% 的斜坡,如图 3-23 所示。人与自行车的总重为 820N,重心在点 C 处。若不计前轮的摩擦,且后轮处于滑动的临界状态。求后轮与路面的静摩擦因数。若静摩擦因数加倍,加在后轮上的摩擦力为多大?

视频讲解

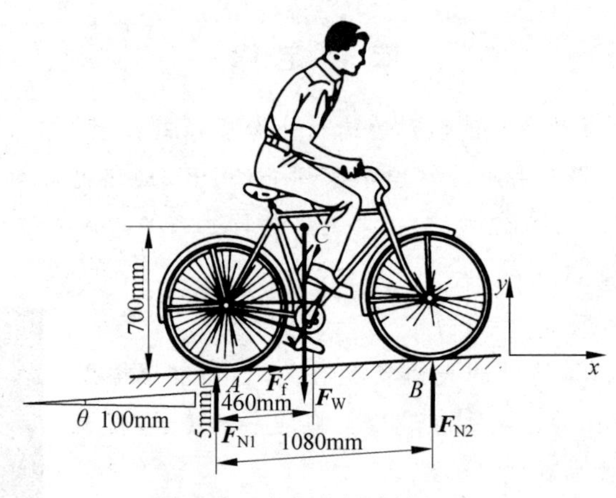

图 3-23 自行车的摩擦问题

解:设斜坡的倾角为 θ,则有

$$\tan\theta=\frac{1}{20}$$

自行车的受力如图 3-23 所示。

$$\sum M_B = 0,\quad (1080-460)F_W\cos\theta + 700F_W\sin\theta - F_{N1}\times 1080 = 0$$

$$\sum F_x = 0,\quad F_f - F_W\sin\theta = 0$$

$$F_{fmax} = f_s F_{N1}$$

解得

$$f_s = \frac{F_f}{F_{N1}} = \frac{1080\sin\theta}{(1080-460)\cos\theta + 700\sin\theta} = 0.082$$

若静摩擦因数加倍，则加在后轮上的摩擦力为

$$F_f = F_W\sin\theta = 40.95\text{N}$$

例 3-13　梯子 AB 靠墙斜立，如图 3-24(a)所示，梯子与墙面、地面之间的静摩擦因数均为 $f_s=0.3$，若人的重量 $\boldsymbol{F}_W$ 作用于梯子的 3/4 高度处，不计梯重，试求欲使梯子保持平衡，梯子与地面间的夹角 α 所能取的最小值 α_{min}。

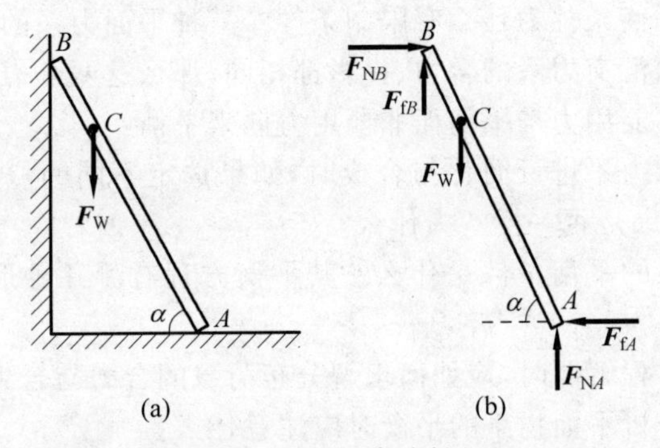

图 3-24　梯子靠墙斜立

解：假设梯子刚好处于临界待动状态，此时各处摩擦力达到最大值，夹角 α 达到最小值。作梯子的受力图如图 3-24(b)所示。建立平衡方程：

$$\sum F_x = 0,\quad F_{NB} - F_{fA} = 0 \qquad ①$$

$$\sum F_y = 0,\quad F_{NA} + F_{fB} - F_W = 0 \qquad ②$$

$$\sum M_B = 0,\quad F_{NA}AB\cos\alpha - F_{fA}AB\sin\alpha - F_W\frac{AB}{4}\cos\alpha = 0 \qquad ③$$

由静摩擦定律知：

$$F_{fA} = f_s F_{NA} \qquad ④$$

$$F_{fB} = f_s F_{NB} \qquad ⑤$$

联立求解方程①、②、③、④、⑤得

$$\tan\alpha = \frac{2-f_s^2}{4f_s} = \frac{3-0.3^2}{4\times 0.3} = 2.425$$

$$\alpha = 67.6°$$

即要使梯子平衡，梯子与地面间的夹角为

$$\alpha_{min} \geqslant 67.6°$$

理论力学

理论力学是研究物体机械运动一般规律的学科。它由三大部分组成,即静力学、运动学和动力学。静力学是研究物体在力作用下的平衡条件,运动学是以几何的方式研究物体的机械运动规律,动力学是研究物体的运动与力的关系。1～3章所讲内容,属于静力学部分。

思考题

3-1 力的投影与力的分力概念一样吗?二者有何异同?

3-2 一平面力系向一点简化后得一力偶,若选择另一简化中心简化该力系,结果又会怎样?

3-3 平面力系的平衡条件为什么有限制条件?三种平面力系的平衡条件有什么关系?

3-4 如果两个平面汇交力系的合力、投影都相同,那么这两个力系是否为等效力系?

3-5 为什么力偶不能用力来平衡而非要用力偶来平衡?

3-6 在对平面任意力系进行简化与合成时,如果选定不同的点作为简化中心,那么最终力系简化与合成的结果是否一样?为什么?

3-7 平面一般力系的平衡条件是什么?其平衡方程有哪几种形式?各种形式有何附加条件?为什么?

3-8 在应用平衡方程解题时,应如何求解分布荷载的合力与合力作用线的位置?

3-9 何谓物系?分析平面物系的平衡时应注意什么?

3-10 何谓摩擦?摩擦分哪几种?考虑摩擦的平衡问题应注意什么?

习题

3-1 如题3-1图所示平面汇交力系,已知 $F_1=3\text{kN}$, $F_2=1\text{kN}$, $F_3=1.5\text{kN}$, $F_4=2\text{kN}$。试求此力系的合力 F_R。

3-2 重力坝受力情形如题3-2图所示。设 $F_{P1}=450\text{kN}$, $F_{P2}=200\text{kN}$, $F_1=300\text{kN}$, $F_2=70\text{kN}$。

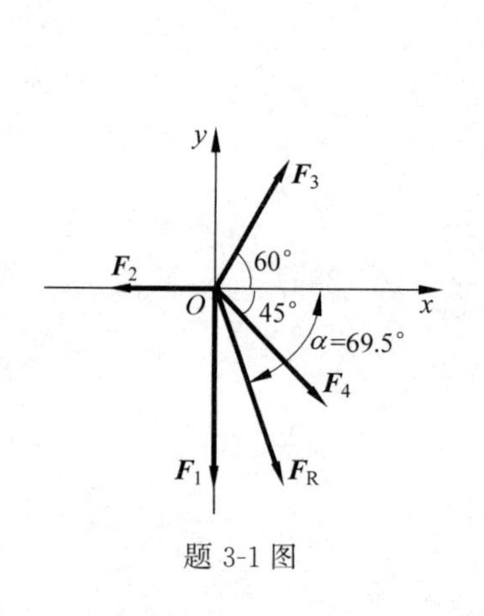

题3-1图

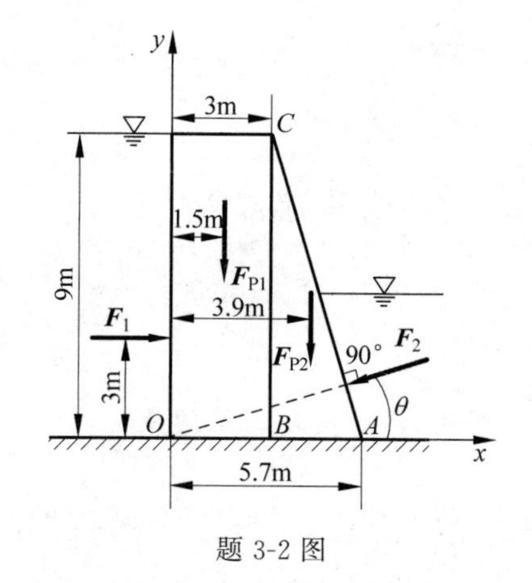

题3-2图

求：(1) 力系向 O 点的简化结果；

(2) 若简化结果为一合力和一合力偶能否进一步简化为一集中力？作用在何处？

3-3　如题 3-3 图所示重为 10N 的小球，用与斜面平行的绳 AB 系住，静止在与水平面成 30°角的光滑斜面上。试求绳子的拉力和斜面对球的支持力。

3-4　如题 3-4 图所示，重为 50N 的球用与斜面平行的绳 AB 系住，静止在与水平面成 30°角的斜面上。已知绳子的拉力 $F_T=25\text{N}$，斜面对球的支持力 $F_N=25\sqrt{3}\,\text{N}$。试求该球所受的合外力的大小。

3-5　如题 3-5 图所示，支架由杆 BC、AC 构成，A、B、C 三处都是铰链，在 C 点悬挂重量 $G=10\text{kN}$ 的重物。求杆 AC、BC 所受的力。不考虑杆的自重。

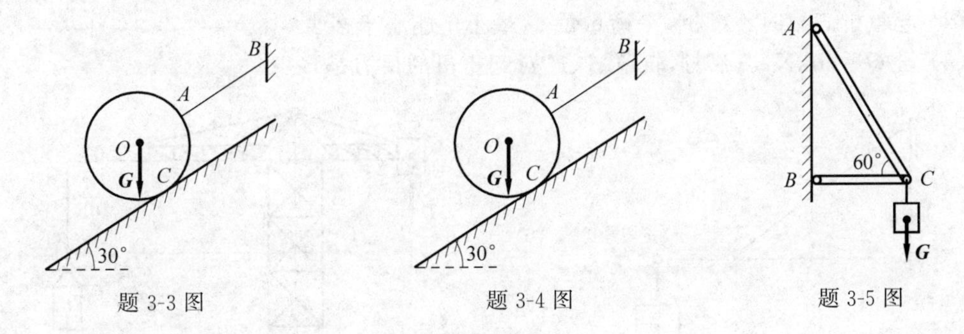

题 3-3 图　　题 3-4 图　　题 3-5 图

3-6　绳索由绞车 D 拖动并跨过滑轮 A 匀速地吊起重 $G=10\text{kN}$ 的重物，如题 3-6 图所示。不计杆重及滑轮处的摩擦，并忽略滑轮的尺寸。试求杆 AB 及 AC 所受的力。

3-7　如题 3-7 图所示，多孔钻床在气缸盖上钻四个直径相同的圆孔，每个钻头作用于工件的切削力构成一个力偶，且各力偶矩的大小 $M_1=M_2=M_3=M_4=15\text{N}\cdot\text{m}$，转向如题 3-7 图所示。试求钻床作用于气缸盖上的合力偶矩 M_R。

3-8　曲柄摇杆机构如题 3-8 图所示，在曲柄 OA 上作用一力偶，$M_1=\sqrt{2}\,\text{N}\cdot\text{m}$，在摇杆 BC 上作用另一力偶 M_2，使机构处于平衡状态。已知 $OA=10\text{cm}$，$AB=20\text{cm}$，$BC=30\sqrt{2}$ cm，角度如题 3-8 图所示。求 M_2 的值。

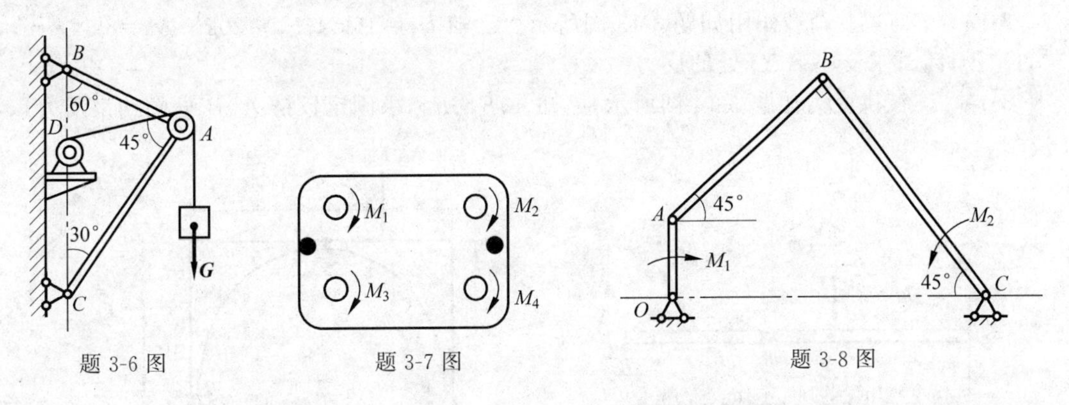

题 3-6 图　　题 3-7 图　　题 3-8 图

3-9　一支架如题 3-9 图所示，水平杆 AB 重量不计，受固定铰支座 A 及杆 DC 的约束，在杆端 B 有一力偶作用，$M=100\text{N}\cdot\text{m}$。求 A、C 处的约束反力。

3-10 如题 3-10 图所示简单塔吊结构,悬臂端承受重量为 G。试计算支座 A 及钢索 BC 所受的力。

3-11 如题 3-11 图所示一简支梁,已知 $F=20\text{kN}$, $q=10\text{kN/m}$,不计梁自重,求 A、B 两处支座反力。

3-12 如题 3-12 图所示一塔式起重机,机身重量 $G=220\text{kN}$,作用线沿塔架中心线。最大起吊重量 $F_{\text{P}}=50\text{kN}$,悬臂长 $l=12\text{m}$,轨道 A、B 间的距离 $2a=4\text{m}$,平衡重量 Q 到塔架中心线的距离 $b=6\text{m}$。试问:

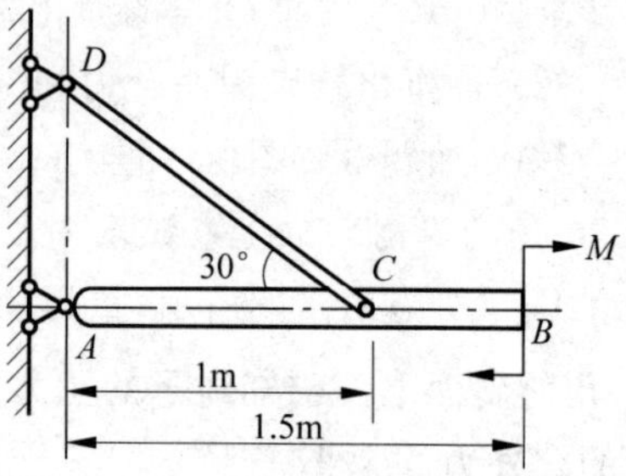

(1) 起重机空载时不翻倒,平衡重量 Q 最大不能超过多少?

(2) 起重机满载时不翻倒,平衡重量 Q 最小不能小于多少?

(3) 设 $Q=30\text{kN}$,满载时,轨道 A、B 对起重机的反力是多少?

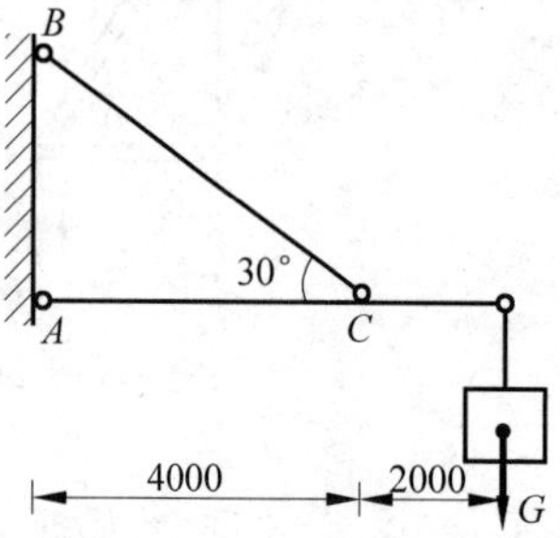

题 3-9 图

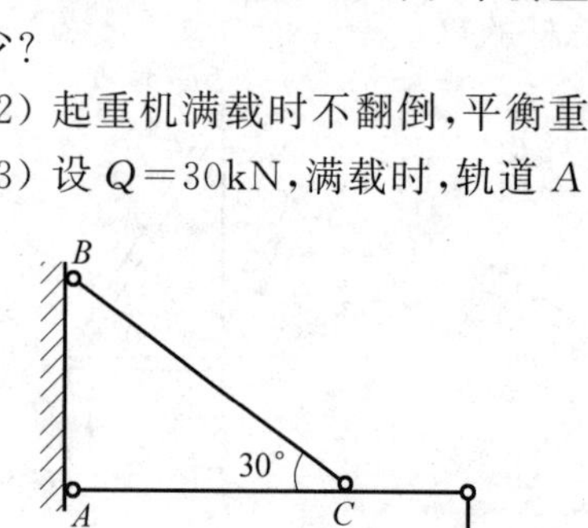

题 3-10 图

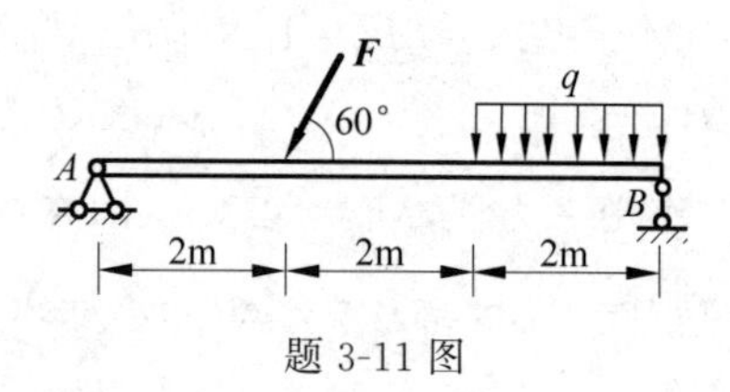

题 3-11 图

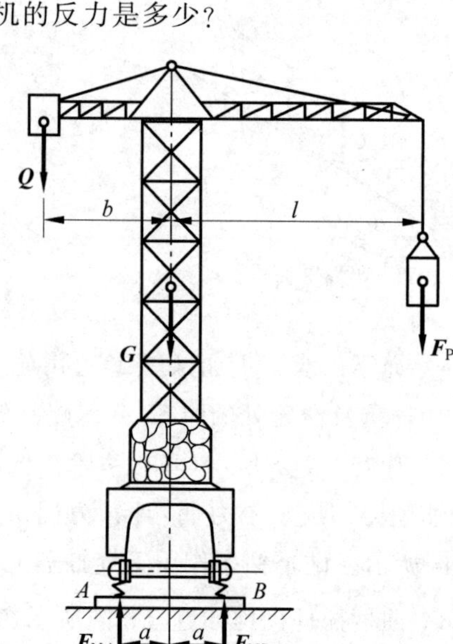

题 3-12 图 塔式起重机

3-13 静定梁受荷载作用如题 3-13 图所示。已知 $F_1=16\text{kN}$、$F_2=20\text{kN}$、$M=8\text{kN}\cdot\text{m}$,梁自重不计,试求支座 A、C 处的反力。

3-14 三铰拱受力如题 3-14 图所示,已知 a、F_1、F_2,求固定铰链 A、B 处的约束反力。

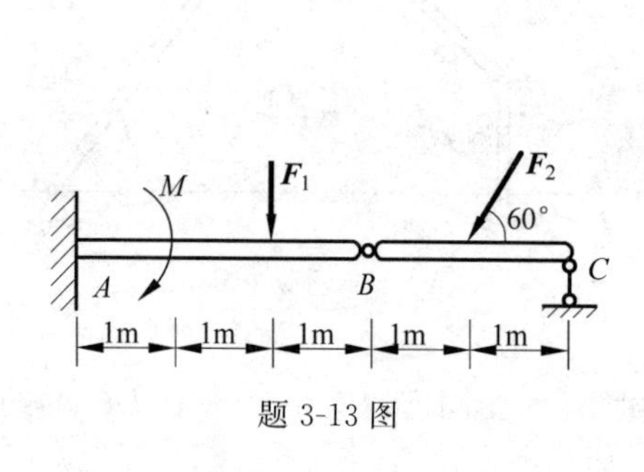

题 3-13 图

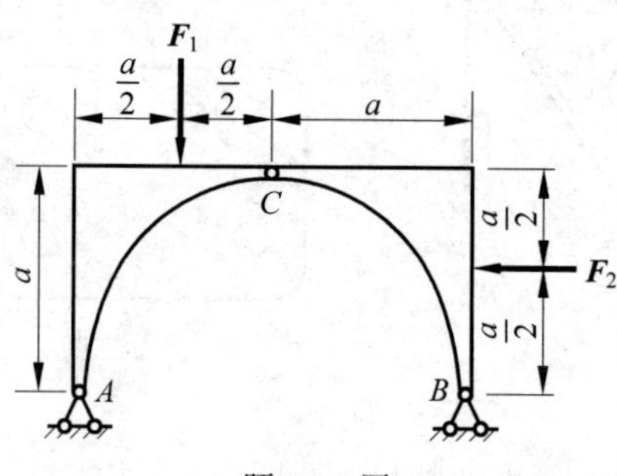

题 3-14 图

3-15　求题3-15图所示三铰刚架 A、B 两处的支座反力。

3-16　如题3-16图所示一重为200N的梯子 AB，一端靠在铅垂的墙壁上，另一端搁置在水平地面上，$\theta=\arctan\frac{4}{3}$。假设梯子与墙壁间为光滑约束，而与地面之间存在摩擦，静摩擦因数 $f_s=0.5$。试问：梯子是处于静止还是会滑倒？此时，摩擦力的大小为多少？

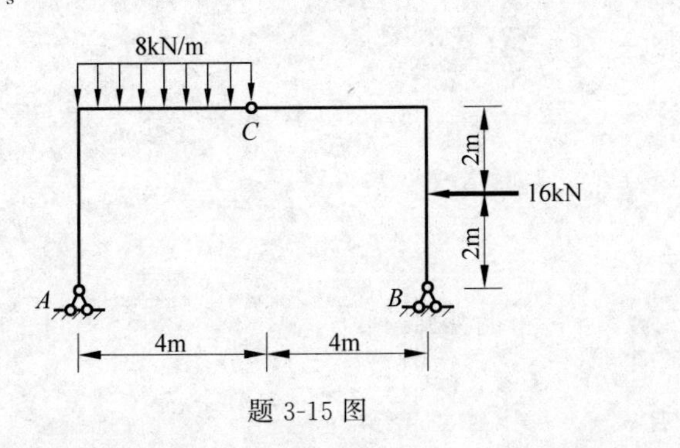

题3-15图

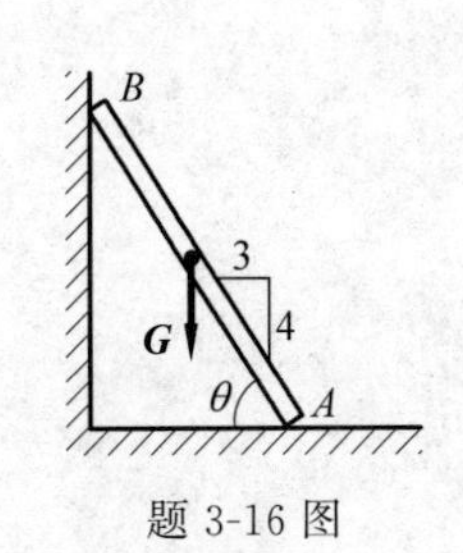

题3-16图

3-17　物块 A 重 $F_{P1}=1000$N，置于水平面上，用细绳跨过一光滑的滑轮 C 与一铅垂悬挂的重 $F_{P2}=800$N 的物块 B 相连，如题3-17图所示。已知物块 A 与水平面间的静摩擦因数 $f_s=0.5$，$\alpha=30°$。问：物块 A 是否滑动？

3-18　如题3-18图所示托架，安置在直径为300cm的水泥柱上。若柱子与托架之间的摩擦因数 $f_s=0.25$。求为保持托架平衡，施加在托架上的力 $\boldsymbol{W}$ 的作用线到立柱中心线的最短距离(不考虑托架重量)。

3-19　两物块 A、B 放置如题3-19图所示。物块 A 重 $F_{P1}=5$kN，物块 B 重 $F_{P2}=2$kN，A、B 之间的静摩擦因数 $f_{s1}=0.25$，B 与固定水平面之间的静摩擦因数 $f_{s2}=0.20$。求拉动物块 B 所需力 F 的最小值。

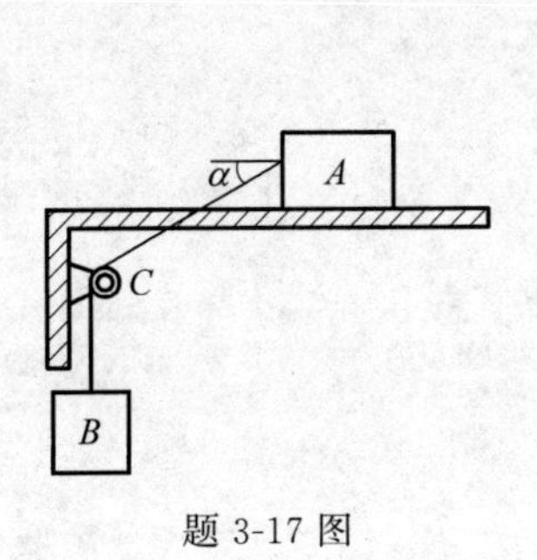

题3-17图

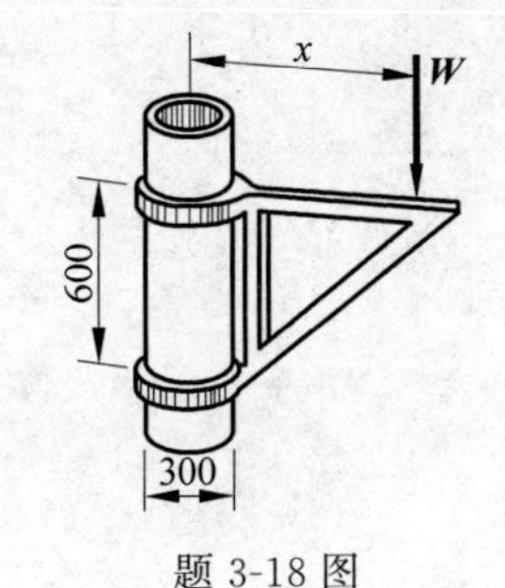

题3-18图

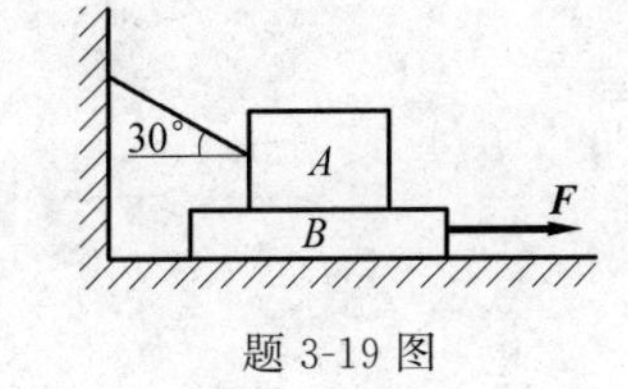

题3-19图

第二篇　静定杆件的内力、强度与稳定性计算

杆系结构是由杆件构成的，因此，对杆的研究是研究杆系结构的基础。也就是说，只要将拉压、剪切、扭转、弯曲四种基本变形的计算搞清楚了，那么学习杆系结构力学也就容易了。因此，这种结构形式是降低学习力学难度的重要举措之一，所以先要认真学好本篇所研究的杆件内容。本篇重点掌握的内容是，四种基本变形的应力计算和变形计算公式。研究的思路是，首先建立应力的概念，接着讲拉压、剪切、扭转、弯曲四种基本变形的应力、变形计算和常见韧性材料、脆性材料的力学性能，从而建立拉压、扭转、弯曲四种基本变形的强度条件与刚度条件；对于轴向压杆来说，还要建立理想压杆的稳定条件；另外，为了研究汽车、吊车等移动荷载的效应，还要研究影响线及其应用等。

本篇研究的方法是，一是观察，即对四种基本变形的模型和实物进行仔细观察，从中找出规律性的东西，然后根据这些规律推导出内力分布情况，据此建立内力相对应的应力和变形计算公式；二是运用试验手段，得出常用材料在拉压、剪切、扭转、弯曲情况下的力学性能，从而建立相应的强度条件和稳定条件；三是根据杆件或结构的变形，建立相应的刚度条件等。

轴向拉伸与压缩变形

4.1 材料力学的基本概念

4.1.1 变形固体的基本假设

当研究构件的强度、刚度和稳定性问题时，由于这些问题与构件的变形息息相关，所以，尽管构件的变形很小，也必须把它看作**变形固体**。工程中使用的固体材料是多种多样的，而且其微观结构和力学性能也各不相同。为了使问题得到简化、统一，通常对变形固体作如下基本假设。

1. 连续性假设

连续性假设即认为在固体材料的整个体积内毫无空隙地充满了物质。事实上，固体材料是由无数的微粒或晶粒组成的，各微粒或晶粒之间是有空隙的，是不可能完全密实的，但这种空隙与构件的尺寸相比极为微小，可以忽略不计。根据这个假设，在进行理论分析时，与构件性质相关的物理量可以用连续函数来表示。

2. 均匀性假设

均匀性假设即认为构件内各点处的力学性能是完全相同的。事实上，组成构件材料的各个微粒或晶粒，彼此的性质不尽相同。但是构件的尺寸远远大于微粒或晶粒的尺寸，构件所包含的微粒或晶粒的数目又极多，所以，固体材料的力学性能并不反映其微粒的性能，而是反映所有微粒力学性能的统计平均量。因而，可以认为固体的力学性能是均匀的。按照这个假设，在进行理论分析时，可以从构件内任意位置取出一小部分来研究材料的性质，其结果均可代表整个构件。

3. 各向同性假设

各向同性假设即认为构件内的任一点，在各个方向上的力学性能都是相同的。事实上，组成构件材料的各个晶粒是各向异性的。但由于构件内所含晶粒的数目极多，在构件内的排列又是极不规则的，在宏观研究中，固体的性质并不显示方向的差别，因此可以认为某些材料是各向同性的，如金属材料、塑料以及浇注得很好的混凝土。根据这个假设，当获得了材料在任何一个方向的力学性能后，就可将其结果用于其他方向。但是此假设并不适用于所有材料，例如木材、竹材和纤维增强材料等，其力学性能是各向异性的。

4. 线弹性假设

变形固体在外力作用下，发生的变形可分为弹性变形和塑性变形两类。在外力撤去后能消失的变形称为弹性变形；不能消失的变形称为塑性变形。当所受外力不超过一定限度时,绝大多数工程材料在外力撤去后,其变形可完全消失,具有这种变形性质的变形固体称为完全弹性体。本课程只研究完全弹性体,并且外力与变形之间符合线性关系,称为线弹性体。

5. 小变形假设

小变形假设即认为变形量是很微小的。工程中大多数构件的变形都很小,远小于构件的几何尺寸。这样,在研究构件的平衡和运动规律时,仍可以直接利用构件的原始尺寸来计算。在研究和计算变形时,变形的高次幂项也可忽略,从而使计算得到简化。关于大变形的问题已超出我们研究的范围。

可以说,任何一门科学都有假设,没有假设也就没有科学,只是每门科学假设接近各自的实际程度有所不同罢了。以上关于变形固体的5个基本假设,实践表明,在这些假设的基础上建立起来的理论都是符合工程实际要求的。与这些假设密切相关的力学还有弹性力学、塑性力学,为扩大读者的知识面,强化上述假设,在此用小知识的形式简要介绍一下弹性力学。另外,为了加深印象、扩大知识面,再用小知识的形式介绍一下不符合上述假设而广泛应用的断裂力学。

弹性力学

弹性力学是研究弹性体在荷载等外来因素作用下所产生的应力、应变、位移和稳定性的学科,也称弹性理论,主要研究弹性体在外力作用或温度变化等外界因素下所产生的应力、应变和位移,从而解决结构或机械设计中所提出的强度和刚度问题。在研究对象上,弹性力学同材料力学和结构力学之间有一定的分工。材料力学基本上只研究杆状构件;结构力学主要是在材料力学的基础上研究杆状构件所组成的结构,即所谓杆件系统;而弹性力学研究包括杆状构件在内的各种形状的弹性体。其基本假设为:①假定物体是连续的,就是假定整个物体的体积都被组成这个物体的介质所填满,不留下任何空隙。②假定物体是完全弹性的,就是假定物体完全服从胡克定律——应变与引起该应变的那个应力分量成比例。③假定物体是均匀的,就是整个物体是由同一材料组成的。④假定物体是各向同性的,就是物体内一点的弹性在各个方向都相同。⑤假定位移和变形是微小的。

断裂力学

断裂力学是研究含裂纹物体的强度和裂纹扩展规律的一门科学。现代断裂理论是在1948—1957年形成的,它是在当时生产实践问题的强烈推动下,在经典理论的基础上发展起来的,20世纪60年代是其大发展时期。我国断裂力学工作起步至少比国外晚了20年,直到20世纪70年代,断裂力学才广泛引入我国,一些单位和科技工作者逐步开展了断裂力学的研究和应用工作。因此,它是具有前沿性和挑战性的研究成果。根据所研究的裂纹尖端附近材料塑性区的大小,可分为线弹性断裂力学和弹塑性断裂力学;根据所研究的引起材料断裂的荷载性质，可分为断裂静力学和断裂动力学。断裂力学的任务是：求得各类材料的断裂韧度；确定物体在给定外力作用下是否发生断裂，即建立断裂准则；研究荷载作用过程中裂纹扩展规律；研究在腐蚀环境和应力同时作用下物体的断裂（即应力腐蚀）问题。断裂力学的研究内容为：①裂纹的起裂条件；②裂纹在外部荷载和（或）其他因素作用下的扩展过程；③裂纹扩展到什么程度物体会发生断裂。另外，为了工程方面的需要，还研究含裂纹的结构在什么条件下破坏；在一定荷载作用下，可允许结构含有多大裂纹；在结构裂纹和结构工作条件一定的情况下，结构还有多长的寿命等。断裂力学已在航空、航天、交通运输、化工、机械、材料、能源等工程领域得到广泛应用。

4.1.2　杆件变形的基本形式

在自然界，任何物体在外力作用下都会发生变形，只是大小、形式有所不同罢了。在工程中，将杆件只产生一种变形形式的称为**基本变形**，通常归结为四种基本变形形式，如图4-1～图4-4所示的拉压、剪切、扭转和弯曲变形。杆件也可能同时发生两种或两种以上基本变形的组合形式，称为组合变形，如图4-5所示。

1. 基本变形

（1）轴向拉伸和压缩。如果在直杆的两端各受到一个外力 $\boldsymbol{F}$ 的作用，且二力大小相等、方向相反，作用线与杆件的轴线重合，那么杆的变形主要是沿轴线方向的伸长或缩短。当外力 $\boldsymbol{F}$ 的方向沿杆件截面的外法线方向时，杆件因受拉而伸长，这种变形称为轴向拉伸（图4-1(a)）；当外力 $\boldsymbol{F}$ 的方向沿杆件截面的内法线方向时，杆件因受压而缩短，这种变形称为轴向压缩（图4-1(b)）。

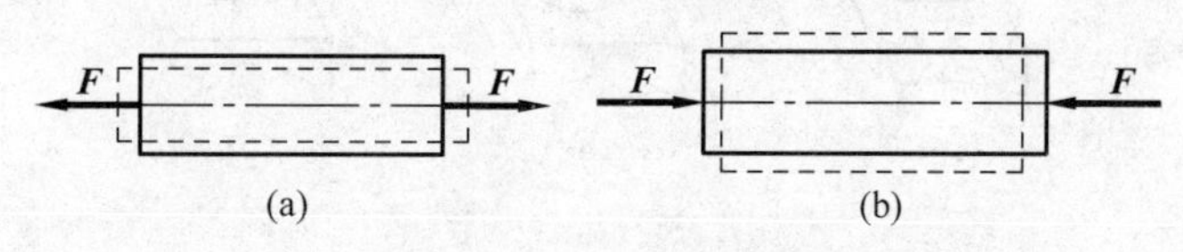

图4-1　拉压变形

（2）剪切。如果直杆上受到一对大小相等、方向相反、作用线平行且相距很近的外力沿垂直于杆轴线方向作用时，杆件的横截面沿外力的方向发生相对错动，这种变形称为剪切，如图4-2所示。

（3）扭转。如果在直杆的两端各受到一个外力偶 M 的作用，且这两个外力偶矩大小相等、转向相反，作用面与杆件的轴线垂直，那么杆件的横截面绕轴线发生相对转动，这种变形称为扭转，如图4-3所示。

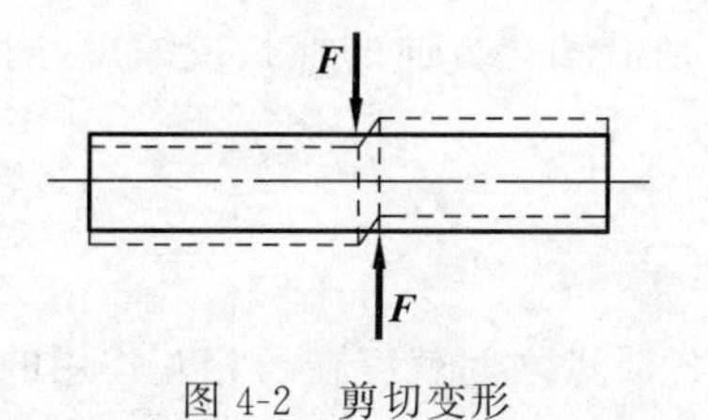

图4-2　剪切变形

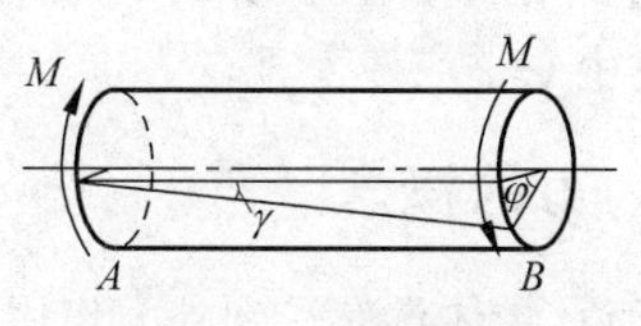

图4-3　扭转变形

(4) 弯曲。如果直杆在两端各受到一个外力偶 M 的作用,且这两个外力偶矩大小相等、转向相反,作用面都与包含杆轴的某一纵向平面重合,或者是受到在纵向平面内垂直于杆轴线的横向外力作用时,杆件的轴线就要变弯,这种变形称为弯曲(图 4-4)。如图 4-4(a)所示弯曲称为纯弯曲,如图 4-4(b)所示弯曲称为横力弯曲。

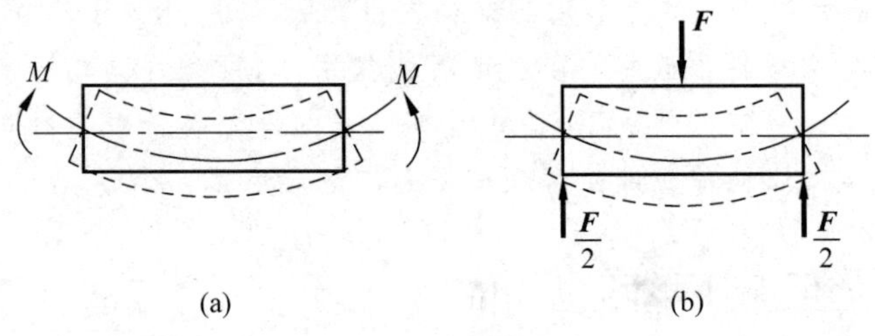

图 4-4 弯曲变形

2. 组合变形

凡是由两种或两种以上基本变形组成的变形,称为组合变形。常见的组合变形形式有斜弯曲(或称双向弯曲)、拉(压)与弯曲的组合、偏心压缩(拉伸)等,分别如图 4-5(a)、(b)、(c)所示。

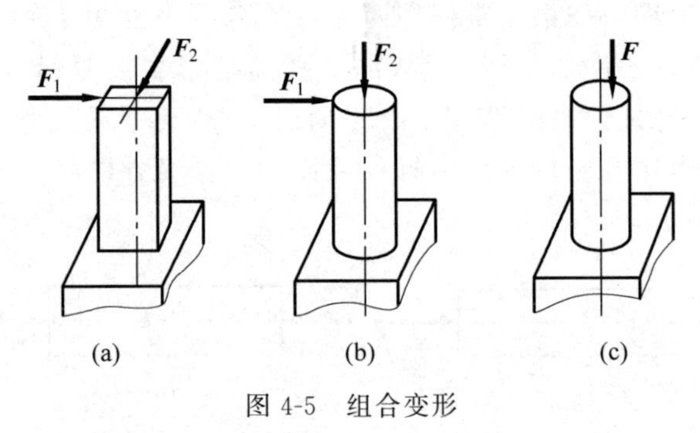

图 4-5 组合变形

4.2 轴向拉(压)杆横截面上的内力

在工程中,常会遇到承受轴向拉伸或压缩的杆件。如桁架中的各种杆件(图 4-6(a)),斜拉桥中的拉索(图 4-6(b))以及砖柱(图 4-6(c))等。

承受轴向拉伸或压缩的杆件简称为**拉压杆**。实际拉压杆的几何形状和外力作用方式各不相同,若将它们加以简化,则都可抽象成如图 4-1 所示的变形简图。其受力特点是外力或外力合力的作用线与杆件的轴线重合;变形特征是沿轴线方向的伸长或缩短,同时横向尺寸也相应发生变小或变大。

4.2.1 内力的概念

我们知道,物体没有受到外力作用时,其内部各质点之间就存在着相互作用的内力。这种内力相互平衡,使得各质点之间保持一定的相对位置。在物体受到外力作用后,其内部各质点之间的相对位置就会发生改变,内力也要发生变化而达到一个新的量值。这里所讨论

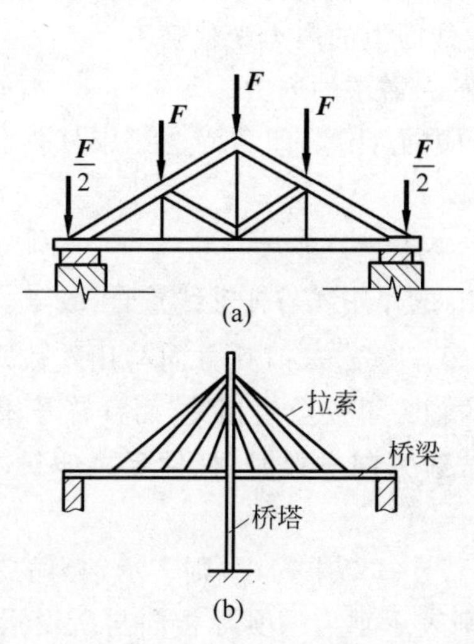

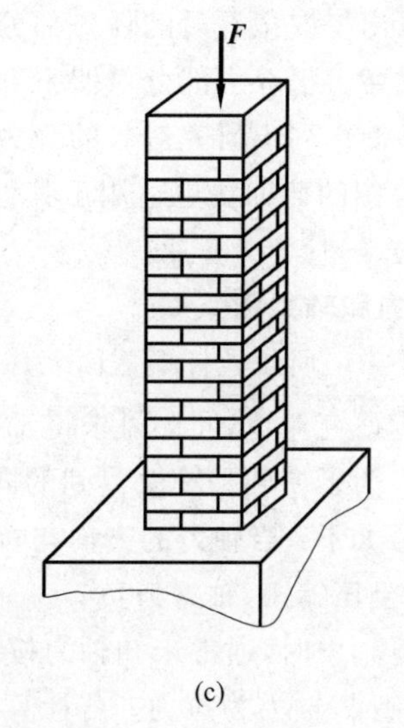

图 4-6　拉压杆的工程实例

的内力，指的是因外力作用而引起的物体内部各质点间相互作用的内力的改变量，即由外力引起的“附加内力”，通称为**内力**。

内力随外力的增大而增大，当内力达到某一限度时就会引起构件的破坏，因而它与构件的强度问题是密切相关的。

4.2.2　轴力和轴力图

1. 截面法

截面法是求构件内力的基本方法。下面通过求解图 4-7(a)所示拉杆 $m—m$ 横截面上的内力来具体阐明截面法的含义。

为了显示内力，假想地沿横截面 $m—m$ 将杆截成两段，任取其中一段，例如取左段为研究对象。左段上除受到外力 $\boldsymbol{F}$ 的作用外，还受到右段对它的作用力，此即横截面 $m—m$ 上的内力(图 4-7(b))。根据均匀连续性假设，横截面 $m—m$ 上将有连续分布的内力，以后称其为**分布内力**，而把内力这一名词用来代表分布内力的合力。现要求的内力就是图 4-7(b)中的合力 $\boldsymbol{F}_{\mathrm{N}}$。因左段处于平衡状态，故列出平衡方程：

图 4-7　拉压杆用截面法求内力

$$\sum F_x = 0,\quad F_{\mathrm{N}} - F = 0$$

解得

$$F_{\mathrm{N}} = F$$

这种假想地将构件截开成两部分，从而显示并求解内力的方法称为**截面法**。由此知，用截面法求构件的内力分为四个步骤：

(1) **截开**。沿需要求内力的截面，假想地将构件截成两部分。

(2) **取出**。取截开后的任一部分作为研究对象(哪一部分计算方便就取哪一部分)。

(3) **代替**。把弃去部分对留下部分的作用以截面上的内力来代替。

(4) **平衡**。列出研究对象的静力平衡方程,解出需求的内力。

以上介绍的截面法也适用于其他变形构件的内力计算,即截面法是求杆件各种变形内力的通用方法,应牢牢掌握。

2. 轴力和轴力图

如图 4-7(a)所示拉杆横截面 $m—m$ 上内力 $\boldsymbol{F}_{\mathrm{N}}$ 的作用线与杆轴线重合,故 $\boldsymbol{F}_{\mathrm{N}}$ 称为**轴力**。若取右段为研究对象,同样可求得轴力 $F_{\mathrm{N}}=F$(图 4-7(c)),但其方向与用左段求出的轴力方向相反。为了使两种算法得到的同一截面上的轴力不仅数值相等,而且符号相同,规定轴力的正负号如下:**当轴力的方向与横截面的外法线方向一致时,杆件受拉伸长,轴力为正;反之,杆件受压缩短,轴力为负**。

在计算轴力时,通常未知轴力按正向假设。若计算结果为正,则表示轴力的实际指向与所设指向相同,轴力为拉力;若计算结果为负,则表示轴力的实际指向与所设指向相反,轴力为压力。

工程中常有一些杆件,其上受到多个轴向外力的作用,这时杆在不同横截面上的轴力将不相同。为了表明轴力随横截面位置的变化规律,以平行于杆轴线的坐标表示横截面的位置,垂直于杆轴线的坐标(按适当的比例)表示相应截面上的轴力数值,从而绘出轴力与横截面位置关系的图线,称为**轴力图**,也称 F_{N} 图。通常将正的轴力画在上方,负的画在下方,且标上正号(+)、负号(−)。

例 4-1 拉压杆如图 4-8(a)所示,试求横截面 1—1、2—2、3—3 上的轴力,并绘制轴力图。

视频讲解

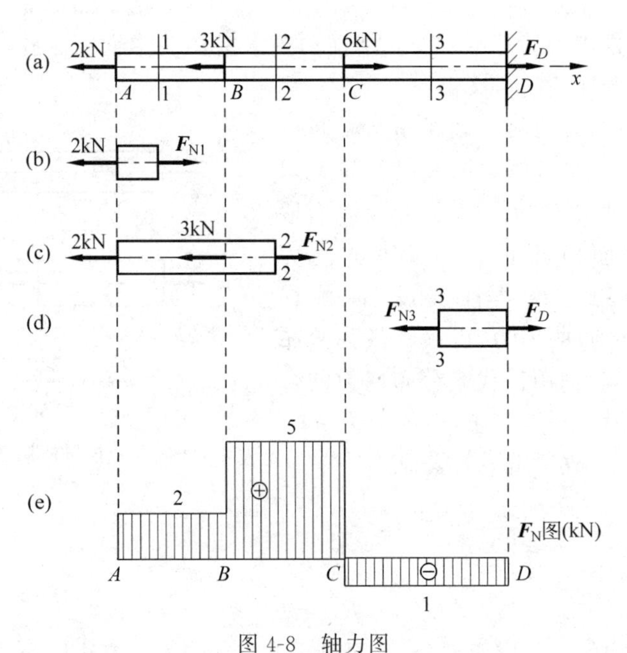

图 4-8 轴力图

解:(1) 求支座反力。列杆 AD(图 4-8(a))的平衡方程:

$$\sum F_x = 0, \quad F_D - 2 - 3 + 6 = 0$$

解得

$$F_D = -1\text{kN}$$

(2) 求横截面1—1、2—2、3—3上的轴力。沿横截面1—1假想地将杆截开,取左段为研究对象,设截面上的轴力为$\boldsymbol{F}_{\text{N1}}$(图4-8(b)),列平衡方程:

$$\sum F_x = 0, \quad F_{\text{N1}} - 2 = 0$$

解得

$$F_{\text{N1}} = 2\text{kN}$$

计算的结果为正,表明$\boldsymbol{F}_{\text{N1}}$为拉力。当然也可以取右段为研究对象来求轴力$\boldsymbol{F}_{\text{N1}}$,但右段上包含的外力较多,不如取左段简便。因此计算时,应选取受力较简单的部分作为研究对象。

再沿横截面2—2假想地将杆截开,仍取左段为研究对象,设截面上的轴力为$\boldsymbol{F}_{\text{N2}}$(图4-8(c)),列平衡方程:

$$\sum F_x = 0, \quad F_{\text{N2}} - 2 - 3 = 0$$

解得

$$F_{\text{N2}} = 5\text{kN}$$

同理,沿横截面3—3将杆截开,取右段为研究对象,可得轴力F_{N3}(图4-8(d))为

$$F_{\text{N3}} = F_D = -1\text{kN}$$

算得的结果为负,表明$\boldsymbol{F}_{\text{N3}}$为压力。

(3) 根据各段$\boldsymbol{F}_{\text{N}}$值,绘出轴力图,如图4-9(e)所示(坐标系通常不画出)。由图可知,BC段各横截面上的轴力最大,最大轴力$F_{\text{Nmax}} = 5\text{kN}$。内力较大的截面为**危险截面**。

轴力图一般应与计算简图对正。在图上应标注内力的数值及单位,在图框内均匀地画出垂直于横轴的纵坐标线,并标明正负号。当杆竖直放置时,正负值可分别画在杆的任一侧,并标明正负号。

4.3 轴向拉(压)杆截面上的应力

4.3.1 应力的概念

用截面法只能求出杆件横截面上的内力。只凭内力的大小,还不能判断杆件是否会破坏。例如,两根材料相同、截面面积不同的杆,受同样大小的轴向拉力$\boldsymbol{F}$作用,显然这两根杆件横截面上的内力是相等的,但随着外力的增加,截面面积小的杆件必然先拉断。这是因为轴力只是杆件横截面上分布内力的合力,而杆件的破坏是因截面上某一点受力过大而破坏。因此,要保证杆不破坏,还要研究内力在杆件横截面上是怎样分布的。

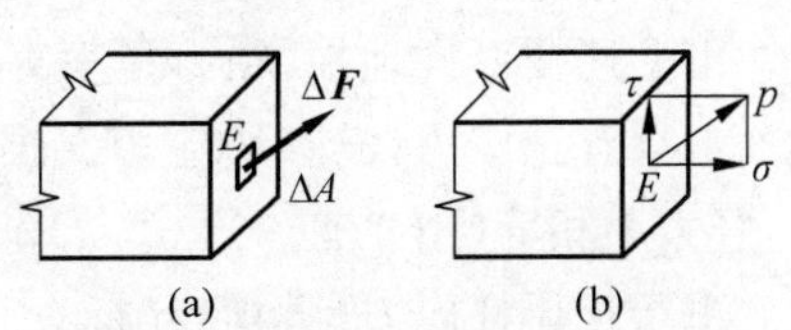

图4-9 横截面上的应力

内力在一点处的集度称为**应力**。为了说明截面上某一点E处的应力,绕E点取一微小面积ΔA,作用在ΔA上的内力合力记为$\Delta\boldsymbol{F}$(图4-9(a)),二者比

值 $p_m=\frac{\Delta F}{\Delta A}$,称 p_m 为 ΔA 上的平均应力。

一般情况下,截面上各点的内力是连续分布的,但并不一定均匀,因此,平均应力的值将随 ΔA 的大小而变化,它还不能表明内力在 E 点处的真实强弱程度。只有当 ΔA 无限缩小并趋于零时,平均应力 p_m 的极限值 p 才能代表 E 点处的**内力集度**,即

$$p=\lim_{\Delta A\to 0}\frac{\Delta F}{\Delta A}=\frac{\mathrm{d}F}{\mathrm{d}A}$$

式中,p 为 E 点处的应力。

应力 p 也称为 E 点的总应力。因为通常应力 p 与截面既不垂直也不相切,为了便于分析计算,力学中都是将其分解为垂直于截面和相切于截面的两个分量(图 4-9(b))。与截面垂直的应力分量称为**正应力**,用 σ 表示;与截面相切的应力分量称为**切应力**,用 τ 表示。应力的单位为帕[斯卡],简称为帕,符号为"Pa"。

$1\mathrm{Pa}=1\mathrm{N/m^2}$,即 1 帕 $=1$ 牛/米^2。工程实际中应力的数值较大,显然上面应力单位太小了,工程中常用千帕(kPa)、兆帕(MPa)及吉帕(GPa)为单位,其中 $\mathrm{k}=10^3$,$\mathrm{M}=10^6$,$\mathrm{G}=10^9$;即 $1\mathrm{kPa}=10^3\mathrm{Pa}$,$1\mathrm{MPa}=10^6\mathrm{Pa}$,$1\mathrm{GPa}=10^9\mathrm{Pa}$。工程图纸上,长度尺寸常以 mm 为单位,凡是没有标明单位的都默认长度单位为 mm。工程上常用的应力单位为

$$1\mathrm{MPa}=10^6\mathrm{N/m^2}=10^6\mathrm{N}/10^6\mathrm{mm^2}=1\mathrm{N/mm^2}$$

4.3.2 轴向拉(压)杆横截面上的应力

轴向拉压杆件是最简单的受力杆件,只有轴向力。那么,它的轴向力在截面上是怎样分布的呢?截面上的分布内力是不能直接观察到的,但内力与变形是有关系的。因此,要想找出分布内力在截面上的分布规律,通常采用的方法是先做一些试验,根据试验观察到的变形现象作出一定的假设,然后以此为依据导出应力计算公式。现取一根等直杆(图 4-10(a)),为了便于观察轴向受拉杆所发生的变形现象,在杆件表面均匀地画上若干与杆轴纵向平行的纵线,及与轴线垂直的横线,使杆件表面形成许多大小相同的小方格。然后在杆的两端施加一对轴向拉力 $\boldsymbol{F}$(图 4-10(b))。可以观察到,所有的纵线仍保持为直线且各纵线都伸长了,但仍互相平行,小方格变成长方格;所有的横线仍保持为直线,且仍垂直于杆轴,只是相对距离增大了。

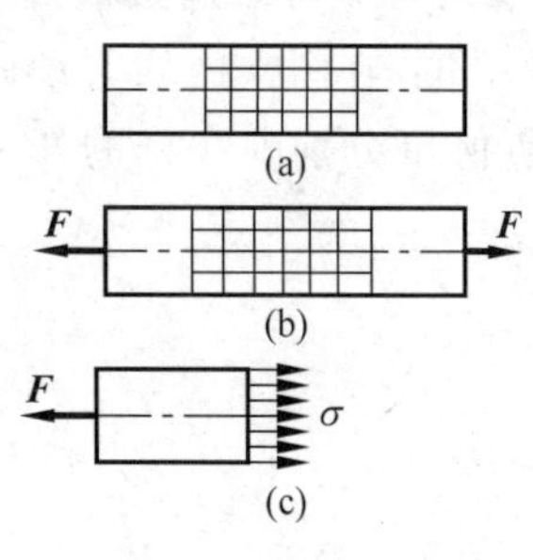

图 4-10 轴向拉伸变形

根据上述现象,可作如下假设:

(1) 变形前,杆件原为平面的横截面,变形后仍为平面且与杆轴线垂直,这就是**平面假设**。

(2) 杆件可看作是由许多纵向纤维组成的,受拉后所有纵向纤维的伸长量都相同。

由上述变形推理知,轴力是垂直于横截面的,相应的应力也必然垂直于横截面。因此横截面上只有正应力,没有切应力。据此知:轴向拉伸时,杆件横截面上各点处只产生正应力,且大小相等(图 4-10(c))。

由于拉压杆内力是均匀分布的,则各点处的正应力就等于横截面上的平均正应力,即

$$\sigma=\frac{F_N}{A} \tag{4-1}$$

式中，F_N 为轴力；A 为横截面面积。

当杆件受轴向压缩时，式(4-1)同样适用，即拉应力为正，压应力为负。

4.3.3　轴向拉(压)杆斜截面上的应力

上面研究了拉(压)杆横截面上的应力，那么，其他截面上的应力怎样计算呢？

图4-11(a)所示的等直杆，在其两端分别作用一个大小相等的轴向外力 $\boldsymbol{F}$，现分析任意斜截面 $m—n$ 上的应力。截面 $m—n$ 的方位用它的外法线 On 与 x 轴的夹角 α 表示，并规定 α 从 x 轴起算，逆时针转向为正。

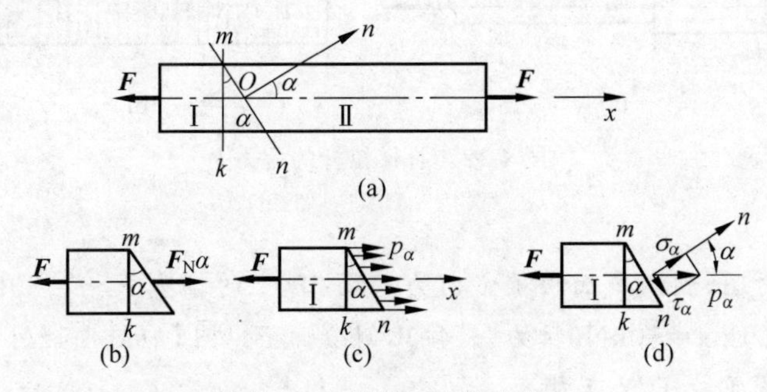

图4-11　斜截面上的应力

将杆件在 $m—n$ 截面处截开，取左半段为研究对象(图4-11(b))，由静力平衡条件 $\sum F_x=0$，求得 α 截面上的应力为

$$p_\alpha=\frac{F_{N\alpha}}{A_\alpha}=\frac{F_N}{A_\alpha}$$

式中，F_N 为横截面 $m—k$ 上的轴力；A_α 为斜截面面积，从几何上知 $A_\alpha=\frac{A}{\cos\alpha}$。

将 $A_\alpha=\frac{A}{\cos\alpha}$ 代入上式得

$$p_\alpha=\frac{F_N}{A}\cos\alpha=\sigma\cos\alpha$$

式中，p_α 是斜截面任一点处的总应力，为研究方便，通常将 p_α 分解为垂直于斜截面的正应力 σ_α 和相切于斜截面的切应力 τ_α(图4-11(d))，则

$$\sigma_\alpha=p_\alpha\cos\alpha=\sigma\cos^2\alpha \tag{4-2}$$

$$\tau_\alpha=p_\alpha\sin\alpha=\sigma\cos\alpha\sin\alpha=\frac{1}{2}\sigma\sin2\alpha \tag{4-3}$$

式(4-2)和式(4-3)分别为轴向受拉杆斜截面上任一点应力 σ_α 和 τ_α 的计算公式。

σ_α 和 τ_α 的正负号规定如下：正应力 σ_α 以拉应力为正，压应力为负；切应力 τ_α 以使研究对象绕其中任意一点，有顺时针转动趋势时为正，反之为负。

当 $\alpha=0°$ 时，正应力达到最大值：

$$\sigma_{max}=\sigma$$

由此可见,轴向拉压杆的最大正应力发生在横截面上。

当 $\alpha=45°$时,切应力达到最大值:

$$\tau_{\max}=\frac{\sigma}{2}$$

即轴向拉压杆的最大切应力发生在与杆轴成45°的斜截面上。

当 $\alpha=90°$时,$\sigma_\alpha=\tau_\alpha=0$,表明在平行于杆轴线的纵向截面上无任何应力。

例 4-2 图4-12(a)所示为一阶梯直杆受力情况,其横截面 AC 段面积为 $A_1=400\text{mm}^2$,CB 段面积为 $A_2=200\text{mm}^2$,不计自重,试绘出轴力图并计算各段杆横截面上的正应力。

视频讲解

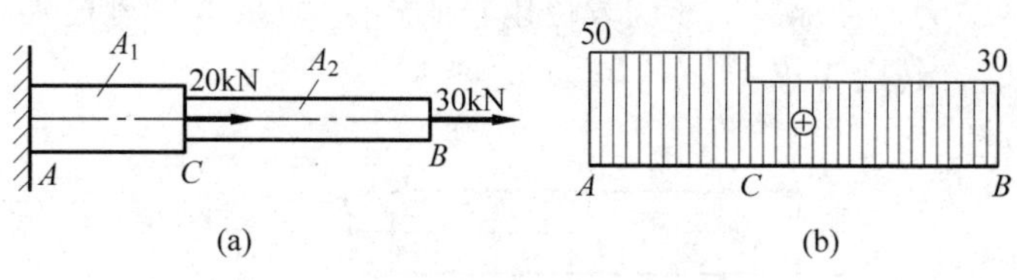

图 4-12 阶梯拉杆的应力

(a) 结构图;(b) F_N 图(kN)

解:(1) 画轴力图,利用截面法确定内力。CB 段上的轴力 $F_{N2}=30\text{kN}$(拉力);AC 段轴力 $F_{N1}=(30+20)\text{kN}=50\text{kN}$(拉力)。按比例绘出 F_N 图,如图4-12(b)所示。

(2) 求各段横截面上的正应力

$$AC\text{ 段}:\sigma_1=\frac{F_{N1}}{A_1}=\frac{50\times10^3}{400}\text{MPa}=125\text{MPa}$$

$$CB\text{ 段}:\sigma_2=\frac{F_{N2}}{A_1}=\frac{30\times10^3}{200}\text{MPa}=150\text{MPa}$$

例 4-3 如图4-13所示拉杆,拉力 $F=12\text{kN}$,横截面面积 $A=120\text{mm}^2$,试求分别当 $\alpha=30°$、$\alpha=45°$、$\alpha=90°$时,各斜截面上的正应力和切应力。

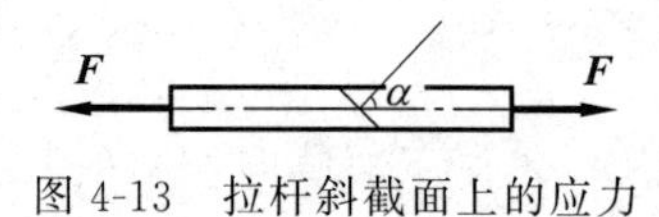

图 4-13 拉杆斜截面上的应力

解:(1) 求横截面上的正应力

由式(4-1)得 $\sigma=\dfrac{F_N}{A}=\dfrac{12\times10^3}{120}\text{N/mm}^2=100\text{N/mm}^2=100\text{MPa}$

(2) 当 $\alpha=30°$时,斜截面上的正应力与切应力分别为

由式(4-2)得 $\sigma_{30°}=\sigma\cos^2 30°=\left[100\times\left(\dfrac{\sqrt{3}}{2}\right)^2\right]\text{MPa}=75\text{MPa}$

由式(4-3)得 $\tau_{30°}=\dfrac{1}{2}\sigma\sin60°=\left(\dfrac{1}{2}\times100\times\dfrac{\sqrt{3}}{2}\right)\text{MPa}=25\sqrt{3}\,\text{MPa}$

(3) 同理得

$$\sigma_{45°}=\sigma\cos^2 45°=\left[100\times\left(\frac{\sqrt{2}}{2}\right)^2\right]\text{MPa}=50\text{MPa}$$

$$\tau_{45°}=\left[\frac{1}{2}\sigma\sin(45°\times2)\right]\text{MPa}=50\text{MPa}$$

$$\sigma_{90°}=\sigma\cos^2 90°=0$$

$$\tau_{90^\circ}=\frac{1}{2}\sigma\sin(2\times 90^\circ)=0$$

温馨提示：拉压杆横截面上只有正应力，在各斜截面上不仅有正应力还有切应力，在纵向截面上正应力、切应力皆为零。

4.4　轴向拉(压)杆的变形和胡克定律

观察知，轴向拉伸时杆件沿轴线方向伸长，而横向尺寸缩短；轴向压缩时，杆件沿轴线方向缩短，而沿横向尺寸增大。杆件这种沿纵向尺寸的改变，称为**纵向变形**，而沿横向尺寸的改变，称为**横向变形**。

1. 纵向变形

设杆件原长为 L，受拉后，长度变为 L_1（图 4-14(a)），则杆件沿长度的伸长量 $\Delta L=L_1-L$，称为**纵向绝对变形**，单位是 mm。显然，拉伸时 ΔL 为正，压缩时 ΔL 为负。

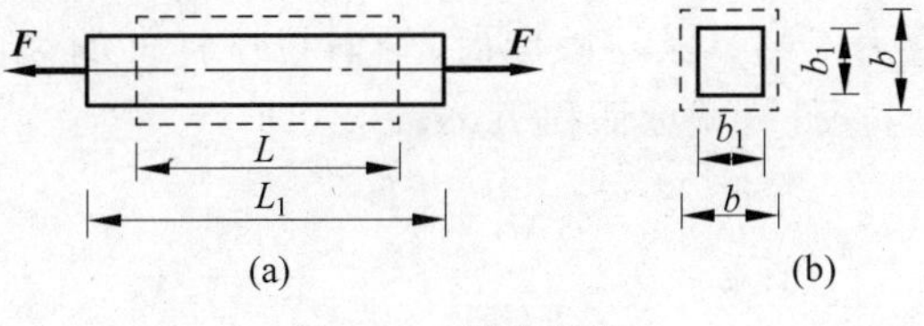

图 4-14　纵向变形

轴向拉伸变形

纵向绝对变形除以原长度称为**相对变形**或**线应变**，记为 ε，其表达式为

$$\varepsilon=\frac{\Delta L}{L} \tag{4-4}$$

线应变表示杆件单位长度的变形量，它反映了杆件变形的强弱程度，是一个无单位的量，其正负号规定与纵向绝对变形相同。

2. 横向变形

设轴向拉伸杆件，原来横向尺寸为 b，变形后为 b_1（图 4-14(b)），则横向绝对缩短为

$$\Delta b=b_1-b$$

相应地横向相对变形 ε' 为

$$\varepsilon'=\frac{\Delta b}{b}$$

与纵向变形相反，杆件伸长时，横向尺寸减小，Δb 与 ε' 均为负；杆件压缩时，横向尺寸增大，Δb 与 ε' 均为正值。

3. 泊松比

杆件轴向拉伸、压缩时，其横向相对变形与纵向相对变形之比的绝对值，称为横向变形因数，又称泊松比，用 ν 表示，即

$$\nu=\left|\frac{\varepsilon'}{\varepsilon}\right|$$

由于 ε' 与 ε 的符号总是相反的，故有 $\varepsilon'=-\nu\varepsilon$。

泊松比是一个无单位的量。试验证明，当杆件应力不超过某一限度时，ν 为常数。各种

材料的 ν 值由试验测定。

常用材料的 E 和 ν 的约值如表4-1所示。

表4-1 常用材料的 E 和 ν 的约值

材料名称	E/GPa	ν
低碳钢	196～216	0.24～0.28
中碳钢	205	0.24～0.28
16锰钢	196～216	0.25～0.30
合金钢	186～216	0.25～0.30
铸铁	59～162	0.23～0.27
混凝土	15～35	0.16～0.18
石灰岩	41	0.16～0.34
木材(顺纹)	10～12	—
橡胶	0.0078	0.47

4. 胡克定律

拉压试验证明,当应力不超过某一限度时,轴向拉压杆件的纵向绝对变形 ΔL 与外力 F、杆件原长 L 成正比,与杆件横截面面积 A 成反比,即

$$\Delta L \propto \frac{FL}{A}$$

引进比例常数 E,上式可写成等式 $\Delta L=\frac{FL}{EA}$。

由于轴向拉压时 $F_N=F$,上式可改写为

$$\Delta L=\frac{F_N l}{EA} \tag{4-5}$$

这一关系式是由英国胡克于1678年首先提出,故称为**胡克定律**。

将 $\sigma=F_N/A$ 及 $\varepsilon=\Delta L/L$ 代入式(4-5)得

$$\sigma=E\varepsilon \tag{4-6}$$

式(4-5)说明,当杆件应力不超过某一限度时,其纵向绝对变形与轴力、杆长成正比,与横截面面积成反比。式(4-6)是胡克定律的又一表达形式,它可表述为当应力不超过某一限度时,应力与应变成正比。

式(4-5)和式(4-6)中的比例常数 E 称为弹性模量,由试验测定。由于应变 ε 是无单位的量,所以弹性模量 E 的单位与应力的单位相同。

从式(4-5)和式(4-6)还可以看出,当 σ 一定时,E 值越大,ε 就越小。因此弹性模量反映了材料抵抗拉伸或压缩变形的能力。此外,EA 越大,杆件的变形就越小,因此 EA 表示杆件抵抗拉(压)变形的能力,故 EA 称为杆件的**拉(压)刚度**。

需要指出的是,应用胡克定律计算变形时,在杆长 L 范围内,F_N、E、A 都应是常量。

知识链接

胡克定律

胡克(图4-15)1635年出生于英国威特岛的牧师家庭。他在力学、光学、天文学和生物

学多个学科都有重大发现，而其中最重大的贡献莫过于关于弹性变形的胡克定律。胡克定律指出：在弹性限度内，弹簧的弹性力 F 和弹簧长度的变化成正比，表示为

$$F = Kx$$

式中，K 是表征弹簧弹性的系数，也就是弹簧单位变形所产生的弹性力，称为弹簧刚度。弹簧刚度由弹簧的材料性质和几何因素确定，单位是 N/m（牛/米）。弹簧所产生的弹性力总是和弹簧的伸长或压缩的方向相反。将 x 作为横坐标，F 作为纵坐标，按照胡克定律画出的弹性力和变形关系曲线就是一条直线（图 4-16）。材料的这种直线形式的物理关系称为线性关系。

图 4-15　胡克

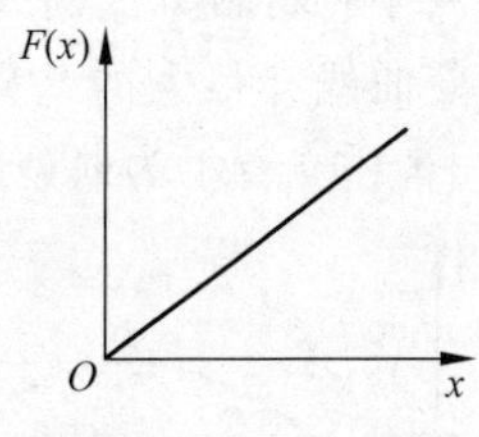

图 4-16　胡克定律

例 4-4　为了测定钢材的弹性模量 E 值，将钢材加工成直径 $d=10\text{mm}$ 的试件，放在实验机上拉伸，当拉力 F 达到 15kN 时，测得纵向线应变 $\varepsilon=0.00096$，求这一钢材的弹性模量。

解：当 F 达到 15kN 时，正应力为

$$\sigma=\frac{F}{A}=\frac{15\times10^{3}}{\frac{1}{4}\times\pi\times(10\times10^{-3})^{2}}\text{Pa}=191.08\times10^{6}\text{Pa}=191.08\text{MPa}$$

由胡克定律得

$$E=\frac{\sigma}{\varepsilon}=\frac{191.08\times10^{6}}{0.00096}\text{Pa}=1.99\times10^{11}\text{Pa}=199\text{GPa}$$

4.5　材料在拉伸或压缩时的力学性能

材料的力学性能是由试验得到的。试件的尺寸和形状对试验结果有很大的影响。为了便于比较不同材料的试验结果，在做试验时，应该将材料做成国家统一的标准试件（图 4-17）。试件的中间部分较细，两端加粗，便于将试件安装在试验机的夹具中。在中间等直部分上标出一段作为工作段，用来测量变形，其长度称为标距 l。为了便于比较不同粗细试件工作段的变形程度，通常对圆截面标准试件的标距 l 与横截面直径的比例加以规定：$l=10d$ 和 $l=5d$。矩形截面试件标距和截面面积 A 之间的关系规定为

$$l_{10}=11.3\sqrt{A}\quad 和\quad l_{5}=5.65\sqrt{A}$$

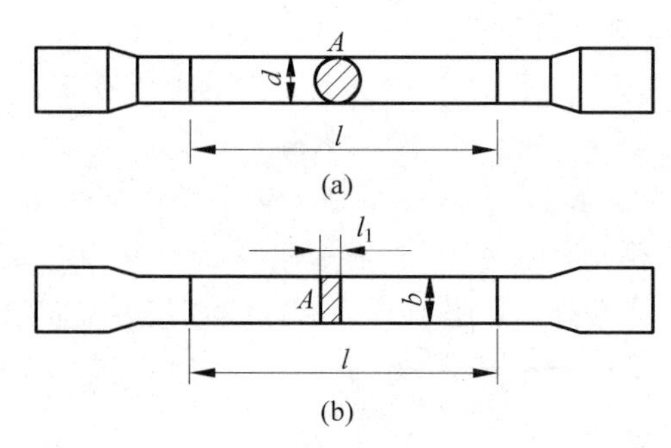

图 4-17 轴向拉伸试件

当选定标准试件后,将试件安装在材料试验机上,使试件承受轴向拉伸。通过缓慢的加载过程,试验机自动记录下试件所受的荷载和变形,得到应力与应变的关系曲线,称为**应力-应变曲线**。

在建筑材料中将材料分成两大类,一类是塑性材料,另一类是脆性材料。对于不同的材料,其应力-应变曲线有很大的差异。图 4-18 所示为典型的塑性材料——低碳钢的拉伸应力-应变曲线;图 4-19 所示为典型的脆性材料——铸铁的拉伸应力-应变曲线。

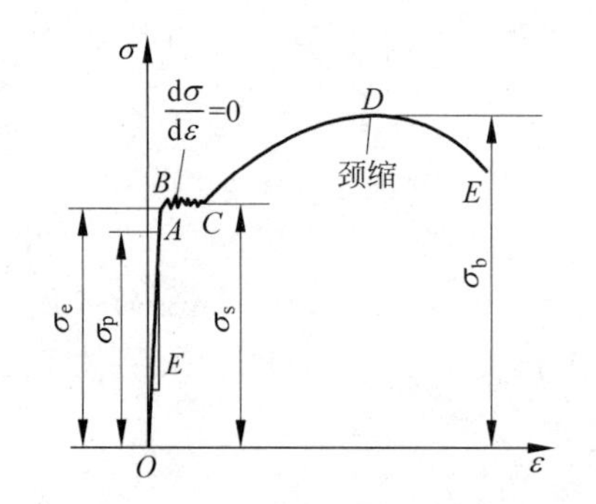

图 4-18 低碳钢的拉伸应力-应变曲线

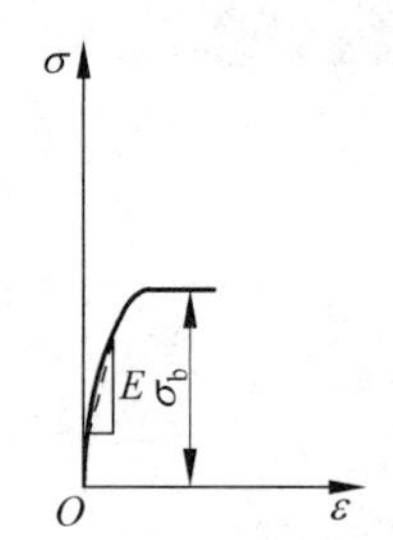

图 4-19 铸铁的拉伸应力-应变曲线

通过分析拉伸应力-应变曲线,可以得到材料的若干力学性能指标。

1. 塑性材料拉伸时的力学性能

1) 弹性模量

应力-应变曲线中的直线段称为线弹性阶段,如图 4-18 中直线段 OA 部分。弹性阶段中的应力与应变成正比,比例常数即为材料的弹性模量 E。对于大多数脆性材料,其应力-应变曲线上没有明显的直线段,图 4-19 所示为铸铁的应力-应变曲线即属此例。因没有明显的直线部分,常用割线(图中虚线部分)的斜率作为这类材料的弹性模量,称为割线模量。

2) 比例极限与弹性极限

在应力-应变曲线上,线弹性阶段的应力最高限称为**比例极限**,用 σ_p 表示。线弹性阶段之后,应力-应变曲线上有一小段微弯的曲线(图 4-18 中的 AB 段),它表示应力超过比例极限以后,应力与应变不再成正比关系;但是,如果在这一阶段卸去试件上的荷载,试件的变形将随之消失。这表明,这一阶段内的变形都是弹性变形,因而包括线弹性阶段在内统称为**弹性阶段**(图 4-18 中的 OB 段)。弹性阶段的应力最高限,称为**弹性极限**,用 σ_e 表示。大部分塑性材料比例极限与弹性极限极为接近，只有通过精密测量才能加以区分，所以在工程应用中一般不用区分。

3）屈服极限

在许多塑性材料的应力-应变曲线中，弹性阶段之后出现近似的水平段，这一阶段中应力几乎不变，而变形却急剧增加，这种现象称为**屈服**，如图 4-18 中所示曲线的 BC 段，该段称为屈服阶段。这一阶段最低点的应力值称为**屈服强度**，用 σ_s 表示。

对于没有明显屈服阶段的塑性材料，工程上则规定产生 0.2%塑性应变时的应力值为其屈服点，称为材料的条件屈服强度，用 $\sigma_{0.2}$ 表示。

4）强度极限

应力超过屈服强度或条件屈服强度后，要使试件继续变形必须再继续增加荷载。这一阶段称为**强化阶段**，如图 4-18 中曲线上的 CD 段。这一阶段应力的最高限称为**强度极限**，用 σ_b 表示。

5）颈缩与断裂

某些塑性材料（如低碳钢和铜），应力超过强度极限以后试件开始发生局部变形，局部变形区域内横截面尺寸急剧缩小，这种现象称为**颈缩**。出现颈缩之后，试件变形所需拉力相应减小，应力-应变曲线出现下降，这一阶段称为局部变形阶段，如图 4-18 中曲线上的 DE 段，至 E 点试件拉断。

6）冷作硬化

在试验过程中，如加载到强化阶段某点 f 时（图 4-20），将荷载逐渐减小到零，明显看到卸载过程中应力与应变仍保持为直线关系，且卸载直线 fO_1 与弹性阶段内的直线 Oa 近乎平行。在图 4-20 所示的 σ-ε 曲线中，f 点将沿 O_1f 上升，到达 f 点后转向原曲线 fDE，最后到达 E 点。这表明，如果将材料预拉到强化阶段，然后卸载，当再加载时比例极限和屈服极限得到提高，但塑性变形减少。我们把材料的这种特性称为**冷作硬化**。

在工程上常利用钢筋冷作硬化这一特性来提高钢筋的屈服极限。例如可以通过在常温下将钢筋预先拉长一定数值的办法来提高钢筋的屈服极限，这种办法称为**冷拉**。实践证明，按照规定来冷拉钢筋，一般可以节约钢材 10%～20%。钢筋经过冷拉后，虽然强度有所提高但减少了塑性，从而增加了脆性。这对于承受冲击和振动荷载是非常不利的。所以，在工程实际中，凡是承受冲击和振动荷载作用的结构部位及结构的重要部分不应使用冷拉钢筋。另外，钢筋在冷拉后并不能提高抗压强度。

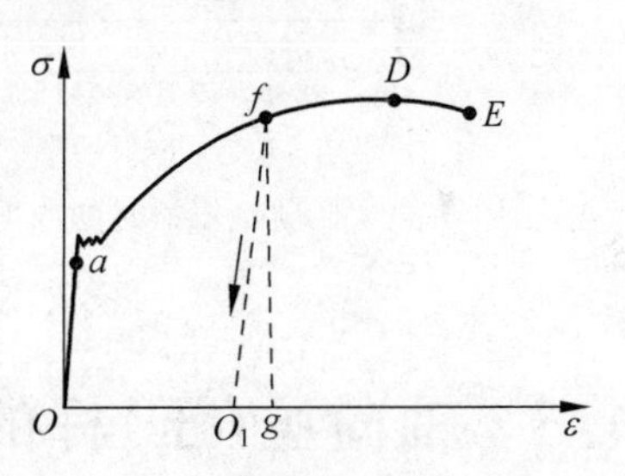

图 4-20　冷作硬化时应力与应变的关系曲线

2. 脆性材料拉伸时的力学性能

对于脆性材料，从开始加载直至试件被拉断，试件的变形都很小。而且，大多数脆性材料拉伸的应力-应变曲线上都没有明显的直线段，几乎没有塑性变形，也不会出现屈服和颈缩现象，如图 4-19 所示。脆性材料只有断裂时的应力值，将这个值称为**强度极限**，用 σ_b 表示。

此外，通过拉伸试验还可得到衡量材料塑性性能的指标——伸长率 δ 和截面收缩率 ψ。

$$\delta = \frac{l_1 - l_0}{l_0} \times 100\% \tag{4-7}$$

$$\psi = \frac{A_0 - A_1}{A_0} \times 100\% \tag{4-8}$$

式中,l_0 为试件原长(规定的标距);A_0 为试件的初始横截面面积;l_1 和 A_1 分别为试件拉断后长度(变形后的标距长度)和断口处最小的横截面面积。

伸长率和截面收缩率的数值越大,表明材料的塑性越好。工程中一般认为 **$\delta \geqslant 5\%$为塑性材料;$\delta < 5\%$为脆性材料**。

3. 压缩时材料的力学性能

材料压缩试验通常采用短试样。低碳钢压缩时的应力-应变曲线如图 4-21 所示。与拉伸时的应力-应变曲线相比较,拉伸和压缩屈服前的曲线基本重合,即拉伸、压缩时的弹性模量及屈服应力相同,但屈服后,由于试件越压越扁,应力-应变曲线不断上升,试件不会发生破坏。

铸铁压缩时的应力-应变曲线如图 4-22 所示,与拉伸时的应力-应变曲线不同的是,压缩时的强度极限远远大于拉伸时的数值,通常是抗拉强度的 4~5 倍。对于抗拉和抗压强度不同的材料,抗拉强度和抗压强度分别用 σ_b^t 和 σ_b^c 表示。这种抗压强度明显高于抗拉强度的脆性材料通常用于制作受压构件。

低碳钢压缩试验

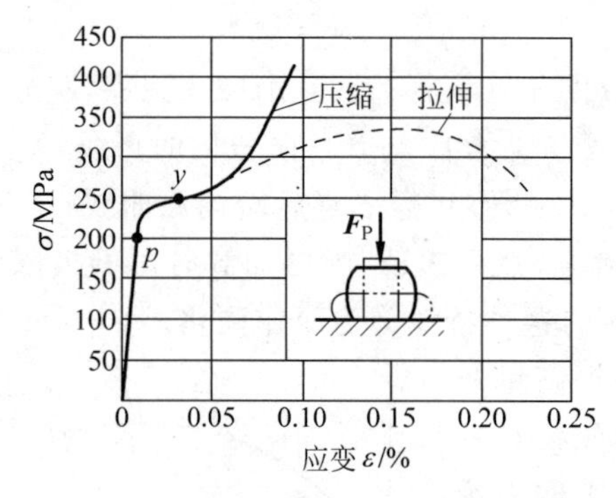

图 4-21 低碳钢压缩时的应力-应变曲线

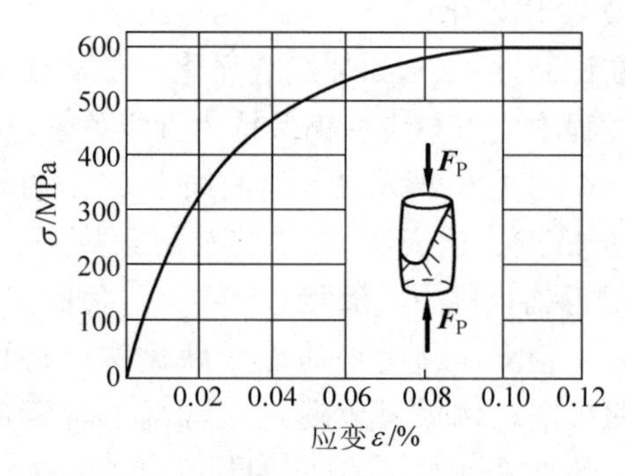

图 4-22 铸铁压缩时的应力-应变曲线

4.6 轴向拉(压)杆的强度条件及其应用

4.6.1 轴向拉(压)杆的强度条件

1. 许用应力与安全因数

由上知,任何一种材料所能承受的应力总是有一定限度的,超过这一限度材料就会被破坏。我们把某种材料所能承受应力的这个限度称为该种材料的**极限应力**,用 σ^0 表示。

塑性材料的应力达到屈服极限 σ_s 时将出现显著的塑性变形,构件不能正常工作;脆性材料的应力达到强度极限 σ_b 时,构件将会断裂。因此工程上将这两种情况规定为破坏标志,是不允许发生的。对塑性材料,屈服极限就是它的极限应力 $\sigma^0 = \sigma_s$。对脆性材料,强度极限就是它的极限应力 $\sigma^0 = \sigma_b$。

构件在设计时，有许多情况难以准确估计，因此，构件使用时要留有必要的强度储备。为此，规定将极限应力 σ^0 除以一个大于 1 的系数 K 作为构件工作时所允许产生的最大应力，称为**许用应力**，用$[\sigma]$表示，即

$$[\sigma]=\frac{\sigma^0}{K} \tag{4-9}$$

式中 K 为**安全因数**。由于脆性材料破坏时没有显著的变形"预兆"，而塑性材料的应力达到 σ_s 时，构件也不至于开裂，因此脆性材料的安全系数比塑性材料的大。实际工程中，一般取 $K_s=1.4\sim1.7$，$K_b=2.5\sim3.0$。

材料的许用应力可从有关的设计规范查出。

安全因数的确定是一个比较复杂的问题，取值过大，许用应力就小，可增加安全储备，但用料也增多；反之，安全因数过小，许用应力就高，安全储备就要减少。一般确定安全因数应考虑：荷载的可能变化，对材料均匀性估计的可靠程度，应力计算方法的近似程度，构件的工作条件及重要性等因素。

2. 轴向拉(压)杆的强度条件

构件工作时，由荷载所引起的实际应力称为**工作应力**。为了保证拉、压杆件在外力作用下能够安全正常工作，要求杆件横截面上的最大工作应力不得超过材料的许用应力，即

$$\sigma_{\max}=\frac{F_N}{A}\leqslant[\sigma] \tag{4-10}$$

式(4-10)称为拉、(压)杆的强度条件。

杆件的最大工作应力 $\sigma_{\max}$ 通常发生在危险截面上。对承受轴向拉、压的等截面直杆，轴力最大的截面就是危险截面；对轴力不变而横截面变化的杆，面积最小的截面是危险截面。

若已知 F_N、A、$[\sigma]$中的任意两个量，即可由式(4-10)求出第三个未知量。利用强度条件，可以解决以下三类问题：

(1) **强度校核**。已知 A、$[\sigma]$及构件承受的荷载，可用式(4-10)验算杆内最大工作应力是否满足 $\sigma_{\max}\leqslant[\sigma]$，如果满足，则构件具有足够的强度，否则强度不够。

(2) **设计截面**。已知构件所承受的荷载，材料的许用应力$[\sigma]$，可用式(4-10)求得构件所需的最小横截面面积，即 $A\geqslant F_N/[\sigma]$。

(3) **确定许可荷载**。已知构件的横截面面积 A 及材料的许用应力$[\sigma]$，由式(4-10)可求得允许构件所能承受的最大轴力，即$[F_N]\leqslant A[\sigma]$。然后根据$[F_N]$确定构件的许用荷载$[F]$。

例 4-5 如图 4-23(a)所示吊架，斜杆 AB、横梁 CD 及墙体之间均为铰接，各杆自重不计，在 D 点受集中荷载 $F=10\text{kN}$ 作用。

(1) 若斜杆为木杆，横截面面积 $A=4900\text{mm}^2$，许用应力$[\sigma]=6\text{MPa}$，试校核斜杆的强度。

(2) 若斜杆为锻钢圆杆，$[\sigma]=120\text{MPa}$，求斜杆的截面尺寸。

解题思路 (1) 先计算 AB 杆轴力，再用式(4-10)校核，满足，则强度够；不满足，则强度不够。

(2) 利用式(4-10)先求出面积 A，再利用圆面积公式 $A=\frac{\pi d^2}{4}$，求直径。

视频讲解

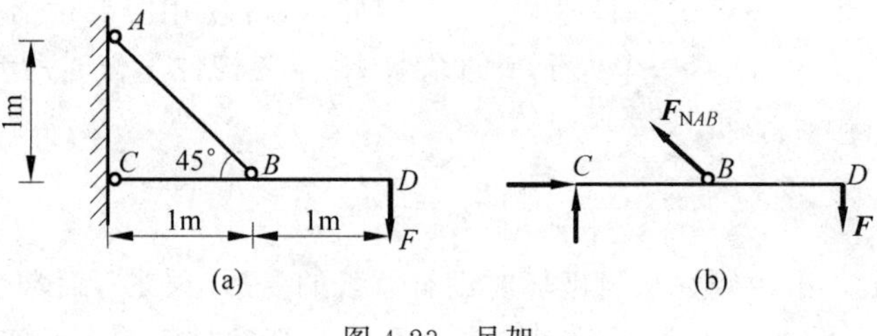

图4-23 吊架

解:(1) 计算斜杆的内力 斜杆在 A、B 处铰接,为二力杆。设斜杆受拉,它对 CD 梁的拉力用 $\boldsymbol{F}_{NAB}$ 表示。

取 CD 梁为研究对象(图4-23(b)),由平衡方程 $\sum M_C = 0$,有

$$1 \times F_{NAB} \sin 45° - 2 \times F = 0$$

$$F_{NAB} = \frac{2F}{\sin 45°} = \left(20 \div \frac{\sqrt{2}}{2}\right) \text{kN} = 20\sqrt{2}\,\text{kN} = 28.3\text{kN} = 14.1\text{kN}(受拉)$$

当斜杆为木杆时,作强度校核,则应力为

$$\sigma = \frac{F_{NAB}}{A} = \frac{28.3 \times 10^3}{4900} \text{MPa} = 5.8\text{MPa} < [\sigma] = 6\text{MPa}$$

故斜杆满足强度要求。

(2) 当斜杆为锻钢圆杆时,求截面尺寸

由强度条件式(4-10),有

$$\sigma_{max} = \frac{F_{N\max}}{A} = \frac{F_{NAB}}{A} \leqslant [\sigma]$$

故面积为 $$A \geqslant \frac{F_{NAB}}{[\sigma]} = \frac{28.3 \times 10^3}{120} \text{mm}^2 = 235.8\text{mm}^2$$

由于圆杆横截面面积为 $$A = \frac{\pi d^2}{4}$$

则直径为 $$d \geqslant \sqrt{\frac{4A}{\pi}} = \sqrt{\frac{4 \times 235.8}{\pi}} \text{mm} = 17.3\text{mm}$$

取 $d = 18\text{mm}$。

例 4-6 如图4-24所示支架,AB 为刚性杆,BC 为直径 $d = 20\text{mm}$ 的钢杆,许用应力 $[\sigma] = 160\text{MPa}$,在杆 AB 上作用一外力 $\boldsymbol{F}$,试求许用荷载 $[F]$。

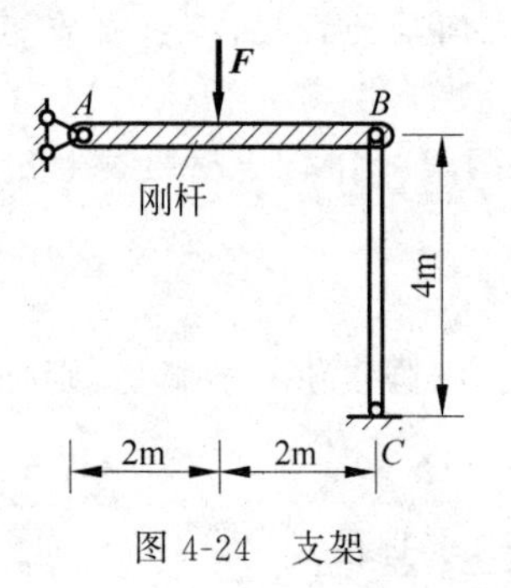

图4-24 支架

解:(1) 取 AB 为研究对象,由 $\sum M_A = 0$,得

$$F_{NBC} = \frac{F}{2} \tag{a}$$

(2) 由式 $[F_{NBC}] \leqslant [\sigma]A$,有

$$[F_{NBC}] \leqslant [\sigma]A = 160 \times 10^6 \times \frac{\pi \times (20 \times 10^{-3})^2}{4} \text{kN}$$
$$= 50240\text{N} = 50.24\text{kN}$$

由式(a)得

$$[F]=2[F_{NBC}]=2\times 50.24\text{kN}=100.48\text{kN}$$

例 4-7 起重机如图 4-25(a)所示,起重机的起重量 $F=40\text{kN}$,绳索 AB 的许用应力 $[\sigma]=45\text{MPa}$,试根据绳索的强度条件选择其直径 d。

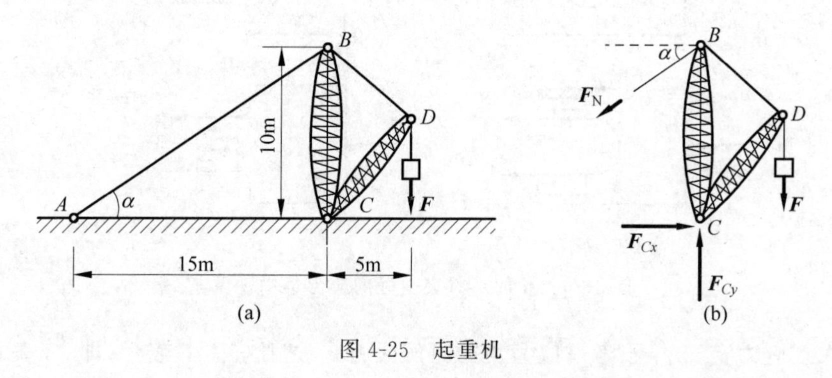

图 4-25 起重机

解:先求绳索 AB 的轴力。取 BCD 为研究对象,受力图如图 4-25(b)所示,列平衡方程:

$$\sum M_C=0,\quad F_N\cos\alpha\times 10-F\times 5=0$$

解得

$$F_N=\frac{40\times 5}{10\cos\alpha} \tag{a}$$

因为 $AB=\sqrt{10^2+15^2}\text{ m}=18.03\text{m}$,所以 $\cos\alpha=\dfrac{15}{18.03}=0.832$,代入式(a),有

$$F_{N\max}=\frac{40\times 5}{10\times 0.832}\text{kN}=24.04\text{kN}$$

再由强度条件求出绳索的直径

$$\sigma_{\max}=\frac{F_{N\max}}{A}=\frac{F_{N\max}}{\frac{1}{4}\pi d^2}\leqslant[\sigma]$$

故绳索直径为

$$d\geqslant\sqrt{\frac{4F_{N\max}}{\pi[\sigma]}}=\sqrt{\frac{4\times 24.04\times 10^3}{3.14\times 45\times 10^6}}\text{ m}=0.026\text{m}=26\text{mm}$$

4.6.2 应力集中的概念

1. 应力集中

等截面直杆受轴向拉伸和压缩时,横截面上的应力是均匀分布的。工程上由于实际需要,常在一些构件上钻孔、开槽或制成阶梯形等,使截面的形状和尺寸突然发生较大的改变。由试验和理论证明,构件在截面突变处的应力不再是均匀分布了。例如图 4-26(a)所示开有圆孔的直杆受到轴向拉伸时,在圆孔附近的局部区域内应力的数值剧烈增加,而在稍远的地方应力迅速降低而趋于均匀。又如图 4-26(b)所示具有明显粗细过渡的圆截面拉杆,在靠近粗细过渡处应力很大,在粗细过渡的横截面上其应力分布如图 4-26(b)所示。

在力学上,把物体由于几何形状的局部变化而引起该局部应力明显增高的现象称为**应力集中**。应力集中的程度用**应力集中因数**描述。所谓应力集中因数,是指应力集中处横截

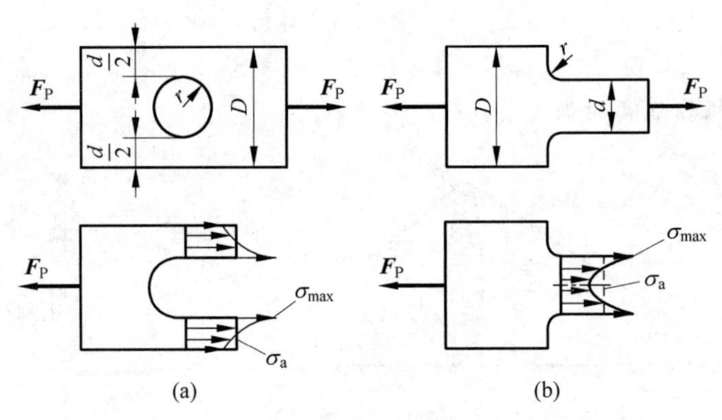

图 4-26　几何形状突变处的应力集中现象

面上的最大正应力 σ_{max} 与不考虑应力集中时的应力 σ_a 之比,用 K 表示,即

$$K=\frac{\sigma_{max}}{\sigma_a} \tag{4-11}$$

2. 应力集中的利弊及其应用

应力集中是生活、生产中常遇到的受力现象,它有利也有弊。例如在生活中,用手拉住易拉罐顶的小拉片,稍一用力,易拉罐便被打开了,这便是"应力集中"在帮忙的缘故。

现在许多食品都用塑料袋包装,在这些塑料袋离封口不远处的边上,常会看到一个三角形的缺口或一条很短的切缝,在这些缺口和切缝处撕塑料袋时,因在缺口和切缝的根部会产生很大的应力,所以稍一用力就可以把塑料袋沿缺口或切缝撕开。

布店的售货员,在扯布前先在扯布处剪一个小口子也是为了在扯布时造成应力集中,便于撕开布。

玻璃店在切割玻璃时,先用金刚石刀在玻璃表面划一刀痕,再把刀痕两侧的玻璃轻轻一掰,玻璃就沿刀痕断开。实践证明,不利用应力集中还真想不出别的更好办法来切割玻璃。

构件在设计时,为避免几何形状的突然变化,尽可能做到光滑、逐渐过渡;构件中若有开孔,应对孔边进行加强(例如增加孔边的厚度);各行业的工程师们已经在长期的实践中积累了丰富的经验。但由于材料中的缺陷(夹杂、微裂纹等)不可避免,应力集中也总是存在。所以应对结构进行定时检测、跟踪检修,对发现的裂纹部位应进行及时修理,消灭隐患于未然。

总之,应力集中是一把双刃剑,利用它可以为生产、生活带来方便;避免它或降低它,可使制造的构件、用具为我们服务的时间更长。扬应力集中之"善",抑应力集中之"恶",是人们不懈的追求。

*4.7　剪切与挤压的概念

工程中,经常遇到杆件与杆件的连接计算,常见连接方式为螺栓、铆钉和焊接,它们的连接计算都涉及剪切和挤压的概念,简介如下。

1. 剪切的基本概念

所谓剪切,是指构件受到与其轴线相垂直、大小相等、方向相反且作用线相距很近的两个外力作用(图 4-27(a)),剪切是使构件产生沿着与外力作用线平行的受剪面 $m—m$ 发生相对错动的变形(图 4-27(b))。

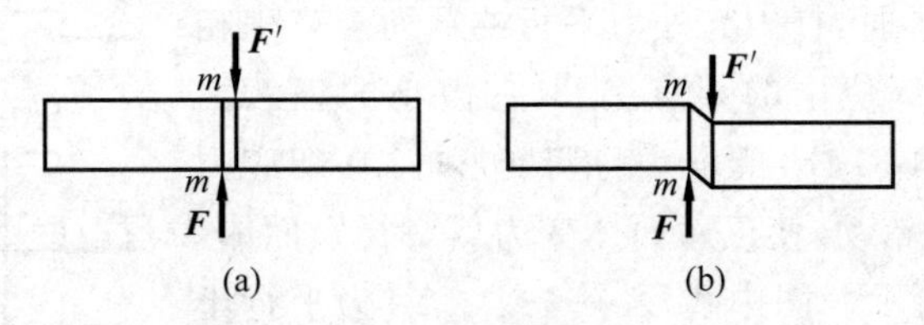

图 4-27　剪切

工程中,剪切变形往往出现在构件的连接部位。如连接两块钢板的普通螺栓接头(图 4-28(a))和焊缝(图 4-28(b))等。这里的螺栓杆和焊缝等连接件就是主要承受剪切作用的部位。

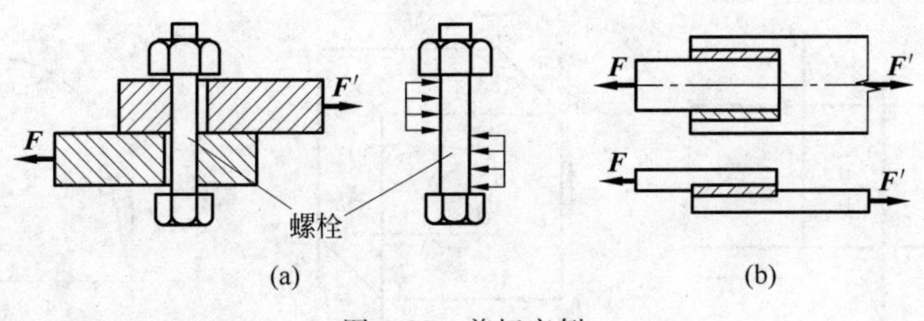

图 4-28　剪切实例

根据剪切面的个数可分为单剪切(图 4-29(a))和双剪切(图 4-29(b)(c))。单剪切仅有一个剪切面,而双剪切和多剪切情况则有两个或两个以上剪切面。

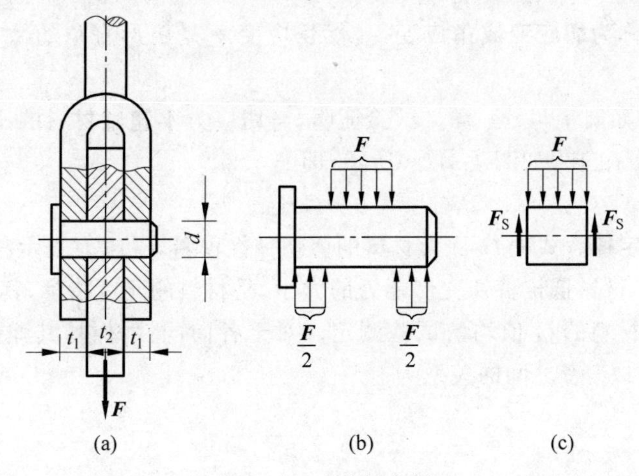

图 4-29　双剪切实例

2. 挤压的基本概念

挤压为连接件在发生剪切变形的同时,在传递力的接触面上受到较大的压力作用,从而出现局部压缩变形。发生挤压的接触面称为**挤压面**。挤压面上的压力称为挤压力,用 $\boldsymbol{F}_c$ 表示,如图 4-30 所示。钢板孔左侧与铆钉上部左侧互相挤压,钢板孔右侧与铆钉下部右侧互相挤压。当挤压力过大时,相互接触面处将产生局部显著的塑性变形,铆钉孔被压成长圆孔。工程机械上常用的平键经常发生挤压破坏。

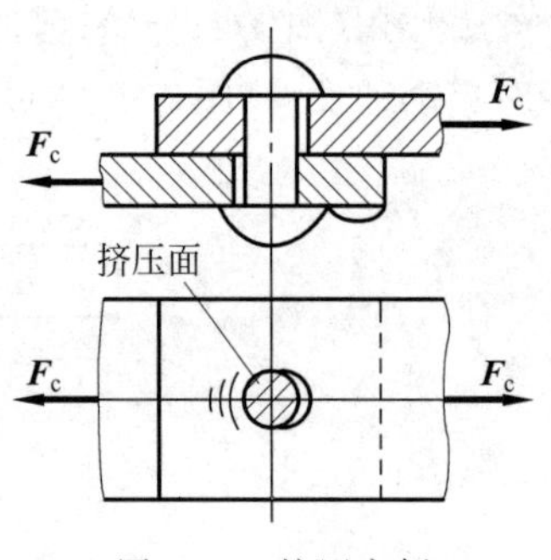

图 4-30 挤压实例

3. 剪切胡克定律

挤压实例

杆件发生剪切变形时,杆内与外力平行的截面会产生相对错动。在杆件受剪部位中的某点 A 取一微小的正六面体,并将其放大,如图 4-31(b)所示。剪切变形时,在切应力作用下,截面发生相对错动,使正六面体变为斜平行六面体,如图 4-31(b)中虚线所示。图中线段 ee'(或 ff')为平行于外力 $\boldsymbol{F}$ 的面 $efhg$ 相对于面 $abdc$ 的滑移量,称为绝对剪切变形。相对剪切变形为

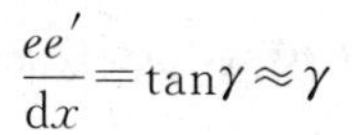

$$\frac{ee'}{\mathrm{d}x}=\tan\gamma\approx\gamma$$

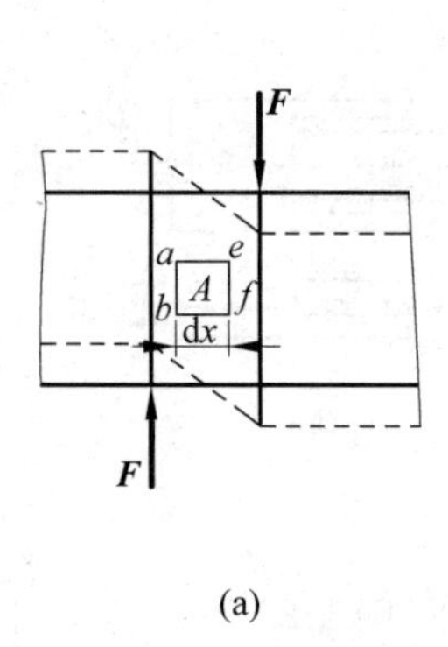

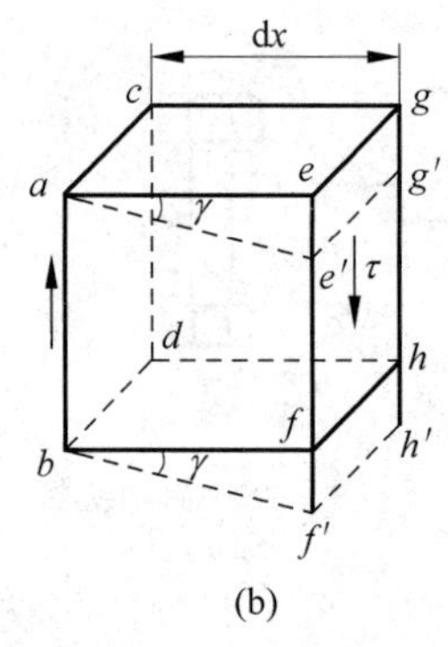

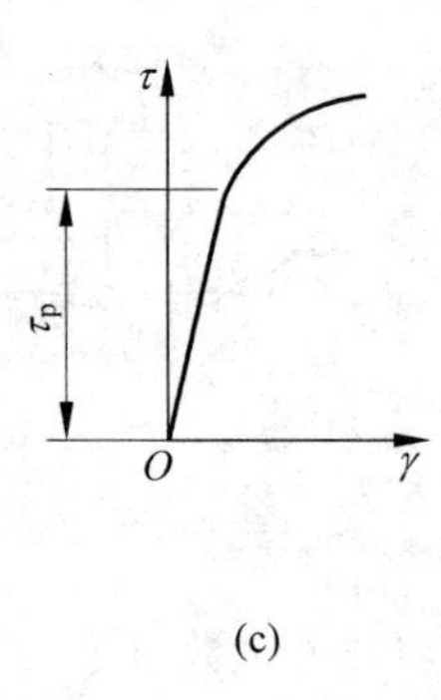

(a) (b) (c)

图 4-31 切应变

相对剪切变形称为**切应变**或**角应变**,显然切应变 γ 是矩形直角的微小改变量,其单位为 rad(弧度)。

τ 与 γ 的关系,如同 σ 与 ε 一样。试验证明,当切应力不超过材料的比例极限 τ_p 时,切应力 τ 与切应变 γ 成正比,如图 4-31(c)所示,即

$$\tau=G\gamma \tag{4-12}$$

此式称为**剪切胡克定律**。式中 G 称为材料的剪切弹性模量,G 越大表示材料抵抗剪切变形的能力越强,反映了材料抵抗剪切变形能力的大小,是材料的刚度指标,其单位与应力相同,常采用 GPa。各种材料的 G 值均由试验测定。对于各向同性材料,其弹性模量 E、剪切弹性模量 G 和泊松比 ν 三者之间的关系为

$$G=\frac{E}{2(1+\nu)} \tag{4-13}$$

关于剪切变形

剪切变形是四种基本变形之一,挤压变形又伴随其产生而产生,这两种变形是连接件的重要内容,必须有所了解;但是这部分内容在钢结构中还要具体讲授,对于力学教材来说没有必要定量讲授,只需了解剪切、挤压的概念就行了。因此,对剪切变形的要求是,只作定性

了解，不作具体计算。

思考题

4-1 试分别说明轴向拉(压)杆件、受扭杆件的受力特点和变形特点是什么。

4-2 什么是应力？它常用的单位是什么。

4-3 什么是纵向变形？什么是横向变形？二者有什么关系？

4-4 低碳钢在拉伸试验中表现为哪几个阶段？有哪些特征点？怎样从 σ-ε 曲线上求出拉压弹性模量 E 的值？

4-5 低碳钢和铸铁材料分别是哪一类材料的典型代表？它们的力学性能有什么区别？

4-6 什么是塑性材料？什么是脆性材料？塑性材料和脆性材料的力学特性有哪些主要不同？

4-7 什么是强度？什么是强度条件？

4-8 试指出下列概念的不同之处：(1)线应变和延伸率；(2)工作应力、极限应力和许用应力；(3)屈服极限和强度极限。

4-9 什么是应力集中？它有什么利弊？

4-10 剪切和挤压的实用计算采用了什么假设？为什么这样做？

4-11 剪切的受力特点和变形特点与挤压相比较有何不同？

4-12 挤压应力与一般的压应力有何不同？

习题

4-1 求题4-1图中1—1、2—2截面上的轴力。

4-2 如题4-2图所示等截面直杆，受轴向作用力 $F_1=15\text{kN}$，$F_2=10\text{kN}$。试画出杆的轴力图。

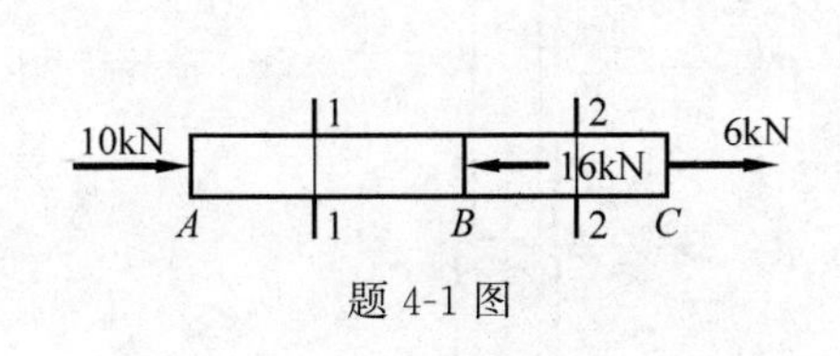

题4-1图

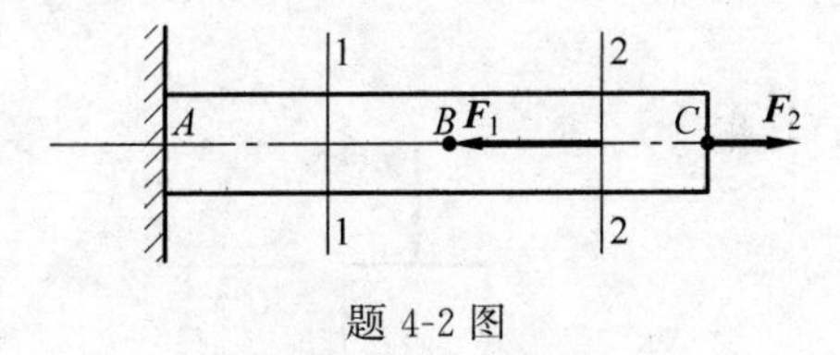

题4-2图

4-3 已知杆件作用轴向力，如题4-3图所示，$F_1=8\text{kN}$，$F_2=20\text{kN}$，$F_3=8\text{kN}$，$F_4=4\text{kN}$，用简便方法求轴力，并画轴力图。

4-4 试求指定截面轴力并绘如题4-4图所示杆件轴力图。

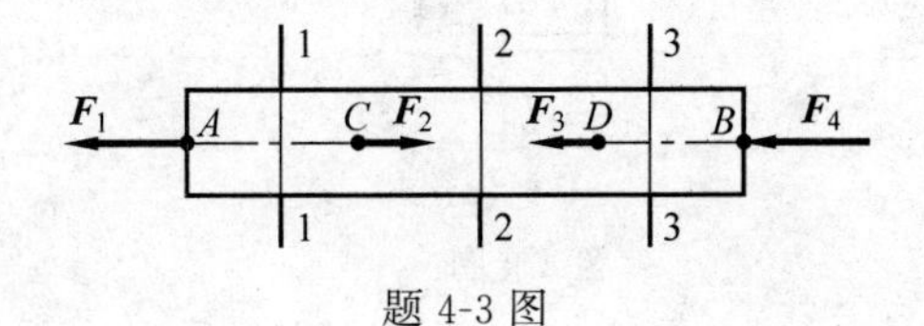
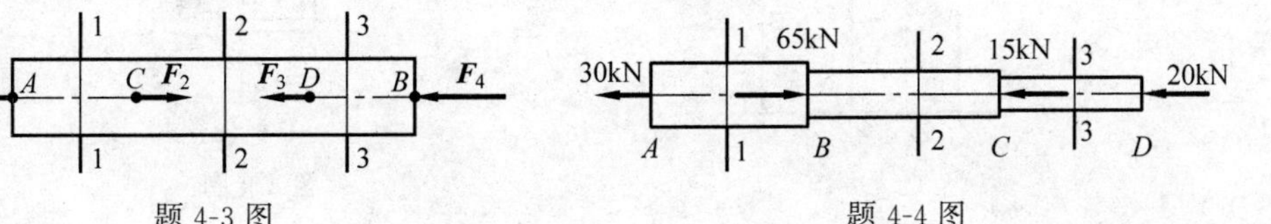

题4-3图

题4-4图

4-5 杆件受力如题4-5图所示,已知 $F_1=4\text{kN}$,$F_2=8\text{kN}$,$F_3=6\text{kN}$,$F_4=10\text{kN}$,试求杆内的轴力并作出轴力图。

4-6 如题4-6图所示,截面面积为 A,高为 l 的等截面立柱,顶端受一集中力 $\boldsymbol{F}$ 的作用。试绘出图示立柱的轴力图。材料的重度为 γ。

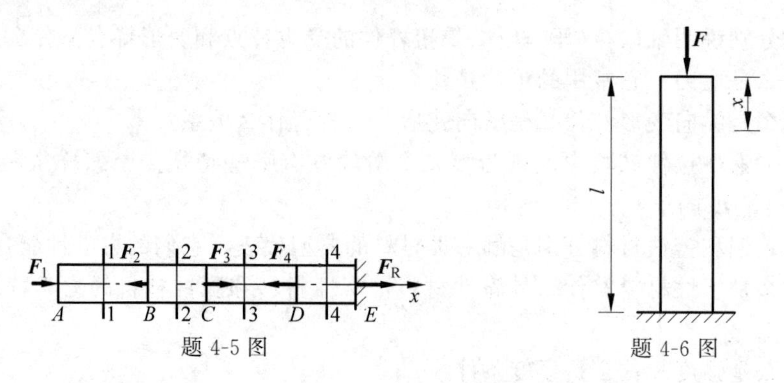

题4-5图

题4-6图

4-7 一等直圆杆的直径 $d=10\text{mm}$,所受轴向荷载如题4-7图所示。杆件材料的抗拉、抗压性能不同,求该杆的最大工作应力。

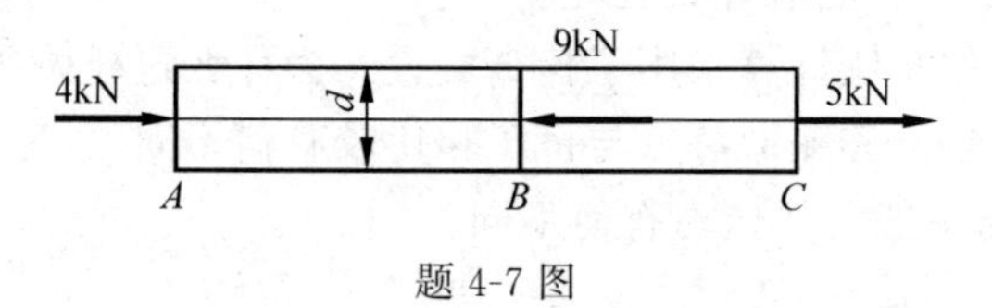

题4-7图

4-8 如题4-8图所示,一木方柱受轴向荷载作用,横截面边长 $a=200\text{mm}$,材料的弹性模量 $E=10\text{GPa}$,杆的自重不计。求各段柱的纵向线应变及柱的总变形。

4-9 一正方形截面的砖柱如题4-9图所示,$F=50\text{kN}$。求砖柱的最大正应力。

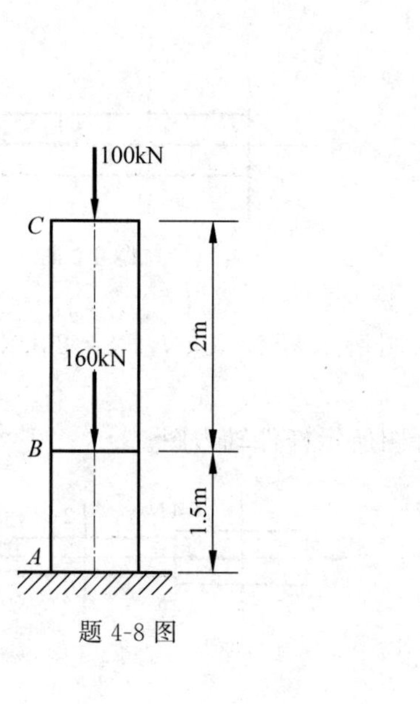

题4-8图

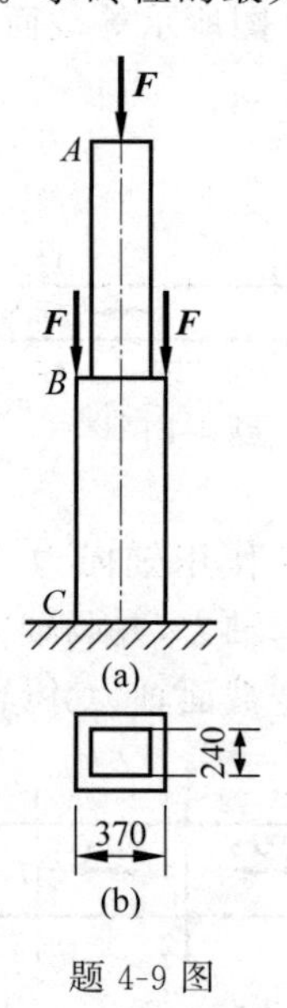

题4-9图

4-10　如题 4-10 图所示，三铰屋架的拉杆采用 16 锰圆钢，直径 $d=20\text{mm}$。已知材料的许用应力$[\sigma]=200\text{MPa}$，试校核钢拉杆的强度。

4-11　如题 4-11 图所示一等直杆，其顶部受轴向荷载 $\boldsymbol{F}$ 的作用。已知杆的长度为 l，横截面面积为 A，材料的重度为 γ，许用应力为$[\sigma]$。试写出考虑杆自重时的强度条件。

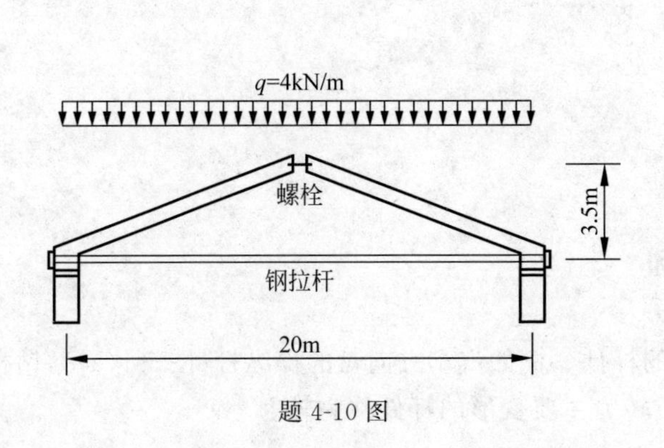

题 4-10 图

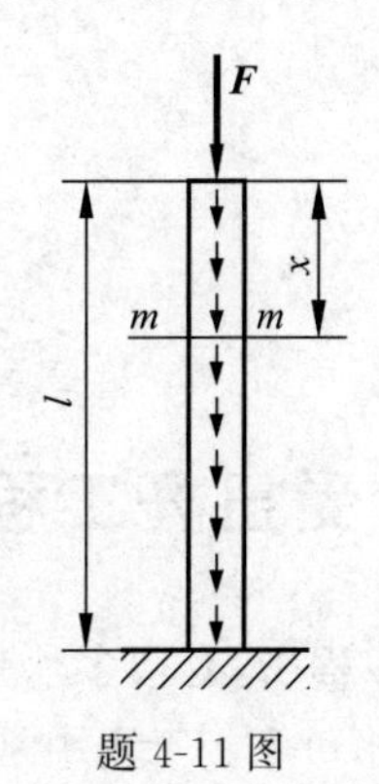

题 4-11 图

第5章 扭 转

5.1 受扭杆工程实例

在工程中,有很多承受扭转的杆件。例如汽车方向盘的操纵杆(图 5-1(a)),钻机的钻杆(图 5-1(b))等。工程中常把以扭转为主要变形的杆件称为**轴**。

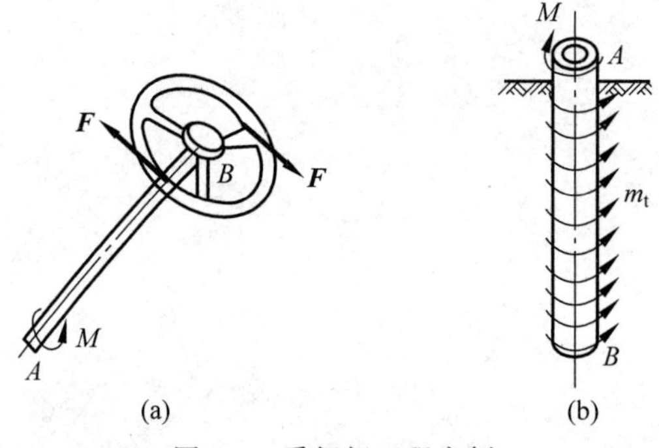

图 5-1 受扭杆工程实例

受扭杆件的受力特点是:在杆件两端受到两个作用面垂直于杆轴线的力偶的作用,两力偶大小相等、转向相反。其变形特点是:杆件任意两个横截面都绕杆轴线作相对转动,两横截面之间的相对角位移称为**扭转角**,用 φ 表示。图 4-3 是受扭杆的变形简图,其中 φ 表示截面 B 相对于截面 A 的扭转角。扭转时,杆的纵向线发生微小倾斜,表面纵向线的倾斜角用 γ 表示。

5.2 扭矩和扭矩图

1. 外力偶矩的计算

工程中作用于轴上的外力偶矩一般不直接给出,而是给出轴的转速和轴所传递的功率。这时需先由转速及功率计算出相应的外力偶矩,计算公式(推导从略)为

$$M = 9549 \frac{P}{n} \tag{5-1}$$

式中,M 为轴上某处的外力偶矩,N·m; P 为轴上某处输入或输出的功率,kW; n 为轴的转速,r/min。

2. 扭矩和扭矩图

确定了作用于轴上的外力偶矩之后，就可应用截面法求其横截面上的内力。设有一圆截面轴如图 5-2(a)所示，在外力偶矩 M 作用下处于平衡状态，现求其任意横截面 $m—m$ 上的内力。

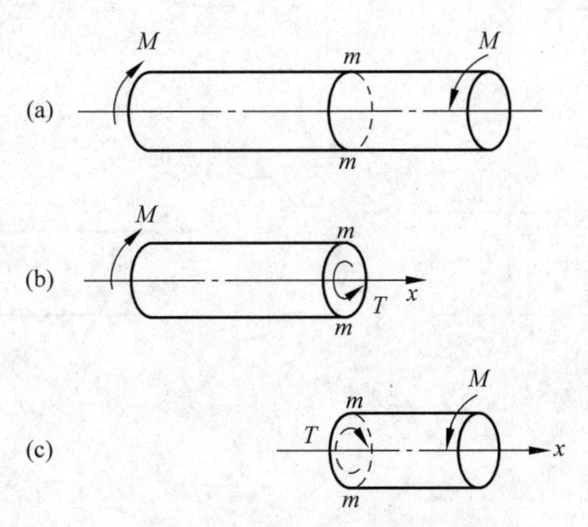

图 5-2 圆轴扭转内力

假想将轴在 $m—m$ 处截开，任取其中一段，例如取左段为研究对象(图 5-2(b))。由于左端有外力偶作用，为使其保持平衡，$m—m$ 横截面上必存在一个内力偶矩。它是截面上分布内力的合力偶矩，称为**扭矩**，用 T 来表示。由平衡条件，有

$$T=M$$

若取右段为研究对象，也可得到相同的结果(图 5-2(c))，但扭矩的转向相反。

为了使同一截面上扭矩不仅数值相等，而且符号相同，对扭矩 T 的正负号作如下规定：**使右手四指的握向与扭矩的转向一致，若拇指指向截面外法线，则扭矩 T 为正**(图 5-3(a))，**反之为负**(图 5-3(b))。显然，在图 5-2 中，$m—m$ 横截面上的扭矩 T 为正。

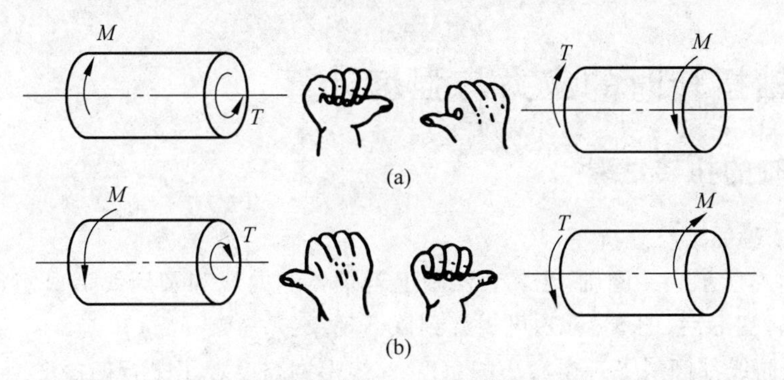

图 5-3 扭矩正负号的右手螺旋判定法

与求轴力一样，用截面法计算扭矩时，通常假定扭矩为正，称为**设正法**。

为了直观地表示出轴的各个横截面上扭矩的变化规律，与轴力图一样用平行于轴线的横坐标表示各横截面的位置，垂直于轴线的纵坐标表示各横截面上扭矩的数值，选择适当的比例尺，将扭矩随截面位置的变化规律绘制成图，称为**扭矩图**。在扭矩图中，把正扭矩画在横坐标轴的上方，负扭矩画在下方，且标上正号(+)、负号(−)。

例 5-1 轴的计算简图如图 5-4(a)所示。试作出该轴的扭矩图。

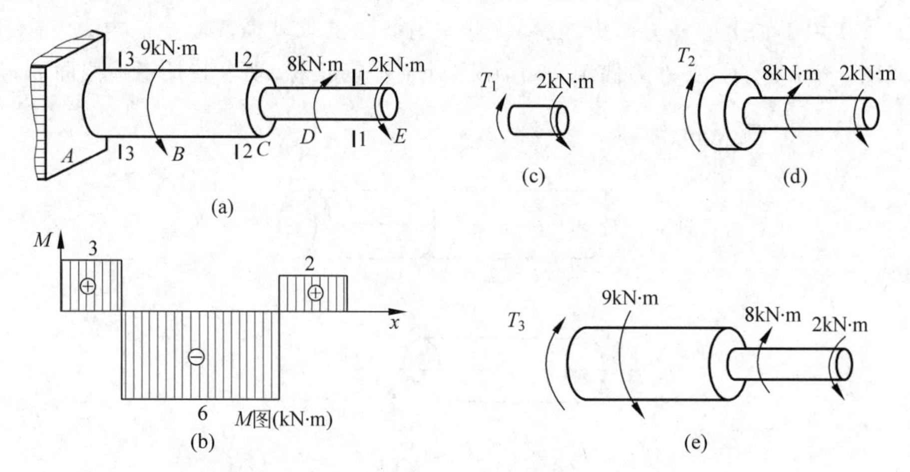

图 5-4 阶梯形圆轴

解：该轴为不等截面的圆轴，且 A 端为固定端支座。从前面的分析中可以看出：内力的分布只与外力偶的作用位置有关，与截面面积无关。该题分为三段，即 AB、BD 和 DE 段进行计算。为了避免计算支座反力，各段在计算扭矩时，均可取右段为研究对象。

计算 1—1 截面的扭矩，如图 5-4(c)所示，则

$$\sum M=0,\quad T_1-2=0,\quad T_1=2\text{kN}\cdot\text{m}$$

计算 2—2 截面的扭矩，如图 5-4(d)所示，则

$$\sum M=0,\quad T_2+8-2=0,\quad T_2=-6\text{kN}\cdot\text{m}$$

计算 3—3 截面的扭矩，如图 5-4(e)所示，则

$$\sum M=0,\quad T_3-9+8-2=0,\quad T_3=3\text{kN}\cdot\text{m}$$

根据各控制截面扭矩值作扭矩图，如图 5-4(b)所示。

5.3 圆轴扭转时的应力与强度计算

5.3.1 圆轴的扭转试验

1. 扭转试验现象与分析

如图 5-5(a)所示为一圆轴，在其表面画上若干条纵向线和圆周线形成矩形网格。在弹性范围内，扭转变形后(图 5-5(b))可观察到以下现象：

(1) 各纵向线都倾斜了一个微小的角度 γ，矩形网格变成了平行四边形。

(2) 各圆周线的形状、大小及间距保持不变，但它们都绕轴线转动了不同的角度。

根据以上观察到的现象，可以作出如下的假设及推断：

(1) 由于各圆周线的形状、大小及间距保持不变，可以假设圆轴的横截面在扭转后仍保持为平面，各横截面像刚性平面一样绕轴线做相对转动。这一假设称为圆轴扭转时的**平面假设**。

(2) 由于各圆周线的间距保持不变，故知横截面上没有正应力。

(3) 由于矩形网格歪斜成了平行四边形，即左右横截面发生了相对转动，故可推断横截

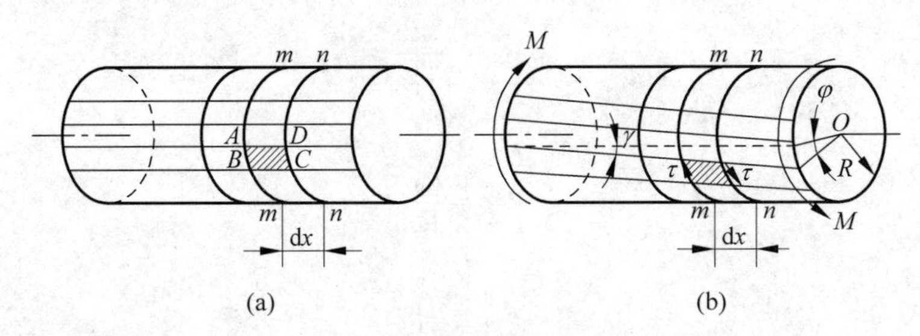

图 5-5　圆轴扭转试验

面上必有切应力 τ，且切应力的方向垂直于半径。

(4) 由于各纵向线都倾斜了一个角度 γ，故各矩形网格的直角都改变了 γ 角，直角的改变量称为**切应变**。切应变 γ 是切应力 τ 引起的。

2. 切应力互等定理

当圆轴发生扭转变形时，任意截出一个微小正六面体，称为**单元体**。设单元体三个方向尺寸分别为 dx、dy、dz，如图 5-6 所示。已知单元体左右两侧面上无正应力，只有切应力 τ。这两个面上的切应力数值相等，但方向相反，于是这两个面上的剪力组成一个力偶，其力偶矩为 $(\tau dy dz)dx$。单元体的前、后两个面上无任何应力。因为单元体是平衡的，所以它的上、下两个面上必存在大小相等、方向相反的切应力 τ'，它们组成的力偶矩为 $(\tau' dx dz)dy$，应与左、右面上的力偶平衡，即 $(\tau' dx dz)dy=(\tau dy dz)dx$。

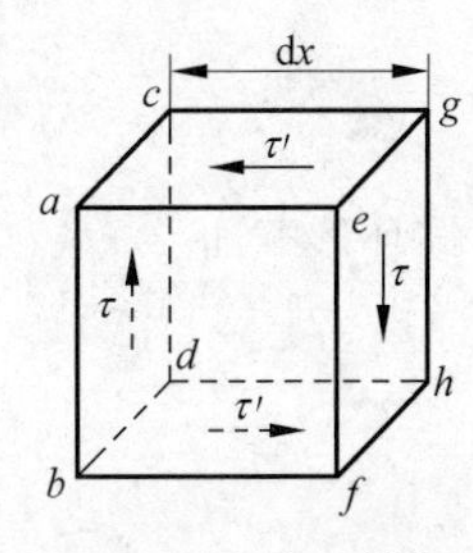

图 5-6　切应力互等定理

化简得

$$\tau'=\tau \tag{5-2}$$

式(5-2)表明，在过一点相互垂直的两个平面上，切应力必然成对存在且数值相等；方向垂直于两个平面的交线，且同时指向或同时背离这一交线，这一规律称为**切应力互等定理**。

上述单元体的两个侧面上只有切应力而无正应力，这种受力状态称为纯剪切应力状态。切应力互等定理对于纯剪切应力状态或其他应力状态都是适用的。

5.3.2　圆轴扭转时横截面上切应力的计算公式

圆轴扭转时横截面上任一点处切应力大小的计算公式为(推导从略)

$$\tau_{\rho}=\frac{T\rho}{I_{\mathrm{p}}} \tag{5-3}$$

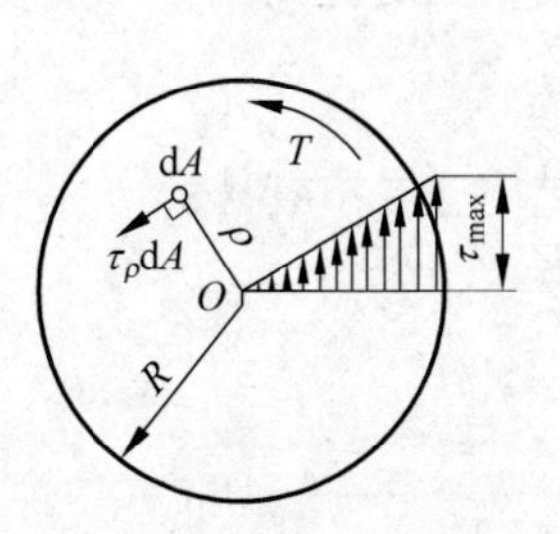

图 5-7　圆轴扭转时横截面上切应力分布

式中，T 为横截面上的扭矩，以绝对值代入，kN·m；ρ 为横截面上欲求应力的点到圆心的距离，m；I_{p} 为横截面对圆心的极惯性矩，m^4(见附录Ⅰ)。

由式(5-3)可知，横截面上任一点处切应力的大小与该点到圆心的距离成正比。切应力的方向则与半径垂直，并与扭矩的转向一致(图 5-7)。

由式(5-3)可知，当 $\rho=R$ 时，切应力最大，最大切应力为

$$\tau_{max}=\frac{TR}{I_p}$$

令

$$W_p=\frac{I_p}{R}$$

则有

$$\tau_{max}=\frac{T}{W_p} \tag{5-4}$$

式中,W_p 为扭转截面系数。

极惯性矩 I_p 和扭转截面系数 W_p 是只与横截面形状、尺寸有关的几何量。直径为 D 的圆形截面和外径为 D、内径为 d 的圆环形截面,它们对圆心的极惯性矩和扭转截面系数分别为

圆截面

$$\left.\begin{aligned}I_p&=\frac{\pi D^4}{32}\\W_p&=\frac{\pi D^3}{16}\end{aligned}\right\} \tag{5-5}$$

圆环形截面

$$\left.\begin{aligned}I_p&=\frac{\pi D^4}{32}(1-\alpha^4)\\W_p&=\frac{\pi D^3}{16}(1-\alpha^4)\end{aligned}\right\} \tag{5-6}$$

式中,α 为内、外径的比值,$\alpha=\frac{d}{D}$。极惯性矩 I_p 的单位为 mm^4 或 m^4,扭转截面系数 W_p 的单位为 mm^3 或 m^3。

温馨提示:扭转时切应力的计算公式(5-4)只适用于圆轴。

例 5-2 空心圆轴的横截面外径 $D=90mm$,内径 $d=85mm$,横截面上的扭矩 $T=1.5kN\cdot m$(图 5-8)。求横截面上内外边缘处的切应力,并绘制横截面上切应力的分布图。

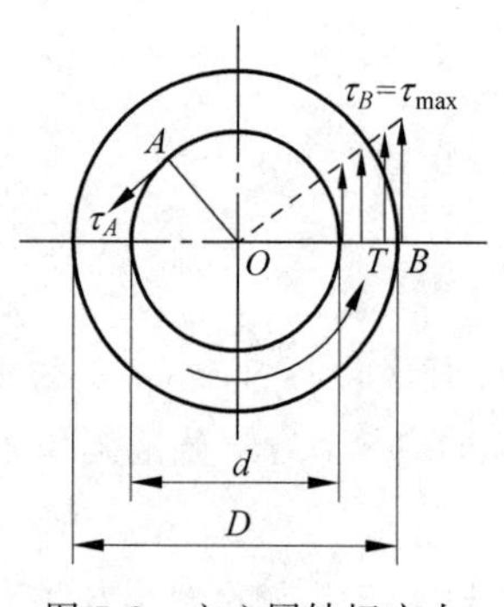

图 5-8 空心圆轴切应力分布图

解:(1) 计算极惯性矩。极惯性矩为

$$I_p=\frac{\pi}{32}(D^4-d^4)=\frac{\pi}{32}\times(90^4-80^4)mm^4=2.42\times10^6mm^4$$

(2) 计算切应力。内外边缘处的切应力分别为

$$\tau_{内}=\tau_A=\frac{T}{I_p}\cdot\frac{d}{2}=\frac{1.5\times10^3\times\frac{85}{2}\times10^3}{2.42\times10^6}MPa=26.3MPa$$

$$\tau_{外}=\tau_B=\frac{T}{I_p}\cdot\frac{D}{2}=\frac{1.5\times10^3\times\frac{90}{2}\times10^3}{2.42\times10^6}MPa=27.9MPa$$

横截面上切应力分布如图 5-8 所示。

5.3.3 圆轴的强度计算

为使圆轴扭转时能正常工作，必须要求轴内的最大切应力 $\tau_{\max}$ 不超过材料的许用切应力$[\tau]$，若用 $T_{\max}$ 表示危险截面上的扭矩，则圆轴扭转时的强度条件为

$$\tau_{\max}=\frac{T_{\max}}{W_{p}}\leqslant[\tau] \tag{5-7}$$

式中，$[\tau]$为材料的许用切应力，通过试验测得。

利用式(5-7)可以解决圆轴的强度校核、设计截面尺寸和确定许用荷载等三类强度计算问题。

例 5-3 如图 5-9(a)所示的空心圆轴，外径 $D=100\text{mm}$，内径 $d=80\text{mm}$，外力偶矩 $M_1=6\text{kN}\cdot\text{m}$，$M_2=4\text{kN}\cdot\text{m}$。材料的许用切应力$[\tau]=50\text{MPa}$，试对该轴进行强度校核。

图 5-9

解：(1) 求危险截面上的扭矩。绘制圆轴的扭矩图如图 5-9(b)所示，BC 段各横截面为危险截面，其上的扭矩为

$$T_{\max}=4\text{kN}\cdot\text{m}$$

(2) 校核轴的扭转强度。扭转截面系数为

$$W_{p}=\frac{\pi D^{3}}{16}(1-\alpha^{4})$$

$$=\left\{\frac{\pi\times100^{3}}{16}\left[1-\left(\frac{80}{100}\right)^{4}\right]\right\}\text{mm}^{3}=1.16\times10^{5}\text{mm}^{3}$$

轴的最大切应力为

$$\tau_{\max}=\frac{T_{\max}}{W_{p}}=\frac{4\times10^{6}}{1.16\times10^{5}}\text{MPa}=34.5\text{MPa}<[\tau]=50\text{MPa}$$

本轴是安全的。

思考题

5-1 轴力、扭矩的正负号是如何规定的？

5-2 研究圆轴扭转时，所作的平面假设是什么？横截面上产生的切应力是如何分布的？

5-3 思 5-3 图所示的两个传动轴，哪一种轮系的布置对提高轴的承载能力有利？

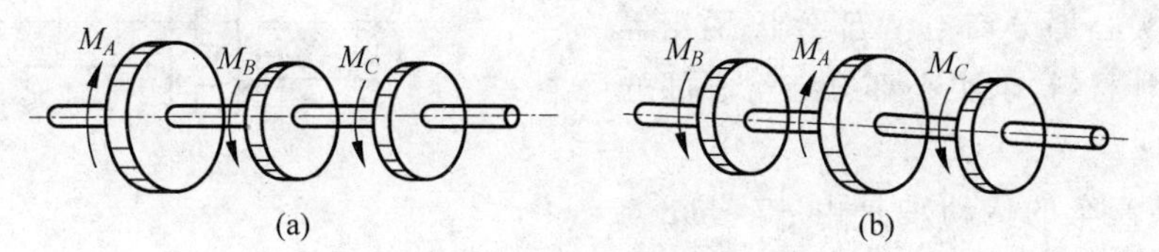

思 5-3 图 传动轴

5-4 思 5-4 图所示为圆截面扭转时的切应力分布,试分析哪些是正确的,哪些是错误的。

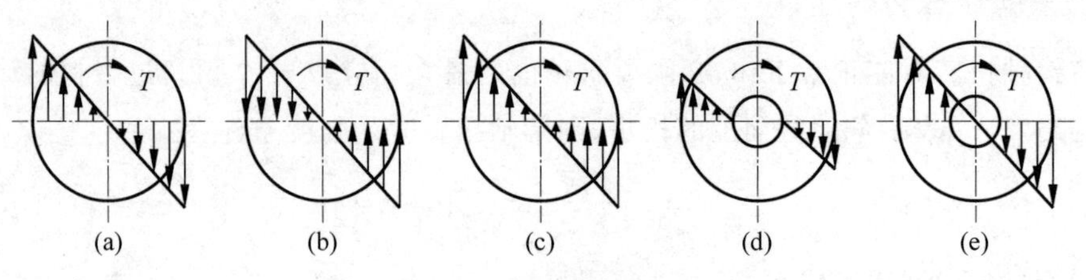

思 5-4 图 圆截面扭转时切应力分布图

5-5 从力学角度解释,为什么空心截面比实心截面更为合理?

习题

5-1 如题 5-1 图所示传动轴,轴的转速 $n=300\text{r/min}$,输入功率 $P_A=50\text{kW}$,输出功率 $P_B=20\text{kW}$,$P_C=30\text{kW}$,试作该轴的扭矩图。

5-2 已知传动轴的转速 $n=300\text{r/min}$,主动轮 A 的输入功率 $P_A=29\text{kW}$,从动轮 B、C、D 的输出功率分别为 $P_B=7\text{kW}$,$P_C=P_D=11\text{kW}$。绘制该轴的扭矩图。

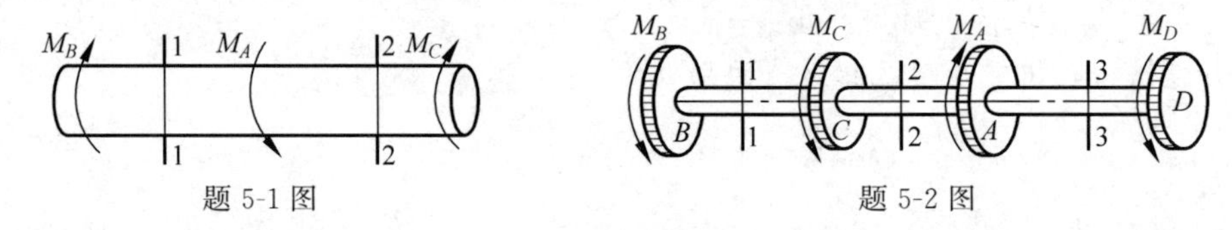

题 5-1 图　　题 5-2 图

5-3 如题 5-3 图所示,圆轴 AB 段为实心圆截面,$D=20\text{mm}$,BC 段为空心圆截面,$d=10\text{mm}$。已知材料的许用切应力为$[\tau]=50\text{MPa}$,求 M 的最大许可值。

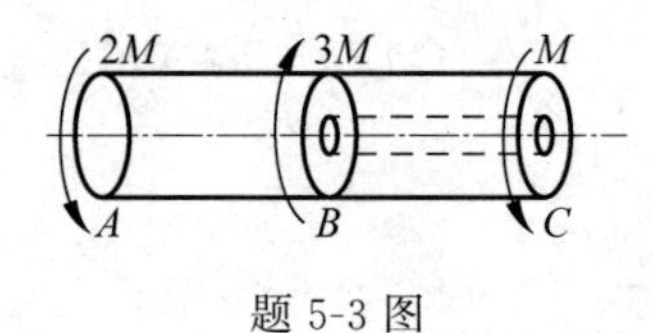

题 5-3 图

5-4 如题 5-4 图所示,实心圆轴和空心圆轴通过牙嵌离合器连在一起。已知轴的转速 $n=100\text{r/min}$,传递功率 $P=10\text{kW}$,材料的许用切应力$[\tau]=20\text{MPa}$。

(1) 选择实心轴的直径 D_1;

(2) 若空心轴的内外径比为 1/2,选择空心轴的外径 D_2;

(3) 若实心部分与空心部分长度相等且采用同一种材料,求实心部分与空心部分的重量比。

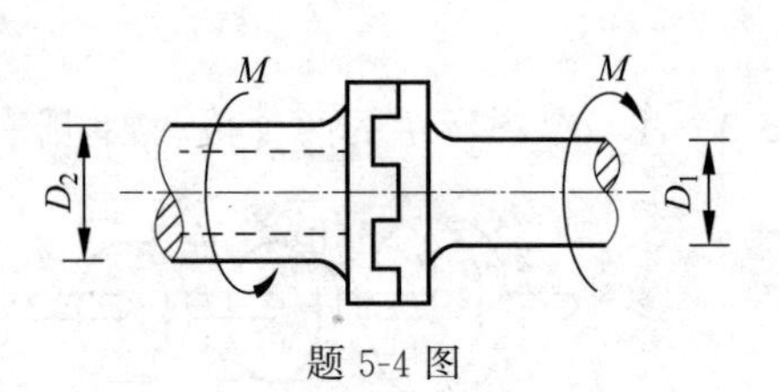

题 5-4 图

5-5 某汽车的传动轴是由 45 号无缝

钢管制成。轴的外径 $D=90\text{mm}$，壁厚 $t=2.5\text{mm}$，传递的最大力偶矩为 $1.5\text{kN}\cdot\text{m}$，材料的 $[\tau]=60\text{MPa}$。

（1）校核轴的强度；

（2）若改用相同材料的实心轴，并要求它和原轴强度相同，试设计其直径；

（3）比较实心轴与空心轴的重量。

弯曲内力

6.1 弯曲变形工程实例

1. 梁工程实例

以弯曲为主要变形的杆件称为**梁**。梁是工程中应用比较广泛的一种构件，如图 6-1(a)、(b)所示的楼板梁、公路桥梁等。

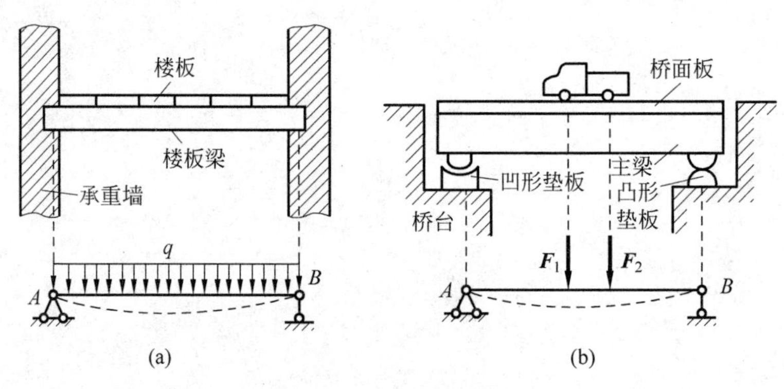

图 6-1 单跨梁工程实例

2. 平面弯曲的概念

工程中常用梁的横截面，都具有一个竖向对称轴，例如圆形、矩形、工字形和 T 形等(图 6-2)。梁轴线与梁横截面的竖向对称轴构成的平面，称为梁的**纵向对称面**(图 6-3)。如果梁的外力都作用在梁的纵向对称面内，则梁的轴线将在此对称面内弯成一条曲线，这样的弯曲变形称为**平面弯曲**。平面弯曲是工程中最常见的情况，也是最基本的弯曲问题，掌握了它的计算，对于工程应用以及进一步研究复杂的弯曲问题具有十分重要的意义。本章主要研究平面弯曲问题。

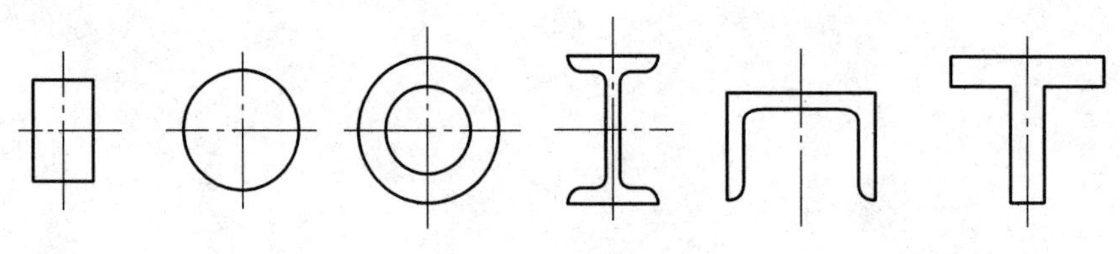

图 6-2 梁的横截面

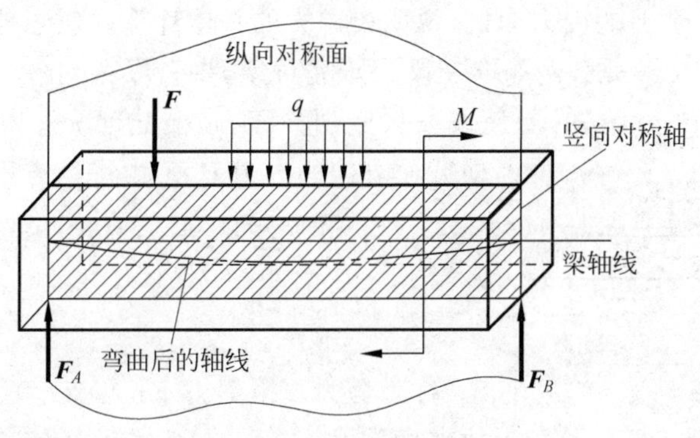

图 6-3　梁的平面弯曲

简支梁与悬臂梁

梁是应用范围最广，也是历史最古老的建筑构件，早在秦时期古人就已用石梁造桥。2005 年完工的东海大桥总长 16.25km，是世界上最长的桥梁。

梁有各种支承方式，最常见的两种就是简支梁和悬臂梁。两端支承的简支梁是屋梁和桥梁中最常见的支承方式。悬臂梁是一端固定，一端自由，全部荷载都由固定端承受的梁。北魏时期的恒山悬空寺就坐落在半插进岩石的悬臂梁上(图 6-4)。

关于梁的研究伽利略可能是最早的先行者(图 6-5)。由于梁与工程问题联系密切，与梁有关的力学分析已形成完善的理论。

图 6-4　恒山悬空寺

图 6-5　伽利略著作中的悬臂梁

伽利略简介

6.2　单跨静定梁的内力计算

1. 梁的剪力和弯矩计算

确定了梁上的外力后，梁横截面上的内力可用截面法求得。现以图 6-6(a)所示简支梁，

求其任意横截面 $m—m$ 上的内力为例,说明梁内力的具体计算。假想地沿横截面 $m—m$ 把梁截开成两段,取其中任一段,例如取左段为研究对象,将右段梁对左段梁的作用以截面上的内力来代替。由图 6-6(b)知,要使左段梁竖向平衡,在横截面 $m—m$ 上必然存在一个沿横截面方向的内力 $\boldsymbol{F}_{\mathrm{S}}$。由平衡方程:

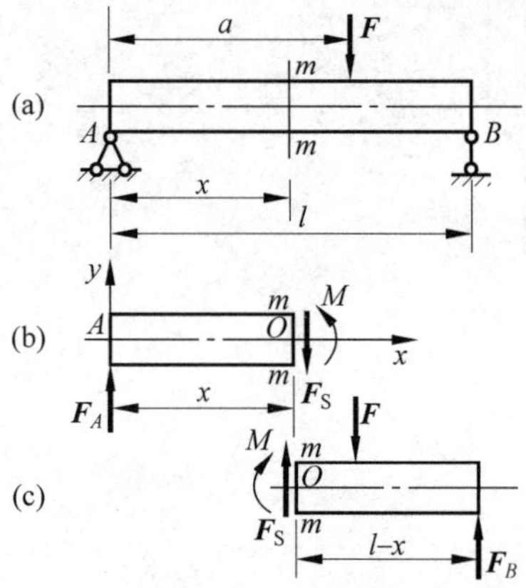

$$\sum F_y = 0,\quad F_A - F_{\mathrm{S}} = 0$$

得

$$F_{\mathrm{S}} = F_A$$

图 6-6 梁的内力

$\boldsymbol{F}_{\mathrm{S}}$ 称为**剪力**。因剪力 $\boldsymbol{F}_{\mathrm{S}}$ 与支座反力 $\boldsymbol{F}_A$ 组成一力偶,故在横截面 $m—m$ 上必然还存在一个内力偶与之平衡。设此内力偶矩为 M,则由平衡方程:

$$\sum M_O = 0,\quad M - F_A x = 0$$

得

$$M = F_A x$$

这里的矩心 O 是横截面 $m—m$ 的形心。这个内力偶矩 M 称为**弯矩**。

如果取右段梁为研究对象,则同样可求得横截面 $m—m$ 上的剪力 $\boldsymbol{F}_{\mathrm{S}}$ 和弯矩 M(图 6-6(c)),且数值与上述结果相等,只是方向相反。

2. 剪力和弯矩正负号规定

为了使无论取左段梁还是取右段梁得到的同一横截面上的 $\boldsymbol{F}_{\mathrm{S}}$ 和 M,不仅大小相等而且正负号一致,根据变形来规定 $\boldsymbol{F}_{\mathrm{S}}$、$M$ 的正负号。

(1) 剪力的正负号。梁横截面上的剪力对微段内任一点的矩,顺时针方向转动时为正,反之为负(图 6-7(a));

(2) 弯矩的正负号。截面上的弯矩使所考虑的分离体产生向下凸变形(下部受拉、上部受压)时规定为正号,是正弯矩(图 6-7(b));产生向上凸变形(上部受拉,下部受压)时规定

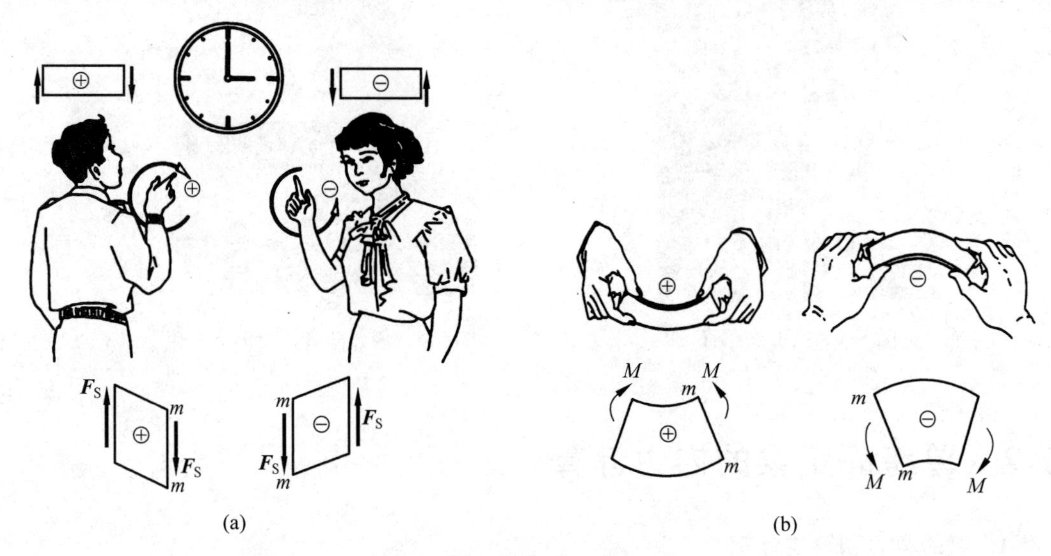

图 6-7 剪力和弯矩正负号规定

为负号，是负弯矩(图6-7(b))。

根据上述规定，图6-6所画剪力 $\boldsymbol{F}_S$ 和弯矩 M 皆为正。

例6-1　简支梁受集中力 $F=3\text{kN}$，集中力偶 $M=2\text{kN}\cdot\text{m}$ 的作用，如图6-8所示，试求截面1—1、截面2—2、截面3—3和截面4—4上的剪力和弯矩。

解：(1) 求支座反力列出如下平衡方程：

$$\sum M_B=0,\quad F\times 6-F_A\times 8-M=0$$

代入数据解得

$$F_A=2\text{kN}$$

由 $\sum F_y=0, F_A-F+F_B=0$，解得

$$F_B=1\text{kN}$$

(2) 计算各截面的剪力和弯矩。对截面1—1和截面2—2取左侧计算，则

$$F_{S1}=F_A=2\text{kN}$$

$$M_1=F_A\times 2=(2\times 2)\text{kN}\cdot\text{m}=4\text{kN}\cdot\text{m}$$

$$F_{S2}=F_A-F=(2-3)\text{kN}=-1\text{kN}$$

$$M_2=F_A\times 2=(2\times 2)\text{kN}\cdot\text{m}=4\text{kN}\cdot\text{m}$$

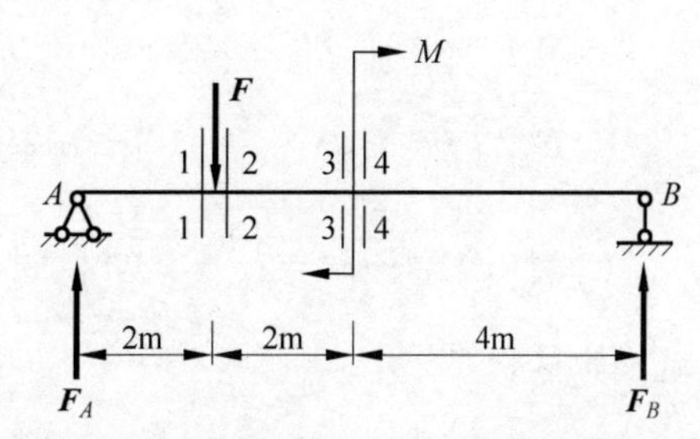

图6-8　横截面上的剪力和弯矩

求截面3—3和截面4—4的剪力和弯矩，取右侧计算，则

$$F_{S3}=-F_B=-1\text{kN}$$

$$M_3=F_B\times 4-M=(1\times 4-2)\text{kN}\cdot\text{m}=2\text{kN}\cdot\text{m}$$

$$F_{S4}=-F_B=-1\text{kN}$$

$$M_4=F_B\times 4=(1\times 4)\text{kN}\cdot\text{m}=4\text{kN}\cdot\text{m}$$

温馨提示：本例中，截面1—1和截面2—2分别为集中力 $\boldsymbol{F}$ 作用点两侧的截面。从计算出的剪力和弯矩的数值知，集中力 $\boldsymbol{F}$ 两侧的剪力值有一个突变，且突变值等于集中力 $\boldsymbol{F}$ 的值。而集中力作用处两侧的弯矩值相等。

截面3—3和截面4—4分别为集中力偶 M 作用处两侧的截面，由计算结果知：集中力偶作用处两侧的剪力没有变化，而弯矩有突变，其突变值等于集中力偶 M 的数值。

6.3　单跨静定梁的内力图

1. 用列剪力方程和弯矩方程法作剪力图和弯矩图

6.2节的计算表明，一般情况下，梁上各截面的剪力和弯矩值是随截面位置不同而变化的。如果把梁的截面位置用坐标 x 表示，则剪力和弯矩是 x 的函数，即

$$F_S=F_S(x),\quad M=M(x)$$

上式称为剪力方程和弯矩方程。

分别绘出剪力方程和弯矩方程所表达的函数关系的函数图形，就是**剪力图**和**弯矩图**。即以梁的轴线为 x 轴，纵坐标分别表示各截面的剪力值和弯矩值。下面举例说明其作法。

例 6-2 绘制如图 6-9(a)所示简支梁的剪力图和弯矩图。

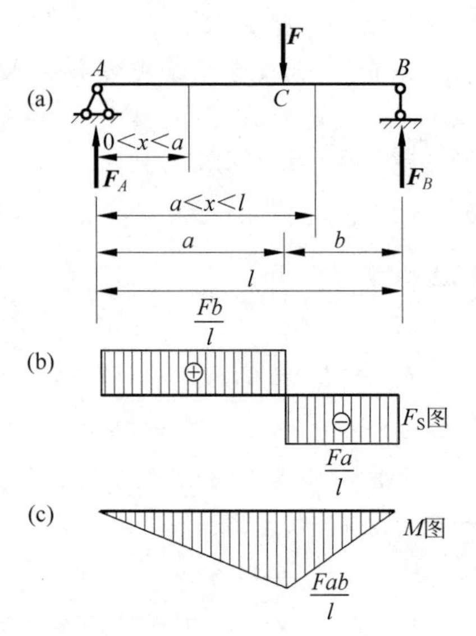

图 6-9 简支梁集中力作用下的 M 图、F_S 图

解:(1) 求支座反力。由梁的平衡方程 $\sum M_A = 0, \sum M_B = 0$,得

$$F_A = \frac{Fb}{l}, \quad F_B = \frac{Fa}{l}$$

(2) 列剪力方程和弯矩方程。取图中的 A 点为坐标原点,建立 x 坐标轴。因为 AC、CB 段的内力方程不同,所以必须分别列出。两段的内力方程分别为

AC 段:

$$F_S(x) = F_A = \frac{Fb}{l} \quad (0 < x < a)$$

$$M(x) = F_A x = \frac{Fb}{l}x \quad (0 \leqslant x \leqslant a)$$

CB 段:

$$F_S(x) = F_A - F = -\frac{Fa}{l} \quad (a < x < l)$$

$$M(x) = F_B(l-x) = \frac{Fa}{l}(l-x) \quad (a \leqslant x \leqslant l)$$

(3) 绘剪力图和弯矩图。由剪力方程知,两段梁的剪力图均为水平线。在向下的集中力 $\boldsymbol{F}$ 作用的 C 处,剪力图出现向下的突变(图 6-9(b)),突变值等于集中力的大小。由弯矩方程知,两段梁的弯矩图均为斜直线,但两直线的斜率不同,在 C 处形成向下凸的尖角(图 6-9(c))。

由图可见,如果 $a>b$,则最大剪力发生在 CB 段梁的任一横截面上,其值为 $|F_S|_{max} = \frac{Fa}{l}$;最大弯矩发生在集中力 $\boldsymbol{F}$ 作用的横截面上,其值为 $M_{max} = \frac{Fab}{l}$,剪力图在此处改变了正、负号。如果 $a=b=\frac{l}{2}$,则 $M_{max} = \frac{Fl}{4}$。

例 6-3 试绘制图 6-10(a)所示简支梁的剪力图和弯矩图。

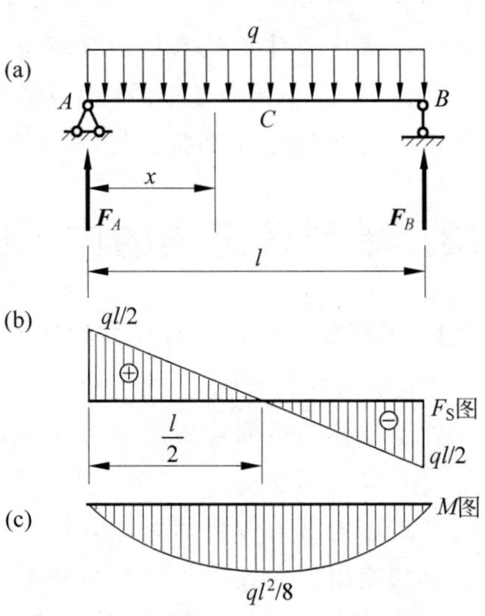

图 6-10 简支梁在均布荷载作用下的 M 图、F_S 图

解:(1) 求支座反力。取梁整体为研究对象,由平衡方程 $\sum M_A = 0, \sum M_B = 0$,得

$$F_A = F_B = \frac{ql}{2}$$

(2) 列剪力方程和弯矩方程。取图中的 A 点为坐标原点,建立 x 坐标轴,坐标为 x 的横截面以左梁上的外力列出剪力方程和弯矩方程如下:

$$F_S(x) = F_A - qx = \frac{ql}{2} - qx \quad (0 < x < l)$$

$$M(x)=F_{A}x-q\frac{x^{2}}{2}=\frac{ql}{2}x-\frac{q}{2}x^{2}\quad(0\leqslant x\leqslant l)$$

因在支座 A、B 处有集中力作用，剪力在此两截面处有突变，而且为不定值，故剪力方程的适用范围用开区间的符号表示；弯矩值在此两截面处没有突变，弯矩方程的适用范围用闭区间的符号表示。

(3) 绘剪力图和弯矩图。由剪力方程可以看出，该梁的剪力图是一条直线，只要算出两个点的剪力值就可以绘出剪力图。

$$x=0,\quad F_{SA}=\frac{ql}{2}$$

$$x=l,\quad F_{SB}=-\frac{ql}{2}$$

由弯矩方程可知，弯矩图是一条抛物线，至少要计算出三个点的弯矩值才能大致绘出弯矩图。

$$x=0,\quad M_{A}=0$$
$$x=l,\quad M_{B}=0$$
$$x=\frac{l}{2},\quad M_{C}=\frac{ql^{2}}{8}$$

根据求出的各值，绘出梁的剪力图和弯矩图，分别如图 6-10(b)、(c)所示(坐标系通常不画出)。由图可见，最大剪力发生在靠近两支座的横截面上，其值为 $|F_{S}|_{max}=\frac{ql}{2}$；最大弯矩发生在梁跨中点横截面上，其值为 $M_{max}=\frac{ql^{2}}{8}$，该截面上的剪力为零。

例 6-4　绘制如图 6-11(a)所示简支梁的剪力图和弯矩图。

解：(1) 求支座反力。支座 A、B 处的反力 $\boldsymbol{F}_{A}$ 与 $\boldsymbol{F}_{B}$ 组成一力偶，与力偶 M 相平衡，故

$$F_{A}=F_{B}=\frac{M}{l}$$

(2) 列剪力方程和弯矩方程。AC 和 CB 两段梁的内力方程分别如下。

AC 段：

$$F_{S}(x)=-F_{A}=-\frac{M}{l}\quad(0<x\leqslant a)$$

$$M(x)=-F_{A}x=-\frac{M}{l}x\quad(0\leqslant x<a)$$

CB 段：

$$F_{S}(x)=-F_{B}=-\frac{M}{l}\quad(a\leqslant x<l)$$

$$M(x)=-F_{B}(l-x)=\frac{M}{l}(l-x)\quad(a<x\leqslant l)$$

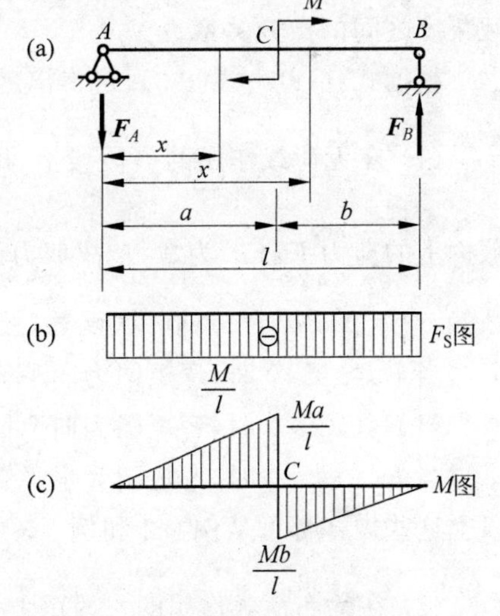

图 6-11　简支梁集中力偶作用下的 M 图、F_{S} 图

在集中力偶作用的 C 截面处，弯矩有突变而为不

定值,故弯矩方程的适用范围用开区间的符号表示。

(3) 绘制剪力图和弯矩图。由剪力方程可知,剪力图是一条与 x 轴平行的直线(图 6-11(b))。由弯矩方程可知,弯矩图是两条互相平行的斜直线,C 截面处的弯矩出现突变(图 6-11(c)),突变值等于集中力偶矩的大小。

由图可见,若 $a>b$,则最大弯矩发生在集中力偶 M 作用处稍左的横截面上,其值为 $|M|_{\max}=\dfrac{Ma}{l}$。不管集中力偶 M 作用在梁的任何横截面上,梁的剪力图都与图 6-11(b)一样(请读者自行思考)。可见,集中力偶不影响剪力图。

2. 用简捷法作梁的剪力图和弯矩图

1) 弯矩 $M(x)$、剪力 $F_S(x)$和荷载集度 q 的微分关系

用剪力方程和弯矩方程绘制剪力图和弯矩图,过程比较烦琐,而且很容易出错。下面利用弯矩、剪力和荷载集度间的微分关系,得出有关的结论来绘制剪力图和弯矩图。

首先,简单推导一下弯矩、剪力和荷载集度间的微分关系。如图 6-12 所示的弯曲梁,距离坐标原点为 x 处,取任意分布荷载 $q(x)$段上的一微段,微段长 dx。取微段 dx 为脱离体,若规定向下的分布荷载集度为负,利用平衡条件可得下列微分关系:

$$\frac{dF_S(x)}{dx}=q(x) \tag{6-1}$$

$$\frac{dM(x)}{dx}=F_S(x) \tag{6-2}$$

$$\frac{d^2M(x)}{dx^2}=q(x) \tag{6-3}$$

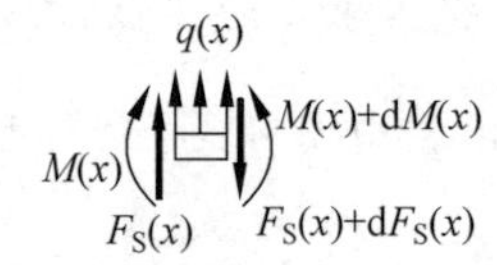

图 6-12 梁内力与荷载集度 q 的关系

即将弯矩 $M(x)$对 x 求导数,就得到剪力 $F_S(x)$;再将 $F_S(x)$对 x 求导数,可得到荷载集度 $q(x)$。可以证明,在直梁中普遍存在这种关系,即以上三式就是弯矩、剪力与分布荷载集度之间的**微分关系**。

根据式(6-1)~式(6-3),可得出剪力图和弯矩图的如下规律:

(1) 在无荷载作用的一段梁上,即 $q(x)=0$。由 $\dfrac{dF_S(x)}{dx}=q(x)=0$ 知,该梁段内各横截面上的剪力 $F_S(x)$为常数,故剪力图必为平行于 x 轴的直线。再由 $\dfrac{dM(x)}{dx}=F_S(x)=$常数知,弯矩 $M(x)$为 x 的一次函数,故弯矩图必为斜直线,其倾斜方向由剪力符号决定:

当 $F_S(x)>0$ 时,弯矩图为向下倾斜的直线;

当 $F_S(x)<0$ 时,弯矩图为向上倾斜的直线;

当 $F_S(x)=0$ 时,弯矩图为水平直线。

以上这些规律都可从例 6-2 和例 6-3 中的剪力图和弯矩图得到验证。

(2) 在均布荷载作用的一段梁上,即 $q(x)=$常数$\neq 0$。由 $\dfrac{d^2M(x)}{dx^2}=\dfrac{dF_S(x)}{dx}=q(x)=$常数知,该梁段内各横截面上的剪力 $F_S(x)$为 x 的一次函数,而弯矩 $M(x)$为 x 的二次函

数，故剪力图必然是斜直线，而弯矩图是抛物线。其内力图具体规律为

当 $q(x)>0$（荷载向上）时，剪力图为向上倾斜的直线，弯矩图为向上凸的抛物线；

当 $q(x)<0$（荷载向下）时，剪力图为向下倾斜的直线，弯矩图为向下凸的抛物线。

由 $\frac{\mathrm{d}M(x)}{\mathrm{d}x}=F_{\mathrm{S}}(x)$ 还可知，若某横截面上的剪力 $F_{\mathrm{S}}(x)=0$，则该横截面上的弯矩 $M(x)$ 必为极值。梁的最大弯矩有可能发生在剪力为零的横截面上。以上这些也可从例 6-2、例 6-3 中的剪力图和弯矩图得到验证。

(3) 在集中力作用处，剪力图出现突变，突变值为该处集中力的大小；此时弯矩图的斜率也发生突然变化，因而弯矩图在此处出现一折角。以上这些也可从例 6-2 的剪力图和弯矩图得到验证。

(4) 在集中力偶作用处，弯矩图出现突变，突变值为该处集中力偶矩的大小，但剪力图却没有变化，故集中力偶作用处两侧弯矩图的斜率相同。例 6-4 的剪力图和弯矩图可以验证此规律。

为了方便记忆，将以上剪力图和弯矩图的图形规律归纳成表 6-1。

表 6-1　直梁在简单荷载作用下的内力图特征

梁上荷载情况	无荷载区 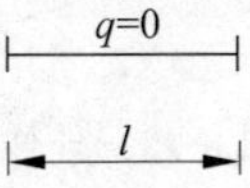 $q=0$ l			集中荷载作用处 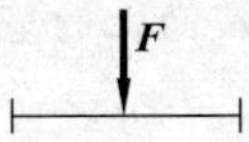 F	向下均布荷载区 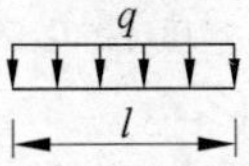 q l	集中力偶作用处 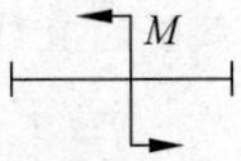 M
剪力图特征	水平直线			作用处突变	下倾斜直线	作用处无变化
	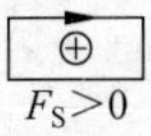 ⊕ $F_S>0$	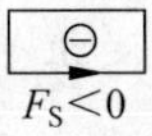 ⊖ $F_S<0$	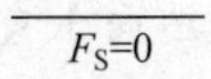 $F_S=0$	 F	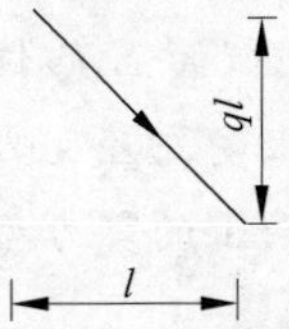 ql l	
弯矩图特征	下倾斜直线	上倾斜直线	水平直线	作用处折成尖角	向下凸的抛物线	作用处突变
	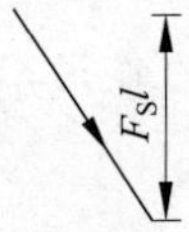 $F_S l$	 $F_S l$				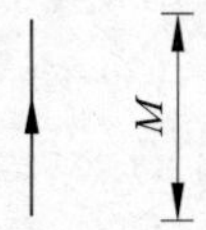 M

2) 用微分关系法绘制剪力图和弯矩图

利用上述规律，可以不必列出剪力方程和弯矩方程，更简捷地绘制剪力图和弯矩图。这种绘制剪力图和弯矩图的方法常称为简捷法，其步骤如下：

(1) 分段。根据梁上所受外力情况，将梁分为若干段。通常选取梁上的外力不连续点(如集中力作用点、集中力偶作用点、分布荷载作用的起点和终点等)作为各段的起点和终点。

(2) 定形。根据各段梁上所受外力情况，判断各梁段的剪力图和弯矩图的形状。

(3) 定点。根据各梁段内力图的形状，计算特殊截面上的剪力值和弯矩值(如该段内力

图是斜直线,只需确定两个点;如是抛物线,一般需确定三个点)。

(4) 绘图。逐段绘制剪力图和弯矩图。

例 6-5 试绘制如图 6-13(a)所示外伸梁的剪力图和弯矩图。

解:(1) 求支座反力。利用对称性,支座反力为

$$F_A = F_B = 3qa$$

(2) 绘剪力图。梁上的外力将梁分成 CA、AB、BD 三段。横截面 C 上的剪力 $F_{SC}=0$。CA 段受向下均布荷载的作用,剪力图为向右下倾斜的直线。由内力计算规律,支座 A 左侧横截面上的剪力为

$$F_{SA}^{L} = -qa$$

横截面 A 上受支座反力 $\boldsymbol{F}_A$ 的作用,剪力图向上突变,突变值等于 F_A 的大小 $3qa$。支座 A 右侧横截面上的剪力为

$$F_{SA}^{R} = -qa + F_A = 2qa$$

AB 段受向下均布荷载的作用,剪力图为向右下倾斜的直线。支座 B 左侧横截面上的剪力为

$$F_{SB}^{L} = -3qa + qa = -2qa$$

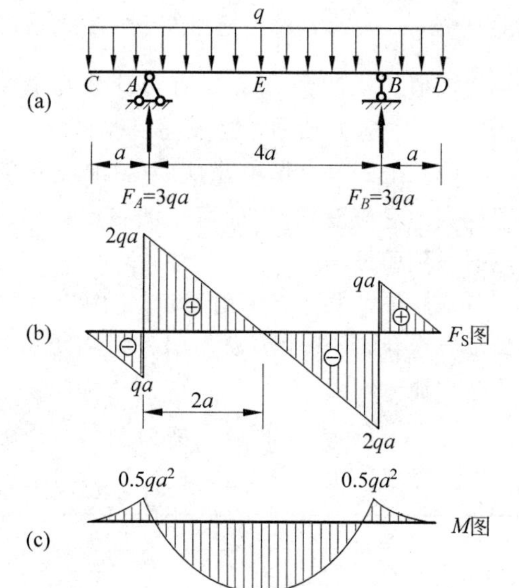

图 6-13 外伸梁 F_S 图、M 图

并由

$$F_{SA}^{R} - qx = 2qa - qx = 0$$

得剪力为零的横截面 E 的位置 $x=2a$。

横截面 B 上受支座反力 $\boldsymbol{F}_B$ 的作用,剪力图向上突变,突变值等于 F_B 的大小 $3qa$。支座 B 右侧横截面上的剪力为

$$F_{SB}^{R} = qa$$

BD 段受向下均布荷载的作用,剪力图为向右下倾斜的直线。横截面 D 上的剪力 $F_{SD}=0$。全梁的剪力图如图 6-13(b)所示。

(3) 绘弯矩图。横截面 C 上的弯矩 $M_C=0$。CA 段受向下均布荷载的作用,弯矩图为向下凸的抛物线。由内力计算规律知,横截面 A 上的弯矩为

$$M_A = -\frac{1}{2}qa \cdot a = -\frac{qa^2}{2}$$

AB 段受向下均布荷载的作用,弯矩图为向下凸的抛物线。横截面 E 上的弯矩为

$$M_E = F_A 2a - 3qa\ \frac{3a}{2} = \frac{3qa^2}{2}$$

横截面 B 上的弯矩为

$$M_B = -\frac{1}{2}qa \cdot a = -\frac{qa^2}{2}$$

BD 段受向下均布荷载的作用,弯矩图为向下凸的抛物线。横截面 D 上的弯矩 $M_D=0$。全梁的弯矩图如图 6-13(c)所示。

梁的最大剪力发生在支座 A 右侧和支座 B 左侧横截面上，其值为 $|F_S|_{max}=2qa$。最大弯矩发生在跨中点横截面 E 上，其值为 $M_{max}=\dfrac{3qa^2}{2}$，该截面上的剪力 $F_{SE}=0$。

温馨提示：本题也可先绘出 CE 段梁的剪力图和弯矩图，利用对称性而得到全梁的剪力图和弯矩图。

例 6-6　试绘出如图 6-14(a)所示外伸梁的剪力图和弯矩图。

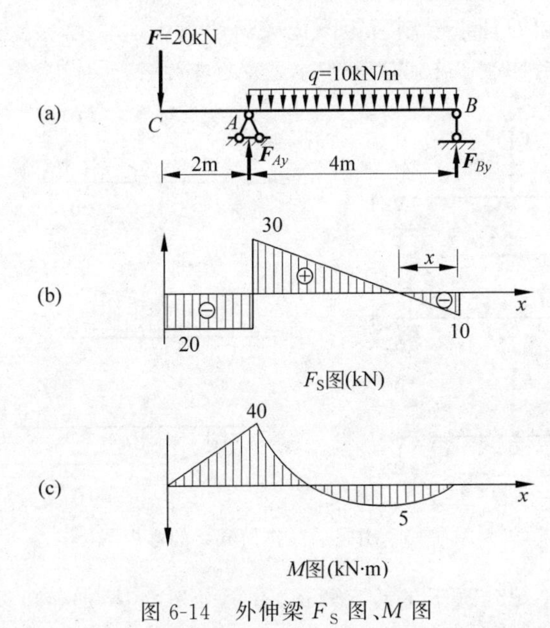

视频讲解

图 6-14　外伸梁 F_S 图、M 图

解：(1) 计算支座反力。由 $\sum M_A=0$ 和 $\sum M_B=0$，求得 $F_{Ay}=50\text{kN}$，$F_{By}=10\text{kN}$。

(2) 分 CA、AB 两段求各控制点的内力值。

CA 段(无载段)：$F_{SC}^{R}=-20\text{kN}$，$M_C=0$，$M_A=(-20\times2)\text{kN}\cdot\text{m}=-40\text{kN}\cdot\text{m}$

CA 段的剪力图是水平直线，弯矩图是斜直线，求出了控制点的剪力值和弯矩值后，可以很容易作出其剪力图和弯矩图。

AB 段(均载段)：求出 AB 段两端的剪力

$$F_{SA}^{R}=(-20+50)\text{kN}=30\text{kN},\quad F_{SB}^{L}=-F_{By}=-10\text{kN}$$

求出 AB 段两端的弯矩

$$M_A=-40\text{kN}\cdot\text{m},\quad M_B^{L}=0$$

由于弯矩图是二次抛物线，还应求出极值点处的弯矩。极值发生在剪力为零处，首先求出极值点位置 D，极值点位置可通过剪力图求得：图中设 $BD=x$，根据相似三角形的比例关系有 $\dfrac{AD}{DB}=\dfrac{30}{10}$，即 $\dfrac{4-x}{x}=\dfrac{3}{1}$，解得 $x=1\text{m}$。然后求出极值点处的弯矩 $M_D^{R}=F_B\times1-q\times1\times\dfrac{1}{2}=5\text{kN}\cdot\text{m}$。

最后得到的剪力图、弯矩图如图 6-14(b)、(c)所示。

3. 用叠加法绘制梁的弯矩图

在小变形的条件下,结构在多个荷载作用下产生的某量值(包括反力、内力、变形等)等于每一个荷载作用下产生的该量值的叠加,这就是**叠加原理**。叠加原理反映了荷载对构件影响的独立性。

用叠加法作梁的弯矩图:首先作出梁在每一个简单荷载作用下的弯矩图,然后将梁在每一个简单荷载作用下的该处弯矩值相叠加而求得该处的弯矩值。

对某些梁段,用叠加原理来绘制弯矩图比较简便。

例 6-7 用叠加法作如图 6-15(a)所示简支梁的弯矩图。

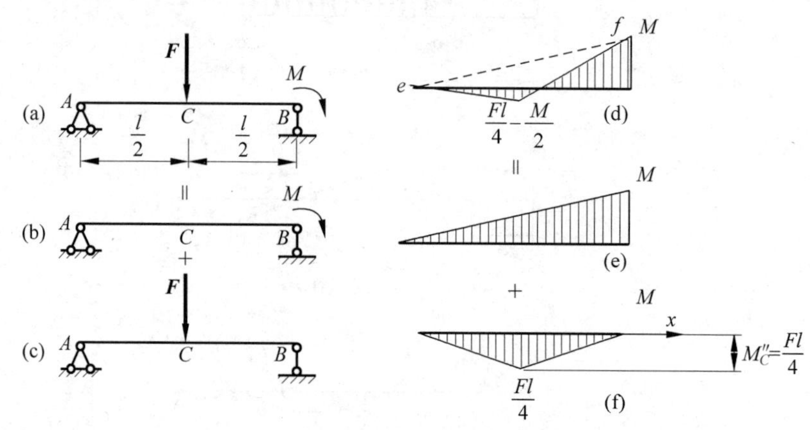

图 6-15 用叠加法作简支梁的弯矩图

解:在 $\boldsymbol{F}$ 和 M 的单独作用下梁的弯矩图,分别如图 6-15(e)、(f)所示。

现在作 $\boldsymbol{F}$ 和 M 的共同作用下梁的弯矩图:首先作在 M 单独作用下的弯矩图,以该弯矩图中 ef 为基准线,叠加上在 $\boldsymbol{F}$ 单独作用下的弯矩图;其中图 6-15(e)是负弯矩,在上方,图 6-15(f)是正弯矩,在下方,叠加后,重叠的部分正负抵消,叠加后的弯矩图如图 6-15(d)所示。

对于图 6-16(a)中 CD 段也可以利用叠加法绘制弯矩图,称为**区段叠加法**。

对于图 6-16(a)中无载段的弯矩图,仅需求出控制点的弯矩值,连成直线即可。对于均载段 CD,可取 CD 为隔离体,其两端的剪力和弯矩假定如图 6-16(b)所示,由于整体处于平衡状态,图 6-16(b)在外力和内力共同作用下也处于平衡状态。此隔离体与相应简支梁(图 6-16(c))相比较,由静力平衡条件可知 $F_{Cy}=F_{SC}$,$F_{Dy}=F_{SD}$,可见二者完全相同。

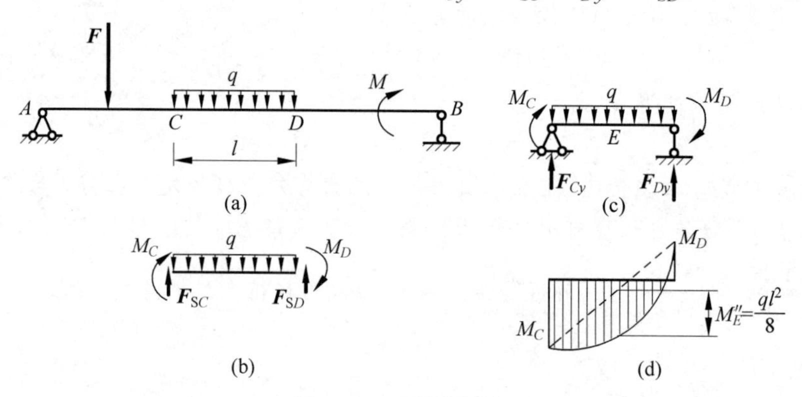

图 6-16 区段叠加法

图 6-16(c)的弯矩图用叠加法很容易作出，如图 6-16(d)所示。该弯矩图即为图 6-16(a)中 CD 段的弯矩图。

例 6-8　用区段叠加法作图 6-17(a)所示简支梁的弯矩图。

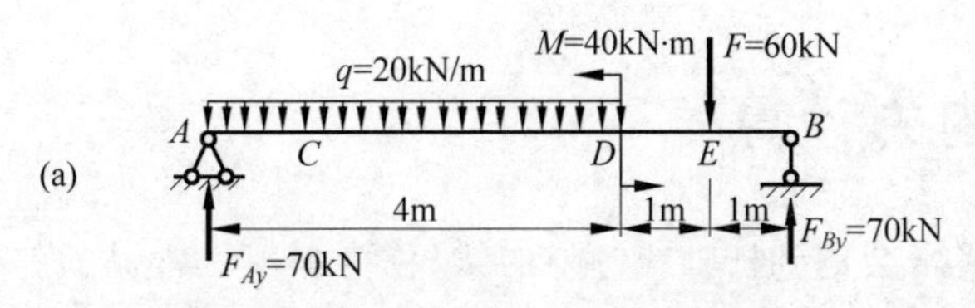

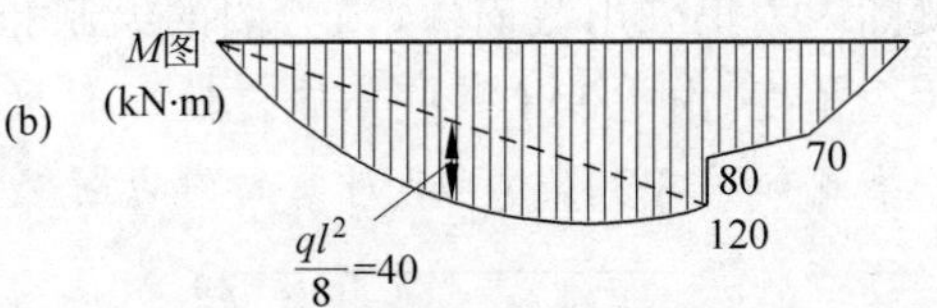

图 6-17　用区段叠加法作简支梁的弯矩图

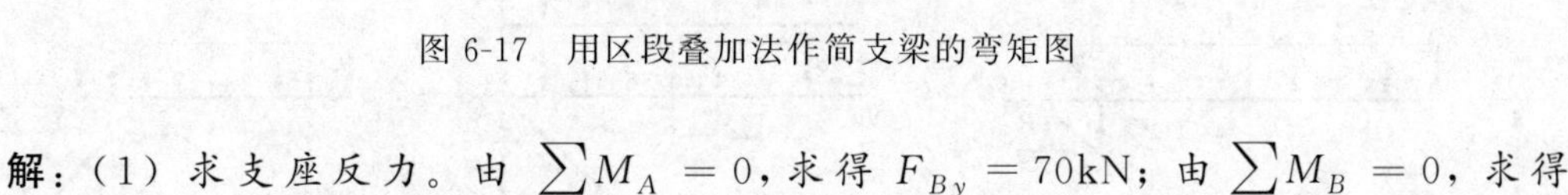

视频讲解

解：(1) 求支座反力。由 $\sum M_A = 0$，求得 $F_{By} = 70\text{kN}$；由 $\sum M_B = 0$，求得 $F_{Ay} = 70\text{kN}$。

(2) 求有关控制点的值。

$M_A = F_{Ay} \times 0 = 70 \times 0 = 0$

$M_D^{\text{L}} = F_{Ay} \times 4 - q \times 4 \times 2 = (70 \times 4 - 20 \times 4 \times 2)\text{kN} \cdot \text{m} = 120\text{kN} \cdot \text{m}$

$M_D^{\text{R}} = F_{Ay} \times 4 - q \times 4 \times 2 - M = (70 \times 4 - 20 \times 4 \times 2 - 40)\text{kN} \cdot \text{m} = 80\text{kN} \cdot \text{m}$

$M_E = F_{By} \times 1 = (70 \times 1)\text{kN} \cdot \text{m} = 70\text{kN} \cdot \text{m}$

$M_B = F_{By} \times 0 = 70 \times 0 = 0$

根据上面各控制点的值依次在弯矩图中作出各控制点的弯矩纵坐标。无载段直接连成直线，均载段 CD 按区段叠加法绘出曲线部分，最后弯矩图如图 6-17(b)所示。

值得注意的是：此弯矩图中没有标出最大值，因为弯矩的最大值不一定发生在集中力偶或集中力处，而是发生在剪力等于零的截面处。

关于内力分析的几点重要结论

(1) 根据弹性体的平衡原理，应用刚体静力学中的平衡方程，可以确定静定杆件任意横截面上的内力分量。

(2) 内力分量的正负号规则不同于刚体静力学，但在建立平衡方程时，依然可以规定某一方向为正、相反者为负。

(3) 剪力方程与弯矩方程都是横截面位置坐标 x 的函数表达式，不是某一个指定横截面上剪力与弯矩的数值。

(4) 无论是写剪力与弯矩方程，还是画剪力与弯矩图，都需要注意分段。因此，正确确定控制面是很重要的。

(5) 在轴力图、扭矩图、剪力图和弯矩图中,最重要也最难的是剪力图与弯矩图。可以根据剪力方程和弯矩方程绘制剪力图和弯矩图,也可以不写方程直接利用荷载集度、剪力、弯矩之间的微分关系绘制剪力图和弯矩图。

6.4 斜梁的内力计算

在建筑工程中,经常会遇到杆轴线倾斜的梁,称为**斜梁**。常见的斜梁有楼梯、锯齿形楼盖和火车站雨篷等。计算斜梁的内力仍采用截面法,内力图的绘制和水平梁类似。但要注意斜梁的轴线与水平方向有一个角度,由此带来一些不同之处。下面举例说明。

例 6-9 已知 q_1、q_2、l、h,绘制如图 6-18(a)所示斜梁的内力图。

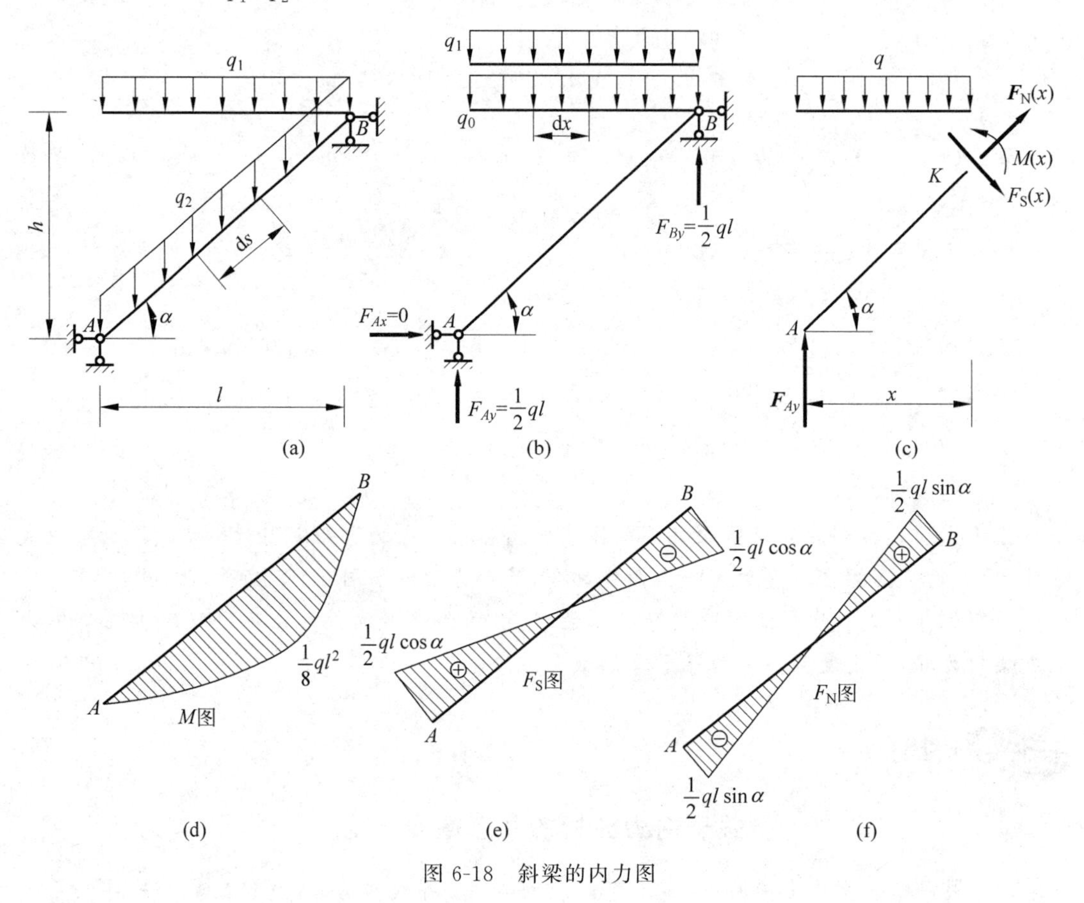

图 6-18 斜梁的内力图

解:斜梁的荷载一般分两部分:一是沿水平方向均布的楼梯上的人群荷载 q_1,二是沿楼梯梁轴线方向均布的楼梯的自重荷载 q_2,如图 6-18(a)所示。为了计算方便,通常将沿楼梯轴线方向均布的自重荷载 q_2 换算成沿水平方向均布的荷载 q_0,如图 6-18(b)所示,然后再进行内力的计算和内力图的绘制。

(1) 换算荷载。换算时可以根据在同一微段上合力相等的原则进行,即

$$q_0\mathrm{d}x = q_2\mathrm{d}s$$

因此

$$q_0=\frac{q_2\mathrm{d}s}{\mathrm{d}x}=\frac{q_2}{\cos\alpha}$$

沿水平方向总的均布荷载为

$$q=q_1+q_0$$

(2) 求支座反力。取斜梁为研究对象,由平衡方程求得支座反力为

$$F_{Ax}=0,\quad F_{Ay}=F_{By}=\frac{1}{2}ql$$

(3) 计算任一截面 K 上的内力。取如图 6-18(c)所示的 AK 段为隔离体,由平衡方程可求得内力表达式为

$$M(x)=F_{Ay}x-\frac{1}{2}qx^2=\frac{1}{2}qlx-\frac{1}{2}qx^2$$

$$F_S(x)=F_{Ay}\cos\alpha-qx\cos\alpha=\left(\frac{1}{2}ql-qx\right)\cos\alpha$$

$$F_N(x)=-F_{Ay}\sin\alpha+qx\sin\alpha=-\left(\frac{1}{2}ql-qx\right)\sin\alpha$$

(4) 绘制内力图。由 $M(x)$、$F_S(x)$和 $F_N(x)$的表达式绘出内力图,分别如图 6-18(d)、(e)、(f)所示。

简支斜梁与对应水平梁内力的关系

简支斜梁与简支水平梁是常见的一种结构。试问,对于同跨度、同水平均布荷载 q 作用的两种简支梁,其内力具有什么关系呢?弯矩关系为:各对应截面的弯矩值相同,即各截面弯矩为:$M=\frac{1}{2}glx-\frac{1}{2}gx^2$;剪力关系为:斜梁对应截面剪力值为水平梁的 $\cos\alpha$ 倍,即水平梁 $F_{S0}=\frac{1}{2}gl-qx$,斜梁 $F_S=F_{S0}\cos\alpha$;轴力关系为:水平简支梁轴力为零,而对应简支斜梁各截面轴力 $F_N=-\left(\frac{1}{2}gl-gx\right)\sin\alpha$,其中 α 为斜梁与水平面的夹角。

作梁内力图方法的选择

本章介绍了三种作梁内力图的方法。列方程法是一种最基本的方法,从原则上讲,什么样的静定梁都可用它作出内力图,不过,梁或荷载略微复杂点的作起来就很困难了,工程上一般不用;微分关系法又称简捷法,是工程上常用的一种作梁内力图的方法;对于有些问题用叠加法作弯矩图较方便,那就用叠加法。工程师们常采用的方式是,哪种方法简单就用哪种方法,不拘一格,初学者学习时就要养成这种习惯。

6.5 梁的应力与强度计算

6.5.1 梁纯弯曲时横截面上的正应力公式

1. 纯弯曲时梁横截面上正应力的计算

梁弯曲时,横截面上如果只有弯矩而无剪力,称为**纯弯曲**。如果梁上既有弯矩又有剪力,则称为**横力弯曲**。如图 6-19 所示简支梁,其 CD 段是纯弯曲,而 AC 段和 DB 段则是横力弯曲。

为了使所研究问题简单化,先研究梁纯弯曲时横截面上的正应力计算公式,然后再推广到横力弯曲。推导此公式需要从以下三方面考虑。

1) 几何方面

梁横截面上的正应力与纵向线应变的变化规律有关,应先研究该截面上任一点处的纵向线应变,从而找出正应力沿该截面的变化规律。为此,需观察梁纯弯曲时的表面变形情况。

(1) 试验现象及假设

取一根矩形截面梁,在其表面画上一些纵向直线和横向直线,如图 6-20(a)所示。然后在梁两端加一对大小相等,转向相反,力偶矩为 M 的外力偶,使梁处于纯弯曲状态(图 6-20(b))。从试验中可观察到如下现象:

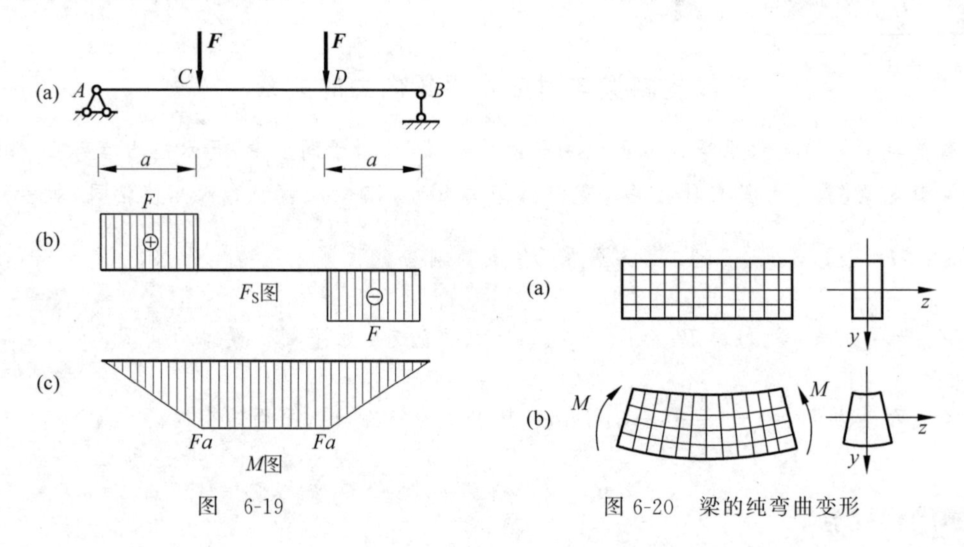

图 6-19

图 6-20 梁的纯弯曲变形

① 所有纵直线均变为弧线,上部纵线缩短,下部纵线伸长;

② 所有横向直线仍为直线,只是各横向线之间作相对转动,但仍与变形后的纵向线正交;

③ 变形后横截面的高度不变,而宽度在纵向线伸长区减小,在纵向线缩短区增大。

根据上面观察到的现象,并将表面横向直线看作梁的横截面,可作如下假设:

平面假设。变形前为平面的横截面,变形后仍为平面,它像刚性平面一样绕其轴旋转了一个角度,但仍垂直于梁变形后的轴线。

单向受力假设。认为梁由无数根纵向纤维组成，各纵向纤维只是简单的拉伸或压缩，各纵向纤维之间无挤压现象。

根据上述假设，可以将我们研究的梁想象成这种情况：它是由一根根纵向纤维组成的，且纵向纤维之间没有挤压作用，只有伸长与缩短，像简单拉伸与压缩一样。

根据平面假设，梁变形后，由于横截面的转动使梁的凸边纤维伸长，凹边纤维缩短。由变形的连续性知，中间必有一层纤维既不伸长也不缩短，此层纤维称为**中性层**，中性层与横截面的交线称为**中性轴**(图6-21)。中性轴将截面分为受拉和受压两个区。在图示平面弯曲情况下，由于外力作用在梁的纵向对称平面内，故梁的变形也对称于此平面，因此，中性轴应垂直于截面的对称轴 y(图6-21)。

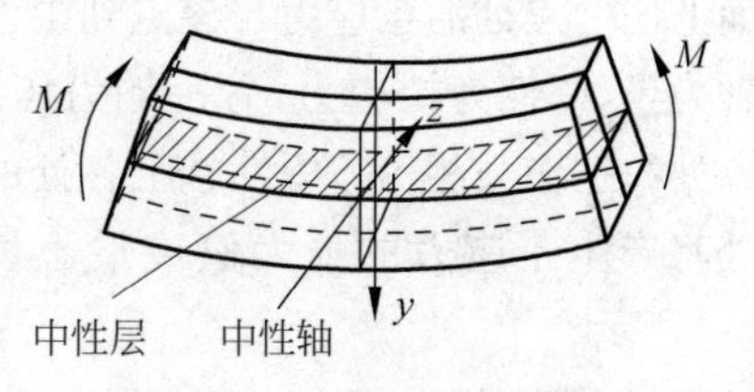

图6-21　中性层与中性轴

概括地说，梁在纯弯曲条件下，各横截面仍保持平面并绕中性轴作相对转动，各纵向纤维处于拉伸(压缩)状态。

(2) 横截面上任一点处的线应变

根据上述的假设和推理，通过几何关系便可求出横截面上任一点处纵向纤维的线应变，从而找出纵向线应变的变化规律。为此，在梁上截取一微分段 dx 进行分析(图6-22(a))，取中性轴为坐标轴 z，取截面的对称轴为坐标轴 y(y 轴向下为正)。现分析距中性层 y 处的纵向纤维 $\overline{ab}$ 的线应变。

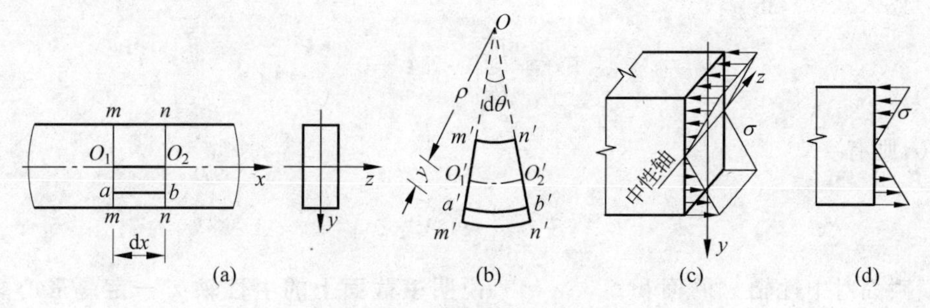

图6-22　梁的弯曲正应力

如图6-22(b)所示，梁变形后截面 mm、nn 间相对转角为 $d\theta$，纤维 ab 由直线变成弧线，O 为中性层的曲率中心，曲率半径用 ρ 表示。则纤维 ab 的纵向变形为

$$
\begin{aligned}
ds &= \overset{\frown}{a'b'} - \overline{ab} = \overset{\frown}{a'b'} - \overline{O_1O_2} = \overset{\frown}{a'b'} - \overset{\frown}{O_1'O_2'} \\
&= (\rho + y)\,d\theta - \rho d\theta = y\,d\theta
\end{aligned}
$$

其线应变为

$$
\varepsilon = \frac{ds}{dx} = \frac{y\,d\theta}{\rho d\theta} = \frac{y}{\rho} \tag{a}
$$

式(a)表明，同一横截面上各点处的纵向线应变 ε 与该点到中性轴的距离 y 成正比。

2) 物理方面

根据单向受力假设，若应力未超过材料的比例极限，则

$$
\sigma = E\varepsilon
$$

将式(a)代入上式,得

$$\sigma = E\varepsilon = E\frac{y}{\rho} \tag{b}$$

这就是**横截面上正应力变化规律的表达式**。由式(b)可知,横截面上任一点处的正应力与该点到中性轴的距离成正比;并以中性轴为界,一侧为拉应力,另一侧为压应力。在距中性轴等距的各点处的正应力相等。中性轴上各处的正应力为零,距中性轴最远处将产生正应力的最大值或最小值。这一变化如图6-22(c)、(d)所示。

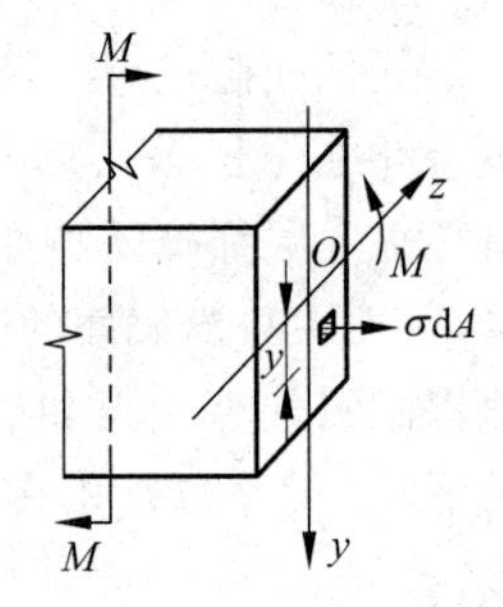

图6-23 梁纯弯曲时横截面上的内力与应力

3) 静力学方面

如图6-23所示,在梁的横截面上取微面积 dA,其上的法向微内力为 σdA,微内力沿梁轴线方向的合力为 $\int_A \sigma dA$,它等于该横截面上的轴力 F_N,同时它对 z 轴的合力偶矩为 $\int_A y\sigma dA$,并应等于该横截面上的弯矩 M,故有

$$F_N = \int_A \sigma dA = 0 \tag{c}$$

$$M = \int_A y\sigma dA \tag{d}$$

将式(b)代入式(c),得

$$F_N = \frac{E}{\rho}\int_A \sigma dA = 0$$

因 $\frac{E}{\rho} \neq 0$,则有

$$S_z = \int_A \sigma dA = 0$$

S_z 是横截面对中性轴 z 的面积矩,$S_z = 0$,说明**横截面上的中性轴 z 一定是形心轴**。将式(b)代入式(d),得

$$M = \frac{E}{\rho}\int_A y^2 dA$$

令

$$\int_A y^2 dA = I_z$$

则有

$$M = \frac{E}{\rho}I_z$$

即

$$\frac{1}{\rho} = \frac{M}{EI_z} \tag{6-4}$$

将式(6-4)代入式(b)可得纯弯曲梁横截面上任一点处的正应力计算公式为

$$\sigma = E\,\frac{y}{\rho} = Ey\,\frac{M}{EI_z} = \frac{My}{I_z} \tag{6-5}$$

式中，M 为横截面上的弯矩；y 为所求正应力点到中性轴的距离；I_z 为横截面对中性轴 z 的惯性矩，只与横截面的形状、尺寸有关，常用单位为 m^4 或 mm^4，是横截面的几何特征之一。

应用式(6-5)计算正应力时，通常不考虑式中 M 和 y 的正负号，而以其绝对值代入，正应力 σ 的正负号可根据梁的变形情况直接判断。以中性轴为界，梁凸边一侧为拉应力，凹边一侧为压应力。式(6-5)只适用于线弹性范围内($\sigma_{max} < \sigma_p$)的平面弯曲。

通常在梁弯曲时，横截面上既有弯矩又有剪力时，称为横力弯曲。可以证明，对横力弯曲的梁，当跨度与横截面高度之比大于5时，用式(6-5)计算的正应力是足够精确的，且跨高比越大，误差越小。由统计知，实际工程中的梁一般都符合上述条件，故上述公式广泛应用于实际计算中。

2. 横截面上正应力的分布规律和最大正应力

在同一横截面上，弯矩 M 和惯性矩 I_z 为定值，因此，从式(6-5)可以看出，梁横截面上某点处的正应力 σ 与该点到中性轴的距离 y 成正比，当 $y=0$ 时，$\sigma=0$，即中性轴上各点处的正应力为零。中性轴两侧，一侧受拉，另一侧受压。离中性轴最远的上、下边缘 $y=y_{max}$ 处正应力最大，一边为最大拉应力 σ_{tmax}，另一边为最大压应力 σ_{cmax}(图6-24)。最大应力值为

$$\sigma_{max} = \frac{My_{max}}{I_z}$$

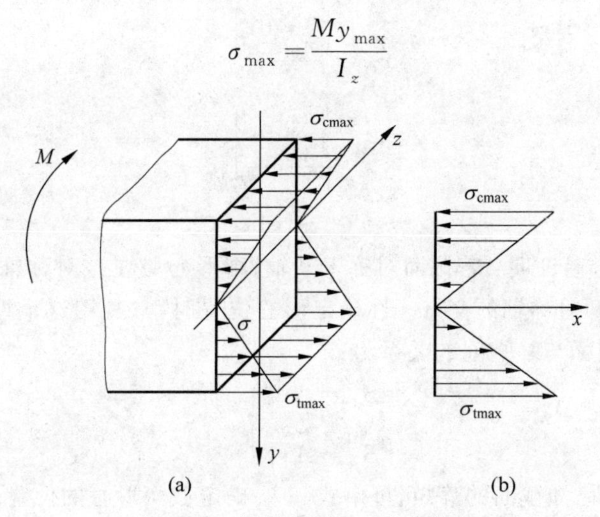

图6-24　梁横截面上正应力分布

设 $W_z = \dfrac{I_z}{y_{max}}$，则最大正应力可表示为

$$\sigma_{max} = \frac{M}{W_z} \tag{6-6}$$

式中，W_z 为截面对中性轴 z 的弯曲截面系数。它只与截面的形状及尺寸有关，是衡量截面抗弯能力的一个几何量，常用单位为 mm^3 或 m^3。

3. 常用的截面几何性质

由上面所讲应力公式知,计算杆件的应力都涉及截面的几何性质。所谓截面几何性质,是指只与截面形状、尺寸等有关的几何量,如面积、形心、静矩、惯性矩、惯性积和惯性半径等。它们是研究杆件或结构内力、应力和变形的重要元素,它们的大小将直接影响杆件和结构内力、应力与变形的大小,必须熟练掌握其概念和计算,才能熟练地掌握杆件或结构的强度、刚度和稳定计算(详见附录Ⅰ)。

1) 静矩与形心

(1) 静矩

积分$\int_A y\mathrm{d}A$和$\int_A x\mathrm{d}A$分别定义为该截面对x轴和y轴的**静矩**,用S_x和S_y表示,即

$$\left.\begin{aligned} S_x &= \int_A y\mathrm{d}A \\ S_y &= \int_A x\mathrm{d}A \end{aligned}\right\} \tag{6-7}$$

由定义知,静矩与所选坐标轴的位置有关,同一截面对不同坐标轴有不同的静矩。静矩是一个代数量,其值可正、可负、可为零。静矩的常用单位是mm^3或m^3。

(2) 形心

截面形心C的坐标为(证明从略)

$$\left.\begin{aligned} x_C &= \frac{\int_A x\mathrm{d}A}{A} \\ y_C &= \frac{\int_A y\mathrm{d}A}{A} \end{aligned}\right\} \tag{6-8}$$

式中,A为截面面积。

利用式(6-8)很容易证明:若截面对称于某轴,则形心必在该对称轴上;若截面有两个对称轴,则形心必为两对称轴的交点。在确定形心位置时,常利用这个性质,以减少计算工作量。截面的形心坐标与静矩间的关系为

$$\left.\begin{aligned} S_x &= Ay_C \\ S_y &= Ax_C \end{aligned}\right\} \tag{6-9}$$

由式(6-9)知,若已知截面的静矩,可由式(6-9)确定截面形心的位置;反之,若已知截面形心位置,则可由式(6-9)求得截面的静矩;若截面对某轴(例如x轴)的静矩为零($S_x=0$),则该轴一定通过此截面的形心($y_C=0$)。通过截面形心的轴称为截面的**形心轴**。反之,截面对其形心轴的静矩一定为零。

(3) 组合截面的静矩与形心

工程中经常遇到这样一些截面,它们是由若干简单截面(如矩形、三角形、半圆形等)组成,称为**组合截面**。根据静矩的定义,组合截面对某轴的静矩应等于其各组成部分对该轴静矩之和,即

$$\left.\begin{aligned} S_x &= \sum S_{xi} = \sum A_i y_{Ci} \\ S_y &= \sum S_{yi} = \sum A_i x_{Ci} \end{aligned}\right\} \tag{6-10}$$

由式(6-10)得，组合截面形心的计算公式为

$$\left.\begin{aligned} x_C &= \frac{S_y}{A} = \frac{\sum A_i x_{Ci}}{\sum A_i} \\ y_C &= \frac{S_x}{A} = \frac{\sum A_i y_{Ci}}{\sum A_i} \end{aligned}\right\} \tag{6-11}$$

式中，A_i、x_{Ci}、y_{Ci} 为各个简单截面的面积及形心坐标。

2）惯性矩和弯曲截面系数的计算

几种常见的简单截面，如矩形、圆形及圆环形等的惯性矩 I_z 和弯曲截面系数 W_z 列于表6-2中，以备查用。由简单截面组合而成的截面惯性矩计算，详见附录Ⅰ。型钢截面的惯性矩和弯曲截面系数可由附录Ⅱ型钢规格表查得。

表6-2 常见简单截面的惯性矩与弯曲截面系数

截面	惯性矩	弯曲截面系数
b h O z y 矩形	$I_z=\frac{bh^3}{12}$ $I_y=\frac{hb^3}{12}$	$W_z=\frac{bh^2}{6}$ $W_y=\frac{hb^2}{6}$
d O z y 圆形	$I_z=I_y=\frac{\pi d^4}{64}$	$W_z=W_y=\frac{\pi d^3}{32}$
D d O z y 圆环形	$I_z=I_y=\frac{\pi D^4(1-\alpha^4)}{64}$ $\left(\alpha=\frac{d}{D}\right)$	$W_z=W_y=\frac{\pi D^3(1-\alpha^4)}{32}$ $\left(\alpha=\frac{d}{D}\right)$

梁的正应力与强度计算

梁的正应力公式推导过程是认识杆件变形的一个窗口，所以不惜篇幅进行了详细推导。为了节省篇幅、降低难度，对于拉压、剪切、扭转杆的应力公式推导过程就省略了。建议根据梁正应力公式推导过程去理解拉压、剪切、扭转杆的应力公式和梁的剪应力公式。梁的强度计算也是其他强度计算的典型代表，希望读者在梁的强度计算上下点功夫。

另外，梁中性轴的确定，横截面上受拉区、受压区的判断及正应力的分布情况，是强度计算时确定危险点的依据，应在理解概念的基础上通过分析作出判断，切忌死记结论，生搬硬套。

例 6-10 求如图 6-25(a)、(b)所示 T 形截面梁的最大拉应力和最大压应力。已知 T 形截面对中性轴的惯性矩 $I_z=7.64\times10^6\,\mathrm{mm}^4$，且 $y_1=52\mathrm{mm}$。

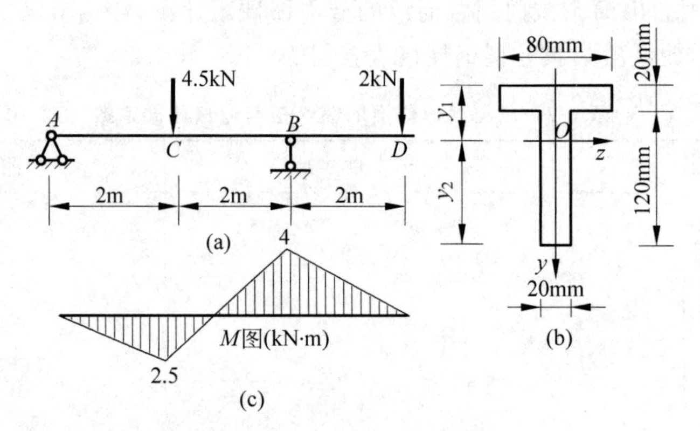

图 6-25 T 形截面外伸梁

解：(1) 绘制梁的弯矩图。梁的弯矩图如图 6-25(c)所示。由图可知，梁的最大正弯矩发生在截面 C 上，$M_C=2.5\mathrm{kN\cdot m}$；最大负弯矩发生在截面 B 上，$M_B=4\mathrm{kN\cdot m}$。

(2) 计算 C 截面上的最大拉应力和最大压应力

$$\sigma_{\mathrm{t}C}=\frac{M_C y_2}{I_z}=\frac{2.5\times10^3\times88}{7.64\times10^6}\mathrm{MPa}=28.8\mathrm{MPa}$$

$$\sigma_{\mathrm{c}C}=\frac{M_C y_1}{I_z}=\frac{2.5\times10^3\times52}{7.64\times10^6}\mathrm{MPa}=17.0\mathrm{MPa}$$

(3) 计算 B 截面上的最大拉应力和最大压应力

$$\sigma_{\mathrm{t}B}=\frac{M_B y_1}{I_z}=\frac{4\times10^3\times52}{7.64\times10^6}\mathrm{MPa}=27.2\mathrm{MPa}$$

$$\sigma_{\mathrm{c}B}=\frac{M_B y_2}{I_z}=\frac{4\times10^3\times88}{7.64\times10^6}\mathrm{MPa}=46.1\mathrm{MPa}$$

综上可知，梁的最大拉、压应力分别为

$$\sigma_{\mathrm{tmax}}=\sigma_{\mathrm{t}C}=28.8\mathrm{MPa}$$

$$\sigma_{\mathrm{cmax}}=\sigma_{\mathrm{c}B}=46.1\mathrm{MPa}$$

6.5.2 梁横截面上的切应力

梁在横力弯曲时,横截面上有剪力 $\boldsymbol{F}_{\mathrm{S}}$,自然也就在横截面上产生切应力 τ。下面以矩形截面梁为例研究它的分布情况。首先对切应力分布规律作出假设,根据假设给出矩形截面梁切应力公式,并对工字形截面梁的切应力作简要介绍。

1. 切应力分布规律假设

对于高度 h 大于宽度 b 的矩形截面梁,其横截面上的剪力 $\boldsymbol{F}_{\mathrm{S}}$ 沿 y 轴方向,如图 6-26 所示。假设切应力分布规律如下:

(1) 横截面上各点处的切应力 τ 都与剪力 $\boldsymbol{F}_{\mathrm{S}}$ 方向一致;

(2) 横截面上距中性轴等距离各点处切应力大小相等,即沿截面宽度为均匀分布。

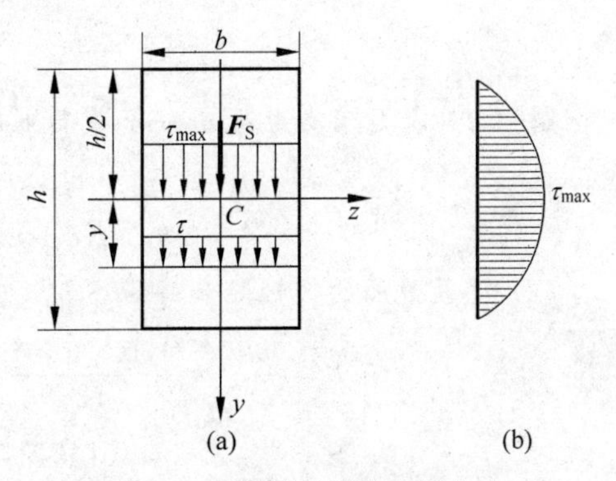

图 6-26 矩形截面梁的切应力

2. 矩形截面梁的切应力计算公式

根据以上假设,可推导出矩形截面梁横截面上任意一点处切应力的计算公式为

$$\tau=\frac{F_{\mathrm{S}}S_z^*}{I_z b} \tag{6-12}$$

式中,F_{S} 为横截面上的剪力,kN;I_z 为整个截面对中性轴的惯性矩,mm^4;b 为切应力处的横截面宽度,mm;S_z^* 为横截面上所求切应力点处的水平线以上(或以下)部分的面积 A^* 对中性轴的静矩(见附录Ⅰ),mm^3。

用式(6-12)计算时,F_{S} 与 S_z^* 均用绝对值代入即可。由式(6-12)看出,对于同一横截面,F_{S}、I_z 及 b 都为常量,故横截面上的切应力 τ 是随静矩 S_z^* 的变化而变化的。现求图 6-26(a)所示矩形截面上任意一点的切应力,该点至中性轴的距离为 y,该点水平线以下部分面积 A^* 对中性轴的静矩为

$$S_z^*=A^*\bar{y}=b\left(\frac{h}{2}-y\right)\times\left[y+\frac{1}{2}\left(\frac{h}{2}-y\right)\right]=\frac{b}{2}\left[\left(\frac{h}{2}\right)^2-y^2\right]$$

将上式及 $I_z=\dfrac{bh^3}{12}$ 代入式(6-12),得

$$\tau=\frac{3F_{\mathrm{S}}}{2bh}\left(1-\frac{4y^2}{h^2}\right)$$

上式表明切应力沿截面高度按二次抛物线规律分布(图 6-26(b))。在上、下边缘 $y=\pm\dfrac{h}{2}$ 处,切应力为零;在中性轴($y=0$)上,切应力最大,其值为

$$\tau_{\max}=\frac{3F_{\mathrm{S}}}{2bh}=1.5\frac{F_{\mathrm{S}}}{A}$$

由上式可知,矩形截面梁横截面上的最大切应力值等于截面上平均切应力值的 1.5 倍。

例 6-11 一矩形截面简支梁如图 6-27 所示。已知 $l=3\mathrm{m}$,$h=160\mathrm{mm}$,$b=100\mathrm{mm}$,$h_1=40\mathrm{mm}$,$F=3\mathrm{kN}$,求 m—m 截面上 K 点处的切应力。

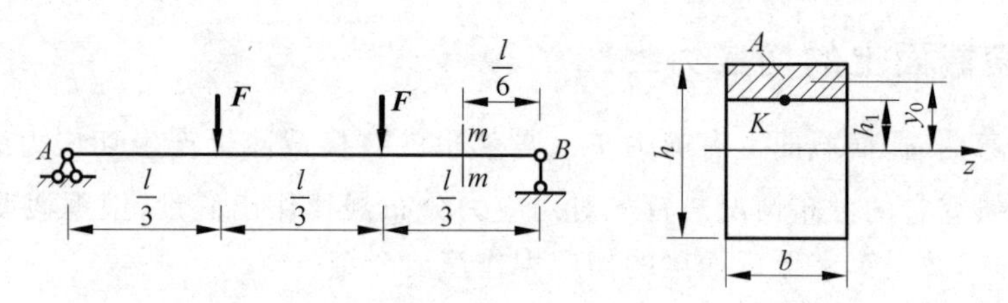

图 6-27 矩形截面梁示意图

解：(1) 求支座反力及 $m—m$ 截面上的剪力

$$F_A = F_B = F = 3\text{kN}$$

$$F_S = -F_B = -3\text{kN}$$

(2) 计算截面的惯性矩和静矩 S_z^*。截面对中性轴的惯性矩、静矩 S_z^* 分别为

$$I_z = \frac{bh^3}{12} = \frac{100 \times 160^3}{12}\text{mm}^4 = 34.1 \times 10^6\ \text{mm}^4$$

$$S_z^* = A^* y_0 = (100 \times 40 \times 60)\text{mm}^3 = 24 \times 10^4\ \text{mm}^3$$

(3) 计算 $m—m$ 截面上 K 点处的切应力

$$\tau = \frac{F_S S_z^*}{I_z d} = \frac{3\times10^3 \times 24\times10^4}{34.1\times10^6\times100}\text{MPa} = 0.21\text{MPa}$$

6.5.3 梁弯曲时的强度计算

一般情况下,梁横截面上同时存在着正应力和切应力。最大正应力发生在最大弯矩所在截面离中性轴最远的边缘处,此处切应力为零,是单向拉伸或压缩。最大切应力发生在最大剪力所在截面的中性轴上各点处,此处正应力为零,是纯剪切。因此,应该分别建立梁的正应力强度条件和切应力强度条件。

1. 梁的强度条件

1) 梁的正应力强度条件

与拉压的强度条件一样,梁的最大工作正应力应小于或等于梁的许用正应力,即

$$\sigma_{\max} \leqslant [\sigma]$$

对于等截面直梁,上式可写为

$$\sigma_{\max} = \frac{M_{\max}}{W_z} \leqslant [\sigma] \tag{6-13}$$

式中,$[\sigma]$为材料的许用正应力,其值可在有关设计规范中查得。

对于抗拉和抗压强度不同的脆性材料,则要求梁的最大拉应力 σ_{tmax} 不超过材料的许用拉应力$[\sigma_t]$,最大压应力 σ_{cmax} 不超过材料的许用压应力$[\sigma_c]$,即

$$\sigma_{\text{tmax}} \leqslant [\sigma_t] \tag{6-14a}$$

$$\sigma_{\text{cmax}} \leqslant [\sigma_c] \tag{6-14b}$$

2) 切应力强度条件

与剪切、扭转杆的强度条件一样,梁的最大工作切应力应小于或等于梁的许用切应力,即梁的切应力强度条件为

$$\tau_{\max} \leqslant [\tau]$$

式中，$[\tau]$为材料的许用切应力，其值可在有关设计规范中查得。

对于工字钢梁，切应力强度条件为

$$\tau_{max}=\frac{F_S}{\frac{I_z}{S_z}\cdot d}\leqslant[\tau] \tag{6-15}$$

2. 梁的强度计算

对于一般的跨度与横截面高度比值较大的梁，其主要应力是正应力，因此通常只需进行梁的正应力强度计算。但是，对于以下三种情况还必须进行切应力强度计算。

(1) 薄壁截面梁。例如，自行焊接的工字形截面梁等。

(2) 最大弯矩较小而最大剪力却很大的梁。例如，跨度与横截面高度比值较小的短粗梁、集中荷载作用在支座附近的梁等。

(3) 木梁。由于木材顺纹的抗剪能力很差，当截面上切应力很大时，木梁也可能沿中性层发生剪切破坏。

利用梁的强度条件可以解决梁的强度校核、设计截面尺寸和确定许用荷载等三类强度计算问题。

例 6-12 如图 6-28(a)所示为支承在墙上木栅的计算简图。已知材料的许用应力$[\sigma]=12\text{MPa}$，$[\tau]=1.2\text{MPa}$。试校核梁的强度。

解：(1) 绘制剪力图和弯矩图

梁的剪力图和弯矩图分别如图 6-28(b)、(c)所示。由图知，最大剪力和最大弯矩分别为

$$F_{Smax}=9\text{kN},\quad M_{max}=11.25\text{kN}\cdot\text{m}$$

(2) 校核正应力强度

$$\sigma_{max}=\frac{M_{max}}{W_z}=\frac{11.25\times10^6}{\frac{1}{6}\times150\times200^2}\text{MPa}$$

$$=11.25\text{MPa}<[\sigma]=12\text{MPa}$$

满足正应力强度条件。

(3) 校核切应力强度

$$\tau_{max}=\frac{3}{2}\times\frac{F_{Smax}}{A}=\left(\frac{3}{2}\times\frac{9\times10^3}{150\times200}\right)\text{MPa}$$

$$=0.45\text{MPa}<[\tau]=1.2\text{MPa}$$

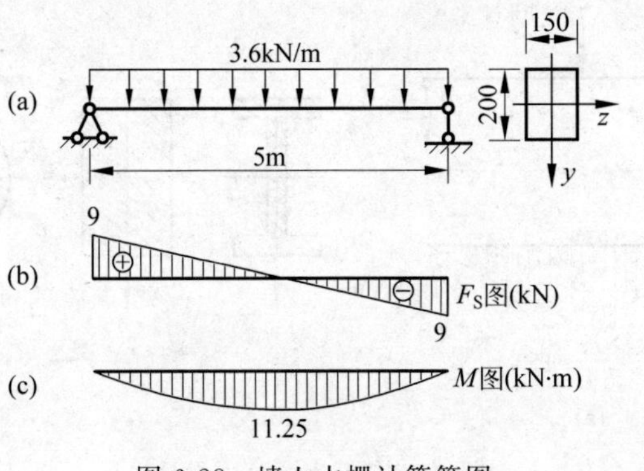

图 6-28 墙上木栅计算简图

满足切应力强度条件。

例 6-13 如图 6-29(a)所示是用 45c 号工字钢制成的悬臂梁,长 $l=6\text{m}$,材料的许用应力 $[\sigma]=150\text{MPa}$,不计梁的自重。试按正应力强度条件确定梁的许用荷载。

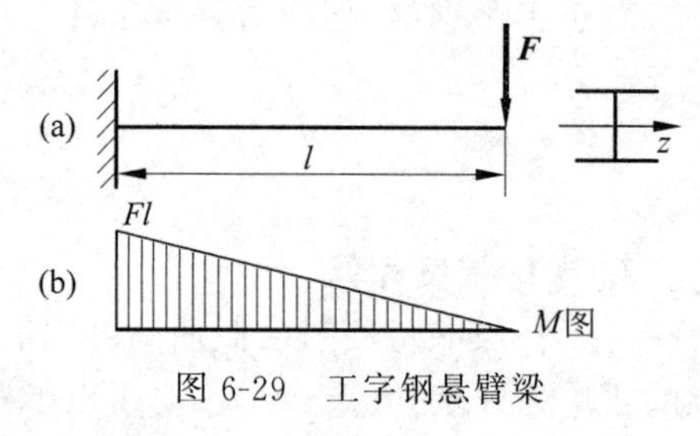

图 6-29 工字钢悬臂梁

解:绘制弯矩图(图 6-29(b))。由图知,最大弯矩发生在梁固定端截面上,其值 $M_{\max}=Fl$。查型钢规格表,45c 号工字钢的 $W_z=1570\text{cm}^3$。由梁的正应力强度条件知

$$\sigma_{\max}=\frac{M_{\max}}{W_z}=\frac{Fl}{W_z}\leqslant[\sigma]$$

解得

$$F\leqslant\frac{[\sigma]W_z}{l}=\frac{150\times10^6\times1570\times10^{-6}}{6}\text{N}$$

$$=39.3\times10^3\text{N}=39.3\text{kN}$$

例 6-14 某简支梁的计算简图如图 6-30(a)所示。已知该梁跨中所承受的最大集中荷载为 $F=40\text{kN}$,梁的跨度 $l=15\text{m}$,该梁要求用 Q235 钢做成,其许用应力 $[\sigma]=160\text{MPa}$。若该梁用工字形、矩形(设 $h/b=2$)和圆形截面做成,试分别设计这三种截面的截面尺寸,并确定其横截面面积,比较其重量。

解:1) 绘出梁的弯矩图,求出最大弯矩

$$M_{\max}=\frac{Fl}{4}=\frac{40\times15}{4}\text{kN}\cdot\text{m}=150\text{kN}\cdot\text{m}$$

2) 计算梁的抗弯截面系数 W_z

$$W_z\geqslant\frac{M_{\max}}{[\sigma]}=\frac{150\times10^6}{160}\text{mm}^3=938\times10^3\text{mm}^3$$

3) 分别计算三种横截面的截面尺寸

(1) 工字形截面尺寸

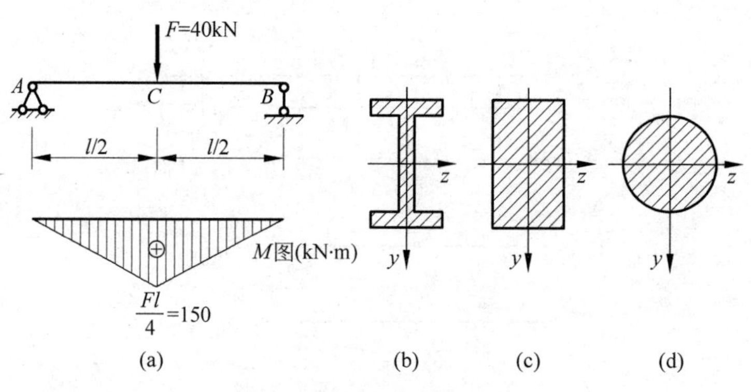

图 6-30 简支梁截面设计

由附录Ⅱ查得 36c 号工字钢的 $W_z=962\times10^3\mathrm{mm}^3$，由计算所得的 $W_z=938\times10^3\mathrm{mm}^3$，故可选用 36c 号工字钢，其截面尺寸可定。

(2) 计算矩形截面的尺寸

矩形截面的抗弯截面系数

$$W_z=\frac{1}{6}dh^2=\frac{1}{6}\times b\times(2b)^2=\frac{2}{3}b^3$$

所以

$$b=\sqrt[3]{\frac{3W_z}{2}}=\sqrt[3]{\frac{3\times938\times10^3}{2}}\mathrm{mm}=112\mathrm{mm}$$

故

$$h=2b=(2\times112)\mathrm{mm}=224\mathrm{mm}$$

(3) 计算圆形截面的尺寸

圆形截面的抗弯截面系数

$$W_z=\frac{\pi d^3}{32}$$

所以

$$d=\sqrt[3]{\frac{32W_z}{\pi}}=\sqrt[3]{\frac{32\times938\times10^3}{3.14}}\mathrm{mm}=211\mathrm{mm}$$

三种横截面形状及布置情况如图 6-30(b)、(c)、(d)所示。

(4) 计算三种横截面的截面面积

工字形截面查 36c 号工字钢得

$$A_{工}=9084\mathrm{mm}^2$$

矩形截面

$$A_{矩}=b\times h=(112\times224)\mathrm{mm}^2=25088\mathrm{mm}^2$$

圆形截面

$$A_{圆}=\frac{\pi}{4}d^2=\left(\frac{3.14}{4}\times211^2\right)\mathrm{mm}^2=34949\mathrm{mm}^2$$

(5) 比较三种截面梁的质量

在梁的材料、长度相同时，三种截面梁的质量之比应等于它们的横截面面积之比，即

$$A_{工}:A_{矩}:A_{圆}=9084:25088:34949=1:2.76:3.85$$

即矩形截面梁的质量是工字形截面梁的 2.76 倍，而圆形截面梁的质量是工字形截面梁的 3.85 倍。显然，在这三种横截面方案中，工字形截面最合理，圆形截面最不合理。

例 6-15 如图 6-31(a)所示悬臂梁，长 $l=1.5\mathrm{m}$，由 14 号工字钢制成，$[\sigma]=160\mathrm{MPa}$，$q=10\mathrm{kN/m}$，试校核其正应力强度。若改用相同材料的两根等边角钢，试确定角钢型号。

解：(1) 作出弯矩图如图 6-31(b)所示。

$$M_{\max}=\frac{ql^2}{2}=\frac{10\times1.5^2}{2}\mathrm{kN\cdot m}=11.25\mathrm{kN\cdot m}$$

(2) 查型钢表得 14 号工字钢抗弯截面系数 $W_z=102\times10^3\mathrm{mm}^3$，则

$$\sigma_{\max}=\frac{M_{\max}}{W_z}=\frac{11.25\times16^6}{102\times10^3}\mathrm{MPa}=110.3\mathrm{MPa}<[\sigma]$$

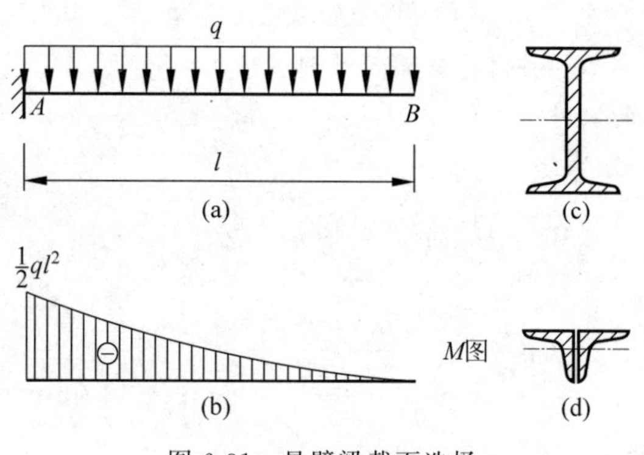

图 6-31　悬臂梁截面选择

满足强度条件。

(3) 确定等边角钢型号

$$\sigma_{\max}=\frac{M_{\max}}{W_z}\leqslant[\sigma]$$

$$W_z\geqslant\frac{M_{\max}}{[\sigma]}=\frac{11.25\times10^6}{160}\text{mm}^3=70.3\times10^3\text{mm}^3$$

由于是两根角钢组成(图 6-31),故每根角钢必须满足

$$W_z\geqslant\frac{70.3\times10^3}{2}\text{mm}^3=35.15\times10^3\text{mm}^3$$

查型钢表,选用∟10(∟100×16),$W_z=37.8\times10^3\text{mm}^3$,满足条件。

注意提高分析问题与解决问题的能力

通过拉压、剪切、扭转、弯曲四种基本变形强度计算的讲授,可体会到四种基本变形的研究方法及解决问题的模式基本上是相同的,具体内容虽互有差异却具有对应的关系。学习中要善于前后联系,新旧对比,以掌握解决同类问题共同的思路和规律,以便提高分析问题与解决问题的能力。

6.6 提高梁弯曲强度的主要措施

由梁的正应力强度条件看出,欲提高梁的强度,一方面应降低最大弯矩 $M_{\max}$,另一方面应增大弯曲截面系数 W_z。从以上两方面出发,工程上提高梁弯曲强度的主要措施为以下几方面。

1. 合理布置梁的支座和荷载

当荷载一定时,梁的最大弯矩 $M_{\max}$ 与梁的跨度有关,因此,首先应合理布置梁的支座。例如受均布荷载 q 作用的简支梁(图 6-32(a)),其最大弯矩为 $0.125ql^2$,若将梁两端支座向跨中方向移动 $0.2l$(图 6-32(b)),则最大弯矩变为 $0.025ql^2$,仅为前者的 1/5。

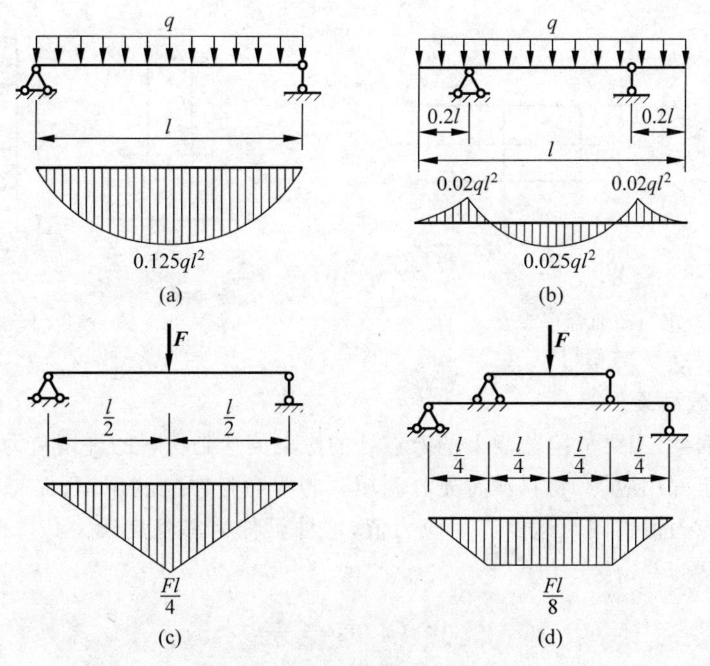

图 6-32　合理布置梁的荷载

其次，若结构允许，应尽可能合理布置梁上荷载。例如在跨中作用集中荷载 F 的简支梁(图 6-32(c))，其最大弯矩为 $Fl/4$，若在梁的中间安置一根长为 $l/2$ 的辅助梁(图 6-32(d))，则最大弯矩变为 $Fl/8$，即为前者的一半。

2. 采用合理的截面

梁的最大弯矩确定后，梁的弯曲强度取决于弯曲截面系数。梁的弯曲截面系数 W_z 越大，正应力越小。因此，在设计中，应当力求在不增加材料(用横截面面积来衡量)的前提下，使 W_z 值尽可能增大，即应使截面的 W_z/A 比值尽可能大，这种截面称为合理截面。例如宽为 b、高为 $h(h>b)$的矩形截面梁，如将截面竖置(图 6-33(a))，则 $W_{z1}=bh^2/6$，而将截面横置(图 6-33(b))，则 $W_{z2}=hb^2/6$，所以 $W_{z1}>W_{z2}$。显然，竖置比横置合理。另外，由于梁横截面上的正应力沿截面高度线性分布，中性轴附近应力很小，该处材料远未发挥作用，若将这些材料移置到离中性轴较远处，可使它们得到充分利用形成合理截面。因此，工程中常采用工字形、箱形截面等。

在讨论合理截面时，还应考虑材料的力学性能。对于抗压强度大于抗拉强度的脆性材料，如果采用对称于中性轴的横截面，则由于弯曲拉应力达到材料的许用拉应力$[\sigma_t]$时，弯曲压应力没有达到许用压应力$[\sigma_c]$，受压一侧的材料没有充分利用，因此，应采用不对称于中性轴的横截面，并使中性轴偏向受拉的一侧，如图 6-34 所示。理想的情况应满足下式：

$$\frac{y_1}{y_2}=\frac{[\sigma_t]}{[\sigma_c]}$$

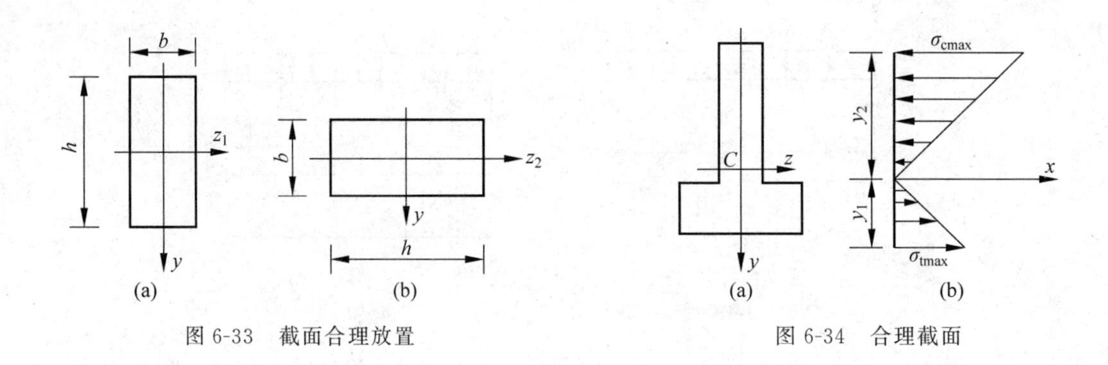

图 6-33 截面合理放置　　图 6-34 合理截面

3. 采用变截面梁

对于等截面梁，当梁危险截面上危险点处的应力值达到材料的许用应力时，其他截面上的应力值均小于许用应力，材料没有充分利用。为提高材料的利用率、提高梁的强度，可以设计成各截面应力值均同时达到许用应力值，这种梁称为**等强度梁**。其弯曲截面系数 W_z 可按下式确定：

$$W_z(x)=\frac{M(x)}{[\sigma]}$$

显然，等强度梁是最合理的结构形式。但是由于等强度梁外形复杂、加工制造困难，所以工程中一般只采用近似等强度的变截面梁，如图 6-35 所示各梁。

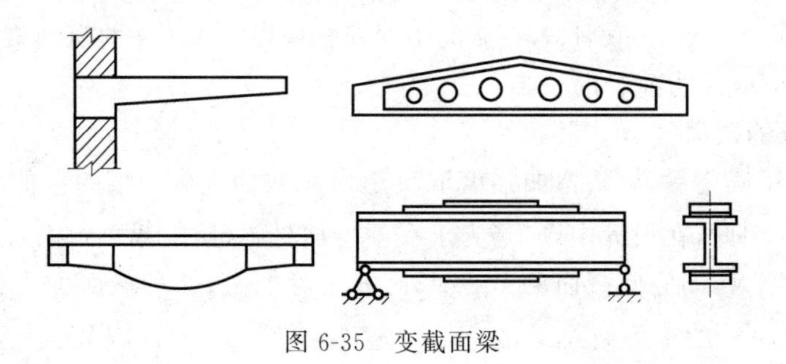

图 6-35 变截面梁

思考题

6-1 什么是平面弯曲？试举出梁平面弯曲的几个例子。

6-2 剪力和弯矩的正负号是怎样规定的？

6-3 用简捷法计算梁指定截面的剪力 F_S 与弯矩 M 的规律是什么？

6-4 在集中力、集中力偶作用处截面的剪力 F_S 和弯矩 M 各有什么特点？

6-5 画剪力图、弯矩图各有哪几种方法？试述画剪力图最常使用的方法是什么？画弯矩图最常使用的方法是什么？

6-6 如何确定弯矩的极值？弯矩图上的极值是否就是梁内的最大弯矩？

6-7 试判断思 6-7 图中各梁的 F_S 图、M 图的正误。若有错误，请改正。

6-8 试指出思 6-8 图所示弯矩 M 图叠加的错误，并改正。

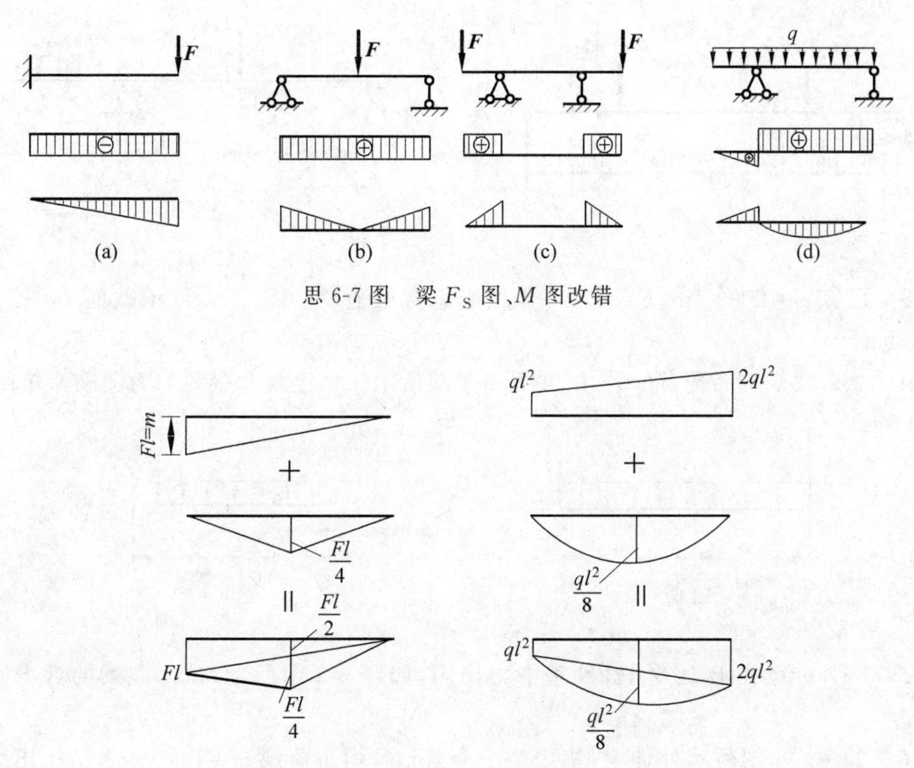

思 6-7 图　梁 F_S 图、M 图改错

思 6-8 图　梁的 M 图改错

材料力学

所谓材料力学，是指研究材料的力学性质与构件的强度、刚度和稳定性计算的一门科学。它的基本假设是：组成杆件的材料均匀、连续、各向同性。它所设计的构件，在形状、尺寸和选用的材料等方面，既满足承载能力的要求，又经济适用。第 4～6 章皆属于材料力学的范围。

6-9　什么是中性层？什么是中性轴？中性轴如何确定？

6-10　直梁弯曲时，横截面上正应力沿截面高度和宽度是怎样分布的？

6-11　应用梁正应力公式计算横截面上的正应力时，如何确定正、负号？

6-12　梁横截面上的切应力沿高度如何分布？最大切应力计算公式中各符号含义是什么？

6-13　从正应力方面考虑，应采取哪些措施提高梁的抗弯强度？

习题

6-1　简支梁如题 6-1 图所示。求横截面 1—1、2—2、3—3 上的剪力和弯矩。

6-2　外伸梁如题 6-2 图所示，试求 1—1、2—2 截面上的内力。

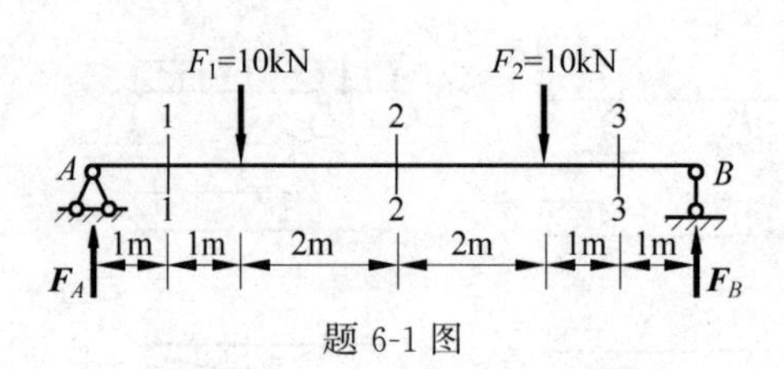

题 6-1 图

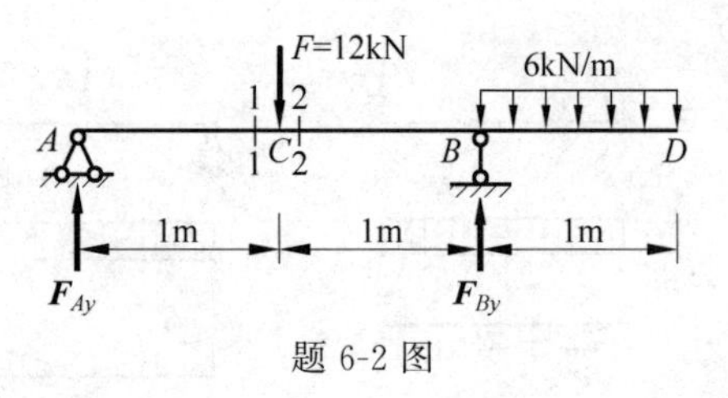

题 6-2 图

6-3 已知 $q=200\text{N/m}$,$F=600\text{N}$ 作用于悬臂梁上(题 6-3 图),试求截面 1—1 上的剪力和弯矩。

6-4 悬臂梁受均布荷载 q 作用,如题 6-4 图所示。试绘制此梁的剪力图和弯矩图。

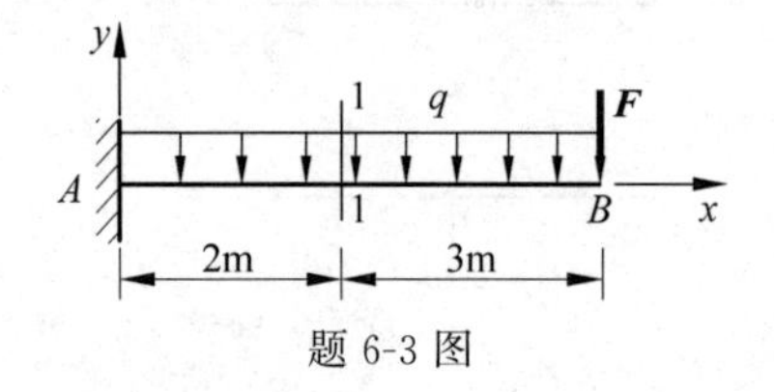

题 6-3 图

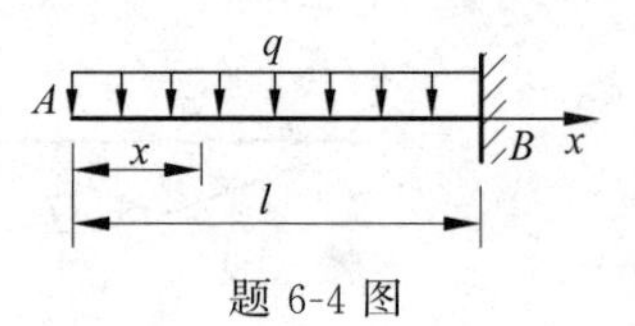

题 6-4 图

6-5 一外伸梁在 B 处受 12kN 集中力作用,如题 6-5 图所示,试作此梁的剪力图和弯矩图。

6-6 如题 6-6 图所示外伸梁,集中力 $F=40\text{kN}$,均布荷载 $q=10\text{kN/m}$,试绘出梁的剪力图与弯矩图。

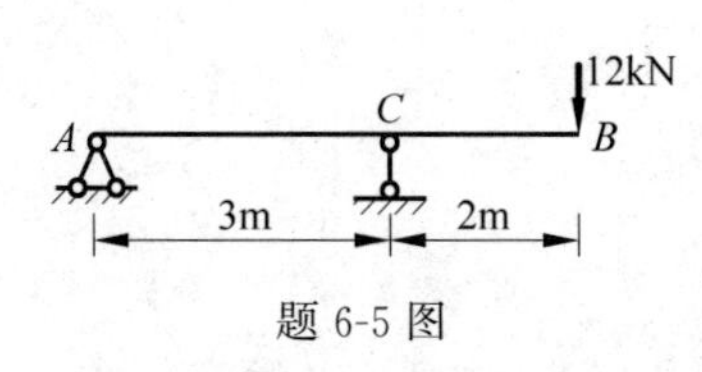

题 6-5 图

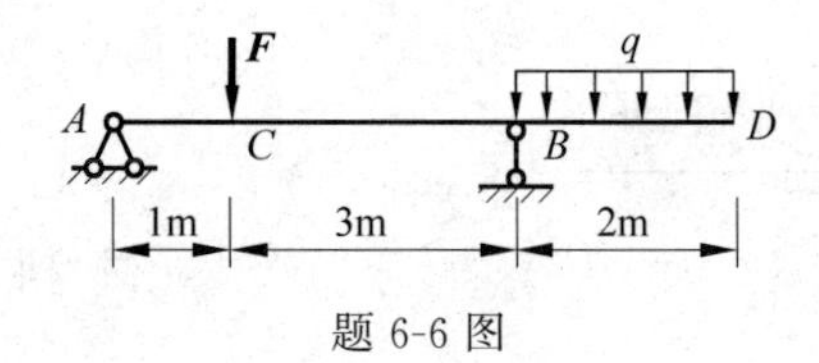

题 6-6 图

6-7 试用简捷法作题 6-7 图所示梁的剪力图与弯矩图。

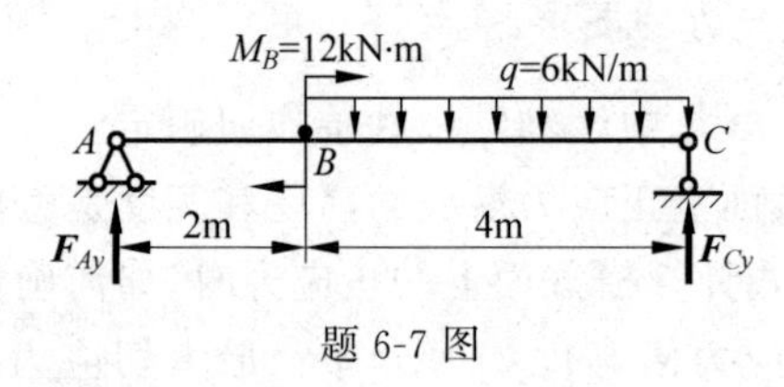

题 6-7 图

6-8 绘制如题 6-8 图所示外伸梁的剪力图和弯矩图。

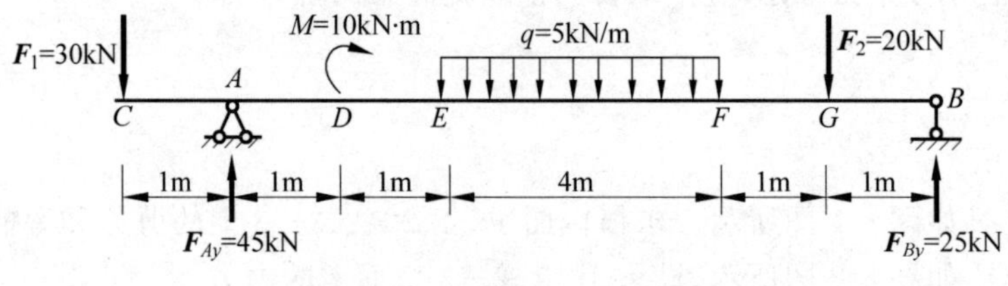

题 6-8 图

6-9 试作如题6-9图所示简支斜梁的弯矩图。

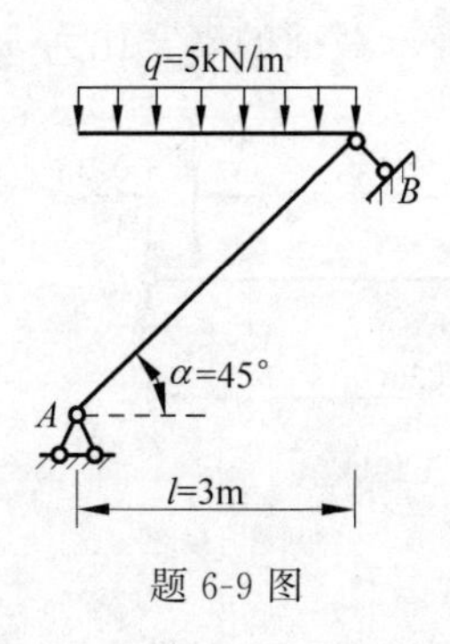

题6-9图

6-10 试计算题6-10图所示矩形截面简支梁1—1截面上a点和b点的正应力和切应力。

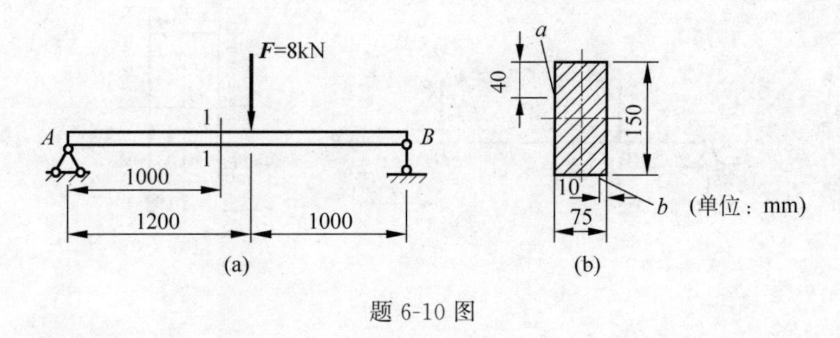

题6-10图

6-11 T形截面外伸梁如题6-11图所示，其截面尺寸为$h=180\text{mm}$，$b=150\text{mm}$，$t=40\text{mm}$。(1)试计算梁的最大正应力和最大切应力；(2)求K点的正应力和切应力。

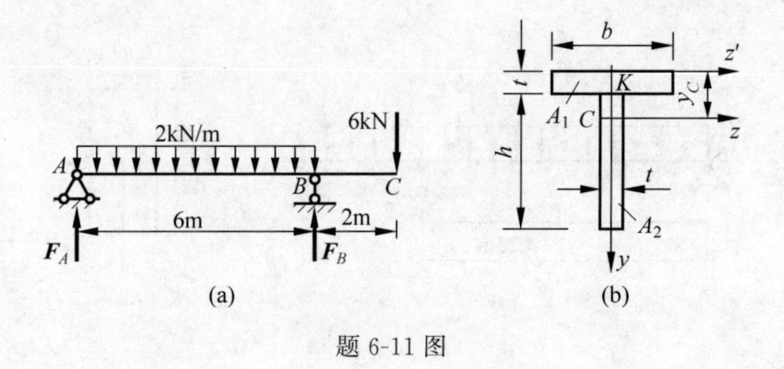

题6-11图

6-12 如题6-12图所示，矩形截面简支梁受均布荷载q作用。求梁的最大正应力和最大切应力，并进行比较。

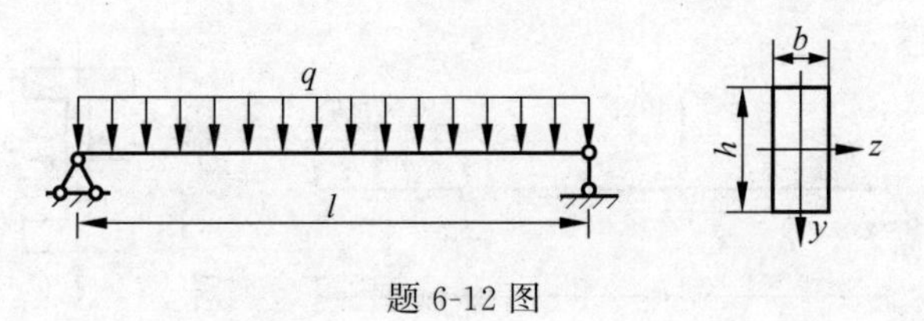

题6-12图

6-13 试为题6-13图所示的矩形截面简支木梁选定截面尺寸。已知材料的许用应力分别为$[\sigma]=15.6\text{MPa}$,$[\tau]=1.7\text{MPa}$,截面的高宽比为$h:b=4:3$。

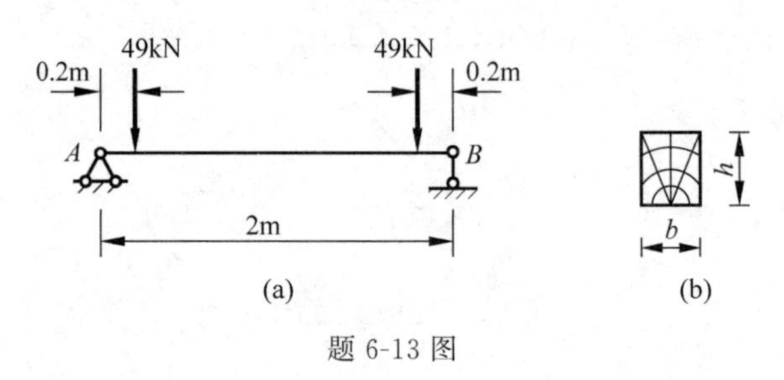

题6-13图

6-14 矩形截面的简支木梁受力如题6-14图所示,荷载$F=5\text{kN}$,距离$a=0.7\text{m}$,材料的许用正应力$[\sigma]=10\text{MPa}$,横截面为$h/b=3$的矩形。试确定梁横截面的尺寸。

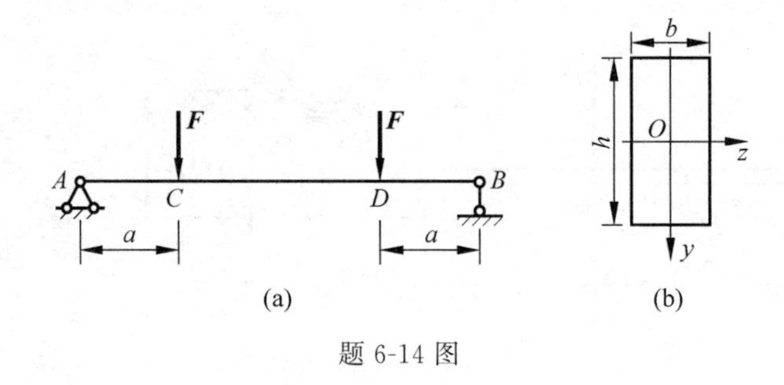

题6-14图

6-15 如题6-15图所示,矩形截面外伸梁受集度为$q=5\text{kN/m}$的均布荷载作用,截面宽度$b=60\text{mm}$,高度$h=120\text{mm}$。已知$[\sigma]=40\text{MPa}$,许用切应力为$[\tau]=15\text{MPa}$。试校核梁的正应力和切应力强度。

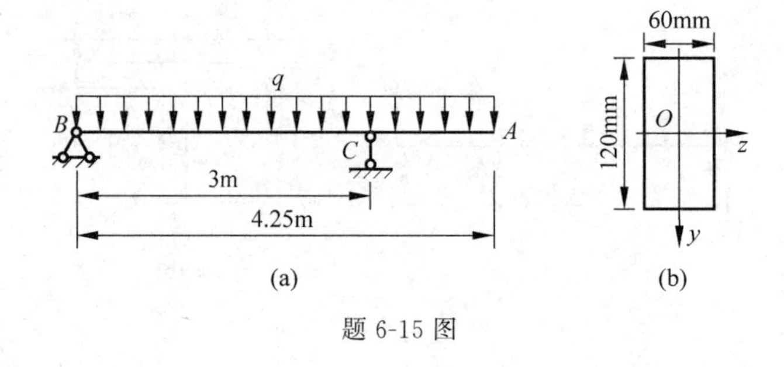

题6-15图

6-16 如题6-16图所示工字形截面外伸梁,已知材料的许用应力$[\sigma]=160\text{MPa}$,$[\tau]=100\text{MPa}$。试选择工字钢型号。

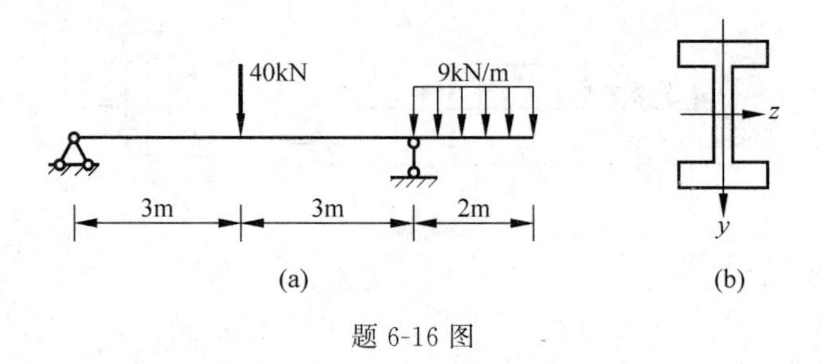

题6-16图

6-17　由两根槽钢组成的外伸梁受力如题6-17图所示，已知 $F=20\text{kN}$，材料的许用应力 $[\sigma]=170\text{MPa}$。试选择槽钢的型号。

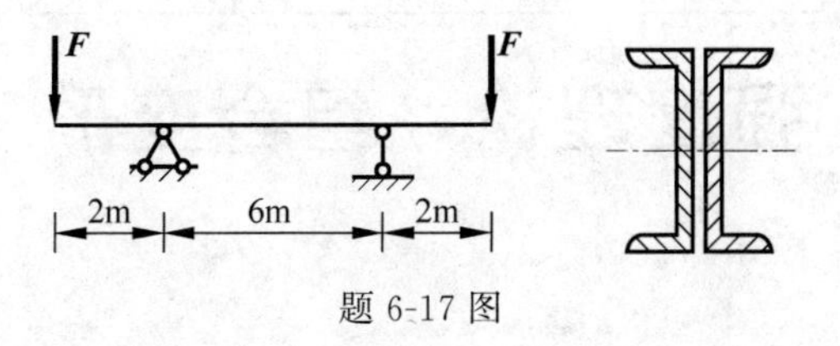

题6-17图

6-18　如题6-18图所示悬臂梁，由两根不等边角钢 2∟125×80×10 组成，已知材料的许用应力 $[\sigma]=160\text{MPa}$，试确定梁的许用荷载 $[F]$。

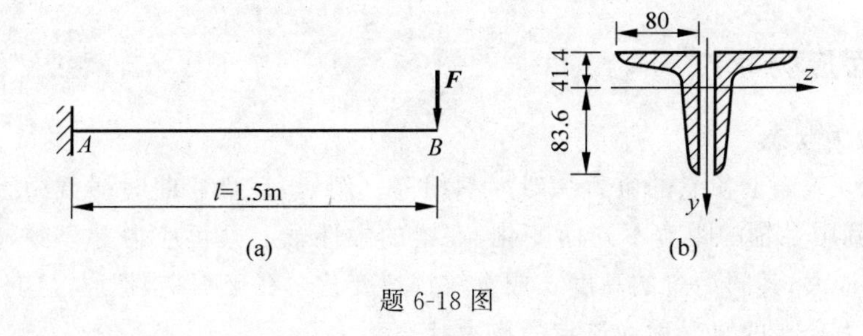

题6-18图

6-19　外伸梁 AC 承受荷载如题6-19图所示，$M=40\text{kN}\cdot\text{m}$，$q=20\text{kN/m}$。材料的许用正应力 $[\sigma]=170\text{MPa}$，许用切应力 $[\tau]=100\text{MPa}$。试选择工字钢的型号。

6-20　T形截面的铸铁外伸梁如题6-20图所示。铸铁的 $[\sigma_t]=30\text{MPa}$，$[\sigma_c]=60\text{MPa}$。试校核此梁的强度。

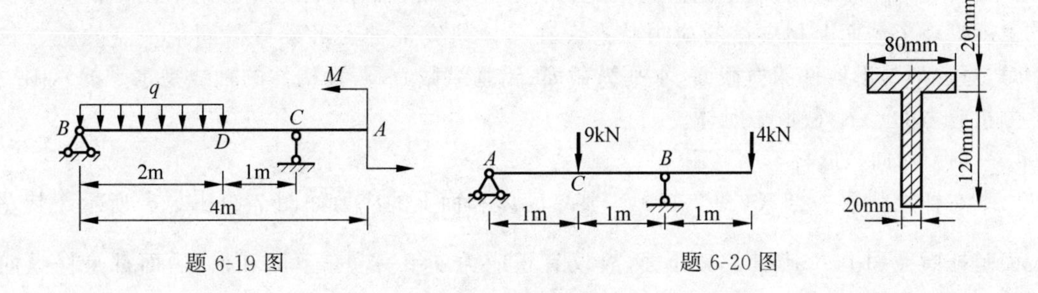

题6-19图　　题6-20图

第7章 强度理论　组合变形

7.1　平面应力状态分析与强度理论简介

7.1.1　平面应力状态

1. 点的应力状态

构件在同一截面上各点的应力一般都不相等。例如，直梁弯曲时横截面上各点正应力σ的大小随其到中性轴的距离不同而变化，在梁的中性轴上其正应力等于零，在上、下边缘处则正应力为最大，其间沿梁的高度σ成直线规律变化。在工程中，把通过构件内任意一点所有截面上应力分布的情况称为该**点的应力状态**。

2. 单元体

研究点的应力状态，可以围绕所研究的点取一个微小的正六面体作为研究对象，这个微小的正六面体称为该点的**单元体**。由于单元体十分微小，故可以认为单元体各面上的应力均匀分布，大小等于所研究点在对应截面上的应力；在相互平行的截面上的应力大小也应相等。这样，单元体各面上的应力就是构件相应截面在该点处的应力。单元体的应力状态也就代表了截面上相应点的应力状态。在具体研究某种变形某一截面某一点的应力状态时，通常都是沿构件的横截面、水平纵截面、铅垂纵截面(假设构件的轴线是水平的)，围绕要分析应力的点K截取单元体。

(1) 轴向拉压杆

在杆上任取一点K(图7-1(a))，其单元体和面上的应力如图7-1(b)、(c)所示。其左右面是杆横截面上K点处的微小面，故仅有正应力$\sigma=\dfrac{F}{A}$，上、下面和前、后面都是杆纵向截面上的微小面，所以没有应力。

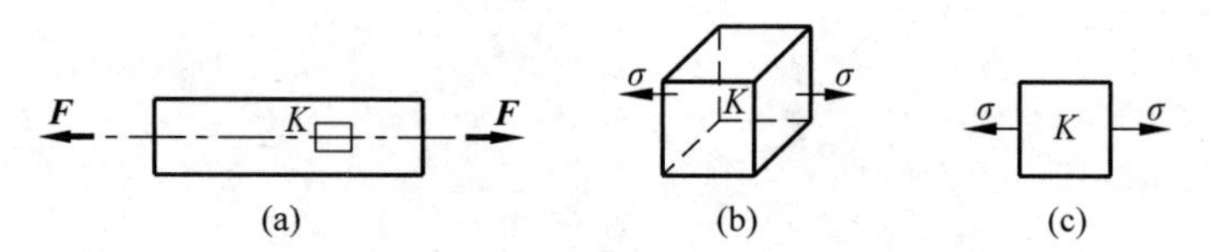

图7-1　拉压杆某点的应力状态

(2) 受扭圆轴杆

在圆轴表面上任取一点K(图7-2(a))，其单元体及各面上的应力如图7-2(b)、(c)所示。左右面是横截面上K点附近的微小面，仅有切应力，大小等于横截面上K点的切应力，且 $\tau=\dfrac{T}{W_{\mathrm{p}}}$，根据切应力互等定理，上、下面（纵向截面 K 点附近的微小面）上 $\tau_y=-\tau_x$，前、后面上没有应力。

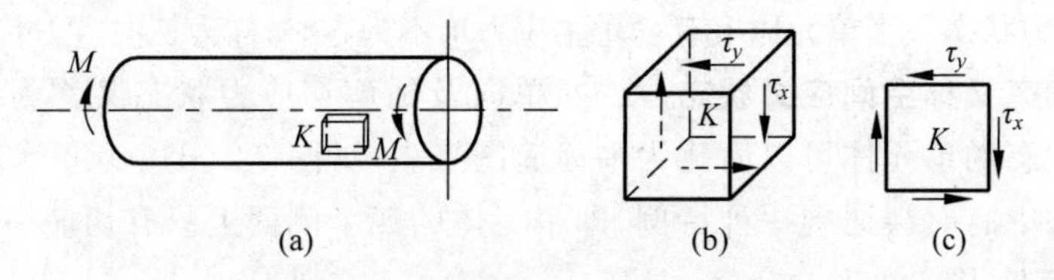

图 7-2　受扭圆轴某点的应力状态

(3) 横力弯曲梁

在梁上任取一点 K（图 7-3(a)），其单元体及各面上的应力如图 7-3(b)、(c)所示。在左、右截面上既有正应力，又有切应力，其大小等于该横截面上 K 点处的应力。

$$\sigma_x=\frac{M}{I_z}y,\quad \tau_x=\frac{F_{\mathrm{S}}S_z^*}{I_z b}$$

根据切应力互等定理，上、下面上的切应力 $\tau_y=-\tau_x$，前、后面上没有应力。

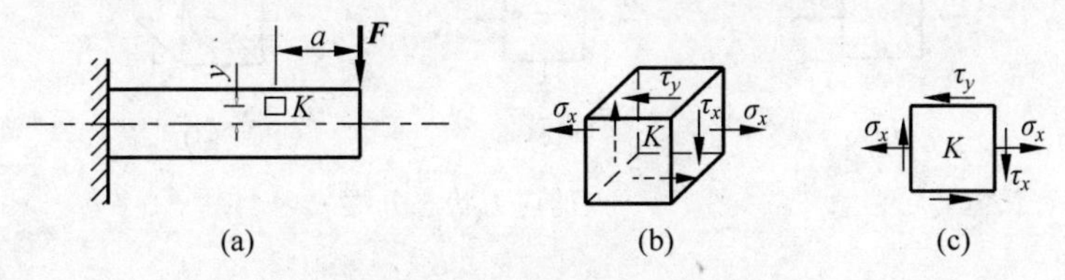

图 7-3　横力弯曲梁某点的应力状态

3. 点的应力状态分类

当杆件进行拉压、扭转、弯曲变形时，各截面上的应力是不一样的，但总有一个截面上切应力为零，而正应力达到最大值。在工程中将这一正应力称为**主应力**。将主应力所在的面称为**主平面**。对于平面应力状态，其最大正应力和最小正应力计算公式为

$$\begin{matrix}\sigma_{\max}\\ \sigma_{\min}\end{matrix}=\frac{\sigma_x+\sigma_y}{2}\pm\sqrt{\left(\frac{\sigma_x-\sigma_y}{2}\right)^2+\tau_x^2} \tag{7-1}$$

且正应力取得极值的两个截面互相垂直。这两个截面上的正应力，一个为正值是最大正应力，一个为负值是最小正应力。在主平面上剪应力一定等于零。

应力单元体有互相垂直的三对平行平面，所以有三个主应力。三个主应力按代数值排列，即 $\sigma_1>\sigma_2>\sigma_3$，所以有

$$\sigma_1=\sigma_{\max},\quad \sigma_2=0,\quad \sigma_3=\sigma_{\min}$$

于是式(7-1)可写为

$$\begin{matrix}\sigma_1\\ \sigma_3\end{matrix}=\frac{\sigma_x+\sigma_y}{2}\pm\sqrt{\left(\frac{\sigma_x-\sigma_y}{2}\right)^2+\tau_x^2} \tag{7-2}$$

根据单元体上主应力的情况，可把应力状态分为三类：

(1) 单向应力状态　当单元体上只有一对主应力不为零时，称为单向应力状态（图 7-4(a)、(d)）。例如，拉、压杆及纯弯曲变形直梁上各点（中性层上的点除外）的应力状态，都属于单

向应力状态。

(2) 双向应力状态　当单元体上有两对主应力不等于零时,称为双向应力状态(图 7-4(b)、(e))。

(3) 三向应力状态　当单元体上有三对主应力均不为零时,称为三向应力状态(图 7-4(c))。

三向应力状态又称**空间应力状态**,双向、单向及纯剪切应力状态又称为**平面应力状态**,处于平面应力状态的单元体可以简化为平面简图来表示(图 7-4(d)、(e))。

在应力状态中有时会遇到一种特例,即单元体的四个侧面上只有切应力而无正应力,称为**纯剪切应力状态**(图 7-4(f))。

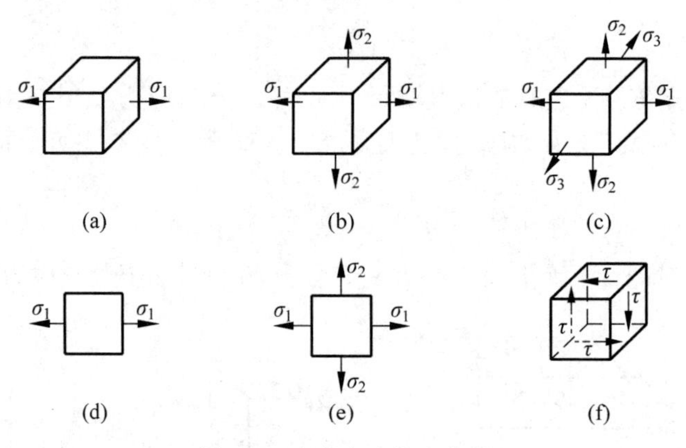

图 7-4　点的应力状态分类

强度理论与组合变形

以前各章讨论的是单个杆件基本变形的内力、强度问题,本章将简略讨论应力状态、强度理论、梁的主应力迹线等问题;在此基础上,再研究组合变形时的应力分布及强度计算问题。组合变形强度问题很复杂,本章只研究斜弯曲、弯拉(压)和偏心拉、压组合变形问题。

7.1.2 强度理论简介

1. 强度理论的概念

在土木工程、机械和电力中,所建造的每一个结构或者构件受到荷载作用后不至于发生垮塌现象,这就是结构或构件的强度问题。在前面几章中,都建立起了杆件发生基本变形时的强度条件。我们知道,材料发生破坏时总是某些截面的应力达到了某一个极限值。因此,在对材料进行简单试验的基础上建立起杆件发生基本变形的两种强度条件是

$$\text{正应力强度条件}\quad \sigma_{max} \leqslant [\sigma] \tag{7-3}$$

$$\text{切应力强度条件}\quad \tau_{max} \leqslant [\tau] \tag{7-4}$$

而式中的许用正应力$[\sigma]$和许用切应力$[\tau]$分别等于对试件进行轴向拉压或剪切试验确定的材料极限应力(屈服极限σ_s、τ_s或强度极限σ_b、τ_b),除以安全因数得到的。

理论上,根据上述两种强度计算,构件的强度问题应该得到解决了。但是通过大量的工

程实践证明，仅用前面所述的强度条件对构件进行强度计算，是远远不能满足土木工程、机械和电力构件设计需要的。也就是说，即使构件满足了前面所述的两种强度条件，构件受力后也可能会发生破坏。这是为什么呢？通过人们对构件强度问题深入细致的研究证明：由于构件内部存在着各种各样的应力状态，材料在不同的应力状态下所处的物理环境也就不同，可能会发生意想不到的破坏现象。前面所述的正应力强度条件，只适合材料处于单向应力状态的情况（图 7-4(a)）；切应力强度条件，则只适合材料处于纯剪切应力状态的情况（图 7-4(f)）。而对处于复杂应力状态中的情况（图 7-4(b)、(c)），上述两个条件是不适用的。因此，必须解决复杂应力状态下的强度计算问题，建立与之相适应的强度计算公式以满足工程结构设计的需要。

人们通过丰富的工程实践和科学试验发现构件的破坏形式可以归结为两类：一类是断裂破坏，另一类是屈服破坏（或剪切破坏）。人们进行了认真的分析和研究，并对两类破坏的主要原因提出了种种假说，依据这些假说建立了相应的强度条件。**通常把这些关于材料破坏原因的假说，称为强度理论**。显然，这些假说的正确性必须经受工程实践的检验。实际上，也正是在反复试验和实践的基础上，强度理论才日趋完善。

2. 常用的四种强度理论

历史上提出的强度理论很多，但经过工程设计和生产实践，其中四种强度理论最为常用并且基本上能满足工程设计的需要。这四种强度理论只适用于常温、静荷载作用，材料均匀、连续、各向同性。

(1) 最大拉应力理论（第一强度理论）。不论材料处于何种应力状态，只要复杂应力状态下三个主应力中的最大拉应力 σ_1 达到材料单向拉伸断裂的抗拉强度极限 σ_b 时，材料便发生断裂破坏。按第一强度理论建立的强度条件为

$$\sigma_1 \leqslant [\sigma] \tag{7-5}$$

式中，σ_1 为构件危险点处的最大主拉应力；$[\sigma]$为材料在单向拉伸时的许用应力。

(2) 最大伸长线应变理论（第二强度理论）。无论材料处于何种应力状态，只要单元体的三个主应变中的最大主拉应变 ε_1 达到材料单向拉伸断裂时的最大拉应变极限值 ε_{tmax}，材料即发生断裂破坏。按第二强度理论建立的强度条件为

$$\sigma_1 - \mu(\sigma_2 + \sigma_3) \leqslant [\sigma] \tag{7-6}$$

(3) 最大切应力理论（第三强度理论）。材料破坏是由于最大切应力的作用，其强度条件为

$$\sigma_1 - \sigma_3 \leqslant [\sigma] \tag{7-7}$$

(4) 形状改变比能理论（第四强度理论）。材料破坏是由于形状改变比能的作用，其强度条件为

$$\sqrt{\frac{1}{2}[(\sigma_1 - \sigma_2)^2 + (\sigma_2 - \sigma_3)^2 + (\sigma_3 - \sigma_1)^2]} \leqslant [\sigma] \tag{7-8}$$

例 7-1　两端简支的工字钢梁及其上的荷载如图 7-5(a)所示。已知材料 Q235 钢的许用正应力$[\sigma]=170\text{MPa}$，许用切应力$[\tau]=100\text{MPa}$。当采用 32c 号工字钢时，试找出梁的危险截面，并校核该处工字钢截面上 K 点的强度是否足够。

解：(1) 求支座反力，绘出弯矩图和剪力图

由 $\sum F_y = 0$ 及对称性得

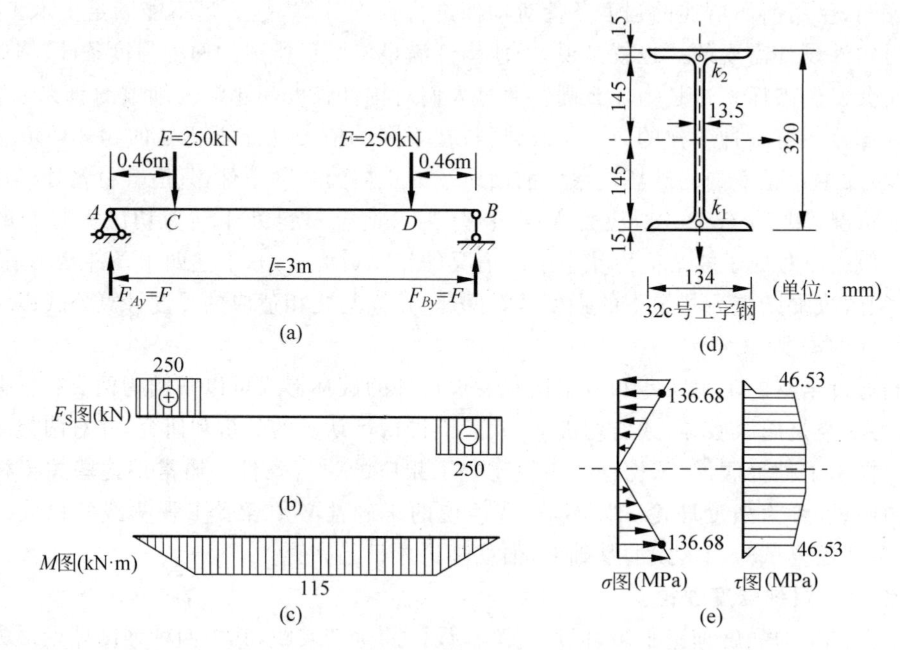

图 7-5 梁强度校核

$$F_{Ay}=F_{By}=250\text{kN}(\uparrow)$$

由 F_{Ay}、F_{By} 及梁上荷载可绘出弯矩图和剪力图，如图 7-5(b)、(c)所示。

(2) 确定危险截面的最大内力值

由 M 图及 F_S 图可以看出，$C_左$ 和 $D_右$ 截面的弯矩和剪力值最大，是危险截面，现取 $C_左$ 截面进行强度计算。

$$M_C=M_{\max}=(250\times0.46)\text{kN}\cdot\text{m}=115\text{kN}\cdot\text{m}$$

$$F_{SC}^{L}=F_{S\max}=250\text{kN}$$

(3) 查附录Ⅱ得 32c 号工字钢的几何量为

$$I_x=12200\text{cm}^4=12200\times10^4\text{mm}^4$$

$$S_z=\left[134\times15\times\left(145+\frac{15}{2}\right)\right]\text{mm}^3=306525\text{mm}^3$$

$$y_{K1}=[(320-15\times2)/2]\text{mm}=145\text{mm}$$

$$d=13.5\text{mm}$$

32c 号工字钢简化后的截面如图 7-5(d)所示。

(4) 计算 32c 号工字钢截面上 K 点的应力

将上述值代入 σ 和 τ 的计算公式，得

$$\sigma=\frac{M_C}{I_x}y_{K1}=\left(\frac{115\times10^6}{12200\times10^4}\times145\right)\text{MPa}=136.68\text{MPa}$$

$$\tau=\frac{F_{S\max}\cdot S_z}{I_x\cdot d}=\frac{250\times10^3\times306525}{12200\times10^4\times13.5}\text{MPa}=46.53\text{MPa}$$

32c 号工字钢截面上的应力分布如图 7-5(e)所示。

(5) 用强度理论进行强度校核

按第三强度理论，得

$$\sqrt{\sigma^2+4\tau^2}=\sqrt{136.68^2+4\times46.53^2}\text{MPa}=165.35\text{MPa}<[\sigma]$$

按第四强度理论，得

$$\sqrt{\sigma^2+3\tau^2}=\sqrt{136.68^2+3\times46.53^2}\text{MPa}=158.67\text{MPa}<[\sigma]$$

所以，不论按第三或第四强度理论计算，该梁均能满足强度要求。

结论：危险截面上 K 点的强度满足要求，强度足够。

7.1.3　梁的主应力迹线

对于一个平面结构来说，我们可以求出其中任意一点处的两个主应力，这两个主应力的方向是相互垂直的。掌握构件内部主应力方向的变化规律，对于结构设计来说是很有用的。例如在设计钢筋混凝土梁时，如果知道了梁中主应力方向的变化情况，就可以判断梁上可能发生裂缝的方向，从而恰当地配置钢筋，更有效地发挥钢筋的抗拉作用。在结构设计中，有时需要根据构件上各计算点的主应力方向绘制出两组彼此成正交的曲线，在这些曲线上任意一点处的切线方向就是在该点处的主应力方向，这种曲线叫作主应力迹线。其中的一组是 σ_1 的主拉应力迹线，另一组是 σ_3 的主压应力迹线。

在图 7-6 中表示出了绘制梁主应力轨迹线的方法。首先如图 7-6(a)所示，对梁取若干个横截面，并且在每个横截面上选定若干个计算点，然后求出每个计算点的主拉应力 σ_1 和主压应力 σ_3 的大小和方向，再按照各点处的主应力方向勾绘出梁的主应力轨迹线，如图 7-6(b)所示，其中的实线是主拉应力 σ_1 的轨迹线，虚线是主压应力 σ_3 的轨迹线。

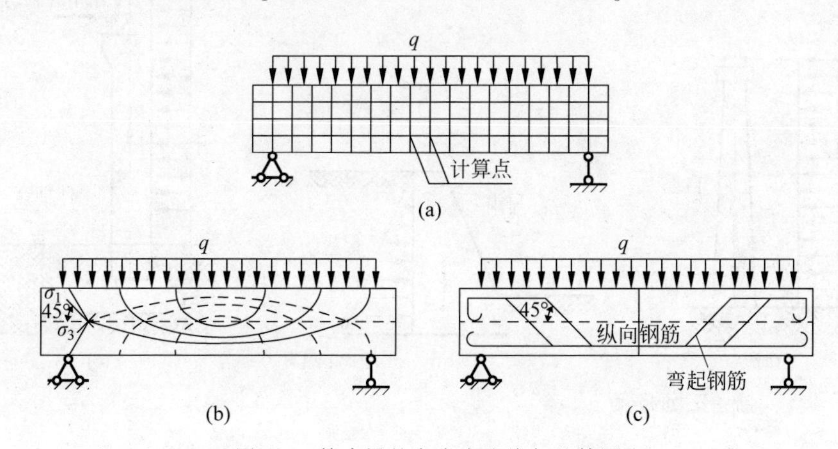

图 7-6　简支梁的主应力迹线与配筋图

通过对梁的主应力轨迹线的分析可以看出，对于承受均布荷载的简支梁，在梁的上、下边缘附近的主应力轨迹线是水平线；在梁的中性层处主应力轨迹线的倾角为 45°，如果是钢筋混凝土梁，水平方向的主拉应力 σ_1 可能使梁发生竖向的裂缝，倾斜方向的主拉应力 σ_1 可能使梁发生斜向的裂缝。因此在钢筋混凝土梁中不但要配置纵向受拉钢筋，而且常常还要配置斜向弯起钢筋(图 7-6(c))。

同样，可以绘出受集中荷载作用的悬臂梁的主应力轨迹线及钢筋混凝土的配筋，如

图 7-7(a)、(b)所示。

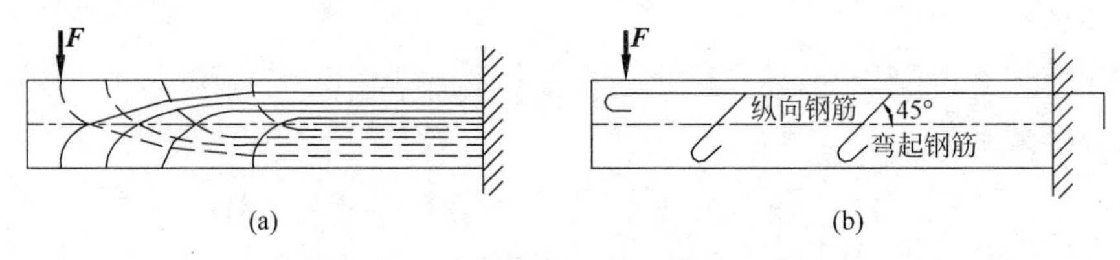

图 7-7 悬臂梁的主应力迹线与配筋图

7.2 组合变形杆的应力与强度计算

7.2.1 组合变形概念

前面分别讨论了杆件在拉压、剪切、扭转和弯曲等基本变形情况下的强度计算。但是，在实际工程结构中有些构件的受力情况是很复杂的，受力后的变形常常不只是某一种单一的基本变形，而是同时发生两种或两种以上的基本变形。如图 7-8(a)所示的烟囱，除因自重引起的轴向压缩变形外，还有因水平方向的风荷载引起的弯曲变形；如图 7-8(b)所示的挡土墙，也同时受自重引起的压缩变形和土壤压力产生的弯曲变形；如图 7-8(c)所示的厂房立柱，由于受到多种偏心压力和水平力的共同作用，此立柱产生了压缩与弯曲变形的联合作

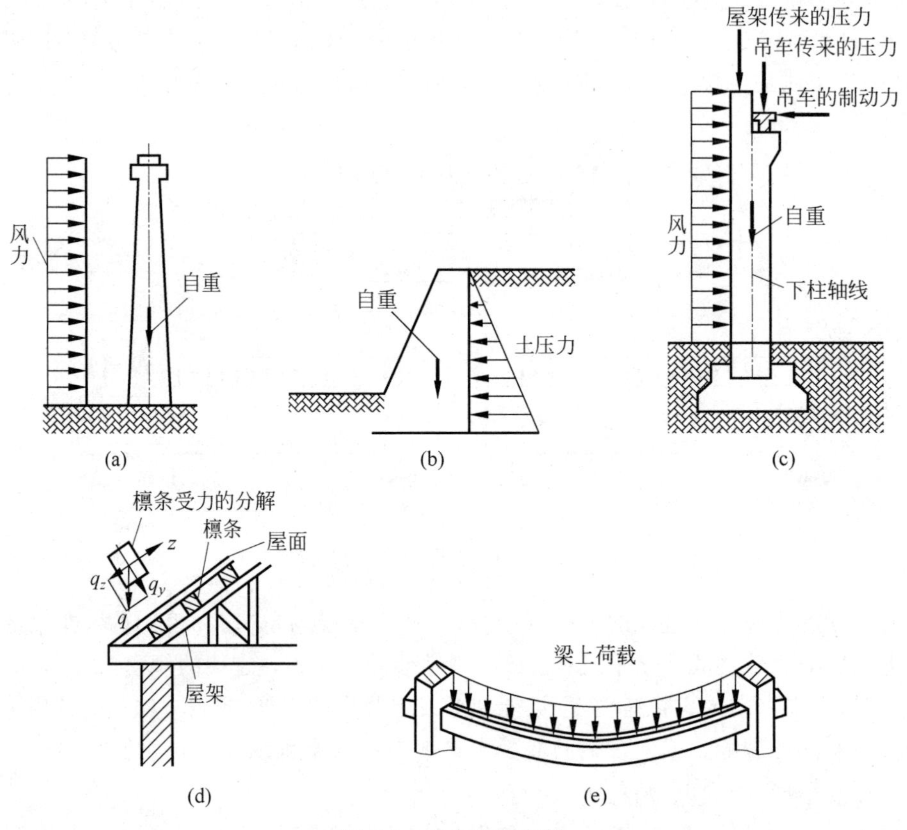

图 7-8 组合变形实例

用；如图7-8(d)所示的屋架上的檩条，由于屋面传来的荷载不是作用在檩条的纵向对称平面内，因而将由两个平面内的弯曲变形组合成斜弯曲；如图7-8(e)所示的圆弧梁，由于梁上的荷载没有作用在梁的纵向对称平面内，该梁同时产生扭转和弯曲变形。

上述这些构件由于受复杂荷载的作用，同时发生两种或两种以上的基本变形，这种变形情况称为**组合变形**。

组合变形时的强度分析问题主要是应力计算。只要构件的变形很小，材料服从胡克定律，力的独立作用原理就是成立的，即每一种荷载引起的变形和内力不受其他荷载的影响，因此，可以应用叠加法来解决组合变形问题。据此分析组合变形的方法归纳如下：

(1) 外力分析。首先将作用在杆件上的实际外力进行简化。横向力向弯曲中心简化并沿截面的形心主轴方向分解；纵向力向截面形心简化。简化后的各外力分别对应着一种基本变形。

(2) 内力分析。根据杆上作用的外力进行内力分析，必要时绘出内力图从而确定危险截面，并求出危险截面上的内力值。

(3) 应力分析。按危险截面上的内力值分析危险截面上的应力分布，确定危险点所在位置同时计算出危险点上的应力。

(4) 强度分析。根据危险点的应力状态和杆件材料的强度指标，按强度理论进行强度计算。

7.2.2　斜弯曲强度计算

现以图7-9(a)所示的悬臂梁为例，说明斜弯曲的概念及其应力计算的一般步骤。

设矩形截面的悬臂梁在自由端处作用一个垂直于梁轴并通过截面形心的集中荷载$\boldsymbol{F}$，它与截面的形心主轴y成φ角(图7-9(a))。

1. 外力分析

由于外力作用平面虽然通过截面的弯曲中心，但它并不通过也不平行于杆件的任一形心主轴，则梁不发生平面弯曲。此时，我们可将力$\boldsymbol{F}$沿y、z两个形心主轴方向分解，得到两个分力：

$$F_y = F\cos\varphi, \quad F_z = F\sin\varphi$$

在$\boldsymbol{F}_y$作用下，梁将在Oxy平面内弯曲，在$\boldsymbol{F}_z$作用下，梁将在Oxz平面内弯曲，两者均属平面弯曲情况。因此，梁在倾斜力作用下相当于受到两个方向的平面弯曲，梁的挠曲线此时不再是一条平面曲线，也不在外力作用的平面内，通常把这种弯曲称为**斜弯曲**。

2. 内力分析

与平面弯曲情况一样，在斜弯曲梁的横截面上也有剪力和弯矩两种内力。但由于剪力在一般情况下影响较小，因此，在进行内力分析时，主要计算弯矩的影响。在分力$\boldsymbol{F}_y$和$\boldsymbol{F}_z$分别作用下，梁上距自由端为x的任一截面m—m的弯矩为

$$M_z = F_y \cdot x = F\cos\varphi \cdot x$$

$$M_y = F_z \cdot x = F\sin\varphi \cdot x$$

令$M=Fx$，它表示力$\boldsymbol{F}$对截面m—m引起的总弯矩，如图7-9(b)所示，显然，总弯矩M与作用在纵向对称平面内的弯矩M_z和M_y有如下关系：

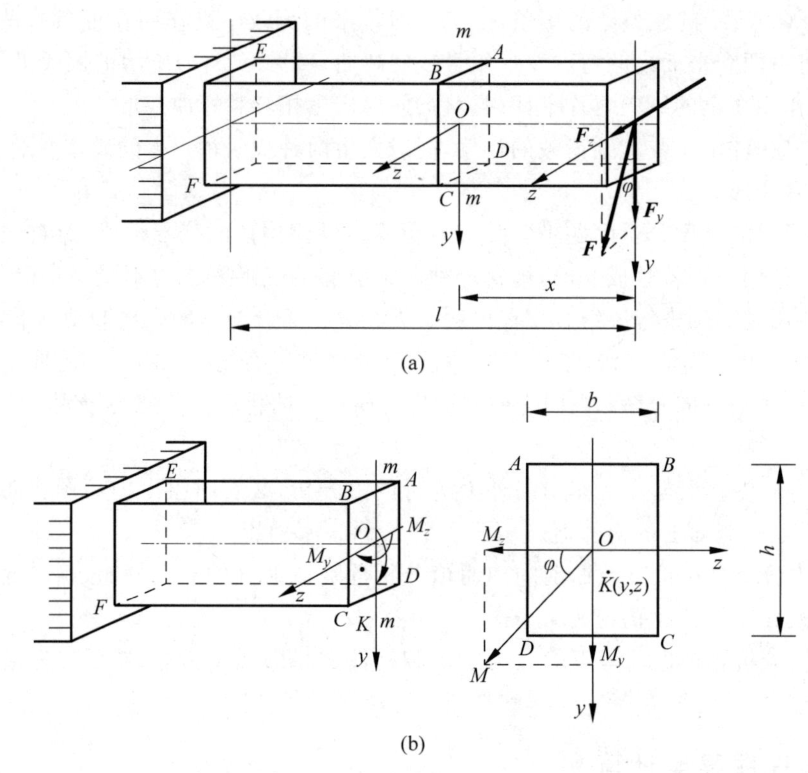

(a)

(b)

图 7-9 斜弯曲

$$M_z = M\cos\varphi, \quad M_y = M\sin\varphi, \quad M = \sqrt{M_z^2 + M_y^2}$$

M_z 和 M_y 将分别使梁在 Oxy 和 Oxz 两个形心主惯性平面内发生平面弯曲。因此,斜弯曲即为两个平面内的平面弯曲变形的组合。

3. 应力分析

应用平面弯曲时的正应力计算公式即可求得截面 m—m 上任意一点 $K(y,z)$处由 M_z 和 M_y 所引起的弯曲正应力,它们分别是

$$\sigma' = \frac{M_z y}{I_z} = \frac{M\cos\varphi \cdot y}{I_z}$$

$$\sigma'' = \frac{M_y z}{I_y} = \frac{M\sin\varphi \cdot z}{I_y}$$

根据叠加原理,梁横截面上的任意点 K 处总的弯曲正应力为这两个正应力的代数和,即

$$\sigma = \sigma' + \sigma'' = \pm\frac{M_z y}{I_z} \pm \frac{M_y z}{I_y} = \pm\frac{M\cos\varphi \cdot y}{I_z} \pm \frac{M\sin\varphi \cdot z}{I_y}$$

式中,I_z 和 I_y 分别为梁的横截面对形心主轴 z 和 y 的形心主惯性矩。至于正应力的正负号,可以直接观察由弯矩 M_z 和 M_y 分别引起的正应力是拉应力还是压应力来决定。以正号表示拉应力,负号表示压应力。

4. 确定危险截面，进行强度计算

显然，对图 7-9(a)所示的悬臂梁来说危险截面就在固定端截面处，其上 M_z 和 M_y 同时达到最大值。不难看出，E，F 两点为危险点(图 7-9(b))，其中 E 点有最大拉应力，F 点有最大压应力，并且都属于单向应力状态，其应力可以直接代数相加。若材料的抗拉压强度相等，强度条件可表示为

$$\sigma_{\max}=M_{\max}\left(\frac{\cos\varphi}{W_z}+\frac{\sin\varphi}{W_y}\right)=\frac{M_{\max}}{W_z}\left(\cos\varphi+\frac{W_z}{W_y}\sin\varphi\right)\leqslant[\sigma] \tag{7-9}$$

式中，$M_{\max}$ 是构件危险截面上的最大总弯矩。

例 7-2　一屋架上的木檩条采用 100mm×140mm 的矩形截面，跨度 4m，简支在屋架上，承受屋面分布荷载 $q=1\text{kN/m}$(包括檩条自重)，如图 7-10 所示。设木材的许用应力 $[\sigma]=10\text{MPa}$，试验算檩条的强度。

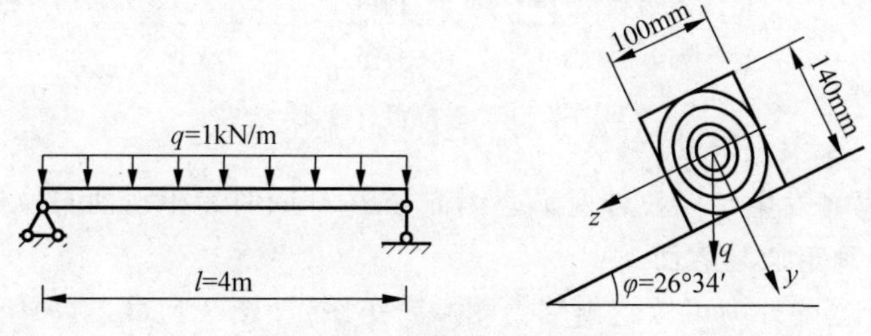

图 7-10　屋架上的木檩条

解：(1) 内力计算。把檩条看作简支梁，在分布荷载作用下跨中截面为危险截面，最大弯矩为

$$M_{\max}=\frac{1}{8}ql^2=\frac{1\times 4^2}{8}\text{kN}\cdot\text{m}=2\text{kN}\cdot\text{m}$$

(2) 截面几何性质的计算。由已知截面尺寸可算得

$$W_z=\frac{100\times 140^2}{6}\text{mm}^3=327\times 10^3\text{mm}^3$$

$$W_y=\frac{140\times 100^2}{6}\text{mm}^3=233\times 10^3\text{mm}^3$$

(3) 强度校核。根据强度条件式(7-9)可算得檩条的最大正应力为

$$\sigma_{\max}=M_{\max}\left(\frac{\cos\varphi}{W_z}+\frac{\sin\varphi}{W_y}\right)=2\times 10^6\times\left(\frac{\cos 26°34'}{327\times 10^3}+\frac{\sin 26°34'}{233\times 10^3}\right)\text{MPa}$$

$$=(5.47+3.84)\text{MPa}=9.31\text{MPa}\leqslant[\sigma]=10\text{MPa}$$

檩条的强度条件满足要求。

7.2.3　弯曲与拉(压)组合计算

若杆件同时受到横向力和轴向拉(压)力的作用，则杆件将发生弯曲与拉伸(压缩)组合变形。现以图 7-11(a)所示 AB 杆为例，具体说明弯曲与拉伸(压缩)组合变形时杆件的强度分析方法。

1. 外力分析，确定杆件有几种基本变形

由图 7-11(a)可见，两端铰支的 AB 杆在均布横向荷载 q 的作用下发生弯曲变形，又在

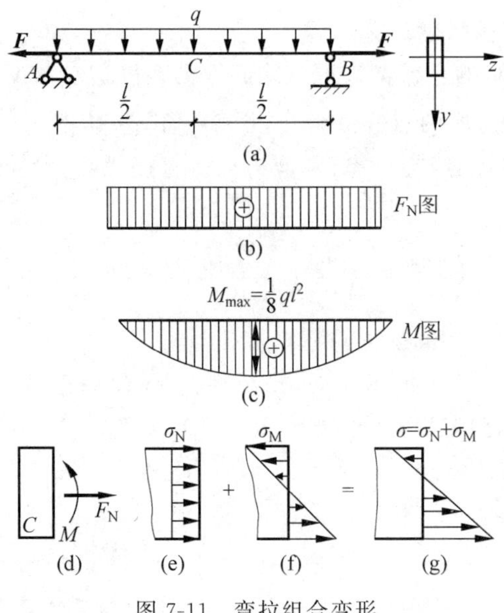

图 7-11　弯拉组合变形

轴向力 $\boldsymbol{F}$ 的作用下将发生轴向拉伸变形。因此,AB 杆同时发生弯曲与拉伸两种基本变形。

2. 内力分析,确定危险截面

根据 AB 杆所受的外力可以绘出轴力图和弯矩图,如图 7-11(b)、(c)所示。所以杆件中点处的截面上同时作用有两种内力,其值均达到最大值是此梁的危险截面,记为截面 C,如图 7-11(d)所示。其弯矩值为 $M_{\max}=\dfrac{ql^2}{8}$,$F_N=F$。

3. 应力分析,确定危险点

在危险截面 C 上,轴向力 F_N 引起的正应力如图 7-11(e)所示,沿截面均匀分布,其值为

$$\sigma_N=\frac{F_N}{A}$$

弯矩 $M_{\max}$ 所引起的正应力如图 7-11(f)所示,沿截面高度按直线规律分布。其值为

$$\sigma_M=\frac{M_{\max}y}{I}$$

应用叠加法,截面上任意点处的正应力处于单向应力状态,按代数和计算其应力大小为

$$\sigma=\sigma_N+\sigma_M=\frac{F_N}{A}+\frac{M_{\max}y}{I_z}$$

正应力分布规律如图 7-11(g)所示。显然,最大正应力和最小正应力将发生在离中性轴最远的下边缘和上边缘处,其计算式为

$$\sigma_{\max}=\frac{F_N}{A}+\frac{M_{\max}}{W_z}$$

$$\sigma_{\min}=\frac{F_N}{A}-\frac{M_{\max}}{W_z}$$

4. 强度计算

由于危险截面的上、下边缘处均为单向应力状态,所以弯曲和拉伸(压缩)组合变形时的强度计算可用下式表示:

$$\left.\begin{aligned}\sigma_{\max}=\frac{F_{\mathrm{N}}}{A}+\frac{M_{\max}}{W_z}\leqslant[\sigma]\\ \sigma_{\min}=\frac{F_{\mathrm{N}}}{A}-\frac{M_{\max}}{W_z}\leqslant[\sigma]\end{aligned}\right\}\tag{7-10}$$

应该指出,对于抗弯刚度较大的杆件,由于横向力引起的弯曲变形(挠度)与横截面尺寸相比很小,因此在小变形情况下可以不考虑轴向力在横截面上引起的附加弯矩的影响而用叠加法计算。若杆件抗弯刚度较小,梁的挠度与横截面尺寸相比不能忽略,轴向力在横截面上将引起较大的附加弯矩,其影响就不可不计,此时不能应用叠加法而应考虑横向力和轴向力间的相互影响。

例 7-3　如图 7-12 所示结构,横梁 AB 受到一集中力 $F=20\text{kN}$ 作用,横梁采用 22a 号工字钢,其容许应力$[\sigma]=160\text{MPa}$。试对横梁进行强度校核。

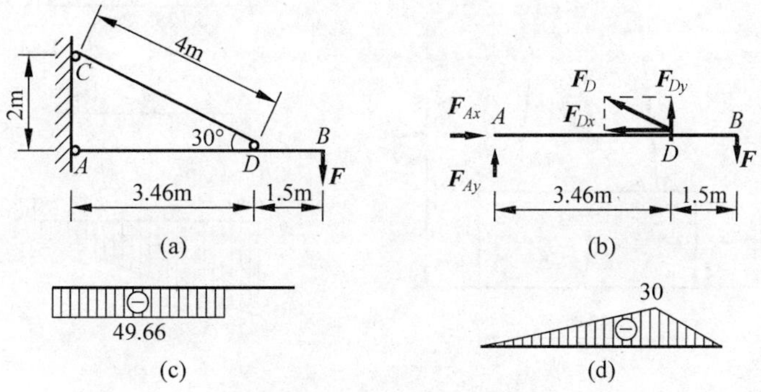

视频讲解

图 7-12　弯压组合变形

(a) 原图;(b) 受力图;(c) F_{N} 图(kN);(d) M 图(kN·m)

解:(1) 外力的分解

横梁 AB 的受力图如图 7-12(b)所示,由静力平衡条件可求得

$$F_{Ax}=49.66\text{kN},\quad F_{Ay}=-8.67\text{kN}$$

$$F_{Dx}=49.66\text{kN},\quad F_{Dy}=28.67\text{kN}$$

(2) 内力的计算

作横梁的轴力图和弯矩图如图 7-12(c)、(d)所示,由图可知 $D_{左}$ 截面是危险截面,该截面的内力为

$$F_{\mathrm{N}D}^{\mathrm{L}}=-49.66\text{kN}$$

$$M_D^{\mathrm{L}}=30\text{kN}\cdot\text{m}\ (\text{上侧受拉})$$

(3) 应力的计算

查附录Ⅱ型钢表得 22a 号工字钢截面 $A=42\text{cm}^2$,$W_z=309\text{cm}^3$。由轴力 $F_{\mathrm{N}D}^{\mathrm{L}}$ 引起的最大正应力为

$$\sigma_{\mathrm{N}}=\frac{F_{\mathrm{N}D}^{\mathrm{L}}}{A}=\frac{-49.66\times10^3}{42\times10^2}\text{MPa}=-11.8\text{MPa}$$

由弯矩 M 引起的最大拉应力和压应力分别发生在该截面的上下边缘处,其值相等,为

$$\sigma_{\mathrm{M}}=\frac{M_D^{\mathrm{L}}}{W_z}=\frac{30\times10^6}{309\times10^3}\text{MPa}=97.1\text{MPa}$$

(4) 强度校核

根据叠加原理,$D_{左}$ 截面的下边缘发生最大压应力,其值为

$$M_{max}=\sigma_N-\sigma_M=(-11.8-97.1)\text{MPa}=-108.9\text{MPa}<[\sigma]$$

因此横梁 AB 满足强度要求。

温馨提示:本题属压弯组合问题,在横截面上二者正应力方向相同,可代数叠加。

例 7-4 一桥墩如图 7-13 所示。桥墩承受的荷载为:上部结构传递给桥墩的压力 $F_0=1920\text{kN}$,桥墩墩帽及墩身的自重 $F_1=330\text{kN}$,基础自重 $F_2=1450\text{kN}$,车辆经梁部传下的水平制动力 $F=300\text{kN}$。试绘出基础底部 AB 面上的正应力分布图。已知基础底面积为 $b\times h=8\text{m}\times 3.6\text{m}$ 的矩形。

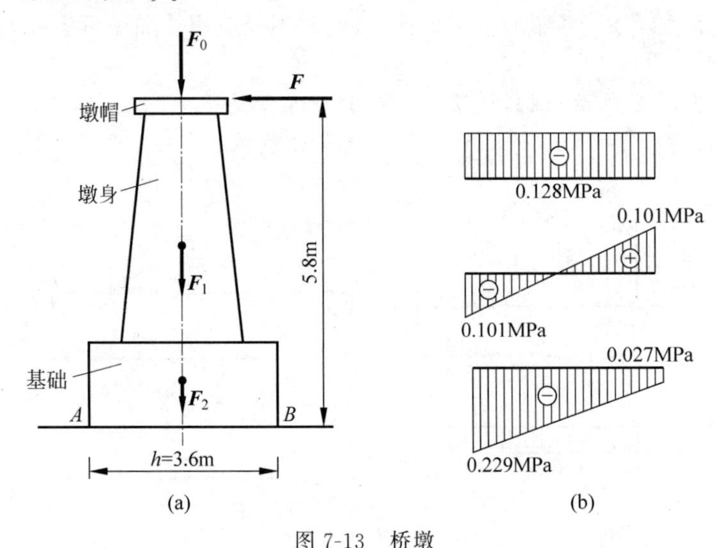

图 7-13 桥墩

解:(1) 内力计算。基础底部截面上有轴力和弯矩,其数值分别为

$$F_N=F_0+F_1+F_2=(1920+330+1450)\text{kN}=3700\text{kN}(压)$$

$$M_z=(300\times 5.8)\text{kN}\cdot\text{m}=1740\text{kN}\cdot\text{m}$$

(2) 应力计算。由轴力 F_N 在基础底部产生的正应力为

$$\sigma_N=\frac{F_N}{A}=-\frac{3700\times 10^3}{8\times 3.6\times 10^3}\text{MPa}=-0.128\text{MPa}$$

由弯矩 M_z 在基础底部截面的右边缘和左边缘引起的正应力为

$$\sigma_M=\pm\frac{M_z}{W_z}=\pm\frac{1740\times 10^6}{\frac{1}{6}\times 8\times 10^3\times(3.6\times 10^3)^2}\text{MPa}=\pm 0.101\text{MPa}$$

所以在基础底部的左、右边缘处的正应力分别为

$$\sigma=\sigma_N+\sigma_M=\frac{F_N}{A}\pm\frac{M_z}{W_z}=(-0.128\pm 0.101)\text{MPa}=\begin{cases}-0.027\text{MPa}(右)\\-0.229\text{MPa}(左)\end{cases}$$

基础底部截面上正应力分布规律如图 7-13(b)所示。

树木为何不会长到和天一样高?

树木之所以不会长到和天一样高,其原因从两方面加以说明。

1. 从植物学方面讲，任何植物长多高都是有极限的，它是大自然长期形成的，不会想长多高就长多高。

2. 从力学方面讲，树也不会长得像天一样高。其理由有三：(1)从受压方面讲，材质能承受的压力不够。树长得越高，树也就越粗，重量也就越大，下面材质承受的压应力也就越大。大家知道，材质承受压应力是有极限的，当树重对材质的压应力大于材质所能承受的压应力时，树就会压坏了(这方面的可能性很小)。(2)从组合变形方面讲，材质承受综合能力不够而破坏。树一受到风吹就发生压弯组合变形，树长得越高，发生压弯组合变形越大，当超过承受压弯能力时树也就被折断了(有时也发生压弯扭组合变形破坏)。(3)从稳定方面讲，由于稳定性不够而折坏(第8章 压杆的稳定性计算)。树越高稳定性越差，当树长到一定高度时就会因失稳而破坏。

综上所述，树木有那么多破坏形式，加之树有自己的生长规律，树木应该有一个极限高度，一旦超过这个极限，树就会被破坏了。所以树木不会长到和天一样高。

7.2.4 偏心压缩与截面核心的概念

如果压力的作用线平行于杆的轴线但不通过截面的形心，将引起偏心压缩。偏心压缩实际上仍是弯曲与压缩组合变形的问题。

1. 外力分析

如图 7-14(a)所示一偏心压缩的杆件，外力 $\boldsymbol{F}$ 作用在截面的一根形心主轴上，其作用点到截面形心 O 的距离 e 称为偏心距。由于外力作用在一根形心主轴上而产生的偏心压缩称为**单向偏心压缩**。

为了分析图 7-14(a)所示杆件的内力，可将偏心力 $\boldsymbol{F}$ 向截面形心简化，其简化结果形成如图 7-14(b)所示的两种荷载的共同作用，即一个通过杆轴线的压力 $\boldsymbol{F}$ 和一个力偶矩 $M=Fe$。用截面法可求得该杆件任意截面上的内力，如图 7-14(c)所示，横截面上有轴力 $F_N=-F$，弯矩 $M_z=M=Fe$。

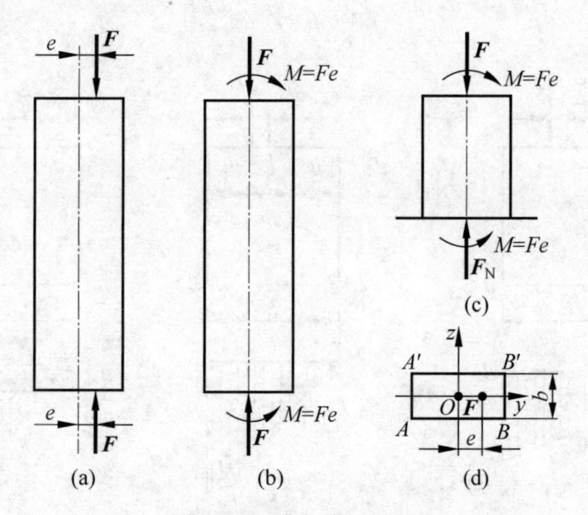

图 7-14 单向偏心压缩

2. 应力计算

根据叠加原理,将轴力 F_N 引起的正应力 $\sigma_N=\frac{F_N}{A}$ 和弯矩 M_z 引起的正应力 $\sigma_M=\pm\frac{M_z}{I_z}y$ 相加,就可以得到这种单向偏心压缩时杆件中任意横截面上任一点的正应力计算式。

$$\sigma=\sigma_N+\sigma_M=-\frac{F_N}{A}\pm\frac{M_z}{I_z}y$$

考虑到 $M_z=Fe$,有

$$\sigma=-\frac{F_N}{A}\pm\frac{Fe}{I_z}y$$

式中,F、y、e 均代入绝对值,正负号均可由观察变形确定。

显然,最大正应力和最小正应力分别发生在横截面的左、右两条边缘线上,其计算式为

$$\left.\begin{aligned}\sigma_{\max}&=-\frac{F_N}{A}+\frac{Fe}{W_z}\\ \sigma_{\min}&=-\frac{F_N}{A}-\frac{Fe}{W_z}\end{aligned}\right\}\tag{7-11}$$

由图 7-14(d)可以看出:单向偏心压缩时,距偏心力 F 较近的一侧边缘 BB' 处总是产生压应力,其值为 $\sigma_{\min}=-\frac{F_N}{A}-\frac{Fe}{W_z}$;而最大正应力 $\sigma_{\max}=-\frac{F_N}{A}+\frac{Fe}{W_z}$ 总发生在距偏心力较远的那侧边缘 AA' 处,其值可能是压应力(图 7-15(a)),也可能是拉应力(图 7-15(c))。若将面积 $A=bh$ 和抗弯截面模量 $W_z=\frac{1}{6}bh^2$ 代入式(7-11),即得

$$\left.\begin{aligned}\sigma_{\max}&=-\frac{F}{bh}+\frac{Fe}{\frac{1}{6}bh^2}=-\frac{F}{bh}\left(1-\frac{6e}{h}\right)\\ \sigma_{\min}&=-\frac{F}{bh}-\frac{Fe}{\frac{1}{6}bh^2}=-\frac{F}{bh}\left(1+\frac{6e}{h}\right)\end{aligned}\right\}\tag{7-12}$$

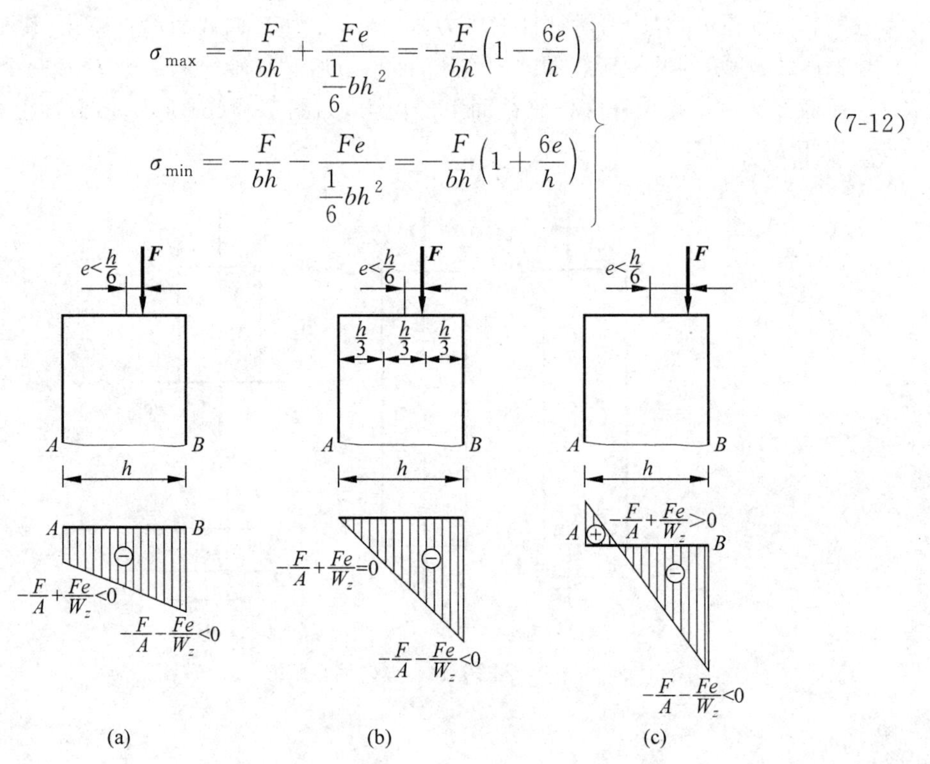

图 7-15 单向偏心压缩应力分布

例 7-5 如图 7-16 所示,在正方形横截面短柱的中间开一槽,使横截面面积减少为原截面面积的一半。试问开槽后的最大正应力为不开槽时最大正应力的几倍?

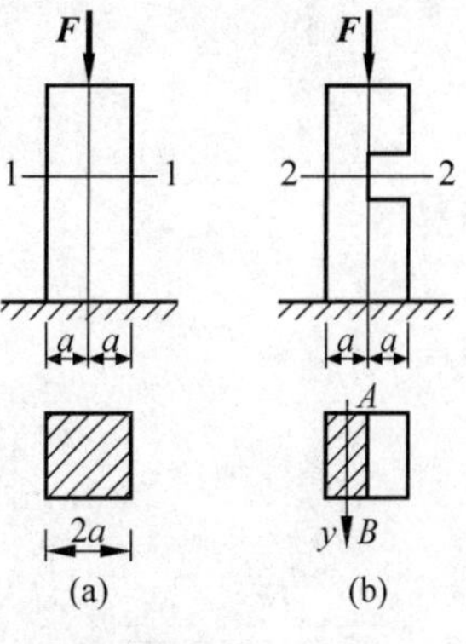

图 7-16 柱右边开槽

解:(1) 未开槽时的 1—1 截面上压应力为

$$\sigma=\frac{F_{\mathrm{N}}}{A}=-\frac{F}{(2a)^2}=-\frac{F}{4a^2}$$

(2) 开槽后的最大压应力 2—2 截面上压应力为

$$\sigma_{\max}=\frac{F_{\mathrm{N}}}{A}+\frac{M_y}{W_y}=-\frac{F}{2a^2}-\frac{\frac{Fa}{2}}{\frac{2a\times a^2}{6}}=-\frac{2F}{a^2}$$

由应力分布规律知最大压应力发生在削弱后截面的 AB 边上。

$$\frac{\sigma_{\max}}{\sigma}=\left(\frac{2F}{a^2}\right)\Big/\left(\frac{F}{4a^2}\right)=8$$

即开槽时的最大正应力为不开槽正应力的 8 倍。

计算此题时需注意,M 是对 y 轴的弯矩。它所产生的弯曲将使截面绕 y 轴转动,即 y 轴为中性轴,故抗弯截面模量应为 W_y。

例 7-6 如图 7-17 所示矩形截面柱,柱顶有屋架传来的压力 $F_1=200\mathrm{kN}$,牛腿上承受吊车梁传来的压力 $F_2=90\mathrm{kN}$,F_2 与柱轴线的偏心距 $e=0.2\mathrm{m}$。已知柱宽 $b=200\mathrm{mm}$。

(1) 若 $h=300\mathrm{mm}$,则柱截面上的最大拉应力和最大压应力各为多少?

(2) 要使柱截面不产生拉应力,截面高度 h 应为多少?

(3) 在所选的 h 尺寸下,柱截面上的最大拉应力和最大压应力为多少?

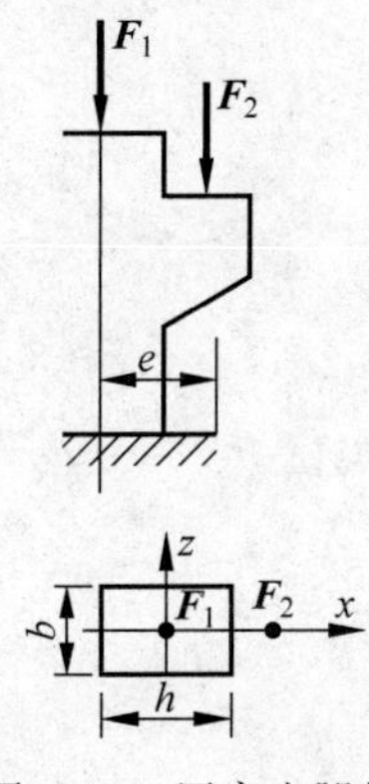

图 7-17 厂房牛腿柱

解:(1) 求 $\sigma_{\max}$ 和 $\sigma_{\min}$

将荷载力向截面形心平移,得柱的轴心压力为

$$F=F_1+F_2=290\mathrm{kN}$$

截面的弯矩为

$$M_z=F_2\cdot e=(90\times0.2)\mathrm{kN\cdot m}=18\mathrm{kN\cdot m}$$

所以

$$\sigma_{\max}=-\frac{F}{A}+\frac{M_z}{W_z}=\left(-\frac{290\times10^3}{200\times300}+\frac{18\times10^6}{\frac{200\times300^2}{6}}\right)\mathrm{MPa}$$

$$=(-4.83+6.00)\mathrm{MPa}=1.17\mathrm{MPa}$$

$\sigma_{\max}$ 为最大拉应力。

$$\sigma_{\min}=-\frac{F}{A}-\frac{M_z}{W_z}=(-4.83-6.00)\mathrm{MPa}=-10.83\mathrm{MPa}$$

$\sigma_{\min}$ 即为最大压应力。

(2) 求 h

要使截面不产生拉应力,应满足

$$\sigma_{\max}=-\frac{F}{A}+\frac{M_z}{W_z}\leqslant0$$

即

$$-\frac{290\times10^{3}}{200h}+\frac{18\times10^{6}}{\frac{200h^{2}}{6}}\leqslant0$$

解得

$$h\geqslant372.4\text{mm}$$

取

$$h=380\text{mm}$$

(3) 当 $h=380$mm 时,求截面的最大应力 σ_{max} 和最小应力 σ_{min}

$$\sigma_{max}=-\frac{F}{A}+\frac{M_z}{W_z}=\left(-\frac{290\times10^{3}}{200\times380}+\frac{18\times10^{6}}{\frac{200\times380^{2}}{6}}\right)\text{MPa}=(-3.82+3.74)\text{MPa}=-0.08\text{MPa}$$

$$\sigma_{min}=-\frac{F}{A}-\frac{M_z}{W_z}=\left(-\frac{290\times10^{3}}{200\times380}-\frac{18\times10^{6}}{\frac{200\times380^{2}}{6}}\right)\text{MPa}=(-3.82-3.74)\text{MPa}=-7.56\text{MPa}$$

可见,整个截面上均为压应力。

3. 截面核心的概念

单向偏心受压柱的最大拉应力计算公式为

$$\sigma_{max}^{拉}=-\frac{F}{A}+\frac{Fe}{W}$$

当 $\left|\frac{Fe}{W}\right|>\left|\frac{F}{A}\right|$ 时,横截面上将出现拉应力,这对用脆性材料制作的柱,如砖石柱、石柱、混凝土柱是不利的。最好使横截面不出现拉应力,这样必须使

$$\sigma_{max}^{拉}=-\frac{F}{A}+\frac{Fe}{W}\leqslant0$$

或使偏心距 e 为

$$e\leqslant\frac{W}{A}\tag{7-13}$$

对于直径为 d 的圆形截面

$$W=\frac{\pi d^{3}}{32},\quad A=\frac{\pi d^{2}}{4}$$

所以

$$e\leqslant\frac{d}{8}$$

上式说明,当压力 F 的作用点位于截面核心以内时,柱截面上将不会出现拉应力。在力学中,将偏心压缩不产生拉应力的外力作用范围称为**截面核心**,如图 7-18(a)阴影所示。

对于矩形截面,其截面核心如图 7-18(b)所示的阴影菱形。当力 F 作用在 Z 轴上时,将 $W_y=\frac{hb^{2}}{6}$,$A=bh$ 代入式(7-13),得 $e=\frac{b}{6}$;同理,当力 F 作用在 y 轴上时,将 $W_z=\frac{bh^{2}}{6}$,$A=bh$ 代入式(7-13),得 $e=\frac{h}{6}$。

通过以上分析可以看出,**截面核心的形状**、尺寸与压力 F 的大小无关,**只与柱的横截面**

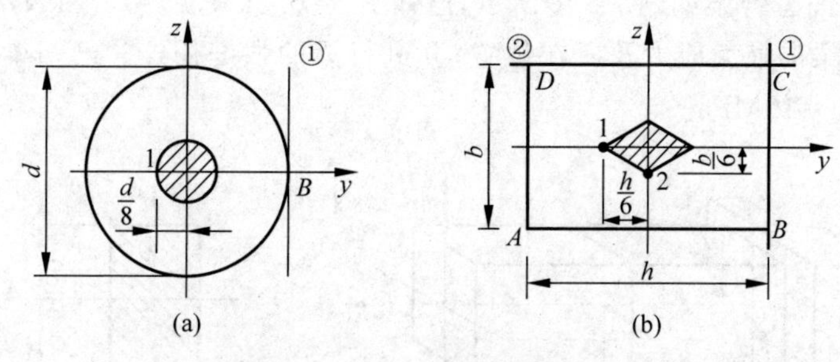

图 7-18　圆与矩形截面核心

形状和尺寸有关。这样，可先根据截面的形状和尺寸确定截面核心的范围，然后只要使力 $\boldsymbol{F}$ 的作用点在截面核心之内就可达到使整个截面不出现拉应力的目的。

思考题

7-1　什么是一点处的应力状态？什么是单元体？如何截取单元体？

7-2　什么是强度理论？常用强度理论有哪些？

7-3　分析组合变形问题的步骤是什么？如何确定危险截面和危险点？

7-4　常见组合变形的种类有哪几种？试举例说明。

7-5　用叠加原理处理组合变形问题，将外力分组时应注意些什么？

7-6　拉弯组合变形杆件的危险点位置如何确定？建立强度条件时为什么不必利用强度理论？

7-7　截面核心的含义是什么？它在工程中有什么用途？

习题

7-1　有一铸铁制成的构件，其危险点处的单元体如题 7-1 图所示。$\sigma_x=20\text{MPa}$，$\tau_x=20\text{MPa}$，材料的许用拉应力$[\sigma_1]=35\text{MPa}$。试校核此构件的强度。

7-2　一焊接钢板梁的尺寸及受力情况如题 7-2 图所示，梁的自重略去不计。已知材料的许用应力$[\sigma]=160\text{MPa}$。试求截面 m—m 上 a、b、c 三点处的主应力，并用第三强度理论进行强度校核。

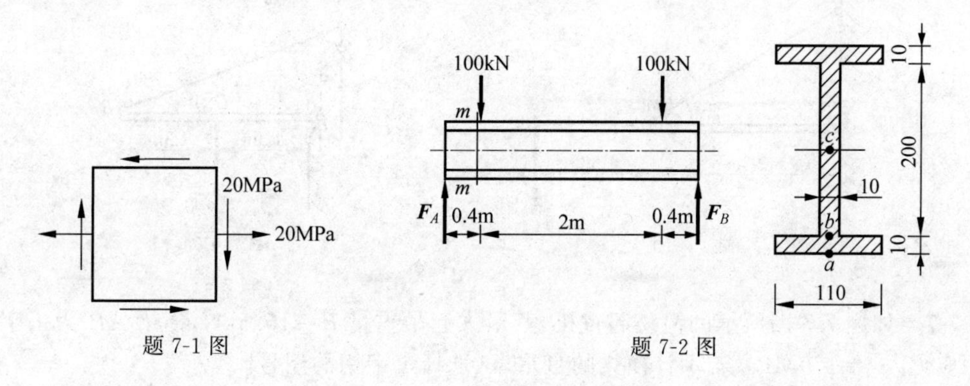

题 7-1 图　　题 7-2 图

7-3 矩形截面悬臂梁如题7-3图所示,已知 $F_1=0.5\text{kN}$,$F_2=0.8\text{kN}$,$b=100\text{mm}$,$h=150\text{mm}$。试计算梁的最大应力及所在位置,并进行梁的强度校核。已知梁的材料是木材,其许用应力为$[\sigma]=10\text{MPa}$。

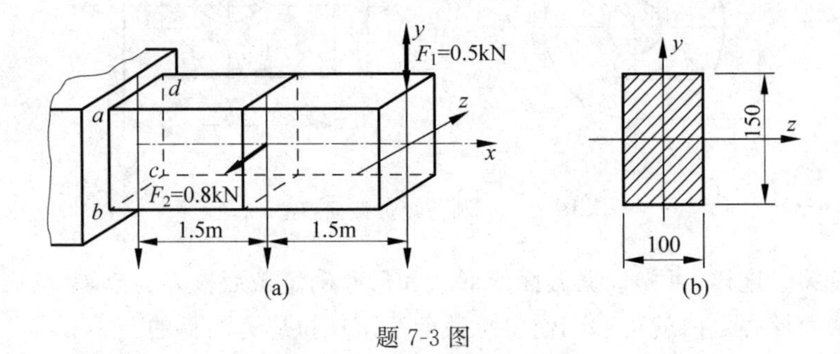

题7-3图

7-4 如题7-4图所示,悬臂梁由25b号工字钢制成,承受的荷载如题7-4图所示。试求梁的最大拉应力和最大压应力。已知 $q=5\text{kN/m}$,$F=2\text{kN}$,$\varphi=30°$。

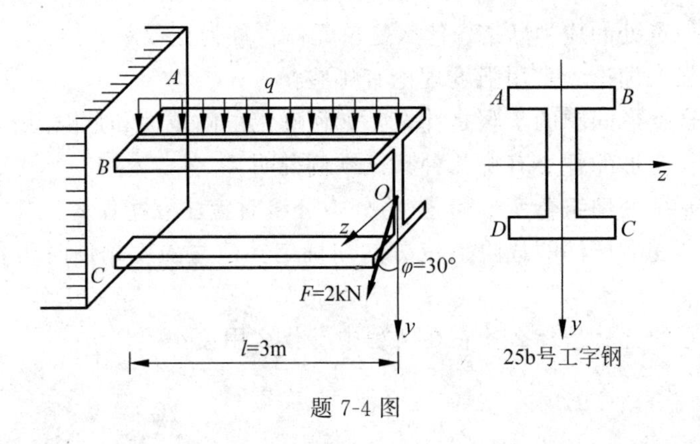

题7-4图

7-5 简易摇臂吊车如题7-5图所示,吊重 $F=8\text{kN}$,梁由两根槽钢组成,许用应力$[\sigma]=120\text{MPa}$。试按正应力强度条件选择槽钢的型号。

7-6 如题7-6图所示,一旋转式悬臂吊车架由18号工字钢梁 AB 及拉杆 BC 组成。作用在梁 AB 中点 D 的集中荷载 $F=25\text{kN}$,梁长 $L=2.6\text{m}$。已知材料的许用应力$[\sigma]=100\text{MPa}$,试校核梁 AB 的强度。

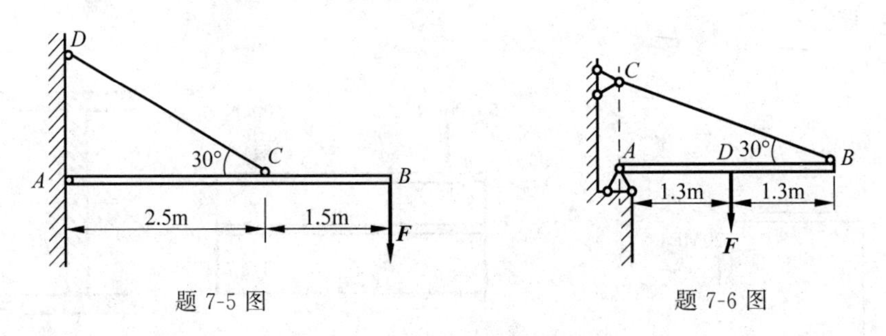

题7-5图　　题7-6图

7-7 如题7-7图所示的简易起重机,其最大起吊重量 $F=15.5\text{kN}$,横梁 AB 为工字钢,许用应力$[\sigma]=170\text{MPa}$,若不计横梁的自重,试选择工字钢的型号。

7-8　如题7-8图所示方形截面柱，受一偏心力 $F=20\text{kN}$ 作用，柱的自重不计。试计算最大正应力和最小正应力。

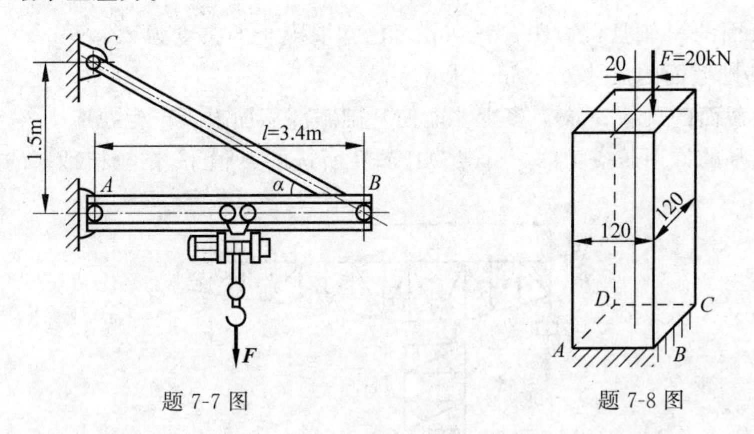

题7-7图　　　　题7-8图

7-9　如题7-9图所示板件，荷载 $F=12\text{kN}$，许用应力$[\sigma]=100\text{MPa}$，试求板边切口的允许深度 $x(\delta=5\text{mm})$。

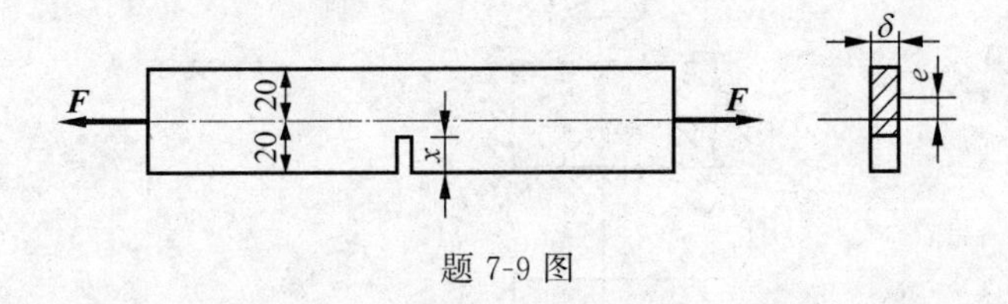

题7-9图

7-10　材料为铸铁的压力机框架如题7-10图所示。材料的许用应力$[\sigma^{+}]=30\text{MPa}$，$[\sigma^{-}]=80\text{MPa}$，试校核框架立柱的强度。

7-11　一夹具如题7-11图所示，在夹紧零件时受外力 $F=2\text{kN}$ 作用，已知偏心距 $e=60\text{mm}$。夹具立杆横截面为矩形，$b=10\text{mm}$，材料的$[\sigma]=160\text{MPa}$。试求立杆横截面危险尺寸。

7-12　题7-12图所示为一斜梁 AB，其横截面为 $10\text{cm}\times10\text{cm}$ 的正方形，若 $F=3\text{kN}$，求最大拉应力和压应力各为多少？

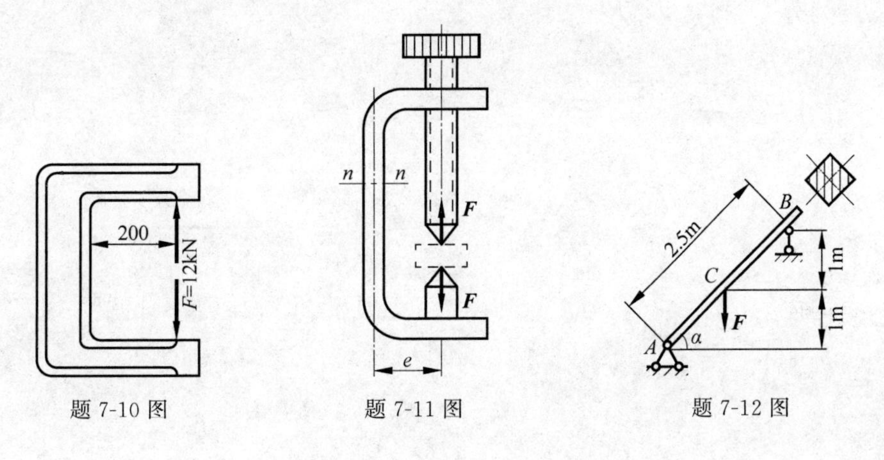

题7-10图　　　　题7-11图　　　　题7-12图

7-13 最大起吊重量 $F_1=80\text{kN}$ 的起重机安装在混凝土基础上,起重机支架的轴线通过基础的中心,平衡锤重 $F_2=50\text{kN}$。起重机自重 $F_3=180\text{kN}$(不包含 F_1 和 F_2),其作用线通过基础底面的 y 轴且偏心距 $e=0.6\text{m}$。已知混凝土的重度为 22kN/m^3,混凝土基础的高为 2.4m,基础截面的尺寸 $b=3\text{m}$。求:

(1) 基础截面的尺寸 h 应为多少才能使基础底部截面上不产生拉应力;

(2) 若地基的许用压应力$[\sigma_c]=0.2\text{MPa}$,在所选的 h 值下,试校核地基的强度。

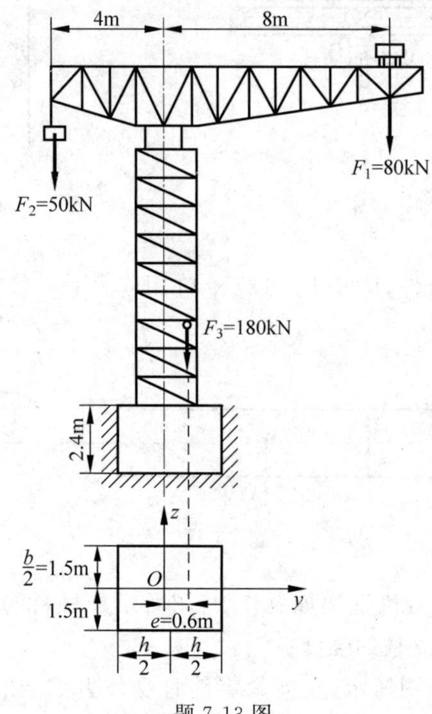

题 7-13 图

压杆的稳定性计算

8.1 稳定与失稳的概念

关于稳定与失稳的概念,是针对平衡状态而言的。可以借助图 8-1 来理解,小球在平衡位置 A 处,施加瞬时水平干扰力后,小球会绕 A 点来回摆动,最终仍会停在 A 处,此时称小球在 A 处的平衡为稳定的平衡;小球在平衡位置 B 处,施加瞬时水平干扰力后,小球不借助外力不能回到原来的平衡位置,此时称小球在 B 处的平衡为不稳定的平衡;小球在平衡位置 C 处,施加瞬时水平干扰力后,小球可以在水平 CD 段任意处平衡,此时称小球在 C 处的平衡为随遇平衡。C 处的小球,施加瞬时水平干扰力后,不借助外力同样不能回到原来的平衡位置,因此,随遇平衡也是不稳定的平衡。

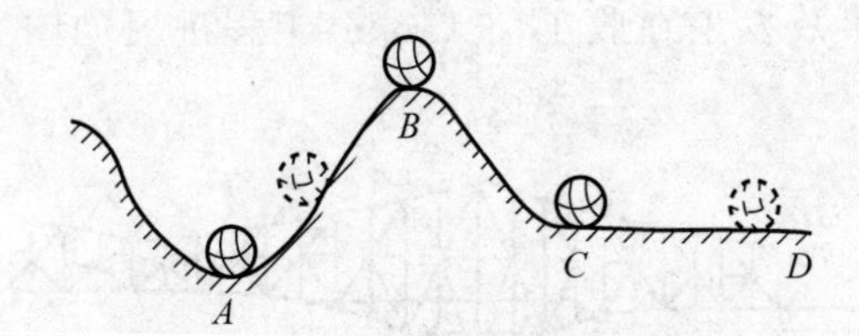

图 8-1　稳定平衡与不稳定平衡

其实,上述情况比比皆是,请看下面小试验。将一根小锯条竖直放在桌面上,用食指逐渐对锯条施加压力(图 8-2(b)),其计算简图如图 8-2(a)所示。这时的锯条相当于工程中的简支压杆。当压力没有达到某一量值时给锯条一个横向干扰力,锯条会来回摆动最终停留在直线位置,它相当于小球处于 A 位置,即锯条处于稳定平衡状态,简称**稳定**;当压力继续增大到某一量值时,施加瞬时横向力后,锯条不仅不能恢复原有的直线形状,而且继续弯曲,甚至折断,此时,锯条的原有直线状态的平衡变得不稳定。由此可见,锯条直线平衡状态是否稳定取决于压力的大小。当压力小于某一量值时,锯条直线状态的平衡是稳定的,当达到或超过某一量值时,锯条直线状态的平衡是不稳定的,简称失稳,也称屈曲,其界限值称为临界力,用 F_{cr} 表示。

试问,为什么要研究这种失稳现象呢?通过下面的具体计算和工程上一些破坏现象就明白了。按第 4 章讲的压杆强度条件可计算出锯条的许可荷载。锯条宽 11mm,厚 0.6mm,许用应力$[\sigma]=200\times10^6$MPa。其许可荷载为

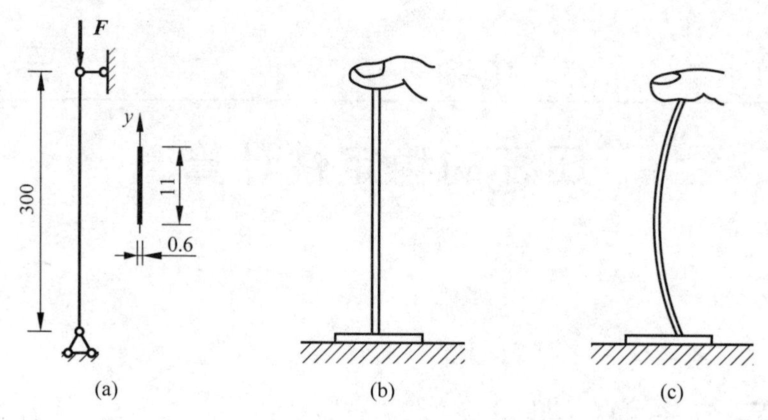

压杆稳定三种状态

图 8-2 锯条受压小试验

(a) 受压锯条的计算简图；(b) 锯条保持直线平衡状态；(c) 由直线平衡状态突然转变为曲线平衡状态

$$F \leqslant A \cdot [\sigma] = (11 \times 0.6 \times 200)\mathrm{N} = 1320\mathrm{N}$$

1320N 即承重 132kg，约为两个中等小伙子的体重。然而，食指在此处施加的压力小得不能与人的重量相比。由此可见，轴向受压直杆的承载能力除了强度方面之外还有一个重要方面，那就是压杆的失稳问题。且大量压杆破坏实例证明，轴心压杆的破坏大部分为失稳破坏。

1907 年 8 月 9 日在加拿大离魁北克城 14.4km 处，横跨圣劳伦斯河的大铁桥在施工中突然压杆失稳倒塌。事故发生在收工前 15min，工程进展如图 8-3 所示，桥上有 74 人坠河遇难。

魁北克大桥简介

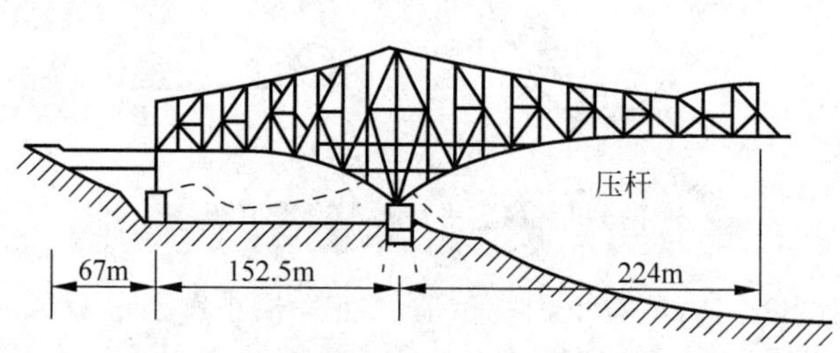

图 8-3 加拿大魁北克大铁桥失稳倒塌

1973 年 8 月 28 日，基本建成的宁夏银川园林场礼堂(兼库房)因漏雨揭瓦翻修，屋盖突然倒塌，当即造成 3 人死亡，1 人重伤，2 人轻伤，损失 5.15 万元。该工程原计划为砖木结构库房，在施工时任意改变使用性质，扩大施工面积，木屋架改成三铰式轻型钢屋架。施工图纸没有经过有关部门审查。在施工放样时，擅自将屋架的腹杆减少，增加了受压构件的自由长度(图 8-4(a)、(b))。经事故调查核算，屋架的一部分上弦杆和腹杆的稳定性不够是导致屋架倒塌的直接原因(图 8-4(c))。

1983 年 10 月 4 日，北京某科研楼工地的钢管脚手架在距地面 5～6m 处突然弯曲。刹那间，这座高达 52.4m，长 17.25m，总重 565.4kN 的大型脚手架轰然坍塌，造成 5 人死亡，7 人受伤，脚手架所用建筑材料大部分报废，经济损失 4.6 万元，工期推迟一个月。现场调查结果表明，该钢管脚手架存在严重缺陷，致使结构失稳坍塌。

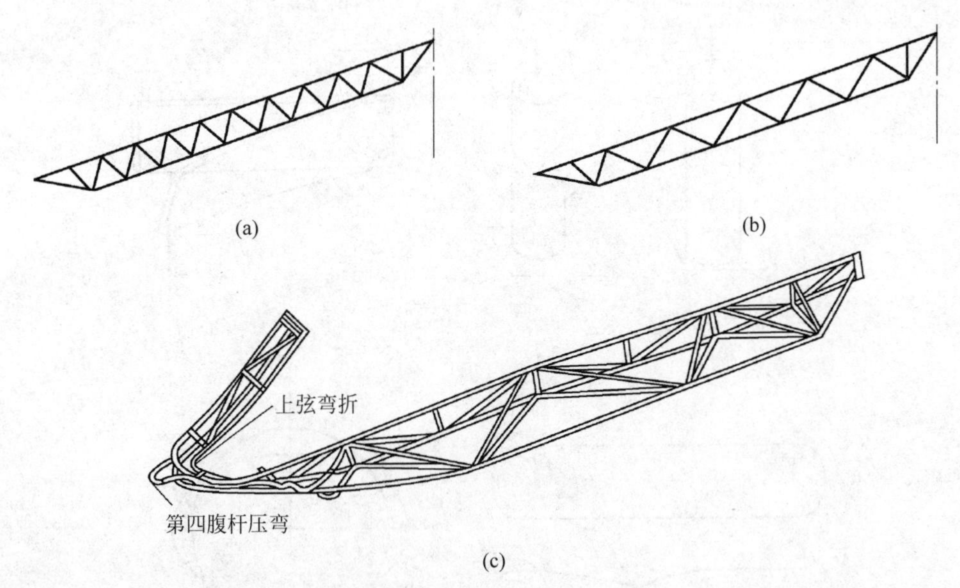

图 8-4　某礼堂屋架失稳倒塌

(a) 原设计的屋架简图；(b) 放样错误的屋架简图；(c) 受压的上弦杆、腹杆失稳弯曲

再如，2008 年 1 月 10 日至 29 日，我国湖南、江西、浙江、安徽、湖北等省、市的一些地区遭受了百年一遇的低温、雨雪、冰冻灾害。大雪、冻雨形成的覆冰厚厚地裹在高压输电线和铁塔上面，大大超出了设防的覆冰厚度(图 8-5(a))，覆冰造成铁塔的竖直荷载加大，不均匀覆冰造成电线纵向的不平衡张力，断线造成冲击等因素，致使格构式铁塔中许多杆件的受力大大超过设计值。一些受压构件首先失稳弯曲，是引起铁塔倒塌甚至形成一连串倒塔事故的重要原因(图 8-5(b))。南方电网受灾给电网公司造成了严重的经济损失。长期停电更给交通运输、居民生活、工农业生产造成了巨大损失。

图 8-5　电网铁塔在冰灾中失稳倒塌

(a) 电线上的覆冰；(b) 倒塌的电塔

除了压杆可能失稳之外，工程中还有一些构件也可能失稳。如图 8-6 所示为小试验模拟薄梁、薄壁圆筒的失稳状况。它们的失稳特征都表现为平衡形态的突然转变。

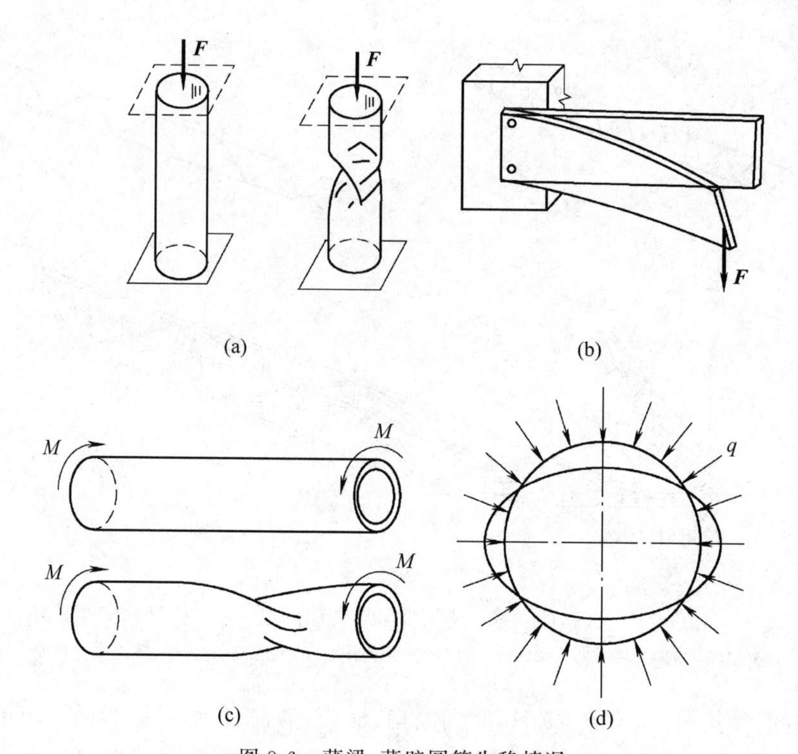

图 8-6 薄梁、薄壁圆筒失稳情况

(a) 薄纸筒受压失稳；(b) 硬纸片当梁演示失稳；

(c) 薄纸筒(端部对瓶盖施力)扭转失稳；(d) 饮料瓶在均布径向压力作用下失稳

8.2 压杆的临界力与临界应力

8.2.1 临界力欧拉公式

在 8.1 节用小锯条模拟压杆稳定性问题时，当压力达到临界力 $\boldsymbol{F}_{\mathrm{cr}}$ 时，压杆从稳定的平衡状态过渡到不稳定的平衡状态。如果把稳定性理解为保持原有平衡状态的能力，那么临界力 $\boldsymbol{F}_{\mathrm{cr}}$ 便是压杆稳定性的标志：$\boldsymbol{F}_{\mathrm{cr}}$ 大，保持原有平衡状态的能力强，不易失稳；$\boldsymbol{F}_{\mathrm{cr}}$ 小，保持原有平衡状态的能力弱，则容易失稳。由此看出，确定压杆的临界力非常重要。

表 8-1 中的压杆计算简图是稳定性理论分析的四种计算模型，是将工程实际中的受压杆件抽象成为均质材料制成、轴线为直线(表中图形虚线)、外压力与轴线重合的中心受压杆。从这些理论模型出发，在弹性变形范围内可导出压杆的临界力公式。因首先是大数学家欧拉导出的，故称**临界力欧拉公式**。

由于杆端支承形式不同，临界力值必然不同，各种支承情况下的临界力计算公式列于表 8-1 中。为了使各种支承情况下的欧拉公式形式相同而引入了长度因数 μ(即压杆两端支座对临界力的影响因数。两端铰支为 1，两端固定为 0.5，一端固定一端自由为 2，一端固定一端铰支为 0.7)。因此，细长压杆在不同支承情况下的临界力计算公式写成统一形式为

$$F_{\mathrm{cr}}=\frac{\pi^2 EI}{(\mu l)^2}=\frac{\pi^2 EI}{l_0^2} \tag{8-1}$$

式中：E 为弹性模量，GPa；I 为轴惯性矩，mm^4；l 为压杆实际长度，m；l_0 为压杆计算长度，m；μ 为长度因数。

表 8-1　各种支承情况下等截面细长压杆临界力的欧拉公式

支承情况	两端铰支	一端固定一端自由	一端固定一端铰支	两端固定
挠曲线形状				
临界力公式	$F_{cr}=\frac{\pi^2 EI}{l^2}$	$F_{cr}=\frac{\pi^2 EI}{(2l)^2}$	$F_{cr}\approx\frac{\pi^2 EI}{(0.7l)^2}$	$F_{cr}=\frac{\pi^2 EI}{(0.5l)^2}$
计算长度 l_0	l	$2l$	$0.7l$	$0.5l$
长度因数 μ	1	2	0.7	0.5

最小形心主惯性矩 I_{min}

对于轴心压杆来说，临界力就是它的最大承载力。式(8-1)就是计算压杆临界力的通用公式，变换长度系数 μ 就能求出各种支承情况下的压杆临界力。当轴向外力 $F\leqslant F_{cr}$ 时压杆就不会失稳。在用式(8-1)计算压杆的临界力时，压杆将在 EI 值最小的纵向平面内失稳，因此，式中的轴惯性矩 I 应取截面最小形心主惯性矩 I_{min}。

例 8-1　如图 8-2 所示钢锯条，弹性模量 $E=2.1\times10^5$ MPa，长 300mm，宽 11mm，厚 0.6mm，试用欧拉公式计算锯条的临界压力。

解：锯条最小轴惯性矩

$$I_y=\frac{11\times0.6^3}{12}\text{mm}^4=0.198\text{mm}^4$$

锯条的支承约束抽象为两端铰支，长度因数 $\mu=1$，则

$$F_{cr}=\frac{\pi^2 EI_y}{(\mu l)^2}=\frac{\pi^2\times2.1\times10^5\times0.198}{(1\times300)^2}\text{N}=4.56\text{N}$$

即锯条失稳时的临界压力不到 5N，小于一袋食盐的重量。前面已按压杆强度计算，锯条的许可荷载$[F]=1320$N，即锯条临界力不及强度计算许可荷载的 1/250。

例 8-2　一根两端铰支的 22a 号工字钢压杆，长 $l=5$m，钢的弹性模量 $E=200$GPa。试确定此压杆的临界力。

解：查型钢表得 22a 号工字钢的惯性矩为

$$I_z=3400\text{cm}^4,\quad I_y=225\text{cm}^4,\quad 取\ I_{min}=225\text{cm}^4$$

由表 8-1 知

$$F_{cr}=\frac{\pi^2 EI}{l^2}=\frac{\pi^2\times 200\times 10^9\times 225\times 10^{-8}}{5^2}\text{N}=177.47\times 10^3\text{N}=177.47\text{kN}$$

即若轴向压力超过 177.47kN 时,此压杆会失稳。

例 8-3 一长 $l=5\text{m}$,直径 $d=100\text{mm}$ 的细长钢压杆,支承情况如图 8-7 所示,在 xOy 平面内为两端铰支,在 xOz 平面内为一端铰支一端固定。已知钢的弹性模量 $E=200\text{GPa}$,求此钢压杆的临界力。

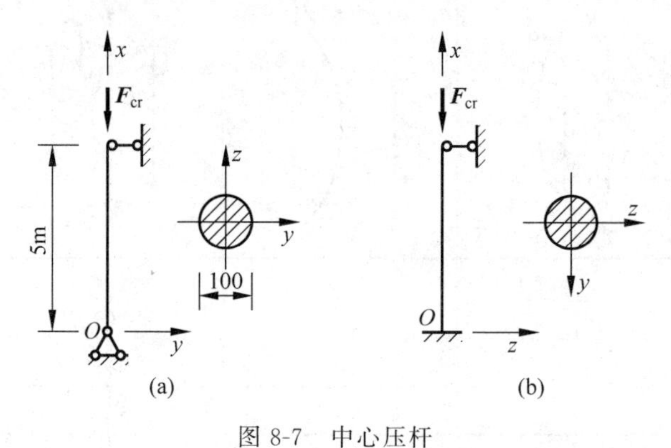

图 8-7 中心压杆

解:由于钢压杆在各个纵向平面内的抗弯刚度 EI 相同,故失稳将发生在杆端约束最弱的纵向平面内,而 xOy 平面内的杆端约束最弱,故失稳将发生在 xOy 平面内。xOy 平面内的杆端约束为两端铰支,因此临界力为

$$F_{cr}=\frac{\pi^2 EI}{l^2}=\frac{\pi^2\times 200\times 10^9\times\dfrac{\pi\times(100\times 10^{-3})^4}{64}}{5^2}\text{kN}=387\text{kN}$$

8.2.2 压杆的临界应力

若压杆的长度、材料、截面形状和支承完全相同,而面积不同,当轴向外力逐渐增加时,试问,哪个压杆先失稳呢?读者会毫不迟疑地回答,截面小的先失稳。再问,为什么呢?读者会用强度的概念来回答这一问题。也就是说,读者明白了只讲临界力还不行,还必须引入临界应力的概念。

1. 临界应力与柔度

当压杆在临界力 $\boldsymbol{F}_{cr}$ 作用下处于平衡时,用压杆的横截面面积 A 除 F_{cr},得到与临界力对应的压应力,此压应力称为临界应力,用 σ_{cr} 表示,即

$$\sigma_{cr}=\frac{F_{cr}}{A}=\frac{\pi^2 E}{(\mu l)^2}\cdot\frac{I}{A}$$

利用惯性半径 $i=\sqrt{\dfrac{I}{A}}$,则上式成为

$$\sigma_{cr}=\frac{\pi^2 E}{(\mu l)^2}\cdot i^2=\frac{\pi^2 E}{\left(\dfrac{\mu l}{i}\right)^2}$$

令 $\lambda=\frac{\mu l}{i}$，则临界应力的计算公式可简化为

$$\sigma_{cr}=\frac{\pi^2 E}{\lambda^2} \tag{8-2}$$

式(8-2)称为**临界应力欧拉公式**，是临界力欧拉公式的另一种表达形式。$\lambda=\frac{\mu l}{i}$称为**柔度**或**细长比**。柔度 λ 与 i、μ、l 有关，i 取决于压杆的横截面形状和尺寸，μ 取决于压杆的支承情况。因此，柔度 λ 综合反映了压杆的长度、截面形状和尺寸以及压杆支承情况对临界应力的影响。若由相同材料制成的压杆，其临界应力仅取决于 λ，λ 值越大，σ_{cr} 越小，压杆越容易失稳。

2. 欧拉公式的适用范围

欧拉公式是在弹性条件下推导出来的，因此临界应力 σ_{cr} 不应超过材料的比例极限 σ_p，即

$$\sigma_{cr}\leqslant\sigma_p \tag{a}$$

将式(8-2)代入式(a)得到使临界应力公式成立的柔度条件为

$$\lambda\geqslant\pi\sqrt{\frac{E}{\sigma_p}}$$

若用 λ_p 表示对应于 $\sigma_{cr}=\sigma_p$ 时的柔度值，则有

$$\lambda_p=\pi\sqrt{\frac{E}{\sigma_p}} \tag{8-3}$$

显然，当 $\lambda\geqslant\lambda_p$ 时，欧拉公式才适用。通常将 $\lambda\geqslant\lambda_p$ 的杆件称为**大柔度杆**或**细长压杆**。即只有细长压杆才能用欧拉公式(8-1)和式(8-2)来计算杆件的临界力和临界应力。对于常用材料的 λ_p 值可根据式(8-3)求得。如以 Q235 钢为例，$E=200\text{GPa}$，$\sigma_p=200\text{MPa}$，$\lambda_p=100$。所以说，由 Q235 钢制成的压杆，其柔度 $\lambda\geqslant\lambda_p=100$ 时，才能应用欧拉公式计算临界力或临界应力。

3. 临界应力总图

对临界应力超过比例极限($\lambda<\lambda_p$)的压杆可分为以下两类。

(1) 短粗杆或小柔度杆

一般来说短粗杆不会发生失稳，它的承压能力取决于材料的抗压强度，属于强度问题。

(2) 中柔度杆

在工程中这类杆是常见的。对于这类压杆大多采用以试验为基础的经验公式来计算临界应力。目前，我国在建筑上采用抛物线临界应力经验公式：

$$\sigma_{cr}=a-b\lambda^2$$

临界力公式则为

$$F_{cr}=\sigma_{cr}A=(a-b\lambda^2)\cdot A$$

式中：λ 为压杆的长细比；a、b 为与材料有关的常数，其值随材料的不同而不同，如

$$\text{Q235 钢：}\sigma_{cr}=(235-0.00668\lambda^2)\text{MPa}\quad(\lambda\leqslant 123)$$

$$\text{16Mn 钢：}\sigma_{cr}=(345-0.00161\lambda^2)\text{MPa}\quad(\lambda\leqslant 109)$$

由以上讨论可知，无论大柔度杆还是中柔度杆，其临界应力均为杆的长细比函数。临界

应力与长细比λ的关系曲线称为临界应力总图。

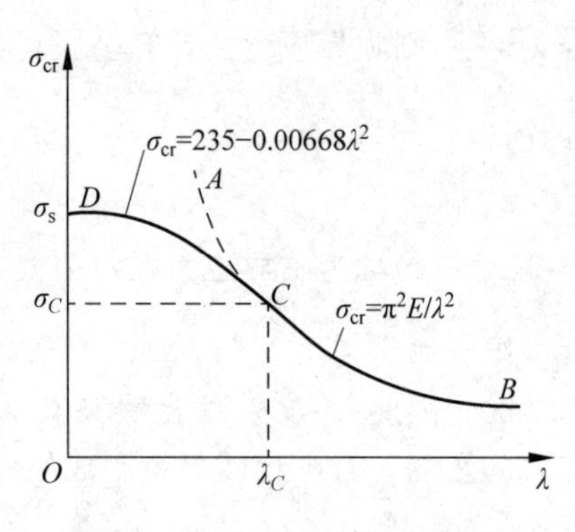

图 8-8　Q235 钢的临界应力总图

图 8-8 为 Q235 钢的临界应力总图。图中曲线 ACB 部分是按欧拉公式绘制的(双曲线),曲线 DC 是按经验公式绘制的(抛物线),两曲线交于C点,C点的横坐标为$\lambda_C=123$,纵坐标为$\sigma_C=134\text{MPa}$。这里以$\lambda_C=123$而不是以$\lambda_p=100$作为两曲线的分界点,这是因为欧拉公式是以理想压杆导出的,与实际存在差异,因而将分界点做了修正,这样更能反映压杆的实际情况。所以,在实际应用中对 Q235 钢制成的压杆,当$\lambda \geqslant \lambda_C=123$时,才能按欧拉公式计算临界应力(或临界力),当$\lambda<123$时,用经验公式计算。

例 8-4　三根圆截面压杆直径均为 160mm,材料均为 Q235 钢,$E=200\text{GPa}$,$\sigma_p=200\text{MPa}$,$\sigma_s=240\text{MPa}$,两端均为铰支。长度分别为$l_1=5\text{m}$,$l_2=2.5\text{m}$,$l_3=1.25\text{m}$。试计算各杆的临界力。

视频讲解

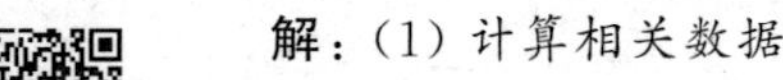

解:(1) 计算相关数据

$$A=\frac{\pi}{4}d^2=\left(\frac{\pi}{4}\times 0.16^2\right)\text{m}^2=2\times 10^{-2}\text{m}^2$$

$$I=\frac{\pi}{64}d^4=\left(\frac{\pi}{64}\times 0.16^4\right)\text{m}^4=3.22\times 10^{-5}\text{m}^4$$

$$i=\frac{d}{4}=4\times 10^{-2}\text{m}$$

$$\mu=1$$

(2) 计算各杆的临界力

第一根杆:$l_1=5\text{m}$

$$\lambda_1=\frac{\mu l_1}{i}=\frac{1\times 5}{4\times 10^{-2}}=125$$

因为$\lambda_1>\lambda_p$,所以此杆属于大柔度杆,应用欧拉公式计算临界力:

$$F_{cr}=\frac{\pi^2EI}{(\mu l_1)^2}=\frac{\pi^2\times 200\times 10^9\times 3.22\times 10^{-5}}{(1\times 5)^2}\text{kN}=2540\text{kN}$$

第二根杆:$l_2=2.5\text{m}$

$$\lambda_2=\frac{\mu l_2}{i}=\frac{1\times 2.5}{4\times 10^{-2}}=62.5$$

因为$\lambda_s<\lambda_2<\lambda_p$,所以第二根杆属于中柔度杆,现用抛物线经验公式计算临界应力:

$$\sigma_{cr}=a-b\lambda^2=(235-0.00668\times 62.5^2)\text{MPa}=208.91\text{MPa}$$

则临界力为

$$F_{cr}=\sigma_{cr}\cdot A=(208.91\times 10^6\times 2\times 10^{-2})\text{kN}=4178.2\text{kN}$$

第三根杆:$l_3=1.25\text{m}$,属于短粗杆,按强度方法计算临界力:

$$F_{cr}=\sigma_s\cdot A=(240\times 10^6\times 2\times 10^{-2})\text{kN}=4800\text{kN}$$

从中看出,对于同样的压杆因长度不同,其承载力差别是很大的。

8.3　压杆的稳定性计算方法

当压杆中的应力达到其临界应力时，压杆将要失去稳定。因此，正常情况下的压杆其横截面上的应力应小于临界应力。在工程中为了保证压杆具有足够的稳定性，要求横截面上的工作应力不能超过压杆临界应力的许用应力$[\sigma_{cr}]$。

工程中为了简便起见，对压杆的稳定计算常常采用折减系数法，就是将材料的许用应力$[\sigma]$乘以一个折减系数 φ 作为压杆的许用临界应力$[\sigma_{cr}]$，即

$$[\sigma_{cr}]=\varphi[\sigma] \tag{b}$$

而压杆中的应力达到临界应力时，压杆将要失稳。因此正常工作的压杆其横截面上的应力应小于许用临界应力，即

$$\sigma \leqslant [\sigma_{cr}] \tag{c}$$

将式(b)代入式(c)得

$$\sigma \leqslant \varphi[\sigma] \tag{8-4}$$

式(8-4)就是**按折减系数法进行压杆稳定计算的稳定条件**。式中 φ 是随 λ 值变化而变化的，即给定一个 λ 值就对应一个 φ 值。工程上为了应用方便在有关结构设计规范中都列出了常用建筑材料随 λ 变化而变化的 φ 值，现摘录一部分制成表 8-2 以便查阅。

表 8-2　几种常见材料的折减系数φ

λ	折减系数 φ		
	Q235A 钢(低碳钢)	16 锰钢	木材
20	0.981	0.973	0.932
40	0.927	0.895	0.822
60	0.842	0.776	0.658
70	0.789	0.705	0.575
80	0.731	0.627	0.460
90	0.669	0.546	0.371
100	0.604	0.462	0.300
110	0.536	0.384	0.248
120	0.466	0.325	0.208
130	0.401	0.279	0.178
140	0.349	0.242	0.153
150	0.306	0.213	0.134
160	0.272	0.188	0.117
170	0.243	0.168	0.102
180	0.218	0.151	0.093
190	0.197	0.136	0.083
200	0.180	0.124	0.075

下面只讨论折减因数法的稳定条件应用。将式(8-4)改写成

$$\frac{F}{\varphi A} \leqslant [\sigma] \tag{8-5}$$

式中,F 为实际作用在压杆上的轴向压力,kN;φ 为压杆的折减因数;A 为压杆的横截面面积,mm^2。

应用稳定条件可对压杆进行以下三个方面的计算。

1. 稳定性校核

若已知压杆的材料、杆长、截面尺寸、杆端的约束条件和作用力,就可根据式(8-5)校核杆件是否满足稳定条件。

2. 设计截面

若已知压杆的材料、杆长和杆端的约束条件需要设计压杆的截面时,由于稳定条件中截面尺寸、型号未知,所以柔度 λ 和折减系数 φ 也未知。因此,计算时一般先假定 $\varphi=0.5$,试选截面尺寸、型号算得 λ 后再查 φ'。若 φ' 与假设的 φ 值相差较大,则再选二者的中间值重新试算,直至二者相差不大,最后再进行稳定校核。

3. 确定许用荷载

若已知压杆的材料、杆长、杆端的约束条件、截面的形状与尺寸,求压杆所能承受的许用荷载,可根据式(8-5)计算许用荷载:

$$[F] \leqslant \varphi A[\sigma] \tag{8-6}$$

当表 8-2 中没有相应柔度时怎样确定折减因数?

当用折减因数法进行压杆稳定计算时,需要根据柔度 λ 查折减因数 φ,当计算的柔度 λ 在表上没有对应的值,则不能直接查出 φ 值,这时需用直线插值法计算。以 Q235 钢为例说明如下:当 $\lambda=70$ 时,查表 8-2 得 $\varphi=0.789$;当 $\lambda=80$ 时,查表 8-2 得 $\varphi=0.731$,问当 $\lambda=74$ 时,$\varphi=$? 其计算式为 $\varphi=0.789-\frac{0.789-0.731}{80-70}\times(74-70)=0.743$。

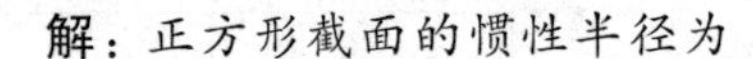

例 8-5 如图 8-9 所示,两端铰支的正方形截面 $a=120$mm 的木杆,所受轴向压力 $F=30$kN,杆长 $l=4$m,许用应力 $[\sigma]=10$MPa。试校核该压杆的稳定性。

视频讲解

解:正方形截面的惯性半径为

$$i=\sqrt{\frac{I_z}{A}}=\sqrt{\frac{\frac{a^4}{12}}{a^2}}=\frac{a}{\sqrt{12}}=\frac{120}{\sqrt{12}}\text{mm}=34.64\text{mm}$$

$$\lambda=\frac{\mu l}{i}=\frac{1\times 4}{34.64\times 10^{-3}}=115$$

查表 8-2 用直线插值法得

$$\varphi=0.248-\frac{0.248-0.208}{10}\times(115-110)=0.228$$

$$\frac{F}{\varphi A}=\frac{30\times 10^3}{0.228\times 120\times 120}\text{MPa}=9.12\text{MPa}<[\sigma]$$

所以该压杆满足稳定条件,安全。

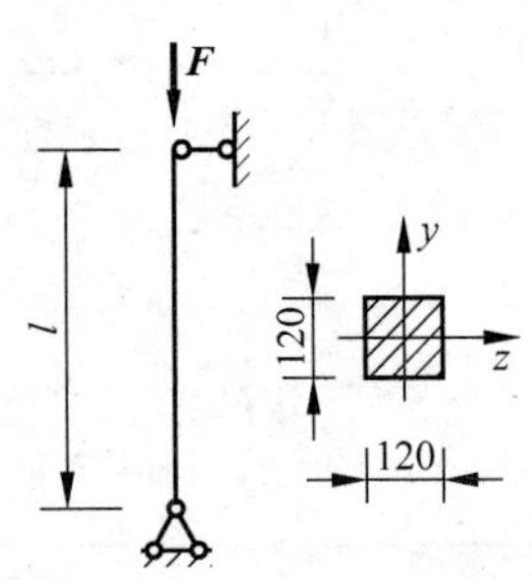

图 8-9 压杆稳定校核

例 8-6　如图 8-10 所示三铰支架，已知 AB 杆和 BC 杆都为圆形截面，直径 $d=50\text{mm}$。材料为 Q235 钢，材料的许用应力 $[\sigma]=160\text{MPa}$。在结点 B 处作用一竖向荷载 $\boldsymbol{F}$，AB 杆的长度 $l=1.5\text{m}$，按稳定条件考虑计算该三铰支架的许用荷载 $[F]$。

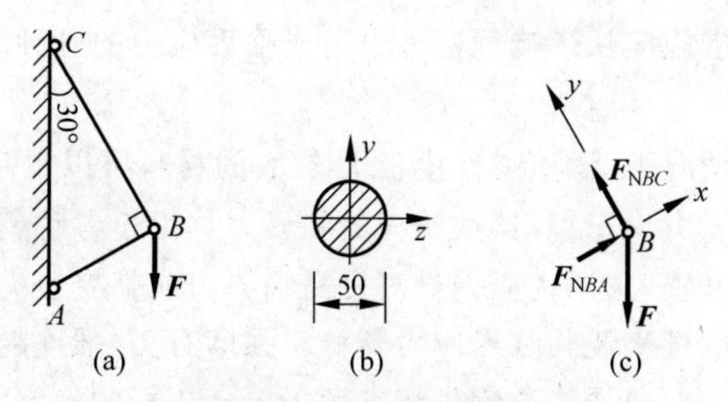

图 8-10　三铰支架许用荷载

解：(1) 取 B 点作为隔离体，求各杆的内力，如图 8-10(c)所示。

$$\sum x=0,\quad F_{NBA}-F\sin 30^\circ=0$$

$$F_{NBA}=\frac{1}{2}F(\text{压杆})$$

$$\sum y=0,\quad F_{NBC}-F\cos 30^\circ=0$$

$$F_{NBC}=\frac{\sqrt{3}}{2}F(\text{拉杆})$$

所以 AB 杆是压杆，受到的压力为 $\frac{1}{2}F$。

(2) 计算有关数据

$$A=\frac{\pi}{4}d^2=\left(\frac{\pi}{4}\times 50^2\right)\text{mm}^2=1962.5\text{mm}^2$$

$$i=\frac{d}{4}=\frac{50}{4}\text{mm}=12.5\text{mm}$$

$$\lambda=\frac{\mu l}{i}=\frac{1\times 1.5}{12.5\times 10^{-3}}=120$$

查表 8-2 得

$$\varphi=0.466$$

(3) 计算许用荷载 $[F]$

将 AB 压杆的压力 $\frac{1}{2}F$ 代入式(8-6)得

$$[F_{cr}]=\frac{F}{2}\leqslant \varphi A[\sigma]$$

$$\begin{aligned}F&\leqslant 2\varphi A[\sigma]=(2\times 0.466\times 1962.5\times 160)\text{N}\\&=292.6\text{kN}\end{aligned}$$

从压杆的稳定性考虑，许用荷载 $[F]$ 可取 292kN。

8.4 提高压杆稳定性的主要措施

提高压杆稳定性的措施应从影响压杆临界力或临界应力的各种因素着手去考虑。

1. 合理选用材料

在其他条件相同的情况下,选用弹性模量 E 较大的材料可以提高大柔度压杆的承载能力。例如钢制压杆的临界力大于铜、铸铁压杆的临界力。由于各种钢材的弹性模量 E 值差不多,因此,对大柔度杆来说,选用优质钢材对提高临界力或临界应力意义不大,反而造成材料的浪费。但对于中柔度杆来说其临界应力与材料强度有关,强度越高的材料,临界应力越大。所以,对中柔度杆而言,选择优质钢材将有助于提高压杆的稳定性。

2. 减小压杆的长度

在其他条件相同的情况下,杆长 l 越小则 λ 越小,临界应力就越大。因此,减小杆长显然提高了压杆的稳定性,可以通过改变结构或增加支点来减小杆长。如图 8-11 所示两端铰支的细长压杆,若在中点处增加一支承,则其计算长度为原来的一半,柔度即为原来的一半,而它的临界应力却是原来的 4 倍。

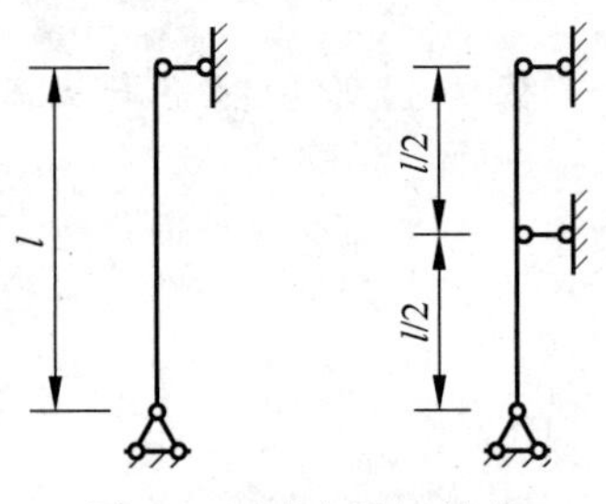

图 8-11　减小压杆长度

3. 改善支承情况

从表 8-1 中可看到,压杆两端固定得越牢,μ 值就越小,计算长度 μl 越小,柔度 λ 也就越小,临界应力就越大。因此,在结构条件允许的情况下应尽可能采用 μ 值小的支承形式,以便压杆的稳定性得到相应的提高。

4. 合理选择截面形状

在横截面面积相等的情况下,增大惯性矩 I 从而达到增大惯性半径 i,减小柔度 λ,提高压杆稳定性的目的。如图 8-12(b)所示的空心环形截面比图 8-12(a)所示的实心圆截面合理。

当压杆在各个弯曲平面内的支承条件相同时,即 μ 值相同,则压杆的失稳发生在最小刚度平面内。因此,应尽量使截面的 $I_z = I_y$,这样可使压杆在各个弯曲平面内具有相同的稳定性。图 8-13(b)所示的组合截面比图 8-13(a)的组合截面稳定性要好。

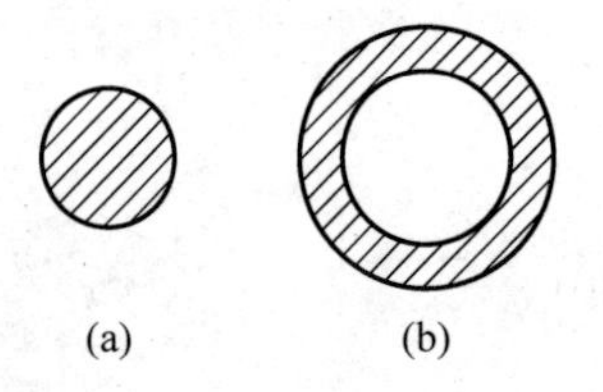

(a)　(b)

图 8-12　实心圆截面和空心环形截面

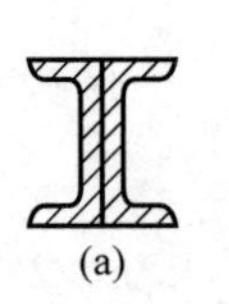

(a)

(b)

图 8-13　组合截面图

当压杆在两个弯曲平面内的支承条件不同时,则可采用 $I_2 \neq I_y$ 的截面来与相应的支承条件配合,使得压杆在两个弯曲平面内的柔度值相等,即 $\lambda_z = \lambda_y$,从而达到在两个方向上抵抗失稳的能力相等。图 8-14(a)列出了型钢表中的四种截面，在每个截面上都画出一根形心轴(通过形心的轴线)。截面有无数根形心轴，唯独对这根形心轴的截面二次矩最小，在这个方向截面抵抗弯曲的能力最弱。当支承约束各向相同时，受压构件会绕这根轴失稳，当失稳弯曲时，截面绕这根轴转动。可见，单独用这类杆件承压还未做到充分利用材料。

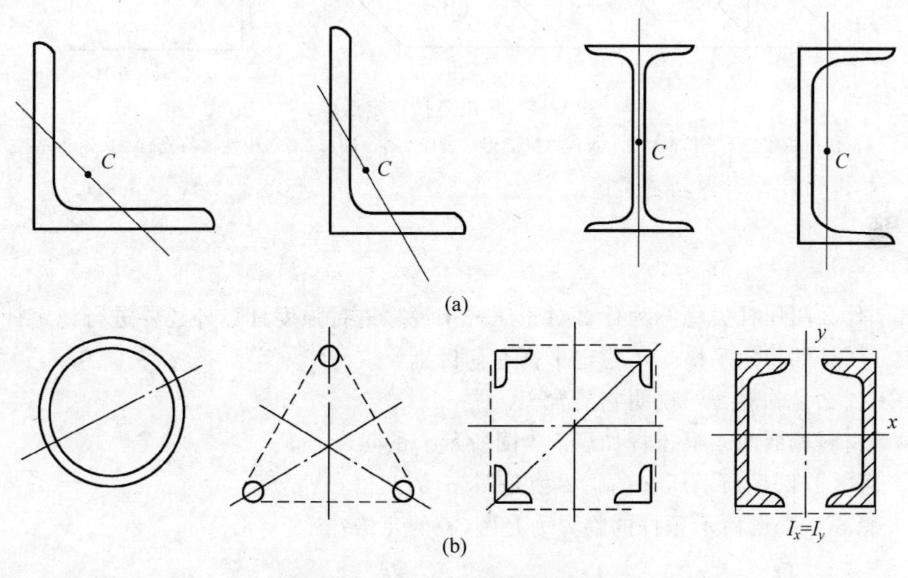

图 8-14　受压构件的合理截面

(a) 截面对图示形心轴的截面二次矩最小；(b) 截面对任一形心轴的截面二次矩都相等

图 8-14(b)中的截面多为组合截面，材料布置在远离中性轴的地方，截面二次矩已经得到了很大的提高。而且，轮廓为圆形、正方形、正三角形的**截面具有三根或三根以上的对称轴，截面对任何一根形心轴的截面二次矩都相等**；调整两根槽钢的间距使 $I_x=I_y$，也能使截面对任何一根形心轴的截面二次矩都相等。选用这类截面的杆件承压最能充分地利用材料，因此在工程中应用最广。

用纸条做稳定试验

裁一段纸条做试验(图 8-15)：试将纸条竖着立在桌面上。纸条太薄，抗弯能力太弱。由于纸条不可能做到绝对平展竖直，自重便使纸条的初始弯曲迅速扩大(图 8-15(a))；若将纸条折成“角钢”形状，它就能够承受自重立在桌面上了(图 8-15(b))。分别在两种截面的图形上大致画出失稳弯曲时的中性轴，不难比较二者对中性轴截面二次矩的大小(图 8-15(c))。可见，改变截面的形状增大截面二次矩是提高压杆稳定性的措施之一。

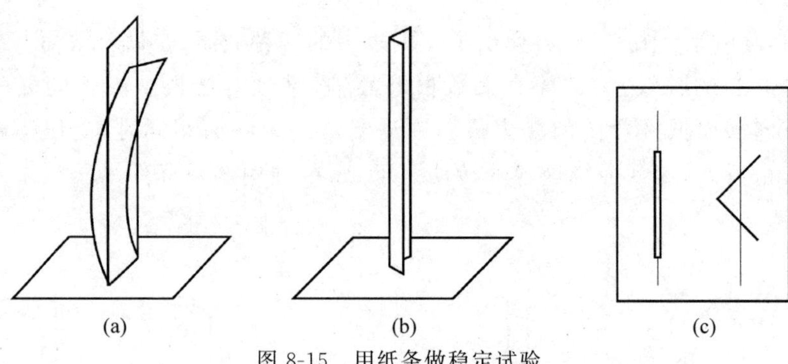

图 8-15　用纸条做稳定试验

(a) 自重使初始弯曲迅速扩大；(b) 折成"角钢"形状就能立住；(c) 二者对中性轴的截面二次矩相差甚远

思考题

8-1　什么叫压杆失稳？为什么对于压杆来说除进行强度计算外还要进行稳定计算？

8-2　压杆的稳定平衡与不稳定平衡有何区别？

8-3　什么是临界力？说明它的含义。

8-4　材料相同的4根压杆如思 8-4 图所示。试问：

(1) 思 8-4(b)图所示压杆的临界力是图(a)的几倍？

(2) 思 8-4(d)图所示压杆的临界力是图(c)的几倍？

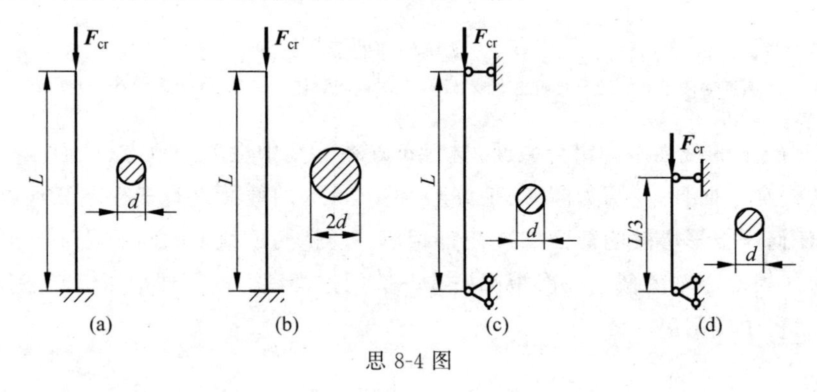

思 8-4 图

8-5　两端约束条件均为球铰支承，其截面采用如思 8-5 图所示的各种截面形状。试问：当压杆失稳时，其截面将分别绕哪一根轴转动？

8-6　设某两根细长压杆的材料和长度相同，且两端均为球形铰链支承。一根横截面是直径为 d 的圆截面，另一根是用连接件连接在一起的两个直径为 d 的并列圆截面，如思 8-6 图所示。试问：该两杆的临界压力哪一个大？为什么？

8-7　压杆的压力一旦达到临界压力值，试问压杆是否就丧失了承受荷载的能力？

8-8　如何判别压杆在哪个平面内失稳？思 8-8 图所示截面形状的压杆，设两端为球铰。试问，失稳时其截面分别绕哪根轴转动？

8-9　压杆的稳定条件与强度条件有何不同？利用压杆的稳定条件可以解决哪些类型的问题？

8-10　下面两种说法是否正确？两种说法是否一致？

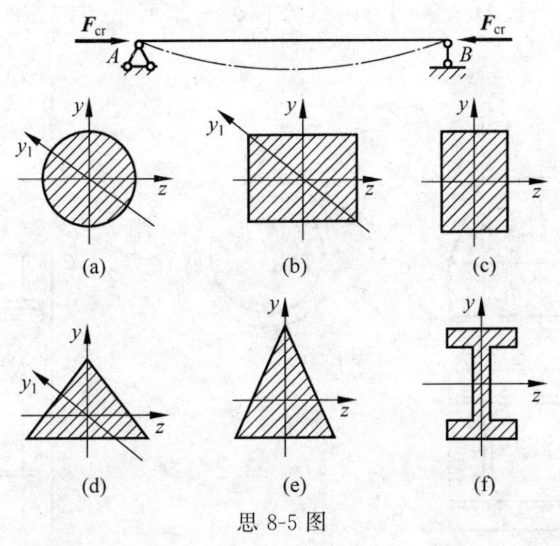

思 8-5 图

(a) 圆形；(b) 正方形；(c) 矩形；(d) 等边三角形；(e) 等腰三角形；(f) 工字形

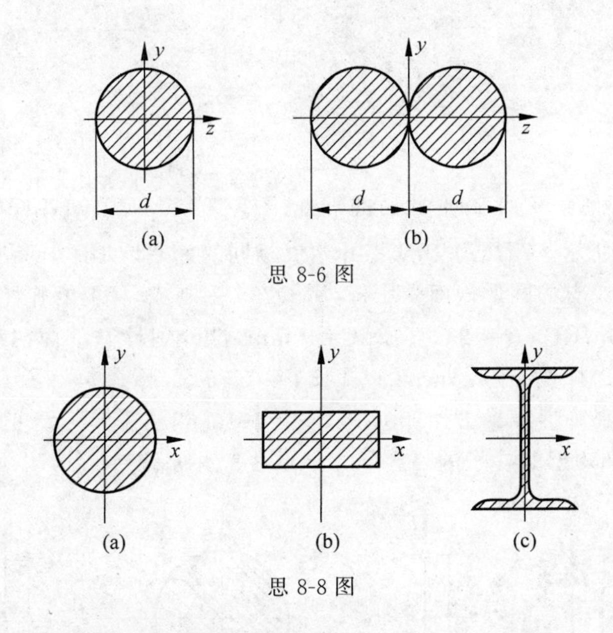

思 8-6 图

思 8-8 图

(1) 临界力是使压杆丧失稳定的最小荷载。

(2) 临界力是压杆维持原有直线平衡状态的最大荷载。

8-11　什么是折减系数 φ? 它随哪些因素变化? 用折减系数法对压杆进行稳定计算时,是否要区别大柔度杆、中柔度杆和小柔度杆?

8-12　当查表 8-2 中没有相应的计算柔度时怎样确定折减系数 φ?

8-13　工程中常从以下四个方面采取措施来提高受压构件的稳定性:

(1) 选用适当的材料;

(2) 选择合理的截面;

(3) 加强支承约束;

(4) 减小自由长度。

试在思8-13图(a)、(b)、(c)各图号后的空白处选填所采取措施的编号。

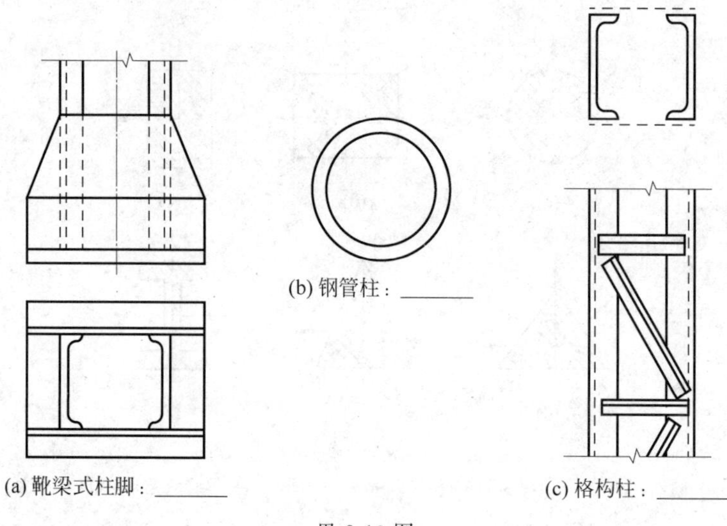

思8-13图

习题

8-1 如题8-1图所示均为圆形截面的细长压杆($\lambda \geqslant \lambda_p$)，已知各杆所用的材料及直径$d$均相同，长度如图所示。当压力$\boldsymbol{F}$从零开始以相同的速率增加时，问哪个杆首先失稳？

8-2 有一两端铰支的圆形截面受压杆，用Q235钢制成，材料的弹性模量$E=200\text{GPa}$，屈服点应力$\sigma_s=240\text{MPa}$，$\lambda_p=123$，直径$d=40\text{mm}$，试分别计算下面两种情况下压杆的临界应力与临界力：(1)杆长$l=1.5\text{m}$；(2)杆长$l=0.5\text{m}$。

8-3 某压杆材料弹性模量$E=200\text{GPa}$，$\lambda_p=100$。当柱子实际柔度$\lambda=125$时，试分别计算横截面为圆形和矩形时柱子的临界压力如题8-3图所示。

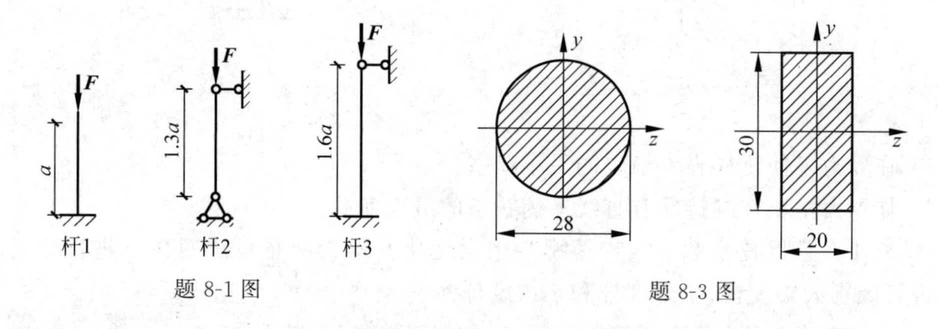

题8-1图　　题8-3图

8-4 压杆如题8-4图所示，材料为Q235钢，弹性模量$E=200\text{GPa}$，求临界压力F_{cr}。

8-5 一根两端铰支的22a号工字钢压杆，长$l=5\text{m}$，材料的弹性模量$E=200\text{GPa}$。试确定此压杆的临界力。

8-6 三根圆截面压杆直径均为160mm，材料均为Q235钢，$E=200\text{GPa}$，$\sigma_p=200\text{MPa}$，$\sigma_s=240\text{MPa}$，两端均为铰支。长度分别为$l_1=5\text{m}$，$l_2=2.5\text{m}$，$l_3=1.25\text{m}$。试计算各杆的

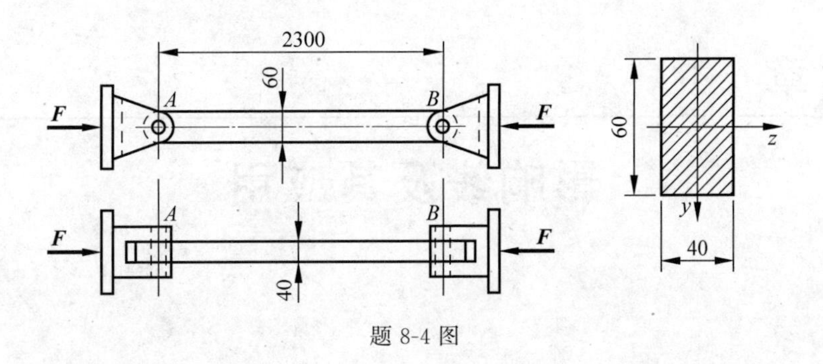

题 8-4 图

临界力。

8-7　新 195 型柴油机的挺杆长度 $l=257\text{mm}$，直径 $d=8\text{mm}$，弹性模量 $E=210\text{GPa}$，作用于挺杆的最大轴向压力为 1.76kN。已知稳定安全系数 $n_W=3$，试校核挺杆的稳定性。

8-8　如题 8-8 图所示支架，BD 杆为正方形截面的木杆，其长度 $l=2\text{m}$，截面边长 $a=0.1\text{m}$，木材的许用应力$[\sigma]=10\text{MPa}$。试从满足 BD 杆的稳定条件考虑，计算该支架能承受的最大荷载 $F_{\max}$。

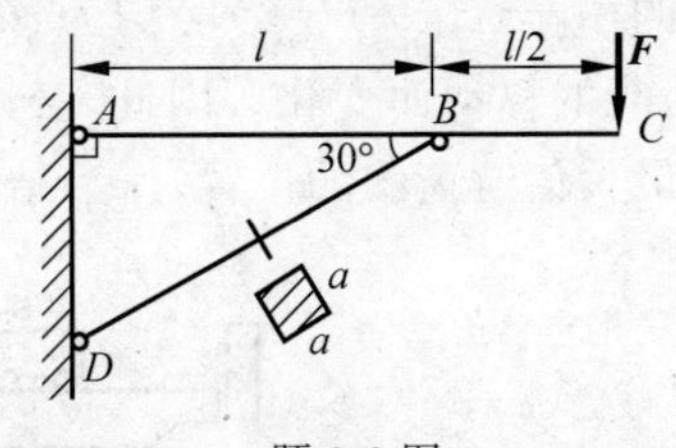

题 8-8 图

8-9　如题 8-9 图所示钢柱，由两根 10 号槽钢组成，长 $l=4\text{m}$，两端固定。材料为 Q235 钢，许用应力$[\sigma]=160\text{MPa}$。现用两种方式组合：一种是将两根槽钢结合成为一个工字形(图(a))，另一种是使用缀板将两根槽钢结合成图(b)所示形式，图中间距 $a=44\text{mm}$。试计算两种情况下钢柱的许用荷载。

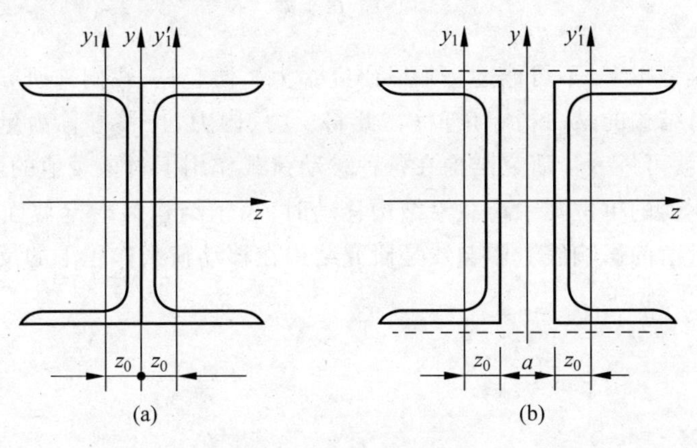

题 8-9 图

第9章 影响线及其应用

9.1 影响线的概念

前面各章所讨论的荷载，其大小、方向和作用点都是固定不变的，称为**固定荷载**。在这种荷载作用下，结构的支座反力和内力都是固定不变的。但在工程实际中有些结构要承受移动荷载，即荷载作用在结构上的位置是变化的。如在桥梁上行驶的汽车（图 9-1(a)）、火车和活动的人群，在吊车梁上行驶的吊车（图 9-1(b)）等均为移动荷载。在移动荷载作用下，结构的支座反力和内力都将随荷载的移动而变化。因此，必须研究这种变化规律确定支座反力和内力的最大值，以及达到最大值时荷载的位置，作为结构设计的依据。

吊车梁

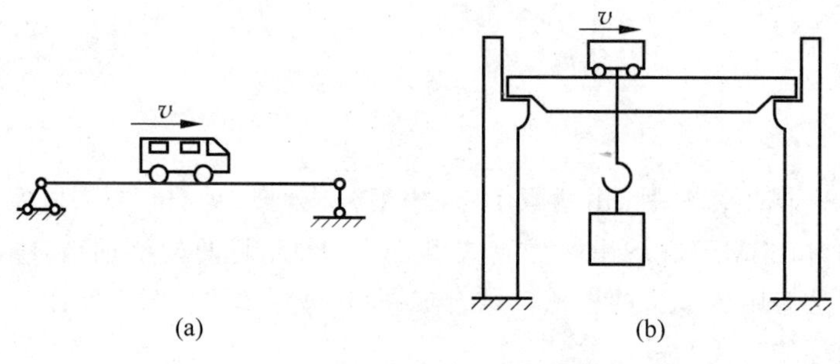

图 9-1　吊车梁

移动荷载的类型很多，不可能逐一加以研究。为简便起见，我们来研究结构在单位集中移动荷载作用时对结构的某一指定量值（在此将反力、内力、位移等称为量值）所产生的影响，根据叠加原理就可进一步研究结构在各种移动荷载作用下对该量值的影响。

当一个方向不变的单位集中荷载沿结构移动时，表示结构某指定截面某一量值变化规律的图形称为该量值的**影响线**。影响线是研究结构在移动荷载作用下的反力和内力计算的工具。

移动荷载作用效应

前面几章讨论的内容都是结构在固定荷载作用下，反力、内力和位移的计算。在实际工程中，结构除了承受固定荷载外还承受移动荷载，在进行结构设计时还需要考虑移动荷载的作用效应。本章主要介绍静定梁影响线的绘制方法,以及在移动荷载作用下最不利荷载位置的确定和内力包络图的绘制法等。

9.2 用静力法作单跨静定梁的影响线

作静定结构内力或支座反力的影响线,最基本的方法是静力法。所谓静力法是指,先把单位移动荷载 $F_P=1$ 放在结构的任意位置,以 x 表示单位移动荷载到所选坐标原点的距离,将单位移动荷载暂时视为固定荷载,通过平衡条件确定所求支座反力和内力的影响线函数,作此函数的图像即为对应的影响线。

9.2.1 用静力法作简支梁的影响线

1. 支座反力影响线的作法

(1) 作支座反力 F_{RB} 的影响线。

将 $F_P=1$ 放在任意位置,距 A 点为 x,如图 9-2(a)所示。由平衡条件

$$\sum M_A=0,\quad F_{RB}l-1x=0$$

解得

$$F_{RB}=\frac{x}{l}\quad (0\leqslant x\leqslant l)$$

这就是 F_{RB} 的影响线方程。由此方程知,F_{RB} 的影响线是一条直线。在 A 点,$x=0$,$F_{RB}=0$。在 B 点,$x=1$,$F_{RB}=1$。连接这两个竖距便画出 F_{RB} 的影响线,如图 9-2(b)所示。

(2) 作支座反力 F_{RA} 的影响线。

将 $F_P=1$ 放在任意位置,距 A 点为 x。由平衡条件

$$\sum M_B=0,\quad F_{RA}l-1(l-x)=0$$

解得

$$F_{RA}=\frac{l-x}{l}\quad (0\leqslant x\leqslant l)$$

这就是 F_{RA} 的影响线方程。由此方程知,F_{RA} 的影响线也是一条直线。在 A 点,$x=0$,$F_{RA}=1$。在 B 点,$x=1$,$F_{RA}=0$。连接这两个竖距便画出 F_{RA} 的影响线,如图 9-2(c)所示。

影响线竖距表示的数值称为**影响线系数**,支座反力影响线系数为无量纲。

2. 剪力影响线的作法

现在拟作指定截面 C 的剪力 F_{SC} 的影响线(图 9-2(d))。当 $F_P=1$ 作用在 C 点以左或以右时,剪力 F_{SC} 的影响线函数具有不同的表示式,应当分别考虑。

当 $F_P=1$ 作用在 CB 段时,取截面 C 的左边为隔离体,由 $\sum F_y=0$,得

$$F_{SC}=F_{RA}\quad (F_P=1\text{ 在 }CB\text{ 段})$$

由此看出,在 CB 段内 F_{SC} 的影响线与 F_{RA} 的影响线相同。因此,可先作 F_{RA} 的影响线,然后保留其中的 CB 段(AC 段舍弃不用)。C 点的竖距可按比例关系求得为 b/l。

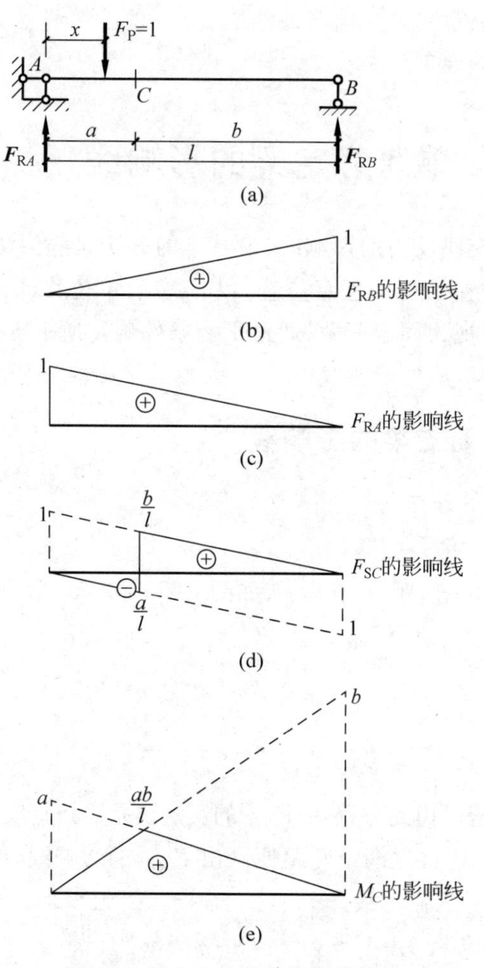

图 9-2　静力法作简支梁的影响线

当 $F_P=1$ 作用在 AC 段时，取截面 C 的右边为隔离体，由 $\sum F_y=0$，得

$$F_{SC}=-F_{RB}\quad (F_P=1 \text{ 在 } AC \text{ 段})$$

由此看出，在 AC 段内 F_{SC} 的影响线与 F_{RB} 的影响线相同，但正负号相反。因此，可先把 F_{RB} 的影响线翻过来画在基线下面，保留其中的 AC 段。C 点的竖距可按比例关系求得为 $-\dfrac{a}{l}$。

综合起来，F_{SC} 的影响线由 AC 和 CB 两段平行线所组成，在 C 点形成台阶。由此看出，当 $F_P=1$ 作用在 AC 段任一点时，截面 C 为负剪力。当 $F_P=1$ 作用在 CB 段任一点时，截面 C 为正剪力。当 $F_P=1$ 超过 C 点由左侧到右侧时，截面 C 的剪力将引起突变。当 $F_P=1$ 正好作用在 C 点时，F_{SC} 的影响线函数没有意义。

据此得**简支梁剪力影响线的静力简单作法是**：在一个简支梁上同时作出 F_{RA} 和 $-F_{RB}$ 的影响线，在所求剪力 F_{SC} 截面处作一竖线，所截取的两个三角形即为剪力 F_S 在此截面的影响线，如图 9-2(d)所示。其他任意截面剪力影响线作法更简便了，将竖线推到什么截面就生成什么截面的剪力影响线。其剪力影响线系数可利用相似三角形成比例求得，它是一个无量纲的量。

3. 弯矩影响线作法

现拟作截面 C 的弯矩 M_C 的影响线(图 9-2(e))。仍分成两种情况($F_P=1$ 作用在 C 点以左和以右)分别考虑。

当 $F_P=1$ 作用在 CB 段时,取 C 的左边为隔离体,得

$$M_C=F_{RA}\cdot a\quad (F_P=1 \text{ 在 } CB \text{ 段})$$

由此看出,在 CB 段内 M_C 的影响线函数等于 F_{RA} 的影响线函数的 a 倍。因此,可先把 F_{RA} 的影响线竖距乘以 a,然后保留其中的 CB 段就得到 M_C 在 CB 段的影响线。这里 C 点的竖距应为 ab/l。

当 $F_P=1$ 作用在 AC 段时,取 C 的右边为隔离体,得

$$M_C=F_{RB}\cdot b\quad (F_P=1 \text{ 在 } AC \text{ 段})$$

因此,可先把 F_{RB} 的影响线竖距乘以 b,然后保留其中的 AC 段就得到 M_C 在 AC 段的影响线。这里 C 点的竖距仍是 ab/l。

综合起来,M_C 的影响线分成 AC 和 CB 两段,每一段都是直线,形成一个三角形,如图 9-2(e)所示。由此看出,当 $F_P=1$ 作用在 C 点时,弯矩 M_C 为极大值。当 $F_P=1$ 由 C 点向梁的两端移动时,弯矩 M_C 值逐渐减小到零。

由此得**简支梁作弯矩影响线的静力简易作法**:先作一条基线,在基线对应截面处作一竖线,其值为 ab/l,连接 A、B 两端即为此截面弯矩的影响线,如图 9-2(e)所示。

弯矩影响线系数量纲为长度单位 m。

例 9-1　试用静力法绘制如图 9-3 所示外伸梁的 F_{Ay}、F_{By}、F_{SC}、M_C、F_{SD}、M_D 的影响线。

解:(1) 绘制反力 F_{Ay}、F_{By} 的影响线。取 A 点为坐标原点,横坐标 x 向右为正。当荷载 $F_P=1$ 作用于梁上任一点 x 时,分别求得反力 F_{Ay}、F_{By} 的影响线方程为

$$F_{Ay}=\frac{l-x}{l}\quad (-l_1\leqslant x\leqslant l+l_2)$$

$$F_{By}=\frac{x}{l}\quad (-l_1\leqslant x\leqslant l+l_2)$$

以上两个方程与相应的简支梁反力影响线方程完全相同,只是 x 的取值范围有所扩大而已,由此得**外伸梁支座反力影响线的静力简易作法**:先按简支梁支座反力影响线简易作法作出其反力影响线,再将相应简支梁的反力影响线向两个伸臂部分延长即可绘出整个外伸梁的反力 F_{Ay} 和 F_{By} 的影响线,分别如图 9-3(b)、(c)所示。

(2) 绘制剪力 F_{SC}、弯矩 M_C 的影响线。当 $F_P=1$ 作用于截面 C 以左时,取截面 C 右边为隔离体,求得影响线方程为

$$F_{SC}=-F_{By}\quad (-l_1\leqslant x< a)$$
$$M_C=F_{By}b\quad (-l_1\leqslant x\leqslant a)$$

当 $F_P=1$ 作用于截面以右时,取截面 C 左边为隔离体,求得影响线方程为

$$F_{SC}=F_{Ay}\quad (a< x\leqslant l+l_2)$$
$$M_C=F_{Ay}a\quad (a\leqslant x\leqslant l+l_2)$$

由上可知,F_{SC} 和 M_C 的影响线方程也与简支梁的相同。因而与绘制反力影响线一样,只需将相应简支梁的 F_{SC} 和 M_C 的影响线向两外伸臂部分延长即可得到外伸梁的 F_{SC} 和 M_C 的影响线,分别如图 9-3(d)、(e)所示。

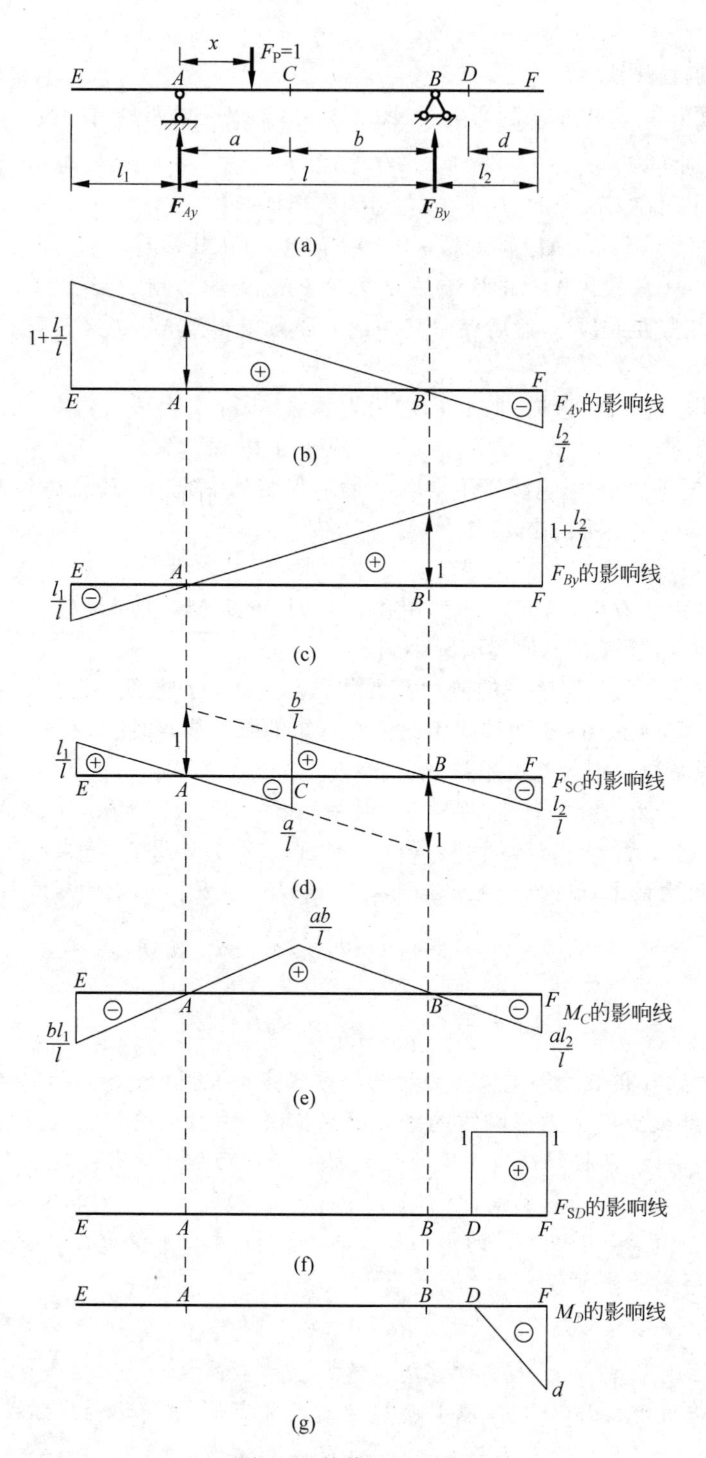

图 9-3 外伸梁影响线

(3) 绘制剪力 F_{SD}、弯矩 M_D 的影响线。当 $F_P=1$ 作用于截面 D 以左时,取截面 D 右边为隔离体,求得影响线方程为

$$F_{SD}=0 \quad (-l_1 \leqslant x < l+l_2-d)$$

$$M_D = 0 \quad (-l_1 \leqslant x \leqslant l + l_2 - d)$$

当 $F_P = 1$ 作用于截面 D 以右时，仍取截面 D 右边为隔离体，求得影响线方程为

$$F_{SD} = 1 \quad (l + l_2 - d < x \leqslant l + l_2)$$

$$M_D = -(x - l - l_2 + d) \quad (l + l_2 - d \leqslant x \leqslant l + l_2)$$

当 $x = l + l_2 - d$ 时，$M_D = 0$；当 $x = l + l_2$ 时，$M_D = -d$。

上面弯矩方程较麻烦，若取坐标原点为 D，x 向右为正，则弯矩 M_D 的方程为 $M_D = -x$，当 $x = 0$ 时，$M_D = 0$；当 $x = d$ 时，$M_D = -d$。

由上所述，分别绘出 F_{SD} 和 M_D 的影响线，如图 9-3(f)、(g)所示。

9.2.2 影响线与内力图的区别

试问，内力的影响线与内力图有什么区别呢？内力的影响线与内力图虽然都表示内力的变化规律，而且它们在形状上也有些相似之处，但两者在概念上却有本质的区别。对此，初学者容易混淆。现以图 9-4 所示弯矩的影响线与弯矩图为例，说明两者的区别。

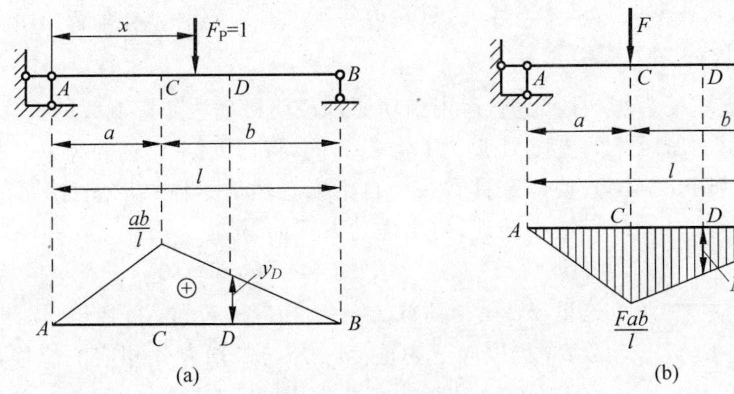

图 9-4 M_C 的影响线与 M 图比较

(a) M_C 的影响线；(b) M 图

(1) 荷载类型不同。绘弯矩的影响线时所受的荷载是单位移动荷载 $F_P = 1$；而绘弯矩图时所受的荷载则是固定荷载 $\boldsymbol{F}$。

(2) 自变量 x 表示的含义不同。弯矩影响线方程的自变量 x 表示单位移动荷载 $F_P = 1$ 的作用位置，而弯矩方程中的自变量 x 表示的则是截面位置。

(3) 竖距表示的意义不同。M_C 的影响线中任一点 D 的竖距表示单位移动荷载 $F_P = 1$ 作用于点 D 时截面 C 上弯矩的大小，即 M_C 的影响线只表示 C 截面上的弯矩 M_C 在单位荷载移动时的变化规律，与其他截面上的弯矩无关。而弯矩图中任一点 D 的竖距表示的是在点 C 作用固定荷载 $\boldsymbol{F}$ 时在截面 D 上引起的弯矩值，即 M 图表示在固定荷载作用下各个截面上弯矩 M 的大小。

(4) 绘制规定不同。M_C 的影响线中正弯矩画在基线的上方，负弯矩画在基线的下方，标明正负号。而弯矩图则绘在杆件的受拉一侧，不标正负号。

总之，内力的影响线反映的是某一截面上某一内力量值与单位移动荷载作用位置之间的关系；内力图反映的是在固定荷载作用下某一内力量值在各个截面上的大小。

9.3 机动法作单跨静定梁的影响线

机动法是以虚功原理为基础把作内力或支座反力影响线的静力问题转化为作位移图的几何问题。机动法有一个优点：不需经过计算就能很快地绘出影响线的轮廓。因此，对于某些问题用机动法处理特别方便，例如在确定荷载最不利位置时往往只需知道影响线的轮廓，而无须求出其数值。另外，用静力法作出的影响线也可用机动法来校核。

知识链接

虚位移原理

用机动法作影响线的依据是虚位移原理。所谓虚位移原理是指虚设结构约束允许的可能位移，求结构中实际产生力(支座反力、内力)的理论。这里的虚位移是指位移不是由相应的力产生的(即力与位移无关)，而是人为的、假设的约束允许的位移。这里的位移包括线位移、角位移，详见第12章结构位移的计算。

下面以简支梁支座反力影响线为例，运用虚功原理说明机动法作影响线的概念和步骤。

现拟求如图9-5(a)所示梁的支座B反力F_{RB}。为此，将与F_{RB}相应的约束——支杆B撤去，代以未知量Z(图9-5(b))，使体系具有一个自由度。然后给体系以虚位移，使梁绕A点微小转动，列出虚功方程如下：

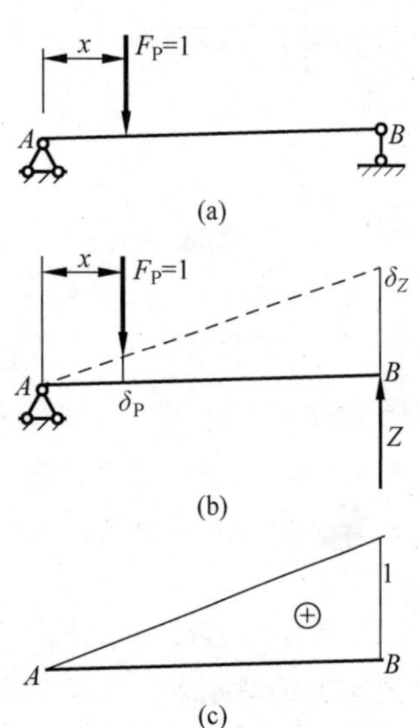

图9-5　机动法作影响线

$$Z\delta_Z + F_P\delta_P = 0 \tag{9-1}$$

这里，δ_P是与荷载$F_P=1$相应的位移，由于F_P以向下为正，故δ_P也以向下为正；δ_Z是与未知力Z相应的位移，δ_Z以与Z正方向一致者为正。由式(9-1)求得

$$\overline{Z} = -\frac{\delta_P}{\delta_Z} \tag{9-2}$$

当$F_P=1$移动时，位移δ_P随着变化，是荷载位置参数x的函数；而位移δ_Z与x无关，是一个常量。因此，式(9-2)可表示为

$$\overline{Z}(x) = \left(-\frac{1}{\delta_Z}\right)\delta_P(x) \tag{9-3}$$

这里，函数$\overline{Z}(x)$表示Z的影响线，函数$\delta_P(x)$表示荷载作用点的竖向位移图(图9-5(b))。由此可知，Z的影响线与荷载作用点的竖向位移图成正比。也就是说，根据位移δ_P图就可以得出影响线的轮廓。

如果还要确定影响线各竖距的数值，则应将位移δ_P图除以δ_Z(或在位移图中设$\delta_Z=1$)，由此得到的图9-5(c)就从形状上和数值上完全确定了Z的影响线。

至于影响线竖距的正负号可规定如下：当δ_Z为正值时，由式(9-3)得知Z与δ_P的正负号正好相反，又δ_P以向下为正，因此，如果位移图在横坐标轴上方，则δ_P值为负，因而影响系数为正。

总结起来机动法作静定内力或支座反力影响线的步骤如下：

(1) 撤去与 Z 相应的约束，代以未知力 Z。

(2) 使体系沿 Z 的正方向发生位移，作出荷载作用点的竖向位移图（δ_P 图），由此可定出 Z 的影响线轮廓。

(3) 令 $\delta_Z=1$，可进一步定出影响线各竖距的数值。

(4) 横坐标以上的图形影响系数取正号；横坐标以下的图形影响系数取负号。

例 9-2　试用机动法作如图 9-6(a)所示简支梁弯矩和剪力的影响线。

视频讲解

解：(1) 弯矩 M_C 的影响线

撤去与弯矩 M_C 相应的约束（即在截面 C 处改为铰接），代以一对等值反向力偶 M_C。这时，铰 C 两侧的刚体可以相对转动。

这里，与 M_C 相应的位移 δ_Z 就是铰 C 两侧截面的相对转角。利用 δ_Z 可以确定位移图中的竖矩。由于 δ_Z 是微小转角，可先求得 $BB_1=\delta_Z b$。按几何关系，可求出 C 点竖向位移为 $\frac{ab}{l}\delta_Z$。这样得到的位移图即代表 M_C 影响线的轮廓。

为了求得影响系数的数值，再将图 9-6(b)中的位移图除以 δ_Z 即得到 M_C 的影响线，如图 9-6(c)所示，其中 C 点的影响系数为 $\frac{ab}{l}$。

(2) 剪力 F_{SC} 的影响线

撤去截面 C 处相应于剪力的约束代以剪力 F_{SC}，得如图 9-6(d)所示的机构。此时，在截面 C 处能发生相对的竖向位移但不能发生相对的转动和水平移动。因此，切口两边的梁在发生位移后保持平行，切口的相对竖向位移即为 δ_Z。令 $\delta_Z=1$，由三角形几何关系即可确定影响线的各控制点数值（图 9-6(e)）。

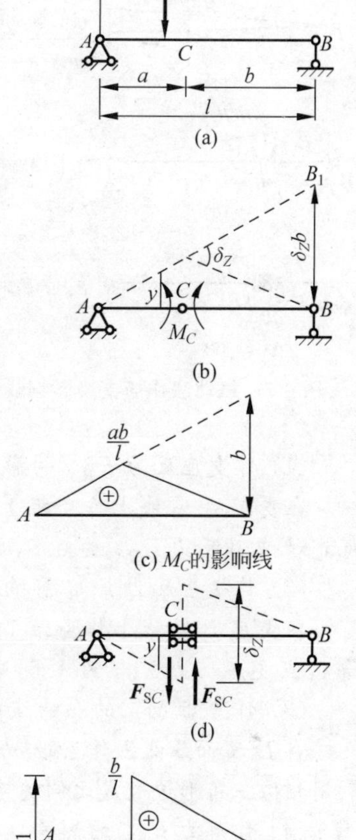

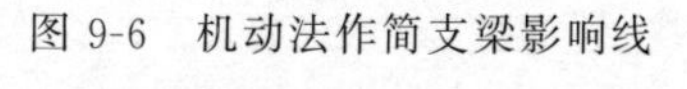

图 9-6　机动法作简支梁影响线

特别提醒：虚位移原理、机动法作影响线都不好懂，此例是进一步具体说明机动法作影响线的机理，读者用机动法作影响线时就不这样做了，而是直接作图就行了。示范如下：

① 作支座反力 F_{RA} 的影响线。解除支座 A 约束代以反力 F_{RA}，在 A 点向上作一竖距等于 1，连接 B 点即为支座反力 F_{RA} 的影响线，如图 9-7(b)所示。

② 作支座反力 F_{RB} 的影响线。解除支座 B 约束代以反力 F_{RB}，在 B 点向上作一竖距等于 1，连接 A 点即为支座反力 F_{RB} 的影响线，如图 9-7(c)所示。

③ 作弯矩 M_C 的影响线。在 C 点加一铰，在此作一竖距使其值等于 ab/l，连接 A、B 点就是 M_C 的影响线，如图 9-7(d)所示。

④ 作剪力 F_{SC} 的影响线。在 C 点加一定向支座，在定向支座左边向下作等于 a/l 的竖距，在定向支座右边向上作等于 b/l 的竖距，连接 A、B 点就是 F_{SC} 的影响线，如图 9-7(e)所示。

例 9-3 试用简易法作图 9-8 所示外伸梁支座反力和 D 截面弯矩、剪力的影响线。

解：所谓简易法就是综合静力法、机动法作影响线的简化方法，解答如下。

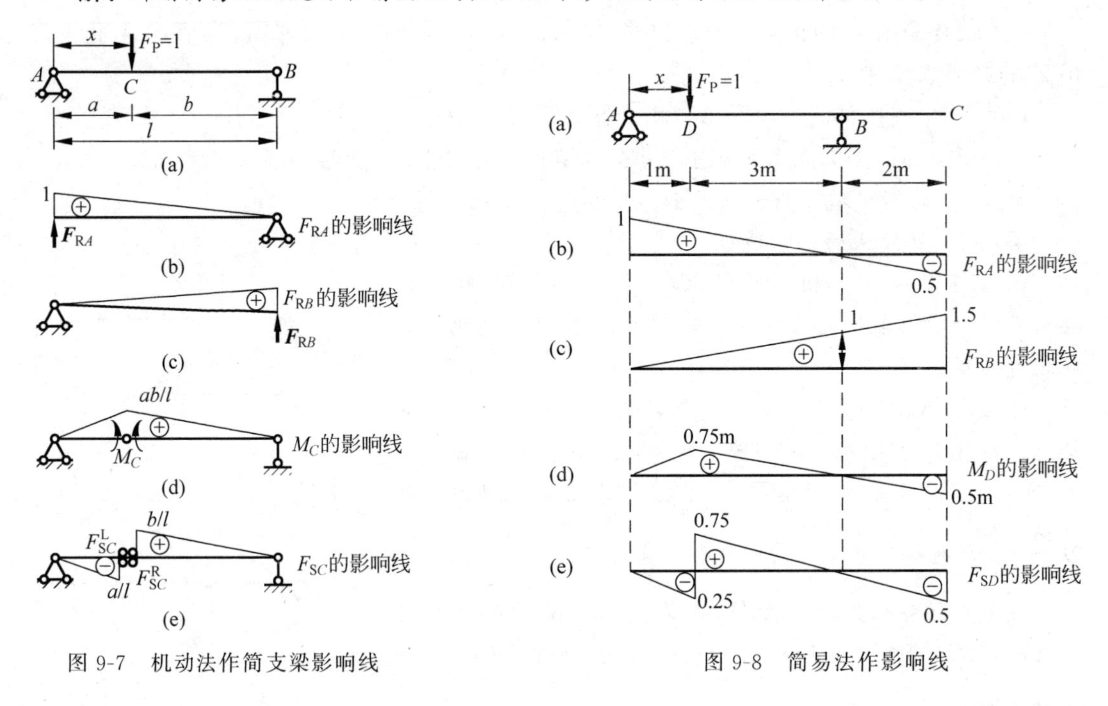

图 9-7 机动法作简支梁影响线　　　　图 9-8 简易法作影响线

(1) 作支座反力 F_{RA} 的影响线

在支座 A 基线上作竖距 1，连接支座 B 并延长到 C，利用相似三角形边长成比例关系得 C 点支座反力 F_{RA} 为 0.5，则 F_{RA} 影响线如图 9-8(b)所示。

(2) 作支座反力 F_{RB} 影响线

在支座 B 基线上作竖距 1，连接支座 A 并延长到 C，利用相似三角形边长成比例关系得 C 点支座反力 F_{RB} 为 1.5，则 F_{RB} 影响线如图 9-8(c)所示。

(3) 作弯矩 M_D 的影响线

在 D 截面基线上作竖距 $ab/l=(1\times3/4)\text{m}=0.75\text{m}$，连接支座 A 和 B 并延长 DB 到 C，利用相似三角形边长成比例关系得 C 点 M_D 为 0.5m，则 M_D 的影响线如图 9-8(d)所示。

(4) 作剪力 F_{SD} 的影响线

在 D 左截面基线上向下作竖距 $a/l=1/4=0.25$，连接支座 A；在 D 右截面基线上向上作竖距 $b/l=3/4=0.75$，连接支座 B 并延长 DB 到 C，利用相似三角形边长成比例关系得 C 点 F_{SD} 为 0.5，则 F_{SD} 的影响线如图 9-8(e)所示。

9.4 影响线的应用

影响线是处理移动荷载效应的工具，在此只研究利用影响线求支座反力和内力值，确定荷载的最不利位置及最不利荷载等。为叙述方便，在工程中把反力、内力、位移等量称为量值。

9.4.1 求各种荷载作用下的影响量

作影响线时用的是单位荷载，根据叠加原理可利用影响线求固定荷载作用下的支座反力和内力值。

设有一组集中荷载 $\boldsymbol{F}_{P1}$、$\boldsymbol{F}_{P2}$、$\boldsymbol{F}_{P3}$ 加于简支梁，位置如图 9-9(a)所示。如 F_{SC} 的影响线在各荷载作用点的竖距为 y_1、y_2、y_3，则由 $\boldsymbol{F}_{P1}$ 产生的 $\boldsymbol{F}_{SC}$ 等于 $F_{P1}y_1$，$\boldsymbol{F}_{P2}$ 产生的 $\boldsymbol{F}_{SC}$ 等于 $F_{P2}y_2$，$\boldsymbol{F}_{P3}$ 产生的 $\boldsymbol{F}_{SC}$ 等于 $F_{P3}y_3$。根据叠加原理可知，在这组荷载作用下 F_{SC} 的数值为

$$F_{SC}=F_{P1}y_1+F_{P2}y_2+F_{P3}y_3 \tag{a}$$

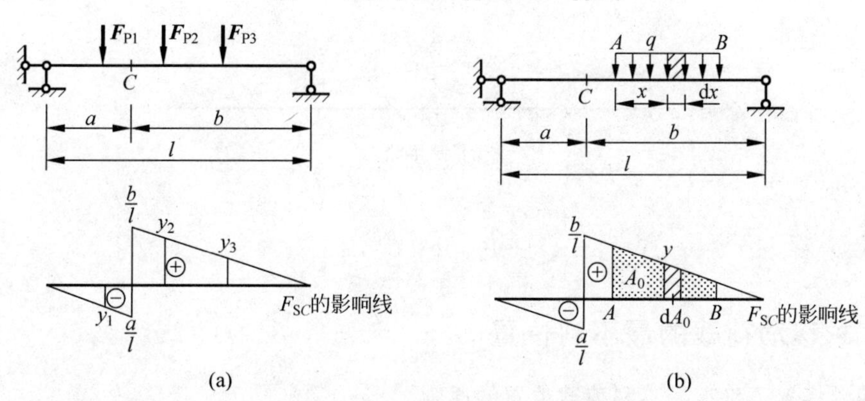

图 9-9　求各种荷载作用下的影响线

一般来说，设有一组集中荷载 $\boldsymbol{F}_{P1}$，$\boldsymbol{F}_{P2}$，…，$\boldsymbol{F}_{Pn}$ 加于结构，而结构某量 Z 的影响线在各荷载作用处的竖距为 y_1，y_2，…，y_n，则

$$Z=F_{P1}y_1+F_{P2}y_2+\cdots+F_{Pn}y_n=\sum F_{Pi}y_i \tag{9-4}$$

如果结构在 AB 段承受均布荷载 q 作用(图 9-9(b))，则微段 dx 上的荷载 $q dx$ 可看作集中荷载，它所引起的 Z 值为 $yq dx$。因此，在 AB 段均布荷载作用下的 Z 值为

$$Z=\int_A^B yq\,dx=q\int_A^B y\,dx=qA_0 \tag{9-5}$$

这里，A_0 表示影响线图形在受载段 AB 上的面积。式(9-5)表示，均布荷载引起的 Z 值等于荷载集度乘以受载段的影响线面积。应用此式时要注意面积 A_0 的正负号。

若梁上既有集中荷载又有均布荷载时，则 Z 值的计算公式为

$$Z=\sum F_{Pi}y_i+\sum q_iA_{0i} \tag{9-6}$$

例 9-4　利用影响线求如图 9-10(a)所示简支梁，在图示荷载作用下截面 C 上剪力 F_{SC} 的数值。

解：绘出剪力 F_{SC} 的影响线，如图 9-10(b)所示。设影响线正号部分的面积为 A_1，负号部分的面积为 A_2，则有

$$A_1=\left(\frac{1}{2}\times\frac{2}{3}\times4\right)\text{m}^2=\frac{4}{3}\text{m}^2$$

$$A_2=\left[\frac{1}{2}\times\left(-\frac{1}{3}\right)\times2\right]\text{m}^2=-\frac{1}{3}\text{m}^2$$

视频讲解

剪力 F_{SC} 的影响线在力 $\boldsymbol{F}$ 作用点处的竖距 $y=\frac{1}{2}$。由式(9-6)得截面 C 上剪力 F_{SC} 的数值为

$$F_{SC}=Fy+q(A_1+A_2)=\left[20\times\frac{1}{2}+5\times\left(\frac{4}{3}-\frac{1}{3}\right)\right]\text{kN}=15\text{kN}$$

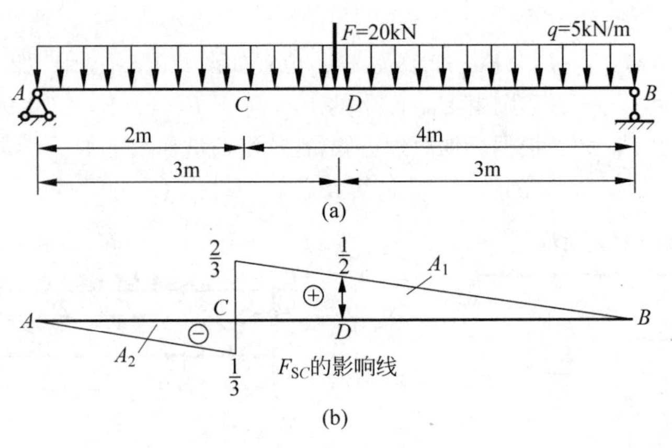

图 9-10 计算影响量

9.4.2 求移动荷载的最不利位置

1. 简单情况下确定最不利荷载位置的原则

如果荷载移动到某个位置使某量 Z 达到最大值，则此荷载位置称为**最不利荷载位置**。影响线的一个重要作用就是用来确定移动荷载的最不利位置。

对于以下简单情况只需对影响线和荷载特性加以分析和判断就可定出荷载的最不利位置。其判断的原则是：

(1) 应当把数量大、排列最密的荷载放在影响线竖距较大的部位；

(2) 如果移动荷载是单个集中荷载，则最不利位置就是这个集中荷载作用在影响线的竖距最大处；

(3) 如果移动荷载是一组集中荷载，则在最不利位置时必有一个集中荷载作用在影响线的顶点上，如图 9-11 所示；

(4) 如果移动荷载是均布荷载，而且可以按任意方式分布，则其最不利位置是在影响线正号部分布满荷载(求最大正号值)，或者在负号部分布满荷载(求最大负号值)，如图 9-12 所示。

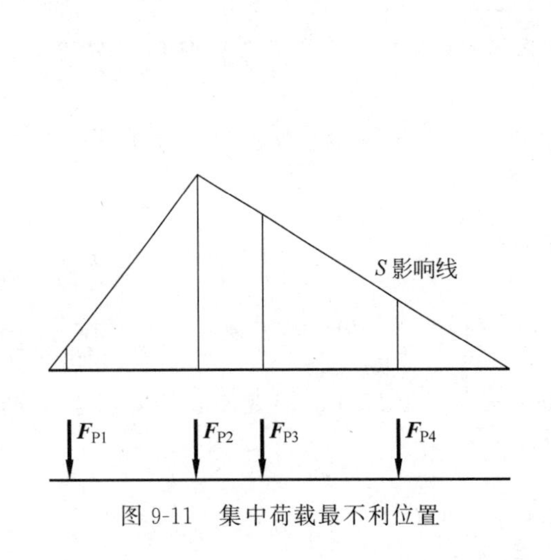

图 9-11 集中荷载最不利位置

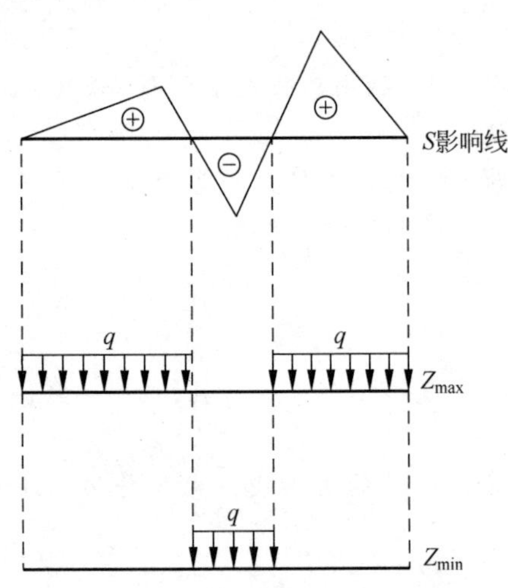

图 9-12 均布荷载最不利位置

例 9-5　图 9-13(a)所示为两台吊车的轮压和轮距，试求吊车梁 AB 在截面 C 的最大正剪力。

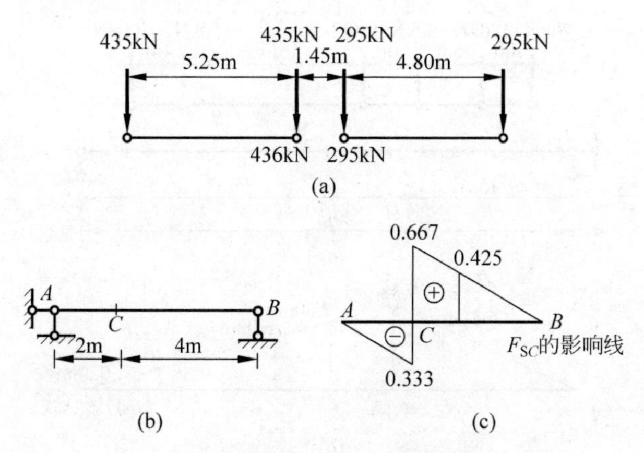

图 9-13　吊车轮压最不利位置

解：先作出 F_{SC} 的影响线并标出荷载对应的影响系数(图 9-13(c))。

要使 F_{SC} 为最大正剪力，首先，荷载应放在 F_{SC} 影响线的正号部分。其次，应将排列较密的荷载(中间两个轮压)放在影响系数较大的部位(荷载 435kN 放在 C 点的右侧)。如图 9-13(b)所示为荷载的最不利位置。由此求得

$$F_{SC\max}=F_{P1}y_1+F_{P2}y_2=(435\times 0.667+295\times 0.425)\text{kN}=415\text{kN}$$

2. 确定一组集中移动荷载最不利位置

如果移动荷载是一组集中荷载，要确定某量 Z 的最不利荷载位置通常分成两步进行：

第一步，求出使 Z 达到极值的荷载位置。这种荷载位置称为荷载的**临界位置**。

第二步，从荷载的临界位置中选出荷载的最不利位置，也就是从 Z 的极大值中选出最大值，从极小值中选出最小值。

下面以三角形影响线为例说明荷载临界位置的特点及其判定方法。

当影响线为三角形时，临界荷载的位置可用简便形式表示出来。如图 9-14 所示，设 Z 的影响线为一三角形。如果求 Z 的极大值则在临界位置必有一荷载 $\boldsymbol{F}_{Pcr}$ 正好在影响线的顶点上。以 $\boldsymbol{F}_R^L$ 表示 $\boldsymbol{F}_{Pcr}$ 左方荷载的合力，$\boldsymbol{F}_R^R$ 表示 $\boldsymbol{F}_{Pcr}$ 右方荷载的合力，其临界位置判别式为

$$\left.\begin{aligned}\frac{F_R^L}{a}&\leqslant\frac{F_{Pcr}+F_R^R}{b}\\ \frac{F_R^L+F_{Pcr}}{a}&\geqslant\frac{F_R^R}{b}\end{aligned}\right\}\tag{9-7}$$

式(9-7)表明，临界位置的特点为：临界荷载位置必有一集中荷载 $\boldsymbol{F}_{Pcr}$ 在影响线的顶点，将 $\boldsymbol{F}_{Pcr}$ 计入哪一边(左边或右边)，则哪一边荷载的平均集度就大。

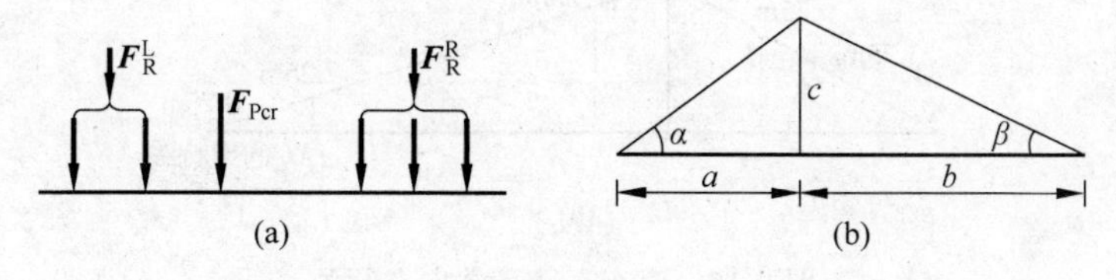

图 9-14　一组集中移动荷载最不利位置

例 9-6 如图 9-15(a)所示梁 AB,跨度为 40m,承受汽车车队荷载。试求截面 C 的最大弯矩。

视频讲解

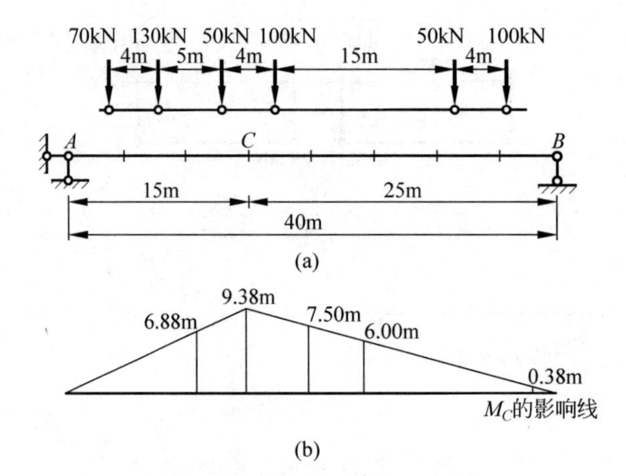

图 9-15 汽车车队荷载向左行驶

解:M_C 的影响线如图 9-15(b)所示。

首先,设汽车车队向左行驶,将轴重 130kN 置于 C 点,用式(9-7)验算:

$$\frac{70}{15}<\frac{130+200}{25}$$

$$\frac{70+130}{15}>\frac{200}{25}$$

由此可知所试位置是临界位置,相应的 M_C 值为

$$\begin{aligned}M_C&=(70\times 6.88+130\times 9.38+50\times 7.50+100\times 6.00+50\times 0.38)\text{kN}\cdot\text{m}\\&=2695\text{kN}\cdot\text{m}\end{aligned}$$

其次,假设汽车车队向右行驶,仍将 130kN 荷载置于 C 点(图 9-16(a)),用式(9-7)验算:

$$\frac{150}{15}<\frac{130+200}{25}$$

$$\frac{150+130}{15}>\frac{200}{25}$$

图 9-16 汽车车队荷载向右行驶

此位置亦是临界位置，相应的 M_C 值为

$$M_C = (100\times3.75+50\times6.25+130\times9.38+70\times7.88+100\times2.25+50\times0.75)\text{kN}\cdot\text{m}$$
$$=2721\text{kN}\cdot\text{m}$$

比较上述计算知图 9-16(a)所示荷载位置为最不利位置，即 M_C 的最大值 $M_{C\max}=2721\text{kN}\cdot\text{m}$。

临界荷载 $\boldsymbol{F}_{cr}$ 的特点是：将 $\boldsymbol{F}_{cr}$ 计入哪一边，哪一边的荷载平均集度就大。有时临界荷载可能不止一个，须将相应的极值分别算出进行比较。产生最大极值的那个荷载位置就是最不利荷载位置，该极值即为所求量值的最大值。

现将确定最不利荷载位置的步骤归纳如下：

(1) 最不利荷载位置一般是数值较大且排列紧密的荷载，位于影响线最大竖距的附近，由此判断可能的临界荷载。

(2) 将可能的临界荷载放置于影响线的顶点。判定此荷载是否满足式(9-7)，若满足，则此荷载为临界荷载 $\boldsymbol{F}_{cr}$，荷载位置为临界位置，若不满足，则此荷载位置就不是临界位置。

(3) 对每个临界位置求出一个极值，然后从各个极值中选出最大值。与此相对应的荷载位置即为最不利荷载位置。

在此应当注意，荷载向右或向左移动时可能会有某一荷载离开了梁，在利用临界荷载判别式(9-7)时，$\sum F_{左}$ 和 $\sum F_{右}$ 中应不包含已离开梁的荷载。

例 9-7　静定梁受吊车荷载的作用，如图 9-17(a)、(b)所示。已知 $F_1=F_2=478.5\text{kN}$，$F_3=F_4=324.5\text{kN}$，求支座 B 处的最大反力。

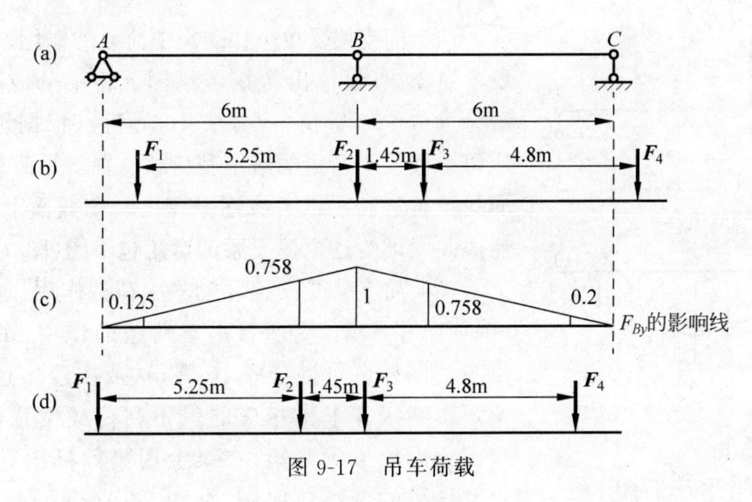

图 9-17　吊车荷载

解：(1) 绘出支座反力 F_{By} 的影响线，判断可能的临界荷载。支座反力 F_{By} 的影响线如图 9-17(c)所示。根据梁上荷载的排列判断可能的临界荷载是 $\boldsymbol{F}_2$ 或 $\boldsymbol{F}_3$。现分别按判别式进行验算。

(2) 验证 $\boldsymbol{F}_2$ 是否为临界荷载。如图 9-17(b)所示，利用式(9-7)有

$$\frac{478.5+478.5}{6}>\frac{324.5}{6}$$

$$\frac{478.5}{6}<\frac{478.5+324.5}{6}$$

因此，$\boldsymbol{F}_2$ 为一临界荷载。

(3) 验证 $\boldsymbol{F}_3$ 是否为临界荷载。如图 9-17(d)所示,利用式(9-7),有

$$\frac{478.5+324.5}{6}>\frac{324.5}{6}$$

$$\frac{478.5}{6}<\frac{324.5+324.5}{6}$$

故 $\boldsymbol{F}_3$ 也是一个临界荷载。

(4) 判别荷载最不利位置。分别计算出各临界荷载位置时相应的影响线竖标(图 9-17(c)),按式(9-4)计算影响量值,进行比较确定荷载最不利位置。

当 $\boldsymbol{F}_2$ 为临界荷载时,有

$$F_{By}=[478.5\times(0.125+1)+324.5\times0.758]\text{kN}=784.3\text{kN}$$

当 $\boldsymbol{F}_3$ 为临界荷载时,有

$$F_{By}=[478.5\times0.758+324.5\times(1+0.2)]\text{kN}=752.1\text{kN}$$

比较二者知,当 $\boldsymbol{F}_2$ 作用于 B 点时为最不利荷载位置,此时 $F_{By\max}=784.3\text{kN}$。

9.4.3 简支梁的内力包络图及其绘制方法

在设计承受移动荷载的结构时,必须求出每一截面上内力的最大值(最大正值和最大负值),连接各截面上内力最大值的曲线称为**内力包络图**。内力包络图是结构设计中的重要依据,在吊车梁、楼盖的连续梁和桥梁设计中都要用到它。下面以简支梁为例具体说明内力包络图的绘制过程。

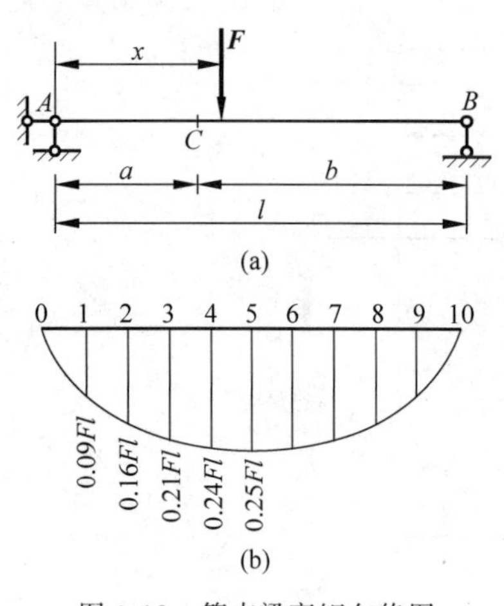

图 9-18 简支梁弯矩包络图

(1) 简支梁受单个移动集中荷载的作用。如图 9-18(a)所示简支梁,试绘出弯矩包络图。将梁分成若干等份(一般分为 6~12 等份,现分成 10 等份),根据影响线可以判定每个截面上弯矩的最不利荷载位置就是荷载作用于该截面的位置。利用影响线逐个算出每个截面上的最大弯矩,连成曲线即为这个简支梁的弯矩包络图(图 9-18(b))。

(2) 简支梁受一组移动集中荷载作用。如图 9-19(a)、(b)所示吊车梁,受两台吊车荷载的作用,试绘制弯矩包络图。同样可将梁分成 10 等份,依次绘出这些截面上的弯矩影响线并求出相应的最不利荷载位置,利用影响线求出它们的最大弯矩,在梁上用竖标标出并连成曲线就得到该梁的弯矩包络图,如图 9-19(c)所示。同理,还可绘出该梁的剪力包络图。由于每一截面上都将产生相应的最大剪力和最小剪力,故剪力包络图有两根曲线,如图 9-19(d)所示。由此看出,内力包络图是针对某种移动荷载而言的,不同的移动荷载对应着不同的内力包络图。

9.4.4 简支梁绝对最大弯矩的计算

简支梁弯矩包络图上的每个弯矩都是最大弯矩,这些最大弯矩中最大的称为简支梁的**绝对最大弯矩**。那么怎样求呢?

设如图 9-20 所示简支梁,跨度为 l,梁上作用有一系列竖向集中力 $\boldsymbol{F}_1,\boldsymbol{F}_2,\cdots,\boldsymbol{F}_n$,其合

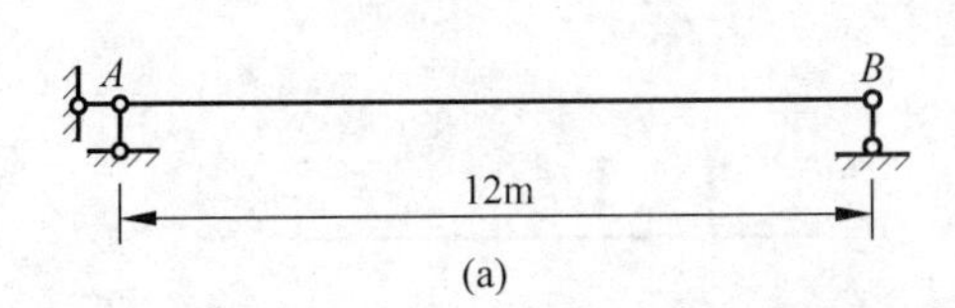

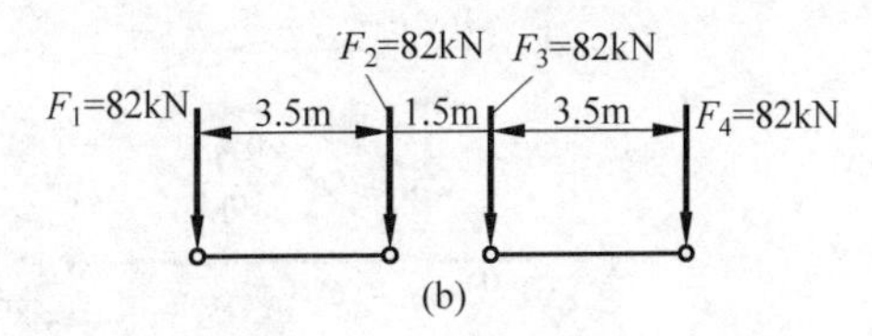

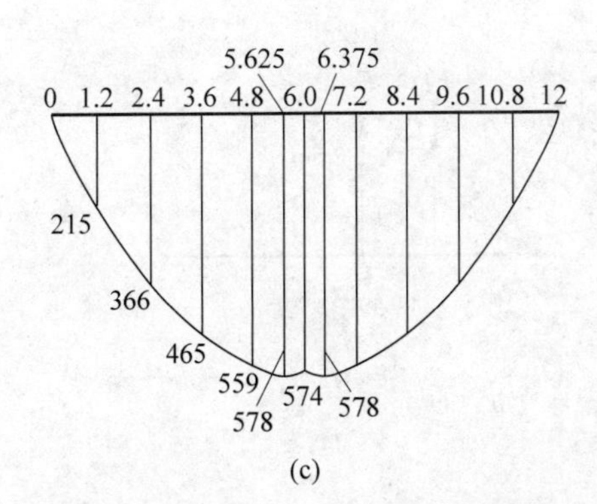

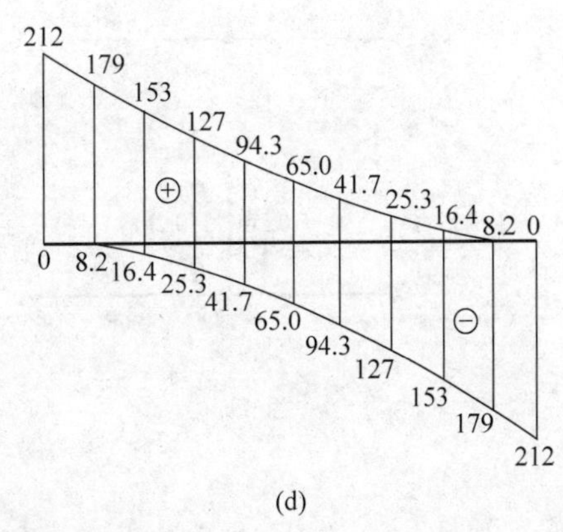

图 9-19　吊车梁包络图

力为 $\boldsymbol{F}_{\mathrm{R}}$，位置在图 9-20 中 D 点。设简支梁的绝对最大弯矩为 $M_{\max}$，绝对最大弯矩必定发生在某一集中力下面，设作用在图中 C 点处。设 $\boldsymbol{F}_k$ 与 $\boldsymbol{F}_{\mathrm{R}}$ 之间的距离为 a，a 分正负，$\boldsymbol{F}_{\mathrm{R}}$ 位于 $\boldsymbol{F}_k$ 的左边时，a 取负值；$\boldsymbol{F}_{\mathrm{R}}$ 位于 $\boldsymbol{F}_k$ 的右边时，a 取正值。可以证明，当 $\boldsymbol{F}_k$ 与 $\boldsymbol{F}_{\mathrm{R}}$ 在简支梁上关于简支梁中点对称布置时，在 $\boldsymbol{F}_k$ 下面发生绝对最大弯矩，其计算公式为

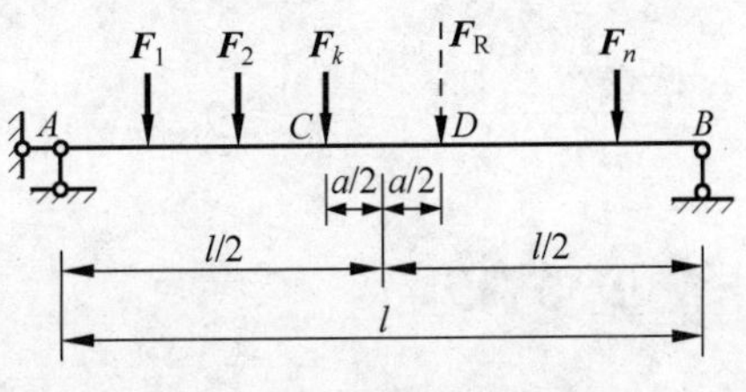

图 9-20　简支梁绝对最大弯矩

$$M_{\max}=\frac{F_{\mathrm{R}}}{l}\left(\frac{l}{2}-\frac{a}{2}\right)^{2}-M_{i}\quad \text{或}\quad M_{\max}=\frac{F_{\mathrm{R}}(l-a)^{2}}{4l}-M_{i}$$

式中，M_i 为 $\boldsymbol{F}_k$ 以左的力对 $\boldsymbol{F}_k$ 作用点（C 点）的力矩代数和。

例 9-8　如图 9-21(a)所示吊车在简支梁上移动，试求梁的绝对最大弯矩，并与跨中最大弯矩相比较。

解：(1) 求绝对最大弯矩

梁实际受到间距不变的轮压 $F_D=5\text{kN}$，$F_E=45\text{kN}$ 的作用（图 9-21(b)）。由于只有两个荷载，故绝对最大弯矩必发生在 $F_E=45\text{kN}$ 作用的截面上。将荷载如图 9-21(c)所示布置，即将合力 $F_{\mathrm{R}}=50\text{kN}$ 与 $F_E=45\text{kN}$ 对称布置在跨中截面 C 的两侧。计算 a，以 $\boldsymbol{F}_{\mathrm{R}}$ 为矩心，得 $5\times(2-a)=45a$，解得 $a=0.2$。$\boldsymbol{F}_{\mathrm{R}}$ 在 $\boldsymbol{F}_k$ 左边，a 取负。绝对最大弯矩为

$$\begin{aligned}M_{\max}&=\frac{F_{\mathrm{R}}}{l}\left(\frac{l}{2}-\frac{a}{2}\right)^{2}-M_{i}=\left[\frac{50}{10}\times\left(\frac{10}{2}-\frac{-0.2}{2}\right)^{2}-5\times 2\right]\text{kN}\cdot\text{m}\\&=(130.05-10)\text{kN}\cdot\text{m}=120.05\text{kN}\cdot\text{m}\end{aligned}$$

(2) 求跨中最大弯矩

图 9-21(d)为梁中点 M_C 的影响线，将 $F_E=45\text{kN}$ 作用于 M_C 的影响线的顶点，则跨中

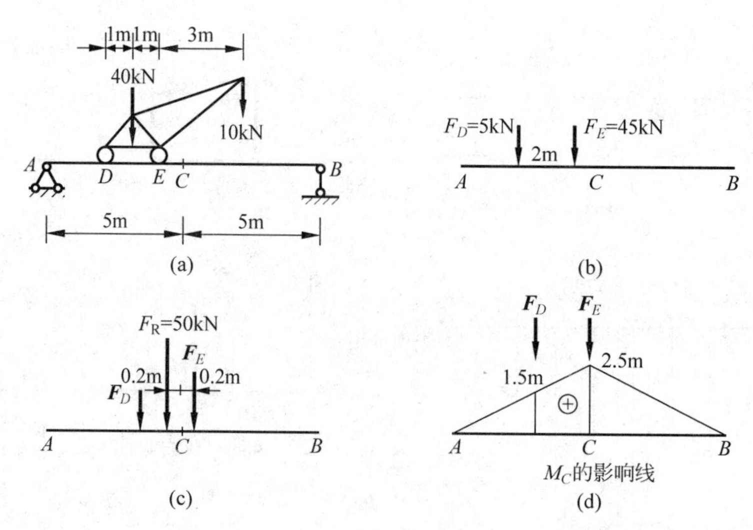

图 9-21 绝对最大弯矩

截面最大弯矩为

$$M_{C\max}=(45\times2.5+5\times1.5)\text{kN}\cdot\text{m}=120\text{kN}\cdot\text{m}$$

(3) 二者比较

$\dfrac{120.05-120}{120}=\dfrac{0.05}{120}=0.042\%$，即绝对最大弯矩比跨中最大弯矩大 0.042%。

计算简支梁绝对最大弯矩常见的错误

计算简支梁绝对最大弯矩的计算公式为 $M_{\max}=\dfrac{F_R}{l}\left(\dfrac{l}{2}-\dfrac{a}{2}\right)^2-M_i$，在教学中学生应用这个公式做习题时经常出错。究其原因是学生对公式中 a 的理解出了问题。a 是试算力 $\boldsymbol{F}_k$ 与梁上实有力合力 $\boldsymbol{F}_R$ 间的距离，a 分正负，$\boldsymbol{F}_R$ 在 $\boldsymbol{F}_k$ 左侧时 a 为负，$\boldsymbol{F}_R$ 在 $\boldsymbol{F}_k$ 右侧时 a 为正。简言之，以 $\boldsymbol{F}_k$ 为准，$\boldsymbol{F}_R$ 左为负，$\boldsymbol{F}_R$ 右为正。例 9-8 中 $a=0.2$，$\boldsymbol{F}_R$ 在 $\boldsymbol{F}_k$ 左侧，应取负值，而不少人没有注意这一点取为正的，这怎么能不出错呢！

思考题

9-1 影响线横坐标和纵坐标的物理意义是什么？

9-2 影响线与内力图有何不同？

9-3 各物理量影响线纵坐标的量纲是什么？

9-4 内力的影响系数方程与求内力方程有何区别？

9-5 简支梁任一截面剪力影响线左、右两支为什么一定平行？截面处两个突变纵坐标的含义是什么？

9-6 影响线的应用条件是什么？

9-7 什么情况下影响系数方程需分段列出？

9-8 在什么样的移动荷载作用下，简支梁的绝对最大弯矩与跨中截面的最大弯矩相同？

习题

9-1 试作如题 9-1 图所示悬臂梁 M_A、F_{Ay}、M_C、F_{SC} 的影响线。

9-2 试作如题 9-2 图所示伸臂梁 F_{By}、F_{Cy}、M_K、F_{SK}、M_C、F_{SC}^{R} 的影响线。

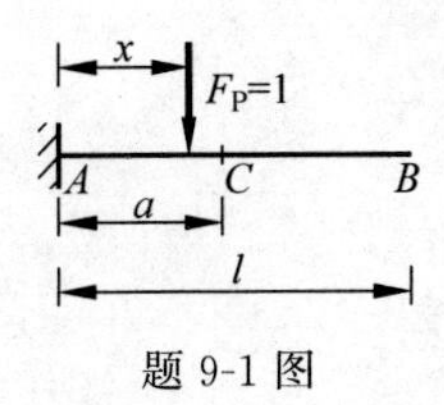

题 9-1 图

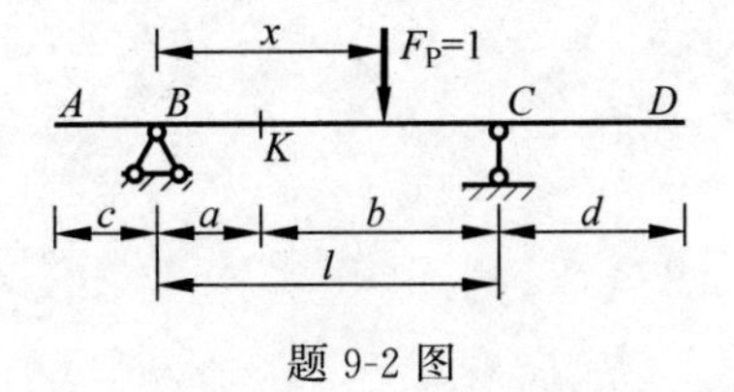

题 9-2 图

9-3 试作如题 9-3 图所示外伸梁支座反力与跨中 C 截面内力的影响线。

9-4 试作如题 9-4 图所示斜梁 F_A、F_B、M_C、F_{SC}、F_{NC} 的影响线。

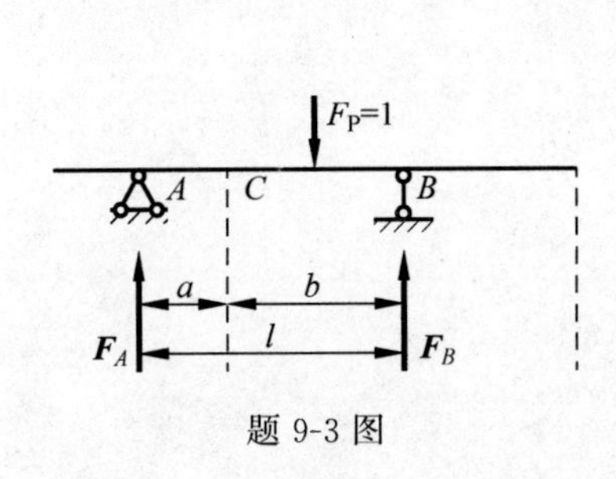

题 9-3 图

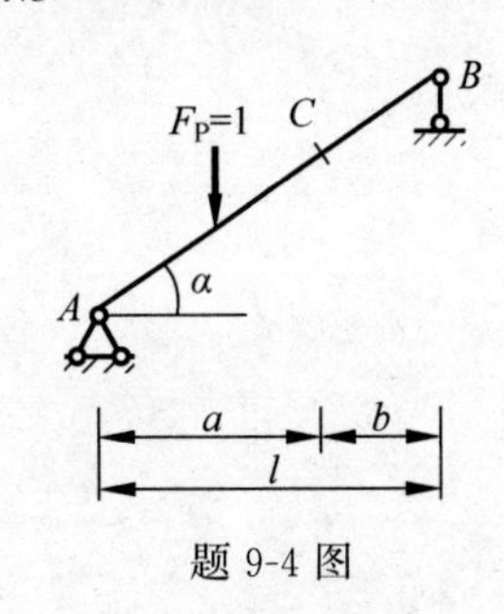

题 9-4 图

9-5 试作如题 9-5 图所示外伸梁 F_A、F_B、F_{SC}、M_C 的影响线，并求荷载作用下的值。

9-6 试用影响线求如题 9-6 图所示外伸梁 C 截面的弯矩值。

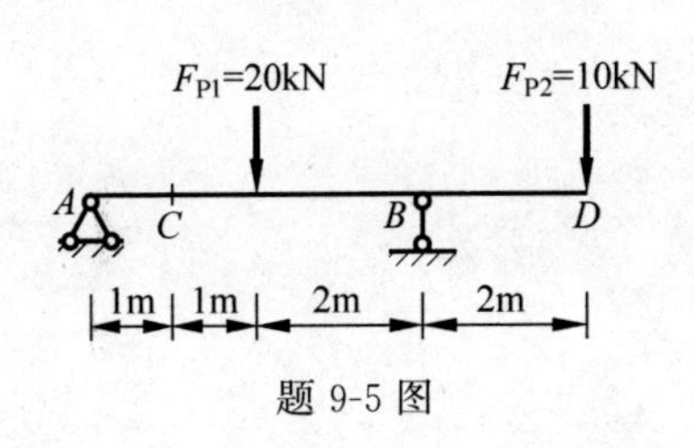

题 9-5 图

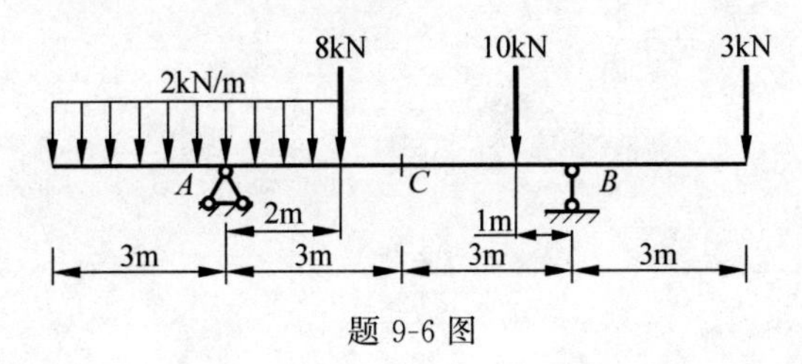

题 9-6 图

9-7 试求如题 9-7 图所示简支梁的绝对最大弯矩，并与跨中截面的最大弯矩相比较。

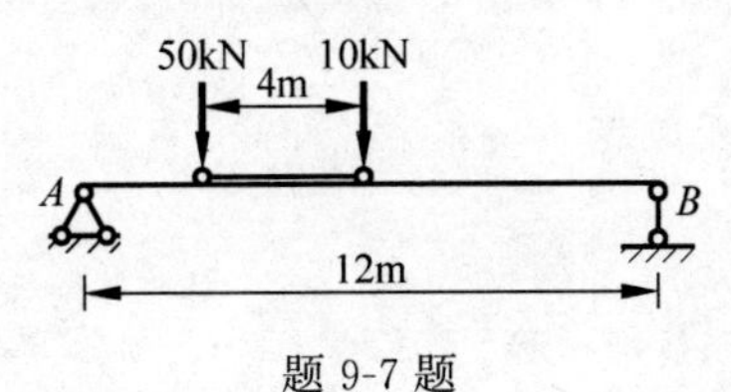

题 9-7 题

9-8 试求如题9-8图所示简支梁在所示移动荷载作用下的绝对最大弯矩。已知：$F_{P1}=F_{P2}=F_{P3}=F_{P4}=324.5\text{kN}$。

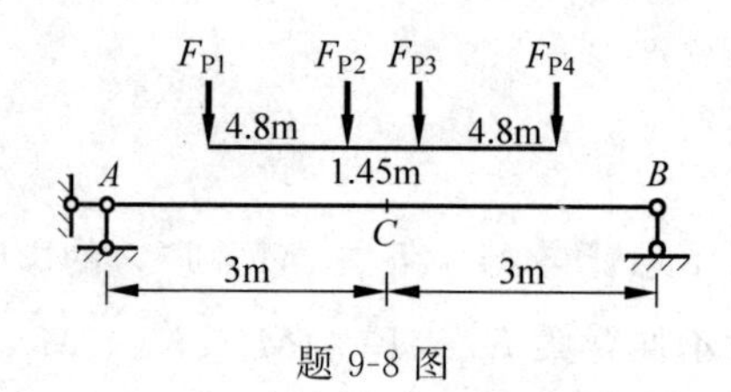

题9-8图

第三篇　静定结构的几何组成、内力与位移计算

杆件结构是结构类型之一。所谓杆件结构是指由若干杆件用铰结点或刚结点联合组成的承重体系。它又分为静定结构和超静定结构，本篇仅研究静定结构。具体研究内容为：杆件结构计算简图的几何组成分析，静定结构的内力和位移计算等。看了这些内容可能会有人好奇地问，为什么在此不研究强度、刚度和稳定性计算了呢？这是因为，无论是杆件或是杆件结构进行强度、刚度和稳定性计算的基础都是内力和位移，因杆件比较简单，有了上述知识就可直接进行强度、刚度和稳定性计算了，而杆件结构较复杂，依据上述知识还不能直接进行强度、刚度和稳定性计算，需要讲授一些其他知识，但那些内容已经超出了本课程的研究范围，是建筑结构课程的研究任务了。

第10章 平面体系的几何组成分析

10.1 几何组成分析的概念

对于平面体系的几何组成分析，首先要明确这样的概念，体系的几何形状改变指的是体系在杆件不发生变形的情况下其几何形状发生的改变，与受力无关；结构变形则指当结构在外荷载作用下，杆件截面上产生内力从而引起结构的变形。结构的变形通常是微小的，在体系的几何组成分析中不涉及杆件结构的变形问题，即在平面体系的几何组成分析中将所有杆件当作刚体看待。

1. 几何不变体系与几何可变体系

所谓杆件结构是指由杆件组成的承载系统。按几何组成方式分类可分为几何可变体系和几何不变体系两大类。如图10-1(a)所示体系为铰接四边形，是一个四链杆机构，其几何形状是不稳固的，随时可以改变状态，这样的体系称为**几何可变体系**。

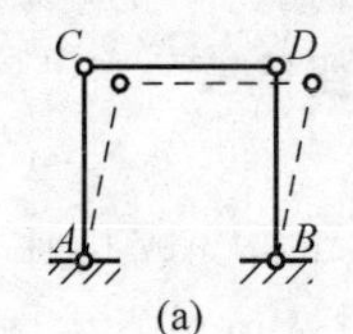

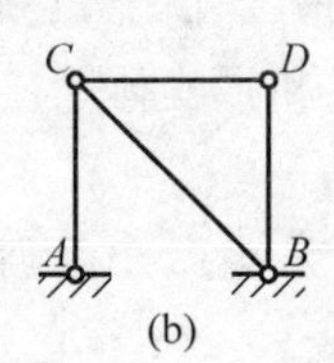

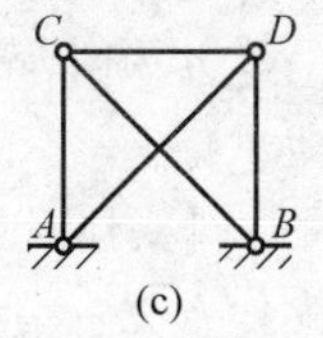

几何可变体系

图10-1 几何可变体系与几何不变体系

图10-1(b)所示体系与图10-1(a)相比多了一根斜撑杆 CB，成为由两个铰接三角形 ABC 与 BCD 组成的体系。显然，它在任意荷载作用下几何形状和位置能稳固地保持不变，这样的体系称为**几何不变体系**。如果在图10-1(b)所示体系上再增加斜杆 AD，便形成图10-1(c)所示具有一个多余约束的几何不变体系。显然，**多余约束**是相对于形成几何不变体系的最少约束数而言的。严格地说，图10-1(b)所示体系应称为无多余约束的几何不变体系，即图中四根链杆中的每一根杆都是构成几何不变体系所必不可少的，它们称为**必要约束**。至于图10-1(c)所示体系中，究竟哪一根链杆属于多余约束，可有多种分析方式。实际上，图中五根链杆中的任一根都可以视作多余约束，而并非一定是斜杆 AD。

2. 几何组成分析

所谓几何组成分析是指在设计结构或选择计算简图时，首先要判定体系是几何不变体系还是几何可变体系，只有几何不变体系才能用于结构。在工程中，将判定体系为几何不变体系或是几何可变体系的过程称为**体系的几何组成分析**或**几何构造分析**。

3. 瞬变体系与常变体系

在图10-2(a)所示的体系中,杆件AB、AC共线,A点既可绕B点沿1—1弧线运动,同时又可绕C点沿2—2弧线运动。由于这两弧相切,A点必然可沿着公切线方向作微小运动。从这个角度上看它是一个几何可变体系。

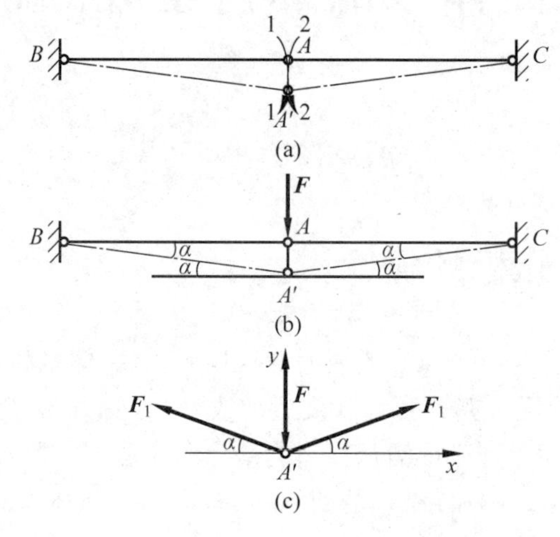

图10-2 瞬变体系

当A点作微小运动至A'点,圆弧线1—1与2—2由相切变成相离时A点既不能沿圆弧线1—1运动,也不能沿圆弧线2—2运动,这样,A点就被完全固定了。

这种原先是几何可变,瞬时发生微小几何变形后不再继续发生几何变形的体系,称为**瞬变体系**。即瞬变体系是几何可变体系的特殊情况,它属于几何可变体系范畴。为明确起见,几何可变体系又可进一步分为瞬变体系和常变体系。**常变体系**是指可以发生较大几何变形的体系,如图10-1(a)所示。

在此值得提出的是:瞬变体系虽然发生微小几何变形后变成几何不变体系,但瞬变体系仍不能作为结构。为什么呢?请看图10-2(b),它是瞬变体系发生微小几何变形后变成的几何不变体系。取A'点为研究对象,其受力图如图10-2(c)所示。由平衡条件有$F_1=\frac{F}{2\sin\alpha}$,当$\alpha\to 0$时,$\sin\alpha\to 0$,$F_1\to\infty$,即瞬变体系在外载很小的情况下可以发生很大内力。因此,在结构设计中即使接近瞬变体系的计算简图也应想法避免。

4. 刚片与刚片体系

在体系的几何组成分析中,由于不考虑杆件本身的变形,因此,可以把一根杆件或已知几何不变部分看作一个刚体,在平面体系中又可将刚体称为刚片。由刚片组成的体系称为**刚片体系**。也就是说刚片可大可小,它可大至地球、一幢高楼,也可小至一架梁、一根链杆。由此可知,平面体系的几何组成分析实际就变成考察体系中各刚片间的连接方式了。因此,能否准确、灵活地划分刚片是能否顺利进行几何组成分析的关键。

5. 实铰与虚铰

由两根杆件端部相交所形成的铰称为**实铰**,如图10-3(a)所示。由两根杆件中间相交或延长线相交形成的铰称为**虚铰**,如图10-3(b)、(c)所示。之所以这样的铰称为**虚铰**是由于在这个交点O处并没有形成真正的铰,所以称为虚铰。在此要特别指明实铰与虚铰的约束作用是一样的。

6. 几何组成分析的目的

第 1 章研究了结构计算简图的画法，它的简化原则是：

（1）基本正确地反映结构的实际受力情况，使计算结果确保结构设计的精确度；

（2）分清层次，略去次要因素，便于分析和计算。

为了确保结构实用、安全，除此之外还应再加上一条，那就是结构计算简图必须是几何不变的。故对体系进行几何组成分析的目的是：

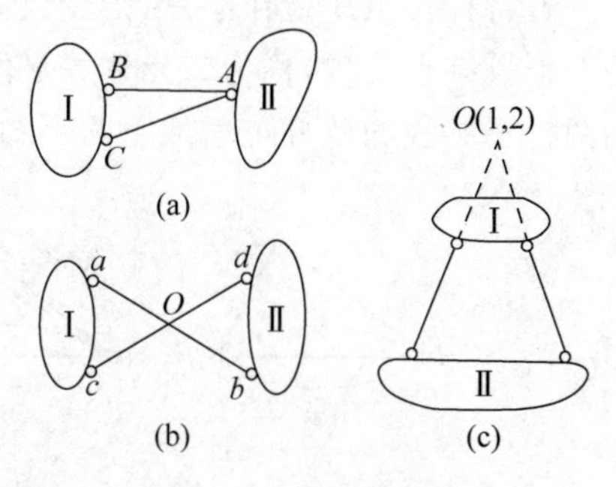

图 10-3　实铰与虚铰

① 判断所用杆件体系是否为几何不变体系，以决定其是否可以作为结构使用；

② 研究结构体系的几何组成规律，以便合理布置构件，保证所设计的结构安全、实用、经济；

③ 根据体系的几何组成确定结构是静定结构还是超静定结构，以便选择合理的计算方法和计算程序。

为何在此研究平面体系的几何组成分析

在绪论中研究了结构计算简图的画法，而且特别强调结构计算简图必须是几何不变的。那么，怎样才能保证结构计算简图几何不变呢？这就是平面体几何组成分析要解决的问题。在研究第一篇内容时，它不涉及这个问题；本篇马上要涉及这一内容，所以，在讲杆件结构的内力和位移计算之前必须先研究平面体系的几何组成分析。

10.2　平面几何不变体系的基本组成规则

读者们有无这样的经验，如果将三根木片用三个铆钉铆住(图 10-4(a))所形成的三角形一定是几何不变的，且无多余联系，其简图如图 10-4(b)所示。如没有这一经验不妨试一试。这便是一个最简单、最基本且无多余联系的**铰接三角形几何不变规则**，其他几何不变体系规则都可由它推演出来。

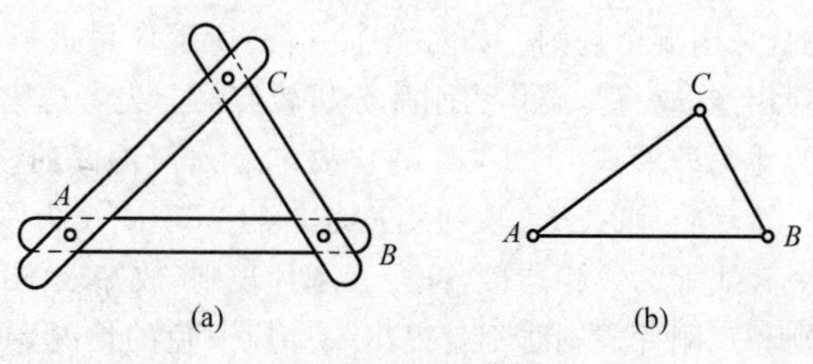

图 10-4　铰接三角形

若将杆件AB视作刚片,则变成如图10-5(a)所示体系,它是用两根不共线的链杆构成的一个铰结点装置,称为**二元体**。显然,在平面内增加一个结点即增加了两个自由度,但增加两根不共线的链杆也增加了两个约束。

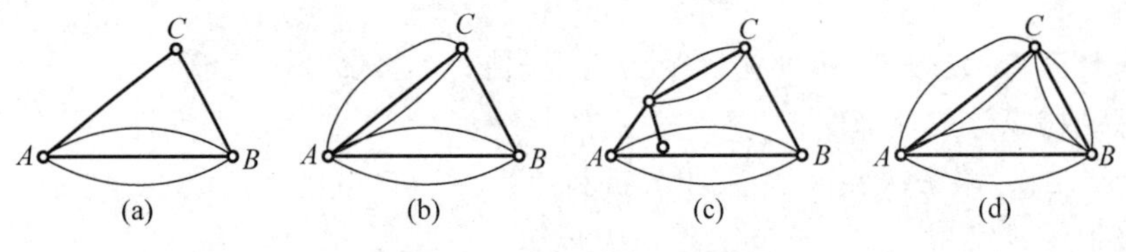

图10-5　规则推演示意图

由此可见,在一个已知体系上依次增加或撤去二元体不会改变原体系的自由度数。于是得到如下规则:

规则Ⅰ(二元体规则)。**在已知体系上增加或撤去二元体不影响原体系的几何不变性。**换言之,已知体系是几何不变的,增加或撤去二元体,体系仍然是几何不变的;已知体系是几何可变的,增加或撤去二元体,体系仍然是几何可变的。

若将图10-5(a)中的AC杆视为刚片,则变成如图10-5(b)所示的体系。它是由两个刚片用一铰与一根不通过此铰的链杆相连接,显然它仍是几何不变的。由此又得到下列规则:

规则Ⅱ(两刚片规则)。**两刚片用一个铰和一根不通过此铰的链杆相连接,构成的体系是几何不变的且无多余联系。**

因一个铰相当于两根链杆,图10-5(b)又可变为图10-5(c)所示体系。因此又得两刚片规则的另一种形式:

两刚片用三根既不相互平行又不汇交一点的链杆相连接,构成的体系是几何不变的且无多余联系。

若再将图10-5(b)中BC杆视作刚片则变成如图10-5(d)所示的体系。它是由三个刚片用三个不在同一直线上的铰相连接,显然它也是几何不变的。由此又得如下规则:

规则Ⅲ(三刚片规则)。**三刚片用三个不在同一直线上的铰两两相连接,构成的体系是几何不变的且无多余联系。**

以上三个几何不变体系的组成规则,既规定了刚片之间必不可少的最小联系数目,又规定了它们之间应遵循的连接方式,因此它们是构成几何不变体系的必要与充分条件。

由推演过程知,这三个几何不变体系组成规则是互通的,对同一个体系可用不同的规则进行几何组成分析,结果是相同的。因此,用它们进行几何组成分析时不必拘泥于用哪个规则,而是哪个规则方便就采用哪个规则。如对图10-6(a)所示体系进行几何组成分析,该体系有5根支链杆与基础相连,故将基础作为刚片分析较容易。先考虑刚片AB与基础连接,显然符合两刚片规则的另一种形式(图10-6(b)),故它是几何不变的。现将它们合成一个大刚片Ⅰ(图10-6(c)),然后将刚片BC视为刚片Ⅱ,刚片CDE视为刚片Ⅲ(图10-6(d)),三刚片用三个不在同一直线上的铰相连接,符合三刚片规则,故知该体系是几何不变的。

在讨论两刚片规则和三刚片规则时都曾提出一些应避免的情况,如连接两刚片的三根链杆既不能同时相交于一点也不能互相平行;连接三刚片的三个铰不能在同一直线上等。在此要问,如果出现了这些情形其结果又如何呢?

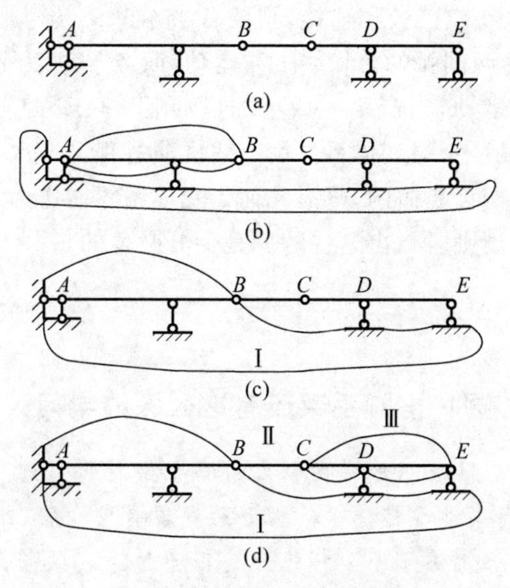

图 10-6　几何组成分析示例

如图 10-7(a)所示，三根链杆同时交于 O 点，这样 A、B 两刚片可以绕 O 点作微小的相对转动，当转动一个小角度后这三根链杆不再同时相交于一点，则不再产生相对转动，故它是**瞬变体系**。

若三根链杆相互平行但不等长(图 10-7(b))，则仍为瞬变体系。其理由为，当三根不等长链杆相互平行时我们也可以认为这三根链杆同时相交于一点，不过交点在无穷远处而已。若 B 刚片相对 A 刚片发生转动，三根平行链杆不再平行了也不相交于一点了，故此体系也为瞬变体系。

若三根链杆平行且等长(图 10-7(c))，则 A、B 两刚片产生相对运动后此三根链杆仍相互平行，即在任何时刻、任何位置这三链杆都是平行的，所以在任何时刻都能产生相对运动，因此它为常变体系。

若两刚片用一铰与通过此铰的链杆相连接(图 10-7(d))，则 A 点可作上下微小运动，当产生微小运动后链杆 CA 不再通过 B 点，符合两刚片规则，仍是几何不变的，故知此体系为瞬变体系。

现在再研究连接三刚片的三个铰在同一直线上的情形。如图 10-7(e)所示，三刚片Ⅰ、

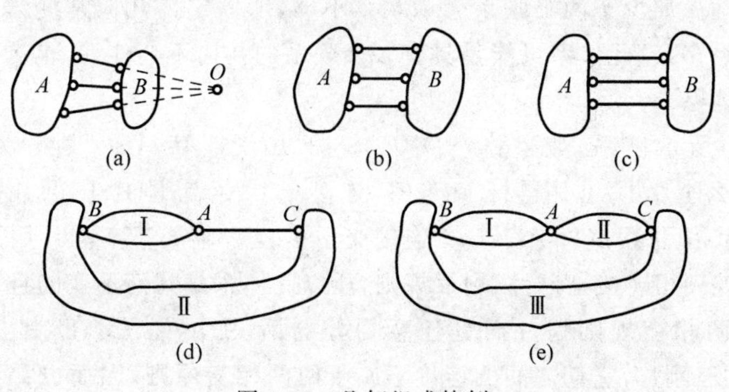

图 10-7　几何组成特例

Ⅱ、Ⅲ用同一直线上的 A、B、C 三铰相连接，则铰 A 将在以 B 点为圆心，以 BA 为半径及以 C 为圆心，以 CA 为半径的两圆弧的公切线上作运动，而 A 点即为公切点，所以 A 点可以在此公切线上作微小的上下运动，当产生一微小的运动后，A、B、C 三点不在同一直线上，故不会再发生运动，所以它是一个瞬变体系。由上述推演过程又一次得知，几何瞬变体系与几何常变体系都不能作为结构计算简图，只有几何不变体系才能作为结构计算简图，所以在定义什么是几何不变体系的规则时指出这些特例是十分必要的。

啊！搭脚手架还有这么深的学问

一位学生跟我讲，一天，队长叫他带两个人用脚手架材料搭建一个临时工棚，学生心想这不是小菜一碟嘛，三人高兴地去搭建了。搭好后发现有点倾斜，想把它正过来。于是东添一根杆，西插一根杆，添来添去添了不少杆但就是正不过来。队长路过看了这种情形，二话不说围着工棚转了两圈，指挥他们先把工棚推正，然后在一个地方加了一根杆件，工棚就不再倾斜了。他们感到惊讶，队长说："你们刚搭建的工棚为瞬变体系，你们后来添加的杆件都是多余杆件，我加的这根杆件为必要杆件，所以一加上去就不倾斜了。"学生一拍头说："啊！搭脚手架还有这么深的学问"。

10.3 几何组成分析示例

进行几何组成分析的依据是平面几何不变体系的三个基本规则。这三个规则看似简单却能灵活地解决常见结构的几何组成分析问题。要顺利地用这三个规则去分析形式多样的平面杆系，关键在于选择哪些部分作为刚片，哪些部分作为约束，这就是几何组成分析的难点所在，通常可以作以下选择。

一根杆件或某个几何不变部分(包括地基)都可选作刚片；体系中的铰都是约束，至于链杆什么时候为约束，什么时候为刚片，不能泛泛而论，要具体问题具体分析。当用三刚片规则划分刚片时，要注意两个相交原则。**所谓两个相交原则是指划分刚片时要使刚片与刚片之间的连接为两个联系**。这样做的目的在于，便于用几何不变体系的三刚片规则来判定体系的几何不变性。如少于两个联系表示联系不够，那一定是几何常变体系了；如果多于两个联系表明联系多余，此体系可能是具有多余联系的几何不变体系，也有可能是具有多余联系的几何可变体系。

如图10-8(a)所示体系，如果将△DBF、链杆 EC、地基 ABC 划分为刚片Ⅰ、Ⅱ、Ⅲ(图10-8(b))，那么刚片Ⅰ、Ⅱ用链杆 DE、FC 连接交于 K 点，刚片Ⅰ、Ⅲ用链杆 AD、BG 连接交于 B 点，刚片Ⅱ、Ⅲ用链杆 AE、CH 连接交于 J 点。它属于三刚片用三个不在同一直线上的 K、B、J 虚铰相连接，符合三刚片规则，所以此体系是几何不变的且无多余联系。

若不是按两两相交规则划分而是任意划分的话，那就无法判断其几何不变性。如图10-8(c)所示的三刚片，它们之间的连接不属于两两相交原则，因而也无法判断它的几何不变性。所以在进行几何构成分析时贯彻两两相交原则是十分必要的。

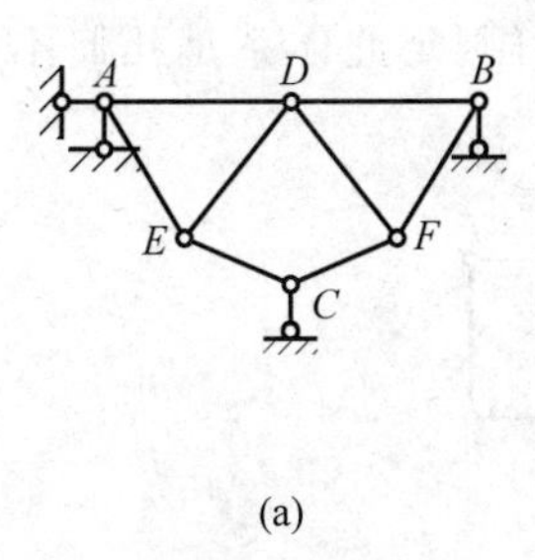

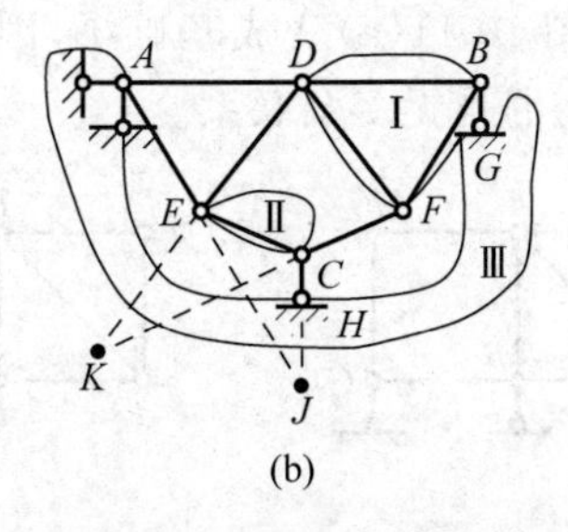

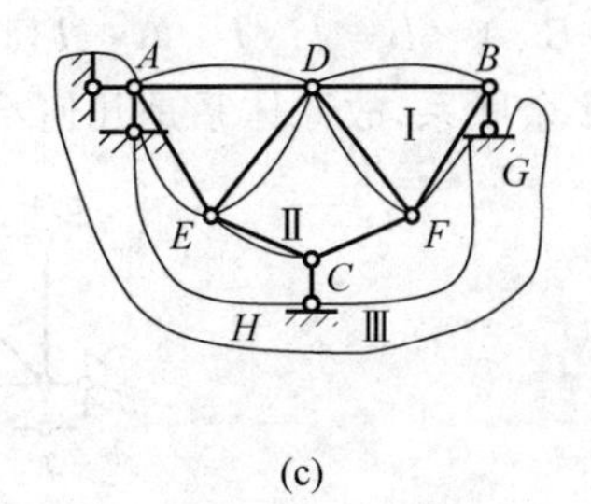

图 10-8　两两相交示例

由分析若干几何组成题知，体系的几何组成分析方法是灵活多样的，但也不是无规律可循。下面介绍三种常见的几何组成分析方法。

(1) 当体系上有二元体时，应先去掉二元体使体系简化，以便于应用规则。但需注意，每次只能依次去掉体系外围的二元体而不能从中间任意抽取。例如图 10-9 节点 F 处有一个二元体 $D—F—E$，拆除后节点 E 处暴露出二元体 $D—E—C$，再拆除后又可在节点 D 处暴露二元体 $A—D—C$，剩下为铰接三角形 ABC。因为它是几何不变的，故原体系为几何不变体系。也可以继续在节点 C 处拆除二元体 $A—C—B$，剩下的只是大地了，这说明原体系相对于大地是不能动的，即为几何不变体系。

也可从一个刚片(例如地基或铰接三角形等)开始依次增加二元体扩大刚片范围，使之变成原体系便可应用规则。仍以图 10-9 为例，将地基视为一个刚片，增加二元体 $A—C—B$ 使地基刚片扩大，在此基础上依次增加二元体 $A—D—C$、$D—E—C$、$D—F—E$，变为原体系，根据二元体规则可判定此体系是几何不变体系且无多余联系。

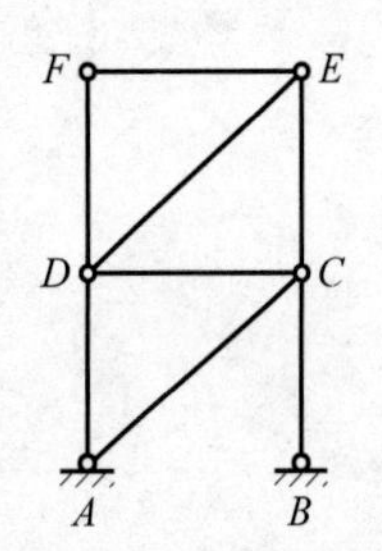

图 10-9　几何组成分析示例

(2) 当体系用三根支座链杆按规则Ⅱ与基础相连接时，可以去掉这些支座链杆只对体系本身进行几何组成分析。如图 10-10(a)所示体系，可先去掉三根支链杆变成如图 10-10(b)所示体系，然后再对此体系进行几何组成分析。

根据两两相交原则划分成图 10-10(c)所示的刚片体系，根据规则Ⅲ，此体系是几何不变的且无多余联系。故原体系也是几何不变的且无多余联系。

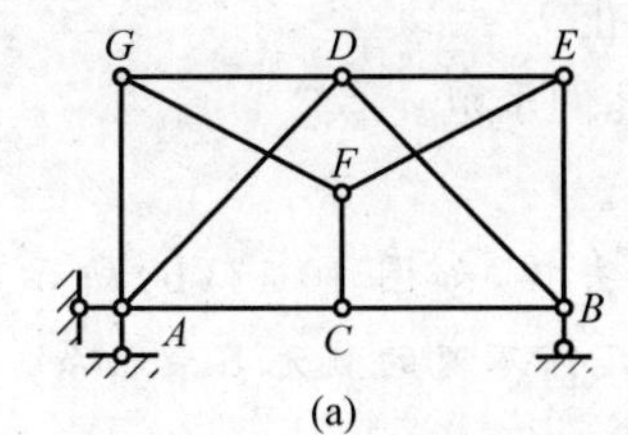

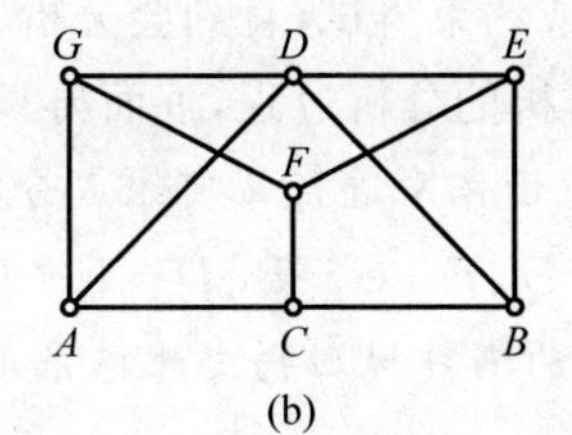

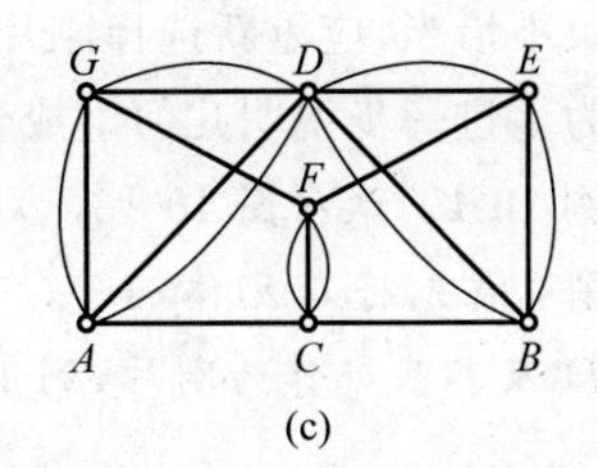

图 10-10　几何组成分析示例

在此需要指出的是，当体系的支座链杆多于三根时不能去掉支座链杆单独进行几何组成分析，必须以整个体系进行几何组成分析。

如图 10-11(a)所示的体系有四根支链杆，就不能去掉这四根支链杆变成图 10-11(b)所示的体系进行几何组成分析。应依次去掉二元体 $E—F—C$、$B—C—G$、$A—D—E$、$A—$

$E—B$、$A—B—H$、$J—A—I$，将图10-11(a)变成基础了，因此可判定此体系是几何不变且无多余联系，故原体系是几何不变的且无多余联系。

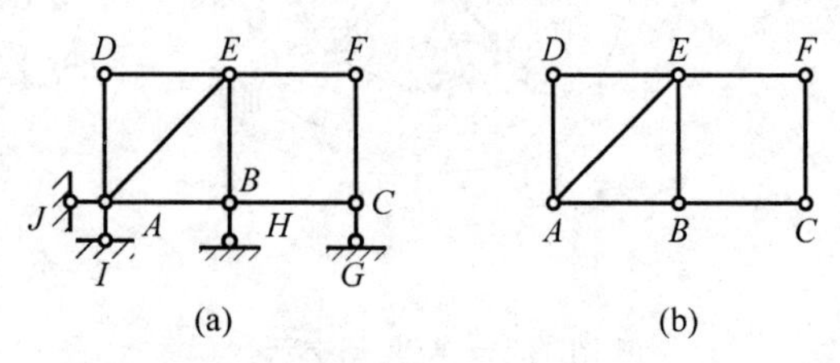

图10-11　去除约束几何组成分析示例

(3) 利用等效代换进行几何组成分析。对图10-12(a)所示体系作几何组成分析，由观察可见T形杆BDE可作为刚片Ⅰ。折杆AD也是一个刚片，但由于它只用两只铰A、D分别与地基和刚片Ⅰ相连，其约束作用与通过A、D铰的一根直链杆完全等效，如图10-12(a)中虚线所示。因此，可用直链杆AD等效代换折杆AD。同理，可用链杆CE等效代换折杆CE。于是，图10-12(a)所示体系可由图10-12(b)所示体系等效代换。

由图10-12(b)可见，刚片Ⅰ与地基用不交于同一点的三根链杆相连，根据两刚片规则可知，构成几何不变体系且无多余联系。

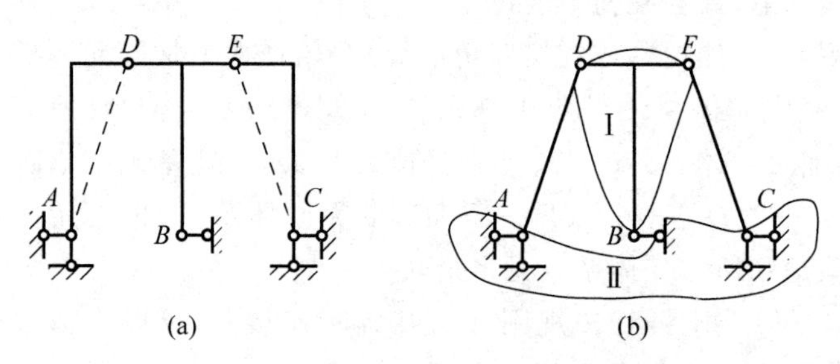

图10-12　等效代换几何组成分析示例

以上是对体系进行几何组成分析过程中常采用的一些可使问题简化的方法。但实际问题往往复杂得多，不一定简单套用上述方法，关键是灵活运用上述各种方法迅速找出各部分之间的联结方式，用规则判断它们的几何不变性。当分析进行不下去时，多是所选择的刚片或约束不恰当，应重新选择刚片或约束再试，直到会分析为止。

为了进一步说明几何组成分析的分析过程，下面再举几例示范。

例10-1　试对图10-13(a)所示体系进行几何组成分析。

解：首先将二元体$A—C—D$、$F—G—B$、$D—F—B$去掉，如图10-13(b)所示，再将$AEBD$及其基础作为刚片，利用两刚片规则判定此体系是几何不变的且无多余联系。

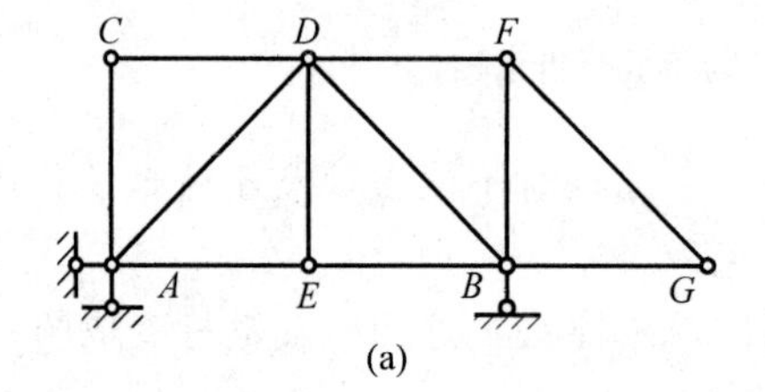

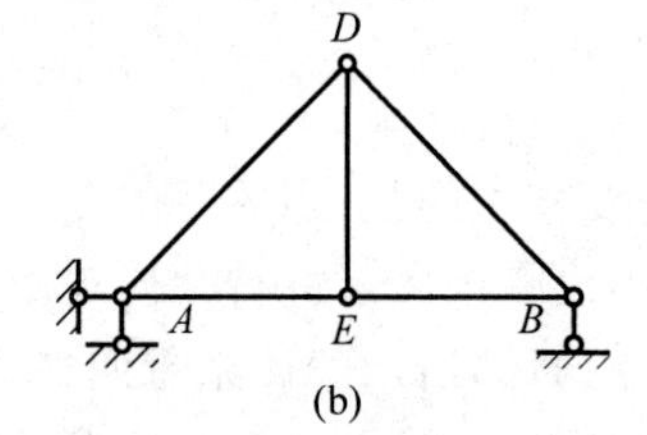

图10-13　例10-1图

例 10-2 试对图10-14所示体系进行几何组成分析。

解：将图10-14中的AC、BD、基础分别视为刚片Ⅰ、Ⅱ、Ⅲ，刚片Ⅰ和Ⅲ以铰A相连，刚片Ⅱ和Ⅲ用铰B连接，刚片Ⅰ和刚片Ⅱ用CD、EF两链杆相连，相当于一个虚铰O。而连接三刚片的三个铰A、B、O不在一条直线上，符合三刚片规则，故体系为几何不变体系且无多余约束。

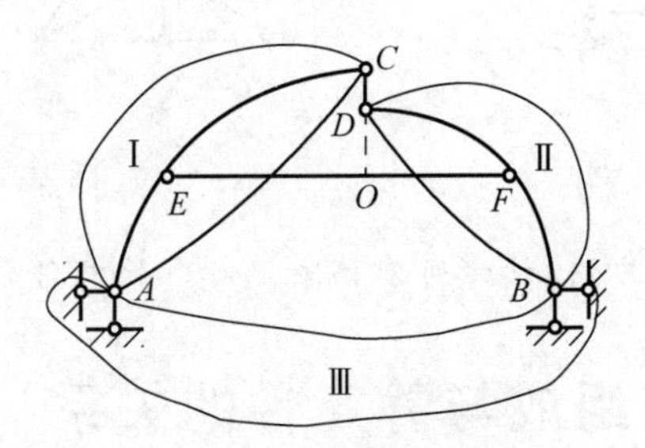

图10-14 例10-2图

例 10-3 试分析图10-15(a)所示体系的几何组成。

解法一：外部简支只需分析体系的内部可变性，如图10-15(b)所示。这一体系可视为刚片AB、CD用四根链杆(相当于两个单铰)相连。因此，原来的体系为几何不变体系且有一个多余约束，为超静定结构。

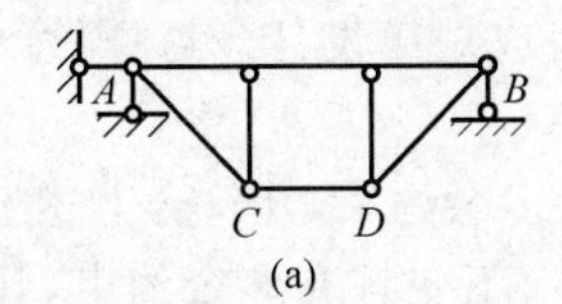

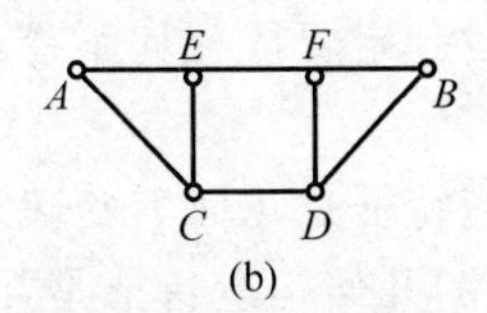

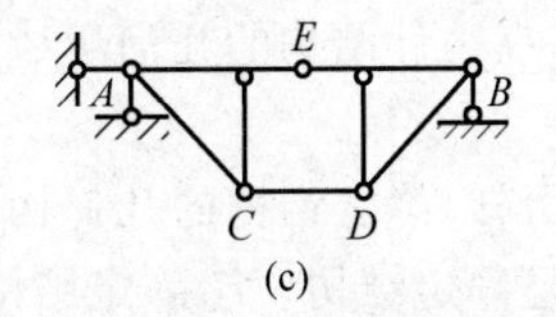

图10-15 例10-3图

解法二：将图10-15(b)的AEC看成基本三角形，再增加二元体CDF，则BD杆是多余约束，结论与前面一样。

温馨提示：将本例改造成静定结构时需要除去一个多余约束。前已指明，将哪一个约束看成多余约束并不唯一，例如除支座链杆以外的任意一根链杆均可看成多余约束；去掉一个链杆后即可得到一个静定结构。若在AB杆中E截面加一个铰如图10-15(c)所示，即将刚结点变成铰结点，相当于解除一个约束(解除铰E两侧截面发生相对转动的约束)结构变成静定结构。由于E点可在AB杆中任取，原结构通过解除多余约束化成静定结构的方案也就有无穷多种。

例 10-4 试对如图10-16所示体系进行几何组成分析。

解：将$ADEB$、CF杆及基础分别看成刚片Ⅰ、Ⅱ、Ⅲ，三刚片分别由无穷远虚铰及实铰A、F相连，三铰不共线，根据三刚片规则知该体系几何不变且无多余联系。

例 10-5 分析如图10-17(a)所示体系的几何组成。

解：该体系共有9根杆件，可以考虑把其中3根杆件看成刚片，另外6根杆件(相当于3个铰)看成约束，用三刚片规则来分析。若选AB杆为一个刚片，则与AB杆相连的4根杆件就都是约束。再将这4根杆件分成两组，每组连接的一定是另外两个刚片。如图10-17(b)所示，连接三个刚片的虚铰不在一条直线上，因此，体系为几何不变体系且无多余约束。

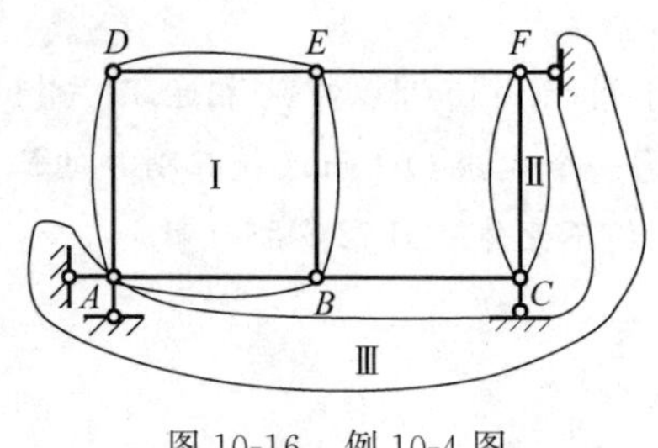

图 10-16 例 10-4 图

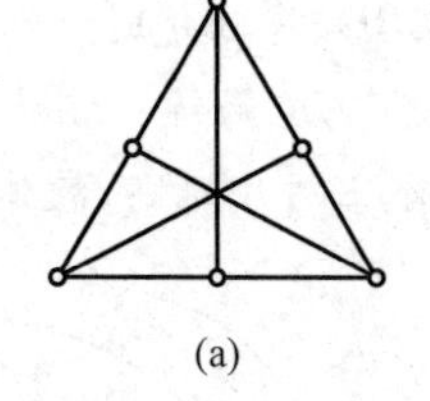

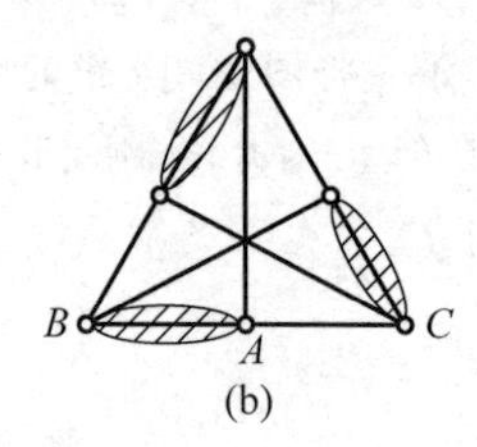

图 10-17 例 10-5 图

温馨提示：不止这一种方法，读者可以试着选择其他杆件作为刚片进行分析。

10.4 结构的几何组成与静定性的关系

结构的几何组成与结构的静定性关系非常密切。若按几何不变组成规律组成结构且无多余约束，一定是静定结构；若按几何不变组成规律组成结构，但有多余联系，一定是超静定结构；若按几何不变组成规律组成结构，且少于必要约束，一定是几何可变结构；若结构按几何不变组成规律的特殊情况，如两刚片用一铰与通过此铰的链杆相连接(图 10-7(d))，三刚片的三个铰在同一直线上的情形(图 10-7(e))等，所组成的结构一定是瞬变结构。

因此，在设计结构的几何组成时一定要按几何不变组成规律设计。这样做既安全又节省材料。

由此可知，静定结构的几何构造特征是几何不变且无多余约束，凡符合上述组成规则的体系一定是静定结构。超静定结构的几何构造特征是几何不变且有多余约束，凡符合上述组成规则的体系都属于超静定结构。

结构力学

所谓结构力学是指研究结构的组成规律和合理形式，在荷载、温度变化、支座移动等因素作用下，杆件的内力、位移计算和影响线的绘制等。本书第 10～14 章为结构力学所研究内容。

思考题

10-1 什么是二元体？

10-2 几何不变体系的三个组成规则之间有何关系？

10-3 实铰与虚铰有何差别？

10-4 为什么说瞬变体系不能作为结构？接近瞬变的体系是否可作为结构？

10-5 当体系中杆件数目较多用规则进行几何组成分析时，如何对体系进行简化？

10-6 平面体系几何组成特征与其静力特征间关系如何？

10-7 简述作平面体系组成分析的基本思路和步骤。

10-8 超静定结构中的多余约束是从什么角度被看成是“多余”的？

10-9　试对思 10-9 图所示体系进行几何组成分析。试确定几何不变体系的序号为________,几何瞬变体系的序号为________,几何常变体系的序号为________。

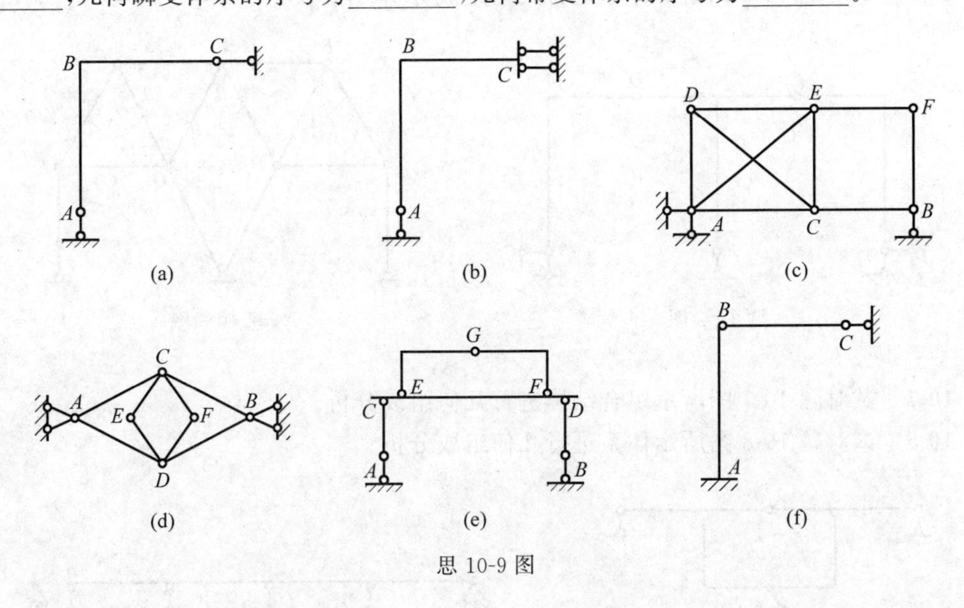

思 10-9 图

习题

10-1　试对题 10-1 图所示多跨静定连续梁进行几何组成分析。

10-2　试对题 10-2 图所示桁架进行几何组成分析。

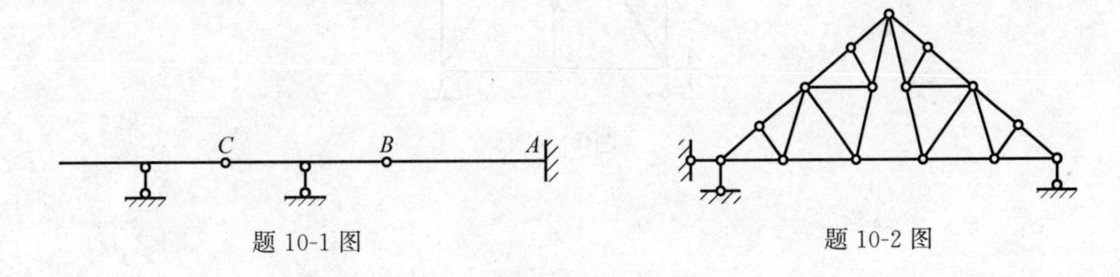

题 10-1 图　　题 10-2 图

10-3　试对题 10-3 图所示体系进行几何组成分析。

10-4　试对题 10-4 图所示体系进行几何组成分析。

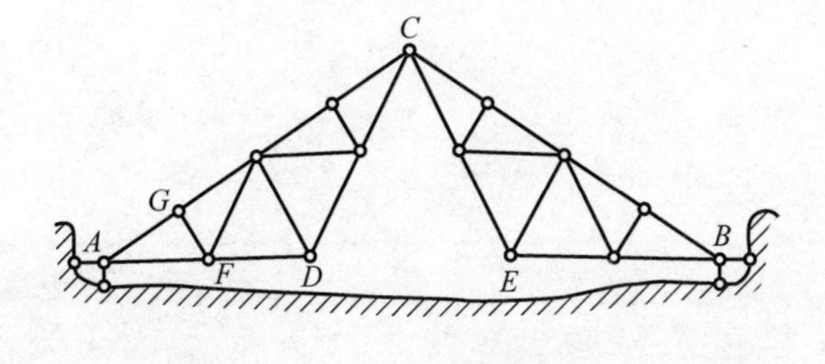

题 10-3 图

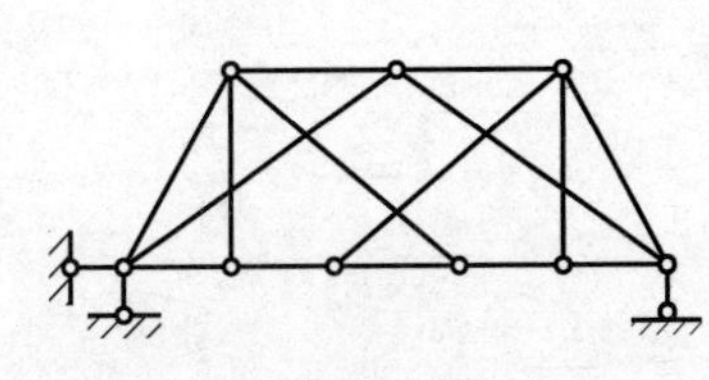

题 10-4 图

10-5 试对题 10-5 图所示体系进行几何组成分析。

10-6 试对题 10-6 图所示体系进行几何组成分析。

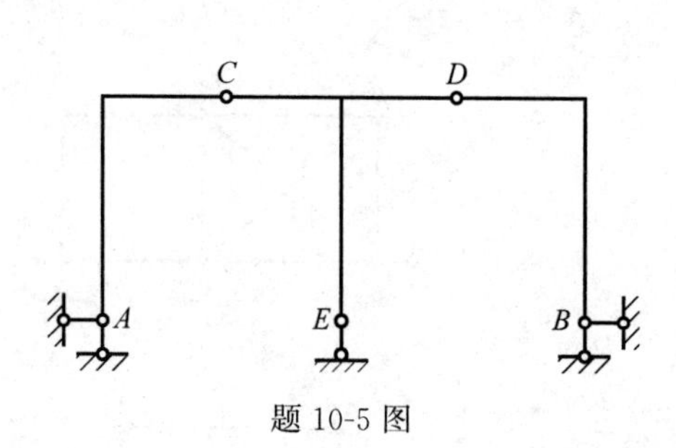

题 10-5 图

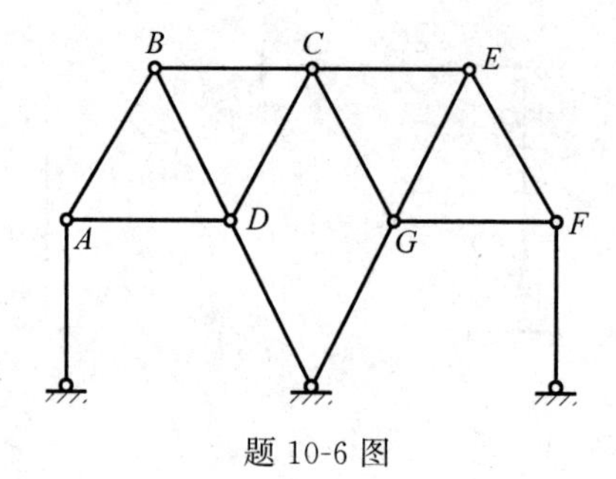

题 10-6 图

10-7 试对题 10-7 图所示组合结构进行几何组成分析。

10-8 试对题 10-8 图所示体系进行几何组成分析。

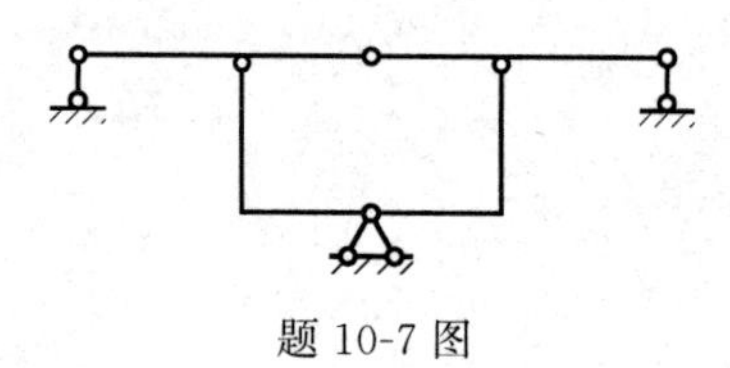

题 10-7 图

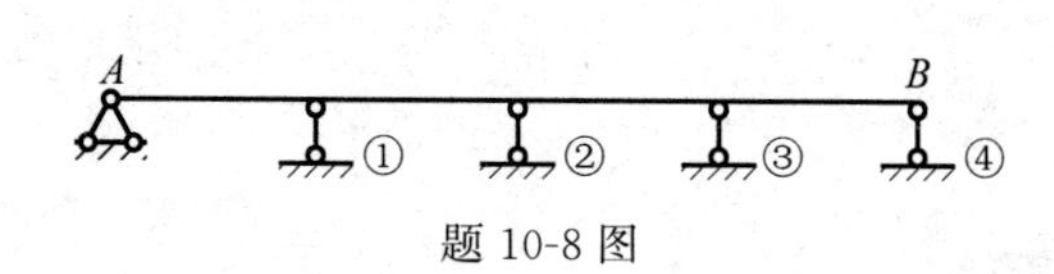

题 10-8 图

10-9 试分析题 10-9 图所示结构的几何组成。

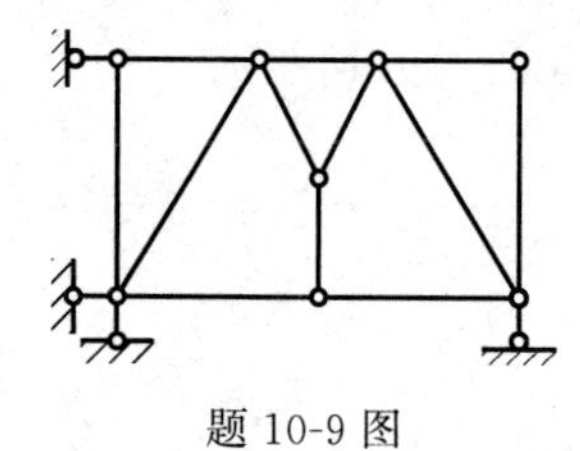

题 10-9 图

<<< 第11章

静定结构的内力计算

11.1 多跨静定梁的内力计算

11.1.1 工程实例与计算简图

多跨静定梁是由若干梁段通过铰连接而成的结构。多跨静定梁一般要跨越几个相连的跨度,它是工程中广泛使用的一种结构形式,最常见的有公路桥梁(图 11-1(a))和房屋中的檩条梁(图 11-2(a))等,其计算简图及层次图分别如图 11-1(b)、(c)和图 11-2(b)、(c)所示。

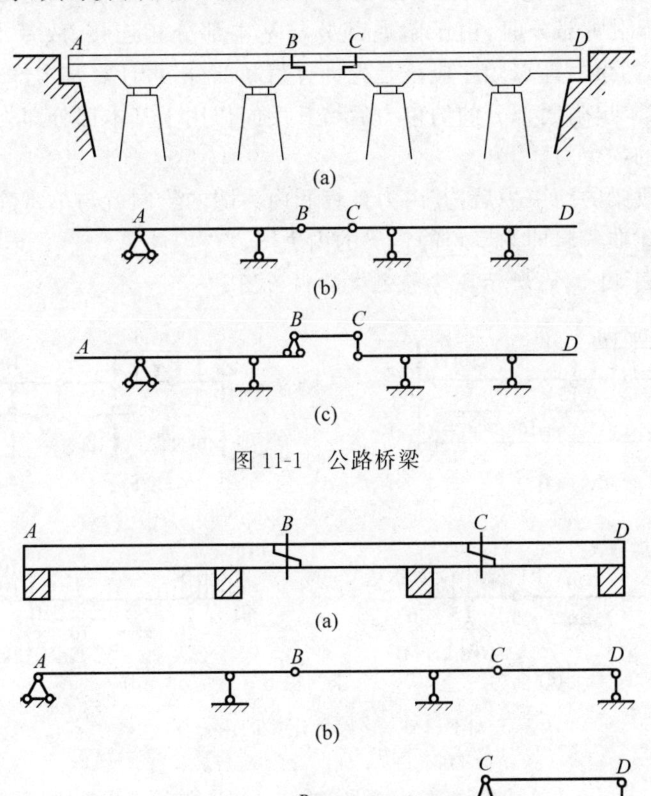

图 11-1 公路桥梁

图 11-2 房屋中的檩条梁

多跨静定梁有两种基本形式：第一种如图 11-1(b)所示，其特点是无铰跨和双铰跨交替出现；第二种如图 11-2(b)所示，其特点是第一跨无中间铰，其余各跨各有一个中间铰。

11.1.2 多跨静定梁的几何组成

就几何组成而言，多跨静定梁的各个部分可分为**基本部分**和**附属部分**。在图 11-1(b)中，*AB* 梁由三根支座链杆与基础相连接是几何不变体系，能独立承受荷载，称为**基本部分**。*CD* 梁在竖向荷载作用下能独立维持平衡，故在竖向荷载作用下 *CD* 梁也可看作基本部分。而 *BC* 梁则必须依靠 *AB* 梁和 *CD* 梁的支承才能承受荷载并维持平衡，称为**附属部分**。在图 11-2(b)中，*AB* 梁是基本部分，而 *BC* 梁、*CD* 梁则是附属部分。为清晰起见可将它们的支承关系分别用图 11-1(c)和图 11-2(c)表示，这样的图形称为**层次图**。

从层次图中可以看出：基本部分一旦遭受破坏，附属部分的几何不变性也将随之失去；而附属部分遭受破坏，在竖向荷载作用下基本部分仍可维持平衡。

11.1.3 多跨静定梁的内力计算和内力图绘制

计算多跨静定梁，首先要绘出其层次图。通过层次图可以看出力的传递过程。因为基本部分直接与基础相连接，所以，当荷载作用于基本部分时仅基本部分受力，附属部分不受力；当荷载作用于附属部分时，由于附属部分与基本部分相连接，故基本部分也受力。因此，多跨静定梁的约束力计算顺序应该是先计算附属部分，再计算基本部分。即从附属程度最高的部分算起，求出附属部分的约束力后将其反向作用于基本部分即为基本部分的荷载，再计算基本部分的约束力。

当求出每一段梁的约束力后，其内力计算和内力图的绘制就与单跨静定梁一样，最后将各段梁的内力图连在一起即为多跨静定梁的内力图。

例 11-1 作图 11-3(a)所示多跨静定梁的内力图。

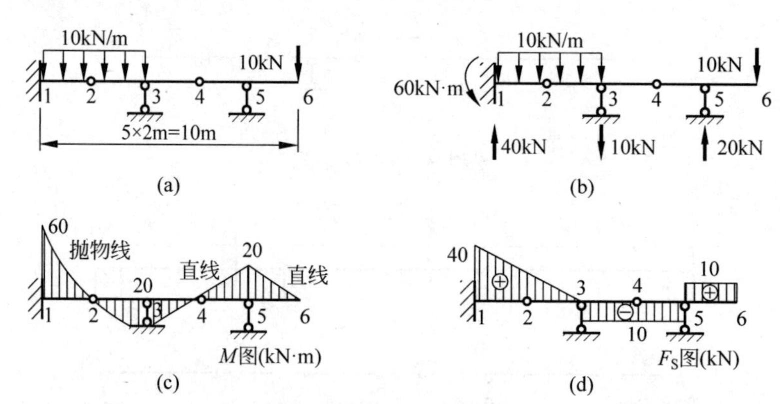

图 11-3 多跨静定梁的内力图

(a) 结构及所受荷载；(b) “先附属、后基本”求反力；
(c) 由控制弯矩和微分关系作弯矩图；(d) 由控制剪力作剪力图

解：1) 确定结构的组成顺序

首先 12 梁与基础组成几何不变体为基本部分。其次是 234 附属部分与 12 和基础一铰一杆组成几何不变体系。最后为 456 附属部分和基础一铰一杆组成几何不变体系。求解将按照与此相反的顺序进行。

2）求支座反力

首先取 456 附属部分为隔离体，列 $\sum M_4=0$，则

$$F_{5y}\times 2-10\times 4=0$$

得

$$F_{5y}=20\text{kN}(\uparrow)$$

其次取 234 和 456 部分为隔离体，列 $\sum M_2=0$，则

$$F_{3y}\times 2-10\times 8+20\times 6-10\times 2\times 1=0$$

得

$$F_{3y}=-10\text{kN}(\downarrow)$$

最后取整体为隔离体，列 $\sum M_1=0$，则

$$M_1-10\times 10+20\times 8-10\times 4-10\times 4\times 2=0$$

得

$$M_1=60\text{kN}\cdot\text{m}\quad(\text{上侧受拉})$$

列 $\sum F_y=0$，得

$$F_{1y}=40\text{kN}(\uparrow)$$

支座反力如图 11-3(b)所示。

3）作弯矩图

按照组成相反顺序，由控制截面弯矩和微分关系以及区段叠加法作出各段的弯矩图。

(1) 56 杆为悬臂部分，可按悬臂梁的方法作弯矩图。

(2) 铰 4 处弯矩为零，34 杆和 45 杆无荷载，因此剪力相等，弯矩图为一条直线，而 5 点弯矩已求出，由 4、5 点弯矩连线并延长到 3 点可以得到 34、45 杆弯矩图。

(3) 23 杆的铰 2 弯矩为零，3 点弯矩已求得，且 23 杆上有均布荷载，利用区段叠加法作出 23 杆弯矩图。

(4) 12 杆的 1、2 端弯矩已求出，同样利用区段叠加法可作出 12 杆段的弯矩图(图 11-3(c))。

4）作剪力图

剪力图可根据已求得的支座反力和荷载自左向右应用微分关系作出(图 11-3(d))。

例 11-2　试作图 11-4(a)所示梁的弯矩图和剪力图。

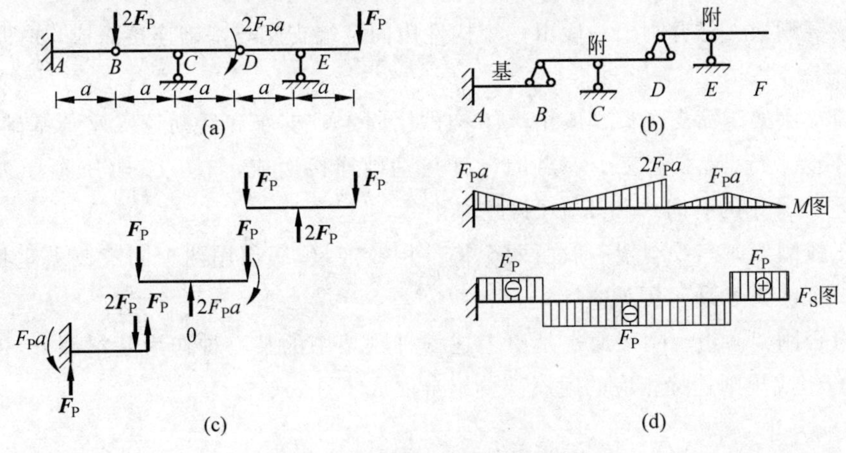

视频讲解

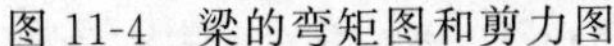
图 11-4　梁的弯矩图和剪力图

解:(1) 确定结构的组成顺序。传力层次图如图 11-4(b)所示。

(2) 求支座反力和各段梁之间的约束力。取 DE 段为隔离体,则

$$\sum M_D = 0,\quad F_{Ey} \times a - F_P \times 2a = 0,\quad 解得\ F_{Ey} = 2F_P(\uparrow)$$

$$\sum F_y = 0,\quad F_{Dy} + F_{Ey} - F_P = 0,\quad 解得\ F_{Dy} = -F_P(\downarrow)$$

将 $\boldsymbol{F}_{Dy}$ 反向作用到 BD 段的 D 点,视为已知荷载,取 BD 段为隔离体,则

$$\sum M_B = 0,\quad F_{Cy} \times a + F_P \times 2a - 2F_P a = 0,\quad 解得\ F_{Cy} = 0$$

$$\sum F_y = 0,\quad F_{By} + F_{Cy} + F_P = 0,\quad 解得\ F_{By} = -F_P(\downarrow)$$

将 $\boldsymbol{F}_{By}$ 反向作用到 AB 段的 B 点,视为已知荷载,并将集中力 $2\boldsymbol{F}_P$ 作用在 AB 段上。上述计算结果如图 11-4(c)所示。

(3) 绘制内力图。根据各段梁上的受力很容易画出每一梁段的内力图。

(4) 校核。上述内力图是根据每个梁段分别画出的。可取其他形式的隔离体,利用平衡微分关系校核内力图的正误。例如,取 BE 段为隔离体,隔离体上没有竖向荷载作用(C 支座的支反力为零),所以剪力图为水平线。

温馨提示:从例 11-3 和例 11-4 可以看出,二者分析过程是相同的,即按"组成相反顺序";但取隔离体的方式不同,做题时可根据具体情况灵活选用。

11.2 静定平面刚架的内力计算

11.2.1 工程实例和计算简图

1. 刚架的特点

刚架是由直杆组成的、具有刚结点的结构。在刚架中的刚结点处,刚结在一起的各杆不能发生相对移动和转动,变形前后各杆的夹角保持不变,故**刚结点可以承受和传递弯矩**。由于存在刚结点,刚架中的杆件较少,内部空间较大,比较容易制作,所以在工程中得到广泛应用。

2. 刚架的分类

静定平面刚架主要有以下四种类型:

(1) 悬臂刚架。悬臂刚架一般由一个构件用固定端支座与基础连接而成,如图 11-5(a)所示站台雨篷。

(2) 简支刚架。简支刚架一般由一个构件用固定铰支座和活动铰支座与基础连接,或用三根既不全平行、又不全交于一点的链杆与基础连接而成,如图 11-5(b)所示渡槽的槽身。简支刚架常见的有门式和 T 形两种。

(3) 三铰刚架。三铰刚架一般由两个构件用铰连接,底部用两个固定铰支座与基础连接而成,如图 11-5(c)所示屋架。

(4) 组合刚架。组合刚架通常是由上述三种刚架中的某一种作为基本部分,再按几何不变体系的组成规则连接相应的附属部分组合而成(图 11-6)。

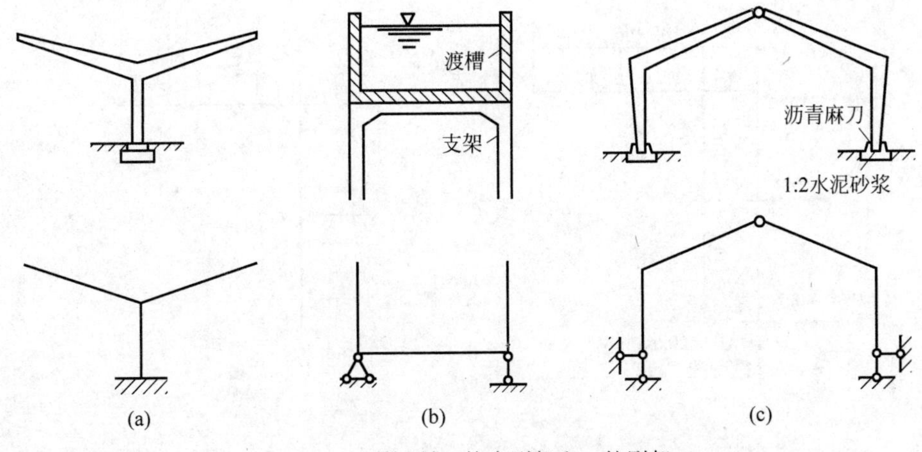

图 11-5　悬臂刚架、简支刚架和三铰刚架

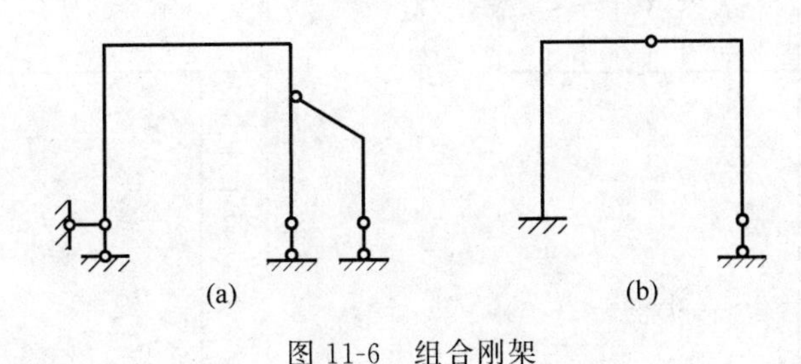

图 11-6　组合刚架

11.2.2　静定平面刚架的内力计算和内力图绘制

在一般情况下，刚架中各杆的内力有弯矩、剪力和轴力。由于刚架中有横向放置的杆件也有竖向放置的杆件，为了使杆件内力表达清晰，在内力符号的右下方以两个下标注明内力所属的截面，第一个下标表示该内力所属杆端的截面；第二个下标表示杆段的另一端截面。例如，杆段 AB 的 A 端弯矩、剪力和轴力分别用 M_{AB}、F_{SAB} 和 F_{NAB} 表示；而 B 端的弯矩、剪力和轴力分别用 M_{BA}、F_{SBA} 和 F_{NBA} 表示。

在刚架的内力计算中弯矩可自行规定正负，例如可规定以使刚架内侧纤维受拉为正，但须注明受拉的一侧；弯矩图绘在杆的受拉一侧。剪力和轴力的正负号规定同前，即剪力以使隔离体产生顺时针转动趋势时为正，反之为负；轴力以拉力为正，压力为负。剪力图和轴力图可绘在杆的任一侧，但须标明正负号。

例 11-3　试绘制如图 11-7(a)所示悬臂刚架的内力图。

解：(1) 求支座反力。由刚架整体的平衡方程求出支座 A 处的反力为

$$F_{Ax}=-40\text{kN},\quad F_{Ay}=80\text{kN},\quad M_A=320\text{kN}\cdot\text{m}$$

对悬臂刚架也可不计算支座反力直接计算内力。

(2) 求控制截面上的内力。将刚架分为 AB、BC 和 CD 三段，取每段杆的两端为控制截面。从自由端开始，根据刚架内力的计算规律可得各控制截面上的内力为

$$M_{DC}=0$$

$$M_{CD}=(-40\times4-10\times4\times2)\text{kN}\cdot\text{m}=-240\text{kN}\cdot\text{m}\quad(\text{上侧受拉})$$

$$M_{CA}=M_{CD}=-240\text{kN}\cdot\text{m}\quad(\text{左侧受拉})$$

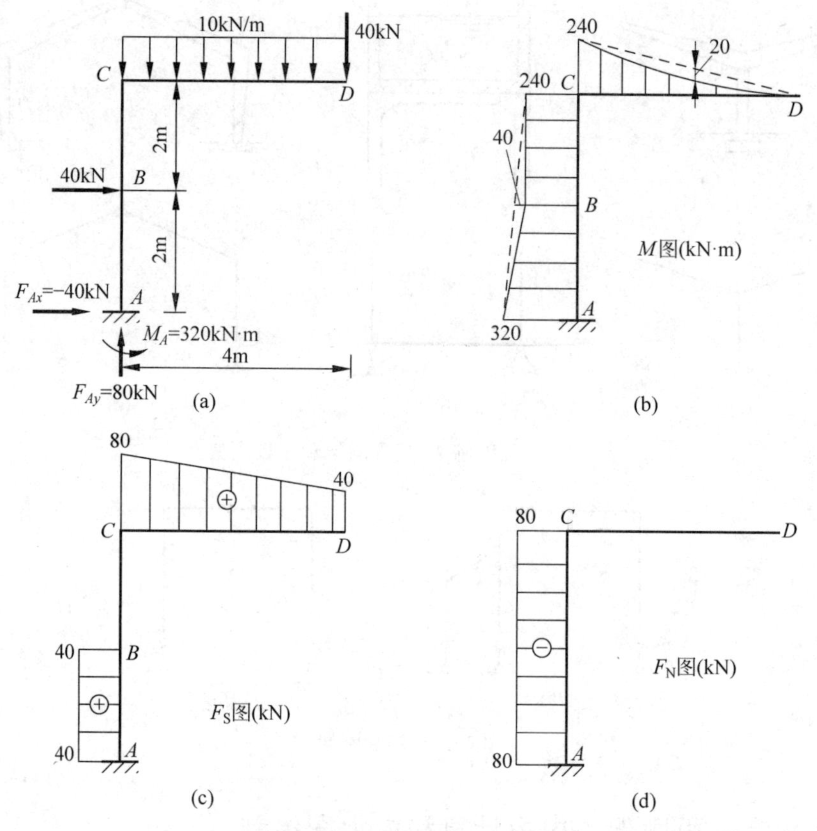

图 11-7 悬臂刚架的内力图

$$M_{AC}=-320\text{kN}\cdot\text{m}\quad(\text{左侧受拉})$$

$$F_{SDC}=40\text{kN},\quad F_{SCD}=(40+10\times4)\text{kN}=80\text{kN},\quad F_{SCB}=F_{SBC}=0$$

$$F_{SAB}=F_{SBA}=40\text{kN}$$

$$F_{NDC}=F_{NCD}=0$$

$$F_{NAC}=F_{NCA}=-80\text{kN}$$

(3) 绘制内力图。由区段叠加法绘制弯矩图。在 CD 段用虚线连接相邻两控制点,以此虚线为基线叠加上相应简支梁在均布荷载作用下的弯矩图。在 AC 段用虚线连接相邻两控制点,以此虚线为基线叠加上相应简支梁在跨中受集中荷载作用下的弯矩图。绘出刚架的弯矩图如图 11-7(b)所示。

由控制截面上的剪力值并利用内力变化规律绘制剪力图。CD 段有均布荷载作用,剪力图是一条斜直线,用直线连接相邻两控制点即是该段的剪力图。AB 和 BC 段无荷载作用,剪力图是与轴线平行的直线,在集中力作用的 B 点处剪力图出现突变,突变值等于 40kN。绘出刚架的剪力图如图 11-7(c)所示。

由控制截面上的轴力值并利用内力变化规律绘制轴力图。因为各杆均无沿杆轴方向的荷载,所以各杆轴力为常数,轴力图是与轴线平行的直线。绘出刚架的轴力图如图 11-8(d)所示。

例 11-4 试作如图 11-8(a)所示刚架的内力图。

解:(1) 求支座反力。取整个刚架为脱离体,假设反力方向如图 11-8(a)所示。由平衡

条件得

$$\sum F_x = 0,\quad F_{Bx} = 30\text{kN}(\leftarrow)$$

$$\sum M_B = 0,\quad F_A \times 6 + 30 \times 4 - 20 \times 6 \times 3 = 0,\quad F_A = 40\text{kN}(\uparrow)$$

$$\sum M_A = 0,\quad F_{By} \times 6 - 30 \times 4 - 20 \times 6 \times 3 = 0,\quad F_{By} = 80\text{kN}(\uparrow)$$

(2) 分段求各杆端内力

AC 段　$M_{AC} = M_{CA} = 0$，$F_{SAC} = F_{SCA} = 0$，$F_{NCA} = -40\text{kN}$

CD 段　$M_{CD} = 0$，$M_{DC} = (30 \times 2)\text{kN} \cdot \text{m} = 60\text{kN} \cdot \text{m}$(左侧受拉)，$F_{SCD} = -30\text{kN}$，$F_{SDC} = -30\text{kN}$，$F_{NCD} = F_{NDC} = -40\text{kN}$

BE 段　$M_{BE} = 0$，$M_{EB} = (30 \times 6)\text{kN} \cdot \text{m} = 180\text{kN} \cdot \text{m}$(右侧受拉)，$F_{SBE} = F_{SEB} = 30\text{kN}$，$F_{NBE} = F_{NEB} = -80\text{kN}$

DE 段　求 DE 杆两端的内力时可以分别利用结点 D 和 E 由平衡条件求得(图 11-8(e)、(f))。

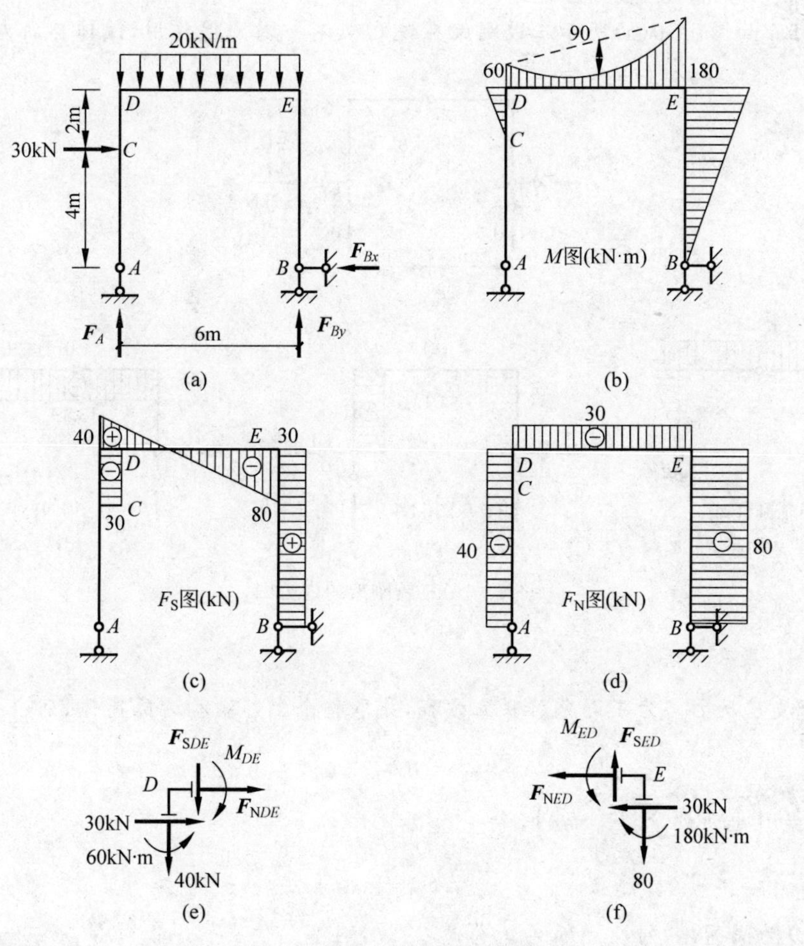

图 11-8　简支刚架的内力图

结点 D $\sum F_x=0$，$F_{NDE}=-30\text{kN}$

$\sum F_y=0$，$F_{SDE}=40\text{kN}$

$\sum M_D=0$，$M_{DE}=60\text{kN}\cdot\text{m}$(上边受拉)

结点 E $\sum F_x=0$，$F_{NED}=-30\text{kN}$

$\sum F_y=0$，$F_{SED}=-80\text{kN}$

$\sum M_E=0$，$M_{ED}=180\text{kN}\cdot\text{m}$(上边受拉)

(3) 分别作 M、F_S 和 F_N 图，如图 11-8(b)、(c)、(d)所示。在作 M 图时，DE 段的弯矩因两端弯矩值已求得，在此两纵标值的顶点以虚线相连，从虚线的中点向下叠加简支梁的弯矩图，简支梁跨中的弯矩值为

$$\frac{ql^2}{8}=\frac{20\times36}{8}\text{kN}\cdot\text{m}=90\text{kN}\cdot\text{m}$$

例 11-5 如图 11-9(a)所示三铰刚架在铰 C 处有一对力偶作用，试作其内力图。

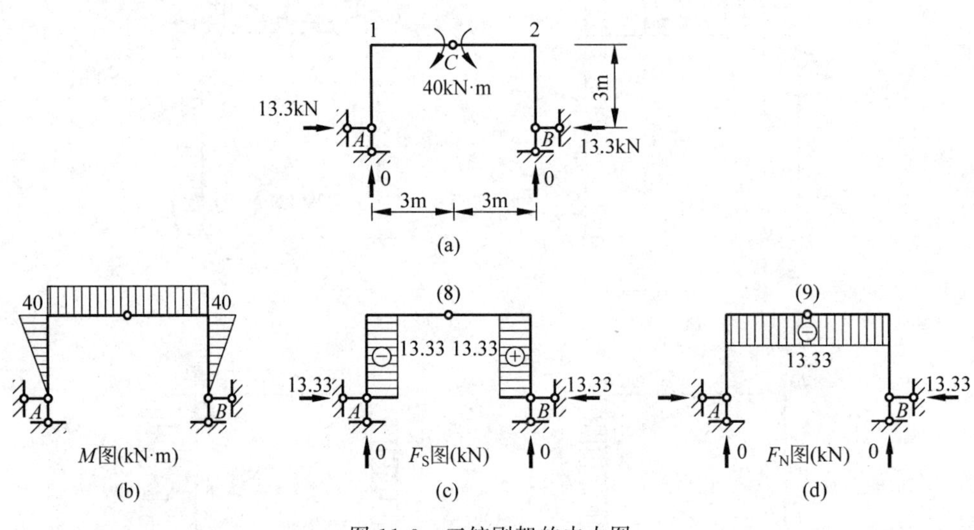

图 11-9 三铰刚架的内力图

解法一：基本方法

(1) 求支座反力。为了避免解联立方程，先取整个上部结构为隔离体，列 $\sum M_A=0$，得

$$F_{By}=0$$

列 $\sum M_B=0\left(\text{也可列}\sum F_y=0\right)$，得

$$F_{Ay}=0$$

取 BC 部分为隔离体，列 $\sum M_C=0$，得

$$F_{Bx}\times3-F_{By}\times3-40=0,\quad F_{Bx}=13.3\text{kN}(\leftarrow)$$

再取整个上部结构为隔离体，列 $\sum F_x=0$，得

$$F_{Ax}=13.3\text{kN}(\rightarrow)$$

(2) 作弯矩图。取杆件 $2B$ 为隔离体，列 $\sum M_2=0$，得

$$M_{2B}=40\text{kN}\cdot\text{m}$$

取结点 2 为隔离体，列 $\sum M_2=0$，得

$$M_{2C}=40\text{kN}\cdot\text{m}$$

同理求结点 1 两端的弯矩为

$$M_{1A}=M_{1C}=40\text{kN}\cdot\text{m}$$

由所求杆端弯矩利用微分关系即可作出弯矩图，如图 11-9(b)所示。

(3) 作剪力图。利用杆件的平衡条件求出控制截面的剪力，作出剪力图如图 11-9(c)所示。请读者自己完成求解过程。

(4) 作轴力图。利用结点的平衡条件求出控制界面的轴力，作出轴力图如图 11-9(d)所示。请读者自己完成求解过程。

解法二：求支座反力的方法与解法一相同，仅对作弯矩图的方法进行补充。

(1) 与支座相连的杆件 $1A$ 可以看成固定端在 1 点的悬臂梁，其荷载为 A 点的支座反力。同理，杆件 $2B$ 可以看成固定端在 2 点的悬臂梁，其荷载为 B 点的支座反力。这样就很容易作出这两个杆件的弯矩图。

(2) 根据结点弯矩平衡条件可以很容易确定 $1C$ 杆 1 端、$2C$ 杆 2 端的截面弯矩。这样就很方便得到横梁的弯矩图了。

温馨提示：对于一个由两个杆件组成的刚结点，若结点上没有集中力偶作用，则两个杆端弯矩一定等值且同侧受拉。

11.3　静定平面桁架的内力计算

11.3.1　工程实例和计算简图

1. 桁架的特点

梁和刚架承受荷载时主要产生弯曲内力，截面上的受力分布是不均匀的，构件的材料不能得到充分的利用。桁架则弥补了上述结构的不足。**桁架是由直杆组成，且全部由铰结点连接的结构**。在结点荷载作用下桁架各杆的内力只有轴力，截面上受力分布是均匀的，充分利用了材料，同时减轻了结构的自重。因此，桁架是大跨度结构中应用得非常广泛的一种，例如，民用房屋和工业厂房中的屋架(图 11-10(a))、托架、铁路和公路桥梁(图 11-10(b))，建筑起重设备中的塔架，以及建筑施工中的支架等。

2. 桁架的计算假设

为便于计算，通常对工程实际中平面桁架的计算简图作如下假设：

(1) 桁架的结点都是光滑的理想铰；

(2) 各杆的轴线都是直线且在同一平面内，并通过铰的中心；

(3) 荷载和支座反力都作用于结点上并位于桁架的平面内。

符合上述假设的桁架称为**理想桁架**，理想桁架中各杆的内力只有轴力。然而，工程实际中的桁架与理想桁架有较大的差别。例如，在图 11-11(a)所示的钢屋架(图 11-11(b)为其计算简图)中，各杆是通过焊接、铆接连接在一起的，结点具有很大的刚性，不完全符合理想铰

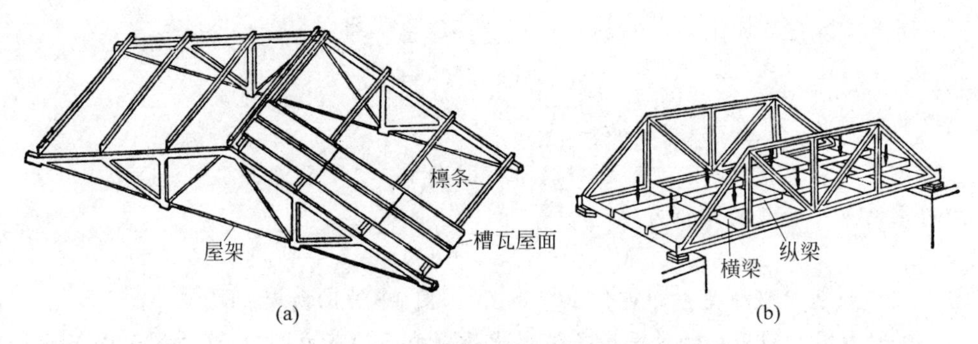

图 11-10 工业厂房屋架和铁路、公路桥梁

的情况。此外,各杆的轴线不可能绝对平直,各杆的轴线也不可能完全交于一点,荷载也不可能绝对作用于结点上。因此,实际桁架中的各杆不可能只承受轴力。通常把根据计算简图求出的内力称为**主内力**,把由于实际情况与理想情况不完全相符而产生的附加内力称为**次内力**。理论分析和实测表明,在一般情况下次内力可忽略不计。本书仅讨论主内力的计算。

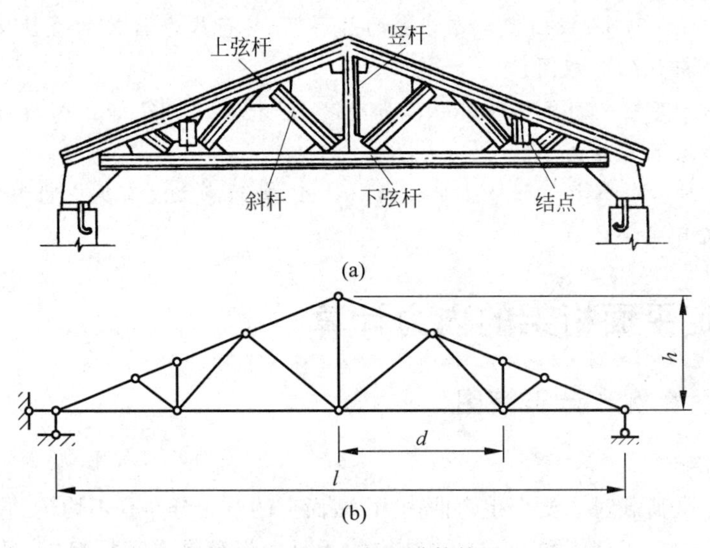

图 11-11 钢屋架及计算简图

在图 11-11(a)、(b)中,桁架上、下边缘的杆件分别称为上弦杆和下弦杆,上、下弦杆之间的杆件称为腹杆,腹杆又分为竖杆和斜杆。弦杆相邻两结点之间的水平距离 d 称为节间长度,两支座之间的水平距离 l 称为跨度,桁架最高点至支座连线的垂直距离 h 称为桁高。

3. 桁架的分类

按桁架的几何组成规律可把平面静定桁架分为以下三类:

(1) 简单桁架。由基础或一个铰接三角形开始依次增加二元体而组成的桁架称为**简单桁架**,如图 11-11(b)所示。

(2) 联合桁架。由几个简单桁架按照几何不变体系的组成规则,联合组成的桁架称为**联合桁架**,如图 11-12(a)所示。

(3) 复杂桁架。凡不按上述两种方式组成的桁架均称为**复杂桁架**,如图 11-12(b)所示。

此外,桁架还可以按其外形分为平行弦桁架、抛物线形桁架、三角形桁架、梯形桁架等,分别如图 11-13(a)、(b)、(c)、(d)所示。

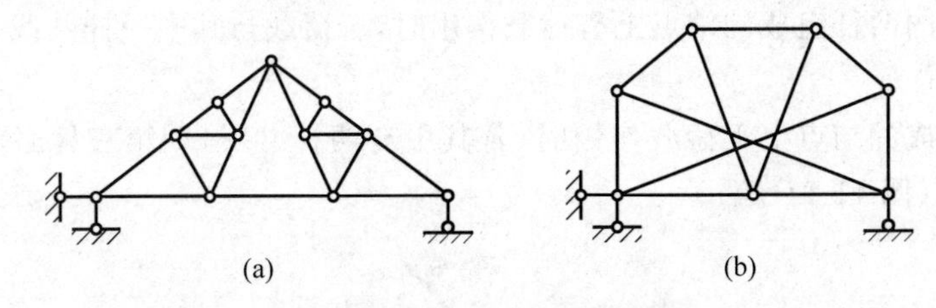

图 11-12　联合桁架与复杂桁架

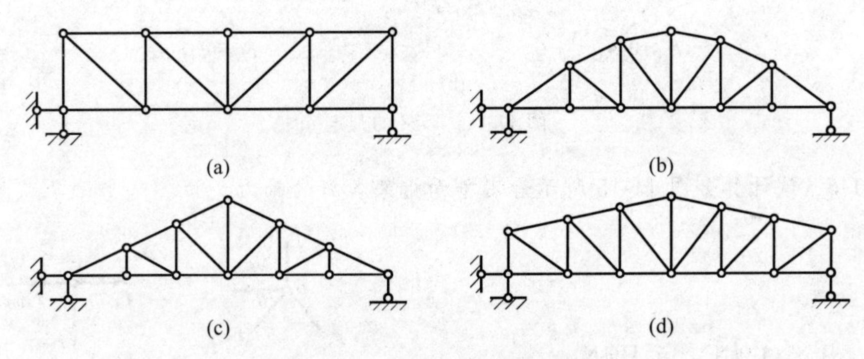

图 11-13　桁架按其外形分类

11.3.2　平面静定桁架的内力计算

1. 内力计算的方法

平面静定桁架的内力计算方法通常为**结点法**和**截面法**。

结点法是截取桁架的一个结点为隔离体，利用该结点的静力平衡方程来计算截断杆的轴力。由于作用于桁架任一结点上的各力(包括荷载、支座反力和杆件的轴力)构成了一个平面汇交力系，而该力系只能列出两个独立的平衡方程，因此所取结点的未知力数目不能超过两个。结点法适用于简单桁架的内力计算。一般先从未知力不超过两个的结点开始，依次计算就可以求出桁架中各杆的轴力。

截面法是用一截面(平面或曲面)截取桁架的某一部分(两个结点及以上)为隔离体，利用该部分的静力平衡方程来计算截断杆的轴力。由于隔离体所受的力通常构成平面一般力系，而一个平面一般力系只能列出三个独立的平衡方程，因此用截面法截断的杆件数目一般不应超过三根。截面法适用于求桁架中某些指定杆件的轴力。另外，联合桁架必须先用截面法求出联系杆的轴力，然后与简单桁架一样用结点法求各杆的轴力。一般地，在桁架的内力计算中往往是结点法和截面法联合加以应用。

在桁架的内力计算中，一般先假定各杆的轴力为拉力，若计算的结果为负值则该杆的轴力为压力。此外，为避免求解联立方程，应恰当选取矩心和投影轴，尽可能使一个平衡方程中只包含一个未知力。

2. 零杆的判定

桁架中轴力为零的杆件称为**零杆**。在计算内力之前如果能把零杆找出将会使计算得到简化。通常在下列几种情况中会出现零杆：

(1) 不共线的两杆组成的结点上无荷载作用时,该两杆均为零杆(图11-14(a))。

(2) 不共线的两杆组成的结点上有荷载作用时,若荷载与其中一杆共线,则另一杆必为零杆(图11-14(b))。

(3) 三杆组成的结点上无荷载作用时,若其中有两杆共线,则第三杆必为零杆,且共线的两杆内力相等(图11-14(c))。

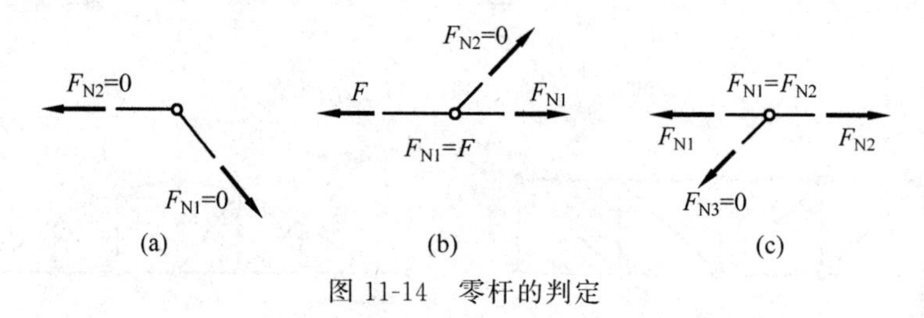

图11-14 零杆的判定

例11-6 试计算如图11-15所示静定平面桁架各杆的轴力。

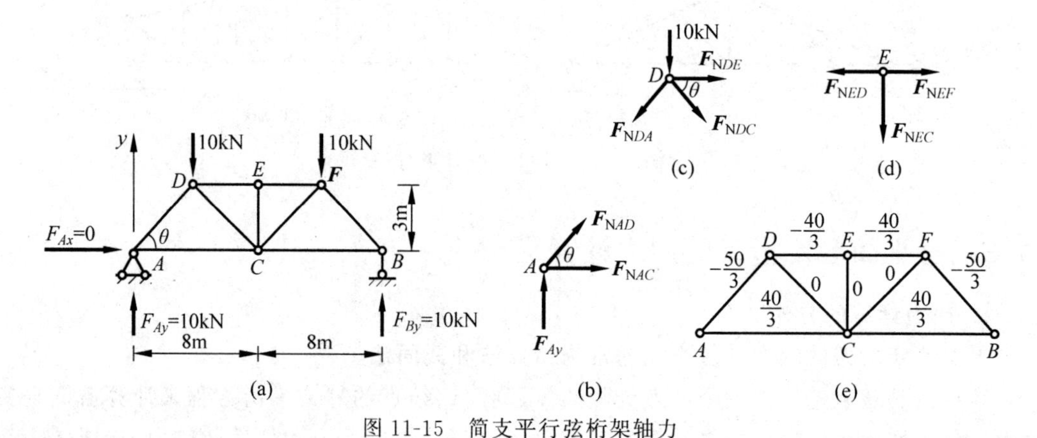

图11-15 简支平行弦桁架轴力

解:这是一个简支平行弦桁架。在求解前任一结点上未知力都不止2个。如A结点上2个支座反力及杆AC与杆AD的轴力都未知,有4个未知力。B结点上有1个支座反力及杆BC与杆BF的2个轴力,共3个未知力。D、E、F结点各有3个未知杆轴力。C结点5个杆轴力都未知。因此,通过分析本题应先取整体为分析对象,求出3个支座反力,然后再取结点分析求杆件轴力。

1) 求支座反力

取整个桁架为分析对象画出受力图,如图11-15(a)所示。列出平衡方程

$$\sum F_x=0,\quad F_{Ax}=0$$

$$\sum F_y=0,\quad F_{Ay}+F_{By}-20=0$$

$$\sum M_A=0,\quad F_{By}\times 16-10\times 4-10\times 12=0$$

解得:$F_{Ax}=0$,$F_{Ay}=10\text{kN}(\uparrow)$,$F_{By}=10\text{kN}(\uparrow)$。

这个结果由结构及荷载的对称性也可直接得出。

2) 求桁架内力

由于该桁架结构及其荷载都正对称,故只需计算一半桁架杆件,另一半桁架的杆轴力由

对称性即可得到。也就是说，这里只需计算 AC、AD、CD、DE 和 CE 五杆的轴力。

(1) 先取结点 A 分析，受力图如图 11-15(b)所示，则

$$\sum F_x = 0,\quad F_{NAC} + F_{NAD}\cos\theta = 0$$

$$\sum F_y = 0,\quad F_{NAD}\sin\theta + F_{Ay} = 0$$

因 $\sin\theta = \frac{3}{5}$，$\cos\theta = \frac{4}{5}$，故解得

$$F_{NAC} = \frac{40}{3}\text{kN}(拉),\quad F_{NAD} = -\frac{50}{3}\text{kN}(压)$$

(2) 再取结点 D 分析，受力图如图 11-15(c)所示，同理可解得

$$F_{NDE} = -\frac{40}{3}\text{kN}(拉),\quad F_{NDC} = 0$$

(3) 取结点 E 分析，受力图如图 11-15(d)所示，解得

$$F_{NEF} = -\frac{40}{3}\text{kN},\quad F_{NEC} = 0$$

由对称性可得

$$F_{NBF} = F_{NAD} = -\frac{50}{3}\text{kN}(压)$$

$$F_{NBC} = F_{NAC} = \frac{40}{3}\text{kN}(拉)$$

$$F_{NFC} = F_{NDC} = 0$$

根据工程习惯，计算出的桁架各杆轴力通常标注在桁架简图上相应的杆件旁，如图 11-15(e)所示。

关于对称结构

对称结构是中国常采用的一种结构形式。平常所说的结构对称只指结构的几何形状对称；从严格意义上来讲，结构对称不仅几何形状对称，而且还要支座、EA 或 EI 对称。对称结构至少应有一个对称轴，可沿对称轴折叠、重合。在对称荷载作用下其内力、变形也对称。遇到这种结构内力、位移计算题时，只计算一半就是了，另一半用对称获得，在力法那一章中还要详细讲授。

3. 截面法

截面法是用一截面(可为平面，也可为曲面)截取桁架的一部分为分析对象，画出其受力图，并据此建立平衡方程来求解桁架杆件的轴力。截面法的分析对象是桁架的一部分，它可以是一个铰或一根杆，也可以是联系在一起的多个铰或多根杆。所谓“截取”就是要截断所选定部分与周围其余部分联系的杆件并取出分析对象。

如果截面法只截取了单个铰为分析对象，则其受力图与结点法相似。其差别有两点：①结点法的分析对象是光滑的理想铰，而截面法截取出的铰上却留有余下的短杆段。②结点法受力图画出的是杆对铰的约束(反)力，因其与相应杆的轴力大小相等、拉压性质相

同,故有时不加区分地把计算出的杆约束力“当作”杆轴力。而截面法受力图画出的是被截断杆的轴力,计算结果就是杆轴力,显得更直接。

不过,截面法截取的分析对象通常不宜是单个铰而应是含有铰和杆的更大的部分,这样才能发挥自身的优势。这种情况下所取分析对象受的力系通常是平面一般力系,故最多可求解出3个未知力。因此,一般情况下截面法所取的分析对象上未知轴力不宜超过3个。截面法通过选择适当方位的投影轴与矩心可使一个平衡方程只含1个未知量,能简化计算过程。

如果截面法分析对象上未知轴力超过了3个,则除特殊力系(如含有n个未知力的平面力系中$(n-1)$个未知力汇交于一点或相互平行)外,一般要另取其他分析对象同时分析,建立含3个以上方程的联立方程组来求解。在计算桁架时应尽量避免这种情况出现。

例 11-7 已知桁架荷载及尺寸,如图11-16所示。试计算杆件1、2、3的轴力。

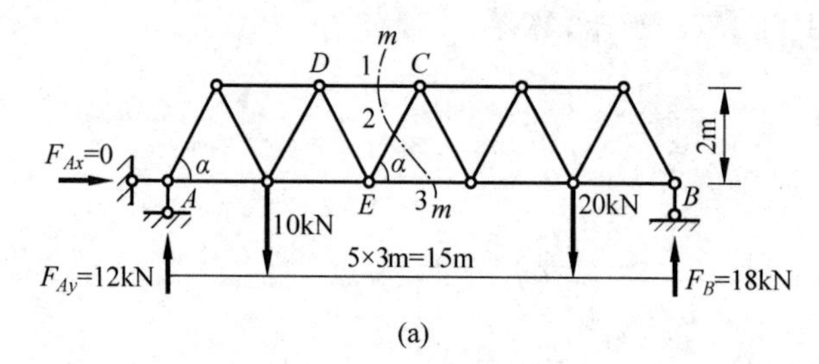

图 11-16 简支桁架轴力

解:这是一个简支桁架,应先求出支座反力。否则,无论取哪个结点未知力都超过2个,无解。

(1) 求支座反力。取桁架整体分析,画出受力图如图11-16(a)所示。由平衡得

视频讲解

$$\sum F_x = 0,\quad F_{Ax} = 0$$

$$\sum M_A = 0,\quad F_B \times 15 - 10 \times 3 - 20 \times 12 = 0$$

解得

$$F_B = 18\text{kN}(\uparrow)$$

$$\sum F_y = 0,\quad F_{Ay} + F_B - 10 - 20 = 0$$

解得

$$F_{Ay} = 12\text{kN}(\uparrow)$$

验算:$\sum M_B = -F_{Ay} \times 15 + 10 \times 12 + 20 \times 3 = 0$,说明支座反力计算无误。

(2) 求杆轴力。用m—m截面将1、2、3杆截断,取桁架左部分为分析对象,画出受力图如图11-16(b)所示。列平衡方程:

$$\sum M_E = 0,\quad -12 \times 6 + 10 \times 3 - F_{N1} \times 2 = 0$$

解得

$$F_{N1} = -21\text{kN}(压力)$$

$$\sum M_C = 0,\quad -12 \times 7.5 + 10 \times 4.5 + F_{N3} \times 2 = 0$$

解得

$$F_{N3} = 22.5\text{kN}(拉力)$$

$$\sum F_y = 0,\quad 12 - 10 + F_{N2}\sin\alpha = 0$$

因$\sin\alpha = 0.8$,解得$F_{N2} = -2.5\text{kN}$(压力)。

例 11-8　求如图 11-17(a)所示桁架中杆 ED 的轴力。已知 $ABDC$ 为正方形，$EH/\!/AC$，$HG/\!/AB$，C、E、G、B 四点共线，荷载 $\boldsymbol{F}$ 竖直向下。

解：通过分析，以图示闭合截面截取三角形 EHG 为分析对象，画出受力图如图 11-17(b)所示。延长 F_{NAH} 的作用线交 EG 杆于 O。由几何关系知，O 为等腰直角三角形 EHG 斜边的中点。设 $\angle EDC=\theta$，由平衡条件

$$\sum M_O=0,\quad -F\times\frac{a}{6}-F_{NED}\cos\theta\times\frac{a}{6}-F_{NED}\sin\theta\times\frac{a}{6}=0$$

代入 $\sin\theta=\dfrac{1}{\sqrt{5}}$，$\cos\theta=\dfrac{2}{\sqrt{5}}$，解得 $F_{NED}=-\dfrac{\sqrt{5}}{3}F$(压力)。

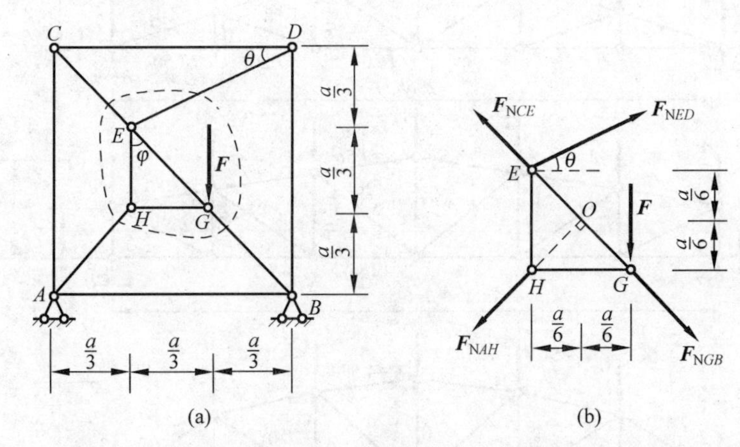

图 11-17　静定桁架指定杆轴力

本例所截取的分析对象上有 4 个未知力，我们仍然求出了所需的杆件轴力。这是因为除欲求的未知轴力 F_{NED} 外，其余三个未知轴力汇交于 O，在以 O 点为矩心的力矩平衡方程中只含未知轴力 F_{NED}。一般地，若力系中有 n 个未知力，其中 $n-1$ 个汇交于一点，则以该汇交点为矩心列出力矩平衡方程必能求解出第 n 个不汇交于该点的未知力。

11.3.3　梁式桁架受力性能的比较

在竖向荷载作用下，支座处不产生水平反力的桁架称为**梁式桁架**。常见的梁式桁架有平行弦桁架、三角形桁架、梯形桁架、抛物线形桁架和折线形桁架等。桁架的外形对桁架中各杆的受力情况有很大的影响。为了便于比较，在图 11-18 中给出了同跨度、同荷载的 5 种常用桁架的内力数值。下面对上述几种桁架的受力性能进行对比分析，以便合理选用。

1. 平行弦桁架

平行弦桁架的内力分布不均匀(图 11-18(a))，**弦杆的轴力由两端向中间递增，腹杆的轴力则由两端向中间递减**。因此，为了节省材料，各结点间的杆件应该采用与其轴力相应的不同截面，但这样会增加各结点拼接的困难。在实用上，平行弦桁架通常仍采用相同的截面并常用于轻型桁架，此时材料的浪费不至太大，如厂房中跨度在 12m 以上的吊车梁。另外，平行弦桁架的优点是杆件与结点的构造相同，有利于标准化制作和施工，在铁路桥梁中常被采用。

2. 三角形桁架

三角形桁架的内力分布也不均匀(图 11-18(b))，**弦杆的轴力由两端向中间递减，腹杆**

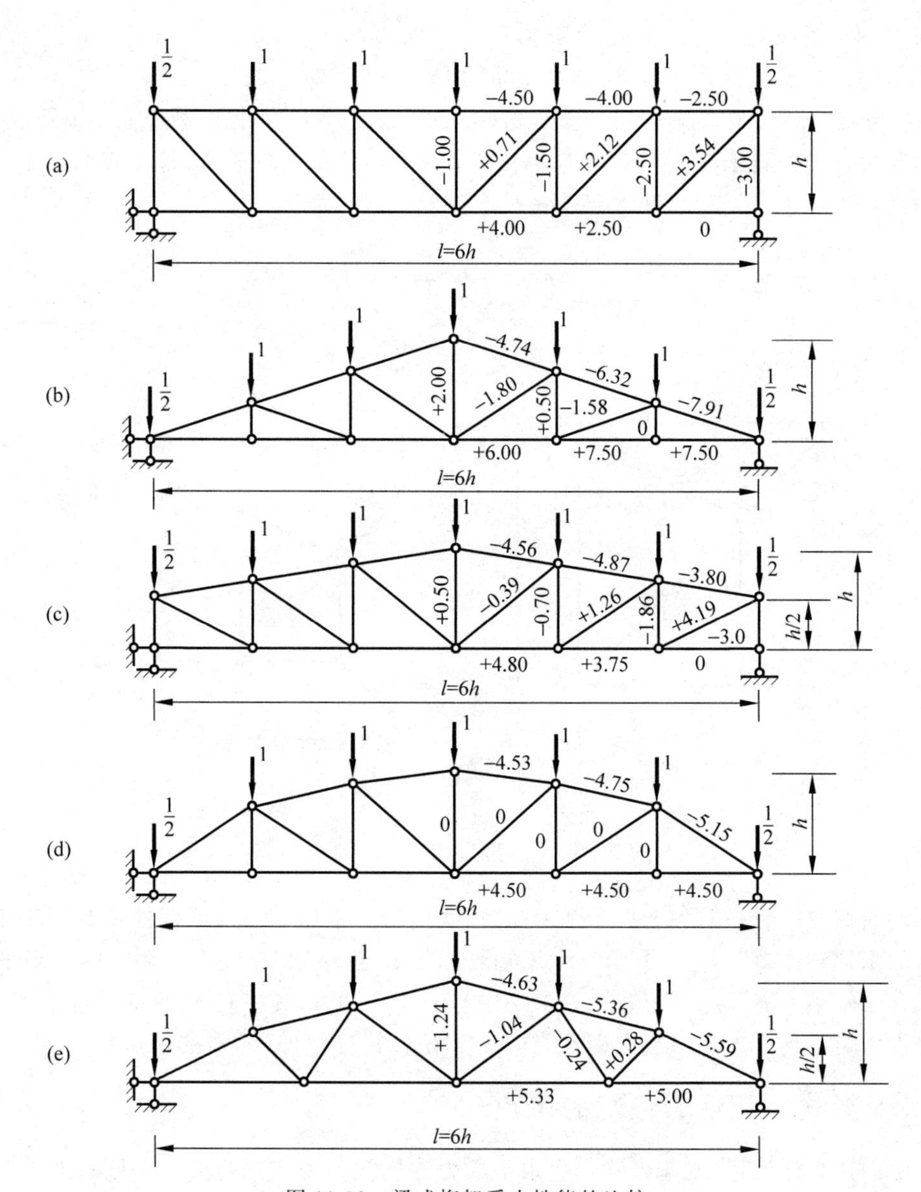

图 11-18 梁式桁架受力性能的比较

的轴力则由两端向中间递增。三角形桁架两端结点处弦杆的轴力最大,而夹角又很小,制作困难。但其两斜面外形符合屋顶构造的要求,故三角形桁架只在屋盖结构中采用。

3. 梯形桁架

梯形桁架的受力性能介于平行弦桁架和三角形桁架之间,**弦杆的轴力变化不大,腹杆的轴力由两端向中间递减**(图 11-18(c))。梯形桁架的构造较简单,施工也较方便,常用于钢结构厂房的屋盖。

4. 抛物线形桁架

抛物线形桁架的内力分布比较均匀(图 11-18(d)),**上、下弦杆的轴力几乎相等,腹杆的轴力等于零**。抛物线形桁架的受力性能较好,但这种桁架的上弦杆在每一结点处均需转折,结点构造复杂,施工麻烦,因此只有在大跨度结构中才会被采用,如 24~30m 的屋架和 100～300m 的桥梁。

5. 折线形桁架

折线形桁架是抛物线形桁架的改进型，**其受力性能与抛物线形桁架类似**(图 11-18(e))，而制作、施工比抛物线形桁架方便得多，它是目前钢筋混凝土屋架中经常采用的一种形式，在中等跨度(18～24m)的厂房屋架中使用得最多。

11.4　静定平面组合结构的内力计算

所谓**组合结构**是指结构体系既包含二力杆又包含受弯杆，是桁架结构与刚架结构的组合。如果这种体系又是无多余约束的几何不变体系，则称之为**静定组合结构**，其全部约束反力和内力均可由静力平衡方程求出。如图 11-19 所示结构均为静定组合结构，其中图 11-19(a)为简易斜拉桥结构，图 11-19(b)为加固工程中常采用的结构，图 11-19(c)为下撑式五角形屋架结构。

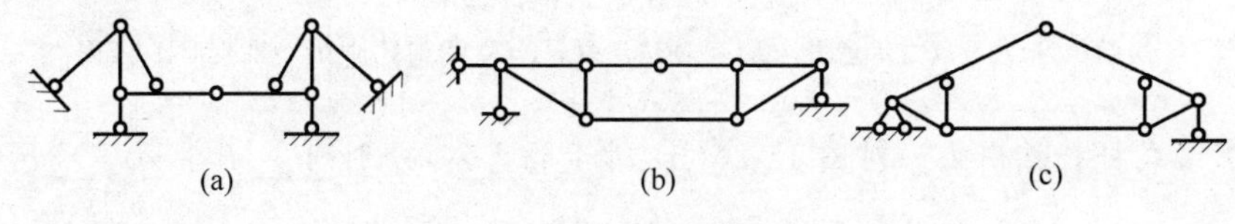

图 11-19　组合结构

计算组合结构的内力也是用截面法和结点法。具体计算时应注意以下几点：

(1) 采用结点法时，不取组合结点或受弯杆端部铰结点为分析对象。因为此类结点上有梁式杆，分析起来很不方便。

(2) 采用截面法时，不截断受弯杆。因为受弯杆横截面上一般有剪力、弯矩和轴力三种内力，截断后未知内力太多，增加计算难度。

(3) 在取脱离体时，组合结点应采用拆开的办法，二力杆可直接截断。

(4) 受弯杆按梁和刚架的计算方法求内力，画出内力图(包括弯矩图、剪力图和轴力图)。二力杆求出轴力即可，也可标注在结构图中相应杆的旁边。

例 11-9　试求如图 11-20(a)所示组合结构的桁架杆轴力及梁式杆弯矩图。

解：首先区分哪些是桁架杆，哪些是梁式杆。本题中，124、135 杆为梁式杆，其余各杆为桁架杆。

(1) 求支座反力。根据整体平衡条件，可求得

$$F_{4x}=0,\quad F_{4y}=76.25\text{kN},\quad F_{5y}=63.75\text{kN}$$

(2) 求桁架杆的轴力。取图 11-20(b) 所示隔离体，67 杆是桁架杆，列 $\sum M_1=0$，得

$$76.25\times4-20\times4\times2-F_{\text{N67}}\times2=0$$

解得

$$F_{\text{N67}}=72.5\text{kN}$$

由结点 6 的平衡条件可得

$$F_{\text{N62}}=-72.5\text{kN},\quad F_{\text{N64}}=72.5\sqrt{2}\,\text{kN}=102.53\text{kN}$$

由结点 7 的平衡条件可得

$$F_{\text{N73}}=-72.5\text{kN},\quad F_{\text{N75}}=72.5\sqrt{2}\,\text{kN}=102.53\text{kN}$$

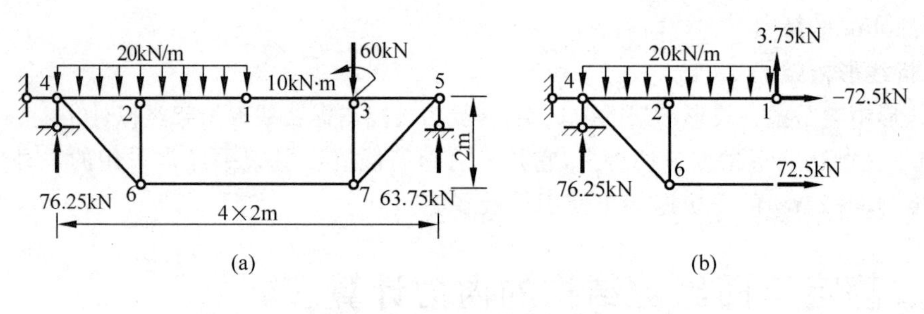

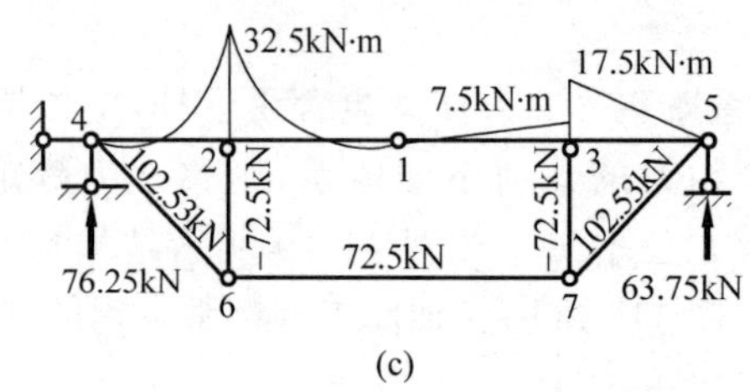

图 11-20　组合结构计算图

(a) 结构、荷载及反力示意图；(b) 截面法求内力；(c) 桁架杆轴力、弯曲变形杆 M 图

(3) 求梁式杆杆端内力。对图 11-20(b) 所示隔离体，分别列 $\sum F_x=0, \sum F_y=0$，得

$$F_{1x}=-72.5\text{kN},\quad F_{1y}=3.75\text{kN}$$

(4) 求梁式杆控制截面弯矩。取 12 杆为隔离体，列 $\sum M_2=0$，得

$$20\times2\times1-3.75\times2-M_2=0$$

$$M_2=32.5\text{kN}\cdot\text{m}\quad(\text{上侧受拉})$$

切开 13 杆上结点 3 左侧截面，取 13 杆为隔离体，列 $\sum M_3=0$，得结点 3 左侧截面弯矩为

$$M_3^{\text{L}}=7.5\text{kN}\cdot\text{m}\quad(\text{上侧受拉})$$

同理切开 13 杆上结点 3 右侧截面，可求得

$$M_3^{\text{R}}=17.5\text{kN}\cdot\text{m}\quad(\text{上侧受拉})$$

(5) 作弯矩图。有了控制截面弯矩，由区段叠加法可作出 42、21 杆弯矩图；由于 13、35 杆上无荷载 M 图为直线，据此可作出如图 11-20(c)所示的弯矩图。

11.5　三铰拱的内力计算与合理拱轴线

11.5.1　三铰拱的组成

1. 拱的分类

拱结构是一种重要的结构形式，在桥梁和房屋建筑中经常采用。拱在我国建筑结构上的应用历史悠久，例如河北赵县的石拱桥。因支承及连接形式不同，拱可分为无铰拱(图 11-21(a))、两铰拱(图 11-21(b))及三铰拱(图 11-21(c))。三铰拱是由两根曲杆与地基不在一条直线上的三个铰两两相连组成的。由几何组成分析知，无铰拱和两铰拱都是超静

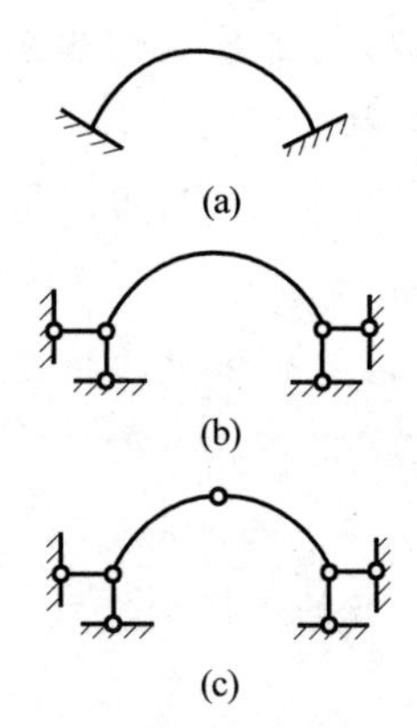

图 11-21　拱之实例

(a) 无铰拱；(b) 两铰拱；(c) 三铰拱

定的，三铰拱是静定的。

在桥梁和房屋建筑工程中，拱式结构的应用比较广泛，它适用于宽敞的大厅，如礼堂、展览馆、体育馆等。在拱结构中，由于水平推力的存在，拱对基础的要求较高，若基础不能承受水平推力，可用一根拉杆来代替水平支座链杆承受拱的推力，如图 11-22(a)所示屋面承重结构，图 11-22(b)是它的计算简图，这种拱称为**拉杆拱**。为增加拱下的净空，拉杆拱的拉杆位置可适当提高(图 11-22(c))；也可以将拉杆做成折线形并用吊杆悬挂，如图 11-22(d)所示。

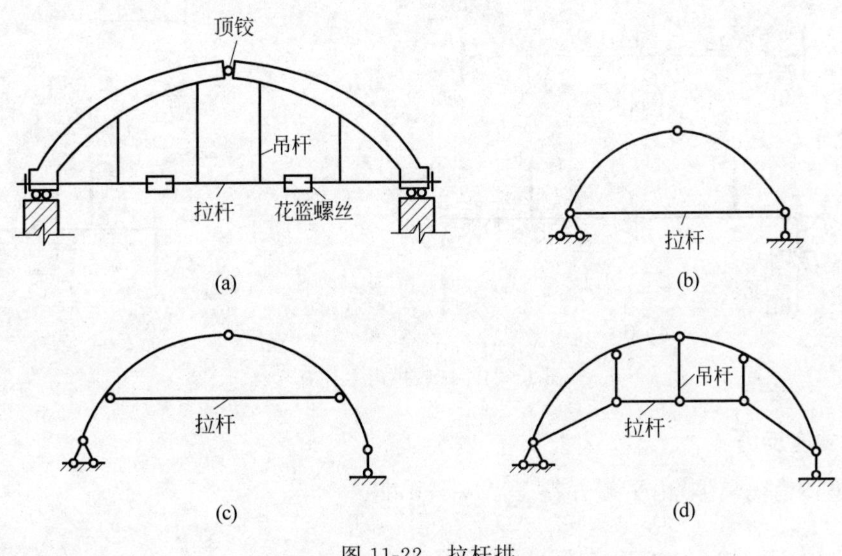

图 11-22　拉杆拱

2. 拱的各部分名称

拱与基础的连接处称为**拱趾**，或称**拱脚**。拱轴线的最高点称为**拱顶**。拱顶到两拱趾连线的高度 f 称为**拱高**，两个拱趾间的水平距离 l 称为**跨度**，如图 11-23 所示。拱高与拱跨的比值 f/l 称为**高跨比**，高跨比是影响拱的受力性能的重要几何参数。

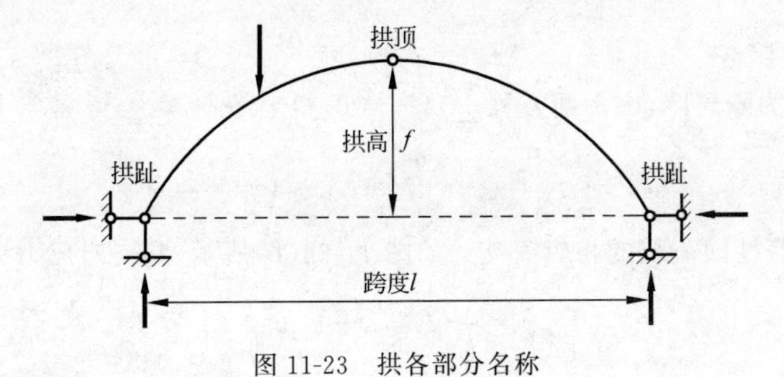

图 11-23　拱各部分名称

11.5.2　三铰拱的内力计算

现以图 11-24(a)所示三铰拱为例，说明三铰拱内力计算过程。该拱的两支座在同一水平线上，且只承受竖向荷载。

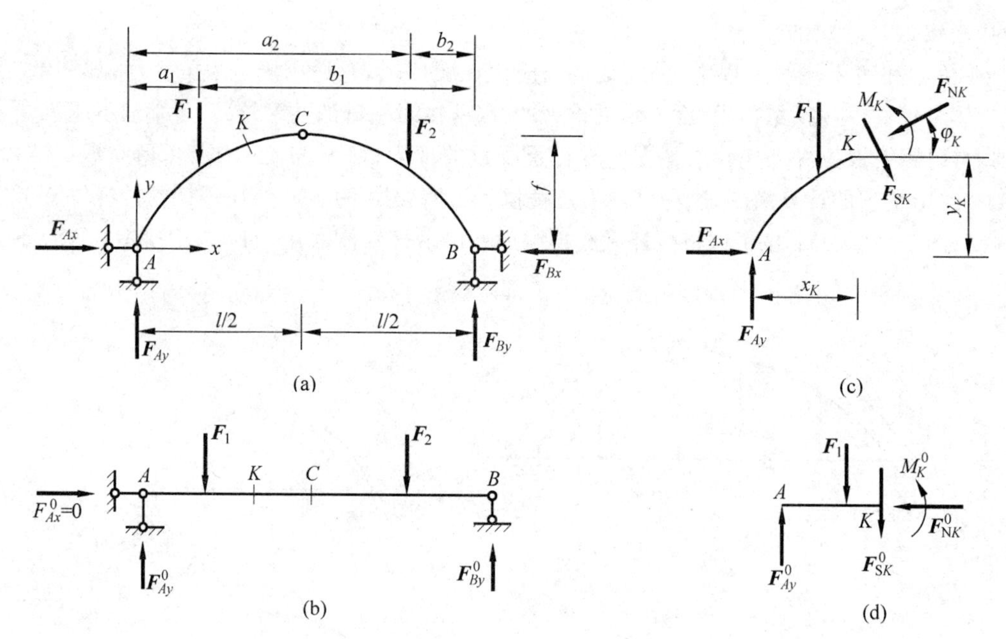

图 11-24 三铰拱内力计算

1. 求支座反力

取拱整体为隔离体,由平衡方程$\sum M_B=0$,得

$$F_{Ay}=\frac{1}{l}(F_1b_1+F_2b_2)$$

由$\sum M_A=0$,得

$$F_{By}=\frac{1}{l}(F_1a_1+F_2a_2)$$

由$\sum F_x=0$,得

$$F_{Ax}=-F_{Bx}=F_x$$

再取左半拱为隔离体,由平衡方程$\sum M_C=0$,得

$$F_{Ax}=\frac{1}{f}\left[F_{Ay}\times\frac{l}{2}-F_1\times\left(\frac{l}{2}-a_1\right)\right]$$

与三铰拱同跨度同荷载的相应简支梁如图 11-24(b)所示,其支座反力为

$$\left.\begin{aligned}F^0_{Ay}&=\frac{1}{l}(F_1b_1+F_2b_2)\\F^0_{By}&=\frac{1}{l}(F_1a_1+F_2a_2)\\F^0_{Ax}&=0\end{aligned}\right\}$$

同时,可以计算出相应简支梁 C 截面上的弯矩为

$$M^0_C=F^0_{Ay}\times\frac{l}{2}-F_1\times\left(\frac{l}{2}-a_1\right)$$

比较以上诸式,可得三铰拱的支座反力与相应简支梁的支座反力之间的关系为

$$\left.\begin{aligned}F_{Ay}&=F_{Ay}^{0}\\F_{By}&=F_{By}^{0}\\F_{Ax}&=F_{Bx}=F_{x}=\frac{M_{C}^{0}}{f}\end{aligned}\right\}\tag{11-1}$$

利用式(11-1),可以借助相应简支梁的支座反力和内力的计算结果来求三铰拱的支座反力。

由式(11-1)可以看出,只受竖向荷载作用的三铰拱,两固定铰支座的竖向反力与相应简支梁的相同,水平反力 F_x 等于相应简支梁截面 C 处的弯矩 M_C^0 与拱高 f 的比值。当荷载与跨度不变时,M_C^0 为定值,水平反力与拱高 f 成反比。若 $f\to 0$,则 $F_x\to\infty$,此时三个铰共线成为瞬变体系。

2. 求任一截面 K 上的内力

由于拱轴线为曲线,三铰拱的内力计算较为复杂,但也可以借助其相应简支梁的内力计算结果来求拱的任一截面 K 上的内力。具体分析如下:

取三铰拱的 K 截面以左部分为隔离体(图 11-24(c))。设 K 截面形心的坐标分别为 x_K、y_K,K 截面的法线与 x 轴的夹角为 φ_K。K 截面上的内力有弯矩 M_K、剪力 F_{SK} 和轴力 F_{NK}。规定弯矩以使拱内侧纤维受拉为正,反之为负;剪力以使隔离体产生顺时针转动趋势时为正,反之为负;轴力以压力为正,拉力为负(在隔离体图上将内力均按正向画出)。利用平衡方程可以求出拱的任意截面 K 上的内力为

$$\left.\begin{aligned}M_K&=[F_{Ay}x_K-F_1(x_K-a_1)]-F_x y_K\\F_{SK}&=(F_{Ay}-F_1)\cos\varphi_K-F_x\sin\varphi_K\\F_{NK}&=(F_{Ay}-F_1)\sin\varphi_K+F_x\cos\varphi_K\end{aligned}\right\}\tag{a}$$

在相应简支梁上取如图 11-24(d)所示隔离体,利用平衡方程可以求出相应简支梁 K 截面上的内力为

$$\left.\begin{aligned}M_K^0&=F_{Ay}^0x_K-F_1(x_K-a_1)\\F_{SK}^0&=F_{Ay}^0-F_1\\F_{NK}^0&=0\end{aligned}\right\}\tag{b}$$

利用式(a)与式(11-1),式(a)可写为

$$\left.\begin{aligned}M_K&=M_K^0-F_x y_K\\F_{SK}&=F_{SK}^0\cos\varphi_K-F_x\sin\varphi_K\\F_{NK}&=F_{SK}^0\sin\varphi_K+F_x\cos\varphi_K\end{aligned}\right\}\tag{11-2}$$

式(11-2)即为三铰拱任意截面 K 上的内力计算公式。计算时要注意内力的正负号规定。

由式(11-2)可以看出,由于水平支座反力 F_x 的存在,三铰拱任意截面 K 上的弯矩和剪力均小于其相应简支梁的弯矩和剪力,并存在着使截面受压的轴力。通常轴力较大,为主要内力。

3. 绘制内力图

一般情况下,三铰拱的内力图均为曲线图形。为了简便起见,在绘制三铰拱的内力图时通常沿跨长或沿拱轴线选取若干个截面,求出这些截面上的内力值。然后以拱轴线的水平投影为基线,在基线上把所求截面上的内力值按比例标出,用曲线相连绘出内力图。

例 11-10 试作如图 11-25(a)所示三铰拱内力图。拱轴线方程为 $y=\frac{4f}{l^2}x(l-x)$。

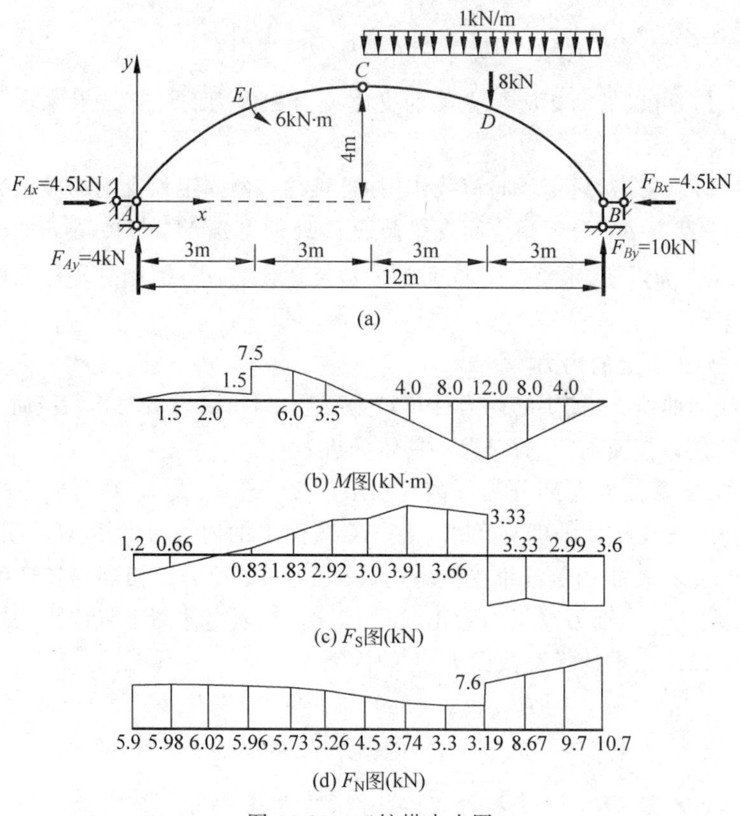

图 11-25 三铰拱内力图

解:(1) 反力计算。由式(11-1)知

$$F_{Ay}=F_{Ay}^0=\frac{6+8\times3+1\times6\times3}{12}\text{kN}=4\text{kN}(\uparrow)$$

$$F_{By}=F_{By}^0=\frac{1\times6\times9+8\times9-6}{12}\text{kN}=10\text{kN}(\uparrow)$$

$$F_x=\frac{M_C^0}{f}=\frac{4\times6-6}{4}\text{kN}=4.5\text{kN}$$

(2) 内力计算。沿 z 轴方向分拱跨为 12 等份,根据式(11-2)计算各截面的 M、F_S 和 F_N 值。以 $x=3\text{m}$ 截面为例,写出内力计算步骤。

$$y_3=\frac{4f}{l^2}x(l-x)=\left[\frac{4\times4}{12^2}\times3\times(12-3)\right]\text{m}=3\text{m}$$

$$\tan\varphi_3=\frac{\mathrm{d}y}{\mathrm{d}x}=\frac{4f}{l^2}(l-2x)=\frac{4\times4}{12^2}\times(12-2\times3)=0.667$$

$$\varphi_3=33.7°,\quad \sin\varphi_3=0.555,\quad \cos\varphi_3=0.832$$

$$M_3^{\mathrm{L}}=M_3^{0\mathrm{L}}-F_xy_3=(4\times3-4.5\times3)\text{kN}\cdot\text{m}=-1.5\text{kN}\cdot\text{m}$$

$$M_3^{\mathrm{R}}=M_3^{0\mathrm{R}}-F_xy_3=(4\times3-6-4.5\times3)\text{kN}\cdot\text{m}=-7.5\text{kN}\cdot\text{m}$$

$$F_{S3}=F_{S3}^{0}\cos\varphi_3-F_x\sin\varphi_3=(4\times0.832-4.5\times0.555)\text{kN}=0.83\text{kN}$$

$$F_{N3}=F_{S3}^{0}\sin\varphi_3+F_x\cos\varphi_3=(4\times0.555+4.5\times0.832)\text{kN}=5.96\text{kN}$$

其余各截面内力计算与上述步骤相同，可列表计算，过程与结果从略。根据各截面内力值可绘出三铰拱的 M、F_S 和 F_N 图(图 11-25(b)、(c)、(d))。

温馨提示：在均布荷载作用的区段，M 图并不是曲线而是直线。写出该区段的弯矩方程，问题就清楚了。

为什么鸡蛋、电灯泡之类能承受很大的外力？

在人们的印象中，鸡蛋、电灯泡之类是很脆弱的，一碰就碎，不能承受多大的外力，但其实不然。殊不知鸡蛋、电灯泡之类可以承受很大的外力。例如两手五指交叉，中间放一个鸡蛋，用力压它的两端是没那么容易压碎的；再如可以把一个相当重的饭桌四条腿下都放上一个鸡蛋，也不会轻易把鸡蛋压烂的，而且桌上还可以慢慢放些小东西，也不会出问题。另外，电灯泡看起来也很容易破碎，但实际上像蛋壳一样坚固，不！比鸡蛋更坚固。有人做过试验，直径 10cm 的电灯泡两面受的压力可超过 75kg(一个人的质量)。试验表明：真空电灯泡甚至还能承受住 2.5 倍这么大的压力。

试问，这是什么道理呢？因为鸡蛋、电灯泡外形如合理的无铰拱轴，在外力作用下只产生压力，不产生拉力，鸡蛋、电灯泡是由脆性材料组成的，脆性材料抗压能力比较强，所以能够承受很大的外力。

4. 合理拱轴线

一般情况下，三铰拱任意截面上受弯矩、剪力和轴力的作用，截面上的正应力分布是不均匀的。若能使拱的所有截面上的弯矩都为零(剪力也为零)，则截面上仅受轴向压力的作用，各截面都处于均匀受压状态，材料能得到充分的利用，设计成这样的拱是最经济的。由式(11-2)可以看出，在给定荷载作用下可以通过调整拱轴线的形状来达到这一目的。若拱的所有截面上的弯矩都为零，则这样的拱轴线就称为在该荷载作用下的**合理拱轴**。

下面讨论合理拱轴的确定。由式(11-2)可知，三铰拱任意截面上的弯矩为 $M_K=M_K^0-F_x y_K$，令其等于零，得

$$y_K=\frac{M_K^0}{F_x} \tag{11-3}$$

当拱所受的荷载为已知时，只要求出相应简支梁的弯矩方程 M_K^0，然后除以水平推力(水平支座反力)F_x，便可得到合理拱轴方程。

例 11-11　试求如图 11-26(a)所示三铰拱在竖向均布荷载作用下的合理拱轴。

解：由式(11-3)可知，合理拱轴为 $y=\dfrac{M^0}{F_x}$，代梁(图 11-26(b))的弯矩方程及顶铰对应截面弯矩为

$$M^0=\frac{qx}{2}(l-x),\quad M_C^0=\frac{ql^2}{8}$$

由此得拱的水平推力为

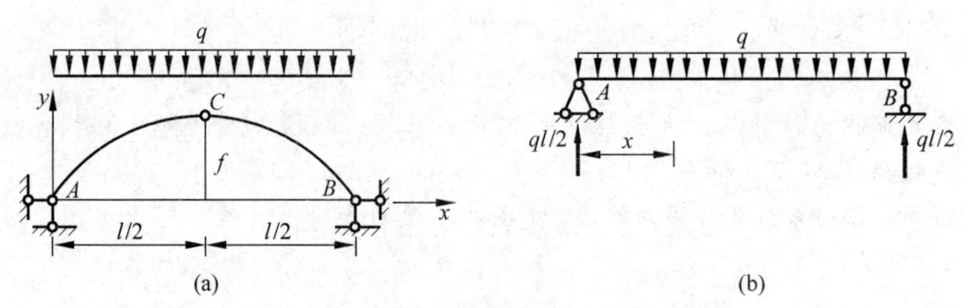

图 11-26 竖向均布荷载作用下的合理拱轴

$$F_x = \frac{M_C^0}{f} = \frac{ql^2}{8f}$$

将上述结果代入合理拱轴方程,即得

$$y = \frac{4f}{l^2}x(l-x)$$

由此可知三铰拱在满跨竖向均布荷载作用下合理拱轴为二次抛物线。在合理拱轴方程中,拱高没有确定,可见具有不同高跨比的一组抛物线都是合理拱轴线。

需要指出,三铰拱的合理拱轴只是对一种给定荷载而言的,在不同的荷载作用下有不同的合理拱轴。例如,对称三铰拱在径向均布荷载的作用下其合理拱轴为圆弧线(图 11-27(a));在拱上填土(填土表面为水平)的重力作用下其合理拱轴为悬链线(图 11-27(b))。

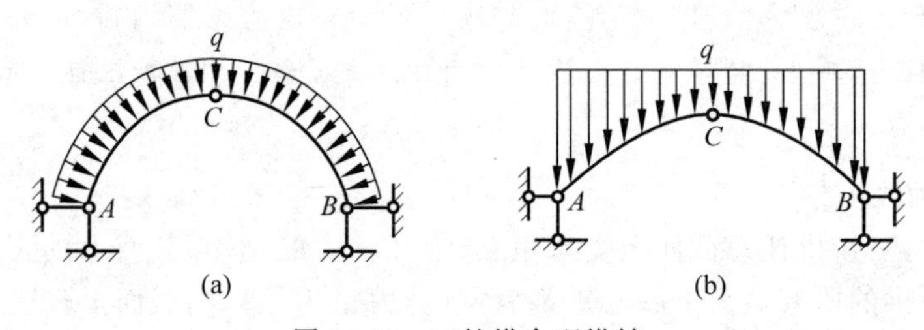

图 11-27 三铰拱合理拱轴

11.6 静定结构的主要特性

静定结构包括静定梁、静定刚架、静定桁架、静定组合结构和三铰拱等,虽然这些结构的形式各异,但都具有共同的特性,主要有以下几点。

1. 静定结构解的唯一性

静定结构是无多余约束的几何不变体系。由于没有多余约束,其所有的支座反力和内力都可以由静力平衡方程完全确定,并且解答只与荷载及结构的几何形状、尺寸有关,而与构件所用的材料及构件截面的形状、尺寸无关。另外,当静定结构受到支座移动、温度改变和制造误差等非荷载因素作用时,只能使静定结构产生位移,不产生支座反力和内力。例如图 11-28(a)所示的简支梁 AB,在支座 B 发生下沉时仅产生了绕 A 点的转动,而不产生反力和内力。又如图 11-28(b)所示简支梁 AB,在温度改变时也仅产生了如图中虚线所示的形状改变,而不产生反力和内力。因此,当静定结构和荷载一定时,其反力和内力的解答是唯一的确定值。

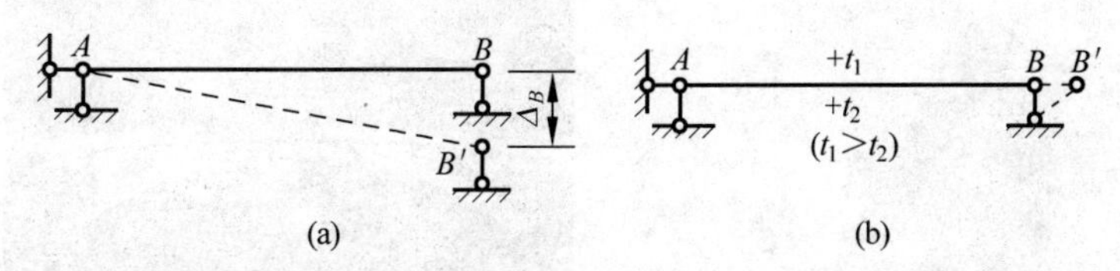

图 11-28 静定结构在支座移动和温度改变时不产生内力

2. 静定结构的局部平衡性

静定结构在平衡力系作用下，其影响的范围只限于受该力系作用的最小几何不变部分，而不致影响到此范围以外。即仅在该部分产生内力，在其余部分均不产生内力和反力。如图 11-29 所示受平衡力系作用的桁架，仅在粗线表示的杆件中产生内力，而其他杆件的内力以及支座反力都为零。

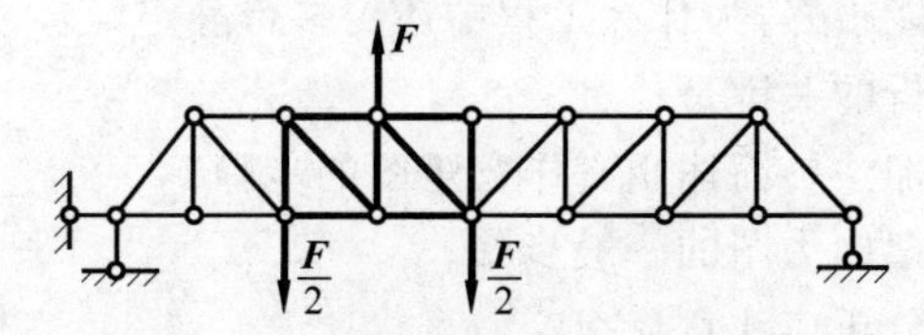

图 11-29 静定结构的局部平衡性

3. 静定结构的荷载等效性

若两组荷载的合力相同，则称为**等效荷载**。把一组荷载变换成另一组与之等效的荷载，称为**荷载的等效变换**。

当对静定结构的一个内部几何不变部分上的荷载进行等效变换时，其余部分的内力和反力不变。例如图 11-30(a)、(b)所示的简支梁在两组等效荷载的作用下，除 CD 部分的内力有所变化外，其余部分的内力和支座反力均保持不变。

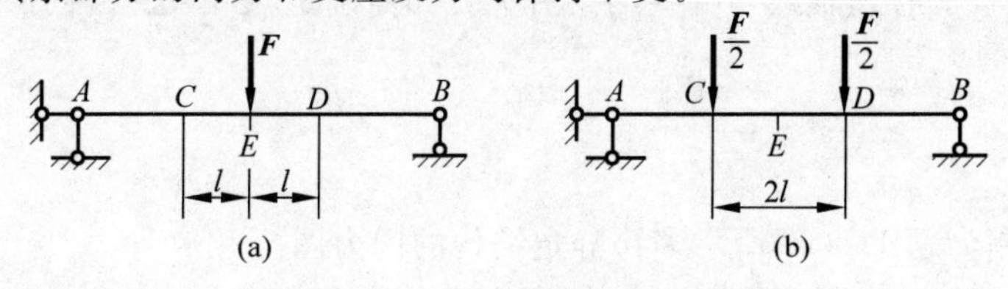

图 11-30 静定结构的荷载等效性

李春和他的赵州桥

李春(图 11-31)是隋代著名的工匠师，他于公元 605 年建造的赵州桥至今已有 1400 年的历史，在这漫长的历史长河中，它经历了 10 次水灾、8 次战乱和多次地震，至今仍然完好。

赵州桥的主要特点为：全桥长 64.4m，主拱净跨长 37.02m，拱高 7.23m，桥上还有 4 个小拱，拱厚均为 1.03m。桥的两端宽 9.6m，中间略窄，宽 9m。这是当今世界上跨度最大、建造最早的单孔敞肩型圆弧石拱桥。赵州桥(图 11-32)被公认是建筑史上的稀世杰作，1991 年被美国土木工程师学会誉为“国际土木工程历史古迹”。

图 11-31 李春像

图 11-32 赵州桥英姿

思考题

11-1 连续梁整体性能很好,为什么工程中还用多跨静定梁?

11-2 多跨静定梁分析的关键是什么?

11-3 什么是区段叠加法? 简述用它作弯矩图的步骤。

11-4 简述作平面刚架内力图的一般步骤。

11-5 静定组合结构分析应注意什么?

11-6 如何利用几何组成分析结论计算支座(联系)反力?

11-7 静定结构内力分布情况与杆件截面的几何性质和材料物理性质是否有关?

11-8 在刚架计算中,有时会遇到集中力和集中力偶作用在铰上,对于这种情况应如何处理?

11-9 桁架内力计算时为何先判断零杆和某些易求杆内力?

11-10 桁架零杆能否去掉?

11-11 在同样跨度下三铰拱与简支梁比较,为什么弯矩和剪力小些,而轴力较大?

11-12 三铰拱的合理轴线与哪些因素有关? 如何确定(数解法)三铰拱的合理轴线?

习题

11-1 试绘制如题 11-1 图所示多跨静定结构的内力图。

11-2 试求如题 11-2 图所示刚架内力,并绘制内力图。

11-3 试绘制如题 11-3 图所示刚架的内力图。

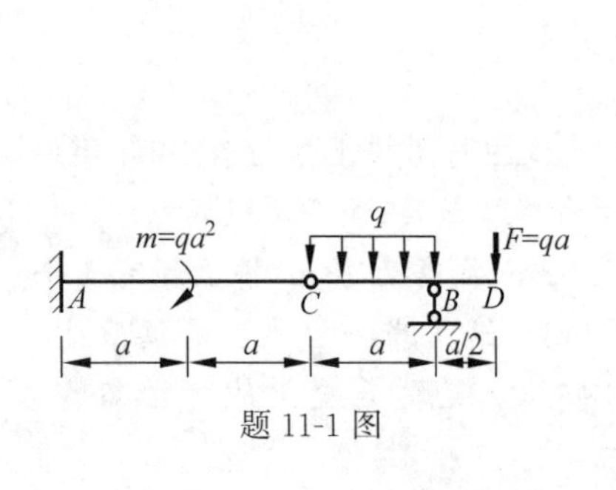

题 11-1 图

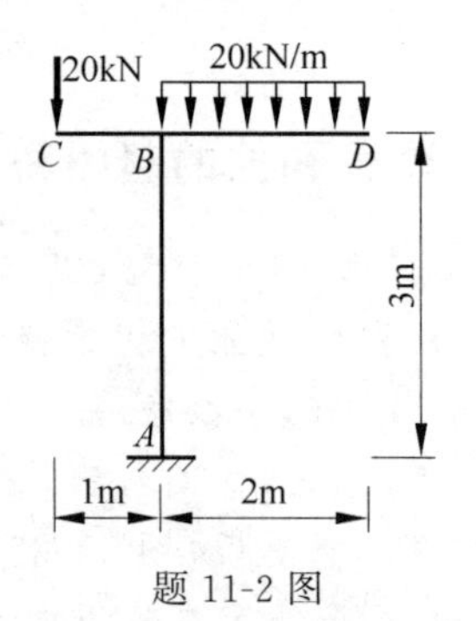

题 11-2 图

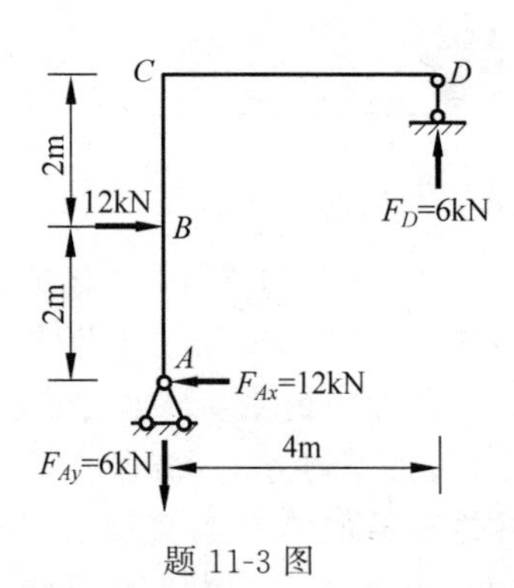

题 11-3 图

11-4　试绘制如题 11-4 图所示刚架的内力图。

11-5　试绘制如题 11-5 图所示刚架的内力图。

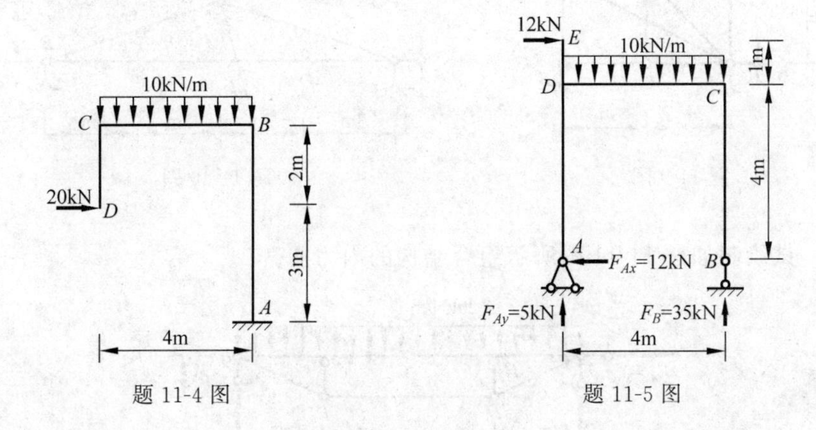

题 11-4 图　　　　题 11-5 图

11-6　绘制如题 11-6 图所示三铰刚架的内力图。

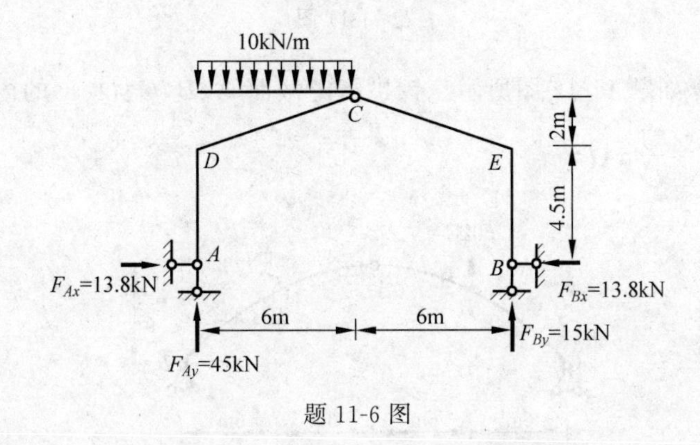

题 11-6 图

11-7　判断如题 11-7 图所示桁架中内力为零的杆件(零杆)。

11-8　试用结点法求如题 11-8 图所示简单桁架各杆的轴力。

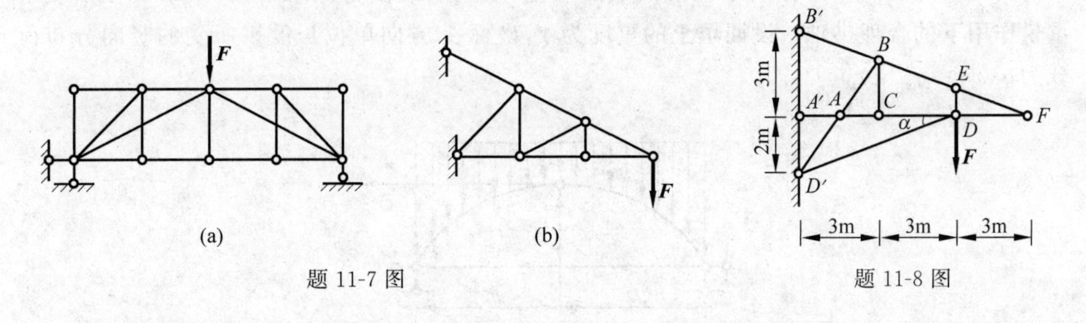

题 11-7 图　　　　题 11-8 图

11-9　求如题 11-9 图所示桁架所有杆件的内力。

11-10　试计算如题 11-10 图所示的组合结构,在链杆旁标明轴力并绘出梁式杆内力图。

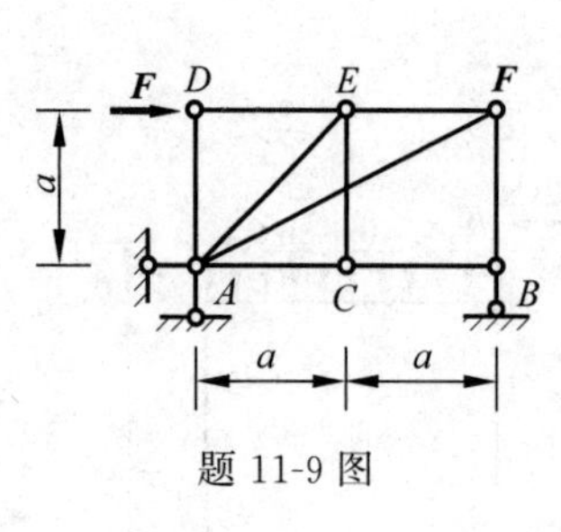

题 11-9 图

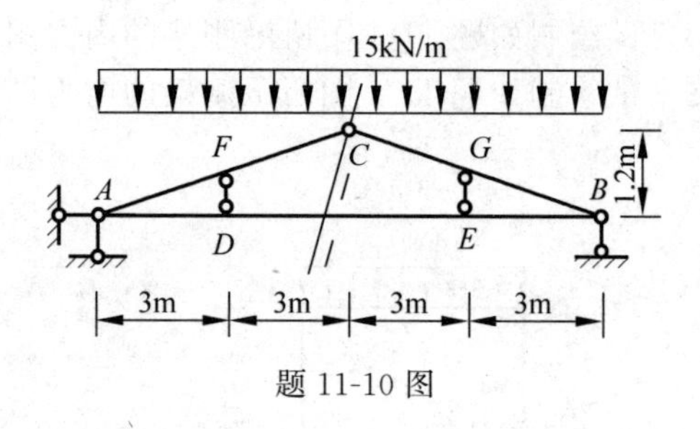

题 11-10 图

11-11 试绘制如题 11-11 图所示组合结构的内力图。

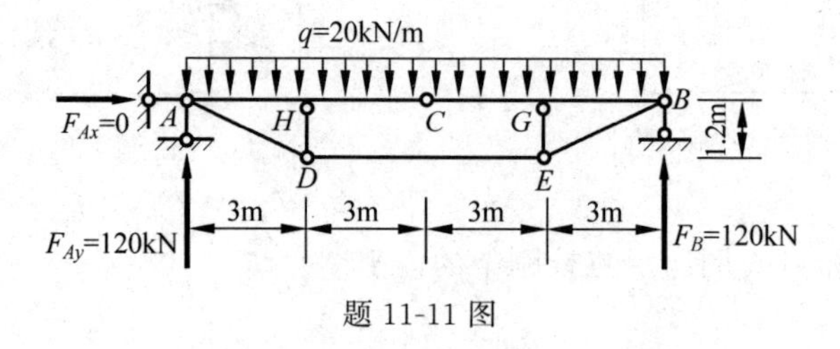

题 11-11 图

11-12 试计算如题 11-12 图所示三铰拱指定截面 A、B、C、D、E 的内力,并绘内力图。已知拱轴方程为 $y=\dfrac{4f}{l^2}x(l-x)$。

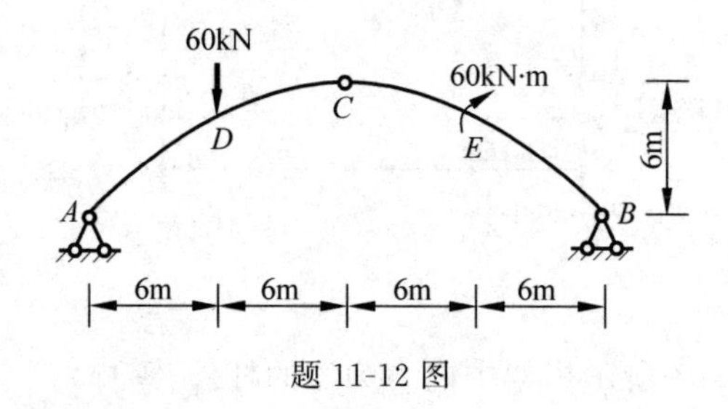

题 11-12 图

11-13 如题 11-13 图所示三铰拱上面填土,填土后表面为一水平面,试求其在回填土重量作用下的合理拱轴。设回填土的重度为 γ,坐标 x 方向单位长度拱所受的竖向分布荷载为 $q(x)=q_C+\gamma y$。

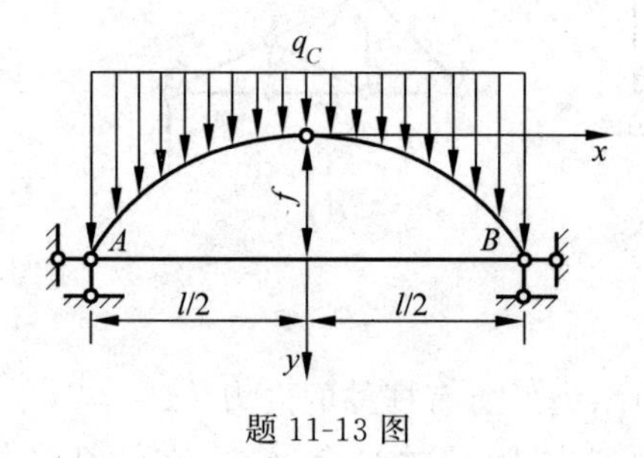

题 11-13 图

<<< 第12章

静定结构的位移计算与刚度校核

12.1　结构位移的概念

12.1.1　位移的概念

人们在生活和工程中，只要稍微注意观察周围的事物就会发现，任何物体在力的作用下多多少少都要发生变形。所谓**变形**，也就是物体在力的作用下发生形状和位置的改变。因而结构上的任意点在空间位置也将发生变化。我们把结构各点位置的改变称为**结构的位移**。然而，结构除承受荷载产生位移外，还有其他一些因素，如支座移动、温度改变、制造误差等也会使结构产生位移。

结构的位移可以用**线位移**和**角位移**来度量。工程结构的**线位移**是指截面形心所移动的距离，角位移是指截面转动的角度。例如图 12-1(a)所示的简支梁在荷载作用下发生弯曲，梁的截面 $m—m$ 产生了位移。截面 $m—m$ 的形心 C 移动了一段距离 $\overline{CC'}$，称为 C 点的**线位移或挠度**；同时截面 $m—m$ 也转动了一个角度 φ_C，称为截面 C 的**角位移或转角**。又如图 12-1(b)所示悬臂刚架，在内侧温度不变、外侧温度升高的影响下，发生如图中虚线所示的变形，刚架上的点 C 移动至点 C_1，则 $\overline{CC_1}$ 称为点 C 的线位移，用 Δ_C 表示。还可将该线位移沿水平和竖向分解为 $\overline{CC_2}$ 和 $\overline{C_2C_1}$，分别称为点 C 的**水平位移** Δ_{CH} 和**竖向位移** Δ_{CV}。同时，截面 C 转动了一个角度 φ_C，称为截面 C 的角位移。

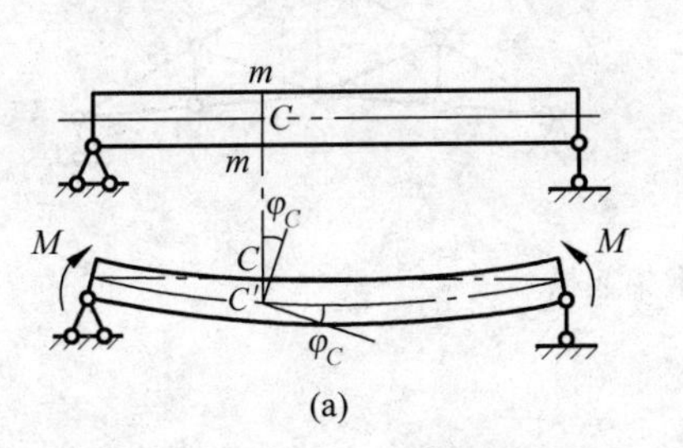

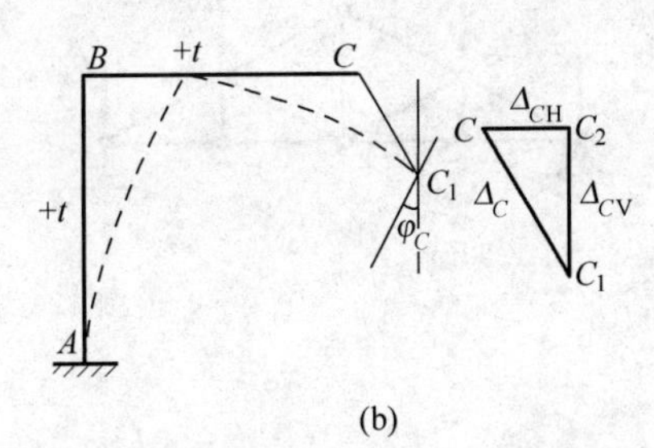

图 12-1　结构位移

上述线位移和角位移统称为**绝对位移**。此外，在计算中还将涉及另一种位移，即**相对位移**。例如图 12-2 所示简支刚架，在荷载作用下点 A 移至 A_1，点 B 移至 B_1，点 A 的水平位移为 Δ_{AH}，点 B 的水平位移为 Δ_{BH}，这两个水平位移之和 $\Delta_{AB}=\Delta_{AH}+\Delta_{BH}$，称为点 A、B 沿连线方向的**相对线位移**。同样，截面 C 的角位移 α 与截面 D 的角位移 β 之和 $\varphi_{CD}=\alpha+$

β,称为两个截面的**相对角位移**。为了方便起见,我们将绝对位移和相对位移统称为**广义位移**。

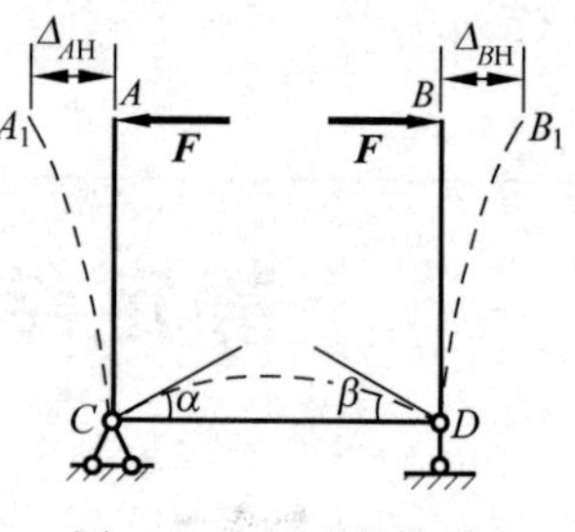

图 12-2 相对线位移

12.1.2 位移计算的目的

在工程设计和施工过程中,结构的位移计算是很重要的,主要有以下三方面的用途。

1. 验算结构的刚度

验算结构的刚度即验算结构的位移是否超过允许的极限值,以保证结构物在使用过程中不致发生过大变形。例如在房屋结构中,梁的最大挠度不应超过跨度的1/400~1/200,否则梁下的抹灰层将发生裂痕或脱落。吊车梁允许的挠度限值通常规定为跨度的1/600。桥梁结构的过大位移将影响行车安全,水闸结构的闸墩或闸门的过大位移也能影响闸门的启闭与止水等。

2. 为分析超静定结构打下基础

由于超静定结构的未知力数目超过平衡方程数目,因而在其反力和内力的计算中,不仅要考虑静力平衡条件还必须考虑位移的连续条件,补充变形协调方程。因此,位移计算是分析超静定结构的基础。

3. 施工方面的需要

在结构的制作、架设与养护等过程中,经常需要预先知道结构变形后的位置,以便采取相应的施工措施。如图12-3(a)所示的屋架,在屋盖的自重作用下,下弦各点将产生虚线所示的竖向位移,其中结点C的竖向位移最大。为了减少屋架在使用阶段下弦各结点的竖向位移,制作时通常将各下弦杆的实际下料长度做得比设计长度短些,以使屋架拼装后结点C位于C'的位置(图12-3(b))。这样在屋盖系统施工完毕后,屋架的下弦各杆能接近于原设计的水平位置,这种做法称为**桁架起拱**。欲知道结点C的竖向位移及各下弦杆的实际下料长度,就必须研究屋架的变形和各点位移间的关系。

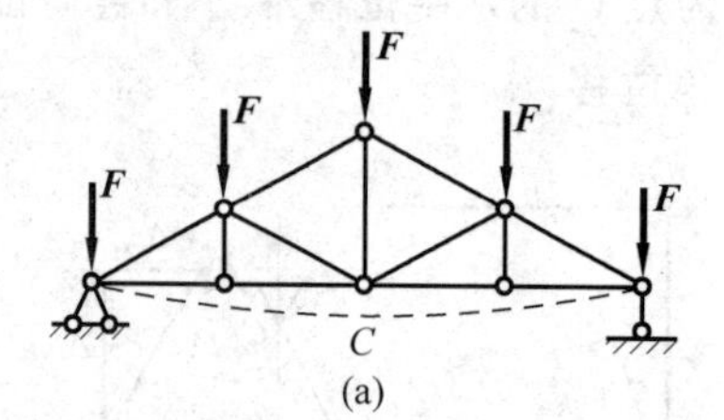

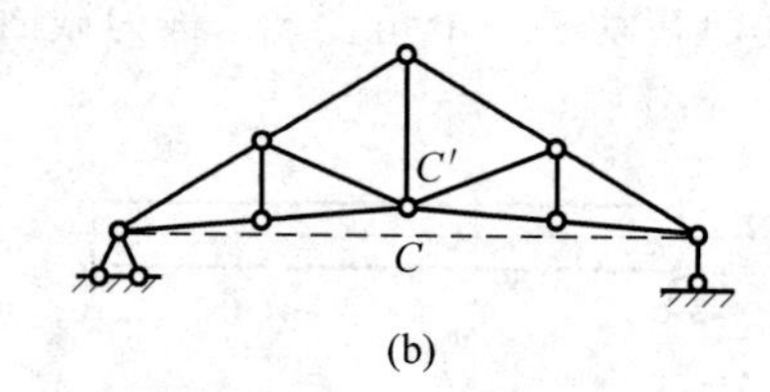

图 12-3 桁架起拱

静定结构位移计算的思路

静定结构的位移计算是工程中常见的一种计算问题,最常用的计算方法为单位荷载法,计算思路是,在虚功原理的基础上建立结构位移的一般计算公式,运用单位荷载法、图乘法进行具体的位移计算。本章着重介绍静定结构在荷载作用与支座移动时所引起的位移计算及梁的刚度校核等。

12.2　静定结构在荷载作用下的位移计算

12.2.1　单位荷载法

所谓单位荷载法是指要求哪个截面哪个方向的位移，就在那个截面那个方向加一个同性的单位力(即要求线位移就在那个方向加一虚设的单位荷载 $\overline{F}=1$，要求角位移就在那个方向加一虚设单位力偶 $\overline{M}=1$)，而求相应位移的一种方法。之所以这样做是根据变形体的虚功原理进行的。所谓变形体的虚功原理，简言之就是，**外力虚功＝内力虚功**。这里的虚不是虚无的虚，而是指做功的力与位移无关。外力虚功＝虚设的单位力乘以结构在实际荷载作用下产生的位移；内力虚功＝虚设单位力在结构上产生的内力乘以实际力在结构上产生的位移。例如，在图 12-4(a)所示结构中，欲求 A 点的竖向位移 Δ，可在 A 点的竖直方向上虚加一个单位力 $\overline{F}=1$，构成一个虚拟力的状态(图 12-4(b))。在 F 上加一杠以表示虚拟。同样，由虚拟力所产生的内力也在内力符号上面加一杠。结构在荷载作用下的变形状态(图 12-4(a))作为实际结构的位移状态。由**虚功原理**可以得到位移计算的一般公式为

$$\Delta_{KP}=\sum\int_{l}\frac{\overline{F}_{N}F_{NP}\,ds}{EA}+\sum\int_{l}\frac{\overline{M}M_{P}\,ds}{EI}+\sum\int_{l}K\frac{\overline{F}_{S}F_{SP}\,ds}{GA}\tag{12-1}$$

式中，F_{NP}、M_{P}、F_{SP} 为实际位移状态中由荷载引起的结构内力；$\overline{F}_{N}$、$\overline{M}$、$\overline{F}_{S}$ 为虚拟力状态中由虚拟单位力引起的结构内力；EA、EI、GA 为杆件的拉压刚度、弯曲刚度、剪切刚度；K 为切应力分布不均匀系数，与截面的形状有关。

式(12-1)就是结构在荷载作用下的位移计算公式。当计算结果为正时，表示实际位移方向与虚拟单位力所指方向相同；当计算结果为负时，则相反。因为上述计算位移公式是加虚拟单位荷载得到的，故称为**单位荷载法**。

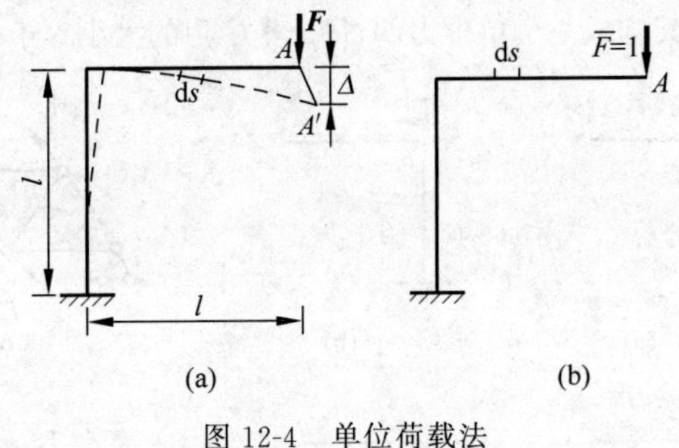

图 12-4　单位荷载法

(a) 实际状态；(b) 虚拟状态

12.2.2　梁、刚架、桁架的位移计算公式

由位移通用公式(12-1)知，结构的位移包括三个方面的影响：轴向位移、弯曲位移和剪力位移的影响。在具体位移计算中，对于以弯曲变形为主的结构，如梁、刚架，由轴力和剪力

产生的位移只占弯矩产生位移的3%以下，一般都会舍去。若不计轴力和剪力的影响，式(12-1)成为

$$\Delta_{KP}=\sum\int_l \frac{\overline{M}M_P\mathrm{d}s}{EI} \tag{12-2}$$

式(12-2)为**梁、刚架的位移公式**。

对于平面桁架，因为每根杆只产生轴力且每根杆的轴力 $\overline{F}_N$、F_{NP} 和 EA 都是常量，所以式(12-1)成为

$$\Delta_{KP}=\sum\int_l \frac{\overline{F}_N F_{NP}\mathrm{d}s}{EA}=\sum\frac{\overline{F}_N F_{NP}l}{EA} \tag{12-3}$$

式中，l 为杆件长度。式(12-3)为**桁架位移计算公式**。

对于组合结构，梁式杆只考虑弯矩的影响，链杆只考虑轴力的影响，对两种杆件分别计算后相加即可。其位移计算公式为

$$\Delta_{KP}=\sum\int_l \frac{\overline{M}M_P\mathrm{d}s}{EI}+\sum\frac{\overline{F}_N F_{NP}l}{EA} \tag{12-4}$$

式(12-4)为**组合结构位移计算公式**。

12.2.3 虚单位荷载的设置

式(12-1)不仅可用于计算结构的线位移，也可以用来计算结构任何性质的位移(例如角位移和相对位移等)，只是要求所设虚单位荷载必须与所求的位移相对应，具体说明如下：

(1) 若计算的位移是结构上某一点沿某一方向的线位移，则应在该点沿该方向施加一个单位集中力(图12-5(a))。

(2) 若计算的位移是结构上某一截面的角位移，则应在该截面上施加一个单位集中力偶(12-5(b))。

(3) 若计算的位移是桁架中某一杆件的角位移，则应在该杆件的两端施加一对与杆轴垂直的反向平行集中力，使其构成一个单位力偶，每个集中力的大小等于杆长的倒数(图12-5(c))。

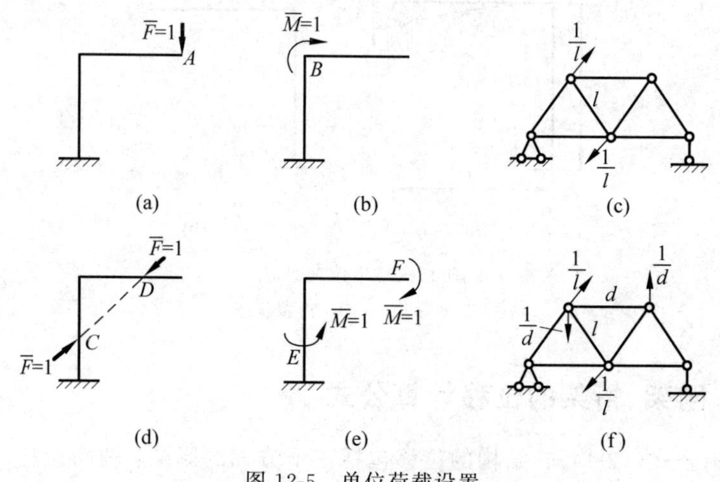

图12-5 单位荷载设置

(4) 若计算的位移是结构上某两点沿指定方向的相对线位移，则应在该两点沿指定方向施加一对反向共线的单位集中力(图 12-5(d))。

(5) 若计算的位移是结构上某两个截面的相对角位移，则应在这两个截面上施加一对反向单位集中力偶(图 12-5(e))。

(6) 若计算的位移是桁架中某两杆的相对角位移，则应在该两杆上施加两个方向相反的单位力偶 (图 12-5(f))。

应该指出，虚单位荷载的指向可任意假设，若按式(12-1)～式(12-4)计算出来的结果是正的，则表示实际位移的方向与虚单位荷载的方向相同，否则相反。

例 12-1　试求如图 12-6(a)所示等截面简支梁中点 C 的竖向位移 Δ_{CV} 及 B 截面的转角 θ_B。EI＝常数。

解：根据所求位移首先设虚拟状态，然后分别求出实际状态与虚拟状态内力表达式并进行积分。

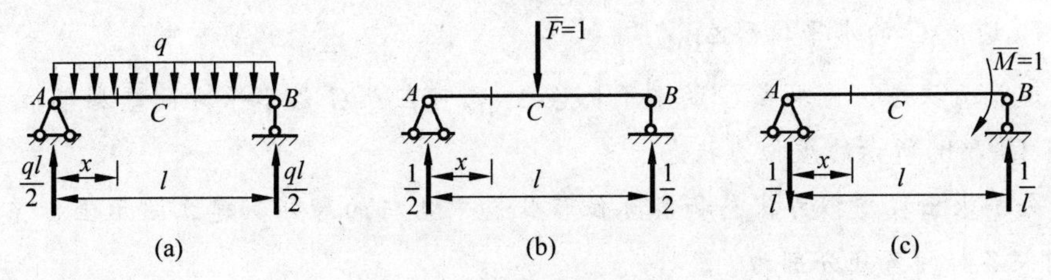

图 12-6　简支梁指定方向位移

(a) 实际状态；(b) 虚拟状态；(c) 虚拟状态

(1) 求梁中点 C 的竖向位移

在 C 点加一竖向单位荷载 $\overline{F}=1$ 作为虚拟状态(图 12-6(b))，分段列出单位荷载作用下梁的弯矩方程。设 A 点为坐标原点，当 $0\leqslant x\leqslant \dfrac{l}{2}$ 时，有

$$\overline{M}=\frac{1}{2}x$$

实际状态下(图 12-6(a))杆的弯矩方程为

$$M_{\mathrm{P}}=\frac{q}{2}(lx-x^2)$$

因为结构对称，所以由式(12-2)得

$$\Delta_{CV}=2\int_0^{\frac{l}{2}}\frac{1}{EI}\times\frac{x}{2}\times\frac{q}{2}(lx-x^2)\mathrm{d}x=\frac{q}{2EI}\int_0^{\frac{l}{2}}(lx^2-x^2)\mathrm{d}x=\frac{5ql^4}{384EI}\quad(\downarrow)$$

计算结果为正，说明 C 点竖向位移的方向与虚拟单位荷载的方向相同。

(2) 求梁 B 截面的转角 θ_B

在 B 点加一单位集中力偶 $\overline{M}=1$ 作为虚拟状态(12-6(c))，列出单位力偶作用下梁的弯矩方程。设 A 点为坐标原点，有

$$\overline{M}=\frac{x}{l}$$

将 M、$\overline{M}$ 代入方程(12-2)，得

$$\theta_B=\frac{1}{EI}\int_0^l\frac{x}{l}\cdot\frac{q}{2}(lx-x^2)\mathrm{d}x=\frac{ql^3}{24EI}\quad(\curvearrowright)$$

计算结果为正,说明 B 截面的转角与虚拟单位力偶转向相同。

例 12-2 求如图 12-7(a)所示刚架上点 C 的水平位移 Δ_{CH} 和截面 C 的转角 φ_C。已知弯曲刚度 EI 为常数。

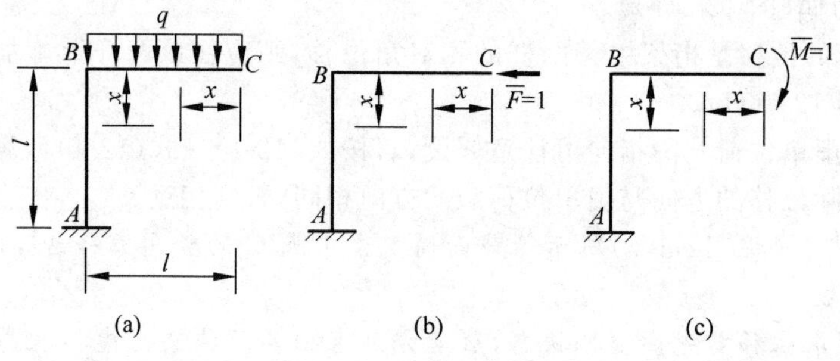

图 12-7 计算刚架位移

解:1) 求点 C 的水平位移 Δ_{CH}

(1) 虚拟力状态。为求点 C 的水平位移 Δ_{CH},可在点 C 沿水平方向虚加单位力 $\overline{F}=1$,得到如图 12-7(b)所示的虚拟力状态。

(2) 分别求出在虚拟力状态和实际位移状态中各杆的弯矩。建立图示坐标系,在两种状态中刚架各杆的弯矩分别为

$$\text{横梁 } BC:\overline{M}=0,\quad M_P=-\frac{1}{2}qx^2$$

$$\text{竖柱 } AB:\overline{M}=x,\quad M_P=-\frac{1}{2}ql^2$$

(3) 应用公式计算位移。由式(12-2)求得 C 点的水平位移为

$$\Delta_{CH}=\sum\int_l \frac{\overline{M}M_P}{EI}\mathrm{d}x=\frac{1}{EI}\int_0^l x\left(-\frac{1}{2}ql^2\right)\mathrm{d}x=-\frac{ql^4}{4EI}\quad(\rightarrow)$$

计算结果为负值,表示 Δ_{CH} 的方向与所设单位力的方向相反,即 Δ_{CH} 向右。

2) 求截面 C 的转角 φ_C

(1) 虚拟力状态。为求截面 C 的转角 φ_C,在截面 C 虚加单位力偶 $\overline{M}=1$,得到如图 12-7(c)所示的虚拟力状态。

(2) 分别求出在虚拟力状态和实际位移状态中各杆的弯矩。建立图示坐标系,在两种状态中刚架各杆的弯矩分别为

$$\text{横梁 } BC:\overline{M}=-1,\quad M_P=-\frac{1}{2}qx^2$$

$$\text{竖柱 } AB:\overline{M}=-1,\quad M_P=-\frac{1}{2}ql^2$$

(3) 应用公式计算位移。由式(12-2)求得截面 C 的转角为

$$\varphi_C=\frac{1}{EI}\int_0^l(-1)\times\left(-\frac{1}{2}ql^2\right)\mathrm{d}x+\frac{1}{EI}\int_0^l(-1)\times\left(-\frac{1}{2}qx^2\right)\mathrm{d}x=\frac{2ql^3}{3EI}\quad(\curvearrowright)$$

计算结果为正,表示 φ_C 的转向与所设单位力偶的转向相同,即 φ_C 为顺时针转向。

例 12-3　求如图 12-8(a)所示桁架结点 C 的竖向位移 Δ_{CV}。已知各杆的弹性模量均为 $E=2.1\times10^5\text{MPa}$，截面面积 $A=1200\text{mm}^2$。

解：(1) 虚拟力状态。为求点 C 的竖向位移 Δ_{CV}，在点 C 沿竖向虚加单位力 $\overline{F}=1$，得到如图 12-8(b)所示的虚拟力状态。

(2) 分别求出在虚拟力状态和实际位移状态中各杆的轴力。计算虚拟力状态中各杆的轴力，如图 12-8(b)所示。计算实际位移状态中各杆的轴力，如图 12-8(c)所示。

(3) 应用公式计算位移。由桁架位移计算公式(12-3)，得

$$\Delta_{CV}=\sum\frac{\overline{F}_{N}F_{NP}l}{EA}$$

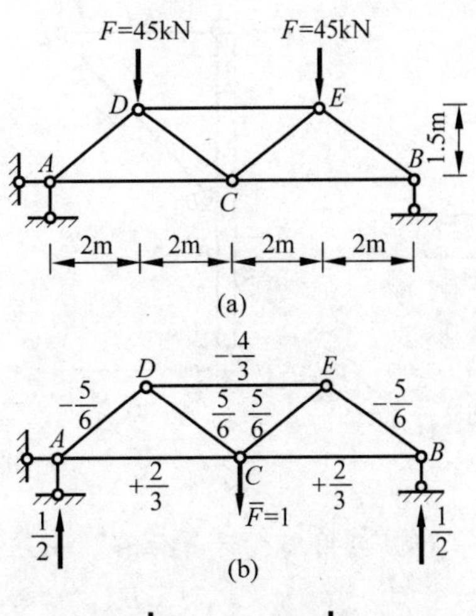

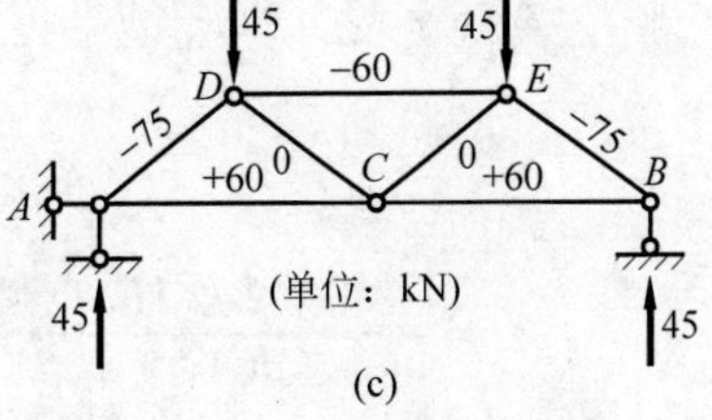

图 12-8　计算桁架位移

具体计算过程可列表进行，见表 13-1。由于桁架及荷载的对称性，在表中计算时只计算了半个桁架，其中杆 DE 的长度只取一半。求最后位移时乘以 2，即

$$\Delta_{CV}=(2\times1.88)\text{mm}=3.76\text{mm}\quad(\downarrow)$$

计算结果为正，表示 Δ_{CV} 的方向与所设单位力的方向相同，即 Δ_{CV} 向下。

表 12-1　计算结果表

杆件	$\overline{F}_{N}$	F_{NP}/kN	杆长 l/mm	A/mm^2	$E/(\text{kN/mm}^2)$	$(\overline{F}_{N}F_{NP}l/EA)$/mm
AC	2/3	60	4000	1200	2.1×10^2	0.63
AD	−5/6	−75	2500	1200	2.1×10^2	0.62
DE	−4/3	−60	0.5×4000	1200	2.1×10^2	0.63
DC	5/6	0	2500	1200	2.1×10^2	0
$\Delta_{CV}=\sum\frac{\overline{F}_{N}F_{NP}l}{EA}=1.88\text{mm}$						

例 12-4　组合结构如图 12-9(a)所示，其中 CD、BD 为链杆，拉压刚度为 EA；AC 为梁式杆，弯曲刚度为 EI。在 D 点有集中荷载 $\boldsymbol{F}$ 作用。求 D 点的竖向位移 Δ_{DV}。

解：(1) 虚拟力状态。为求点 D 的竖向位移 Δ_{DV}，可在点 D 沿竖向虚加单位力 $\overline{F}=1$，得到如图 12-9(b)所示的虚拟力状态。

(2) 分别求出在虚拟力状态和实际位移状态中各杆的内力。计算虚拟力状态和实际位移状态中链杆的轴力分别如图 12-9(b)、(c)所示。梁式杆的弯矩为

$$BC\text{ 杆}：\overline{M}=x,\quad M_{P}=Fx$$

$$AB\text{ 杆}：\overline{M}=a,\quad M_{P}=Fa$$

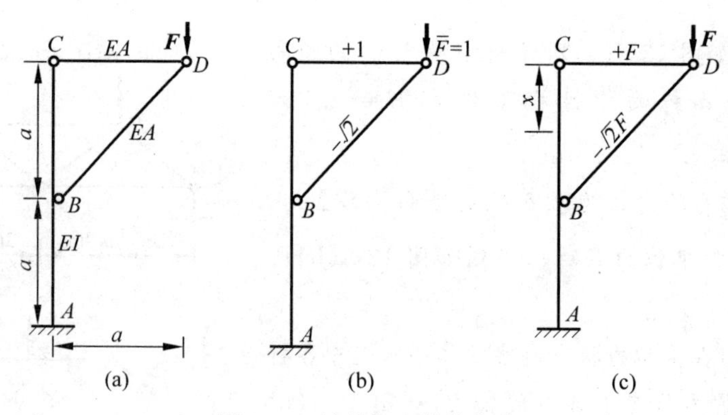

图 12-9 计算组合结构位移

(3) 应用公式计算位移。由组合结构位移计算公式(12-4)求得 D 点的竖向位移为

$$\begin{aligned}\Delta_{DV} &= \sum \frac{\overline{F}_N F_{NP}}{EA} l + \sum \int_l \frac{\overline{M} M_P}{EI} \mathrm{d}x \\ &= \frac{1}{EA}(1 \times F \times a + \sqrt{2} \times \sqrt{2} F \times \sqrt{2} a) + \int_0^a \frac{F x^2}{EI} \mathrm{d}x + \int_a^{2a} \frac{F a^2}{EI} \mathrm{d}x \\ &= \frac{(1 + 2\sqrt{2}) F a}{EA} + \frac{4 F a^3}{3EI} \quad (\downarrow)\end{aligned}$$

计算结果为正,表示 Δ_{DV} 的方向与所设单位力的方向相同,即 Δ_{DV} 向下。

12.3 图乘法

12.3.1 图乘法适用条件及图乘公式

当用单位荷载法求梁或刚架的位移时,需要计算积分

$$\Delta_{KP} = \sum \int_l \frac{\overline{M} M_P}{EI} \mathrm{d}s$$

其计算过程往往比较繁杂。在满足一定条件的情况下可以绘出 $\overline{M}$、M_P 两个弯矩函数的图形,用弯矩图互乘的方法代替积分运算,使计算得到简化,这种计算方法称为**图乘法**。

1. 图乘法适用条件

(1) 杆段的 EI 为常数;

(2) 杆段的轴线为直线;

(3) 各杆段的 $\overline{M}$ 图和 M_P 图中至少有一个为直线图形。

对于等截面直杆,前两个条件自然满足。至于第三个条件,虽然在均布荷载作用下 M_P 图的形状是曲线形状,但 $\overline{M}$ 图却总是由直线段组成,只要分段考虑也可满足。于是,**对于由等截面直杆所构成的梁和刚架的位移计算都可以应用图乘法**。

2. 图乘公式

如图 12-10 所示为直杆 AB 的两个弯矩图,其中 $\overline{M}$ 图为一直线,M_P 图为任意形状。若该杆的弯曲刚度 EI 为一常数,根据积分性质有

$$\Delta_{KP} = \frac{1}{EI} \int_l \overline{M} M_P \mathrm{d}s$$

由图 12-10 可知，$\overline{M}$ 图中某一点的竖标(即纵坐标)为

$$\overline{M} = y = x\tan\alpha$$

代入上述积分式中，则有

$$\Delta_{KP} = \frac{1}{EI}\int_l \overline{M}M_P\,ds = \frac{1}{EI}\int_l x\tan\alpha M_P\,dx$$

$$= \frac{1}{EI}\tan\alpha\int_l x\,dA$$

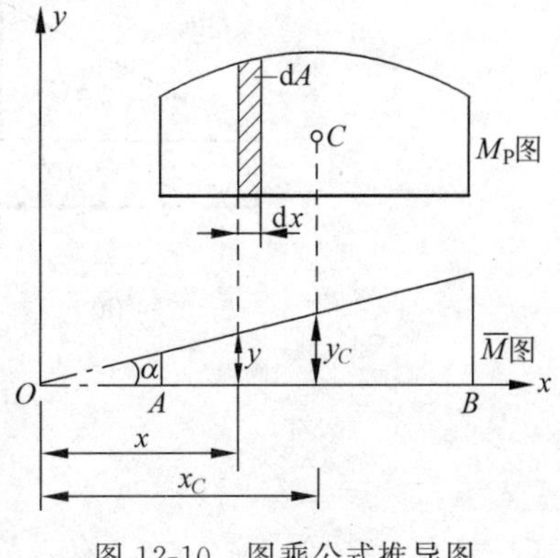

图 12-10　图乘公式推导图

式中，dA 为 M_P 图的微面积(图 12-10 中阴影部分的面积)；$\int_l x\,dA$ 为 M_P 图的面积 A 对 y 轴的静矩，它可写成

$$\int_l x\,dA = Ax_C$$

其中，x_C 为 M_P 图的形心 C 到 y 轴的距离，故有

$$\Delta_{KP} = \frac{1}{EI}Ax_C\tan\alpha$$

设 M 图的形心 C 所对应的 $\overline{M}$ 图中的竖标为 y_C，由图 12-10 有 $x_C\tan\alpha = y_C$，所以

$$\Delta_{KP} = \int_l \frac{\overline{M}M_P}{EI}ds = \frac{1}{EI}Ay_C \tag{12-5}$$

式(12-5)就是图乘法的计算公式。它表明：计算位移的积分式数值等于 M_P 图的面积 A 乘以其形心所对应的 $\overline{M}$ 图的竖标 y_C，再除以杆段的弯曲刚度 EI。

用图乘法计算结构的位移时应注意的事项是：

(1) 在图乘前要先对图形进行分段处理，保证 M_P 图和 $\overline{M}$ 图中至少有一个是直线图形。

(2) 面积 A 与竖标 y_C 分别取自两个弯矩图，y_C 必须从直线图形上取得。若 M_P 图和 $\overline{M}$ 图均为直线图形，也可用 $\overline{M}$ 图的面积乘以其形心所对应的 M 图的竖标来计算。

(3) 乘积 $A\,y_C$ 的正负号规定为：当面积 A 与竖标 y_C 在杆的同侧时，乘积 Ay_C 取正号；当 A 与 y_C 在杆的异侧时，Ay_C 取负号。简言之，A、y_C 同侧为正、异侧为负。

(4) 对于由多根等截面直杆组成的结构，只要将每段杆图乘的结果相加即可，故图乘法的计算公式为

$$\Delta_{KP} = \sum\int_l \frac{\overline{M}M_P}{EI}ds = \sum\frac{1}{EI}Ay_C \tag{12-6}$$

12.3.2　图乘法计算中的几个具体问题

1. 常见图形面积及形心位置

在应用图乘法时，需要计算图形的面积 A 及该图形形心 C 的位置。现将几种常见图形的面积及其形心位置示于图 12-11 中，以备查用。在应用抛物线图形的公式时，应须注意抛物线在顶点处的切线必须与基线平行，即标准抛物线。

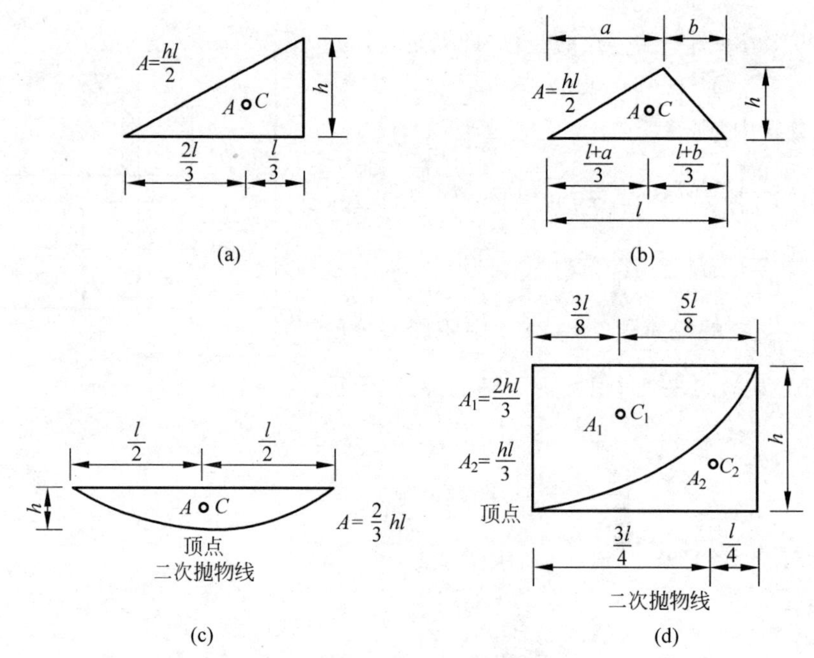

图 12-11　常见图形面积及其形心位置

2. 图乘法应用技巧

1）复杂图形分解为简单图形

对于一些面积和形心位置不易确定的图形,可采用图形分解的方法将复杂图形分解为几个简单图形,以方便计算。

(1) 若弯矩图为梯形,可以把它分解为两个三角形,则有

$$\Delta_{KP}=\frac{1}{EI}(A_1 y_{C1}+A_2 y_{C2})$$

式中：$A_1=\frac{al}{2}, y_{C1}=\frac{2}{3}c$(图 12-12(a)),$y_{C1}=\frac{2}{3}c+\frac{1}{3}d$(图 12-12(b))；

$A_2=\frac{bl}{2}, y_{C2}=\frac{1}{3}c$(图 12-12(a)),$y_{C2}=\frac{1}{3}c+\frac{2}{3}d$(图 12-12(b))。

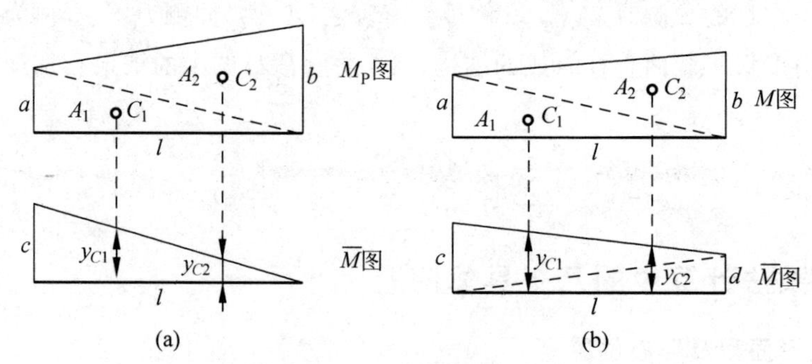

图 12-12　梯形分解为三角形

(2) 若两个图形都是直线,但都含有不同符号的两部分,如图 12-13 所示,可将其中一个图形分解为 ABD 和 ABC 两个三角形,分别与另一个图形图乘并求和,即

$$\Delta_{KP}=\frac{1}{EI}(A_1y_{C1}+A_2y_{C2})=\frac{1}{EI}\left[\frac{1}{2}al\left(\frac{2}{3}c-\frac{1}{3}d\right)+\frac{1}{2}bl\left(\frac{2}{3}d-\frac{1}{3}c\right)\right]$$

(3) 若弯矩图是由竖向均布荷载和杆端弯矩所引起的，如图 12-14(a)所示，则可把它分解为一个梯形（图 12-14(b)）和一个抛物线形（图 12-14(c)）两部分，再将上述两图形分别与 $\overline{M}$ 图相图乘并求和。

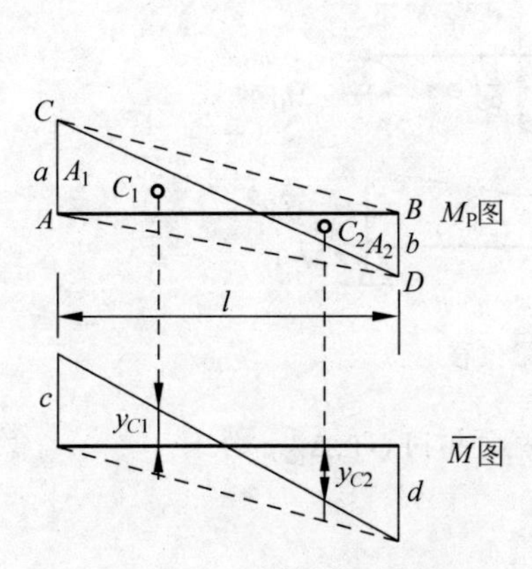

图 12-13　两异号梯形图乘

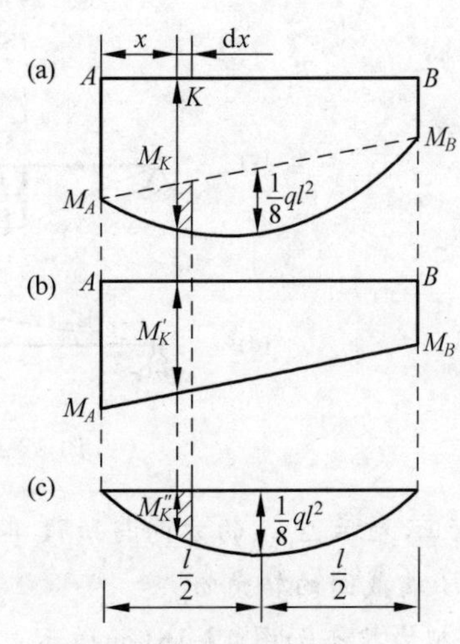

图 12-14　复杂图形分解

2）分段图乘

如果杆件（或杆段）的两个弯矩图的图形都不是直线图形，其中一个（或两个）图形为折线形，则应分段图乘（图 12-15(a)、(b)）。另外，即使图形是直线形，但杆件为阶梯杆，各段杆的弯曲刚度 EI 不是常数，也应分段图乘（图 12-15(c)）。

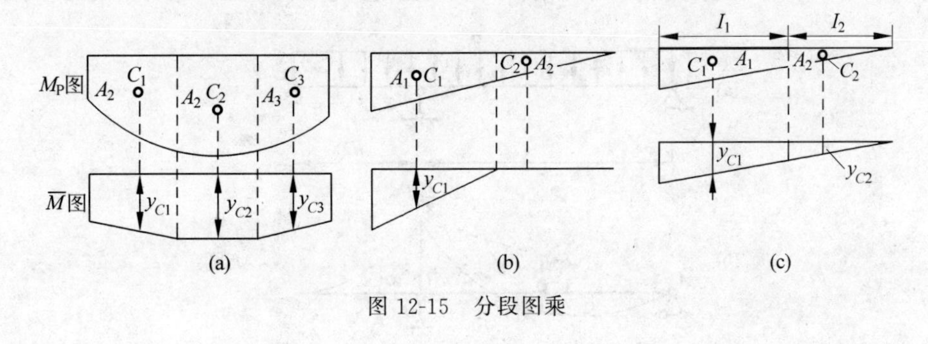

图 12-15　分段图乘

例 12-5　求图 12-16(a)所示简支梁中点 C 的竖向位移 Δ_{CV} 和 B 端截面的转角 φ_B。已知梁的弯曲刚度 EI 为常数。

解：1）求点 C 的竖向位移 Δ_{CV}

(1) 虚拟力状态如图 12-16(c)所示。

(2) 绘出在实际位移状态和虚拟力状态中梁的弯矩图，分别如图 12-16(b)、(c)所示。

(3) 应用公式计算位移，两图分段图乘后相加，得

$$\Delta_{CV}=\frac{1}{EI}\left[\left(\frac{1}{2}\times\frac{l}{2}\times\frac{Fl}{4}\right)\times\frac{l}{6}\right]\times 2=\frac{Fl^3}{48EI}\quad(\downarrow)$$

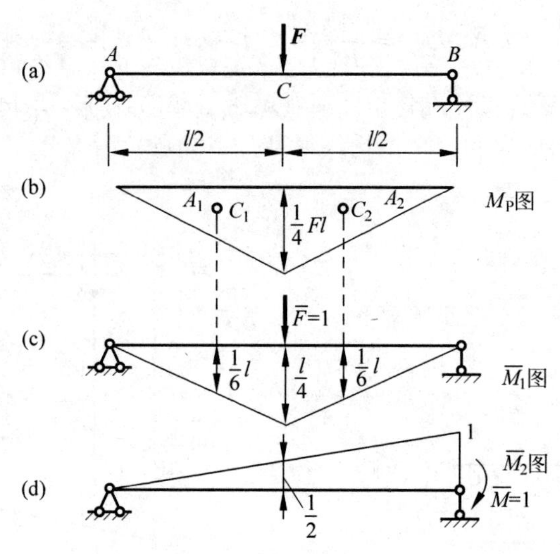

图 12-16　简支梁位移

计算结果为正,表示Δ_{CV}的方向与所设单位力的方向相同,即Δ_{CV}向下。

2) 求B端截面的转角φ_B

(1) 虚拟力状态如图12-16(d)所示。

(2) 绘出在虚拟力状态中梁的弯矩图,如图12-16(d)所示。

(3) 应用图乘公式,图12-16(b)、(d)图乘,得

$$\varphi_B=-\frac{1}{EI}\left(\frac{1}{2}\times l\times\frac{Fl}{4}\right)\times\frac{1}{2}=-\frac{Fl^2}{16EI}\quad(\circlearrowleft)$$

计算结果为负,表明φ_B的转向与所设单位力偶的转向相反,即φ_B为逆时针转向。

例 12-6　求如图12-17(a)所示外伸梁上点C的竖向位移Δ_{CV}。已知梁的刚度EI为常数。

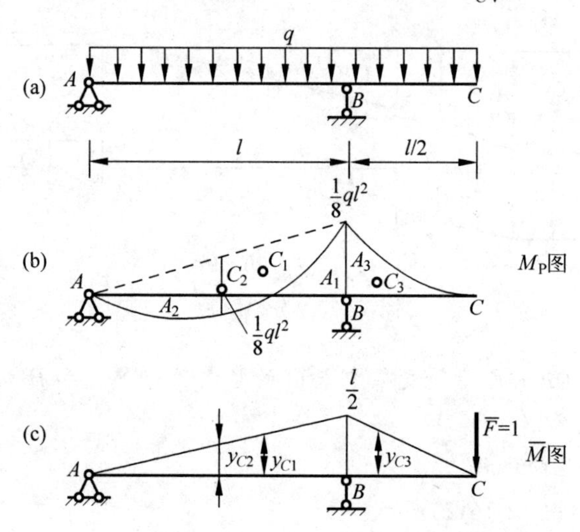

图 12-17　梁上点C的竖向位移

解:(1) 虚拟力状态如图12-17(c)所示。

(2) 绘出在实际位移状态和虚拟力状态中梁的弯矩图,分别如图12-17(b)、(c)所示。

(3) 应用公式计算位移。将 AB 段的 M 图分解为一个三角形(面积为 A_1)减去一个标准抛物线图形(面积为 A_2)；BC 段的 M 图则为一个标准抛物线图形。M 图中各分面积与相应的 $\overline{M}$ 图中的竖标分别为

$$A_1=\frac{1}{2}\times l\times\frac{ql^2}{8}=\frac{ql^3}{16},\quad y_{C1}=\frac{2}{3}\times\frac{l}{2}=\frac{l}{3}$$

$$A_2=\frac{2}{3}\times l\times\frac{ql^2}{8}=-\frac{ql^3}{12},\quad y_{C2}=\frac{1}{2}\times\frac{l}{2}=\frac{l}{4}$$

$$A_3=\frac{1}{3}\times\frac{l}{2}\times\frac{ql^2}{8}=\frac{ql^3}{48},\quad y_{C3}=\frac{3}{4}\times\frac{l}{2}=\frac{3l}{8}$$

代入图乘公式，得点 C 的竖向位移为

$$\Delta_{CV}=\frac{1}{EI}\left(\frac{ql^3}{16}\times\frac{l}{3}-\frac{ql^3}{12}\times\frac{l}{4}+\frac{ql^3}{48}\times\frac{3l}{8}\right)=\frac{ql^4}{128EI}\quad(\downarrow)$$

计算结果为正，表示 Δ_{CV} 的方向与所设单位力的方向相同，即 Δ_{CV} 向下。

例 12-7　求如图 12-18(a)所示刚架上 C 点的水平位移 Δ_{CH}。已知 EI=常数。

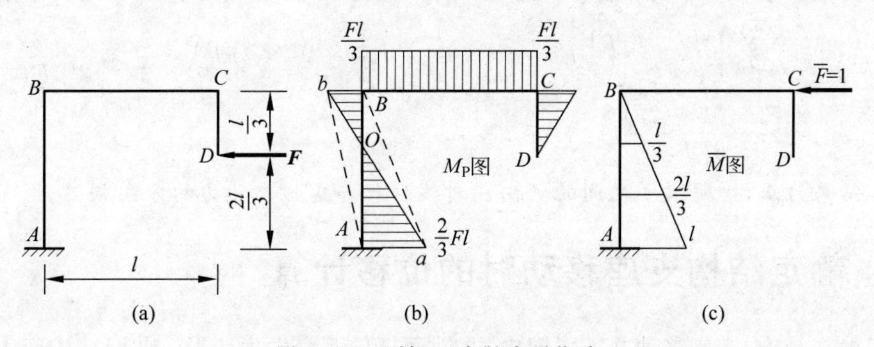

图 12-18　刚架 C 点的水平位移

解：为求刚架 C 点的水平位移，于 C 点加水平力 $\overline{F}=1$，作 M_P 图及 $\overline{M}$ 图如图 12-18(b)、(c)所示。AB 杆的 M_P 图有正负部分，图乘时不宜分为两个$\triangle aOA$ 和$\triangle bOB$，宜根据叠加原理把 M_P 看作$\triangle aAB(A_1)$和$\triangle bAB(A_2)$相叠加。这样，不但面积容易计算，而且对应竖标 y_1、y_2 也容易算出。

由图 12-18(b)、(c)可以算得

$$A_1=\frac{1}{2}\cdot l\cdot\frac{2}{3}\cdot Fl=\frac{Fl^2}{3},\quad y_{C1}=\frac{2l}{3}$$

$$A_2=\frac{1}{2}\cdot l\cdot\frac{1}{3}\cdot Fl=\frac{Fl^2}{6},\quad y_{C2}=\frac{l}{3}$$

由图乘公式 $\Delta_{ABH}=\sum\frac{Ay_C}{EI}$，得

$$\Delta_{CH}=\frac{1}{EI}\left(\frac{Fl^2}{3}\cdot\frac{2l}{3}-\frac{Fl^2}{6}\cdot\frac{l}{3}\right)=\frac{Fl^3}{6EI}\quad(\leftarrow)$$

计算结果为正，表示 Δ_{CH} 的方向与所设单位力的方向相同，即 Δ_{CH} 向左。

例 12-8　试用图乘法计算图 12-19(a)所示刚架 A、B 截面的竖向相对线位移。已知各杆 EI 为常数。

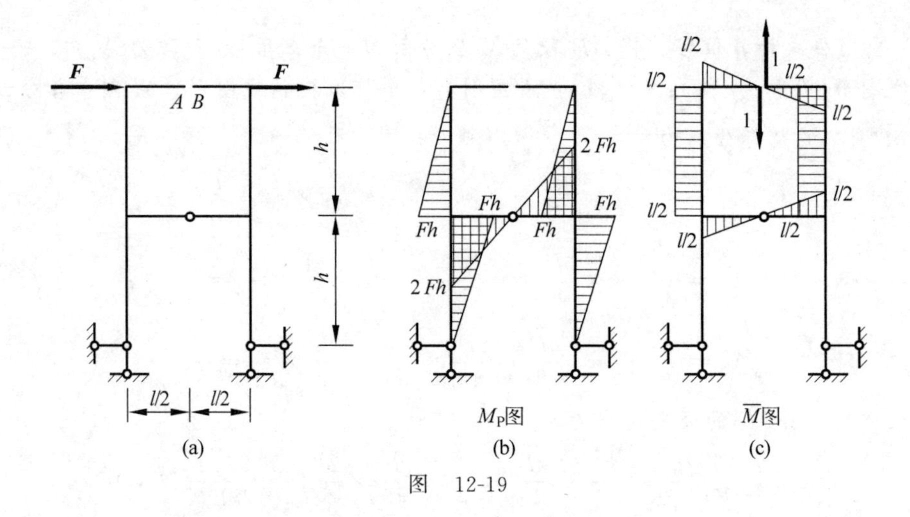

图 12-19

解：为了计算 A、B 之间的竖向相对线位移，在 A、B 上加一对方向相反的竖向单位力，分别作出实际状态的 M_P 图和虚拟状态的 $\overline{M}$ 图，如图 12-19(b)、(c)所示。由图乘法公式得

$$\Delta_{AB}=\sum\frac{Ay_C}{EI}=2\left[\left(\frac{1}{2}Fh\cdot h\right)\times\frac{l}{2}+\left(\frac{1}{2}\times\frac{l}{2}\times 2Fh\right)\times\frac{2}{3}\times\frac{l}{2}\right]\frac{1}{EI}$$

$$=\frac{Flh(3h+2l)}{6EI}$$

计算结果为正，说明 AB 之间的竖向相对线位移与虚拟广义力的方向相同。

12.4 静定结构支座移动时的位移计算

对于静定结构，支座移动并不引起内力，因而杆件不会发生变形。此时结构产生的位移为刚体位移。根据虚功原理可推导出静定结构支座移动时的位移计算公式

$$\Delta_{Kc}=-\sum\overline{F}_Rc \tag{12-7}$$

式中，c 为实际位移状态中的支座位移；$\overline{F}_R$ 为虚拟单位力状态对应的支座反力。$\sum\overline{F}_Rc$ 为反力虚功，当反力 $\overline{F}_R$ 与实际支座位移 c 方向一致时其乘积取正，两者方向相反时为负。计算结果 Δ_{Kc} 为正时，说明所求位移与所设单位力的方向一致，为负时与所设单位力的方向相反。

例 12-9 如图 12-20(a)所示结构，若 A 端发生图中所示的移动和转动，求结构上点 B 的竖向位移 Δ_{BV} 和水平位移 Δ_{BH}。

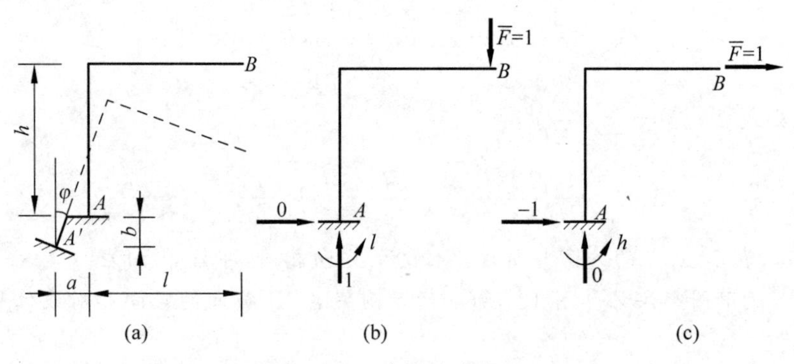

图 12-20 支座移动位移

解：(1) 求点 B 的竖向位移 Δ_{BV}。在点 B 加一竖向单位力 $\overline{F}=1$，求出结构在 $\overline{F}=1$ 作用下的支座反力，如图12-20(b)所示。由式(12-7)得

$$\Delta_{BV}=-(0\times a-1\times b-l\times\varphi)=b+l\varphi \quad (\downarrow)$$

(2) 求点 B 的水平位移 Δ_{BH}。在点 B 加一水平单位力 $\overline{F}=1$，求出结构在 $\overline{F}=1$ 作用下的支座反力，如图12-20(c)所示。由式(12-7)得

$$\Delta_{BH}=-(1\times a+0\times b-h\times\varphi)=-a+h\varphi$$

当 $a<h\varphi$ 时，所得结果为正，点 B 的水平位移向右；否则向左。

例12-10 如图12-21所示桁架，施工时 C 点需预置起拱度6cm。试问4根下弦杆在制造时应做长多少？

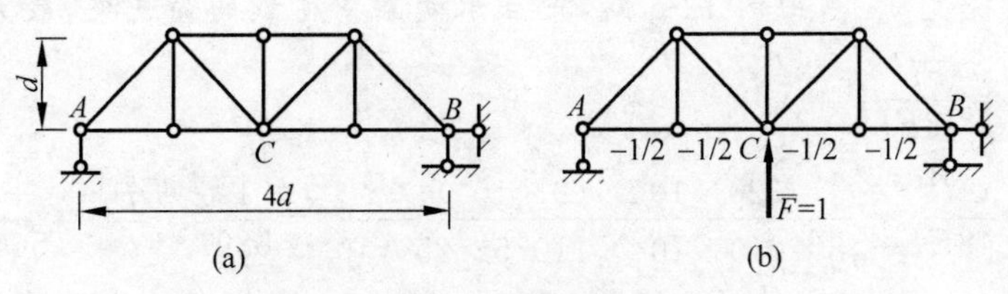

图12-21 桁架预置起拱度

解：将各杆应做长设为 λ，视为制造误差或支座沉降，按式(12-7)进行计算。

设下弦各杆应做长 λ，其值可由式(12-7)求得。在 C 点加一虚拟单位力并求出下弦各杆(有制造误差的杆)的内力，如图12-21(b)所示。根据式(12-7)，得

$$\Delta_{CV}=\sum\lambda\overline{F}_{N}=-\left(4\times\frac{1}{2}\lambda\right)=6\text{cm}$$

$$\lambda=-3\text{cm}$$

即只要使下弦各杆做长3cm即可达到所需预置的拱度。

12.5 梁的刚度校核

杆件不仅要满足强度条件，还要满足刚度条件 $\left[\frac{f}{l}\right]$。对梁而言，校核梁的刚度是为了检查梁在荷载作用下产生的位移是否超过容许值。在建筑工程中，一般只校核在荷载作用下梁截面的竖向位移，即挠度。与梁的强度校核一样，梁的刚度校核也有相应的标准，这个标准就是挠度的容许值 f 与跨度 l 的比值，用 $\left[\frac{f}{l}\right]$ 表示。梁在荷载作用下产生的最大挠度 $y_{\max}$ 与跨度 l 的比值不能超过 $\left[\frac{f}{l}\right]$，即

$$\frac{y_{\max}}{l}\leqslant\left[\frac{f}{l}\right] \tag{12-8}$$

式(12-8)就是**梁的刚度条件**。根据梁的不同用途，相对容许挠度可从有关结构设计规范查出，一般钢筋混凝土梁的 $\left[\frac{f}{l}\right]=\frac{1}{300}\sim\frac{1}{200}$；钢筋混凝土吊车梁的 $\left[\frac{f}{l}\right]=\frac{1}{600}\sim\frac{1}{500}$。

土建工程中的梁一般都是先按强度条件选择梁的截面尺寸，然后再按刚度条件进行验算，梁的转角可不必校核。

例 12-11 如图 12-22 所示简支梁，已知截面为 32a 号工字钢，在梁中点作用力 $F=20\text{kN}$，$E=210\text{GPa}$，梁长 $l=9\text{m}$，梁的相对容许挠度 $\left[\frac{f}{l}\right]=\frac{1}{500}$，试进行刚度校核。

图 12-22 梁的刚度校核

解：先求最大挠度 $y_{\max}$，再将 $\frac{y_{\max}}{l}$ 与 $\left[\frac{f}{l}\right]$ 比较，满足式(12-8)者，即满足刚度条件。

(1) 求最大挠度 $y_{\max}$，由例 12-5 知，中点承受集中荷载的简支梁，最大挠度发生在中点，其值为 $y_{\max}=\frac{Fl^3}{48EI}$；

(2) $\frac{y_{\max}}{l}=\frac{Fl^2}{48EI}=\frac{20\times10^3\times(9\times10^3)^2}{48\times210\times10^3\times11075.525\times10^4}=\frac{1}{689}<\left[\frac{f}{l}\right]=\frac{1}{500}$。

满足刚度条件。

做如图 12-23 所示试验，验证提高梁强度、刚度的措施。

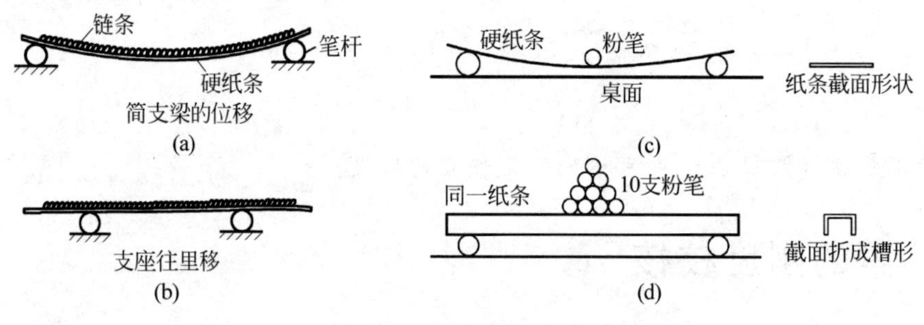

图 12-23 变形小试验

思考题

12-1 单位广义力状态中的“单位广义力”的量纲是什么？

12-2 试说明如下位移计算公式的适用条件、各项的物理意义。

$$\Delta_{Kc}=-\sum\overline{F}_{R}c$$

12-3 试说明荷载作用下位移计算公式(12-1)的适用条件、各符号的物理意义。

12-4 图乘法的适用条件是什么？对连续变截面梁或拱能否用图乘法？

12-5 图乘法公式中正负号如何确定？

12-6 如思 12-6 图所示图乘结果是否正确？为什么？

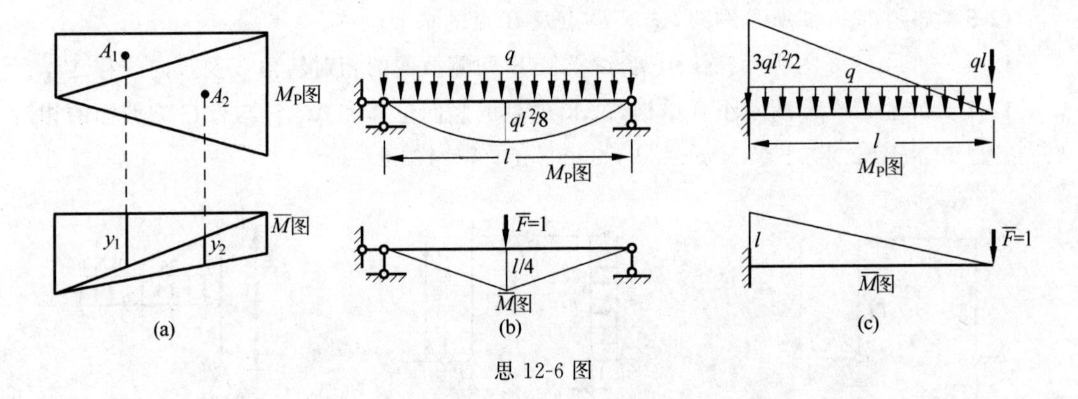

思 12-6 图

12-7　荷载弯矩图和单位弯矩图如思 12-7 图所示，如何用图乘法计算？

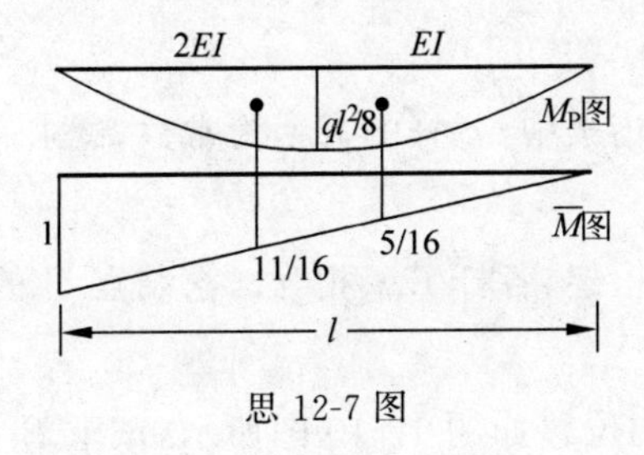

思 12-7 图

习题

12-1　求如题 12-1 图所示圆弧曲杆 B 点的竖向位移。

12-2　求如题 12-2 图所示悬臂梁 B 截面的转角 θ_B，B 点和 C 点的竖向位移 Δ_{BV} 和 Δ_{CV}。

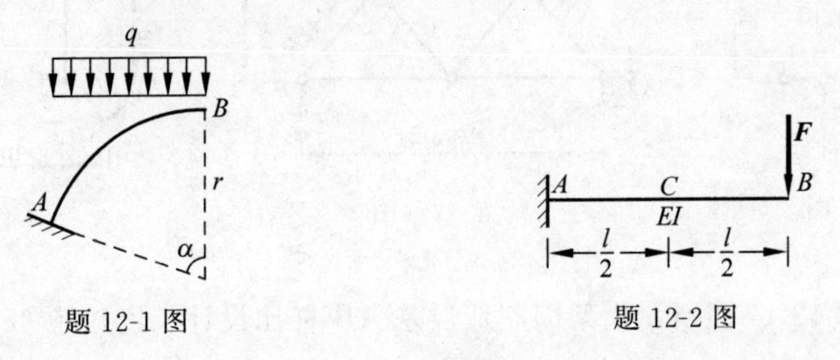

题 12-1 图　　题 12-2 图

12-3　试用图乘法，计算如题 12-3 图所示变截面梁 B 点的竖向位移 Δ_{BV}。

12-4　试用积分法求如题 12-4 图所示结构 C、B 点的水平位移 Δ_{CH} 和 Δ_{BH}。

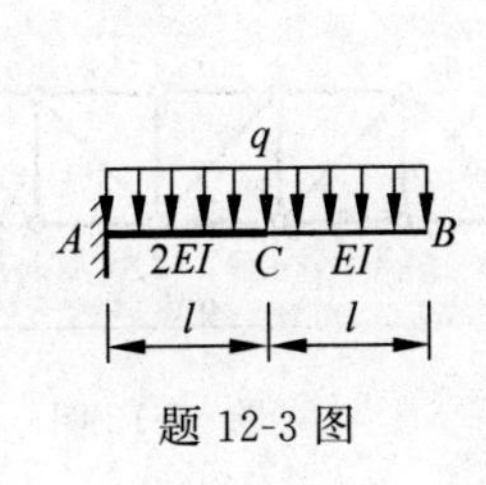

题 12-3 图

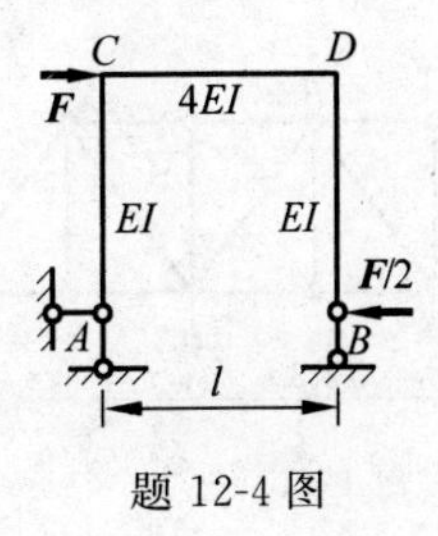

题 12-4 图

12-5 如题12-5图所示刚架，试求C点及B点的水平位移。

12-6 如题12-6图所示三铰刚架，试求铰E两侧截面的相对转角φ及竖向位移Δ_{EV}。

12-7 如题12-7图所示组合结构，试求E点的竖向位移和AC杆与杆C端截面的相对转角。已知：$E=2.1\times10^4\text{kN/cm}^2$，$I=3200\text{cm}^4$，$A=16\text{cm}^2$。

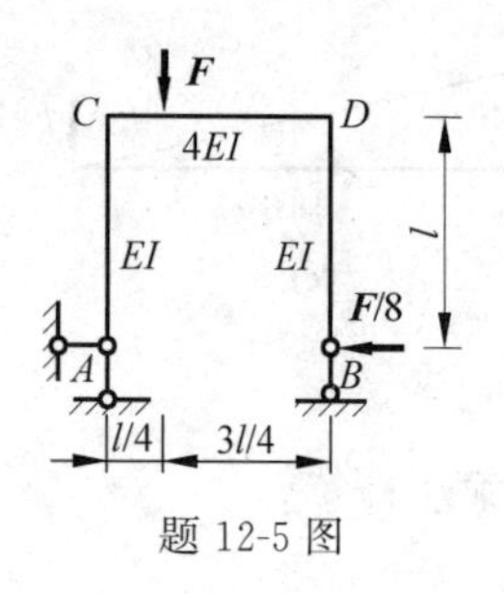

题12-5图

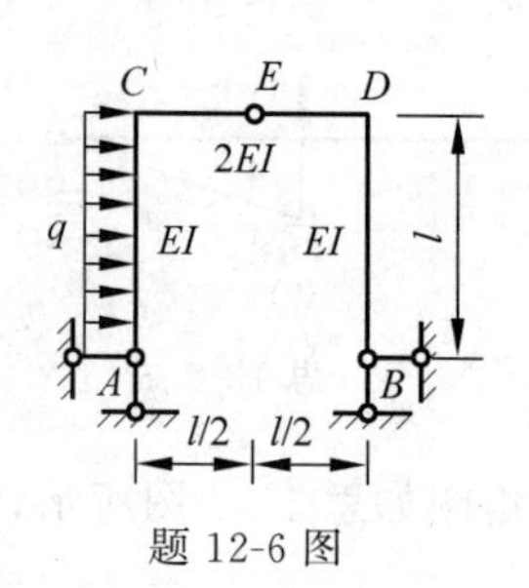

题12-6图

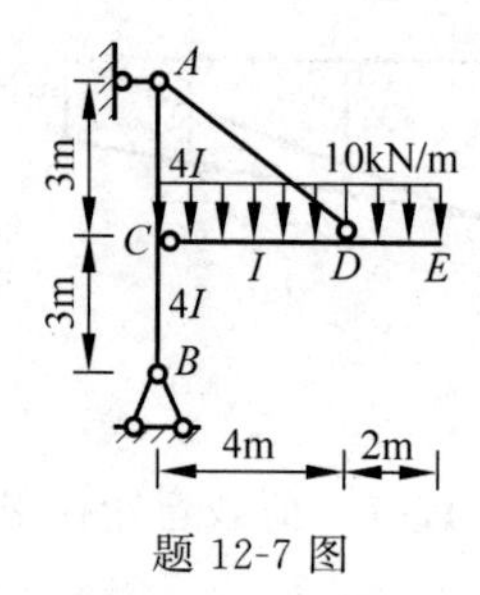

题12-7图

12-8 如题12-8图所示桁架中，各杆的EA为常数，试求A点的竖向位移Δ_{AV}，水平位移Δ_{AH}。

12-9 如题12-9图所示桁架，各杆EA相等。求结点C的竖向位移及AC杆与CB杆的相对转角。

12-10 某刚架支座A的位移如题12-10图所示，试求B点的竖向位移和铰C左右两侧截面的相对转角。已知$a=4\text{cm}$，$b=2\text{cm}$，$\theta=0.002$。

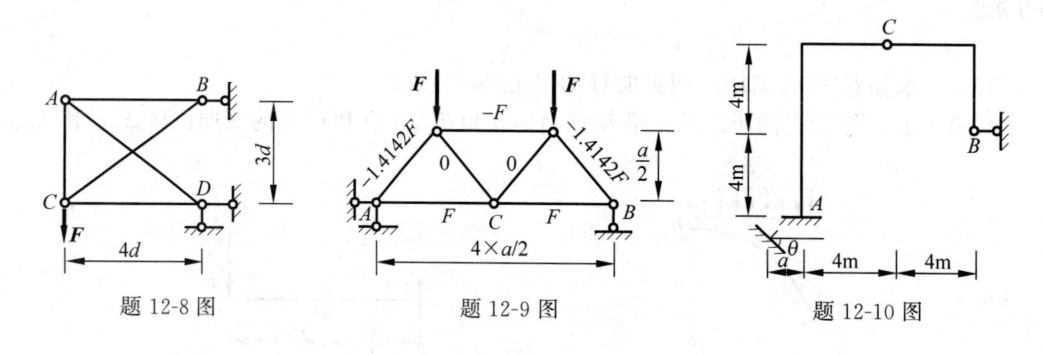

题12-8图　　题12-9图　　题12-10图

12-11 如题12-11图所示桁架因制造误差AB杆比设计长度短了4cm，试求由此引起的结点C的竖向位移Δ_{CV}。

12-12 已知如题12-12图所示桁架的下弦杆均做短了0.6cm。试求结点A的竖向位移。

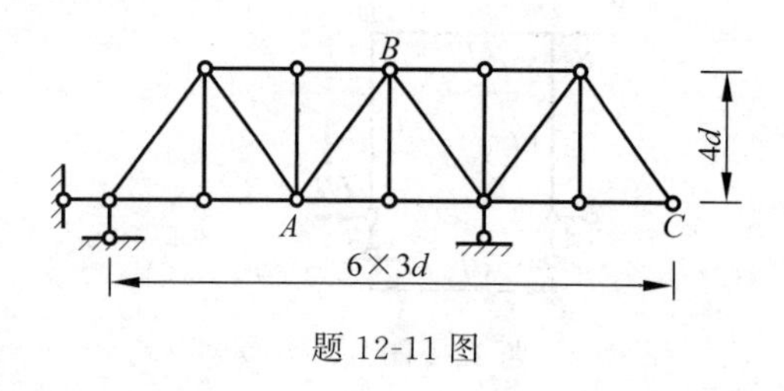

题12-11图

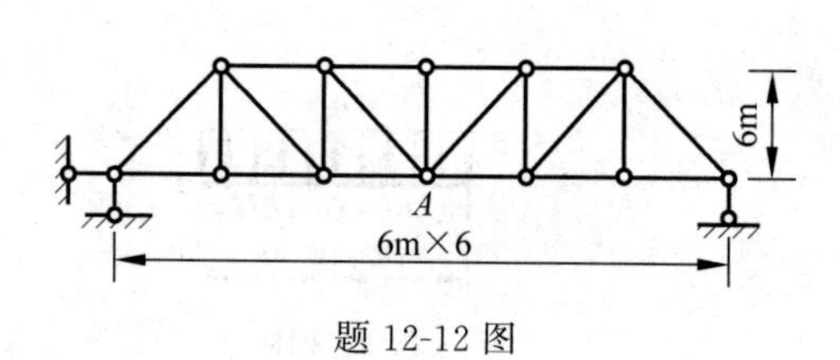

题12-12图

12-13　一承受均布荷载的简支梁如题 12-13 图所示，已知 $l=6\text{m}$，$q=4\text{kN/m}$，$\left[\frac{f}{l}\right]=\frac{1}{400}$，采用 22a 号工字钢，其惯性矩 $I=0.34\times10^{-4}\,\text{m}^4$，弹性模量 $E=2\times10^5\,\text{MPa}$。试校核梁的刚度。

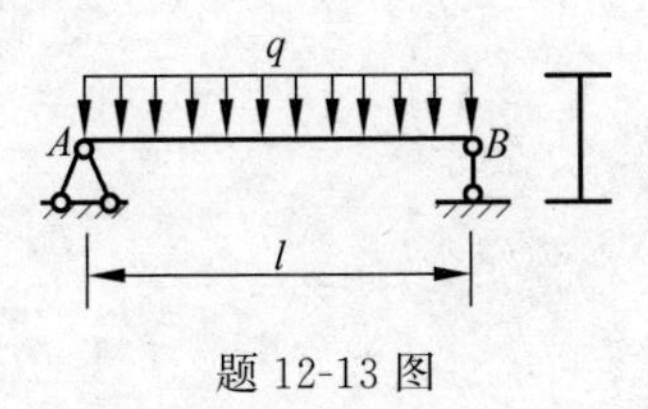

题 12-13 图

第四篇 超静定结构的内力与位移计算

超静定结构是目前工程中用得比较广泛的一种结构形式，其内力分析方法很多，但最基本的方法只有两种，即力法和位移法。

力法是以多余未知约束力(约束反力和约束反力偶矩)作为基本未知量，先把多余约束力计算出来，将原结构变成静定结构，然后运用静定结构内力计算方法算出原结构所需内力。

位移法是以位移(结点线位移和角位移)作为基本未知量，先求出位移，然后再利用位移与内力的关系算出原结构所需内力。

其实，无论力法或是位移法，其处理问题的基本思路是一致的，都是把不会计算的超静定结构通过会计算的基本结构来解决内力计算问题，只是途径不同罢了。二者的计算步骤概括为：

(1) 取基本结构。力法的基本结构是，去掉多余约束使之成为几何不变的静定结构；位移法的基本结构是，增加附加约束使之成为相互独立的单跨超静定梁的组合体。

(2) 消除基本结构与原结构之间的差别。力法的消除方法是，列表示变形连续条件的一组代数方程；位移法的消除方法是，列表示平衡条件的一组代数方程。解之求出基本未知量，再依基本未知量求出其他所需的未知量，然后依此数据画出内力图。

选用这两种方法的基本原则是：对于超静定次数少而结点位移多的超静定结构，选用力法较简便；对于超静定次数多而结点位移少的超静定结构，选用位移法较简便。但对于高层多跨框架，这两种方法都不简便，常用的方法是渐近法、近似法和电算法等。

渐近法是以位移法为基础的超静定结构计算方法。渐近法是采取逐步修正，逐次渐近的方法，可以直接求出杆端弯矩而无须解联立方程。常见的渐近法有三种，即力矩分配法、无剪力分配法和迭代法，本书只研究力矩分配法。至于梁和刚架的极限荷载计算，只作为一般了解就是了。

本篇重点内容是用力法、位移法与力矩分配法计算简单、常用的超静定梁、超静定刚架和超静定桁架的内力并作其内力图。

力　法

13.1　超静定结构概述

13.1.1　超静定结构的概念

前面各章研究了**静定结构**的内力和位移计算方法。如图 13-1(a)所示，从受力角度来看，静定结构的支座反力和内力仅根据平衡条件就可以完全确定；从几何构造角度来看，静定结构是几何不变且无多余联系的结构。但是在实际工程中还存在另一类结构，如图 13-1(b)所示，其支座反力、内力仅用平衡条件无法完全确定；从几何构造来看这类结构为具有多余联系的几何不变结构。此类结构称为**超静定结构**。

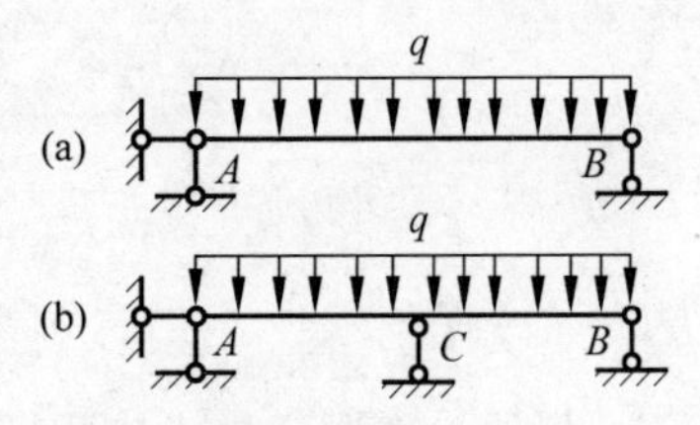

图 13-1　静定结构与超静定结构

13.1.2　超静定结构的常见类型

按照组成超静定结构杆件的主要变形特征分类，超静定结构常见的类型有：超静定梁(图 13-2(a))、超静定刚架(图 13-2(b))、超静定排架(图 13-2(c))、超静定拱(图 13-2(d))、超静定桁架(图 13-2(e))和超静定组合结构(图 13-2(f))等。本章将讨论如何应用**力法**来计算此类结构。

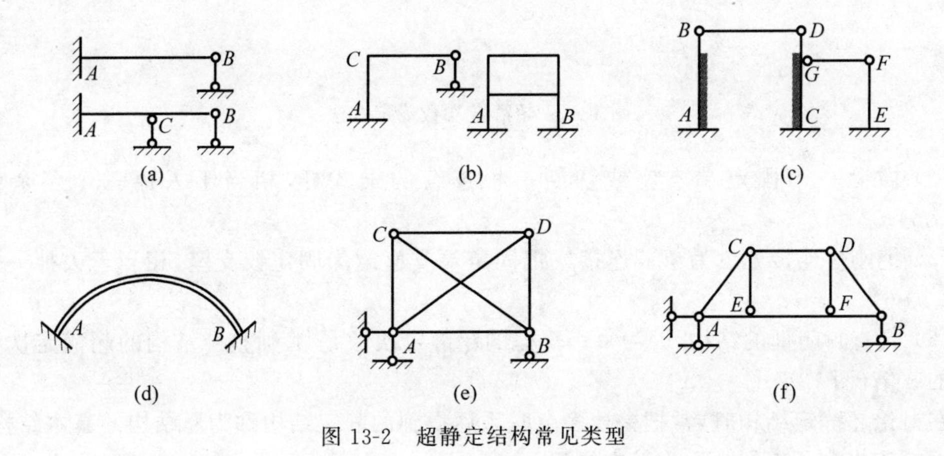

图 13-2　超静定结构常见类型

13.1.3 超静定次数的确定方法

在力法计算中,首先要正确判定超静定次数。超静定结构是具有多余联系的几何不变体系,而超静定次数就是指超静定结构中多余联系的个数。

确定超静定次数最直观、简便的方法就是**撤销多余联系法**。设某个结构撤销 n 个多余联系后,剩下部分成为一个几何不变且静定的结构体系,则可判定原结构为 n 次超静定结构,同时把撤销多余联系后的体系称为**基本体系**,所撤销的多余联系力常记为 x_i,并称其为多余未知力。

具体讨论各类超静定结构的超静定次数时,可能会遇到下面几种情况。

(1) 撤除一个支座链杆或切断一根链杆,相当于去掉一个多余约束(图 13-3)。

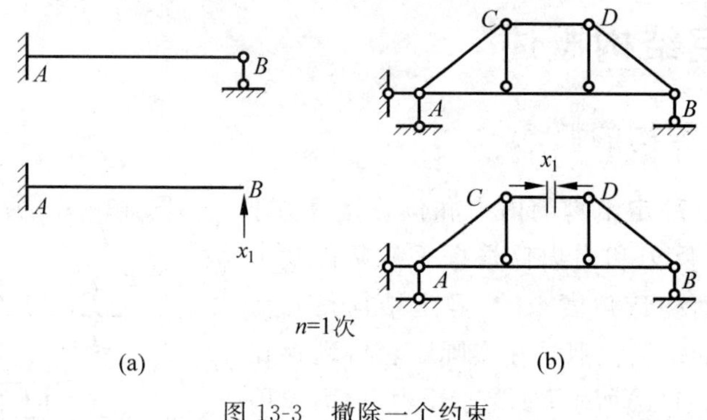

图 13-3 撤除一个约束

(2) 撤除一个固定铰支座或拆除一个中间铰,相当于去掉两个多余约束(图 13-4)。

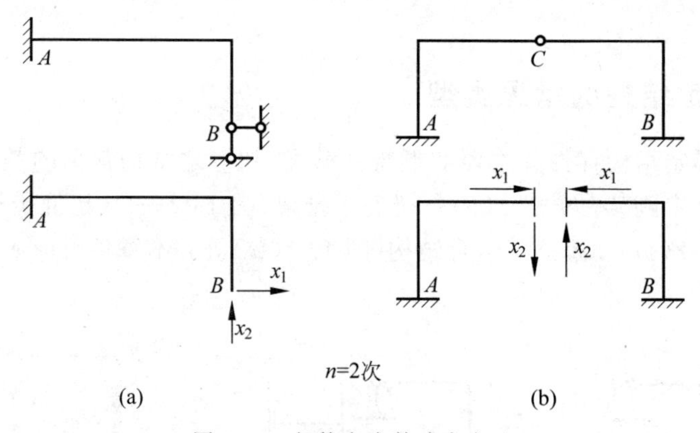

图 13-4 超静定次数确定方法

(3) 撤除一个固定端支座或切断一根连续的梁式杆,相当于去掉三个多余约束(图 13-5)。

(4) 把刚性连接处改为单铰连接或把固定端支座改为固定铰支座,相当于去掉一个约束(图 13-6)。

(5) 具有封闭框的结构,因为每一个框的超静定次数是 3,则整个结构的超静定次数为框数的 3 倍(图 13-7)。

在讨论超静定结构时,常把去掉多余联系后得到的静定结构称为原结构的**基本结构**,在它上面标注出多余未知力称为**基本体系**。

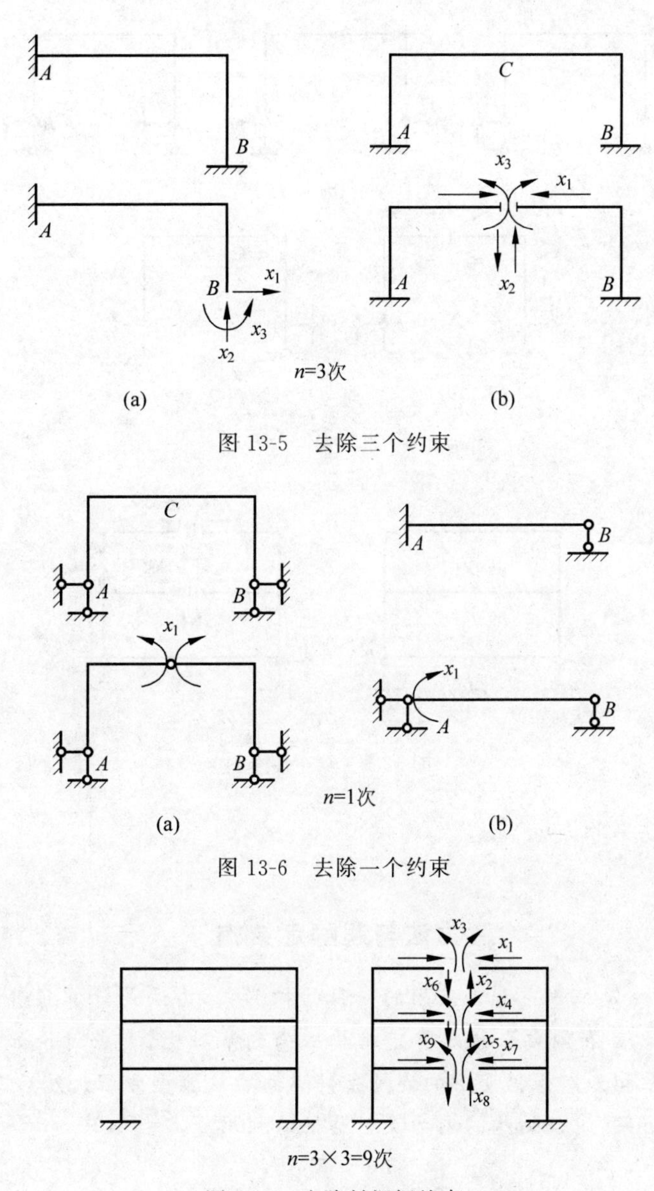

图 13-5　去除三个约束

图 13-6　去除一个约束

图 13-7　去除封闭框约束

应用撤除多余联系的方法，则不难按上述五种情况判定出图 13-3～图 13-7 中各结构的超静定次数。

需要再次强调指出，对于同一超静定结构，可以按不同的方式撤除多余联系，从而得到不同形式的基本结构，但无论采用何种形式，超静定的次数是不变的。而且在选择基本结构时应注意两点：

(1) 基本结构必须是几何不变体系，即只能撤除多余约束，而不可撤除维持几何不变所需的必要约束。图 13-8(a)中可选用图(b)、(c)、(d)形式为基本结构，显然超静定的次数为 $n=1$。但图 13-8(e)则不行，因为 A、B 支座处链杆交汇到一点，它是瞬变体系。

(2) 基本结构一般应是静定的，所以应撤除外部及内部全部多余联系，图 13-9 中所示的结构超静定次数应为 7 次。

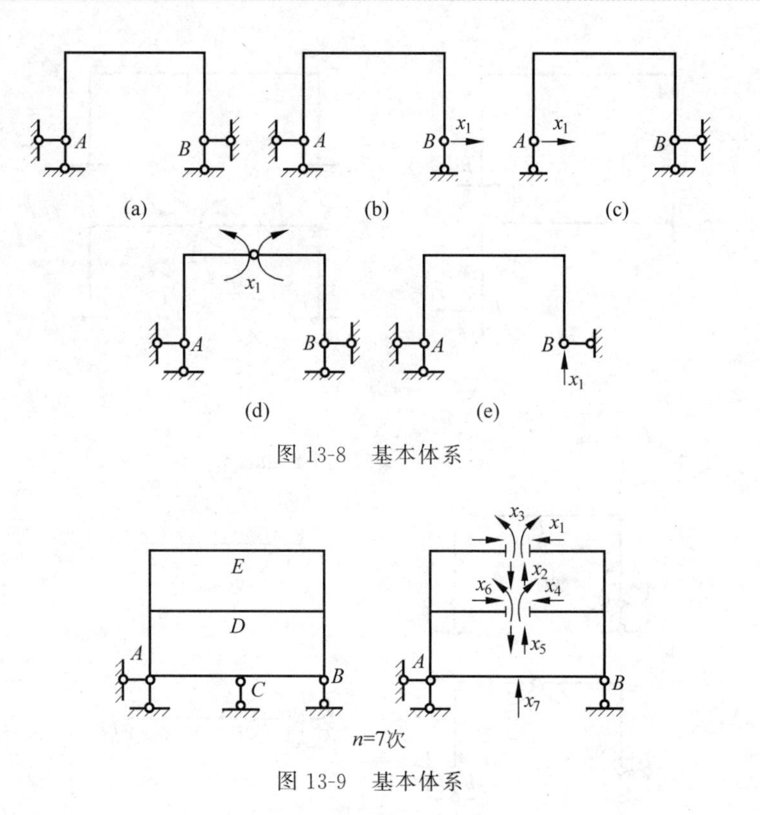

图 13-8　基本体系

图 13-9　基本体系

力法与超静定结构

超静定结构是建筑工程中普遍采用的一种结构形式,力法是计算超静定结构的基本方法。其讲授的思路为:在简要介绍超静定结构概念的基础上,重点讨论如何选择力法的基本未知量、基本体系和如何根据变形的连续条件建立力法典型方程。然后,用力法计算超静定梁、刚架、排架、桁架、组合结构的内力及对称性的利用等。

13.2　力法的基本原理和典型方程

力法是计算超静定结构的最基本方法之一,其基本思想是通过位移的协调条件,先设法求出多余未知力,然后用熟悉的静定结构内力的计算方法求出超静定结构的内力。下面用图 13-10(a)所示的单跨超静定梁来说明其概念和原理。

13.2.1　力法中的基本未知量和基本体系

如图 13-10(a)所示的单跨超静定梁 AB,撤除 B 支座链杆多余约束,设其反力为 x_1,则得到如图 13-10(b)所示的静定结构。不难设想,当 x_1 为某一特定值时,该静定梁的受力和变形与原结构相同。因此在力法中多余未知力 x_1 是最基本的未知量。同时,把包含多余未知力和荷载的静定结构(图 13-10(b))称为原超静定结构的基本体系。

13.2.2　力法的基本方程

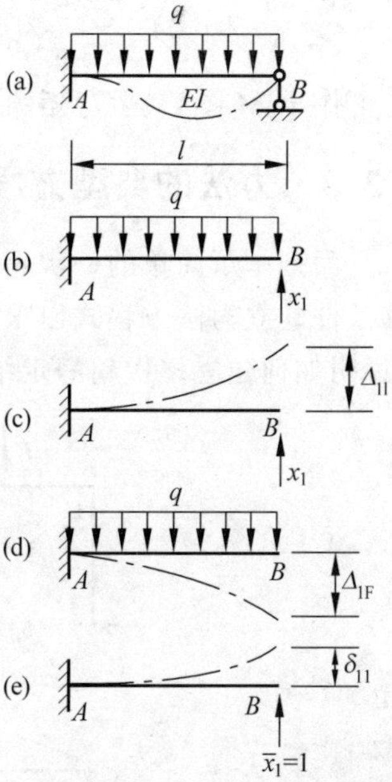

首先，要确定基本未知量 x_1 需应用到位移的条件。如图 13-10(a)所示的原超静定结构 B 点处竖向位移为零，对比原结构与基本体系，则图 13-10(b)所示悬臂梁 B 点在某一特定值 x_1 和荷载共同作用下，其竖向位移也应为零。因此，确定多余未知力 x_1 的位移条件应记为(设沿 x_1 方向位移为 Δ_1)

$$\Delta_1=0 \tag{a}$$

如图 13-10(c)、(d)所示，若以 Δ_{11} 和 Δ_{1F} 分别表示悬臂梁在 x_1 和荷载 q 单独作用时，B 点的竖向位移，则按叠加原理有

$$\Delta_1=\Delta_{11}+\Delta_{1F}=0 \tag{b}$$

再令如图 13-10(e)所示 δ_{11} 表示 $\bar{x}_1=1$(单位多余未知力)引起的 B 点竖向位移，对线弹性结构，则有

$$\Delta_{11}=\delta_{11}x_1 \tag{c}$$

图 13-10　用力法计算超静定结构

把式(c)代入式(b)得到

$$\delta_{11}x_1+\Delta_{1F}=0 \tag{13-1}$$

式(13-1)就是此单跨超静定梁的力法基本方程。从上面的讨论可以看出，力法基本方程的物理本质是位移条件，具体含义是：基本结构在多余未知力和荷载共同作用下，B 点沿 x_1 方向(竖直方向)位移为零。

要求得式(13-1)中 x_1，应首先求得 δ_{11} 和 Δ_{1F}。从图 13-11 看出，δ_{11} 和 Δ_{1F} 都是静定结构在已知外力作用下 B 点的竖向位移，它们都可以按所学过的单位荷载法求得。

分别画出在 $\bar{x}_1=1$ 和荷载 q 作用下的弯矩 $\overline{M}_1$ 图和 M_F 图，如图 13-11(a)、(b)所示。按图乘法可求得：

$$\delta_{11}=\sum\int\frac{\overline{M}_1^2\mathrm{d}s}{EI}=\frac{1}{EI}\left(\frac{1}{2}l\cdot l\cdot\frac{2}{3}l\right)=\frac{l^3}{3EI}$$

$$\Delta_{1F}=\sum\int\frac{\overline{M}_1M_F\mathrm{d}s}{EI}=\frac{-1}{EI}\left(\frac{1}{3}\cdot\frac{ql^2}{2}\cdot l\ \frac{3l}{4}\right)=-\frac{ql^4}{8EI}$$

把 δ_{11}、Δ_{1F} 代入式(13-1)求得多余未知力：

$$x_1=-\frac{\Delta_{1F}}{\delta_{11}}=-\left(-\frac{ql^4}{8EI}\right)\bigg/\frac{l^3}{3EI}=\frac{3}{8}ql\quad(\uparrow)$$

上式为正值，表示 x_1 的实际方向与假定相同，即竖直向上。

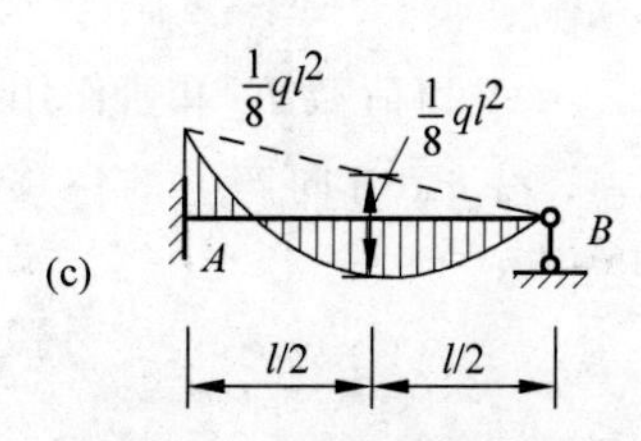

图 13-11　用力法计算超静定结构原理

(a) $\overline{M}_1$ 图；(b) M_F 图；(c) M 图

多余未知力 x_1 求出后，其余所有反力和内力从基本体系可看出都属于静定结构计算问题。原结构的弯矩图则可以根据已画出的 $\overline{M}_1$、M_F 图，应用叠加法画出。即有

$$M=\overline{M}_1x_1+M_F \tag{13-2}$$

例如：A 截面弯矩值为

$$M_A = l \times \left(\frac{3}{8}ql\right) + \left(-\frac{1}{2}ql^2\right) = -\frac{1}{8}ql^2 \quad (\text{上侧受拉})$$

于是可作出 M 图(最后弯矩图),如图 13-11(c)所示。

13.2.3 力法的典型方程

上面列举了简单的一次超静定结构用力法求解的全过程。可以看出,关键的步骤是按位移条件建立力法方程式以求解多余未知力。下面用图 13-12(a)所示的二次超静定刚架为例,说明如何建立多次超静定结构的力法基本方程,即力法典型方程。

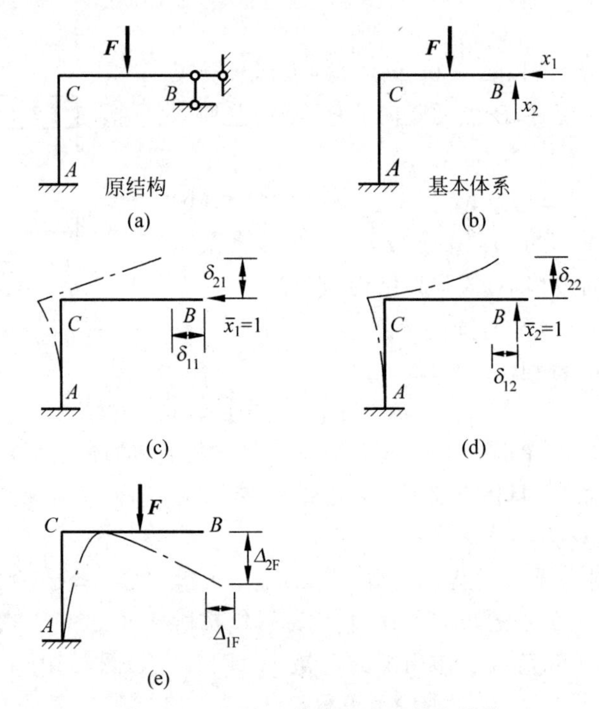

图 13-12 用力法计算二次超静定结构

撤除原结构 B 端约束,以相应的多余未知力 x_1、x_2 来代替原固定铰支座约束作用,同时考虑荷载作用,可得基本体系如图 13-12(b)所示。

原结构在支座 B 处是固定铰支座,将不会产生水平、竖向线位移,因此,在基本体系上 B 点沿 x_1、x_2 方向位移也应为零。即位移条件应为

$$\Delta_1 = 0, \quad \Delta_2 = 0$$

和上面讨论一次单跨超静定梁相仿,设单位多余未知力 $\bar{x}_1 = 1$、$\bar{x}_2 = 1$ 和荷载 F 单独作用在基本结构上时:B 点沿 x_1 方向产生的位移记为 δ_{11}、δ_{12} 和 Δ_{1F};沿 x_2 方向产生的位移记为 δ_{21}、δ_{22} 和 Δ_{2F}(图 13-12(c)、(d)、(e))。

按叠加原理,基本体系应满足的位移条件可表示为

$$\left.\begin{aligned} \delta_{11}x_1 + \delta_{12}x_2 + \Delta_{1F} = 0 \\ \delta_{21}x_1 + \delta_{22}x_2 + \Delta_{2F} = 0 \end{aligned}\right\} \tag{13-3}$$

这就是求解多余未知力 x_1、x_2 所要建立的力法典型方程式,求解该线性方程组即可求得多

余未知力。

对于 n 次超静定结构，则必有 n 个多余未知力，相应地也就有 n 个已知位移条件，假如原结构在多余约束方向位移为零时，则可以建立如下 n 个力法方程。

$$\left.\begin{array}{l}\delta_{11}x_1+\delta_{12}x_2+\cdots+\delta_{1i}x_i+\cdots+\delta_{1n}x_n+\Delta_{1F}=0\\ \vdots\\ \delta_{i1}x_1+\delta_{i2}x_2+\cdots+\delta_{ii}x_i+\cdots+\delta_{in}x_n+\Delta_{iF}=0\\ \vdots\\ \delta_{n1}x_1+\delta_{n2}x_2+\cdots+\delta_{ni}x_i+\cdots+\delta_{nn}x_n+\Delta_{nF}=0\end{array}\right\}\tag{13-4}$$

式(13-4)就是求解 n 次超静定结构的力法典型方程式。这一组方程的物理本质仍然是位移条件，其含义是指：基本结构在全部多余未知力和荷载共同作用下，在撤除多余约束处沿各多余未知力方向的位移应与原结构相应位移相等(此处为零)。

在上面方程组(13-4)中，多余未知力前面的系数组成了 n 行 n 列的一个数列。从左上方到右下方对角线上系数 $\delta_{ii}(i=1,2,\cdots,n)$称为**主系数**，它是单位多余未知力 $\bar{x}_i=1$ 单独作用所引起的沿自身方向的位移；其他系数 $\delta_{ij}(i\neq j)$称为**副系数**，它是单位多余未知力 $\bar{x}_j=1$ 单独作用所引起的沿 x_i 方向的位移；最后一项 Δ_{iF} 称为**自由项**，它是荷载单独作用时所引起的沿 x_i 方向的位移。

显然，由物理概念可推知，主系数恒为正值且不会为零；副系数和自由项则可能为正、负或零。而且按位移互等定理，有以下关系：

$$\delta_{ij}=\delta_{ji}$$

上述力法典型方程组具有一定的规律性，无论超静定结构是何种类型，所选择基本结构是何种形式，在荷载作用下所建立的力法方程组都具有与式(13-4)相同的形式，故称其为**力法**的典型方程。

典型方程中的主、副系数和自由项都是基本结构在已知力作用下的位移，均可用求静定结构位移方法求得。进而由力法典型方程求得全部多余未知力。超静定结构最后弯矩图按叠加原理则可求得

$$M=\overline{M}_1x_1+\overline{M}_2x_2+\cdots+\overline{M}_nx_n+M_F\tag{13-5}$$

当要求作梁和刚架的剪力图和轴力图时，不妨把全部多余未知力代回基本体系，按静定结构方法来计算，反而方便。

13.3　用力法计算超静定梁、刚架和排架结构

一般来说，用力法计算超静定结构的步骤如下：

(1) 撤除多余联系，假设多余未知力，考虑荷载，绘出基本体系；

(2) 将基本体系和原结构相比较，按位移条件建立力法典型方程；

(3) 绘出基本结构的单位弯矩图和荷载弯矩图(或写出内力表达式)，用单位荷载法求出主、副系数和自由项；

(4) 解力法典型方程求解全部多余未知力；

(5) 按叠加法或平衡条件方法作出内力图。

下面举例来说明用力法求解超静定梁、刚架和排架结构内力的过程。

13.3.1 超静定梁

计算超静定梁应遵循上面所归纳的步骤，但在计算主、副系数和自由项时，通常略去剪力和轴力影响，只计入弯矩的影响，使计算简化。而且，一般常应用图乘法求主、副系数和自由项。

例 13-1 试用力法计算如图 13-13(a)所示两跨连续梁，并绘制 M 图。$EI=$常数。

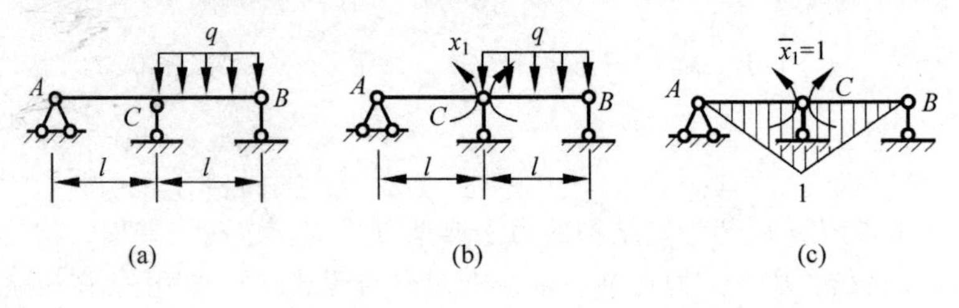

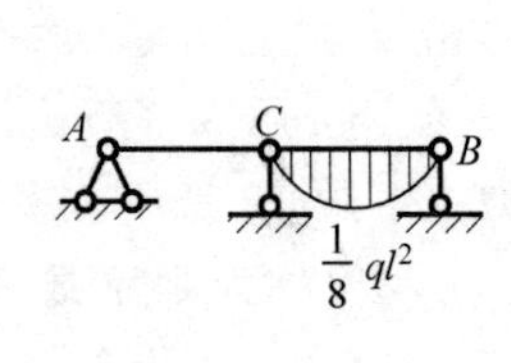

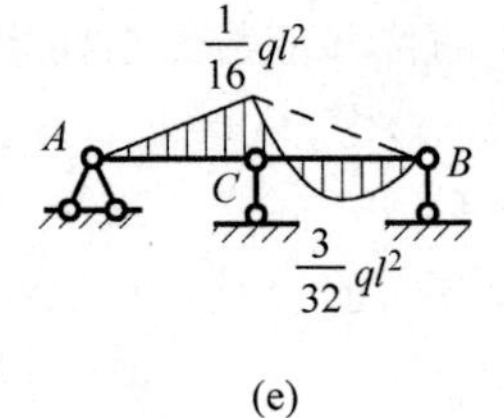

图 13-13 两跨连续梁计算

(a) 原结构；(b) 基本体系；(c) $\overline{M}_1$ 图；(d) M_F 图；(e) M 图

解：(1) 确定超静定次数，选取基本体系

此连续梁为一次超静定，将 C 支座处梁的弯矩作为多余约束力，基本体系如图 13-13(b)所示。

(2) 建立力法的典型方程

基本体系应满足 C 支座截面相对角位移为零的变形条件。列出力法典型方程为

$$\delta_{11}x_1+\Delta_{1F}=0$$

(3) 求系数和自由项

先分别绘制基本结构在 $\bar{x}_1=1$ 和荷载单独作用下的弯矩图，即 $\overline{M}_1$ 图和 M_F 图，如图 13-13(c)、(d)所示。按图乘法各系数和自由项计算如下：

$$\delta_{11}=\frac{2}{EI}\left(\frac{1}{2}\times l\times 1\times\frac{2}{3}\times 1\right)=\frac{2l}{3EI}$$

$$\Delta_{1F}=\frac{1}{EI}\left(\frac{2}{3}\times\frac{1}{8}ql^2\times l\times\frac{1}{2}\times 1\right)=\frac{ql^3}{24EI}$$

(4) 求解多余未知力

将系数和自由项代入力法典型方程得

$$16x_1+ql^2=0$$

解得

$$x_1=-\frac{1}{16}ql^2$$

负值说明实际方向与基本体系上假设的 x_1 方向相反。

(5) 计算内力并作内力图

根据弯矩叠加公式 $M=\overline{M}_1 x_1+M_F$ 求内力。

$$M_{AC}=0$$

$$M_{CA}=1\times\left(-\frac{1}{16}ql^2\right)+0=-\frac{1}{16}ql^2$$

$$M_{CB}=1\times\left(-\frac{1}{16}ql^2\right)+0=-\frac{1}{16}ql^2$$

$$M_{BC}=0$$

据叠加原理画弯矩图，如图 13-13(e)所示。

例 13-2　试用力法计算如图 13-14(a)所示的两端固定单跨超静定梁。设 $EI=$常数，试绘出弯矩图。

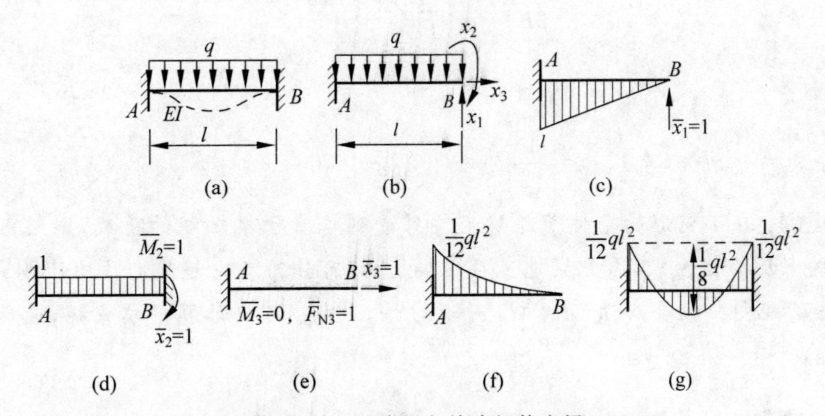

图 13-14　两端固定单跨超静定梁

(a) 原结构；(b) 基本体系；(c) $\overline{M}_1$ 图；(d) $\overline{M}_2$ 图；(e) $\overline{M}_3$、$\overline{F}_{N3}$ 图；(f) M_F 图；(g) M 图

解：(1) 选取基本体系。此梁为三次超静定结构，取悬臂梁为基本结构，基本体系如图 13-14(b)所示。

(2) 建立力法典型方程。按原结构 B 端支座竖向、水平方向线位移及转角为零，故典型方程为

$$\delta_{11}x_1+\delta_{12}x_2+\delta_{13}x_3+\Delta_{1F}=0$$

$$\delta_{21}x_1+\delta_{22}x_2+\delta_{23}x_3+\Delta_{2F}=0$$

$$\delta_{31}x_1+\delta_{32}x_2+\delta_{33}x_3+\Delta_{3F}=0$$

(3) 求系数和自由项。绘出单位弯矩图 $\overline{M}_1$、$\overline{M}_2$、$\overline{M}_3$ 及荷载弯矩图 M_F（图 13-14(c)、(d)、(e)、(f)）。按图乘法各系数和自由项计算如下：

$$\delta_{11}=\frac{1}{EI}\left(\frac{1}{2}\times l\times l\times\frac{2}{3}l\right)=\frac{l^3}{3EI}$$

$$\delta_{22}=\frac{1}{EI}(1\times l\times 1)=\frac{l}{EI}$$

$$\delta_{33}=\int\frac{\overline{M}_3^2\,ds}{EI}+\int\frac{\overline{F}_{N3}^2\,ds}{EA}=\frac{l}{EA}$$

$$\delta_{12}=\delta_{21}=-\frac{1}{EI}\left(\frac{1}{2}\times l\times l\times 1\right)=-\frac{l^2}{2EI}$$

$$\delta_{13}=\delta_{31}=0,\quad \delta_{23}=\delta_{32}=0$$

$$\Delta_{1F}=-\frac{1}{EI}\left(\frac{1}{3}\times l\times\frac{ql^2}{2}\times\frac{3l}{4}\right)=-\frac{ql^4}{8EI}$$

$$\Delta_{2F}=\frac{1}{EI}\left(\frac{1}{3}\times l\times\frac{ql^2}{2}\times 1\right)=\frac{ql^3}{6EI}$$

$$\Delta_{3F}=0$$

(4) 求解多余未知力。将上面各系数和自由项代入典型方程,则典型方程成为

$$\frac{l^3}{3EI}x_1-\frac{l^2}{2EI}x_2-\frac{ql^4}{8EI}=0$$

$$-\frac{l^2}{2EI}x_1+\frac{l}{EI}x_2+\frac{ql^3}{6EI}=0$$

$$\frac{l}{EA}x_3=0$$

联立解得:$x_1=\frac{1}{2}ql$ (↑),$x_2=\frac{1}{12}ql^2$ (↻),$x_3=0$。

特别提醒:在小变形的条件下超静定梁若受到垂直于梁轴线的荷载,则梁沿轴线方向所受到的约束反力恒为零,自然梁也不存在轴力,故可作为二次超静定结构计算。

(5) 绘弯矩图。按叠加法 $M=\overline{M}_1x_1+\overline{M}_2x_2+M_F$ 可以计算梁端弯矩,最后弯矩图如图 13-14(g)所示。

13.3.2 刚架

刚架计算与梁一样,仍然遵循上述计算步骤。在计算主、副系数和自由项时,仍然略去剪力和轴力影响,只计入弯矩的影响使计算简化。而且,常用图乘法计算主、副系数和自由项。

例 13-3 用力法计算如图 13-15(a)所示的刚架,试绘出弯矩图。设各杆 $EI=$常数。

解:(1) 选取基本体系,如图 13-15(b)所示。在基本结构上,作单位多余未知力弯矩图和荷载弯矩图,如图 13-15(c)、(d)、(e)所示。

(2) 建立力法典型方程。按 C、D 铰处沿 x_1、x_2 方向线位移为零,则有

$$\delta_{11}x_1+\delta_{12}x_2+\Delta_{1F}=0$$

$$\delta_{21}x_1+\delta_{22}x_2+\Delta_{2F}=0$$

(3) 利用图乘法计算系数和自由项。

$$\delta_{11}=\sum\int\frac{\overline{M}_1^2}{EI}ds=\frac{1}{EI}\left(\frac{1}{2}\times l\times l\times\frac{2}{3}l\right)\times 2=\frac{2l^3}{3EI}$$

$$\delta_{22}=\sum\int\frac{\overline{M}_2^2}{EI}ds=\frac{1}{EI}\left(\frac{1}{2}\times l\times l\times\frac{2}{3}l\right)\times 2=\frac{2l^3}{3EI}$$

$$\delta_{12}=\delta_{21}=\sum\int\frac{\overline{M}_1\overline{M}_2}{EI}ds=\frac{1}{EI}\left(\frac{1}{2}\times l\times l\times\frac{l}{3}\right)=\frac{l^3}{6EI}$$

$$\Delta_{1F}=\sum\int\frac{\overline{M}_1M_F}{EI}ds=-\frac{1}{EI}\left(\frac{1}{3}\times\frac{ql^2}{2}\times l\times\frac{3}{4}\times l+\frac{1}{2}\times l\times\frac{ql^2}{2}\times\frac{2}{3}\times l\right)=-\frac{7ql^4}{24EI}$$

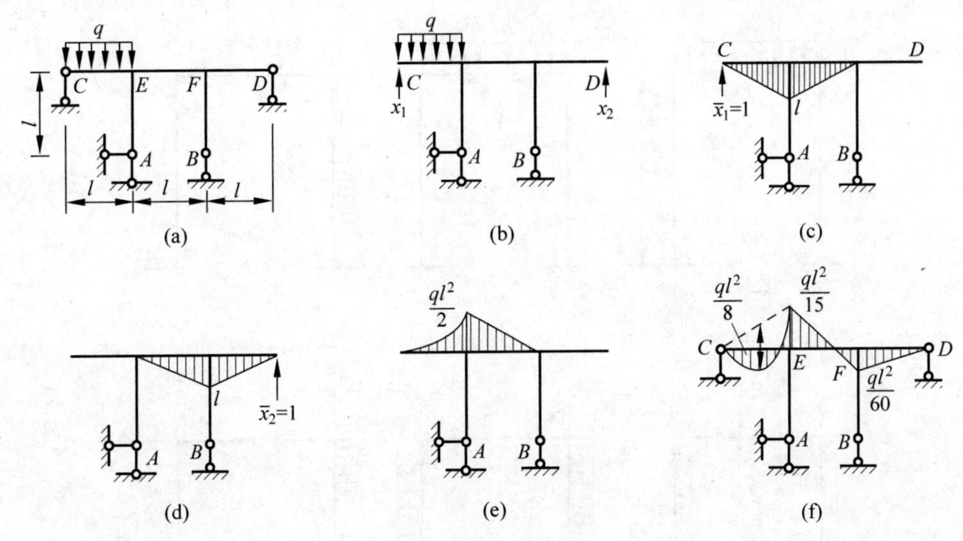

图 13-15　刚架内力计算

(a) 原结构；(b) 基本体系；(c) $\overline{M}_1$ 图；(d) $\overline{M}_2$ 图；(e) M_{F} 图；(f) M 图

$$\Delta_{2\mathrm{F}}=\sum\int\frac{\overline{M}_2M_{\mathrm{F}}}{EI}\mathrm{d}s=-\frac{1}{EI}\left(\frac{1}{2}\times l\times\frac{ql^2}{2}\times\frac{1}{3}l\right)=-\frac{ql^4}{12EI}$$

(4) 求解多余未知力。把上面求得的主副系数和自由项代回力法典型方程，消去公因子$\frac{l^3}{EI}$，则有

$$\frac{2}{3}x_1+\frac{1}{6}x_2-\frac{7}{24}ql=0$$

$$\frac{1}{6}x_1+\frac{2}{3}x_2-\frac{1}{12}ql=0$$

解得
$$x_1=\frac{13}{30}ql(\uparrow),\quad x_2=\frac{ql}{60}(\uparrow)$$

温馨提示：从上面看出，在荷载作用下多余未知力的大小只与各杆弯曲刚度 EI 的相对值有关，而与其绝对值无关。

(5) 绘内力图。最后弯矩图可按叠加法绘出，即 $M=\overline{M}_1x_1+\overline{M}_2x_2+M_{\mathrm{F}}$，$M$ 图如图 13-15(f)所示。剪力图和轴力图的作法，只需把求得的多余未知力 x_1、x_2 代回基本体系(图 13-15(b))，按一般静定刚架内力图作法即可求得，在此从略。

例 13-4　用力法计算如图 13-16(a)所示刚架，绘出弯矩图。设 EI＝常数。

解：(1) 取基本体系，如图 13-16(b)所示。

(2) 建立力法典型方程。此处按 C 铰处沿 x_1、x_2 方向相对线位移为零，则有

$$\delta_{11}x_1+\delta_{12}x_2+\Delta_{1\mathrm{F}}=0$$

$$\delta_{21}x_1+\delta_{22}x_2+\Delta_{2\mathrm{F}}=0$$

(3) 画出 $\overline{M}_1$ 图、$\overline{M}_2$ 图、M_{F} 图。如图 13-16(c)、(d)、(e)所示，由图乘法求得主、副系数和自由项为

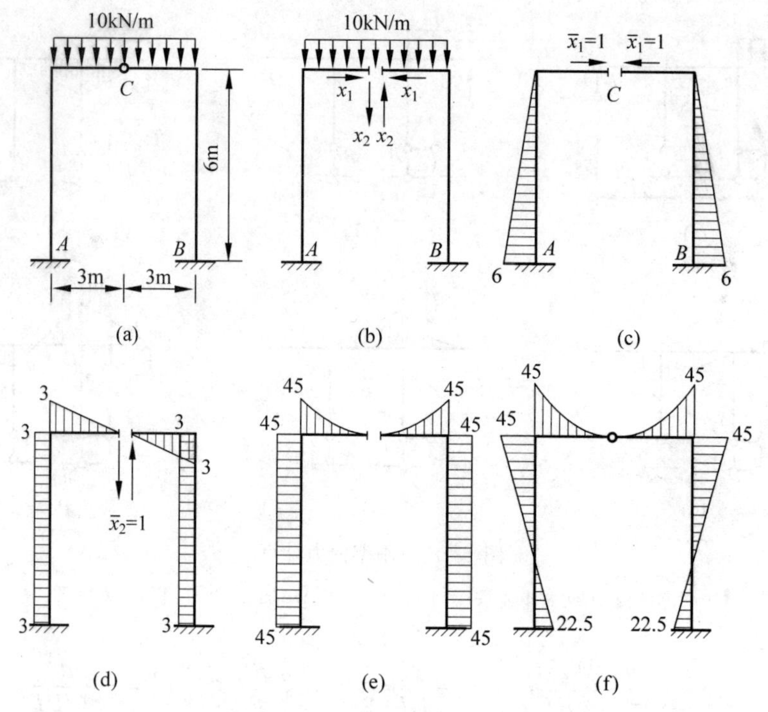

图 13-16 超静定刚架内力计算

(a) 原结构；(b) 基本体系；(c) $\overline{M}_1$ 图；(d) $\overline{M}_2$ 图；(e) M_F 图；(f) M 图(kN·m)

$$\delta_{11}=\frac{1}{EI}\left(\frac{1}{2}\times6\times6\times\frac{2}{3}\times6\right)\times2=\frac{144}{EI}$$

$$\delta_{22}=\frac{1}{EI}\left(\frac{1}{2}\times3\times3\times\frac{2}{3}\times3+3\times6\times3\right)\times2=\frac{126}{EI}$$

$$\delta_{12}=\delta_{21}=\frac{1}{EI}\left(\frac{1}{2}\times6\times6\times3-\frac{1}{2}\times6\times6\times3\right)=0$$

$$\Delta_{1F}=\frac{1}{EI}\left(\frac{1}{2}\times6\times6\times45\right)\times2=\frac{1620}{EI}$$

$$\Delta_{2F}=\frac{1}{EI}\left(\frac{1}{3}\times3\times45\times\frac{3}{4}\times3+3\times6\times45-\frac{1}{3}\times3\times45\times\frac{3}{4}\times3-3\times6\times45\right)=0$$

(4) 求解多余未知力。把上面的系数和自由项代回力法典型方程，则有

$$144x_1+1620=0$$

$$126x_2=0$$

解得

$$x_1=-11.25\text{kN}(\text{压力}),\quad x_2=0$$

(5) 绘 M 图。由 $M=\overline{M}_1x_1+M_F$ 可作出 M 图，如图 13-16(f)所示。

温馨提示：由此例看出对称结构在对称荷载作用下，当选用对称的基本结构时，反对称的多余未知力 x_2 为零，最后 M 图也呈正对称。所以利用对称性常可以使一些副系数和自由项为零，以简化计算。关于对称性的利用在 13.5 节中将作详细讨论，在此通过数值计算使读者有个感性认识。

13.3.3 铰结排架

在单层工业厂房中常采用铰结排架结构体系。屋架(或屋面大梁)和柱顶设计为铰结,屋架对柱顶仅起联系作用。由于屋架面内纵向刚度较大,常简化为拉压刚度为无限大($EA=\infty$)的刚性链杆。同时为支承吊车梁缘故,立柱也常设计为变截面阶梯柱,上下段弯曲刚度不同。此类结构常用力法计算,且只需绘出竖柱的内力图。

例 13-5 试用力法计算如图 13-17(a)所示铰结排架结构,并绘出弯矩图。设阶梯柱上下段的弯曲刚度分别为 EI_1 和 EI_2,且 $EI_2=7EI_1$。已知柱子受到吊车传来的水平制动力 $F=20\text{kN}$。

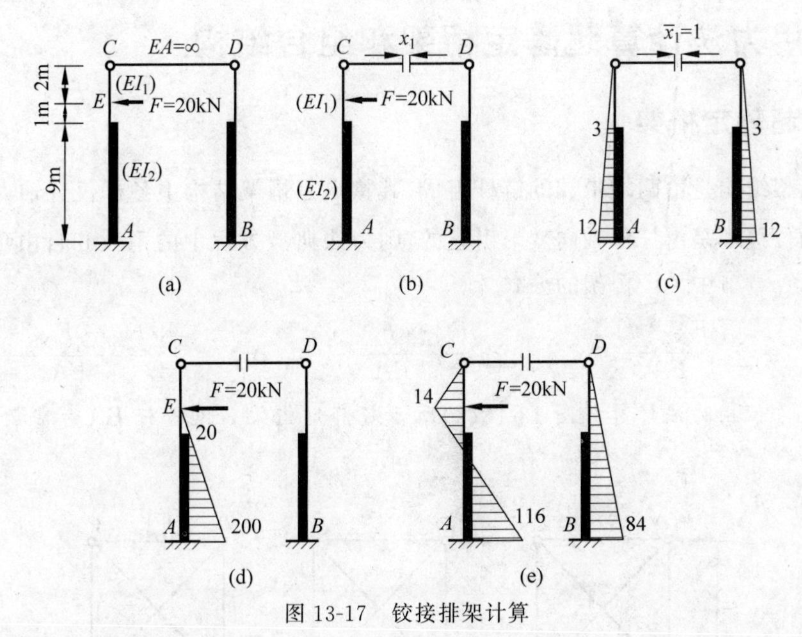

图 13-17 铰接排架计算

(a) 原结构;(b) 基本体系;(c) $\overline{M}_1$ 图;(d) M_F(kN·m)图;(e) M 图(kN·m)

解:(1) 切断刚性链杆 CD,以一对轴力为多余未知力 x_1,选取如图 13-17(b)所示的基本体系。

(2) 建立力法方程。比较原结构和基本体系,因 CD 为连续杆件,故切口处相对轴向线位移应为零,即有

$$\delta_{11}x_1+\Delta_{1F}=0$$

(3) 求系数和自由项。绘出 $\overline{M}_1$、M_F 图分别如图 13-17(c)、(d)所示。按阶梯柱弯曲刚度不同分段图乘,则可得

$$\delta_{11}=\frac{1}{EI_1}\left(\frac{1}{2}\times3\times3\times\frac{2}{3}\times3\right)\times2+\frac{1}{EI_2}\left(\frac{1}{2}\times3\times9\times6+\frac{1}{2}\times12\times9\times9\right)\times2$$

$$=\frac{18}{EI_1}+\frac{1134}{EI_2}=\frac{1}{EI_2}(18\times7+1134)=1260\times\frac{1}{EI_2}$$

$$\Delta_{1F}=-\frac{1}{EI_1}\left(\frac{1}{2}\times20\times1\times\frac{8}{9}\times3\right)\times2-\frac{1}{EI_2}\left(\frac{1}{2}\times20\times9\times6+\frac{1}{2}\times200\times9\times9\right)$$

$$=-\frac{1}{EI_1}\left(\frac{160}{3}\right)-\frac{1}{EI_2}\times8640=-\frac{1}{EI_2}(53.3\times7+8640)$$

$$=-\frac{1}{EI_2}\times 9013.3$$

(4) 求解多余未知力

$$x_1=-\frac{\Delta_{1F}}{\delta_{11}}=-\frac{-9013.3/EI_2}{1260/EI_2}\approx 7\text{kN}$$

(5) 绘内力图，按叠加法 $M=\overline{M}_1x_1+M_F$ 可以作出立柱的弯矩图，如图 13-17(e)所示。

由上看出排架的计算原理与用力法计算超静定梁、刚架是相似的，其特点是因为阶梯柱的弯曲刚度上下段不同，因此在用图乘法求系数和自由项时应分段图乘。

13.4 用力法计算超静定桁架和组合结构

13.4.1 超静定桁架

由于桁架结构是由两端带铰的链杆组成，其特点是桁架结构中各杆仅有轴力 F_N，故基本结构中的位移都是由杆件轴向变形引起的，则力法典型方程中的系数和自由项应按静定结构位移计算章节中关于桁架的公式计算。

$$\delta_{ii}=\sum\frac{\overline{F}_{Ni}^2\cdot l}{EA},\quad \delta_{ij}=\sum\frac{\overline{F}_{Ni}\cdot\overline{F}_{Nj}\cdot l}{EA},\quad \Delta_{iF}=\sum\frac{\overline{F}_{Ni}\cdot F_{NF}\cdot l}{EA}$$

例 13-6 试用力法计算如图 13-18(a)所示超静定桁架。设各杆 $EA=$常数，求出各杆的轴力。

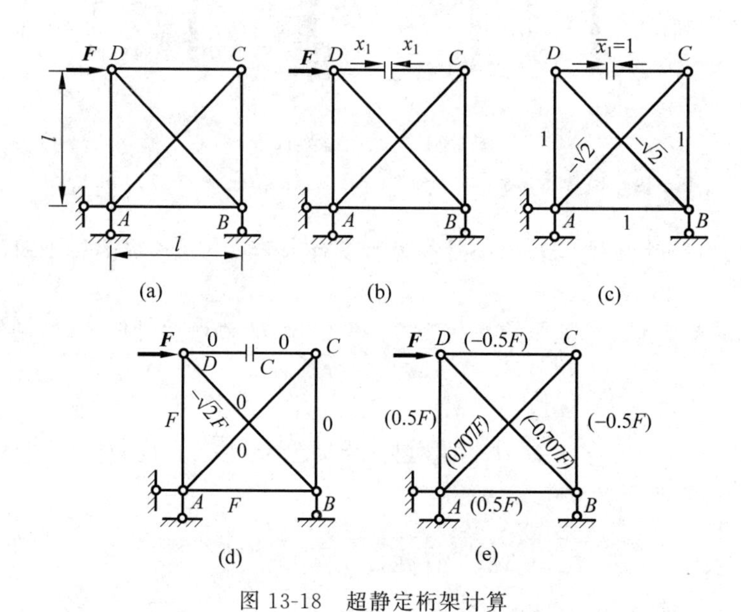

图 13-18 超静定桁架计算

(a) 原结构；(b) 基本体系；(c) $\overline{F}_{N1}$ 值；(d) F_{NF} 值；(e) F_N 值

解：(1) 切断上弦杆，以一对多余未知力 x_1 代替其作用效应，同时考虑荷载 $\boldsymbol{F}$，建立基本体系如图 13-18(b)所示。

(2) 建立力法典型方程：切口处原为连续杆件截面，则其相对轴向线位移应为零，于是

力法方程为

$$\delta_{11}x_1+\Delta_{1F}=0$$

(3) 计算系数、自由项：首先应用结点法计算出在 $\bar{x}_1=1$ 和荷载 $\boldsymbol{F}$ 单独作用下各杆内力值，已示于图 13-18(c)、(d)中，请读者加以校核。按桁架位移计算公式则有：

$$\delta_{11}=\sum\frac{\bar{F}_{N1}^2\cdot l}{EA}=\frac{1}{EA}[1^2\times l\times 4+(-\sqrt{2})^2\times\sqrt{2}l\times 2]=\frac{4}{EA}4(1+\sqrt{2})l$$

$$\Delta_{1F}=\sum\frac{\bar{F}_{N1}^2\cdot F_{NF}\cdot l}{EA}$$

$$=\frac{1}{EA}[2\times 1\times F\times l+(-\sqrt{2})\times(-\sqrt{2}F)\times\sqrt{2}l]$$

$$=\frac{2}{EA}(1+\sqrt{2})Fl$$

(4) 求解多余未知力

$$x_1=-\frac{\Delta_{1F}}{\delta_{11}}=-\frac{2(1+\sqrt{2})Fl/EA}{4(1+\sqrt{2})l/EA}=-\frac{F}{2}\quad（压力）$$

(5) 计算各杆最后内力

利用叠加法较方便，按已经计算出的各杆 $\bar{F}_{N1}$ 值和 F_{NF} 值，则各杆轴力为

$$F_N=\bar{F}_{N1}\cdot x_1+F_{NF}$$

各杆轴力值如图 13-18(e)所示。其中各值来历举例如下：

$$F_{NAB}=1\times\left(-\frac{F}{2}\right)+F=\frac{F}{2}\quad（拉力）$$

$$F_{NAC}=(-\sqrt{2})\times\left(-\frac{F}{2}\right)+0=\frac{\sqrt{2}}{2}F\approx 0.707F\quad（拉力）$$

13.4.2 超静定组合结构

组合结构是由不同工作特性的基本构件组成，既含有链式杆，又含有梁式杆。所以在计算力法典型方程的系数和自由项时，对链杆系统只考虑轴力影响，对梁式杆系统通常略去轴力及剪力微小影响，只考虑弯矩影响。即应为

$$\delta_{ii}=\sum\int\frac{\overline{M}_i^2}{EI}ds+\sum\frac{\bar{F}_{Ni}^2\cdot l}{EA}$$

$$\delta_{ij}=\sum\int\frac{\overline{M}_i\overline{M}_j}{EI}ds+\sum\frac{\bar{F}_{Ni}\cdot\bar{F}_{Nj}\cdot l}{EA}$$

$$\Delta_{iF}=\sum\int\frac{\overline{M}_iM_F}{EI}ds+\sum\frac{\bar{F}_{Ni}\cdot F_{NF}\cdot l}{EA}$$

上式中第一个求合符号是对全部梁式杆求和，第二个求合符号是对全部链式杆求和。

例 13-7　试用力法计算如图 13-19(a)所示超静定组合结构的内力并作内力图。其中梁式杆 AB 的刚度为 $EI=2\times 10^4\text{kN}\cdot\text{m}^2$；杆件 AD、BD 的 $EA=2.5\times 10^5\text{kN}$；杆件 CD 的 $EA=5\times 10^5\text{kN}$。

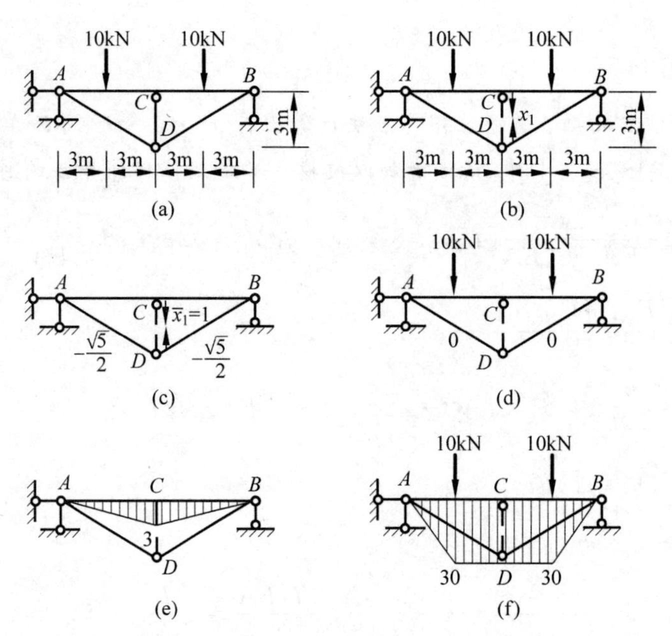

图 13-19　超静定组合结构内力计算

(a) 原结构；(b) 基本体系；(c) $\overline{F}_{N1}$ 值；(d) F_{NF} 值；(e) $\overline{M}_1$ 图(m)；(f) M_F 图(kN·m)

解：先用力法计算超静定组合结构的步骤计算多余未知力，再根据叠加原理分为梁式杆与链杆求内力和内力图。

(1) 确定超静定次数，选取基本体系

此组合结构为一次超静定，切断 CD 杆并用多余未知力 x_1 代替，得基本体系如图 13-19(b)所示。

(2) 建立力法的典型方程

根据切口处两侧截面轴向相对位移为零的条件，可建立力法的典型方程为

$$\delta_{11}x_1+\Delta_{1F}=0$$

(3) 求系数和自由项

绘出基本结构在 $\bar{x}_1=1$ 和荷载单独作用下的轴力图，如图 13-19(c)、(d)所示，弯矩图如图 13-19(e)、(f)所示。

$$\begin{aligned}\delta_{11}&=\int\frac{\overline{M}_1^2}{EI}\mathrm{d}x+\sum\frac{\overline{F}_{N1}^2 l}{EA}\\&=\left[\frac{1}{2\times10^4}\times\left(\frac{1}{2}\times3\times6\times\frac{2}{3}\times3\right)\times2+\frac{1}{2.5\times10^5}\times\left(-\frac{\sqrt{5}}{2}\right)^2\times3\sqrt{5}\times2+\right.\\&\quad\left.\frac{1}{5\times10^5}\times1^2\times3\right]\mathrm{m/kN}\\&=18.73\times10^{-4}\mathrm{m/kN}\end{aligned}$$

$$\begin{aligned}\Delta_{1F}&=\int\frac{\overline{M}_1M_F}{EI}\mathrm{d}x+\sum\frac{\overline{F}_{N1}F_{NF}l}{EA}\\&=\left\{\frac{2}{2\times10^4}\times\left[\frac{1}{2}\times3\times1.5\times\frac{2}{3}\times30+\frac{1}{2}(1.5+3)\times3\times30\right]+0\right\}\mathrm{m}\end{aligned}$$

$$=247.5\times 10^{-4}\,\text{m}$$

(4) 求解多余未知力

将 δ_{11}、Δ_{1F} 代入力法的典型方程得

$$x_1=-13.21\text{kN}$$

(5) 求内力

根据叠加公式 $M=\overline{M}_1x_1+M_F$，$F_N=\overline{F}_{N1}x_1+F_{NF}$ 即可求内力，如图 13-20(a)所示为最终弯矩图，图 13-20(b)为各链杆的轴力。

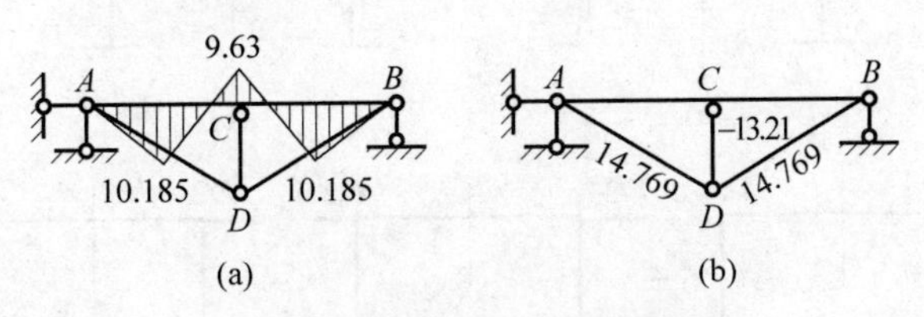

图 13-20　超静定组合结构内力图

(a) M 图(kN·m)；(b) F_N 图(kN)

从例 13-7 可看出，M 值要比 M_F 值小，这说明横梁下部的链杆对梁起加劲作用。

13.5　结构对称性利用

13.5.1　结构及荷载对称性

工程结构中出于受力及美观考虑，很多结构都具有对称性，如图 13-21 所示对称结构。

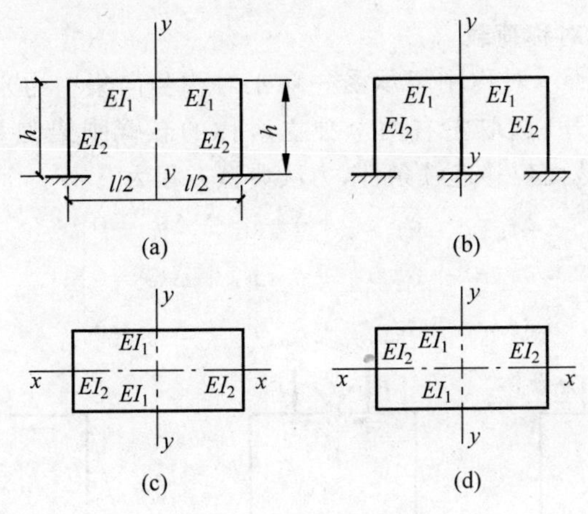

图 13-21　对称结构

所谓对称结构是指：①结构的几何形状尺寸和支座支承条件对某一轴呈对称；②杆件截面几何性质及材料性质也对该轴呈对称。图 13-21 中各结构都是轴对称结构，本书后面简称为**对称结构**。沿对称轴对折结构的对称部分应完全吻合。图 13-21(a)、(b)仅有一个对称轴 $y—y$，而图 13-21(c)、(d)则有两个对称轴 $x—x$ 及 $y—y$。

作用在结构上的荷载有时也具有对称性。例如图 13-22(a)所示的荷载，沿对称轴对折后左右两荷载作用点、量值大小和方向三要素完全一致，本书后面称此类荷载为**正对称荷载**；反之，如图 13-22(b)所示荷载沿对称轴对折后，作用点、量值相同，但方向相反，称此类

荷载为**反对称荷载**。

值得指出：作用在对称结构上的任意荷载都可以分解为正对称荷载与反对称荷载的组合，如图13-22(c)所示。

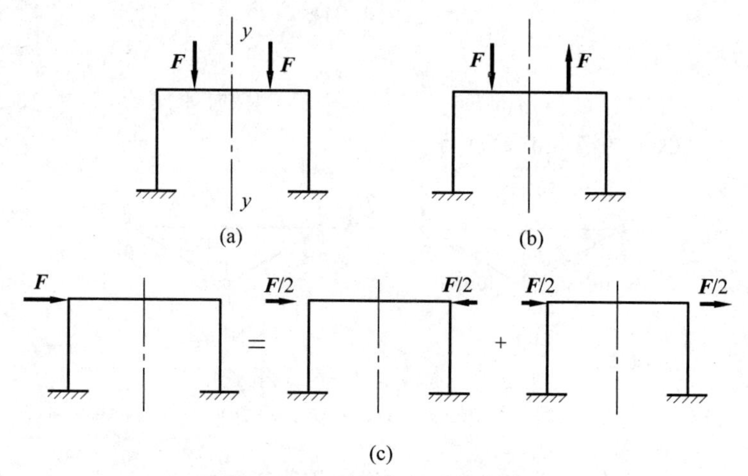

图13-22　对称和反对称荷载

应用力法计算高次超静定结构时，考虑结构及荷载对称性可以使力法典型方程中的一些副系数或自由项为零，从而达到简化计算、减少工作量的目的。

利用对称性常采用以下技巧：选取**对称基本结构**和选取**等代结构**，现分别介绍如下。

13.5.2　选取对称基本结构

1. 对称结构承受正对称荷载

现用如图13-23(a)所示对称刚架承受一对正对称竖向集中力来讨论。为保持其对称性，在对称轴上C点切开，选取左右两个独立对称的悬臂刚架为基本结构，基本体系如图13-23(b)所示，按C截面位移连续条件，力法典型方程为

$$\left.\begin{aligned}\delta_{11}x_1+\delta_{12}x_2+\delta_{13}x_3+\Delta_{1F}=0\\ \delta_{21}x_1+\delta_{22}x_2+\delta_{23}x_3+\Delta_{2F}=0\\ \delta_{31}x_1+\delta_{32}x_2+\delta_{33}x_3+\Delta_{3F}=0\end{aligned}\right\}\qquad(a)$$

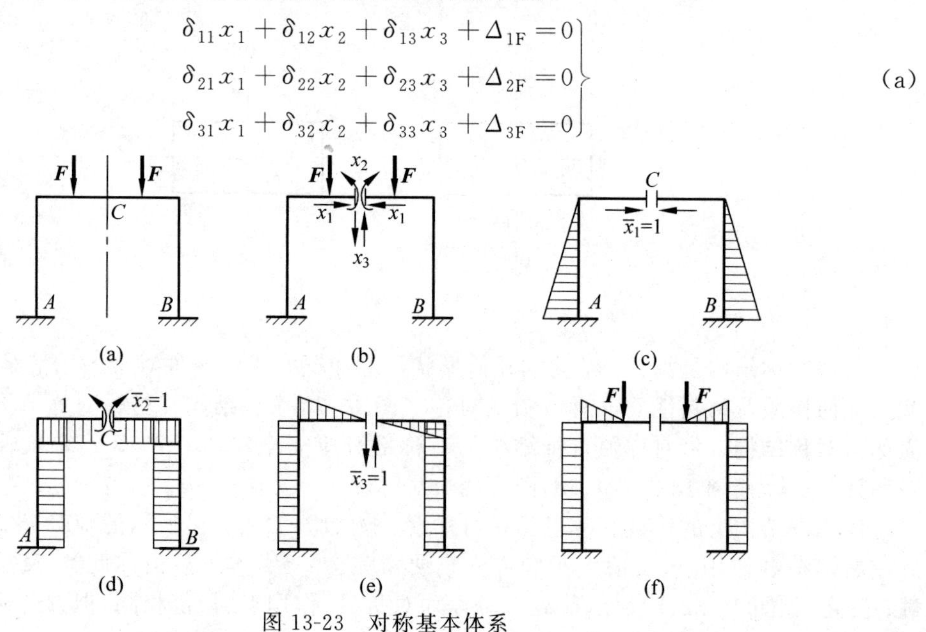

图13-23　对称基本体系

(a) 原结构；(b) 基本体系；(c) $\overline{M}_1$图；(d) $\overline{M}_2$图；(e) $\overline{M}_3$图；(f) M_F图

画出 $\overline{M}_1$ 图、$\overline{M}_2$ 图、$\overline{M}_3$ 图、M_F 图如图 13-23(c)、(d)、(e)、(f)所示。显然，$\overline{M}_1$ 图、$\overline{M}_2$ 图、M_F 图是正对称的，$\overline{M}_3$ 图是反对称的。据此可以求得

$$\delta_{13}=\delta_{31}=\sum\int\frac{\overline{M}_1\overline{M}_3}{EI}\mathrm{d}s=0,\quad \delta_{23}=\delta_{32}=\sum\int\frac{\overline{M}_2\overline{M}_3}{EI}\mathrm{d}s=0$$

$$\Delta_{3F}=\sum\int\frac{\overline{M}_3 M_F}{EI}\mathrm{d}s=0$$

将上述结果代入式(a)，考虑到 $\delta_{33}\neq 0$，则有

$$\left.\begin{aligned}&\delta_{11}x_1+\delta_{12}x_2+\Delta_{1F}=0\\&\delta_{21}x_1+\delta_{22}x_2+\Delta_{2F}=0\\&x_3=0\end{aligned}\right\}\tag{b}$$

由式(b)解出 x_1 和 x_2，按叠加法求出 $M=\overline{M}_1x_1+\overline{M}_2x_2+M_F$，弯矩图也必然呈正对称性。

综上讨论可以得到如下结论：**对称结构受到正对称荷载作用，若在对称轴处切开选取对称的基本结构，则在该截面上将仅有正对称的多余未知力(x_1 和 x_2)，反对称的多余未知力(x_3)必然为零，而且结构的内力和位移亦将是正对称的。**

2. 对称结构承受反对称荷载

现用如图 13-24(a)所示同一对称刚架承受反对称竖向集中荷载来讨论。仍然在对称轴上 C 点切开，多余未知力编号同上，则 $\overline{M}_1$ 图、$\overline{M}_2$ 图、$\overline{M}_3$ 图仍如图 13-23(c)、(d)、(e)所示。但由于荷载不同，则 M_F 图如图 13-23(b)所示，呈反对称。则必然有

$$\delta_{13}=\delta_{31}=0,\quad \delta_{23}=\delta_{32}=0,\quad \Delta_{1F}=0,\quad \Delta_{3F}=0$$

代入力法典型方程式(a)得到

$$\left.\begin{aligned}&\delta_{11}x_1+\delta_{12}x_2=0\\&\delta_{21}x_1+\delta_{22}x_2=0\\&\delta_{33}x_3+\Delta_{3F}=0\end{aligned}\right\}\tag{c}$$

由式(c)可解得：$x_1=0, x_2=0, x_3=-\dfrac{\Delta_{3F}}{\delta_{33}}$。

按 $M=\overline{M}_3\cdot x_3+M_F$，可推知 M 图也必然呈反对称。

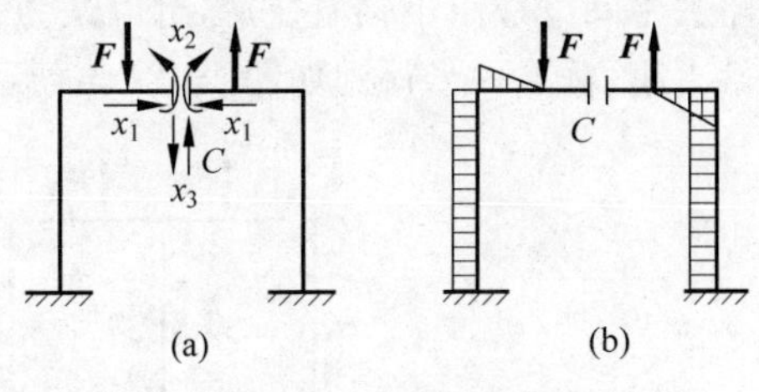

图 13-24　对称基本体系

(a) 基本体系；(b) M_F 图

综上分析可得出如下结论：**对称结构受到反对称荷载作用，若在对称轴处切开选取对称的基本结构，则在该截面上将仅有反对称的多余未知力(x_3)，对称的多余未知力(x_1,x_2)必然为零，而且结构的内力和位移亦将是反对称的。**

13.5.3　选取等代结构代替原结构

当对称结构承受对称或反对称荷载作用时，可以截取原结构半部分(或 1/4 部分)来分析，并称此为原结构的**等代结构**，正确地选取等代结构要视跨度布置及荷载情况而定。

1. 奇数跨对称结构

(1) 承受正对称荷载作用

如图 13-25(a)所示单跨门式刚架承受正对称荷载作用。由上面的讨论可知，其内力和位移也应呈正对称。在对称轴上 C 截面，从受力角度看仅有轴力和弯矩，没有剪力；从变形

角度看将不会产生水平线位移和转角。因此取其一半来计算时,在 C 处可设想有一个定向支座来模拟原结构的传力和变形机制,自然是恰当的,从而可得到如图 13-25(b)所示的等代结构。

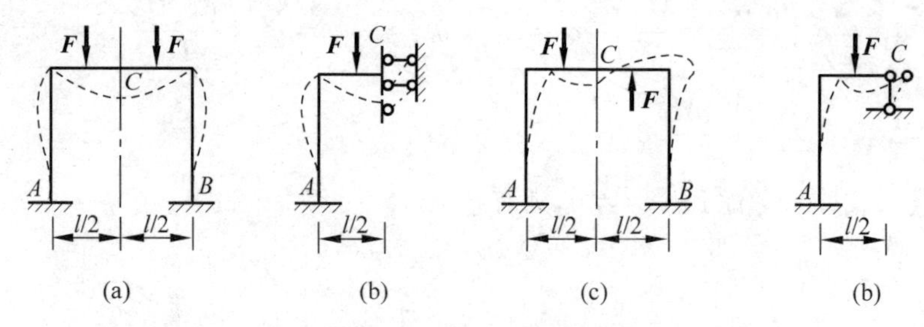

图 13-25 奇数跨对称结构

(a) 正对称荷载;(b) 正对称荷载等代结构;(c) 反对称荷载;(d) 反对称荷载等代结构

(2) 承受反对称荷载作用

如图 13-25(c)所示的单跨刚架承受反对称荷载作用。从上述讨论可知,其内力和变形也应呈反对称。同样在对称轴上 C 截面,从受力角度看仅有剪力,没有轴力和弯矩;从变形角度看将不会产生竖向线位移。因此取其一半来计算时,在 C 处可设想有一个由竖向链杆所构成的活动铰支座,以此来模拟传力和变形机制,从而可得如图 13-25(d)所示的等代结构。

2. 偶数跨对称结构

(1) 承受正对称荷载作用

图 13-26(a)为在正对称荷载作用下两跨刚架,从受力看在对称轴上 C 截面必然有轴力、弯矩,同时中间立柱将产生竖直反力;从变形角度看将不会产生水平线位移和转角,同时略去中间立柱微小轴向变形,可以认为 C 点也不产生竖向线位移。因此可将 C 处改为固定端支座,截取一半得到如图 13-26(b)所示的等代结构。

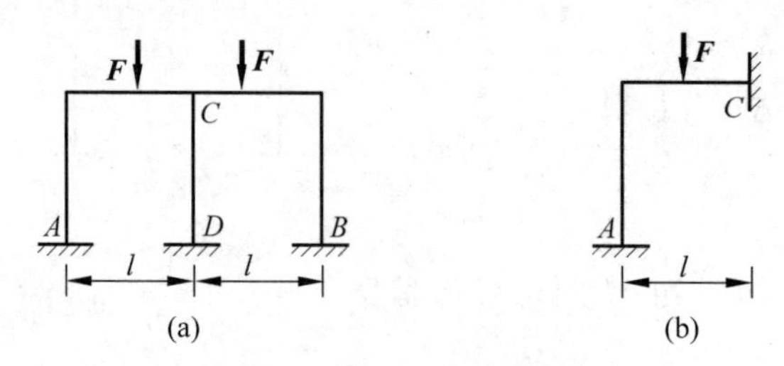

图 13-26 偶数跨对称结构

(a) 正对称荷载;(b) 正对称荷载等代结构

(2) 承受反对称荷载作用

如图 13-27(a)所示为反对称荷载作用下的两跨刚架,可以设想中间立柱 CD 由相距为零的上下刚结的分柱组成,分柱抗弯刚度为 $EI/2$,如图 13-27(b)所示。现按三跨(奇数)结构取一半,则得图 13-27(c)所示的半部结构。若略去中柱轴向变形,最后可得等代结构计算简图如图 13-27(d)所示。值得指出,原立柱内力为两分柱内力之和。因左右两分柱弯矩、剪力相同,轴力绝对值相同符号相反,故原中柱 CD 弯矩、剪力为分柱值的 2 倍,轴力值相互抵消为零。

按上述讨论取出等代结构后,即可按力法计算出内力图,再按对称关系可以绘出另一半内力图。

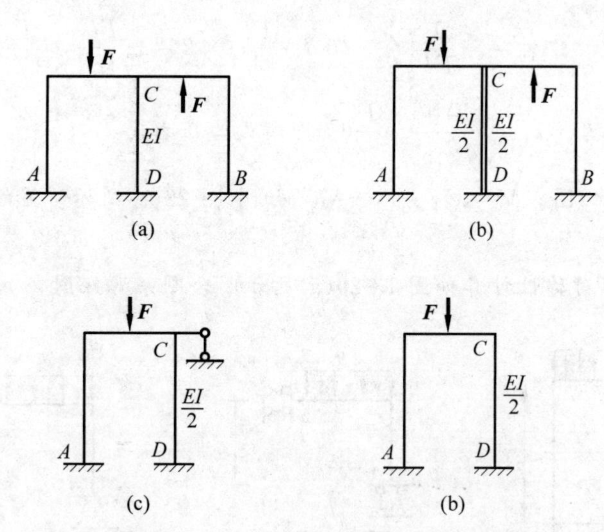

图 13-27 偶数跨对称结构反对称荷载

例 13-8 试利用对称性计算如图 13-28(a)所示刚架弯矩图。

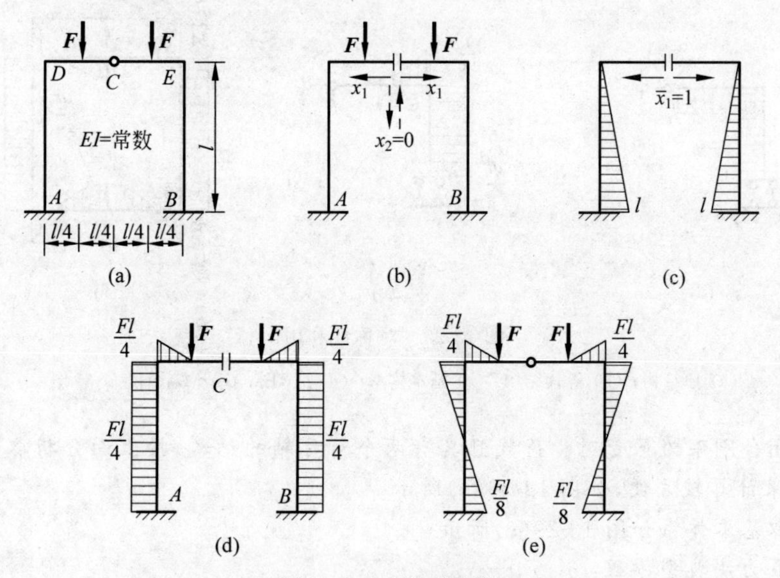

图 13-28 对称性利用

(a) 原结构；(b) 基本体系；(c) $\overline{M}_1$ 图；(d) M_F 图；(e) M 图

解：此刚架为承受正对称荷载的对称刚架，现用选取对称基本结构的方法计算。

(1) 选取基本体系。撤除中间铰 C，可判定反对称的多余未知力 $x_2=0$，为一次超静定结构，基本体系如图 13-28(b)所示。

(2) 建立力法典型方程。$\delta_{11}x_1+\Delta_{1F}=0$。

(3) 求系数、自由项。画出 $\overline{M}$、M_F 图如图 13-28(c)、(d)所示。则有

$$\delta_{11}=\frac{1}{EI}\left(\frac{1}{2}\cdot l\cdot l\cdot\frac{2}{3}l\right)\times 2=\frac{2l^3}{3EI}$$

$$\Delta_{1F}=-\frac{1}{EI}\left(\frac{1}{2}\cdot l\cdot l\cdot\frac{Fl}{4}\right)\times 2=-\frac{Fl^3}{4EI}$$

(4) 求多余未知力。$x_1=-\frac{\Delta_{1F}}{\delta_{11}}=\frac{3F}{8}$(如图所设为压力)。

(5) 绘制最终弯矩图。$M=\overline{M}_1\cdot x_1+M_F$,如图13-28(e)所示。显然最终弯矩$M$图也是对称的。

例13-9 试利用对称性计算如图13-29(a)所示闭合刚架弯矩图。

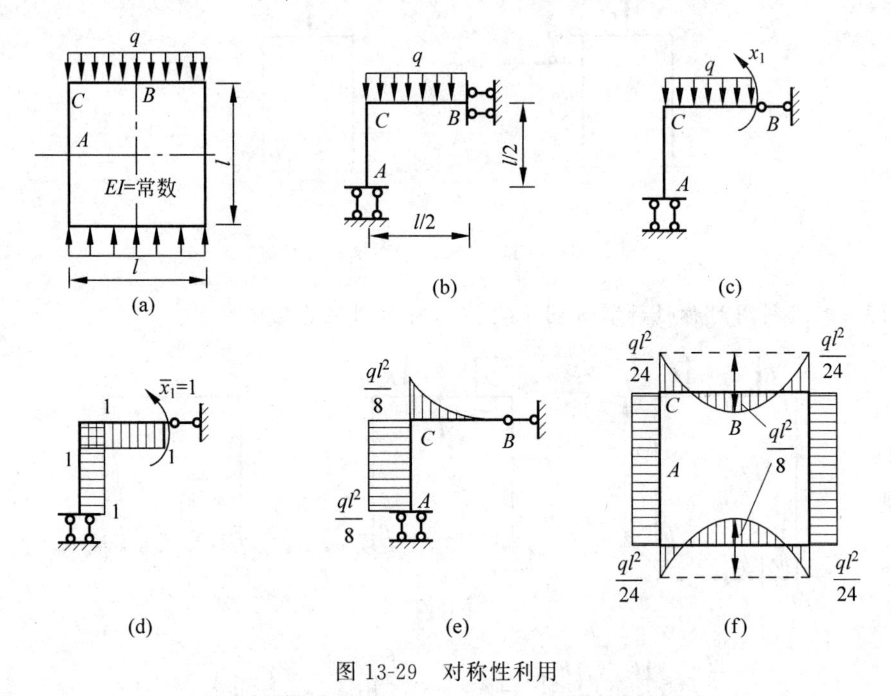

图13-29 对称性利用

(a) 原结构;(b) 等代结构;(c) 基本体系;(d) $\overline{M}_1$图;(e) M_F图;(f) M图

解:该闭合刚架为承受对称荷载且具有两个对称轴的结构,按上面分析取1/4部分作为等代结构来计算较方便,如图13-29(b)所示。

(1) 选取基本体系如图13-29(c)所示。

(2) 建立力法典型方程:$\delta_{11}x_1+\Delta_{1F}=0$。

(3) 求系数和自由项:画出$\overline{M}_1$、M_F图如图13-29(d)、(e)所示。利用图乘法有

$$\delta_{11}=\frac{1}{EI}\left(\frac{1}{2}l\times 1\times 1\right)\times 2=\frac{l}{EI}$$

$$\Delta_{1F}=-\frac{1}{EI}\left(\frac{ql^2}{8}\times\frac{l}{2}\times 1\right)-\frac{1}{EI}\left(\frac{1}{3}\times\frac{l}{2}\times\frac{ql^2}{8}\times 1\right)=-\frac{ql^3}{12EI}$$

(4) 求多余未知力:$x_1=-\frac{\Delta_{1F}}{\delta_{11}}=\frac{1}{12}ql^2$。

(5) 最后作弯矩图:按$M=\overline{M}_1x_1+M_F$可作出ABC部分弯矩图,按对称性可绘出全部刚架的最后弯矩图,如图13-29(f)所示。

关于对称性

任何物体都存在对称性，这是自然界普遍存在的一条真理。但在1957年我国旅美科学家李政道、杨振宁发现宇称不守恒，从而获得1957年诺贝尔物理学奖（图13-30），这是中国对人类的伟大贡献。但这不影响我们所讲的对称性，一般讲事物都普遍存在对称性，尤其在我国的建筑界更是如此。如能灵活运用，可大大简化计算。

图13-30　李政道、杨振宁

13.6　超静定结构的位移计算

计算超静定结构的位移和计算静定结构的位移一样，可采用单位荷载法。由力法计算可知，当多余未知力解除后，原结构的内力、变形与静定的基本结构在多余未知力和荷载共同作用下的内力、变形是一致的。因此，原结构的位移计算就转化为静定的基本结构的位移计算了。

由于超静定结构的内力不因计算的基本结构不同而异，故最后的内力图可以认为是由与原结构对应的任意基本结构求得的。因此在计算超静定结构的位移时，虚拟单位力可以施加在其中任何一种形式的基本结构上。这样，在计算超静定结构的位移时可选取单位内力图较简单的基本结构来施加虚拟单位力，以使计算简便。

例13-10　求如图13-31(a)所示超静定刚架C点的水平位移Δ_{CH}和横梁中点D的竖向位移Δ_{DV}。

解：此超静定刚架的弯矩图已由力法求出，如图13-31(b)所示。

(1) 求C点的水平位移。求C点的水平位移时，可在如图13-31(c)所示的基本结构C点加水平单位力$\overline{F}=1$，绘出$\overline{M}_1$图（图13-31(c)）。将M图与$\overline{M}_1$图进行图乘，得

$$\Delta_{CH}=\frac{1}{EI}\left(\frac{1}{2}\times 60\times 4\times\frac{2}{3}\times 4-\frac{1}{2}\times 20\times 4\times\frac{1}{3}\times 4-\frac{2}{3}\times 20\times 4\times\frac{1}{2}\times 4\right)$$

$$=\frac{160}{EI}\quad(\rightarrow)$$

计算结果为正,表示 C 点的实际位移方向与所设单位力方向一致,即水平向右。

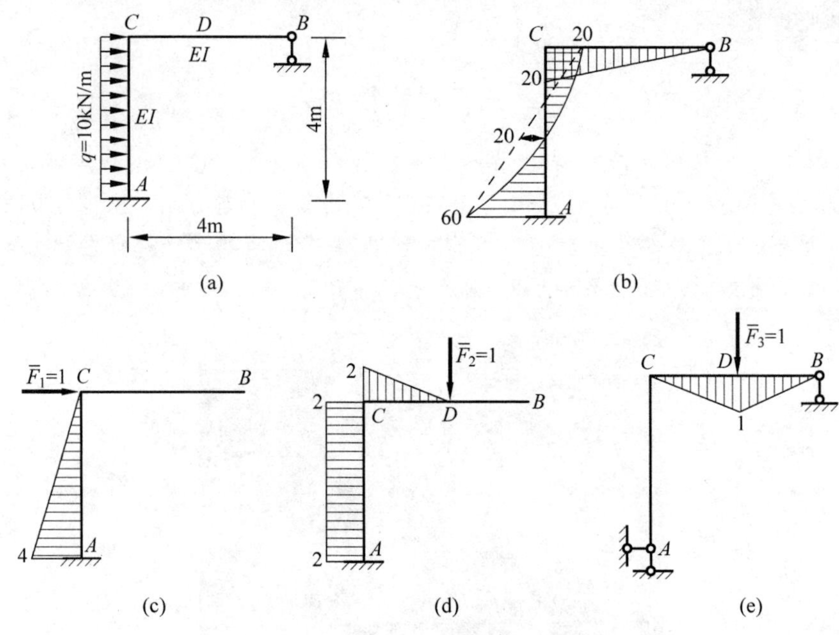

图 13-31 超静定结构的位移计算

(a) 原图;(b) M 图(kN·m);(c) $\overline{M}_1$ 图(kN·m);(d) $\overline{M}_2$ 图(kN·m);(e) $\overline{M}_3$ 图(kN·m)

(2) 求 D 点的竖向位移。求 D 点的竖向位移时,我们分别取如图 13-31(d)、(e)所示的基本结构来虚拟力状态,用图乘法计算如下:

由图 13-31(b)、(d)计算得

$$\begin{aligned}\Delta_{DV} &= \frac{1}{EI}\left(-10\times 2\times\frac{1}{2}\times 2-\frac{1}{2}\times 10\times 2\times\frac{2}{3}\times 2\right.\\&\quad\left.+\frac{1}{2}\times 60\times 4\times 2-\frac{1}{2}\times 20\times 4\times 2-\frac{2}{3}\times 20\times 4\times 2\right)\\&=\frac{20}{EI}\quad(\downarrow)\end{aligned}$$

由图 13-31(b)、(e)计算得

$$\Delta_{DV}=\frac{1}{EI}\left(\frac{1}{2}\times 1\times 4\times 10\right)=\frac{20}{EI}\quad(\downarrow)$$

计算结果均为正,表示 D 点的实际位移方向与所设单位力方向一致,即铅直向下。

温馨提示:以上选取两种不同的基本结构,计算结果完全相同,但后者较为简便。

13.7 支座移动时超静定结构的内力计算

由于超静定结构从几何构造上来说具有多余约束,因此当支座移动时将导致结构产生内力,这是超静定结构的一个重要特性。用力法计算超静定结构因支座移动产生的内力与因荷载作用产生的内力的基本原理与步骤相同,仅力法典型方程中的自由项计算不同。下面举例加以说明。

例 13-11　如图 13-32(a)所示等截面单跨超静定梁，已知支座 B 下沉的竖向位移为 Δ，试求该梁的弯矩图和剪力图。

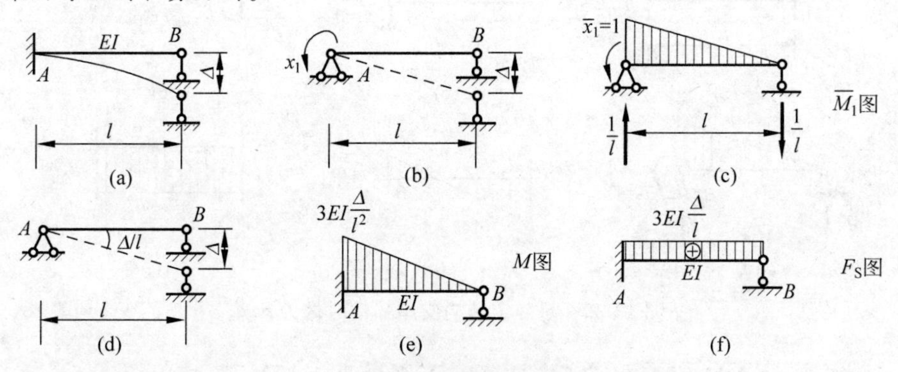

图 13-32　支座移动时超静定结构内力计算

解：(1) 基本体系。此梁为一次超静定结构，取简支梁为基本结构，基本体系如图 13-32(b)所示。

(2) 建立力法典型方程。按基本体系中 x_1 方向位移与原结构相同，则有

$$\delta_{11}x_1+\Delta_{1c}=0$$

式中 Δ_{1c} 是基本结构因支座移动引起的 x_1 方向位移。

(3) 求系数和自由项。按图 13-32(c)、(d)，则有

$$\delta_{11}=\frac{1}{EI}\left(\frac{1}{2}\times l\times 1\times\frac{2}{3}\times 1\right)=\frac{l}{3EI}$$

$$\Delta_{1c}=-\sum\bar{F}_{\mathrm{R}}\cdot c=-\frac{\Delta}{l}$$

(4) 求出多余未知力。

$$x_1=-\frac{\Delta_{1c}}{\delta_{11}}=-\frac{-\dfrac{\Delta}{l}}{l/3EI}=\frac{3EI}{l^2}\Delta$$

(5) 画最终弯矩图和剪力图。

因为基本结构是静定结构，支座移动不引起内力，所以最终弯矩图仅由多余未知力引起，则 $M=\bar{M}_1x_1=\dfrac{3EI\Delta}{l^2}\bar{M}_1$，$M$ 图如图 13-32(e)所示。当求得弯矩图后，按一般平衡条件即可绘出剪力图，如图 13-32(f)所示。

例 13-12　如图 13-33(a)所示两端固定等截面单跨超静定梁，设 A 端支座发生了转角 φ，试用力法求其弯矩图和剪力图。

解：(1) 基本体系。取简支梁为基本结构，与讨论荷载作用时一样，同理可证 $x_3=0$，只需求出 x_1 和 x_2 即可，基本体系如图 13-33(b)所示。

(2) 力法典型方程。基本体系与原结构相比较，可列出

$$\delta_{11}x_1+\delta_{12}x_2+\Delta_{1c}=\varphi$$

$$\delta_{21}x_1+\delta_{22}x_2+\Delta_{2c}=0$$

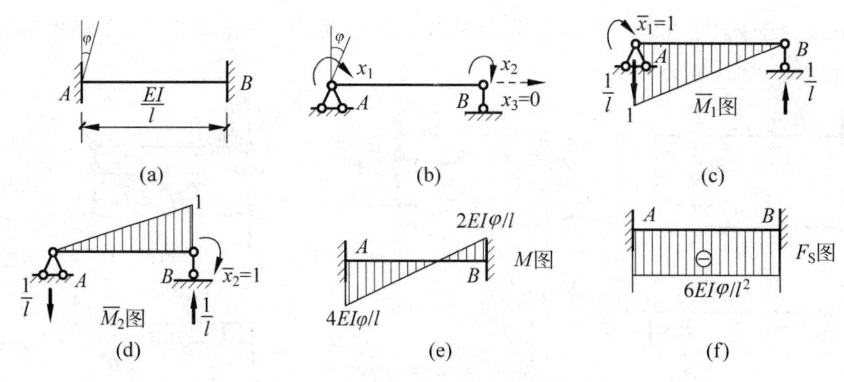

图 13-33　超静定结构支座移动时内力计算

(3) 求系数、自由项。画 $\overline{M}_1$ 图和 $\overline{M}_2$ 图，并求出相应反力，示于图 13-33(c)、(d)中，可以计算出

$$\delta_{11}=\frac{l}{3EI}, \quad \delta_{22}=\frac{l}{3EI}, \quad \delta_{12}=\delta_{21}=-\frac{6EI}{l}$$

$$\Delta_{1c}=0, \quad \Delta_{2c}=0$$

(4) 求多余未知力。把系数和自由项代入力法典型方程，可解得

$$x_1=\frac{4EI}{l}\varphi, \quad x_2=\frac{2EI}{l}\varphi$$

(5) 最后绘内力图。由 $M=\overline{M}_1x_1+\overline{M}_2x_2$ 可求得弯矩图，按一般方法可求得剪力图，分别绘在图 13-33(e)、(f)中。

温馨提示：由上面的例子可以看出，超静定结构由于支座移动所引起的内力与杆件的抗弯刚度 EI 的绝对值成正比，与通常荷载作用结果有所不同。

13.8 超静定结构的特性

超静定结构与静定结构相比具有一些重要特性，认识、理解这些特性有助于我们合理地利用它们。

(1) 在超静定结构中，除荷载作用外，支座移动、温度变化、材料收缩等因素都会在结构中引起内力。这是因为超静定结构存在多余联系，当受到这些影响而发生位移时，将受到多余联系的约束，因而相应地产生内力。工程中，连续梁可能由于地基的不均匀沉降而产生有害的附加内力。反之，在桥梁施工中可以通过改变支座高度来调整其内力，以得到合理分布。

(2) 超静定结构的内力仅由平衡条件无法完全确定，还必须考虑位移条件才能得出解答，故与结构的材质和截面尺寸有关。所以设计超静定结构时应当先参照类似结构或凭经验初步拟定各杆截面尺寸或其相对值，按解超静定结构的方法再加以计算，然后按算出的内力选择截面，反复修正调整，直至满意为止。

(3) 静定结构的任一约束遭到破坏后立即变成几何可变体系，完全丧失承载能力。超静定结构由于具有多余约束，在多余约束被破坏时，结构仍为几何不变体系，因而还具有一定的承载能力。因此，超静定结构比静定结构具有较强的防护突然破坏的能力。在设计防护结构时应选择超静定结构。

(4) 超静定结构由于存在多余约束，在局部荷载作用下内力分布范围大，峰值小且变形小，刚度大。例如，图 13-34(a)所示的三跨连续梁的中跨受荷载作用时，由于梁的连续性，两边跨也产生内力，因而内力分布较均匀、变形较小；而当如图 13-34(b)所示静定梁的中跨受荷载作用时，两边跨不产生内力，因而中跨的内力和变形都比连续梁大。

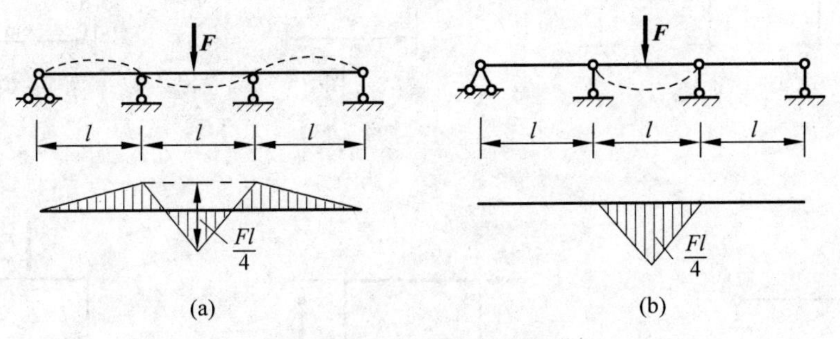

图 13-34　超静定结构特性

思考题

13-1　力法的基本结构和基本体系有何区别？

13-2　力法方程的各项及整个典型方程的物理意义是什么？

13-3　为什么力法方程的主系数 δ_{ii} 恒大于零？副系数 δ_{ij} $(i \neq j)$可正、可负、可为零？

13-4　什么情况下刚架可能是无弯矩的？

13-5　没有荷载作用，结构就没有内力。这一结论正确吗？为什么？

13-6　怎样利用结构的对称性简化计算？

13-7　用力法计算超静定结构在支座移动时的内力，与荷载作用下的内力计算有何异同？

13-8　为什么超静定结构进行位移计算时可取任一静定基本结构建立单位广义力状态？

13-9　超静定结构有哪些特性？

习题

13-1　试确定如题 13-1 图所示结构超静定次数。

13-2　试用力法计算如题 13-2 图所示超静定刚架，并作内力图。

13-3　试用力法计算如题 13-3 图所示刚架，并绘其内力图。

13-4　试绘出如题 13-4 图所示刚架的弯矩图。EI = 常数。

13-5　试作如题 13-5 图所示刚架的弯矩图。

13-6　试用力法计算如题 13-6 图所示超静定刚架，并绘制内力图。

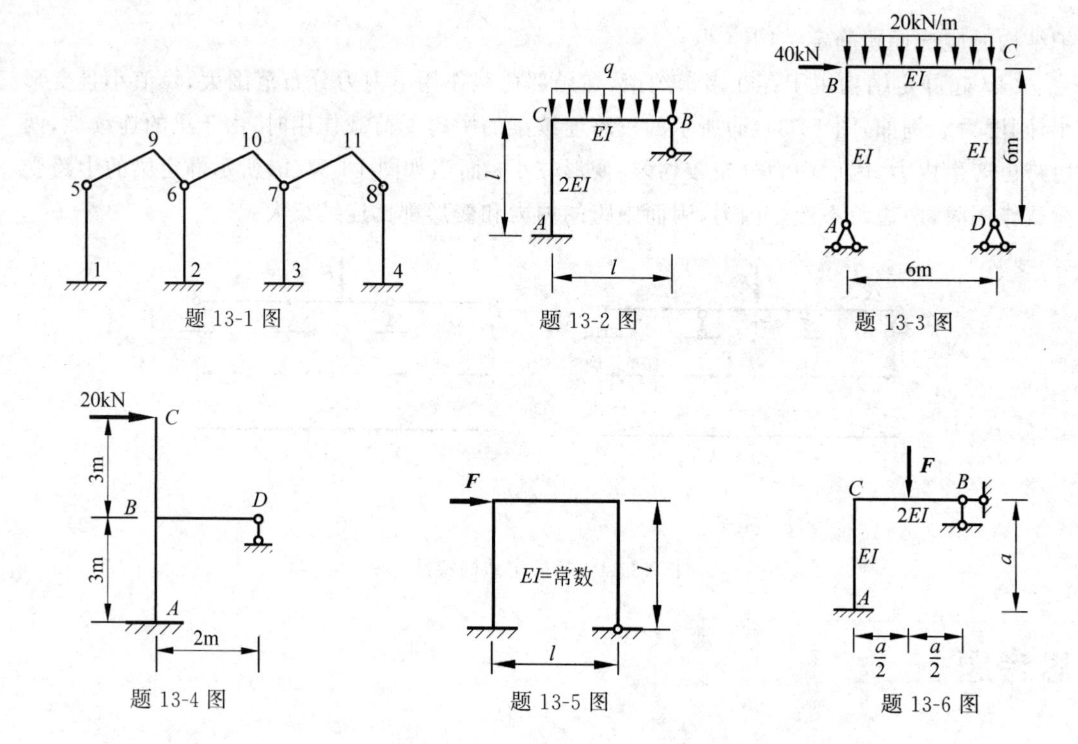

题 13-1 图　　题 13-2 图　　题 13-3 图

题 13-4 图　　题 13-5 图　　题 13-6 图

13-7　如题 13-7 图所示铰接排架,左边立柱受风荷载 $q=1\text{kN/m}$ 的作用。试用力法计算并绘制弯矩图。

13-8　用力法计算如题 13-8 图所示桁架内力。设各杆 EA 相同。

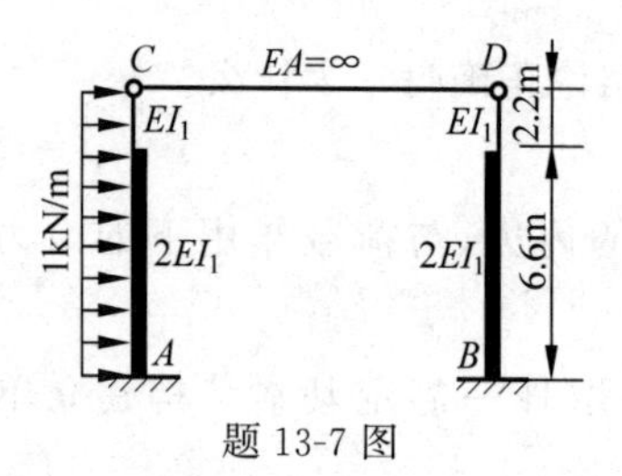

题 13-7 图

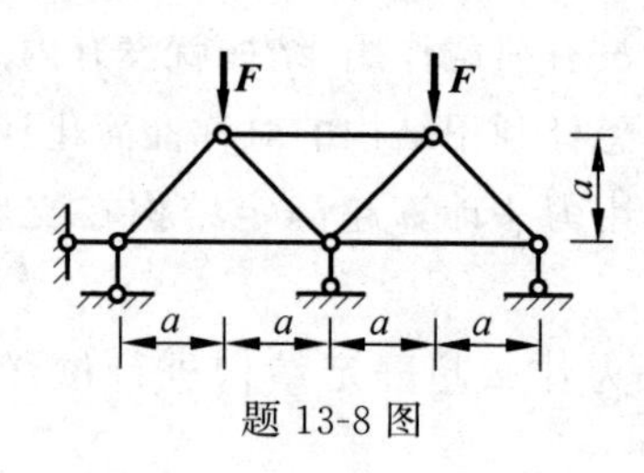

题 13-8 图

13-9　试计算如题 13-9 图所示组合结构,并绘出横梁弯矩图,求出各链杆轴力。已知 $EI=1\times10^4\text{kN}\cdot\text{m}^2$,$EA=15\times10^4\text{kN}\cdot\text{m}^2$。

13-10　利用结构的对称性,试用力法计算如题 13-10 图所示刚架,并绘制弯矩图。

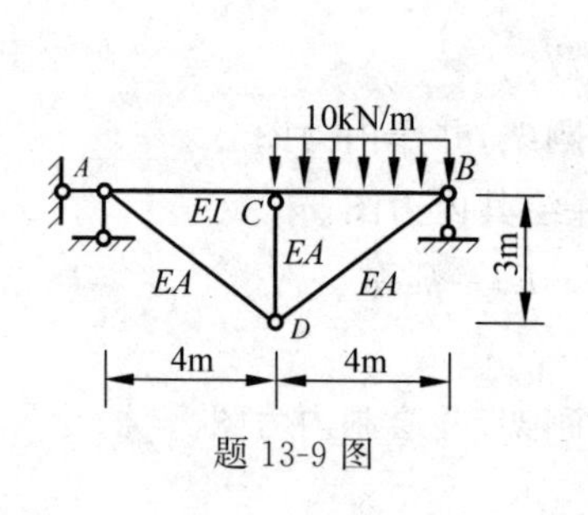

题 13-9 图

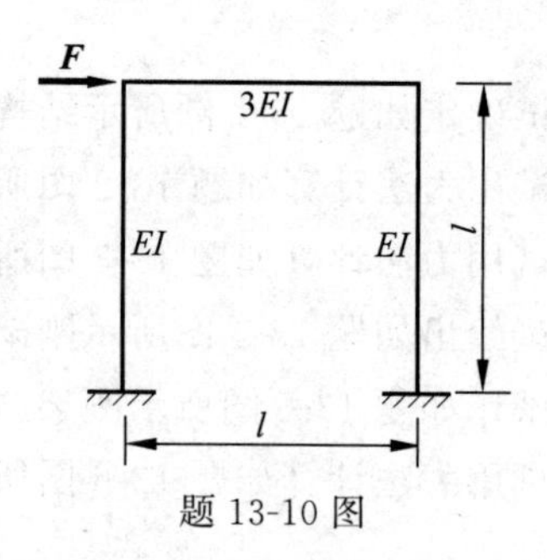

题 13-10 图

13-11　分析如题 13-11 图所示结构的弯矩图。

13-12　利用结构的对称性，试用力法计算如题 13-12 图所示刚架并绘制弯矩图。已知各杆刚度 EI 为常数。

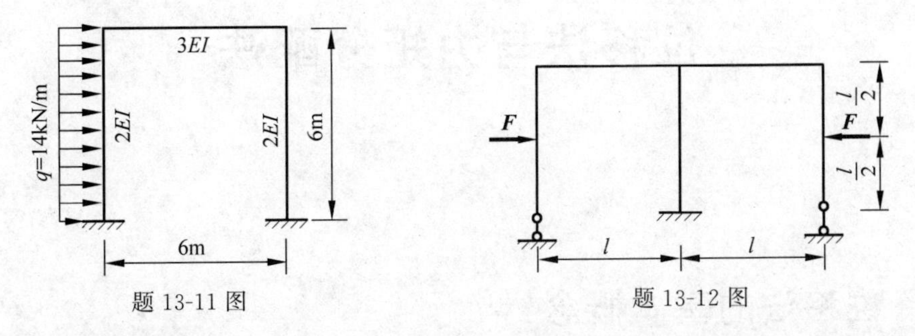

题 13-11 图　　题 13-12 图

13-13　试绘制如题 13-13 图所示对称、三次超静定结构的弯矩图。

13-14　试绘制如题 13-14 图(a)所示单跨梁中点的竖向位移。结构的弯矩图如题 13-14 图(b)所示。

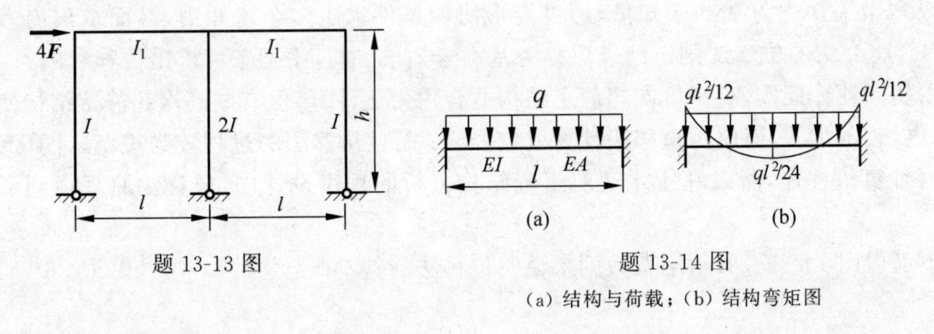

题 13-13 图　　题 13-14 图

(a) 结构与荷载；(b) 结构弯矩图

13-15　已知刚架在荷载作用下的弯矩图如题 13-15 图所示。试求 B 截面的转角。

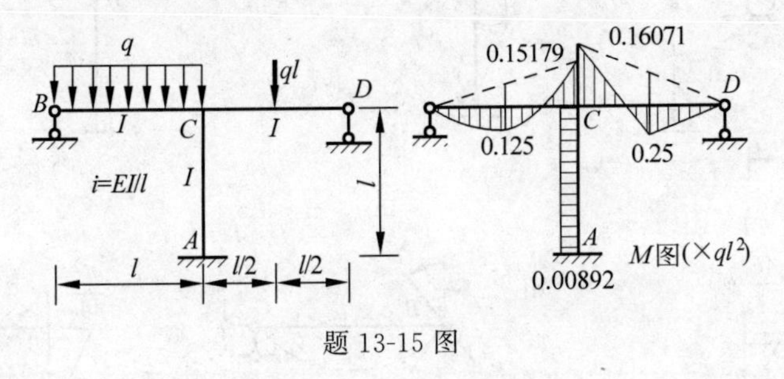

题 13-15 图

13-16　试绘制如题 13-16 图所示两端固定单跨梁由左支座转角 θ 引起的弯矩图。

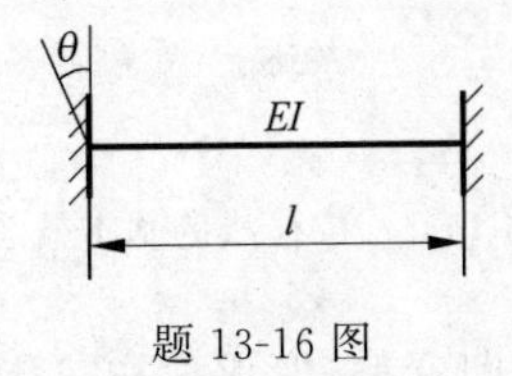

题 13-16 图

位移法与力矩分配法

14.1 位移法的基本概念

在弹性情况下，杆件结构在荷载等因素作用下，外力与内力、内力与位移之间保持着一定的线性关系。也就是说，确定的荷载必然产生对应的确定内力和位移。第 13 章介绍的**力法**是以多余未知力为基本未知量，通过变形协调条件求出多余未知力，继而求出内力与位移；本章将介绍的**位移法**则以结点位移为基本未知量，通过平衡条件求出位移和内力。

由实际计算证实，对于低次超静定结构适合用力法计算，但有些高次超静定结构使用力法计算就较困难了，而使用位移法计算就较容易；而且位移法的过程较为规范，计算流程容易编写计算机程序，所以在土木建筑工程结构分析的程序设计中，位移法原理得到了广泛应用。

下面以图 14-1(a)所示刚架为例来说明位移法的基本概念。

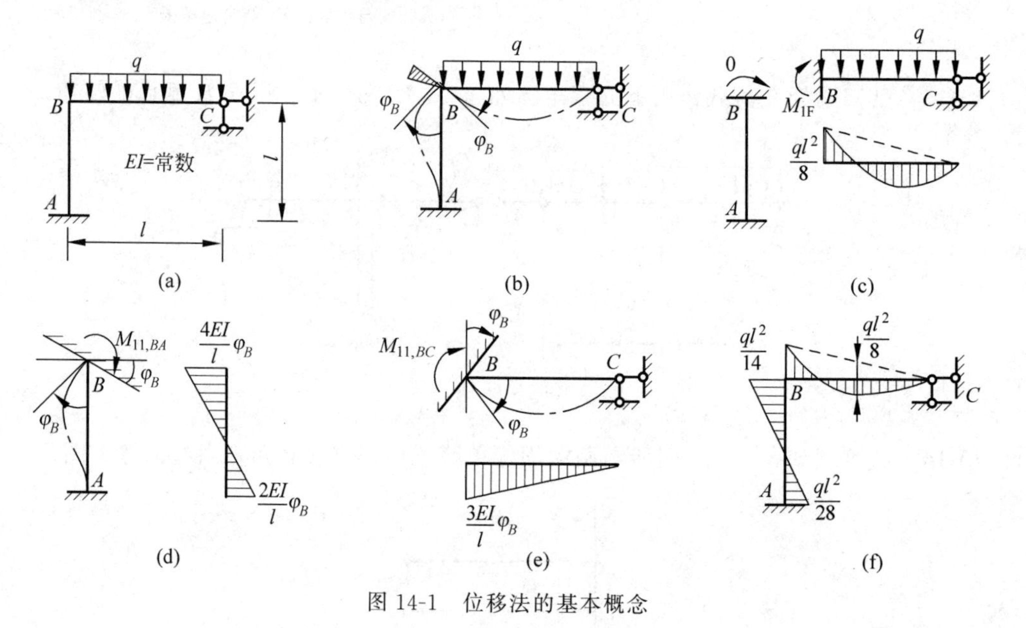

图 14-1 位移法的基本概念

在位移法中忽略各杆微小的轴向变形，变形前后 AB、BC 杆长度不发生变化，因此结点 B 不发生线位移，只发生转角 φ_B，如图 14-1(b)所示。要计算转角 φ_B 可以作以下考虑。

第一步，假想在结点 B 施加一个附加约束限制其转动，则原结构被拆分为两个单跨超静定梁，AB 梁没有荷载，只有 BC 梁受均布荷载作用，则不难用力法计算出附加约束支座反力偶(图 14-1(c))，记为

$$M_{1F}=-\frac{ql^2}{8}$$

第二步，为使变形情况与实际情况一致，人为地使梁端转动 φ_B 角，则 AB 梁、BC 梁附加约束力偶同样可用力法计算(图 14-1(d)(e))，记为

$$M_{11,BA}=\frac{4EI}{l}\varphi_B,\quad M_{11,BC}=\frac{3EI}{l}\varphi_B$$

第三步，将两单跨超静定梁组合起来。实际原结构 B 点无附加约束，自然也无约束力矩。故可推知：在附加约束中由荷载及角位移 φ_B 所引起的约束力矩应自相平衡，即

$$(M_{11,BA}+M_{11,BC})+M_{1F}=0$$

即

$$\left(\frac{4EI}{l}+\frac{3EI}{l}\right)\varphi_B-\frac{ql^2}{8}=0$$

解得

$$\varphi_B=\frac{ql^3}{56EI}\quad(\curvearrowright)$$

把 φ_B 代入上面各杆端弯矩表达式，计算出杆端弯矩，可绘出 M 图，如图 14-1(f)所示。

从这个简单例子可以看出位移法的一些特征：首先位移法是以结点位移作为基本未知量，其次用附加约束方法把原结构分割为若干单跨超静定梁，应用力法逐一对其进行分析。最后再把各单跨梁组合起来，应用平衡条件建立包含位移的方程，解出位移，求出内力。下面分别详述。

1. 结点角位移个数

设如图 14-2(a)所示刚架受载后虚线为其变形曲线，由于在同一刚结点处相交的各杆端转角相等，因此对每一个刚结点只有一个独立的角位移未知量。固定端支座处转角为零，铰结点或铰支座处角位移不独立，可不作为基本未知量。于是**刚结点的数目**就是结点角位移的个数。图 14-2(a)中的结构独立结点角位移个数是 2，本书中记为 Z_1、Z_2。

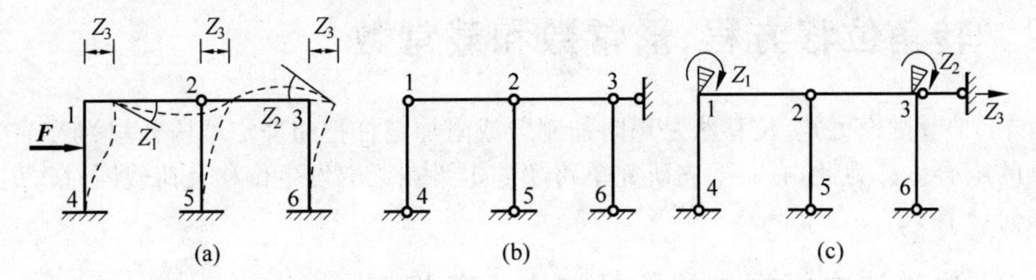

图 14-2　位移法的基本未知数

(a) 原结构；(b) 铰结体系；(c) 基本结构

2. 结点线位移个数

确定独立的结点线位移个数时，常常作些假设：略去微小的杆件轴向变形；弯曲变形亦很微小，可以认为受弯杆件变形后曲线弧长与变形前直线长度相等。于是在图 14-2(a)中，立柱顶点 1、2、3 点均无竖向位移，只产生水平线位移。再考虑到上面两根横梁亦保持其长度不变，故该三点的水平线位移相同。因此只有一个独立结点线位移，记为 Z_3。

归纳起来,图 14-2(a)所示的结构按位移法计算时,独立的基本未知量个数为 3。

由于引进杆件受弯后曲线弧长与原直杆长度相等,即杆件两端距离保持不变,因此在此处介绍一个简便的分析结点线位移的方法:将所有刚性结点(包括固定端支座)都改为铰结点,形成一个**铰结体系**(图 14-2(b))。若此铰结体系几何不变,则可推知原结构所有结点均无线位移;若此铰结体系几何可变,则为保证其几何不变,所需添加的最少支链杆数就是原结构的独立结点线位移的个数。显然,在图 14-2(b)中应在 3 或 1 点处增添一个链杆,故独立结点线位移为 1 个。

对于简单结构,在实际计算中,常用观测法来确定结点线位移数。

3. 位移法的基本结构

用位移法计算超静定梁时,附加上一些约束,把所有杆件都分割成单跨超静定梁的组合体。这些附加约束分为两类:附加刚臂,用符号"⊽"表示,它只能阻止刚结点转动(但允许移动);附加链杆,用符号"○—○"表示,它只能阻止结点发生线位移(但允许绕铰转动)。对图 14-2(a)所示的结构,在产生结点角位移处,亦即刚结点 1、3 处加上刚臂,在结点 3 处加上水平支座链杆,如图 14-2(c)所示。

添加刚臂或链杆,把原超静定结构分割为若干单跨超静定梁的组合体,称为位移法**基本结构**。可以看出与力法不同,力法的基本结构是撤除多余约束联系,使其成为几何不变静定体系,而位移法相反,是增加约束,使其成为单跨超静定梁的组合体。

下面给出两种结构按位移法求解时基本未知量的个数,请读者校核:如图 14-3(a)所示结构基本未知量的个数是 1;如图 14-3(b)所示结构基本未知量的个数是 5。

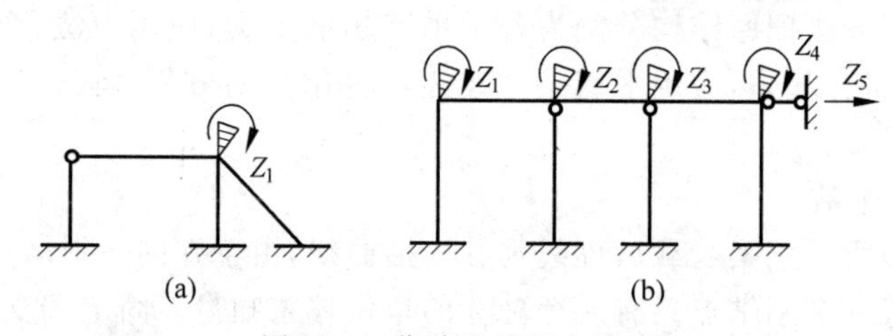

图 14-3 位移法的基本结构

14.2 转角位移方程、形常数和载常数

由 14.1 节讨论可知,位移法是用附加刚臂或附加链杆把超静定结构分割为若干单跨超静定梁的组合体。为此,有必要先研究单跨超静定梁在梁端发生位移及荷载同时作用时,杆端力如何计算。

14.2.1 位移法中杆端位移及杆端力正负规定

如图 14-4(a)所示两端固定梁受到荷载作用,A、B 两端支座分别发生了角位移 φ_A、φ_B,且两端在垂直于杆轴方向产生了相对线位移(侧移)Δ_{AB};杆端弯矩及剪力分别记为 M_{AB}、M_{BA}、F_{SAB} 和 F_{SBA}。

位移法规定:**杆端转角位移 $\boldsymbol{\varphi_A}$、$\boldsymbol{\varphi_B}$ 以顺时针方向旋转为正,反之为负**。杆端相对线位移 Δ_{AB}(或旋转角 $\beta_{AB}=\Delta_{AB}/l$)使整个杆件顺时转动为正,反之为负;与上述规定相关,**杆端弯矩 $\boldsymbol{M_{AB}}$、$\boldsymbol{M_{BA}}$ 亦以顺时针方向为正,反之为负**。杆端剪力 F_{SAB}、F_{SBA} 规定同前。

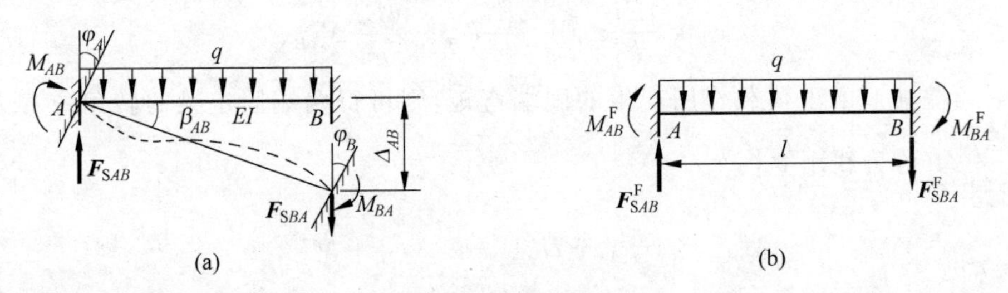

图 14-4　杆端力

图 14-4(b)中表示两端固定单跨梁，两端支座不发生位移，仅由荷载作用在两端处产生的弯矩、剪力分别称为“固端弯矩”“固端剪力”，分别记为 M^F、F_S^F，它可由力法求出。

显然，在图 14-4(a)、(b)中杆端位移和杆端弯矩、剪力都绘成正方向。

14.2.2　转角位移方程

当单跨超静定梁两端发生角位移、相对线位移，且同时受到荷载作用时，杆端弯矩与这些位移及荷载的关系式，通常称为**“转角位移方程”**。自然它与单跨超静定梁两端支座形式及荷载有关，均可以用力法一一导出。

1. 两端固定梁

对图 14-5(a)所示的两端固定梁，先暂不考虑横向荷载 $\boldsymbol{F}$，仅研究由于支座位移所产生的杆端弯矩，取简支梁为基本结构，按 x_1、x_2 方向位移条件建立力法典型方程(图 14-5(b))。

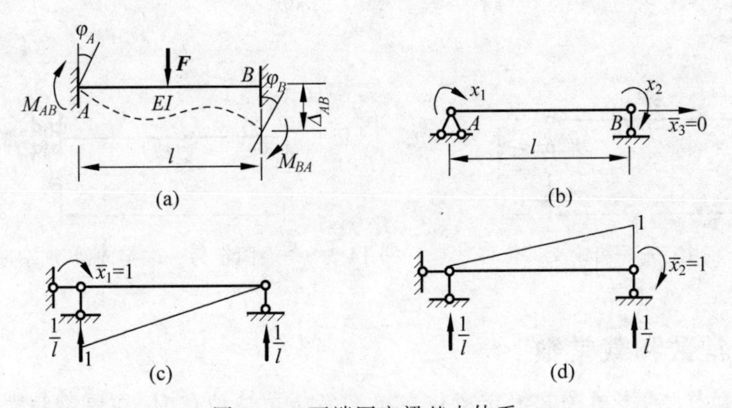

图 14-5　两端固定梁基本体系

作出 $\overline{M}_1$ 图、$\overline{M}_2$ 图并求出支座反力，则有

$$\delta_{11}=\int\frac{\overline{M}_1^2}{EI}\mathrm{d}s=\frac{l}{3EI},\quad \delta_{22}=\int\frac{\overline{M}_2^2}{EI}\mathrm{d}s=\frac{l}{3EI}$$

$$\delta_{12}=\delta_{21}=\int\frac{\overline{M}_1\overline{M}_2}{EI}\mathrm{d}s=-\frac{l}{6EI},\quad \Delta_{1\Delta}=\Delta_{2\Delta}=-\sum\overline{F}_{\mathrm{R}}c=-\left(-\frac{\Delta_{AB}}{l}\right)=\frac{\Delta_{AB}}{l}$$

代入典型方程可解得

$$x_1=\frac{4EI}{l}\varphi_A+\frac{2EI}{l}\varphi_B-\frac{6EI}{l^2}\Delta_{AB}$$

$$x_2=\frac{4EI}{l}\varphi_B+\frac{2EI}{l}\varphi_A-\frac{6EI}{l^2}\Delta_{AB}$$

然后再叠加上由于荷载作用产生的固端弯矩，则可得两端固定梁的转角位移方程为$\left(令\ i=\frac{EI}{l}，并称为线刚度\right)$

$$\left.\begin{aligned}M_{AB}&=4i\varphi_A+2i\varphi_B-\frac{6i}{l}\Delta_{AB}+M_{AB}^{\mathrm{F}}\\M_{BA}&=4i\varphi_B+2i\varphi_A-\frac{6i}{l}\Delta_{AB}+M_{BA}^{\mathrm{F}}\end{aligned}\right\}\tag{14-1}$$

2. 一端固定一端铰支梁

图14-6为一端固定另一端铰支单跨超静定梁，设A端发生角位移φ_A，两端产生相对线位移Δ_{AB}，同时受到荷载作用。仍然可以用力法推导出杆端弯矩为

$$\left.\begin{aligned}M_{AB}&=3i\varphi_A-\frac{3i}{l}\Delta_{AB}+M_{AB}^{\mathrm{F}}\\M_{BA}&=0\end{aligned}\right\}\tag{14-2}$$

3. 一端为固定端另一端为定向滑动支座梁

图14-7为一端固定另一端为定向滑动支座单跨超静定梁，设A端转角为φ_A，同时受到荷载作用。则仍然可用力法得到

$$\left.\begin{aligned}M_{AB}&=i\varphi_A+M_{AB}^{\mathrm{F}}\\M_{BA}&=-i\varphi_A+M_{BA}^{\mathrm{F}}\end{aligned}\right\}\tag{14-3}$$

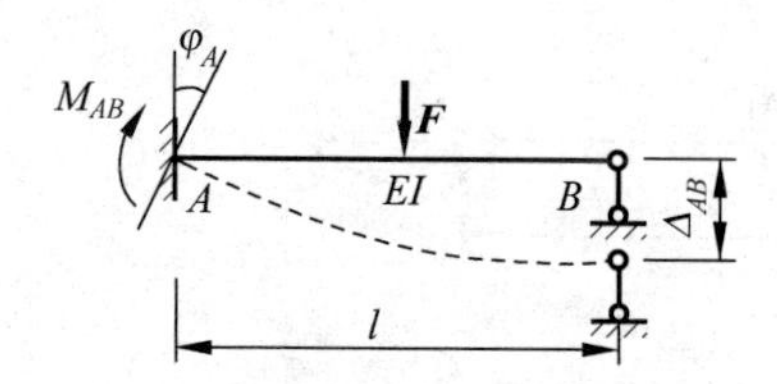

图14-6　一端固定另一端铰支梁位移

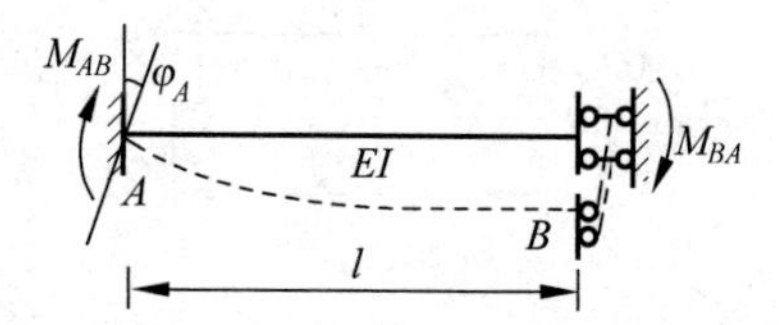

图14-7　一端固定另一端定向滑动支座梁杆端力

14.2.3 形常数和载常数

所谓**形常数**是指，当单跨超静定梁仅在梁端发生单位位移时，在该梁两端所引起的杆端弯矩与杆端剪力。图14-8(a)两端固定，设仅A端产生$\varphi_A=1$，其他杆端位移为零，且无荷载作用，则按式(14-1)转角位移方程为

$$M_{AB}=4i,\quad M_{BA}=2i$$

按平衡条件可导出

$$F_{SAB}=-\frac{6i}{l},\quad F_{SBA}=-\frac{6i}{l}$$

如图14-8(b)所示一端固定另一端铰支梁，令$\varphi_A=1$，其他位移为零且无荷载，按式(14-2)则有

$$M_{AB}=3i,\quad M_{BA}=0$$

可推导出

$$F_{SAB}=-\frac{3i}{l},\quad F_{SBA}=-\frac{3i}{l}$$

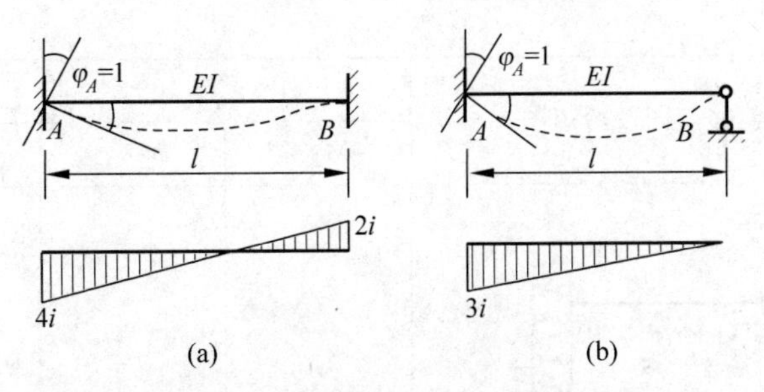

图 14-8　超静定梁形常数

由上看出：仅由梁端单位位移引起的杆端内力仅与梁的支承情况、几何尺寸、材料特性有关，故称为**形常数**。表 14-1 列出了常见单跨超静定梁的形常数，以供查用。

表 14-1　等截面单跨超静定梁形常数表

序号	支座位移简图及弯矩图	杆端弯矩		杆端剪力	
		M_{AB}	M_{BA}	F_{SAB}	F_{SBA}
1		$4i$	$2i$	$-\frac{6i}{l}$	$-\frac{6i}{l}$
2		$-\frac{6i}{l}$	$-\frac{6i}{l}$	$\frac{12i}{l^2}$	$\frac{12i}{l^2}$
3		$3i$	0	$-\frac{3i}{l}$	$-\frac{3i}{l}$
4		$-\frac{3i}{l}$	0	$\frac{3i}{l^2}$	$\frac{3i}{l^2}$

续表

序号	支座位移简图及弯矩图	杆端弯矩		杆端剪力	
		M_{AB}	M_{BA}	F_{SAB}	F_{SBA}
5	$\varphi_A=1$, A, i, B, l; i, i	i	$-i$	0	0

在位移法中还要遇到"**载常数**"这个概念。所谓"**载常数**"是指,当单跨超静定梁两端支座不发生位移,仅由荷载作用而引起的杆端弯矩和剪力,即上面所讲的固端弯矩和固端剪力。

显然,对如图14-4(b)所示两端固定梁受均布荷载作用,不难用力法计算,考虑位移法对杆端力正负规定,则有

$$M_{AB}^{F}=-\frac{1}{12}ql^{2},\quad M_{BA}^{F}=\frac{1}{12}ql^{2}$$

$$F_{SAB}^{F}=\frac{1}{2}ql,\quad F_{SBA}^{F}=-\frac{1}{2}ql$$

由上看出,固端弯矩及固端剪力只与荷载作用形式及支承情况有关,故称为**载常数**。表14-2列出了常见单跨超静定梁的载常数,以供查用。

表14-2 等截面单跨超静定梁载常数表

序号	支座位移简图及弯矩图	杆端弯矩		杆端剪力	
		M_{AB}	M_{BA}	F_{SAB}	F_{SBA}
1	q, A, B; $\frac{ql^2}{12}$, $\frac{ql^2}{12}$, $\frac{ql^2}{8}$	$-\frac{1}{12}ql^2$	$\frac{1}{12}ql^2$	$\frac{1}{2}ql$	$-\frac{1}{2}ql$
2	a, F, b, A, B, l; $\frac{Fab^2}{l^2}$, $\frac{Fa^2b}{l^2}$, $\frac{Fab}{l}$	$-\frac{Fab^2}{l^2}$	$\frac{Fa^2b}{l^2}$	$\frac{Fb^2(l+2a)}{l^3}$	$-\frac{Fa^2(l+2b)}{l^3}$
		当 $a=b=\frac{l}{2}$, $-\frac{Fl}{8}$	$\frac{Fl}{8}$	$\frac{F}{2}$	$-\frac{F}{2}$

续表

序号	支座位移简图及弯矩图	杆端弯矩		杆端剪力	
		M_{AB}	M_{BA}	F_{SAB}	F_{SBA}
3	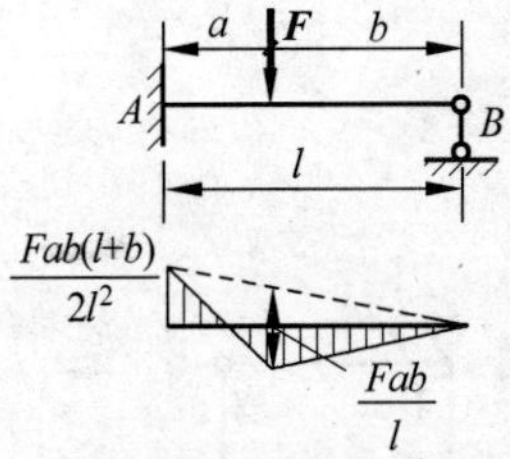 a F b A B l	$-\dfrac{Fab(l+b)}{2l^2}$	0	$\dfrac{Fb(3l^2-b)}{2l^3}$	$-\dfrac{Fa^2(2l+b)}{2l^3}$
	$\dfrac{Fab(l+b)}{2l^2}$ $\dfrac{Fab}{l}$	当 $a=b=\dfrac{l}{2},-\dfrac{3Fl}{16}$	0	$\dfrac{11F}{16}$	$-\dfrac{5F}{16}$
4	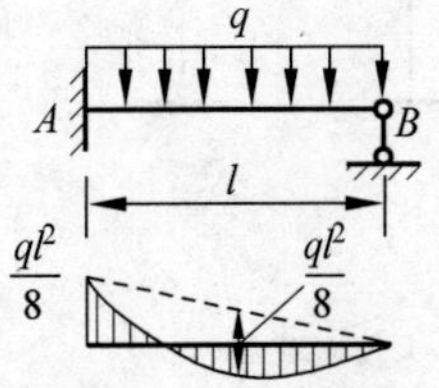 q A B l $\dfrac{ql^2}{8}$ $\dfrac{ql^2}{8}$	$-\dfrac{ql^2}{8}$	0	$\dfrac{5ql}{8}$	$-\dfrac{3ql}{8}$
5	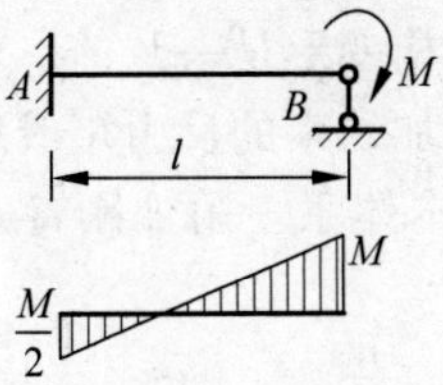 A B M l $\dfrac{M}{2}$ M	$\dfrac{M}{2}$	M	$-\dfrac{3M}{2l}$	$-\dfrac{3M}{2l}$
6	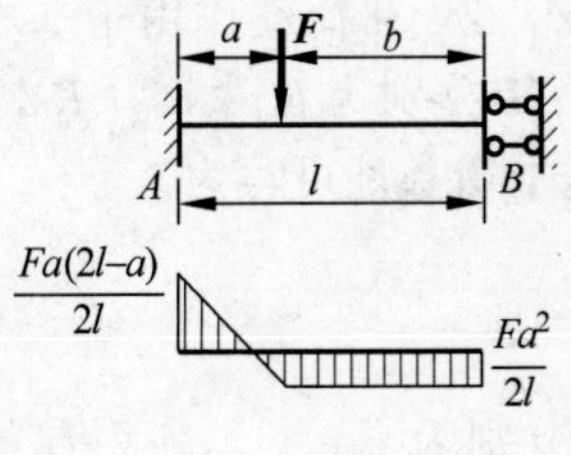 a F b A l B	$-\dfrac{Fa}{2l}(2l-a)$	$-\dfrac{Fa^2}{2l}$	F	0
	$\dfrac{Fa(2l-a)}{2l}$ $\dfrac{Fa^2}{2l}$	当 $a=\dfrac{l}{2},-\dfrac{3Fl}{8}$	$-\dfrac{Fl}{8}$	F	0
7	q 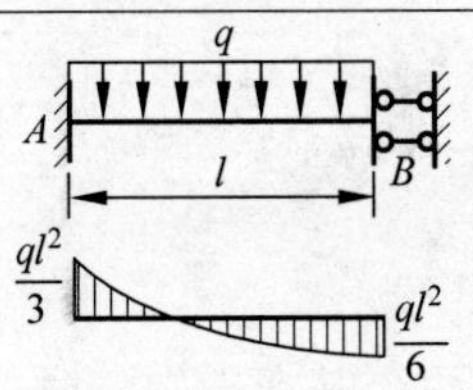 q A l B $\dfrac{ql^2}{3}$ $\dfrac{ql^2}{6}$	$-\dfrac{1}{3}ql^2$	$-\dfrac{1}{6}ql^2$	ql	0

14.3　位移法基本原理和典型方程

14.3.1　位移法基本原理

下面以图 14-9(a)所示刚架为例说明位移法基本原理。显然，该刚架具有两个基本未知量，在刚结点处加附加刚臂，在 2 点处加一个附加水平链杆，同时令刚臂发生转角 Z_1，水平链杆发生线位移 Z_2，得到如图 14-9(b)所示的基本体系。

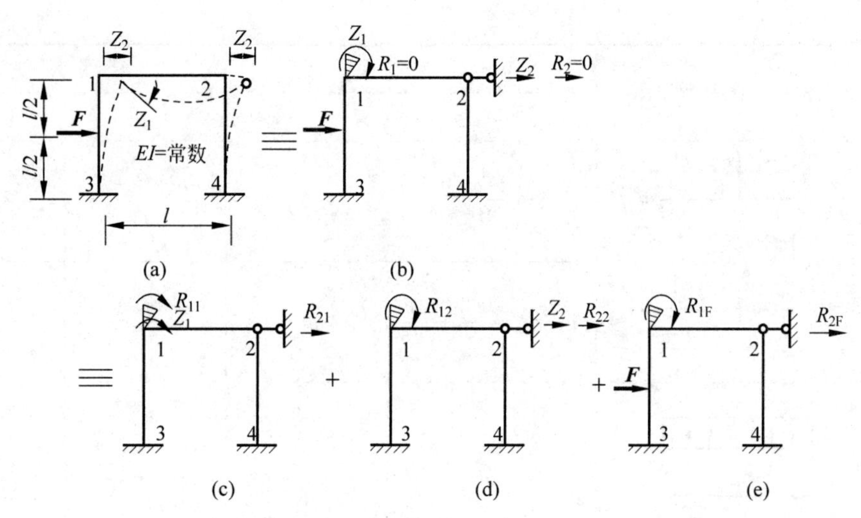

图 14-9 位移法基本原理

(a) 原结构；(b) 基本体系；(c) 仅有 Z_1；(d) 仅有 Z_2；(e) 仅有荷载

显然，在荷载作用和结点位移共同影响下，基本体系与原结构变形是一致的。现在从受力方面再做比较，原结构在 1、2 点无附加约束，自然也不存在附加约束的反力矩或反力。所以要使基本系数与原结构在受力方向保持一致，则势必要求基本体系上附加刚臂及链杆中的约束反力矩或反力为零，即

$$R_1=0, \quad R_2=0 \tag{a}$$

设如图 14-9(c)、(d)、(e)所示，把受力过程分解为仅有 Z_1、Z_2 和荷载作用于基本结构上的情况，由于位移 Z_1、Z_2 和荷载 F 所引起的刚臂上的反力矩分别为 R_{11}、R_{12}、R_{1F}，所引起的链杆上的反力分别为 R_{21}、R_{22}、R_{2F}。则按叠加原理上述平衡条件可写为

$$\left.\begin{aligned} R_1 &= R_{11}+R_{12}+R_{1F}=0 \\ R_2 &= R_{21}+R_{22}+R_{2F}=0 \end{aligned}\right\} \tag{b}$$

再设单位位移 $\bar{Z}_1=1$、$\bar{Z}_2=1$ 所引起的刚臂上的反力矩分别为 r_{11}、r_{12}，所引起的链杆上的反力分别为 r_{21}、r_{22}。对线弹性结构有以下关系：

$$R_{11}=r_{11}Z_1, \quad R_{12}=r_{12}Z_2, \quad R_{21}=r_{21}Z_1, \quad R_{22}=r_{22}Z_2 \tag{c}$$

把式(c)代入式(b)，则

$$\left.\begin{aligned} r_{11}Z_1+r_{12}Z_2+R_{1F}=0 \\ r_{21}Z_1+r_{22}Z_2+R_{2F}=0 \end{aligned}\right\} \tag{14-4}$$

式(14-4)就是未解基本未知量的位移法典型方程，也是有两个基本未知量时位移法的典型方程。它的物理意义是：在荷载作用及结点位移共同影响下，基本体系上每一个附加联系(附加刚臂与附加链杆)中的约束反力矩或反力应为零。因此，位移法基本方程实质上反映的是原结构静力平衡条件。

从方程组(14-4)看出：要求解出 Z_1、Z_2，应计算出系数和自由项。先分别绘出单位位移引起的弯矩图 $\bar{M}_1$、$\bar{M}_2$，以及荷载引起的弯矩图 M_F，由于基本结构各杆件都是单跨超静定梁，按表 14-1、表 14-2 即可绘制。

然后从结构中截取出适当的隔离体(刚结点或部分杆件)，利用平衡方程即可求出各系数和自由项。

求出系数和自由项后,代入方程(14-4),就可解出位移法基本未知量 Z_1、Z_2。最后弯矩图可应用已绘出的单位弯矩图及荷载弯矩图进行叠加而得到

$$M=\overline{M}_1Z_1+\overline{M}_2Z_2+M_F \tag{14-5}$$

14.3.2 位移法典型方程

对于具有 n 个基本未知量的结构,相应地需要加上 n 个附加联系(刚臂或链杆),同理按每个附加联系中的约束反力为零的平衡条件,可以列出

$$\left.\begin{array}{l} r_{11}Z_1+\cdots+r_{1i}Z_i+\cdots+r_{1n}Z_n+R_{1F}=0 \\ \quad\vdots \qquad\qquad \vdots \qquad\qquad \vdots \\ r_{i1}Z_1+\cdots+r_{ii}Z_i+\cdots+r_{in}Z_n+R_{iF}=0 \\ \quad\vdots \qquad\qquad \vdots \qquad\qquad \vdots \\ r_{n1}Z_1+\cdots+r_{ni}Z_i+\cdots+r_{nn}Z_n+R_{nF}=0 \end{array}\right\} \tag{14-6}$$

上述方程无论结构类型如何,只要基本未知量个数为 n,都具有同一形式,故称位移法典型方程。

在典型方程中:主对角线上的系数 $r_{11},r_{22},\cdots,r_{nn}$ 称为**主系数**,非零恒正;主对角线以外其他系数 $r_{12},r_{13},\cdots,r_{1n}$ 等称为**副系数**,可正、可负、可为零。而且满足关系 $r_{ij}=r_{ji}$(反力互等定理);$R_{1F},R_{2F},\cdots,R_{nF}$ 称为**自由项**,可正、可负、可为零。

为求得典型方程中系数和自由项,应分别绘出单位位移引起的弯矩图 $\overline{M}_1$、$\overline{M}_2$、$\overline{M}_3$、…、$\overline{M}_n$ 及荷载弯矩图 M_F,截取适当隔离体,利用平衡条件即可求出。然后由式(14-4)即可解出基本未知量 Z_1、Z_2、…、Z_n。

最后弯矩图由叠加法作出

$$M=\overline{M}_1Z_1+\overline{M}_2Z_2+\overline{M}_3Z_3+\cdots+\overline{M}_nZ_n+M_F \tag{14-7}$$

14.4 用位移法计算超静定结构举例

应用位移法计算超静定结构的步骤归纳如下:

(1) 确定基本体系。在有独立角位移的刚结点上加上附加刚臂"⊽",在有独立线位移的方向加上附加链杆"○—○",并按正方向假设基本未知量,同时应画上外力荷载。

(2) 根据基本结构在荷载作用及各结点位移共同影响下,附加联系中反力矩或反力均为零,建立位移法典型方程。

(3) 绘出基本结构单位位移所引起的弯矩图及荷载弯矩图(按表 14-1、表 14-2 所列形、载常数),截取适当隔离体,利用平衡条件求出系数及自由项。

(4) 解位移法典型方程,求出基本未知量所代表的各结点位移。

(5) 按叠加法绘制最后弯矩图,然后由弯矩图作剪力图等。

例 14-1 试用位移法作如图 14-10(a)所示结构,在支座沉陷作用下产生的弯矩图。已知 $EI=3\times10^5\text{kN}\cdot\text{m}^2$,$\Delta_B=0.5\text{cm}$。

解:(1) 结构有一个角位移,取基本体系如图 14-10(b)所示。

(2) 位移法基本方程为 $r_{11}Z_1+R_{1\Delta}=0$。

(3) 作基本结构的 $\overline{M}_1$ 图、M_Δ 图,如图 14-10(c)、(d)所示。

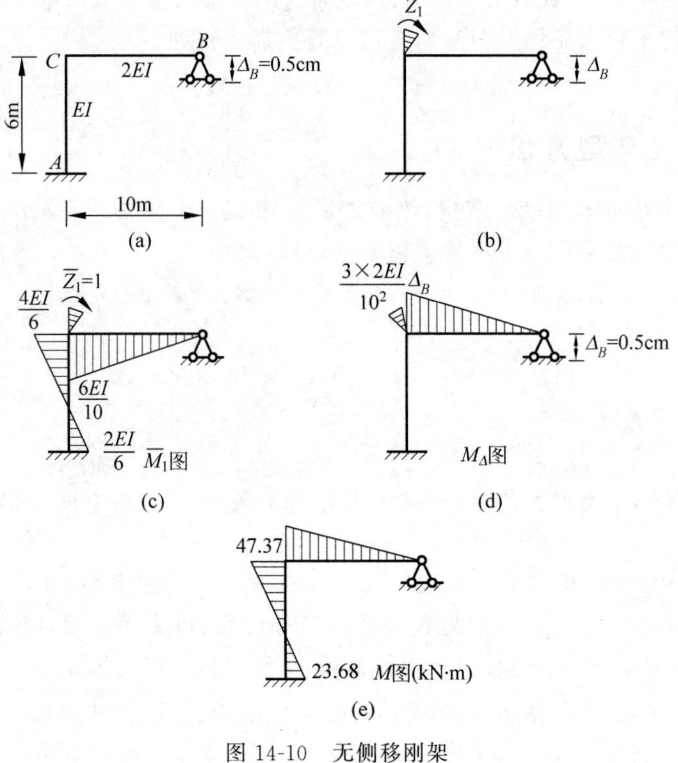

图 14-10 无侧移刚架

视频讲解

(4) 求 r_{11} 和 $R_{1\Delta}$

$$r_{11}=4\times\frac{EI}{6}+3\times\frac{2EI}{10}=\frac{19EI}{15}$$

$$R_{1\Delta}=-\frac{3i}{l}\Delta_B=-\frac{3\times2EI}{10^2}\Delta_B=-\frac{3EI}{50}\Delta_B$$

(5) 将 r_{11} 和 $R_{1\Delta}$ 代入位移法基本方程得

$$\frac{19EI}{15}Z_1-\frac{3EI}{50}\Delta_B=0$$

解得

$$Z_1=\frac{9\Delta_B}{190}=\frac{9}{190}\times0.005=0.000237$$

(6) 由 $M=\overline{M}_1Z_1+M_\Delta$ 作弯矩图,如图 14-10(e)所示。

例 14-2 试求如图 14-11(a)所示无侧移刚架的弯矩图。

解:(1) 确定基本未知量及基本结构。只有一个角位移 Δ_1,基本结构如图 14-11(b)所示,基本体系如图 14-11(c)所示。基本体系中 AB 杆为两端固定单元,BC 杆为 B 端固定 C 端铰支单元,BD 杆为 B 端固定 D 端定向单元。根据已知的截面惯性矩和单元长度,上述三个基本单元的线刚度分别为 $2i$、i 和 $4i$,其中 $i=\frac{EI}{l}$。

(2) 写出位移法方程。方程的物理意义是在转角位移 Δ_1 和均布荷载作用下,B 结点附加约束刚臂上的总约束力矩等于零,即

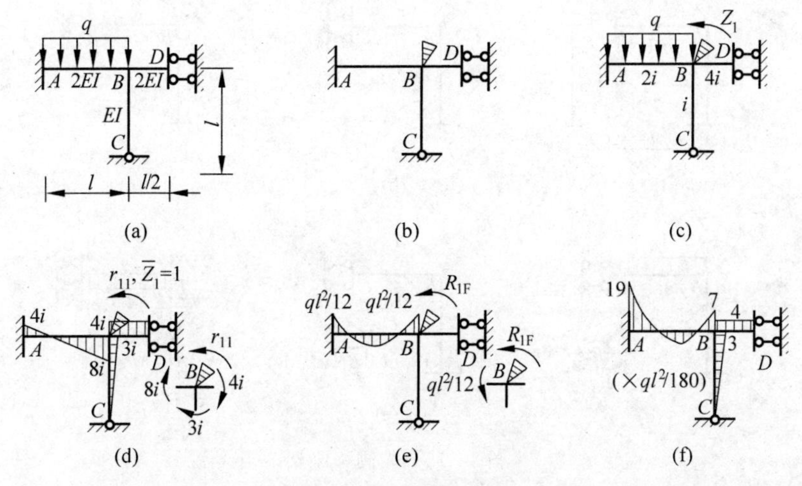

图 14-11　无侧移刚架

(a) 结构与荷载；(b) 基本结构；(c) 基本体系；(d) $\overline{M}_1$ 图及系数 r_{11} 的求解；

(e) M_F 图及自由项 R_{1F} 的求解；(f) 结构的弯矩图

$$r_{11}Z_1 + R_{1F} = 0$$

(3) 求系数和自由项，解方程，作基本结构只发生转角位移 $Z_1=1$ 时的单位弯矩图 $\overline{M}_1$ 图(图 14-11(d))，取图示隔离体，列力矩平衡方程，求得系数 r_{11} 为

$$r_{11} = 8i + 3i + 4i = 15i$$

作基本结构只受荷载作用的弯矩图 M_F 图(图 14-11(e))。取如图 14-11(e)所示隔离体，列力矩平衡方程，求得自由项 R_{1F} 为

$$R_{1F} = -ql^2/12$$

将求得的系数和自由项代入方程中，解得

$$Z_1 = ql^2/180i$$

(4) 由叠加公式 $M=\overline{M}_1 Z_1 + M_F$ 以及弯矩的区段叠加法可作出结构的弯矩图，如图 14-11(f)所示。

(5) 校核。取刚结点 B，显然满足 $\sum M=0$，也即满足平衡条件，说明结果是正确的。

例 14-3　试用位移法作如图 14-12(a)所示结构的弯矩图。已知 $i=\dfrac{EI}{l}$。

解：(1) 确定基本未知量及基本结构。此题基本未知量为 B 点的转角位移，Z_1 基本结构如图 14-12(b)所示，基本体系如图 14-12(c)所示。

(2) 写出位移法典型方程。本题位移法方程的物理意义是在转角位移和荷载的共同作用下，基本结构附加约束上的总反力矩等于零。即

$$r_{11}Z_1 + R_{1F} = 0$$

(3) 求系数和解方程。绘出单位弯矩 M_1 图(图 14-12(d))，取图示隔离体，列力矩平衡方程，求得

$$r_{11} = 4i + 2i = 6i$$

绘出荷载弯矩图 M_F 图(图 14-12(e))。取如图 14-12(e)所示隔离体，列力矩平衡方程可得

$$R_{1F} = M$$

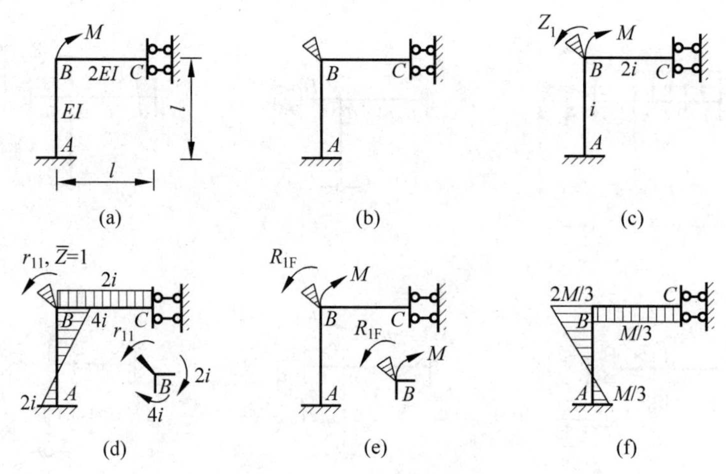

图 14-12 无侧移刚架

(a) 结构与荷载；(b) 基本结构；(c) 基本体系；(d) $\overline{M}_1$ 图及系数 r_{11} 的求解；(e) M_F 图及自由项 R_{1F} 的求解；(f) 结构的弯矩图

将求得的系数和自由项代入方程中，解得

$$Z_1=-\frac{M}{6i}$$

(4) 由 $M=\overline{M}_1Z_1+M_F$ 叠加可得如图 14-12(f)所示弯矩图。

需注意的是，本题中集中力偶正好作用在需求转角位移的结点上，由 M_F 图可知该集中力偶不产生弯矩，但对广义荷载反力有影响。

例 14-4 试用位移法计算如图 14-13(a)所示刚架，绘出 M 图。

解：(1) 确定基本体系。可以看出，该结构独立基本未知量个数是 2 个：一个是刚结点 C 的角位移 Z_1，另一个是 C、D 结点的水平线位移 Z_2，在 C 点加刚臂，在 D 处加一水平链杆，得到基本体系如图 14-13(b)所示。在位移法中，将有结点的线位移刚架称为**有侧移刚架**。同时，令 $i=\frac{EI}{6}$。

(2) 列出位移法典型方程。按刚臂及链杆中约束反力为零，可写出

$$r_{11}Z_1+r_{12}Z_2+R_{1F}=0$$
$$r_{21}Z_1+r_{22}Z_2+R_{2F}=0$$

(3) 求系数和自由项。按形、载常数绘出 $\overline{M}_1$ 图、$\overline{M}_2$ 图、M_F 图，如图 14-13(c)、(d)、(e)所示。

在 $\overline{M}_1$ 图中，截取刚结点 C，由 $\sum M_C=0$，求出 $r_{11}=4i+3i=7i$，截取出上面横梁 CD，各柱的柱顶剪力可由表 14-1 查出，或由各立柱平衡条件求出，由投影方程 $\sum F_x=0$，求出 $r_{21}=-i$。

同理由 $\overline{M}_2$ 图，考虑刚结点 C 和横梁 CD 平衡，可求出

$$r_{12}=-i,\quad r_{22}=\frac{5i}{12}$$

同理由 M_F 图，分别考虑 C 点、横梁 CD 平衡，可求出

$$R_{1F}=3\text{kN}\cdot\text{m},\quad R_{2F}=-3\text{kN}$$

(4) 求基本未知量。把主、副系数和自由项代入典型方程，则有

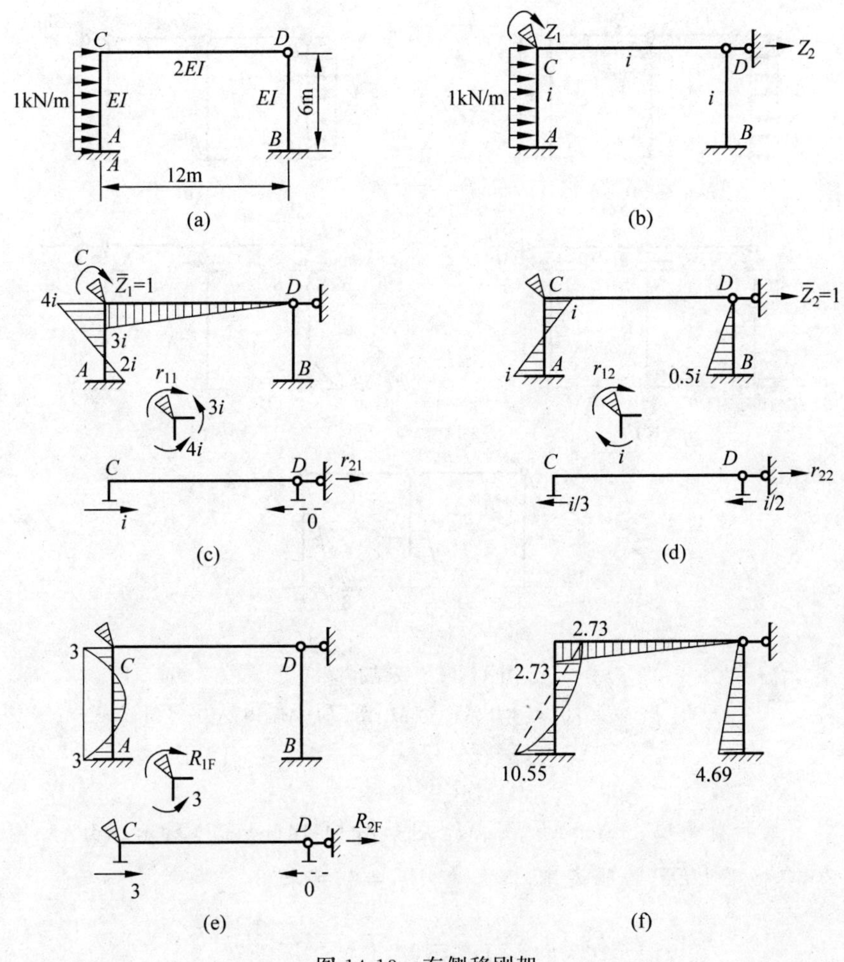

图 14-13　有侧移刚架

(a) 原结构；(b) 基本体系；(c) $\overline{M}_1$ 图；(d) $\overline{M}_2$ 图；(e) M_F 图(kN·m)；(f) M 图(kN·m)

$$7iZ_1 - iZ_2 + 3 = 0$$

$$-iZ_1 + \frac{5i}{12}Z_2 - 3 = 0$$

解得

$$Z_1 = 0.91\frac{1}{i}, \quad Z_2 = 9.37\frac{1}{i}$$

(5) 最后绘弯矩图。由 $M=\overline{M}_1 Z_1+\overline{M}_2 Z_2+M_F$ 叠加可得最后弯矩图，如图 14-13(f)所示。

特别提示：由上面的计算过程看出，对于有侧移的结构应当截取横梁为隔离体，沿着侧移未知量方向建立投影平衡方程来计算系数和自由项，实际上最终形成的位移法方程也就是附加链杆方向的约束力为零。

例 14-5　用位移法计算如图 14-14(a)所示铰结排架弯矩图。

解：(1) 确定基本体系。判定该结构仅有一个独立线位移，在 F 点加一个水平链杆，基本体系如图 14-14(b)所示。

(2) 建立位移法典型方程。仅一个基本未知量，则典型方程为

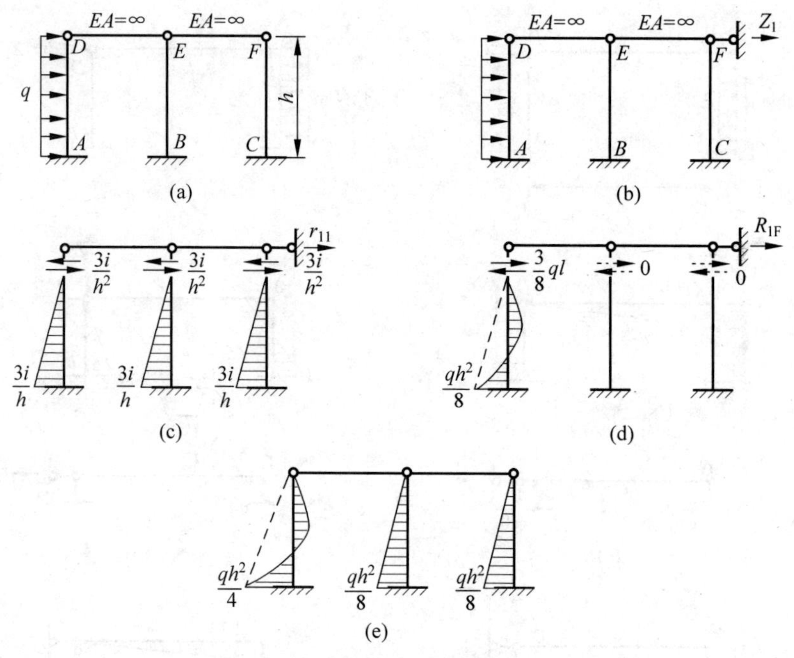

图 14-14 铰结排架

(a) 原结构;(b) 基本体系;(c) $\overline{M}_1$ 图;(d) M_F 图;(e) M 图

$$r_{11}Z_1+R_{1F}=0$$

(3) 求系数和自由项。画出 $\overline{M}_1$ 图、M_F 图如图 14-14(c)、(d) 所示。由 $\overline{M}_1$ 图、M_F 图求出柱顶剪力,取横梁 DEF 为隔离体,建立 $\sum F_x=0$,可求出

$$r_{11}=3\times\frac{3i}{h^2}=\frac{9i}{h^2},\quad R_{1F}=-\frac{3}{8}qh$$

(4) 求基本未知量。代入典型方程

$$\frac{qi}{h^2}Z_1-\frac{3}{8}qh=0$$

解得

$$Z_1=\frac{qh^3}{24i}\quad(\rightarrow)$$

(5) 求最后弯矩图。按 $M=\overline{M}_1Z_1+M_F$,绘出 M 图,如图 14-14(e)所示。

例 14-6 试利用对称性,用位移法计算如图 14-15(a)所示的结构。

解:如图 14-15(a)所示闭合刚架具有水平和竖直两个对称轴,且在水平方向偶数跨,在竖直方向可看为奇数跨,故截取 1/4 作为等代结构,如图 14-15(b)所示。

(1) 确定基本体系。仅有一个基本未知量,在 A 点加附加刚臂,基本体系如图 14-15(c)所示。

(2) 建立位移法典型方程。根据附加刚臂中力矩之和为零,则可写出

$$r_{11}Z_1+R_{1F}=0$$

(3) 求系数和自由项。作 $\overline{M}_1$ 图、M_F 图如图 14-15(d)、(e)所示,截取刚性结点 A(图略),可得

$$r_{11}=2i+4i=6i,\quad R_{1F}=-\frac{1}{12}ql^2$$

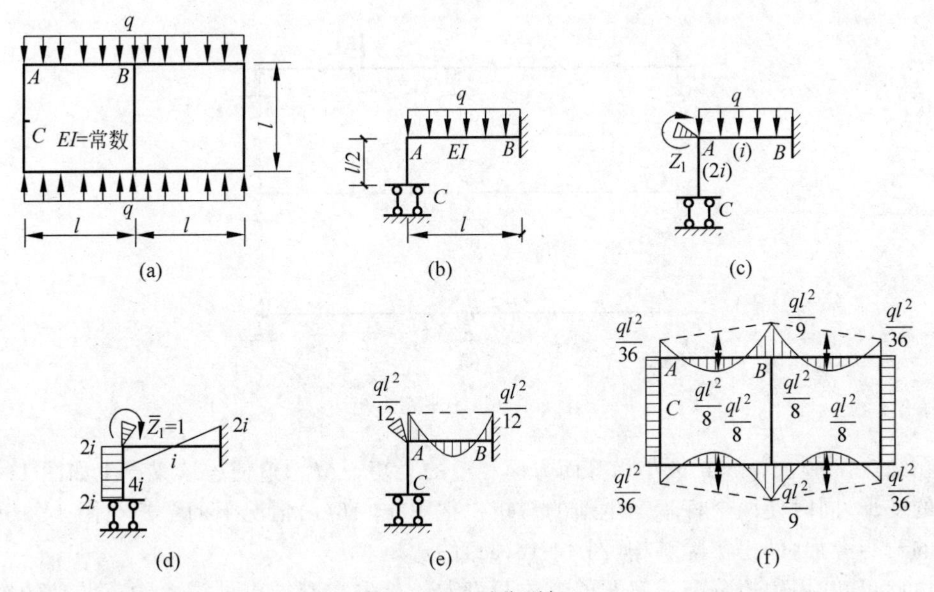

图 14-15　对称刚架

(a) 原结构；(b) 等代结构；(c) 基本体系；(d) $\overline{M}_1$ 图；(d) M_F 图；(e) M 图

(4) 求基本未知量。

$$Z_1=-\frac{R_{1F}}{r_{11}}=\frac{ql^2}{72i}\quad(\curvearrowright)。$$

(5) 绘制 M 图。由 $M=\overline{M}_1Z_1+M_F$ 可得 1/4 部分弯矩图，沿水平及竖直方向对称扩展，可得全刚架弯矩图，如图 14-15(f)所示。

渐　近　法

渐近法是在位移法的基础上发展起来的一种实用计算方法，它不需要解联立方程组，而且可以直接求得杆端弯矩，特别适用于连续梁和无结点线位移刚架的内力计算，因此，在工程中得到了广泛的应用。渐近法主要包括迭代法、力矩分配法与无剪力分配法，在此只介绍力矩分配法。

14.5　无侧移结构力矩分配法的基本概念

现以两跨连续梁为例来说明力矩分配法的基本思路。如图 14-16(a)所示两跨连续梁 ABC，承受一个集中荷载 $\boldsymbol{F}$ 作用。用力矩分配法计算时，首先取基本结构，其基本结构的取法与位移法完全相同，如图 14-16(b)所示。其次将荷载置于基本结构上，求 AB、BC 两段杆件的固端弯矩。然后利用结点 B 的力矩平衡条件求得 B 点处的约束力矩 M_B（亦称**不平衡力矩**）。下一步就要转动结点 B 消除 M_B，即不平衡力矩被消除而结点获得平衡，使基本结构变为实际结构。由此可知，力矩分配法与位移法的计算原理完全相同，只是在消除 M_B 的方法上有所不同。

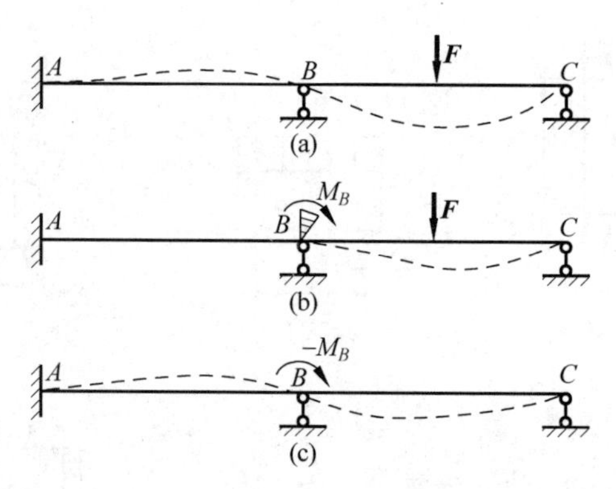

图 14-16 不平衡力矩

在结点 B 施加与 M_B 大小相等而方向相反的力矩 $-M_B$,迫使连续梁产生如图 14-16(c)所示的变形,同时使两个杆端产生新的弯矩。把图 14-16(c)情况下的弯矩与图 14-16(b)情况下的弯矩叠加,即得实际结构(图 14-16(a))的弯矩。

由此可知,用力矩分配法解题的基本思路是:首先在刚结点处设置约束转动的**附加刚臂**,产生约束力矩,以阻止转动;然后放松约束,即在刚结点处施加与约束力矩大小相等而方向相反的力矩,以抵消约束力矩的影响,使其恢复为原结构。

如图 14-16(a)所示连续梁只有一个结点,放松约束后即完成了计算。对于多结点情况,要多次反复设置约束及放松约束,才能完成最终计算。

由于力矩分配法是以位移法为基础的,因此,本章中的基本结构及有关的正负号规定等均与位移法相同,如**杆端弯矩正负仍规定为**:对杆端而言,以顺时针转动为正,逆时针转动为负;对结点或支座而言,则以逆时针转动为正,顺时针转动为负;结点上的外力矩、约束力矩仍以顺时针转动为正,逆时针转动为负等。

上面讲了力矩分配法的基本思路,那么怎样具体进行计算呢?接下来介绍转动刚度、分配系数与传递系数三个概念,然后讨论力矩分配法的计算步骤。

1. 转动刚度 S

对于任意支承形式的单跨超静定梁 iK,为使某一端(设为 i 端)产生角位移 θ_i,则须在该端施加一力矩 M_{iK}。当 $\theta_i=1$ 时所须施加的力矩称为 iK 杆在 i 端的**转动刚度**,并用 S_{iK} 表示,其中 i 端为施力端,称为近端,而 K 端则称为远端,如图 14-17(a)所示。同理,使 iK 杆 K 端产生单位转角位移 $\theta_K=1$ 时,所须施加的力矩应为 iK 杆 K 端的转动刚度,并用 S_{Ki} 表示,如图 14-17(b)所示。

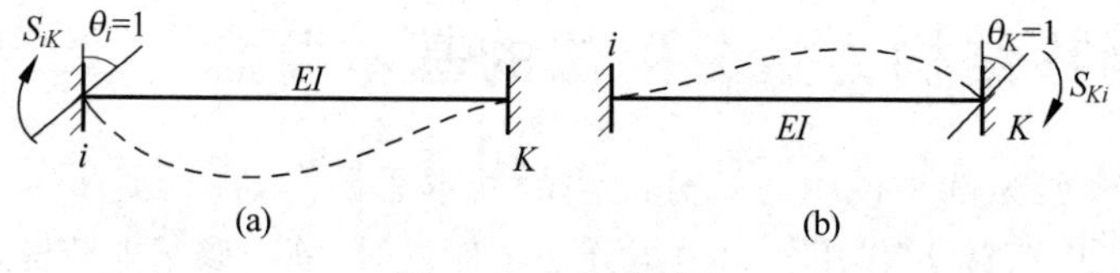

图 14-17 转动刚度

当近端转角 $\theta_i\neq1$(或 $\theta_K\neq1$)时,则必有 $M_{iK}=S_{iK}\cdot\theta_i$(或 $M_{Ki}=S_{Ki}\cdot\theta_K$)。

由位移法所建立的单跨超静定梁的转角位移方程知,杆件的转动刚度 S_{iK} 除与杆件的线刚度 i 有关外,还与杆件的远端(即 K 端)的支承情况有关。图 14-18 中分别给出不同远端支承情况下的杆端转动刚度 S_{Aj} 的表达式,应用时可以查用。

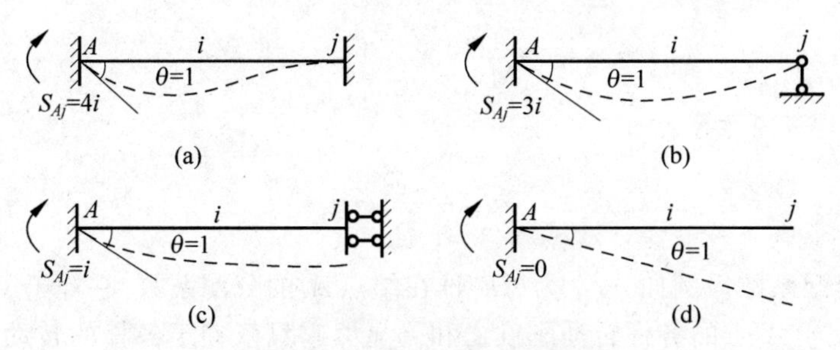

图 14-18　不同远端支承转动刚度

2. 分配系数

在结点上施加力矩迫使结点转动时，与此结点联结的各杆必将发生变形和内力。为了计算此时各杆的杆端弯矩，引入分配系数的概念。图 14-19 表示只有一个结点的简单刚架，设有力矩 M_A 施加于刚结点 A，并使其发生转角 θ_A，然后达到平衡状态。由转动刚度的定义知，各杆在 A 端的弯矩为

$$M_{AB}=S_{AB}\theta_A=4i_{AB}\theta_A$$
$$M_{AC}=S_{AC}\theta_A=4i_{AC}\theta_A$$
$$M_{AD}=S_{AD}\theta_A=3i_{AD}\theta_A$$

(a)　(b)

图 14-19　分配系数

由结点 A 的力矩平衡方程得

$$S_{AB}\theta_A+S_{AC}\theta_A+S_{AD}\theta_A=M_A$$

故有

$$\theta_A=\frac{M_A}{\sum S_A} \tag{14-8}$$

此处 $\sum S_A$ 表示汇交于 A 点各杆的转动刚度之和。有了 θ_A 值，即可求出各杆 A 端弯矩

$$M_{AB}=\frac{S_{AB}}{\sum S_A}M_A$$
$$M_{AC}=\frac{S_{AC}}{\sum S_A}M_A \tag{14-9}$$
$$M_{AD}=\frac{S_{AD}}{\sum S_A}M_A$$

或写作

$$M_{Ai}=\mu_{Ai}M_A \tag{14-10}$$

其中 μ_{Ai} 按式(14-11)计算：

$$\mu_{Ai}=\frac{S_{Ai}}{\sum S_A} \tag{14-11}$$

μ_{Ai} 称为**力矩分配系数**。例如 μ_{AB} 为 AB 杆在结点 A 的分配系数，它等于 AB 杆 A 端的转动刚度除以汇交于 A 点的各杆转动刚度之和。显然它只依赖于各杆的转动刚度的相对值，而与施加于结点上的力矩大小及正负无关。由此看来，各杆在 A 端的弯矩值与其转动刚度成正比，并且它们的和等于在结点上施加的外力矩。力矩分配时，各杆所得到的 A 端弯矩称为**分配力矩**。所谓分配力矩，也就是为使结点转动而在结点上所施加的力矩、按各杆件的转动刚度之比分配到各杆端的力矩。

综上所述，在力矩分配时只要知道各杆的转动刚度，即可按式(14-11)算出各杆的力矩分配系数，然后由式(14-10)求出各分配力矩。

值得指出的是，一个结点，例如 A 结点，各杆的分配系数应满足下式：

$$\sum\mu_{Ai}=1$$

也就是说，在该结点处的各分配系数之和等于1，才算计算无误。

3. 传递系数

对于单跨超静定梁而言，当一端发生转角而产生弯矩时(称为近端弯矩)，其另一端(即远端)一般也将产生弯矩(称为远端弯矩)，如图14-20所示。**通常将远端弯矩同近端弯矩的比值称为杆件由近端向远端的传递系数**，并用 C 表示。如图14-20所示梁 AB 由 A 端向 B 端的传递系数为

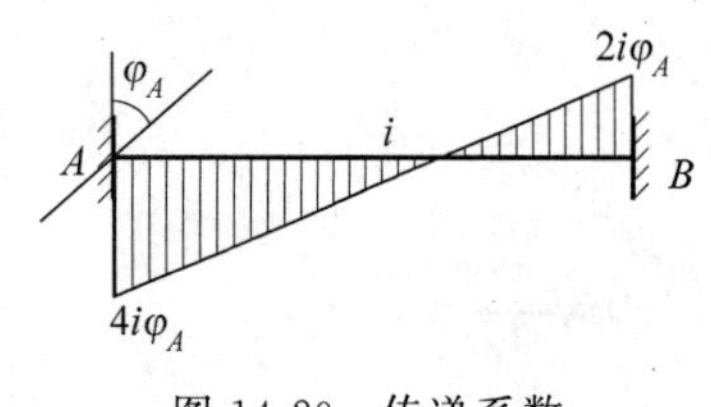

图14-20　传递系数

$$C_{AB}=\frac{M_{BA}}{M_{AB}}=\frac{2i\varphi_A}{4i\varphi_A}=\frac{1}{2}$$

显然，对不同的远端支承情况，其传递系数也将不同，如表14-3所示。

表14-3　传递系数

单跨梁 A 端产生单位转角时的 M 图	远端支承情况	传递系数 C_{AB}
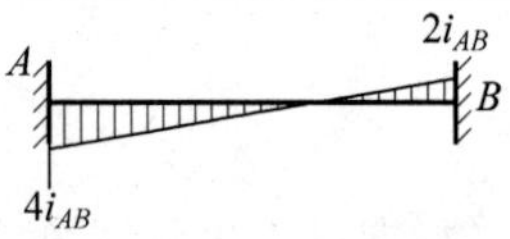 A　B　$2i_{AB}$　$4i_{AB}$	固定	$\frac{1}{2}$
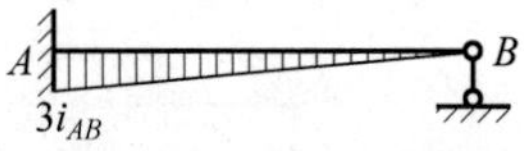 A　B　$3i_{AB}$	铰支	0
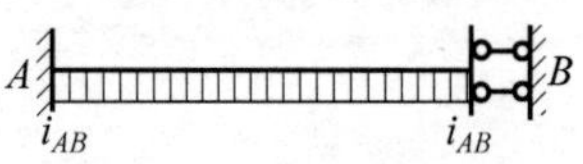 A　B　i_{AB}　i_{AB}	滑动	-1

分配力矩传到远端的弯矩称为**传递力矩**，等于分配力矩乘以传递系数，用符号 M_{BA}^{C} 所示。即

$$M_{BA}^{C} = CM_{AB}^{\mu} \tag{14-12}$$

其中，M_{AB}^{μ} 称为**分配力矩**。

14.6　单结点的力矩分配

力矩分配法，按其计算方法来分，可分为单结点的力矩分配法与多个结点的力矩分配法，其基本思路都是一样的。下面通过图 14-21 所示两跨连续梁具体说明单结点力矩分配法的计算步骤。

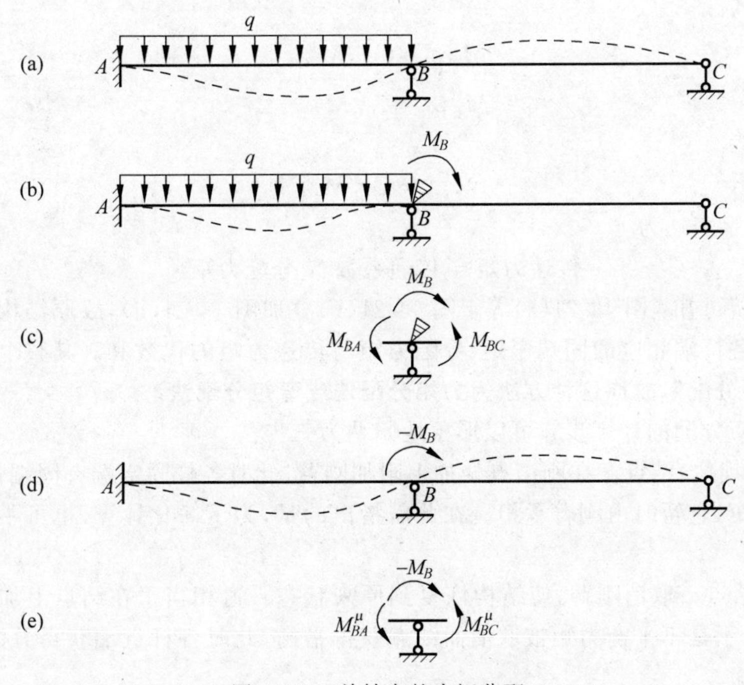

图 14-21　单结点的力矩分配

首先，在结点 B 加一阻止其转动的附加刚臂，然后承受荷载的作用(图 14-21(b))，这样将原结构分隔成两个单跨超静定梁 AB 和 BC。这时各杆杆端将产生固端弯矩，其值可由表 14-1 查得。取结点 B 为脱离体(图 14-21(c))，由结点 B 的力矩平衡条件即可求得附加刚臂阻止结点 B 的转动而产生的约束力矩为

$$M_B = M_{BA} + M_{BC}$$

写成一般形式为

$$M_B = \sum M_{Bi} \tag{14-13}$$

即约束力矩等于汇交于结点 B 的各杆端固端弯矩的代数和，亦是各固端弯矩所不能平衡的差额，故又称为结点的**不平衡力矩**，规定以顺时针转向为正。这样，结点不平衡力矩用文字表达为

结点不平衡力矩＝结点各杆固端弯矩的代数和

其次，比较图 14-21(b)与原结构的受力情况，其差别仅在于结点 B 多了一个不平衡力矩 M_B，为使它的受力情况与原结构一致，必须在结点 B 加一个反向的力矩以消除不平衡力

矩 M_B,如图 14-21(d)所示(图中用 $-M_B$ 表示)。此时,结点作用了 $-M_B$,其中分配力矩(图 14-21(e))为

$$M_{BA}^{\mu}=\mu_{BA}\cdot(-M_B)$$
$$M_{BC}^{\mu}=\mu_{BC}\cdot(-M_B)$$

写成一般形式为

$$M_{Bj}^{\mu}=\mu_{Bj}\cdot(-M_B) \tag{14-14}$$

式(14-14)用文字表达为

分配力矩 = 分配系数 × 不平衡力矩的负值

而传递力矩为

$$M_{AB}^{C}=C_{BA}M_{BA}^{\mu}$$
$$M_{CB}^{C}=C_{BC}M_{BC}^{\mu}$$

写成一般形式为

$$M_{kB}^{C}=C_{Bk}M_{Bk}^{\mu} \tag{14-15}$$

式(14-15)用文字表达为

传递力矩 = 传递系数 × 分配力矩

由上述分析可知:图 14-21(a)等于图 14-21(b)叠加图 14-21(d),故原结构的各杆端最后弯矩应等于各杆端相应的固端弯矩、分配力矩与传递力矩的代数和。其整个计算过程的关键在于"力矩分配",故称这种方法为**力矩分配法**或**弯矩分配法**。

单结点力矩分配的计算步骤可以形象地归纳为三步:

(1) 固定(锁住)结点。在刚结点处加上附加刚臂,此时各杆固定端有固端弯矩,而结点上有不平衡力矩,它暂时由刚臂承担。在此需指出的是,为了简化计算,也可不在刚结点处画出附加刚臂。

(2) 放松结点。取消刚臂,使结构恢复到原来状态。这相当于在结点上加入一个反号的不平衡力矩,于是不平衡力矩被取消而结点获得平衡,此时各杆近端获得分配力矩,而远端获得传递力矩。

(3) 将各杆在固定时的固端弯矩与在放松时的分配力矩、传递力矩叠加起来,就得到原杆件的最终杆端弯矩。将最终杆端弯矩与将各杆看成是简支梁在荷载作用下的弯矩相叠加,即得结构最终弯矩图。

例 14-7 用力矩分配法作如图 14-22(a)所示连续梁的弯矩图。

解:先计算分配系数、固端弯矩、不平衡力矩,然后进行分配与传递,再计算最终杆端弯矩,画 M 图。可将这些过程在一张表格上进行(图 14-22(a))。

(1) 计算分配系数

视频讲解

在荷载作用下,计算内力可以用相对刚度,设 $EI=1$,其转动刚度为

$$S_{BA}=4i_{BA}=\frac{4}{6}=\frac{2}{3},\quad S_{BC}=3i_{BC}=\frac{3}{6}=\frac{1}{2}$$

分配系数用式(14-11)计算:

$$\mu_{BA}=\frac{S_{BA}}{S_{BA}+S_{BC}}=\frac{\frac{2}{3}}{\frac{2}{3}+\frac{1}{2}}=0.571,\quad \mu_{BC}=\frac{S_{BC}}{S_{BA}+S_{BC}}=\frac{\frac{1}{2}}{\frac{2}{3}+\frac{1}{2}}=0.429$$

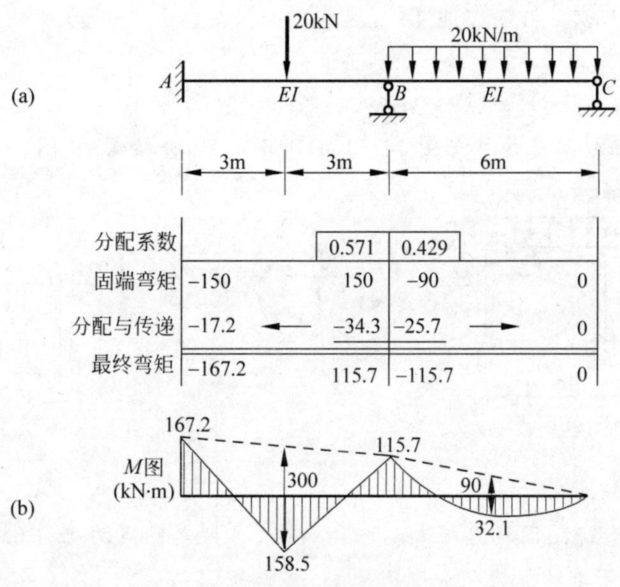

	A	B		C
分配系数		0.571	0.429	
固端弯矩	−150	150	−90	0
分配与传递	−17.2 ←	−34.3	−25.7 →	0
最终弯矩	−167.2	115.7	−115.7	0

图 14-22　两跨连续梁

校核 $\mu_{BA}+\mu_{BC}=0.571+0.429=1$，无误。

将各结点的分配系数写在杆端相应位置，见图 14-22(a)中计算表格的第一行。

(2) 按表 14-1 计算固端弯矩

$$M_{AB}^{\mathrm{F}}=-\frac{Fl}{8}=-\frac{200\times 6}{8}\mathrm{kN}\cdot\mathrm{m}=-150\mathrm{kN}\cdot\mathrm{m}$$

$$M_{BA}^{\mathrm{F}}=\frac{Fl}{8}=150\mathrm{kN}\cdot\mathrm{m}$$

$$M_{BC}^{\mathrm{F}}=-\frac{ql^2}{8}=-\frac{20\times 6^2}{8}\mathrm{kN}\cdot\mathrm{m}=-90\mathrm{kN}\cdot\mathrm{m}$$

$$M_{CB}^{\mathrm{F}}=0$$

将各杆的固端弯矩记在各杆端相应位置，见图 14-22(a)中计算表格的第二行。

结点 B 的不平衡力矩为

$$M_B=(150-90)\mathrm{kN}\cdot\mathrm{m}=60\mathrm{kN}\cdot\mathrm{m}$$

(3) 计算分配力矩和传递力矩

$$M_{BA}^{\mu}=[0.571\times(-60)]\mathrm{kN}\cdot\mathrm{m}=-34.3\mathrm{kN}\cdot\mathrm{m}$$

$$M_{BC}^{\mu}=[0.421\times(-60)]\mathrm{kN}\cdot\mathrm{m}=-25.7\mathrm{kN}\cdot\mathrm{m}$$

将各分配力矩写在各杆端，见图 14-22(a)中计算表格的第三行。

在结点分配力矩下画一横线，表示该结点已放松且达到了平衡。

传递力矩

$$M_{BA}^{\mathrm{C}}=\left[\frac{1}{2}\times(-34.3)\right]\mathrm{kN}\cdot\mathrm{m}=-17.2\mathrm{kN}\cdot\mathrm{m}$$

在分配力矩与传递力矩之间画一水平方向的箭头，表示弯矩传递方向。

(4) 计算最终的杆端弯矩

将以上各杆端弯矩叠加，即得最终杆端弯矩，见图 14-22(a)中计算表格的最后一行。

由 $\sum M_B=(115.7-115.7)\text{kN}\cdot\text{m}=0$ 可知满足结点 B 的力矩平衡条件。

(5) 画 M 图

根据最终杆端弯矩,由叠加法作 M 图,如图 14-22(b)所示。

例 14-8 用力矩分配法计算如图 14-23(a)所示刚架,并绘制 M 图。

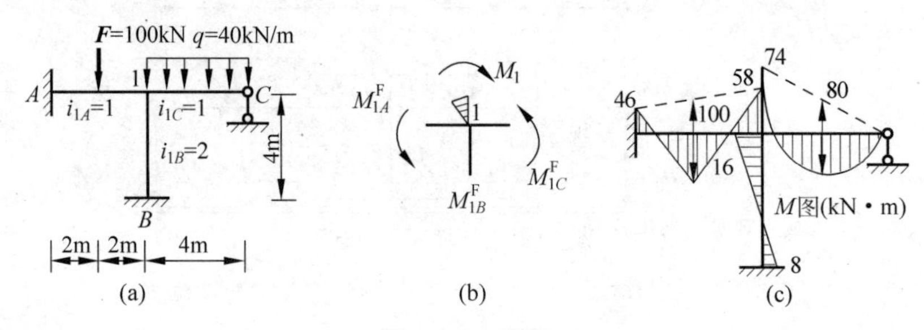

图 14-23 刚架

解:先计算分配系数、固端弯矩和不平衡力矩,再按单结点力矩分配画 M 图。该结构只有一个刚结点,属于单结点力矩分配问题。

(1) 求分配系数

$$\mu_{1A}=\frac{S_{1A}}{\sum S}=\frac{4i_{1A}}{4i_{1A}+3i_{1C}+4i_{1B}}=\frac{4\times1}{4\times1+3\times1+4\times2}=\frac{4}{15}$$

$$\mu_{1C}=\frac{S_{1C}}{\sum S}=\frac{3i_{1C}}{4i_{1A}+3i_{1C}+4i_{1B}}=\frac{3\times1}{4\times1+3\times1+4\times2}=\frac{3}{15}$$

$$\mu_{1B}=\frac{S_{1B}}{\sum S}=\frac{4i_{1B}}{4i_{1A}+3i_{1C}+4i_{1B}}=\frac{4\times2}{4\times1+3\times1+4\times2}=\frac{8}{15}$$

校核

$$\sum\mu=\frac{4}{15}+\frac{3}{15}+\frac{8}{15}=1$$

(2) 求固端弯矩

按表 14-1 中给定的公式计算。

$$M_{1A}^F=\frac{1}{8}Fl=\left(\frac{1}{8}\times100\times4\right)\text{kN}\cdot\text{m}=50\text{kN}\cdot\text{m}$$

$$M_{A1}^F=-\frac{1}{8}Fl=-50\text{kN}\cdot\text{m}$$

$$M_{1C}^F=-\frac{1}{8}ql^2=\left(-\frac{1}{8}\times40\times4^2\right)\text{kN}\cdot\text{m}=-80\text{kN}\cdot\text{m}$$

$$M_{C1}^F=0$$

$$M_{1B}^F=0$$

$$M_{B1}^F=0$$

结点 1 的不平衡力矩等于汇交在结点 1 上各杆固端弯矩的代数和,即

$$M_1=M_{1A}^F+M_{1B}^F+M_{1C}^F=(50+0-80)\text{kN}\cdot\text{m}=-30\text{kN}\cdot\text{m}$$

为使读者便于理解，对结点 1 的不平衡力矩作如下说明：

取结点 1 为分离体(带有附加刚臂)，如图 14-23(b)所示，固端弯矩 M_{1A}^{F}、M_{1C}^{F} 均画成正向(绕结点逆时针为正)，附加刚臂的反力矩也画成正向(顺时针为正)，根据力矩平衡方程 $\sum M_1=0$，有

$$M_1=M_{1A}^{F}+M_{1C}^{F}=[50+(-80)]\text{kN}\cdot\text{m}=-30\text{kN}\cdot\text{m}$$

可见，不平衡力矩就是附加刚臂的约束反力矩。在明确了它的物理概念后，可按固端弯矩相加的办法直接算出。

(3) 分配与传递

将不平衡力矩变号，被分配的力矩是正值，具体计算如下：

$$M_{1A}^{\mu}=\mu_{1A}(-M_1)=\frac{4}{15}\times30\text{kN}\cdot\text{m}=8\text{kN}\cdot\text{m}$$

$$M_{1B}^{\mu}=\mu_{1B}(-M_1)=\frac{8}{15}\times30\text{kN}\cdot\text{m}=16\text{kN}\cdot\text{m}$$

$$M_{1C}^{\mu}=\mu_{1C}(-M_1)=\frac{3}{15}\times30\text{kN}\cdot\text{m}=6\text{kN}\cdot\text{m}$$

传递力矩

$$M_{A1}^{C}=\frac{1}{2}M_{1A}^{\mu}=\frac{1}{2}\times8\text{kN}\cdot\text{m}=4\text{kN}\cdot\text{m}$$

$$M_{Bj}^{C}=\frac{1}{2}M_{1B}^{\mu}=\frac{1}{2}\times16\text{kN}\cdot\text{m}=8\text{kN}\cdot\text{m}$$

$$M_{C1}^{C}=0$$

(4) 计算杆端弯矩

$$M_{1A}=M_{1A}^{F}+M_{1A}^{\mu}=(50+8)\text{kN}\cdot\text{m}=58\text{kN}\cdot\text{m}$$

$$M_{A1}=M_{A1}^{F}+M_{A1}^{\mu}=(-50+4)\text{kN}\cdot\text{m}=-46\text{kN}\cdot\text{m}$$

$$M_{1B}=M_{1B}^{\mu}=16\text{kN}\cdot\text{m}$$

$$M_{B1}=M_{B1}^{C}=8\text{kN}\cdot\text{m}$$

$$M_{1C}=M_{1C}^{F}+M_{1C}^{\mu}=(-80+6)\text{kN}\cdot\text{m}=-74\text{kN}\cdot\text{m}$$

$$M_{C1}=0$$

为方便起见，计算可以列表进行，见表 14-4。

表 14-4　杆端弯矩的计算表　　kN·m

结点	A	1			B	C
杆端	$A1$	$1A$	$1C$	$1B$	$B1$	$C1$
分配系数	—	$\frac{4}{15}$	$\frac{3}{15}$	$\frac{8}{15}$	—	—
固端弯矩	−50	+50	−80	0	0	0
分配力矩和传递力矩	4	+8	−6	+16	+8	0
最终杆端弯矩	−46	+58	−74	+16	+8	0

(5) 绘弯矩图

先画出各杆的杆端弯矩，两个竖标间连一直线，以此为基线叠加上横向荷载引起的简支梁的弯矩。最终弯矩图如图 14-23(c)所示。

14.7 多结点的力矩分配

前面介绍的是单结点的力矩分配法。固定刚结点,放松刚结点,只进行一次就可使基本结构恢复为原来的状态,当然,力矩的分配与传递也是一次结束。

通常遇到的连续梁中间支座不止一个,也就是说,结点转角未知量不止一个,如何把单结点的力矩分配法推广运用到多结点的结构上呢?为了解决这一问题,必须人为地造成只有一个结点转角的情况。采取的办法是,首先固定全部刚结点,然后逐次放松,每次只放松一个,当放松一个结点时,其他结点暂时固定,由于一个结点是在别的结点固定的情况下放松的,所以还不能恢复到原来的状态,这样一来,就需要将各结点反复轮流地固定、放松,以逐步消除结点的不平衡力矩,使结构逐渐接近其本来的状态。下面通过实例加以说明。

如图14-24(a)所示三跨连续梁,在结点 B 和 C 处共有两个角位移。先设想,在这两个结点处增设附加刚臂,约束 B、C 结点的转动,可得在荷载作用下各杆的固端弯矩为

$$M_{AB}^{F}=-\left(\frac{30\times 2\times 4^{2}}{6^{2}}+\frac{30\times 2^{2}\times 4}{6^{2}}\right)\text{kN}\cdot\text{m}=-40\text{kN}\cdot\text{m}$$

$$M_{BA}^{F}=40\text{kN}\cdot\text{m}$$

$$M_{BC}^{F}=-\frac{40\times 4}{8}\text{kN}\cdot\text{m}=-20\text{kN}\cdot\text{m}$$

$$M_{CB}^{F}=20\text{kN}\cdot\text{m}$$

$$M_{CD}^{F}=-\frac{8\times 6^{2}}{8}\text{kN}\cdot\text{m}=-36\text{kN}\cdot\text{m}$$

将上述各固端弯矩计入图14-24所示的固端弯矩一栏中。这时结点 B 和 C 的不平衡力矩分别为

$$M_{B}=\sum M_{Bj}^{F}=(40-20)\text{kN}\cdot\text{m}=20\text{kN}\cdot\text{m}$$

$$M_{C}=\sum M_{Cj}^{F}=(20-36)\text{kN}\cdot\text{m}=-16\text{kN}\cdot\text{m}$$

然后再设法消除这两个结点的不平衡力矩。在位移法中,是设想一次将结点 B 和 C 分别转动到它们的实际位置,即使它们发生与实际结构相同的角位移。这样,就需要建立联立方程并计算它们。在力矩分配法中,首先设想只放松一个结点,使该结点上的各杆端弯矩单独趋于平衡。此时由于其他结点仍为固定,故可利用上述力矩分配和传递的办法消去该结点的不平衡力矩。现设想,先放松结点 B 并进行力矩分配。为此,求出汇交于结点 B 的各杆端的分配系数:

$$\mu_{BA}=\frac{4\times\frac{EI}{6}}{4\times\frac{EI}{6}+4\times\frac{EI}{4}}=0.4,\quad \mu_{BC}=\frac{4\times\frac{EI}{4}}{4\times\frac{EI}{6}+4\times\frac{EI}{4}}=0.6$$

通过力矩分配(即将不平衡力矩 M_{B}^{F} 反号乘以分配系数),求得各相应杆端的分配力矩为

$$M_{BA}^{\mu}=0.4\times(-20)\text{kN}\cdot\text{m}=-8\text{kN}\cdot\text{m}$$

$$M_{BC}^{\mu}=0.6\times(-20)\text{kN}\cdot\text{m}=-12\text{kN}\cdot\text{m}$$

kN·m

分配系数			0.4	0.6		0.5	0.5		
固端弯矩	−40		40	−20		20	−36		
分配与传递	−4	←	−8	−12	→	−6			
				5.50	←	11	11	→	0
	−1.10	←	−2.2	−3.30	→	−1.65			
				0.42	←	0.83	0.83	→	0
	−0.9	←	−0.17	−0.25	→	−0.125			
						0.06	0.06		
最后弯矩	−45.19		−29.63	+29.63		−24.11	+24.11		

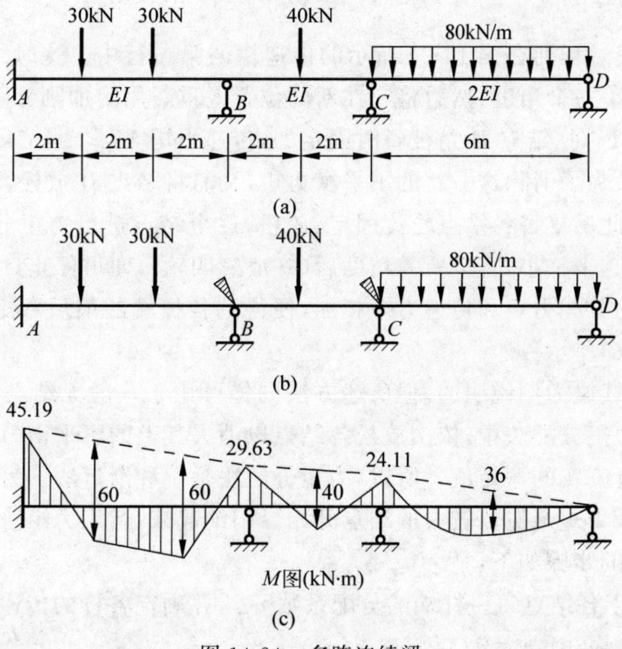

图 14-24　多跨连续梁

这一分配过程列在图 14-24 所示的分配及传递栏的第一行中。画在这两个分配力矩下的横线表示该结点上的不平衡力矩已经消除,结点暂时达到平衡并随之转动一个角度(但未转动到最终位置,因为此时 C 结点还受到约束)。同时,应将力矩向各自的远端传递,得到传递力矩为

$$M_{AB}^{\mathrm{C}}=\frac{1}{2}\times(-8)\,\mathrm{kN\cdot m}=-4\mathrm{kN\cdot m}$$

$$M_{CB}^{\mathrm{C}}=\frac{1}{2}\times(-12)\,\mathrm{kN\cdot m}=-6\mathrm{kN\cdot m}$$

这一传递过程也列在图 14-24 所示的分配及传递栏的第一行中,图中用箭头表示传递

的方向。

放松结点 B 后,将暂时处于平衡的结点 B 在新的位置上重新用附加刚臂固定。此时放松结点 C,考虑到放松结点 B 时传至 CB 端的传递力矩 $-6\text{kN}\cdot\text{m}$ 应计入结点 C 的不平衡力矩,其值为

$$M_C=\sum M_{Cj}^{\text{F}}=(20-36-6)\text{kN}\cdot\text{m}=-22\text{kN}\cdot\text{m}$$

放松结点 C 并将不平衡力矩反号。为此,计算结点 C 的有关各杆端的分配系数为

$$\mu_{CB}=\frac{4\times\dfrac{EI}{4}}{4\times\dfrac{EI}{4}+3\times\dfrac{2EI}{6}}=0.5,\quad \mu_{CD}=\frac{3\times\dfrac{2EI}{6}}{4\times\dfrac{EI}{4}+3\times\dfrac{2EI}{6}}=0.5$$

其分配力矩为

$$M_{CB}^{\mu}=M_{CD}^{\mu}=0.5\times 22\text{kN}\cdot\text{m}=11\text{kN}\cdot\text{m}$$

同时将它们向各自的远端传递,得传递力矩为

$$M_{BC}^{\text{C}}=\frac{1}{2}\times 11\text{kN}\cdot\text{m}=5.5\text{kN}\cdot\text{m},\quad M_{DC}^{\text{C}}=0$$

这一分配、传递过程列在图 14-24 所示的传递栏的第二行中。这时结点 C 也已暂时获得平衡并随之转动了一个角度,然后将它在新的位置上重新用附加刚臂固定。

由于放松结点 C 时,结点 B 是被暂时固定的,传递力矩 $M_{BC}^{\text{C}}=5.5\text{kN}\cdot\text{m}$ 成为结点 B 的新的不平衡力矩,为了消除这一新的不平衡力矩,又需将结点 B 放松,重新进行如上的分配和传递过程。如此反复将各结点轮流固定、放松,逐个结点进行力矩分配和传递,则各结点的不平衡力矩就越来越小,直至所需精度后(一般三四轮),便可停止计算。最后将各杆端的固端弯矩、历次的分配力矩和传递力矩相加,便得到各杆端的最后弯矩,据此可画出最后弯矩图如图 14-24(c)所示。

以上虽是以连续梁为例说明的,但所述方法同样可用于一般无结点线位移的刚架。综合以上分析知,在力矩分配法中,依次放松各结点以消去其上的不平衡力矩而修正各杆端的弯矩,使其逐步接近真实的弯矩值。所以,力矩分配法是一种渐近法。为了使计算过程收敛较快,通常从不平衡力矩绝对值较大的结点开始。归纳起来,运用力矩法计算一般连续梁和无结点线位移刚架的步骤如下:

(1) 求出汇交于各结点每一杆端的分配系数 μ_{ik},并确定各杆的传递系数 C_{ik}。

(2) 计算各杆端的固端弯矩 M_{ik}^{F}。

(3) 逐次循环交替地放松各结点使力矩平衡。每平衡一个结点时,按分配系数将不平衡力矩反号分配于各杆端,然后将各杆端所得的分配力矩乘以传递系数传递到另一端。将此步骤循环运用至各结点的力矩小到可以略去不计时为止(一般三四轮)。

(4) 将各杆端的固端弯矩与历次的分配力矩和传递力矩相加,即得各杆端的最后弯矩。

例 14-9 用力矩分配法计算如图 14-25(a)所示的三跨对称连续梁,并作 M 图。

解:此题的计算思路是,利用对称性取等代结构,然后按单结点梁进行计算。这个连续梁具有两个刚结点,利用其对称性取等代结构(图 14-26(b))只有一个刚结点,可按单结点力矩分配计算。

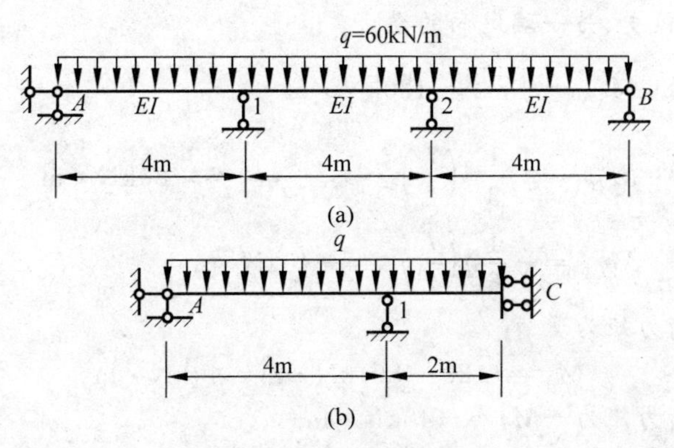

图 14-25　三跨对称连续梁

表 14-5　杆端弯矩计算表　kN・m

分配系数		0.6	0.4	
固端弯矩 ϕ	0	+120	−80	−40
分配力矩与传递	0	−24	−16→	+16
最终杆端弯矩	0	+96	−96	−24

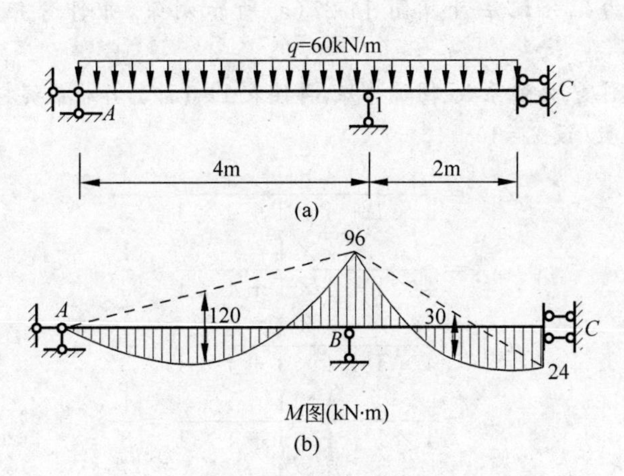

图 14-26　半边连续梁

现将图 14-25(b)所示的等代结构放大，如图 14-26(a)所示，其计算过程如下：

(1) 求分配系数

求分配系数时可用各杆的绝对线刚度，也可以采用线刚度的相对值，对本例设$\dfrac{EI}{l}=1$，相对线刚度 $i_{1A}=1, i_{1C}=\dfrac{EI}{\dfrac{l}{2}}=2$，则分配系数为

$$\mu_{1A}=\frac{3i_{1A}}{3i_{1A}+i_{1C}}=\frac{3\times1}{3\times1+2}=0.6,\quad \mu_{1C}=\frac{i_{1C}}{3i_{1A}+i_{1C}}=\frac{2}{3\times1+2}=0.4$$

(2) 求固端弯矩

当结点 1 固定时，形成两个单跨梁，按表 14-1 中给定的公式计算。

梁 $A1C$ 为一端铰支、另一端定向的梁：

$$M_{1A}^{\mathrm{F}}=\frac{1}{8}ql^2=120\mathrm{kN\cdot m}$$

$$M_{1C}^{\mathrm{F}}=-\frac{1}{3}q\left(\frac{l}{2}\right)^2=-\frac{1}{12}ql^2=-80\mathrm{kN\cdot m}$$

$$M_{C1}^{\mathrm{F}}=-\frac{1}{6}q\left(\frac{l}{2}\right)^2=-40\mathrm{kN\cdot m}$$

结点 1 的不平衡力矩为

$$M_1=(120-80)\mathrm{kN\cdot m}=40\mathrm{kN\cdot m}$$

被分配的不平衡力矩为 $-M_1=-40\mathrm{kN\cdot m}$。

(3) 分配与传递

分配力矩与传递力矩计入表 14-5 中第三行。

(4) 最终杆端弯矩见表 14-5 末行。

(5) 按叠加法绘制 M 图，如图 14-26(b)所示。

特别提醒：计算本题时最容易发生的错误是，误认为分割后的杆件 1C(图 14-26(a))的线刚度$\left(\frac{EI}{l/2}=\frac{2EI}{l}\right)$仍为分割前的线刚度$\left(\frac{EI}{l}\right)$，如果这样，以后的计算就全都错了。

例 14-10 试用力矩分配法计算图 14-27(a)所示刚架，并作弯矩图。各杆线刚度如图 14-27(a)所示。

解：先计算转动刚度、分配系数、固端弯矩，再按表 14-6 计算各杆最终杆端弯矩，画 M 图。

(1) 计算分配系数(设 $i=1$)

$$\mu_{BA}=\frac{4\times1}{4\times1+4\times1+4\times1}=\frac{1}{3}$$

$$\mu_{BC}=\frac{4\times1}{4\times1+4\times1+4\times1}=\frac{1}{3}$$

$$\mu_{BE}=\frac{4\times1}{4\times1+4\times1+4\times1}=\frac{1}{3}$$

$$\mu_{CB}=\frac{4\times1}{4\times1+4\times1+4\times1}=\frac{1}{3}$$

$$\mu_{CD}=\frac{4\times1}{4\times1+4\times1+4\times1}=\frac{1}{3}$$

$$\mu_{CF}=\frac{4\times1}{4\times1+4\times1+4\times1}=\frac{1}{3}$$

(2) 计算固端弯矩

$$M_{AB}^{\mathrm{F}}=-M_{BA}^{\mathrm{F}}=\left(-\frac{1}{8}\times80\times6\right)\mathrm{kN\cdot m}=-60\mathrm{kN\cdot m}$$

$$M_{BC}^{\mathrm{F}}=-M_{CB}^{\mathrm{F}}=\left(-\frac{1}{12}\times80\times6^2\right)\mathrm{kN\cdot m}=-45\mathrm{kN\cdot m}$$

其余均为零。

将上述分配系数及固端弯矩均填入表 14-6 中。

(3) 逐次对 B、C 结点进行分配与传递(详见表 14-6)。

(4) 求最后杆端弯矩(见表 14-6 最末一行)。

(5) 按叠加法作弯矩图，如图 14-27(b)所示。

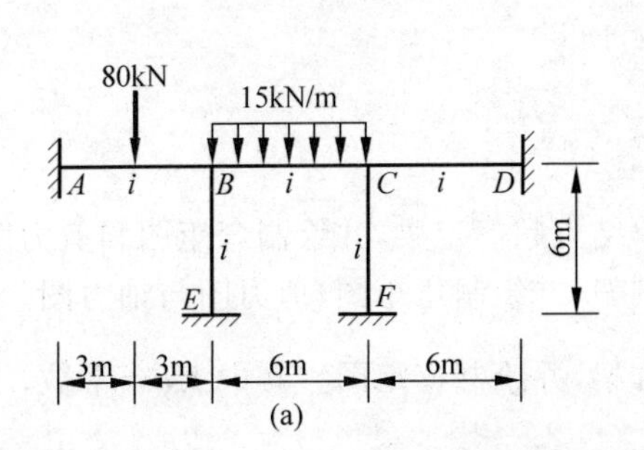

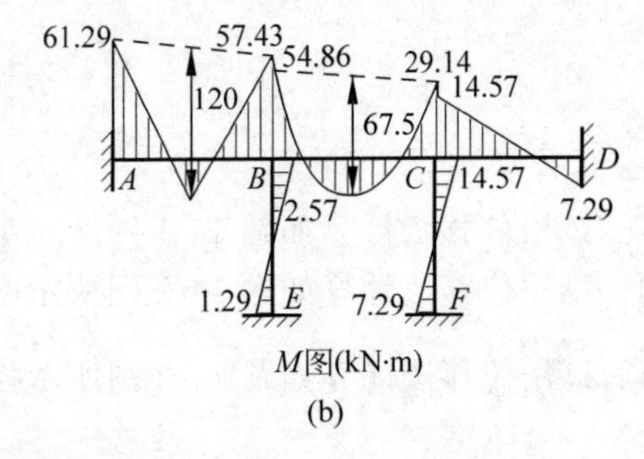

图 14-27　力矩分配法刚架内力计算

表 14-6　杆端弯矩计算表　kN·m

节点	E	A	B			C			D	F
杆端	EB	AB	BA	BE	BC	CB	CF	CD	DC	FC
分配系数	—	—	$\frac{1}{3}$	$\frac{1}{3}$	$\frac{1}{3}$	$\frac{1}{3}$	$\frac{1}{3}$	$\frac{1}{3}$	—	—
固端弯矩	0	−60.0	+60.0		−45.0	+45.0				
C 分配传递					−7.5	−15.0	−15.0	−15.0	−7.5	−7.5
B 分配传递	−1.25	−1.25	−2.5	−2.5	−2.5	−1.25				
C 分配传递					+0.21	+0.42	+0.42	+0.42	+0.21	+0.21
B 分配传递	−0.04	−0.04	−0.07	−0.07	−0.07	−0.04				
C 分配传递						+0.01	+0.01	+0.01		
最后杆端弯矩	−1.29	−61.29	+57.43	−2.57	−54.86	+29.14	−14.57	−14.57	−7.29	−7.29

思考题

14-1　用位移法求解超静定结构的思路是什么？如何确定位移法的基本未知量和基本结构？

14-2　位移法典型方程的物理意义是什么？方程中各系数和自由项的物理意义是什么？

14-3　如何理解两端固定梁的形、载常数是最基本的？而一端固定一端铰支和一端固定一端定向这两类梁的形、载常数可认为是推导出的？

14-4　在位移法中杆端弯矩正负号是怎样规定的？

14-5　在位移法中，以什么方式满足平衡和位移协调条件？

14-6　位移法适合计算哪种超静定结构？

14-7　什么是转动刚度、分配系数、分配力矩、传递系数、传递力矩？它们如何确定？

14-8　什么是固端弯矩？什么是不平衡力矩？为什么不平衡力矩要反号分配？

14-9　为什么力矩分配法，随分配、传递的轮数增加会趋于收敛？

14-10　在多结点的力矩分配法中，如何使计算的收敛速度加快？

14-11　为什么力矩分配法不能直接用于有结点线位移的刚架？

习题

14-1 试用位移法计算如题 14-1 图所示单结点超静定梁,并绘制弯矩图和剪力图。

14-2 试用位移法计算如题 14-2 图所示刚架,并绘制弯矩图、剪力图与轴力图。

14-3 试用位移法计算如题 14-3 图所示排架,并绘制弯矩图。其中 $EI=$常数,$i=\dfrac{EI}{l}$。

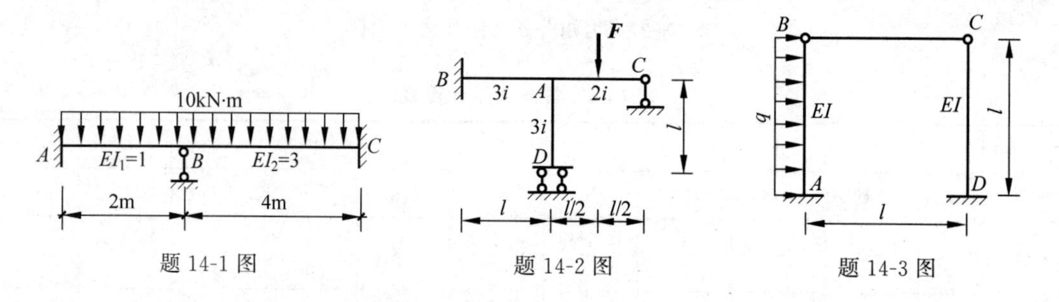

题 14-1 图　　题 14-2 图　　题 14-3 图

14-4 已知题 14-4 图(a)所示结构的弯矩图为题 14-4 图(b)。试求该结构的剪力图和轴力图。

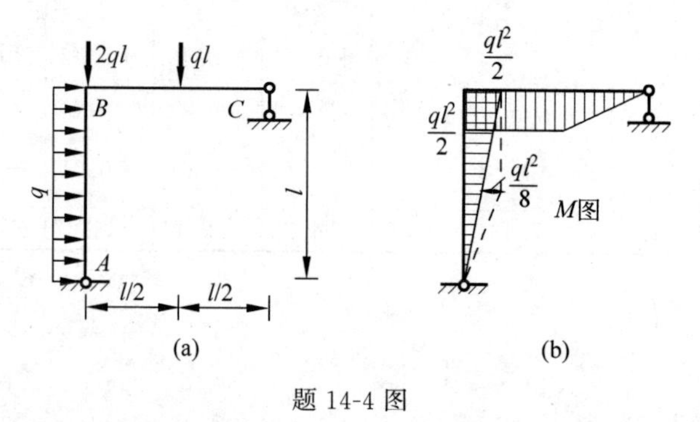

(a)　　(b)

题 14-4 图

14-5 试计算如题 14-5 图所示刚架,并绘制内力图。

14-6 试用力矩分配法绘制如题 14-6 图所示连续梁的弯矩图。

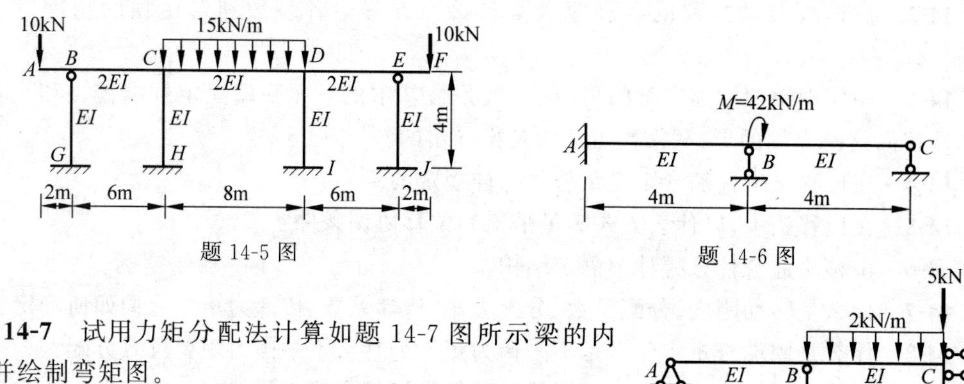

题 14-5 图　　题 14-6 图

14-7 试用力矩分配法计算如题 14-7 图所示梁的内力,并绘制弯矩图。

14-8 试用力矩分配法计算如题 14-8 图所示两跨连续梁内力,并绘制弯矩图。

题 14-7 图

14-9　试用力矩分配法计算如题 14-9 图所示刚架，并作弯矩图。

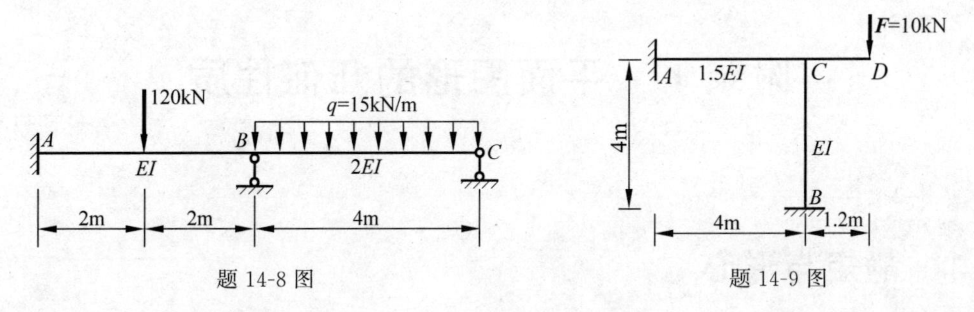

题 14-8 图　　题 14-9 图

14-10　试用力矩分配法计算如题 14-10 图所示连续梁，并绘制弯矩图。已知各杆弯曲刚度 EI 为常数。

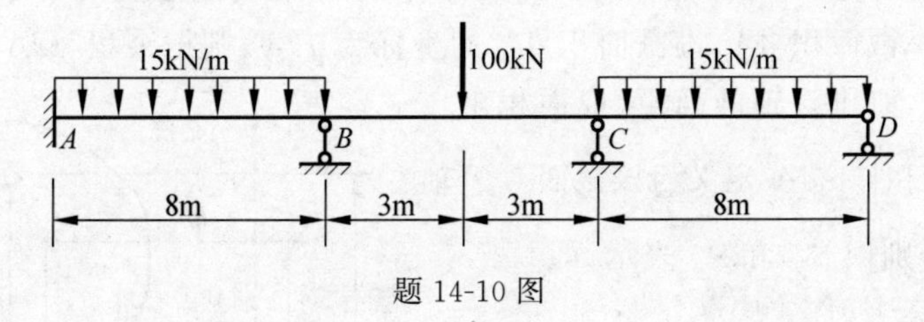

题 14-10 图

14-11　试用力矩分配法计算如题 14-11 图所示两层单跨刚架，并绘制弯矩图。

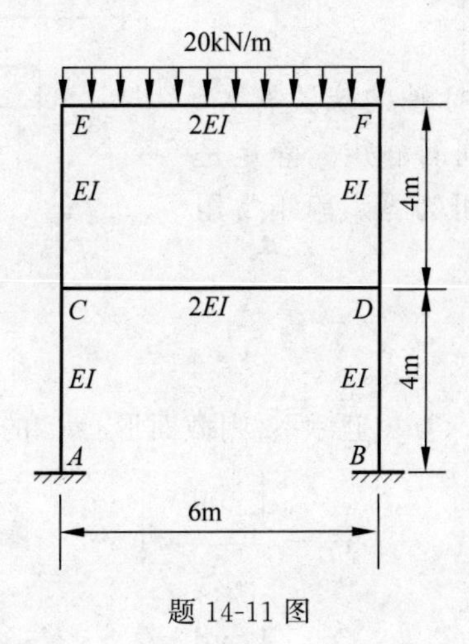

题 14-11 图

附录Ⅰ　平面图形的几何性质

Ⅰ.1　静矩与形心

Ⅰ.1.1　静矩

设一代表任意截面的平面图形，面积为 A，在图形平面内建立直角坐标系 Oxy（图Ⅰ-1）。在该截面上任取一微面积 $\mathrm{d}A$，设微面积 $\mathrm{d}A$ 的坐标为 x、y，则把乘积 $y\mathrm{d}A$ 和 $x\mathrm{d}A$ 分别称为微面积 $\mathrm{d}A$ 对 x 轴和 y 轴的静矩（或面积矩）。而把积分 $\int_A y\mathrm{d}A$ 和 $\int_A x\mathrm{d}A$ 定义为该截面对 x 轴和 y 轴的**静矩**，分别用 S_x 和 S_y 表示，即

$$\left.\begin{aligned} S_x &= \int_A y\mathrm{d}A \\ S_y &= \int_A x\mathrm{d}A \end{aligned}\right\} \qquad (\text{Ⅰ-1})$$

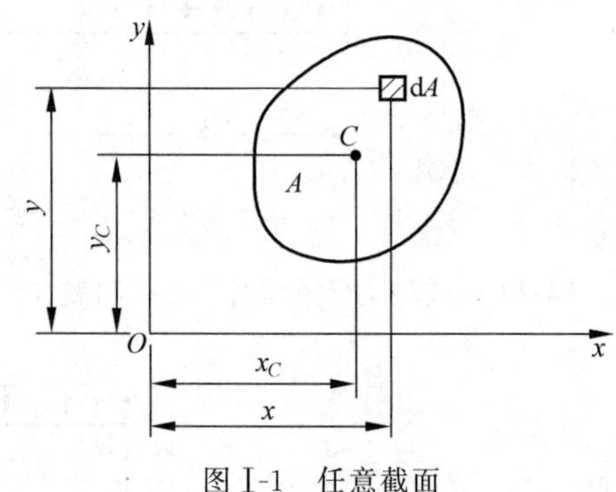

图Ⅰ-1　任意截面

由定义知，静矩与所选坐标轴的位置有关，同一截面对不同坐标轴有不同的静矩。静矩是一个代数量，其值可正、可负、可为零。静矩常用的单位是 mm^3 或 m^3。

Ⅰ.1.2　形心

对于截面，如取图Ⅰ-1所示 Oxy 坐标系，则截面形心 C 的坐标为（证明从略）

$$\left.\begin{aligned} x_C &= \frac{\int_A x\mathrm{d}A}{A} \\ y_C &= \frac{\int_A y\mathrm{d}A}{A} \end{aligned}\right\} \qquad (\text{Ⅰ-2})$$

式中，A 为截面面积。

利用式（Ⅰ-2）容易证明：若截面对称于某轴，则形心必在该对称轴上；若截面有两个对称轴，则形心必为该两对称轴的交点。在确定形心位置时，常常利用这个性质以减少计算工作量。

将式（Ⅰ-1）代入式（Ⅰ-2），可得到截面的形心坐标与静矩间的关系为

$$\left.\begin{aligned} S_x &= Ay_C \\ S_y &= Ax_C \end{aligned}\right\} \qquad (\text{Ⅰ-3})$$

若已知截面的静矩，则可由式(Ⅰ-3)确定截面形心的位置；反之，若已知截面形心位置，则可由式(Ⅰ-3)求得截面的静矩。

由式(Ⅰ-3)可以看出，若截面对某轴(例如 x 轴)的静矩为零($S_x=0$)，则该轴一定通过此截面的形心($y_C=0$)。通过截面形心的轴称为截面的**形心轴**。反之，截面对其形心轴的静矩一定为零。

例Ⅰ-1　如图Ⅰ-2所示截面 OAB，是由顶点在坐标原点 O 的抛物线与 x 轴围成，设抛物线的方程为 $x=\dfrac{a}{b^2}y^2$，求其形心位置。

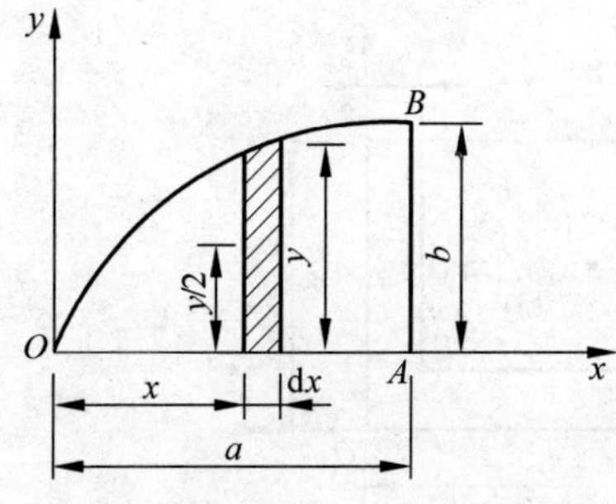

图Ⅰ-2　抛物线与 x 轴围成的面积

解：将截面分成许多宽为 $\mathrm{d}x$，高为 y 的微面积，如图Ⅰ-2所示，$\mathrm{d}A=y\mathrm{d}x=\dfrac{b}{\sqrt{a}}\sqrt{x}\,\mathrm{d}x$。由式(Ⅰ-2)，截面 OAB 的形心坐标为

$$x_C=\frac{\int_A x\mathrm{d}A}{\int_A \mathrm{d}A}=\frac{\int_0^a x\dfrac{b}{\sqrt{a}}\sqrt{x}\,\mathrm{d}x}{\int_0^a \dfrac{b}{\sqrt{a}}\sqrt{x}\,\mathrm{d}x}=\frac{3}{5}a$$

$$y_C=\frac{\int_A y\mathrm{d}A}{\int_A \mathrm{d}A}=\frac{\int_0^a \dfrac{1}{2}y\dfrac{b}{\sqrt{a}}\sqrt{x}\,\mathrm{d}x}{\int_0^a \dfrac{b}{\sqrt{a}}\sqrt{x}\,\mathrm{d}x}=\frac{\int_0^a \dfrac{1}{2}\dfrac{b^2}{a}\sqrt{x}\,\mathrm{d}x}{\int_0^a \dfrac{b}{\sqrt{a}}\sqrt{x}\,\mathrm{d}x}=\frac{3}{8}b$$

Ⅰ.1.3　组合截面的静矩与形心

工程中经常遇到这样的一些截面，它们是由若干简单截面(如矩形、三角形、半圆形等)所组成，称为**组合截面**。根据静矩的定义，组合截面对某轴的静矩应等于其各组成部分对该轴静矩之和，即

$$\left.\begin{aligned}S_x&=\sum S_{xi}=\sum A_i y_{Ci}\\S_y&=\sum S_{yi}=\sum A_i x_{Ci}\end{aligned}\right\}\tag{Ⅰ-4}$$

由式(Ⅰ-3)，组合截面形心的计算公式为

$$\left.\begin{aligned}x_C&=\frac{S_y}{A}=\frac{\sum A_i x_{Ci}}{\sum A_i}\\y_C&=\frac{S_x}{A}=\frac{\sum A_i y_{Ci}}{\sum A_i}\end{aligned}\right\}\tag{Ⅰ-5}$$

以上两式中，A_i、x_{Ci}、y_{Ci} 分别为各个简单截面的面积及形心坐标。

例Ⅰ-2　试确定如图Ⅰ-3所示L形截面的形心位置。

解法一：将截面图形分为Ⅰ、Ⅱ两个矩形。取 y、z 轴分别与截面图形底边及右边的边缘线重合(图Ⅰ-3注：工程中常取这种坐标系)。两个矩形的形心坐标及面积分别为

矩形Ⅰ：$y_{C1}=-60\mathrm{mm}$

$z_{C1}=5\mathrm{mm}$

$A_1=(10\times120)\mathrm{mm}^2=1200\mathrm{mm}^2$

视频讲解

矩形Ⅱ：$y_{C2}=-5\text{mm}$

$z_{C2}=45\text{mm}$

$A_2=(10\times70)\text{mm}^2=700\text{mm}^2$

形心 C 点的坐标(y_C,z_C)为

$$y_C=\frac{y_{C1}A_1+y_{C2}A_2}{A_1+A_2}=\frac{-60\times1200+(-5)\times700}{1200+700}\text{mm}=-39.7\text{mm}$$

$$z_C=\frac{z_{C1}A_1+z_{C2}A_2}{A_1+A_2}=\frac{5\times1200+45\times700}{1200+700}\text{mm}=19.7\text{mm}$$

形心 C 的位置如图Ⅰ-3(a)所示。

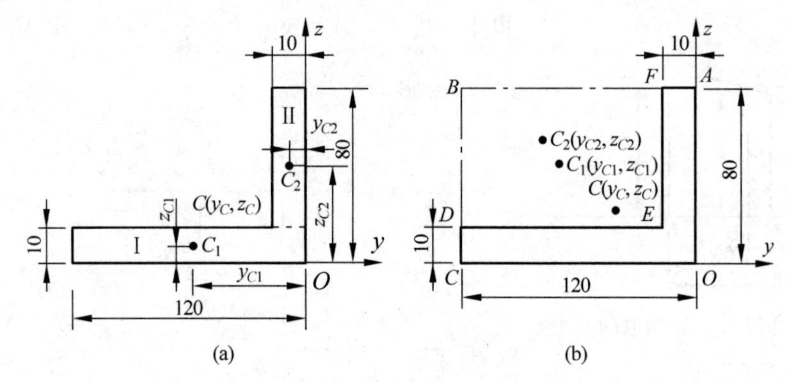

图Ⅰ-3 L截面

解法二：本例题的图形也可看作是从矩形 $OABC$ 中除去矩形 $BDEF$ 而成的(图Ⅰ-3(b))。点 C_1 是矩形 $OABC$ 的形心，点 C_2 是矩形 $BDEF$ 的形心，则

$y_{C1}=-60\text{mm}$

$z_{C1}=40\text{mm}$

$A_1=(80\times120)\text{mm}^2=9600\text{mm}^2$

$y_{C2}=-65\text{mm}$

$z_{C2}=45\text{mm}$

$A_2=(70\times110)\text{mm}^2=7700\text{mm}^2$

$$y_C=\frac{S_z}{A}=\frac{y_{C1}A_1-y_{C2}A_2}{A_1-A_2}=\frac{-60\times9600-(-65)\times7700}{9600-7700}\text{mm}=-39.7\text{mm}$$

$$z_C=\frac{S_y}{A}=\frac{z_{C1}A_1-z_{C2}A_2}{A_1-A_2}=\frac{40\times9600-45\times7700}{9600-7700}\text{mm}=19.7\text{mm}$$

解法一称为求形心的**分割法**，解法二称为求形心的**负面积法**。

关于几何性质的由来

此处介绍的静矩、惯性矩、极惯性矩等几何性质的积分式，是在推导梁、圆扭杆应力公式时得到的。俗语云，只有真正懂得的事才能真正理解它。例Ⅰ-1、例Ⅰ-3、例Ⅰ-4用上述积分

式，具体计算了形心、惯性矩和极惯性矩，目的在于使读者明白上述几何性质的积分式是怎么回事，便于理解什么是几何性质。但在实际应用中一般不这样做，而是用它们推算出来的具体计算公式，正文中凡计算几何性质时都是这样做的。

Ⅰ.2　惯性矩与惯性积

1. 惯性矩

设一代表任意截面的平面图形，面积为 A，在图形平面内建立直角坐标系 Oxy（图Ⅰ-4）。在截面上任取一微面积 $\mathrm{d}A$，设微面积 $\mathrm{d}A$ 的坐标分别为 x 和 y，则把乘积 $y^2\mathrm{d}A$ 和 $x^2\mathrm{d}A$ 分别称为微面积 $\mathrm{d}A$ 对 x 轴和 y 轴的惯性矩。而把积分 $\int_A y^2\mathrm{d}A$ 和 $\int_A x^2\mathrm{d}A$ 分别定义为截面对 x 轴和 y 轴的**惯性矩**，分别用 I_x 与 I_y 表示，即

$$\left.\begin{aligned} I_x &= \int_A y^2\mathrm{d}A \\ I_y &= \int_A x^2\mathrm{d}A \end{aligned}\right\} \tag{Ⅰ-6}$$

由定义可知，惯性矩恒为正值，其常用单位为 mm^4 或 m^4。

例Ⅰ-3　求图Ⅰ-5所示矩形截面对其形心轴 x、y 的惯性矩 I_x 和 I_y。

解：取平行于 x 轴的狭长条（图中阴影部分）作为微面积 $\mathrm{d}A$，则有 $\mathrm{d}A=b\mathrm{d}y$。由式（Ⅰ-6），得

$$I_x=\int_A y^2\mathrm{d}A=\int_{-\frac{h}{2}}^{\frac{h}{2}} by^2\mathrm{d}y=\frac{bh^3}{12}$$

同理有

$$I_y=\int_A x^2\mathrm{d}A=\int_{-\frac{b}{2}}^{\frac{b}{2}} hx^2\mathrm{d}x=\frac{hb^3}{12}$$

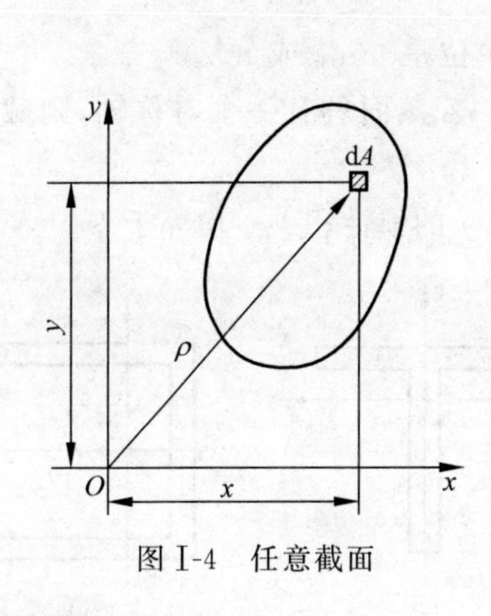

图Ⅰ-4　任意截面

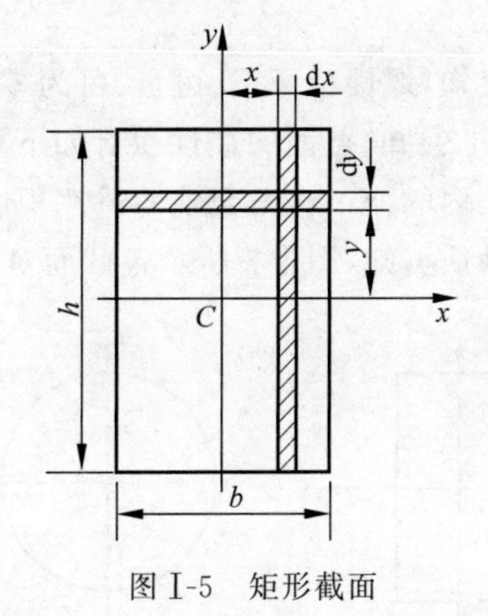

图Ⅰ-5　矩形截面

2. 极惯性矩

在图Ⅰ-4中，若以 ρ 表示微面积 $\mathrm{d}A$ 到坐标原点 O 的距离，则把 $\rho^2\mathrm{d}A$ 称为微面积 $\mathrm{d}A$ 对 O 点的极惯性矩。而把积分 $\int_A \rho^2\mathrm{d}A$ 定义为截面对 O 点的**极惯性矩**，用 I_{p} 表示，即

$$I_{\mathrm{p}}=\int_A \rho^2\mathrm{d}A \tag{Ⅰ-7}$$

由定义知,极惯性矩恒为正值,其常用单位是 mm^4 或 m^4。

由图Ⅰ-4可知,$\rho^2=x^2+y^2$,代入式(Ⅰ-7),得

$$I_p=\int_A \rho^2 dA=\int_A (x^2+y^2) dA=\int_A x^2 dA+\int_A y^2 dA$$

利用式(Ⅰ-6),即得惯性矩与极惯性矩的关系为

$$I_p=I_x+I_y \tag{Ⅰ-8}$$

式(Ⅰ-8)表明,截面对某点的极惯性矩等于截面对通过该点的两个正交轴的惯性矩之和。有时,利用式(Ⅰ-8)计算截面的极惯性矩或惯性矩比较方便。

例Ⅰ-4 求如图Ⅰ-6所示圆形截面对圆心的极惯性矩。

解:建立直角坐标系 Oxy,如图Ⅰ-6所示。选取图示环形微面积 dA(图中阴影部分),则 $dA=2\pi\rho\cdot d\rho$。由式(Ⅰ-7),得

$$I_p=\int_A \rho^2 dA=\int_0^{\frac{D}{2}} \rho^2 2\pi\rho d\rho=\frac{\pi D^4}{32}$$

若利用式(Ⅰ-8),则同样可得

$$I_p=I_x+I_y=2\times\frac{\pi D^4}{64}=\frac{\pi D^4}{32}$$

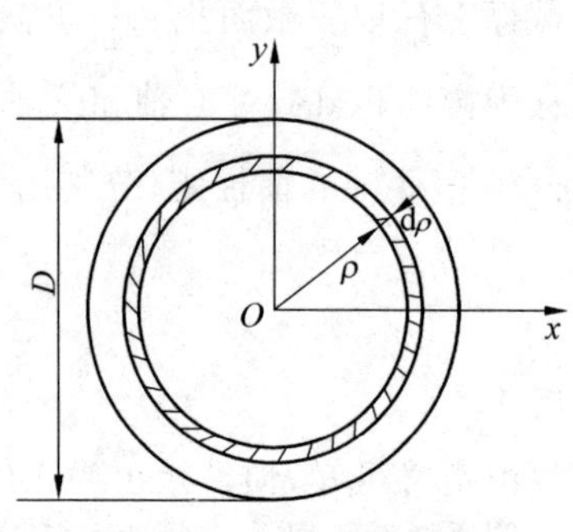

图Ⅰ-6 圆形截面

3. 惯性积

在图Ⅰ-4中,把微面积 dA 与其坐标 x、y 的乘积 $xydA$ 称为微面积 dA 对 x、y 两轴的惯性积。而把积分 $\int_A xydA$ 定义为截面对 x、y 两轴的**惯性积**,用 I_{xy} 表示,即

$$I_{xy}=\int_A xy dA \tag{Ⅰ-9}$$

由定义知,惯性积可正、可负、可为零,其常用单位是 mm^4 或 m^4。

由式(Ⅰ-9)知,截面的惯性积有如下重要性质:若截面具有一个对称轴,则截面对包括该对称轴在内的任一对正交轴的惯性积恒等于零。

由此性质可知,图Ⅰ-7所示各截面对坐标轴 x、y 的惯性积 I_{xy} 均等于零。

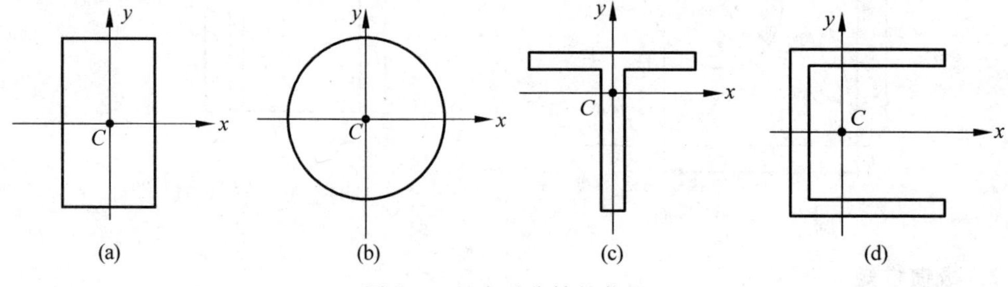

图Ⅰ-7 具有对称轴的截面

4. 惯性半径

在工程应用中,为方便起见,有时也将惯性矩表示成某一长度平方与截面面积 A 的乘积,即

$$\left.\begin{aligned} I_x &= i_x^2 A \\ I_y &= i_y^2 A \end{aligned}\right\} \tag{Ⅰ-10a}$$

或

$$\left.\begin{aligned} i_x &= \sqrt{\frac{I_x}{A}} \\ i_y &= \sqrt{\frac{I_y}{A}} \end{aligned}\right\} \tag{Ⅰ-10b}$$

式中，i_x、i_y 分别为截面对 x、y 轴的**惯性半径**，亦称**回转半径**。其常用单位为 mm 或 m。

Ⅰ.3 平行移轴公式

1. 惯性矩和惯性积的平行移轴公式

如图Ⅰ-8所示截面的面积为 A，x_C、y_C 轴为其形心轴，x、y 轴为一对与形心轴平行的正交坐标轴，两组坐标轴的间距分别为 a、b，微面积 $\mathrm{d}A$ 在两个坐标系 Cx_Cy_C 和 Oxy 中的坐标分别为 x_C、y_C 和 x、y。由式(Ⅰ-6)知，截面对 x 轴的惯性矩为

$$\begin{aligned} I_x &= \int_A y^2 \mathrm{d}A = \int_A (y_C + a)^2 \mathrm{d}A \\ &= \int_A y_C{}^2 \mathrm{d}A + 2a\int_A y_C + a^2\int_A \mathrm{d}A \\ &= I_{x_C} + 2aS_{x_C} + a^2 A \end{aligned}$$

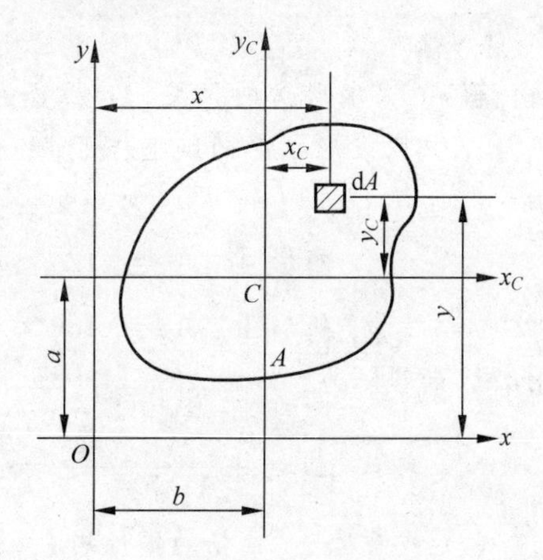

图Ⅰ-8 任意截面

式中，S_{x_C} 为截面对形心轴 x_C 的静矩，其值为零。因此有

$$\left.\begin{aligned} I_x &= I_{x_C} + a^2 A \\ I_y &= I_{y_C} + b^2 A \\ I_{xy} &= I_{x_Cy_C} + abA \end{aligned}\right\} \tag{Ⅰ-11}$$

式中，I_x、I_y、I_{xy} 分别为截面对 x、y 轴的惯性矩和惯性积；I_{x_C}、I_{y_C}、$I_{x_Cy_C}$ 分别为截面对形心轴 x_C、y_C 的惯性矩和惯性积。

式(Ⅰ-11)称为惯性矩和惯性积的**平行移轴公式**。利用它可以计算截面对与形心轴平行的轴的惯性矩和惯性积。

2. 组合截面的惯性矩和惯性积

设组合截面由 n 个简单截面组成，根据惯性矩和惯性积的定义，组合截面对 x、y 轴的惯性矩和惯性积为

$$\left.\begin{aligned} I_x &= \sum I_{xi} \\ I_y &= \sum I_{yi} \\ I_{xy} &= \sum I_{xyi} \end{aligned}\right\} \tag{Ⅰ-12}$$

式中，I_{xi}、I_{yi}、I_{xyi} 分别为各个简单截面对 x、y 轴的惯性矩和惯性积。

例Ⅰ-5 求如图Ⅰ-9所示T形截面的惯性矩。

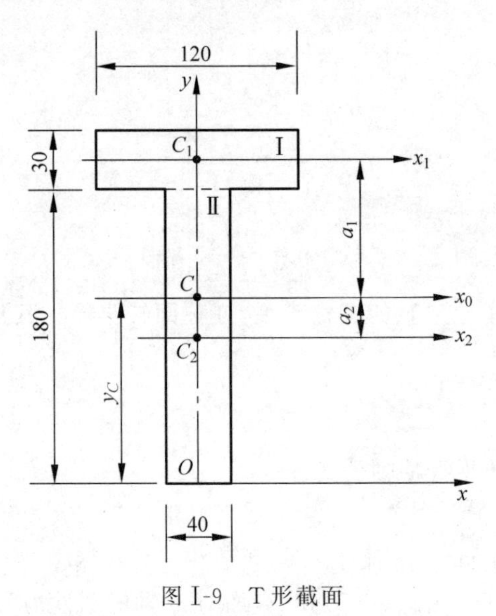

图Ⅰ-9 T形截面

视频讲解

解:(1) 求形心的位置。建立如图Ⅰ-9所示坐标系 Oxy,因截面对 y 轴对称,所以 $x_C=0$,只需求形心 C 的纵坐标 y_C 的值。将T形截面看作由两个矩形组成的组合截面,则有

$$矩形Ⅰ: A_1=(120\times 30)\text{mm}^2=3600\text{mm}^2,\quad y_1=195\text{mm}$$

$$矩形Ⅱ: A_2=(180\times 40)\text{mm}^2=7200\text{mm}^2,\quad y_2=90\text{mm}$$

形心 C 的坐标为

$$y_C=\frac{A_1y_1+A_2y_2}{A_1+A_2}=\frac{3600\times 195+7200\times 90}{3600+7200}\text{mm}=125\text{mm}$$

(2) 截面对 x_0、y 轴的惯性矩 I_{x0}、I_y。由图Ⅰ-9知,$a_1=70\text{mm}$,$a_2=35\text{mm}$,则惯性矩 I_{x0}、I_y 分别为

$$\begin{aligned}I_{x0}&=I_{x1}^{\text{Ⅰ}}+a_1^2A_1+I_{x2}^{\text{Ⅱ}}+a_2^2A_2\\&=\left(\frac{120\times 30^3}{12}+70^2\times 120\times 30+\frac{40\times 180^3}{12}+35^2\times 180\times 40\right)\text{mm}^4\\&=4914\times 10^4\text{mm}^4\end{aligned}$$

$$I_y=I_y^{\text{Ⅰ}}+I_y^{\text{Ⅱ}}=\left(\frac{30\times 120^3}{12}+\frac{180\times 40^3}{12}\right)\text{mm}^4=528\times 10^4\text{mm}^4$$

3. 组合截面的形心主轴和形心主惯性矩

通过截面任一点的直角坐标轴,若惯性积 I_{xy} 等于零,则此轴称为**主轴**;通过截面形心而惯性积 I_{xy} 等于零的坐标轴,称为**形心主轴**。截面对形心主轴的惯性矩,称为**形心主惯性矩**。在确定组合截面的形心主轴和形心主惯性矩时,首先应确定形心的位置,然后视截面有一个或两个对称轴而采取不同的方法确定形心主轴。若组合截面有一个对称轴,此对称轴

就是其中一个形心主轴，另一个形心主轴就是通过形心而与对称轴垂直的轴，然后再按Ⅰ.3节中的方法计算形心主惯性矩；若组合截面有两个对称轴，其两个对称轴就是形心主轴，然后再按Ⅰ.3节中的方法计算形心主惯性矩。若组合截面没有对称轴，其形心主轴和形心主惯性矩的确定方法已超出我们研究的范围了。

例Ⅰ-6 计算如图Ⅰ-10所示阴影部分面积对其形心轴 z、y 的主惯性矩。

解：(1) 求形心位置。由于 y 轴为图形的对称轴，故形心必在此轴上，即 $z_C=0$。

为求 y_C，现设 z_0 轴如图Ⅰ-10所示，阴影部分图形可看成是矩形 A_1 减去圆形 A_2 得到，故其形心 y_C 的坐标为

$$y_C=\frac{\sum A_i y_i}{A}$$

$$=\frac{600\times10^3\times500-\frac{\pi}{4}\times400^2\times300}{600\times10^3-\frac{\pi}{4}\times400^2}\text{mm}$$

$$=553\text{mm}$$

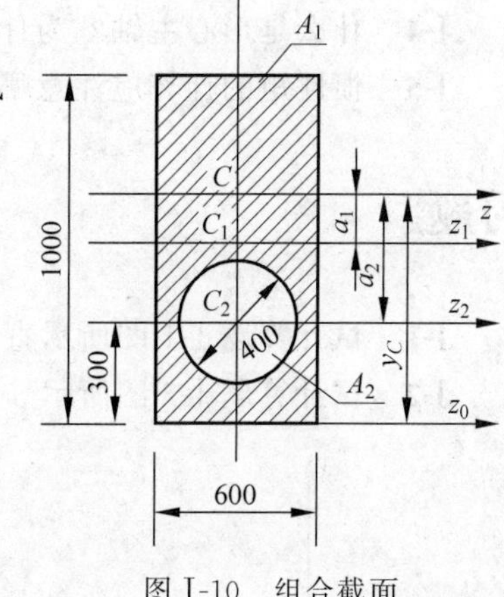

图Ⅰ-10 组合截面

(2) 求形心主惯性矩。因 y 轴为截面的对称轴，故截面对过形心 C 的 z、y 轴的惯性积等于零，即 z、y 轴为形心主轴，截面对 z、y 轴的惯性矩 I_z、I_y 即为所求形心主惯性矩。

阴影部分对 z、y 轴的主惯性矩，可看成矩形截面与圆形截面对 z、y 轴的惯性矩之差，故

$$I_z=I_{z1}-I_{z2}=\left(\frac{bh^3}{12}+a_1^2A_1\right)-\left(\frac{\pi D^4}{64}+a_2^2A_2\right)$$

$$=\left[\left(\frac{600\times1000^3}{12}+53^2\times600\times1000\right)-\left(\frac{\pi\times400^4}{64}+253^2\times\frac{\pi\times400^2}{4}\right)\right]\text{mm}^4$$

$$=424\times10^8\text{mm}^4$$

$$I_y=I_{y1}-I_{y2}=\frac{hb^3}{12}-\frac{\pi D^4}{64}=\left(\frac{1000\times600^3}{12}-\frac{\pi\times400^4}{64}\right)\text{mm}^4$$

$$=167.44\times10^8\text{mm}^4$$

平面几何性质为何放在附录中讲

平面图形的几何性质在强度、刚度和稳定性分析中是必不可少的一个内容，因此本章教学形式多样，不同的教师可有不同的处理方法：有的教师习惯放在“扭转强度”前一起讲；有的是讲到什么力学内容，需要什么几何性质时就讲什么几何性质，边讲边用；也有的是先讲一部分内容用着，等到再用其他内容时再讲另一部分等。这样，如将其放在正文中就不大合适，故将它放在附录中。

思考题

I-1 什么是截面几何性质？它有什么用途？

I-2 为什么计算不通形心坐标轴的轴惯性矩时，要用惯性矩的平行移轴公式？

I-3 什么是惯性半径？它与圆的半径有什么关系？

I-4 什么是形心主轴？为什么要计算形心主惯性矩？

I-5 惯性矩的计算应注意哪些问题？

习题

I-1 试计算题Ⅰ-1图所示直角梯形截面的形心位置。

I-2 试计算题Ⅰ-2图所示T形截面对形心轴 z、y 的惯性矩。

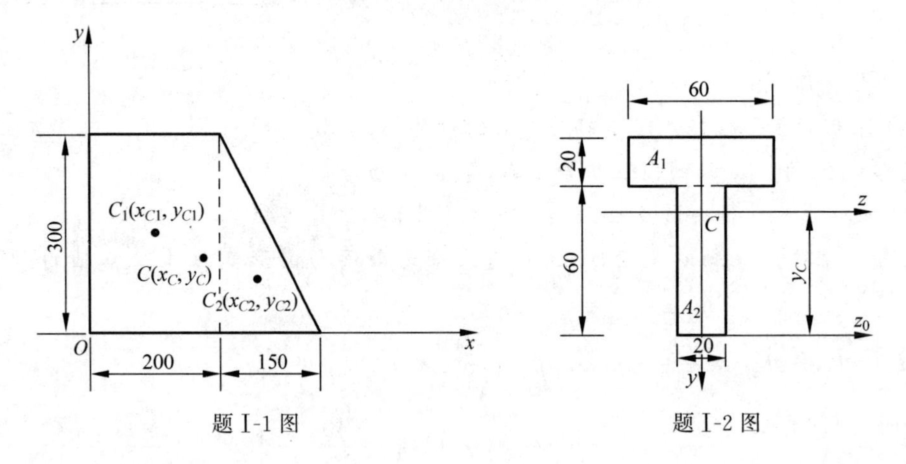

题Ⅰ-1图　　题Ⅰ-2图

I-3 如题Ⅰ-3图所示工字形截面图形，分别求对其形心轴 z_0 轴和 y_0 轴的惯性矩 I_{z0} 和 I_{y0}。

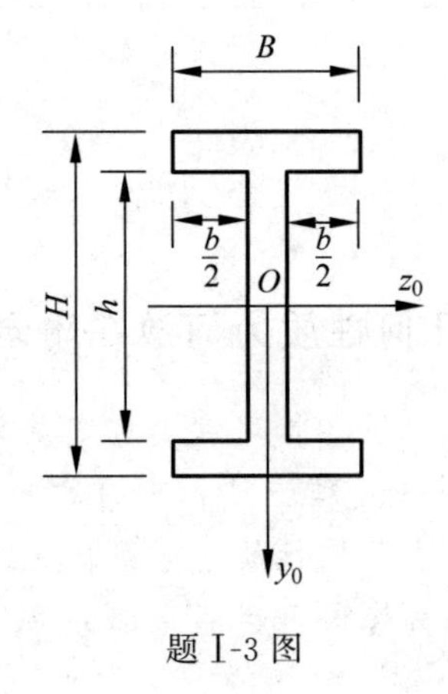

题Ⅰ-3图

Ⅰ-4　求如题Ⅰ-4图所示截面对 x 轴的惯性矩。

Ⅰ-5　求如题Ⅰ-5图所示22a号工字钢上下加焊两块钢板形成的梁截面，对其形心轴 x 的惯性矩。

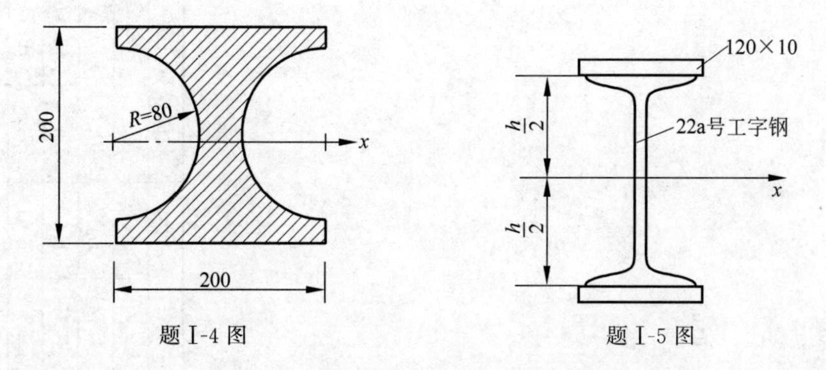

题Ⅰ-4图　　　　题Ⅰ-5图

* **Ⅰ-6**　题Ⅰ-6图所示为用两个20b号槽钢组成的组合柱的横截面。试求此横截面对对称轴 y_0 和 z_0 的惯性矩。

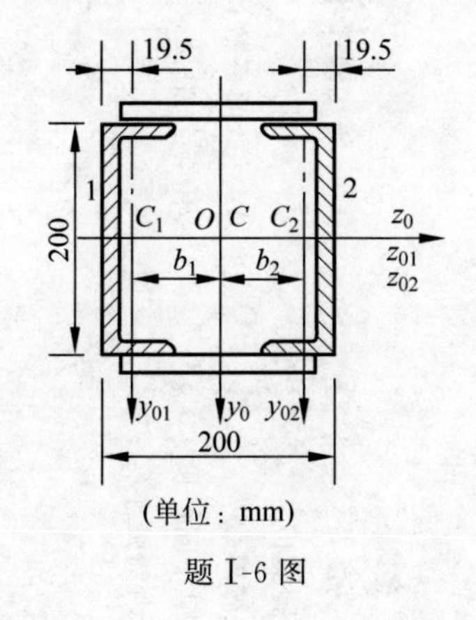

(单位：mm)

题Ⅰ-6图

附录Ⅱ　型钢规格表

表Ⅱ-1　工字钢截面尺寸、截面面积、理论重量及截面特性(GB/T 706—2016)

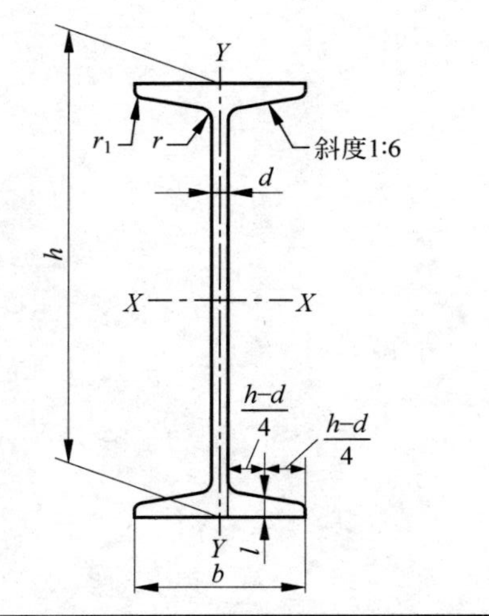

符号意义：

h—高度；

b—腿宽度；

d—腰厚度；

t—腿中间厚度；

r—内圆弧半径；

r_1—腿端圆弧半径；

I—惯性矩；

W—截面系数；

i—惯性半径。

型号	截面尺寸/mm						截面面积	理论重量	外表面积	惯性矩/cm^4		惯性半径/cm		截面模数/cm^3		$\frac{I_x}{S_x}$/cm
	h	b	d	t	r	r_1	/cm^2	/(kg/m)	/(m^2/m)	I_x	I_y	i_x	i_y	W_z	W_y	
10	100	68	4.5	7.6	6.5	3.3	14.33	11.3	0.432	245	33.0	4.14	1.52	49.0	9.72	8.59
12	120	74	5.0	8.4	7.0	3.5	17.80	14.0	0.493	436	46.9	4.95	1.62	72.7	12.7	—
12.6	126	74	5.0	8.4	7.0	3.5	18.10	14.2	0.505	488	46.9	5.20	1.61	77.5	12.7	10.8
14	140	80	5.5	9.1	7.5	3.8	21.50	16.9	0.553	712	64.4	5.76	1.73	102	16.1	12.0
16	160	88	6.0	9.9	8.0	4.0	26.11	20.5	0.621	1 130	93.1	6.58	1.89	141	21.2	13.8
18	180	94	6.5	10.7	8.5	4.3	30.74	24.1	0.681	1 660	122	7.36	2.00	185	26.0	15.4

续表

型号	截面尺寸/mm						截面面积 /cm^2	理论重量 /(kg/m)	外表面积 /(m^2/m)	惯性矩/cm^4		惯性半径/cm		截面模数/cm^3		$\frac{I_x}{S_x}$/cm
	h	b	d	t	r	r_1				I_x	I_y	i_x	i_y	W_z	W_y	
20a	200	100	7.0	11.4	9.0	4.5	35.55	27.9	0.742	2 370	158	8.15	2.12	237	31.5	17.2
20b		102	9.0				39.55	31.1	0.746	2 500	169	7.96	2.06	250	33.1	16.9
22a	220	110	7.5	12.3	9.5	4.8	42.10	33.1	0.817	3 400	225	8.99	2.31	309	40.9	18.9
22b		112	9.5				46.50	36.5	0.821	3 570	239	8.78	2.27	325	42.7	18.7
24a	240	116	8.0	13.0	10.0	5.0	47.71	37.5	0.878	4 570	280	9.77	2.42	381	48.4	—
24b		118	10.0				52.51	41.2	0.882	4 800	297	9.57	2.38	400	50.4	—
25a	250	116	8.0				48.51	38.1	0.898	5 020	280	10.2	2.40	402	48.3	21.6
25b		118	10.0				53.51	42.0	0.902	5 280	309	9.94	2.40	423	52.4	21.3
27a	270	122	8.5	13.7	10.5	5.3	54.52	42.8	0.958	6 550	345	10.9	2.51	485	56.6	—
27b		124	10.5				59.92	47.0	0.962	6 870	366	10.7	2.47	509	58.9	—
28a	280	122	8.5				55.37	43.5	0.978	7 110	345	11.3	2.50	508	56.6	24.6
28b		124	10.5				60.97	47.9	0.982	7 480	379	11.1	2.49	534	61.2	24.2
30a	300	126	9.0	14.4	11.0	5.5	61.22	48.1	1.031	8 950	400	12.1	2.55	597	63.5	—
30b		128	11.0				67.22	52.8	1.035	9 400	422	11.8	2.50	627	65.9	—
30c		130	13.0				73.22	57.5	1.039	9 850	445	11.6	2.46	657	68.5	—
32a	320	130	9.5	15.0	11.5	5.8	67.12	52.7	1 084	11 100	460	12.8	2.62	692	70.8	27.5
32b		132	11.5				73.52	57.7	1.088	11 600	502	12.6	2.61	726	76.0	27.1
32c		134	13.5				79.92	62.7	1.092	12 200	544	12.3	2.61	760	81.2	26.8
36a	360	136	10.0	15.8	12.2	6.0	76.44	60.0	1.185	15 800	552	14.4	2.69	875	81.2	30.7
36b		138	12.2				83.64	65.7	1.189	16 500	582	14.1	2.64	919	84.3	30.3
36c		140	14.0				90.84	71.3	1.193	17 300	612	13.8	2.60	962	87.4	29.9

续表

型号	截面尺寸/mm						截面面积 /cm^2	理论重量 /(kg/m)	外表面积 /(m^2/m)	惯性矩/cm^4		惯性半径/cm		截面模数/cm^3		$\frac{I_x}{S_x}$/cm
	h	b	d	t	r	r_1				I_x	I_y	i_x	i_y	W_z	W_y	
40a		142	10.5				86.07	67.6	1.285	21 700	660	15.9	2.77	1 090	93.2	34.1
40b	400	144	12.5	16.5	12.5	6.3	94.07	73.8	1.289	22 800	692	15.6	2.71	1 140	96.2	33.6
40c		146	14.5				102.1	80.1	1.293	23 900	727	15.2	2.65	1 190	99.6	33.2
45a		150	11.5				102.4	80.4	1.411	32 200	855	17.7	2.89	1 430	114	38.6
45b	450	152	13.5	18.0	13.5	6.8	111.4	87.4	1.415	33 800	894	17.4	2.84	1 500	118	38.0
45c		154	15.5				120.4	94.5	1.419	35 300	938	17.1	2.79	1 570	122	37.6
50a		158	12.0				119.2	93.6	1.539	46 500	1 120	19.7	3.07	1 860	142	42.8
50b	500	160	14.0	20.0	14.0	7.0	129.2	101	1.543	48 600	1 170	19.4	3.01	1 940	146	42.4
50c		162	16.0				139.2	109	1.547	50 600	1 220	19.0	2.96	2 080	151	41.8
55a		166	12.5				134.1	105	1.667	62 900	1 370	21.6	3.19	2 290	164	—
55b	550	168	14.5				145.1	114	1.671	65 600	1 420	21.2	3.14	2 390	170	—
55c		170	16.5	21.0	14.5	7.3	156.1	123	1.675	68 400	1 480	20.9	3.08	2 490	175	—
56a		166	12.5				135.4	106	1.687	65 600	1 370	22.0	3.18	2 340	165	47.7
56b	560	168	14.5				146.6	115	1.691	68 500	1 490	21.6	3.16	2 450	174	47.2
56c		170	16.5				157.8	124	1.695	71 400	1 560	21.3	3.16	2 550	183	46.7
63a		176	13.0				154.6	121	1.862	93 900	1 700	24.5	3.31	2 980	193	54.2
63b	630	178	15.0	22.0	15.0	7.5	167.2	131	1.866	98 100	1 810	24.2	3.29	3 160	204	53.5
63c		180	17.0				179.8	141	1.870	102 000	1 920	23.8	3.27	3 300	214	52.9

注：表中 r、r_1 的数据用于孔型设计，不做交货条件。

表Ⅱ-2　槽钢截面尺寸、截面面积、理论重量及截面特性（GB/T 706—2016）

符号意义：

h—高度；
b—腿宽度；
d—腰厚度；
t—腿中间厚度；
r—内圆弧半径；
r_1—腿端圆弧半径；
Z_0—重心距离
I—惯性矩；
W—截面系数；
i—惯性半径。

型号	截面尺寸/mm						截面面积 /cm^2	理论重量 /(kg/m)	外表面积 /(m^2/m)	惯性矩/cm^4			惯性半径 /cm		截面模数 /cm^3		重心距离 /cm
	h	b	d	t	r	r_1				I_x	I_y	I_{y1}	i_x	i_y	W_x	W_y	Z_0
5	50	37	4.5	7.0	7.0	3.5	6.925	5.44	0.226	26.0	8.30	20.9	1.94	1.10	10.4	3.55	1.35
6.3	63	40	4.8	7.5	7.5	3.8	8.446	6.63	0.262	50.8	11.9	28.4	2.45	1.19	16.1	4.50	1.36
6.5	65	40	4.3	7.5	7.5	3.8	8.292	6.51	0.267	55.2	12.0	28.3	2.54	1.19	17.0	4.59	1.38
8	80	43	5.0	8.0	8.0	4.0	10.24	8.04	0.307	101	16.6	37.4	3.15	1.27	25.3	5.79	1.43
10	100	48	5.3	8.5	8.5	4.2	12.74	10.0	0.365	198	25.6	54.9	3.95	1.41	39.7	7.80	1.52
12	120	53	5.5	9.0	9.0	4.5	15.36	12.1	0.423	346	37.4	77.7	4.75	1.56	57.7	10.2	1.62
12.6	126	53	5.5	9.0	9.0	4.5	15.69	12.3	0.435	391	38.0	77.1	4.95	1.57	62.1	10.2	1.59
14a	140	58	6.0	9.5	9.5	4.8	18.51	14.5	0.480	564	53.2	107	5.52	1.70	80.5	13.0	1.71
14b	140	60	8.0	9.5	9.5	4.8	21.31	16.7	0.484	609	61.1	121	5.35	1.69	87.1	14.1	1.67
16a	160	63	6.5	10.0	10.0	5.0	21.95	17.2	0.538	866	73.3	144	6.28	1.83	108	16.3	1.80
16b	160	65	8.5	10.0	10.0	5.0	25.15	19.8	0.542	935	83.4	161	6.10	1.82	117	17.6	1.75
18a	180	68	7.0	10.5	10.5	5.2	25.69	20.2	0.596	1 270	98.6	190	7.04	1.96	141	20.0	1.88
18b	180	70	9.0	10.5	10.5	5.2	29.29	23.0	0.600	1 370	111	210	6.84	1.95	152	21.5	1.84
20a	200	73	7.0	11.0	11.0	5.5	28.83	22.6	0.654	1 780	128	244	7.86	2.11	178	24.2	2.01
20b	200	75	9.0	11.0	11.0	5.5	32.83	25.8	0.658	1 910	144	268	7.64	2.09	191	25.9	1.95
22a	220	77	7.0	11.5	11.5	5.8	31.83	25.0	0.709	2 390	158	298	8.67	2.23	218	28.2	2.10
22b	220	79	9.0	11.5	11.5	5.8	36.23	28.5	0.713	2 570	176	326	8.42	2.21	234	30.1	2.03

续表

型号	截面尺寸/mm						截面面积/cm^2	理论重量/(kg/m)	外表面积/(m^2/m)	惯性矩/cm^4			惯性半径/cm		截面模数/cm^3		重心距离/cm
	h	b	d	t	r	r_1				I_x	I_y	I_{y1}	i_x	i_y	W_x	W_y	Z_0
24a		78	7.0				34.21	26.9	0.752	3 050	174	325	9.45	2.25	254	30.5	2.10
24b	240	80	9.0				39.01	30.6	0.756	3 280	194	355	9.17	2.23	274	32.5	2.03
24c		82	11.0	12.0	12.0	6.0	43.81	34.4	0.760	3 510	213	388	8.96	2.21	293	34.4	2.00
25a		78	7.0				34.91	27.4	0.722	3 370	176	322	9.82	2.24	270	30.6	2.07
25b	250	80	9.0				39.91	31.3	0.776	3 530	196	353	9.41	2.22	282	32.7	1.98
25c		82	11.0				44.91	35.3	0.780	3 690	218	384	9.07	2.21	295	35.9	1.92
27a		82	7.5				39.27	30.8	0.826	4 360	216	393	10.5	2.34	323	35.5	2.13
27b	270	84	9.5				44.67	35.1	0.830	4 690	239	428	10.3	2.31	347	37.7	2.06
27c		86	11.5	12.5	12.5	6.2	50.07	39.3	0.834	5 020	261	467	10.1	2.28	372	39.8	2.03
28a		82	7.5				40.02	31.4	0.846	4 760	218	388	10.9	2.33	340	35.7	2.10
28b	280	84	9.5				45.62	35.8	0.850	5 130	242	428	10.6	2.30	366	37.9	2.02
28c		86	11.5				51.22	40.2	0.854	5 500	268	463	10.4	2.29	393	40.3	1.95
30a		85	7.5				43.89	34.5	0.897	6 050	260	467	11.7	2.43	403	41.1	2.17
30b	300	87	9.5	13.5	13.5	6.8	49.89	39.2	0.901	6 500	289	515	11.4	2.41	433	44.0	2.13
30c		89	11.5				55.89	43.9	0.905	6 950	316	560	11.2	2.38	463	46.4	2.09
32a		88	8.0				48.50	38.1	0.947	7 600	305	552	12.5	2.50	475	46.5	2.24
32b	320	90	10.0	14.0	14.0	7.0	54.90	43.1	0.951	8 140	336	593	12.2	2.47	509	49.2	2.16
32c		92	12.0				61.30	48.1	0.955	8 690	374	643	11.9	2.47	543	52.6	2.09
36a		96	9.0				60.89	47.8	1.053	11 900	455	818	14.0	2.73	660	63.5	2.44
36b	360	98	11.0	16.0	16.0	8.0	68.09	53.5	1.057	12 700	497	880	13.6	2.70	703	66.9	2.37
36c		100	13.0				75.29	59.1	1.061	13 400	536	948	13.4	2.67	746	70.0	2.34
40a		100	10.5				75.04	58.9	1.144	17 600	592	1 070	15.3	2.81	879	78.8	2.49
40b	400	102	12.5	18.0	18.0	9.0	83.04	65.2	1.148	18 600	640	1 140	15.0	2.78	932	82.5	2.44
40c		104	14.5				91.04	71.5	1.152	19 700	688	1 220	14.7	2.75	986	86.2	2.42

注:表中 r、r_1 的数据用于孔型设计,不做交货条件。

表Ⅱ-3　等边角钢截面尺寸、截面面积、理论重量及截面特性（GB/T 706—2016）

符号意义：

b—边宽度；　　Z_0—重心距离；

d—边厚度；　　I—惯性矩；

r—内圆弧半径；　　W—截面系数；

r_1—边端圆弧半径；　　I—惯性半径。

型号	截面尺寸/mm			截面面积	理论重量	外表面积	惯性矩/cm^4				惯性半径/cm			截面模数/cm^3			重心距离/cm
	b	d	r	/cm^2	/(kg/m)	/(m^3/m)	I_x	I_{x1}	I_{x0}	I_{y0}	i_x	i_{x0}	i_{y0}	W_x	W_{x0}	W_{y0}	Z_0
2	20	3	3.5	1.132	0.89	0.078	0.40	0.81	0.63	0.17	0.59	0.75	0.39	0.29	0.45	0.20	0.60
		4		1.459	1.15	0.077	0.50	1.09	0.78	0.22	0.58	0.73	0.38	0.36	0.55	0.24	0.64
2.5	25	3		1.432	1.12	0.098	0.82	1.57	1.29	0.34	0.76	0.95	0.49	0.46	0.73	0.33	0.73
		4		1.859	1.46	0.097	1.03	2.11	1.62	0.43	0.74	0.93	0.48	0.59	0.92	0.40	0.76
3.0	30	3	4.5	1.749	1.37	0.117	1.46	2.71	2.31	0.61	0.91	1.15	0.59	0.68	1.09	0.51	0.85
		4		2.276	1.79	0.117	1.84	3.63	2.92	0.77	0.90	1.13	0.58	0.87	1.37	0.62	0.89
3.6	36	3		2.109	1.66	0.141	2.58	4.68	4.09	1.07	1.11	1.39	0.71	0.99	1.61	0.76	1.00
		4		2.756	2.16	0.141	3.29	6.25	5.22	1.37	1.09	1.38	0.70	1.28	2.05	0.93	1.04
		5		3.382	2.65	0.141	3.95	7.84	6.24	1.65	1.08	1.36	0.7	1.56	2.45	1.00	1.07
4	40	3	5	2.359	1.85	0.157	3.59	6.41	5.69	1.49	1.23	1.55	0.79	1.23	2.01	0.96	1.09
		4		3.086	2.42	0.157	4.60	8.56	7.29	1.91	1.22	1.54	0.79	1.60	2.58	1.19	1.13
		5		3.792	2.98	0.156	5.53	10.7	8.76	2.30	1.21	1.52	0.78	1.96	3.10	1.39	1.17
4.5	45	3		2.659	2.09	0.177	5.17	9.12	8.20	2.14	1.40	1.76	0.89	1.58	2.58	1.24	1.22
		4		3.486	2.74	0.177	6.65	12.2	10.6	2.75	1.38	1.74	0.89	2.05	3.32	1.54	1.26
		5		4.292	3.37	0.176	8.04	15.2	12.7	3.33	1.37	1.72	0.88	2.51	4.00	1.81	1.30
		6		5.077	3.99	0.176	9.33	18.4	14.8	3.89	1.36	1.70	0.80	2.95	4.64	2.06	1.33

续表

型号	截面尺寸/mm			截面面积	理论重量	外表面积	惯性矩/cm^4				惯性半径/cm			截面模数/cm^3			重心距离/cm
	b	d	r	/cm^2	/(kg/m)	/(m^3/m)	I_x	I_{x1}	I_{x0}	I_{y0}	i_x	i_{x0}	i_{y0}	W_x	W_{x0}	W_{y0}	Z_0
5	50	3	5.0	2.971	2.33	0.197	7.18	12.5	11.4	2.98	1.55	1.96	1.00	1.96	3.22	1.57	1.34
		4		3.897	3.06	0.197	9.26	16.7	14.7	3.82	1.54	1.94	0.99	2.56	4.16	1.96	1.38
		5		4.803	3.77	0.196	11.2	20.9	17.8	4.64	1.53	1.92	0.98	3.13	5.03	2.31	1.12
		6		5.688	4.46	0.196	13.1	25.1	20.7	5.42	1.52	1.91	0.98	3.68	5.85	2.63	1.46
5.6	56	3	6	3.343	2.62	0.221	10.2	17.6	16.1	4.24	1.75	2.20	1.13	2.48	4.08	2.02	1.48
		4		4.39	3.45	0.220	13.2	23.4	20.9	5.46	1.73	2.18	1.11	3.24	5.28	2.52	1.53
		5		5.415	4.25	0.220	16.0	29.3	25.4	6.61	1.72	2.17	1.10	3.97	6.42	2.98	1.57
		6		6.42	5.04	0.220	18.7	35.3	29.7	7.73	1.71	2.15	1.10	4.68	7.49	3.40	1.61
		7		7.404	5.81	0.219	21.2	41.2	33.6	8.82	1.69	2.13	1.09	5.36	8.49	3.80	1.64
		8		8.367	6.57	0.219	23.6	47.2	37.4	9.89	1.68	2.11	1.09	6.03	9.44	4.16	1.68
6	60	5	6.5	5.829	4.58	0.236	19.9	36.1	31.6	8.21	1.85	2.33	1.19	4.59	7.44	3.48	1.67
		6		6.914	5.43	0.235	23.4	43.3	36.9	9.60	1.83	2.31	1.18	5.41	8.70	3.98	1.70
		7		7.977	6.26	0.235	26.4	50.7	41.9	11.0	1.82	2.29	1.17	6.21	9.88	4.45	1.74
		8		9.02	7.08	0.235	29.5	58.0	46.7	12.3	1.81	2.27	1.17	6.98	11.0	4.88	1.78
6.3	63	4	7	4.978	3.91	0.248	19.0	33.4	30.2	7.89	1.96	2.46	1.26	4.13	6.78	3.29	1.70
		5		6.143	4.82	0.248	23.2	41.7	36.8	9.57	1.94	2.45	1.25	5.08	8.25	3.90	1.75
		6		7.288	5.72	0.247	27.1	50.1	43.0	11.2	1.93	2.43	1.24	6.00	9.66	4.46	1.78
		7		8.412	6.60	0.247	30.9	58.6	49.0	12.8	1.92	2.41	1.23	6.88	11.0	4.98	1.82
		8		9.515	7.47	0.247	34.5	67.1	54.6	14.3	1.90	2.40	1.23	7.75	12.3	5.47	1.85
		10		11.66	9.15	0.246	41.1	84.3	64.9	17.3	1.88	2.36	1.22	9.39	14.6	6.36	1.93
7	70	4	8	5.570	4.37	0.275	26.4	45.7	41.8	11.0	2.18	2.74	1.40	5.14	8.44	4.17	1.86
		5		6.876	5.40	0.275	32.2	57.2	51.1	13.3	2.16	2.73	1.39	6.32	10.3	4.95	1.91
		6		8.160	6.41	0.275	37.8	68.7	59.9	15.6	2.15	2.71	1.38	7.48	12.1	5.67	1.95
		7		9.424	7.40	0.275	43.1	80.3	68.4	17.8	2.14	2.69	1.38	8.59	13.8	6.34	1.99
		8		10.67	8.37	0.274	48.2	91.9	76.4	20.0	2.12	2.68	1.37	9.68	15.4	6.98	2.03

续表

型号	截面尺寸/mm			截面面积	理论重量	外表面积	惯性矩/cm^4				惯性半径/cm			截面模数/cm^3			重心距离/cm
	b	d	r	/cm^2	/(kg/m)	/(m^3/m)	I_x	I_{x1}	I_{x0}	I_{y0}	i_x	i_{x0}	i_{y0}	W_x	W_{x0}	W_{y0}	Z_0
7.5	75	5	9	7.412	5.82	0.295	40.0	70.6	63.3	16.6	2.33	2.92	1.50	7.32	11.9	5.77	2.04
		6		8.797	6.91	0.294	47.0	84.6	74.4	19.5	2.31	2.90	1.49	8.64	14.0	6.67	2.07
		7		10.16	7.98	0.294	53.6	98.7	85.0	22.2	2.30	2.89	1.48	9.93	16.0	7.44	2.11
		8		11.50	9.03	0.294	60.0	113	95.1	24.9	2.28	2.88	1.47	11.2	17.9	8.19	2.15
		9		12.83	10.1	0.294	66.1	127	105	27.5	2.27	2.86	1.46	12.4	19.8	8.89	2.18
		10		14.13	11.1	0.293	72.0	142	114	30.1	2.26	2.84	1.46	13.6	21.5	9.56	2.22
8	80	5		7.912	6.21	0.315	48.8	85.4	77.3	20.3	2.48	3.13	1.60	8.34	13.7	6.66	2.15
		6		9.397	7.38	0.314	57.4	103	91.0	23.7	2.47	3.11	1.59	9.87	16.1	7.65	2.19
		7		10.86	8.53	0.314	65.6	120	104	27.1	2.46	3.10	1.58	11.4	18.4	8.58	2.23
		8		12.30	9.66	0.314	73.5	137	117	30.4	2.44	3.08	1.57	12.8	20.6	9.46	2.27
		9		13.73	10.8	0.314	81.1	154	129	33.6	2.43	3.06	1.56	14.3	22.7	10.3	2.31
		10		15.13	11.9	0.313	88.4	172	140	36.8	2.42	3.04	1.56	15.6	21.8	11.1	2.35
9	90	6	10	10.64	8.35	0.354	82.8	146	131	34.3	2.79	3.51	1.80	12.6	20.6	9.95	2.44
		7		12.30	9.66	0.354	94.8	170	150	39.2	2.78	3.50	1.78	14.5	23.6	11.2	2.48
		8		13.94	10.9	0.353	106	195	169	44.0	2.76	3.48	1.78	16.4	26.6	12.4	2.52
		9		15.57	12.2	0.353	118	219	187	48.7	2.75	3.46	1.77	18.3	29.4	13.5	2.56
		10		17.17	13.5	0.353	129	244	204	53.3	2.74	3.45	1.76	20.1	32.0	14.5	2.59
		12		20.31	15.9	0.352	149	294	236	62.2	2.71	3.41	1.75	23.6	37.1	16.5	2.67
10	100	6	12	11.93	9.37	0.393	115	200	182	47.9	3.10	3.90	2.00	15.7	25.7	12.7	2.67
		7		13.80	10.8	0.393	132	234	209	54.7	3.09	3.89	1.99	18.1	29.6	14.3	2.71
		8		15.64	12.3	0.393	148	267	235	61.4	3.08	3.88	1.98	20.5	33.2	15.8	2.76
		9		17.46	13.7	0.392	164	300	260	68.0	3.07	3.86	1.97	22.8	36.8	17.2	2.80
		10		19.26	15.1	0.392	180	334	285	74.4	3.05	3.84	1.96	25.1	40.3	18.5	2.84
		12		22.80	17.9	0.391	209	402	331	86.8	3.03	3.81	1.95	29.5	46.8	21.1	2.91
		14		26.26	20.6	0.391	237	471	374	99.0	3.00	3.77	1.94	33.75	52.9	23.4	2.99
		16		29.63	23.3	0.390	263	540	414	111	2.98	3.74	1.94	37.8	58.6	25.6	3.06

续表

型号	截面尺寸/mm			截面面积/cm²	理论重量/(kg/m)	外表面积/(m³/m)	惯性矩/cm⁴				惯性半径/cm			截面模数/cm³			重心距离/cm
	b	d	r				I_x	I_{x1}	I_{x0}	I_{y0}	i_x	i_{x0}	i_{y0}	W_x	W_{x0}	W_{y0}	Z_0
11	110	7	12	15.20	11.9	0.433	177	311	281	73.4	3.41	4.30	2.20	22.1	36.1	17.5	2.96
		8		17.24	13.5	0.433	199	355	316	82.4	3.40	4.28	2.19	25.0	40.7	19.4	3.01
		10		21.26	16.7	0.432	242	445	384	100	3.38	4.25	2.17	30.6	49.4	229	3.09
		12		25.20	19.8	0.431	283	535	448	117	3.35	4.22	2.15	36.1	57.6	26.2	3.16
		14		29.06	22.8	0.431	321	625	508	133	3.32	4.18	2.14	41.3	65.3	29.1	3.24
12.5	125	8	14	19.75	15.5	0.492	297	521	471	123	3.88	4.88	2.50	32.5	53.3	25.9	3.37
		10		24.37	19.1	0.491	362	652	574	149	3.85	4.85	2.48	40.0	64.9	30.6	3.45
		12		28.91	22.7	0.491	423	783	671	175	3.83	4.82	2.46	41.2	76.0	35.0	3.53
		14		33.37	26.2	0.490	482	916	764	200	3.80	4.78	2.45	54.2	86.4	39.1	3.61
		16		37.74	29.6	0.489	537	1 050	851	224	3.77	4.75	2.43	60.9	96.9	43.0	3.68
14	140	10		27.37	21.5	0.551	515	915	817	212	4.34	5.46	2.78	50.6	82.6	39.2	3.82
		12		32.51	25.5	0.551	604	1 100	959	249	4.31	5.43	2.76	59.8	96.9	45.0	3.90
		14		37.57	29.5	0.550	689	1 280	1 090	284	4.28	5.40	2.75	68.8	110	50.5	3.98
		16		42.54	33.4	0.549	770	1 470	1 220	319	4.26	5.36	2.74	77.5	123	55.6	4.06
15	150	8		23.75	18.6	0.592	521	900	827	215	4.69	5.90	3.01	47.4	78.0	38.1	3.99
		10		29.37	23.1	0.591	638	1 130	1 010	262	4.66	5.87	2.99	58.4	95.5	45.5	4.08
		12		34.91	27.4	0.591	749	1 350	1 190	308	4.63	5.84	2.97	69.0	112	52.1	4.15
		14		40.37	31.7	0.590	856	1 580	1 360	352	4.60	5.80	2.95	79.5	128	58.8	4.23
		15		43.06	33.8	0.590	907	1 690	1 440	374	4.59	5.78	2.95	84.6	136	61.9	4.27
		16		45.74	35.9	0.589	958	1 810	1 520	395	4.58	5.77	2.94	89.6	143	64.9	4.31
16	16	10	16	31.50	24.7	0.630	780	1 370	1 240	322	4.98	6.27	3.20	66.7	109	52.8	4.31
		12		37.44	29.4	0.630	917	1 640	1 460	377	4.95	6.24	3.18	79.0	129	60.7	4.39
		14		43.30	34.0	0.629	1 050	1 910	1 670	432	4.92	6.20	3.16	91.0	147	68.2	4.47
		16		49.07	38.5	0.629	1 180	2 190	1 870	485	4.89	6.17	3.14	103	165	75.3	4.55

续表

型号	截面尺寸/mm			截面面积	理论重量	外表面积	惯性矩/cm^4				惯性半径/cm			截面模数/cm^3			重心距离/cm
	b	d	r	/cm^2	/(kg/m)	/(m^3/m)	I_x	I_{x1}	I_{x0}	I_{y0}	i_x	i_{x0}	i_{y0}	W_x	W_{x0}	W_{y0}	Z_0
18	180	12	16	42.24	33.2	0.710	1 320	2 330	2 100	543	5.59	7.05	3.58	101	165	78.4	4.89
		14		48.90	38.4	0.709	1 510	2 720	2 410	622	5.56	7.02	3.56	116	189	88.4	4.97
		16		55.47	43.5	0.709	1 700	3 120	2 700	699	5.54	6.98	3.55	131	212	97.8	5.05
		18		61.96	48.6	0.708	1 880	3 500	2 990	762	5.50	6.94	3.51	146	235	105	5.13
20	200	14	18	51.64	48.8	0.788	2 100	3 730	3 340	864	6.20	7.82	3.98	145	236	112	5.46
		16		62.01	48.7	0.788	2 370	4 270	3 760	971	6.18	7.79	3.96	164	266	124	5.54
		18		69.30	54.4	0.787	2 620	4 810	4 160	1 080	6.15	7.75	3.94	182	294	136	5.62
		20		76.51	60.1	0.787	2 870	4 350	4 550	1 180	6.12	7.72	3.93	200	322	147	5.69
		24		90.66	71.8	0.785	7 340	6 460	5 290	1 380	6.07	7.64	3.90	236	374	167	5.87
22	220	16	21	68.67	53.9	0.866	3 190	5 680	5 060	1 310	6.81	8.59	4.37	200	326	154	6.03
		18		76.76	60.3	0.866	3 540	6 400	5 820	1 450	6.79	8.55	4.35	223	361	168	6.11
		20		84.76	66.5	0.865	3 870	7 110	6 150	1 590	6.76	8.52	4.34	245	395	182	6.18
		22		92.68	72.8	0.865	4 200	7 830	6 870	1 730	6.73	8.48	4.32	267	429	195	6.26
		24		100.5	78.9	0.864	4 520	8 550	7 170	1 870	6.71	8.45	4.31	289	461	208	6.33
		26		108.3	85.0	0.864	4 830	9 280	7 690	2 000	6.68	8.41	4.30	310	492	221	6.41
25	250	18	24	87.84	69.0	0.985	5 270	9 380	8 370	2 170	7.75	9.76	4.97	290	473	224	6.84
		20		97.05	76.2	0.984	5 780	10 400	9 180	2 380	7.72	9.73	4.95	320	519	243	6.92
		22		106.2	83.3	0.983	6 280	11 500	9 970	2 580	7.69	9.69	4.93	349	564	261	7.00
		24		115.2	90.4	0.983	6 770	12 500	10 700	2 790	7.67	9.66	4.92	378	608	278	7.07
		26		124.2	97.5	0.982	7 240	13 600	11 500	2 980	7.64	9.62	4.90	406	650	295	7.15
		28		133.0	104	0.982	7 700	14 600	12 200	3 180	7.61	9.58	4.89	433	691	311	7.22
		30		141.8	111	0.981	8 160	15 700	12 900	3 380	7.58	9.55	4.88	461	731	327	7.30
		32		150.5	118	0.981	8 600	16 800	13 600	3 570	7.56	9.51	4.87	488	770	342	7.37
		35		163.4	128	0.980	9 240	18 400	14 600	3 850	7.52	9.46	4.86	527	827	364	7.48

注：截面图中的 $r_1=1/3d$ 及表中 r 的数据用于孔型设计，不做交货条件。

表Ⅱ-4 不等边角钢截面尺寸、截面面积、理论重量及截面特性(GB/T 706—2016)

符号意义：

B—长边宽度；
b—短边厚度；
d—边厚度；
r—内圆弧半径；
r_1—边端圆弧半径；
X_0—重心距离；
Y_0—重心距离
I—惯性矩；
W—截面系数；
i—惯性半径。

型号	截面尺寸/mm				截面面积/cm^2	理论重量/(kg/m)	外表面积/(m^2/m)	惯性矩/cm^4					惯性半径/cm			截面模数/cm^3			$\tan\alpha$	重心距离/cm	
	B	b	d	r				I_x	I_{x1}	I_y	I_{y1}	I_u	i_x	i_y	i_u	W_x	W_y	W_u		X_0	Y_0
2.5/1.6	25	16	3	3.5	1.162	0.91	0.080	0.70	1.56	0.22	0.43	0.14	0.78	0.44	0.34	0.43	0.19	0.16	0.392	0.42	0.86
			4		1.499	1.18	0.079	0.88	2.09	0.27	0.59	0.17	0.77	0.43	0.34	0.55	0.24	0.20	0.381	0.46	0.90
3.2/2	32	20	3		1.492	1.17	0.102	1.53	3.27	0.46	0.82	0.28	1.01	0.55	0.43	0.72	0.30	0.25	0.382	0.49	1.08
			4		1.939	1.52	0.101	1.93	4.37	0.57	1.12	0.35	1.00	0.54	0.42	0.93	0.39	0.32	0.374	0.58	1.12
4/2.5	40	25	3	4	1.890	1.48	0.127	3.08	5.39	0.93	1.59	0.56	1.28	0.70	0.54	1.15	0.49	0.40	0.385	0.59	1.32
			4		2.467	1.94	0.127	3.93	8.53	1.18	2.14	0.71	1.36	0.69	0.54	1.49	0.63	0.52	0.381	0.63	1.37
4.5/2.8	45	28	3	5	2.149	1.69	0.143	4.45	9.10	1.34	2.23	0.80	1.44	0.79	0.61	1.47	0.62	0.51	0.383	0.64	1.47
			4		2.806	2.20	0.143	5.69	12.1	1.70	3.00	1.02	1.42	0.78	0.60	1.91	0.80	0.66	0.380	0.68	1.51
5/3.2	50	32	3	5.5	2.431	1.91	0.161	6.24	12.5	2.02	3.31	1.20	1.60	0.91	0.70	1.84	0.82	0.68	0.404	0.73	1.60
			4		3.177	2.49	0.160	8.02	16.7	2.58	4.45	1.53	1.59	0.90	0.69	2.39	1.06	0.87	0.402	0.77	1.65
5.6/3.6	56	36	3	6	2.743	2.15	0.181	8.88	17.5	2.92	4.7	1.73	1.80	1.03	0.79	2.32	1.05	0.87	0.408	0.80	1.78
			4		3.590	2.82	0.180	11.5	23.4	3.76	6.33	2.23	1.79	1.02	0.79	3.03	1.37	1.13	0.408	0.85	1.82
			5		4.415	3.47	0.180	13.9	29.3	4.49	7.94	2.67	1.77	1.01	0.78	3.71	1.65	1.36	0.404	0.88	1.87
6.3/4	63	40	4	7	4.058	3.19	0.202	16.5	33.3	5.23	8.63	3.12	2.02	1.14	0.88	3.87	1.70	1.40	0.398	0.92	2.04
			5		4.993	3.92	0.202	20.0	41.6	6.31	10.9	3.76	2.00	1.12	0.87	4.74	2.07	1.71	0.396	0.95	2.08
			6		5.908	4.64	0.201	23.4	50.0	7.29	13.1	4.34	1.96	1.11	0.86	5.59	2.43	1.99	0.393	0.99	2.12
			7		6.802	5.34	0.201	26.5	58.1	8.24	15.5	4.97	1.98	1.10	0.86	6.40	2.78	2.29	0.389	1.03	2.15
7/4.5	70	45	4	7.5	4.553	3.57	0.226	23.2	45.9	7.55	12.3	4.0	2.26	1.29	0.98	4.86	2.17	1.77	0.410	1.02	2.24
			5		5.609	4.40	0.225	28.0	57.1	9.13	15.4	5.40	2.23	1.28	0.98	5.92	2.65	2.19	0.407	1.06	2.28

续表

型号	截面尺寸/mm				截面面积	理论重量	外表面积	惯性矩/cm^4					惯性半径/cm			截面模数/cm^3			$\tan_\alpha$	重心距离/cm	
	B	b	d	r	/cm^2	/(kg/m)	/(m^2/m)	I_x	I_{x1}	I_y	I_{y1}	I_u	i_x	i_y	i_u	W_x	W_y	W_u		X_0	Y_0
7/4.5	70	45	6	7.5	6.644	5.22	0.225	32.5	68.4	10.6	18.6	6.35	2.21	1.26	0.98	6.95	3.12	2.59	0.404	1.09	2.32
			7		7.658	6.01	0.225	37.2	80.0	12.0	21.8	7.16	2.20	1.25	0.97	8.03	3.57	2.94	0.402	1.13	2.36
7.5/5	75	50	5	8	6.126	4.81	0.245	34.9	70.0	12.6	21.0	7.41	2.39	1.44	1.10	6.83	3.3	2.74	0.435	1.17	2.40
			6		7.260	5.70	0.245	41.1	84.3	14.7	25.4	8.54	2.38	1.42	1.08	8.12	3.88	3.19	0.435	1.21	2.44
			8		9.467	7.43	0.244	52.4	113	18.5	34.2	10.9	2.85	1.40	1.07	10.5	4.99	4.10	0.429	1.29	2.52
			10		11.59	9.10	0.244	52.7	141	22.0	43.4	13.1	2.33	1.38	1.06	12.8	6.04	4.99	0.423	1.36	2.60
8/5	80	50	5		6.376	5.00	0.255	42.0	85.2	12.8	21.1	7.66	2.56	4.42	1.10	7.78	3.32	2.74	0.388	1.14	2.60
			6		7.560	5.93	0.255	49.5	103	15.0	25.4	8.85	2.56	1.41	1.08	9.25	3.91	3.20	0.387	1.18	2.65
			7		8.724	6.85	0.255	56.2	119	17.0	29.8	10.2	2.54	1.39	1.08	10.6	4.48	3.70	0.384	1.21	2.69
			8		9.867	7.75	0.254	62.8	136	18.9	34.3	11.4	2.52	1.38	1.07	11.9	5.03	4.16	0.381	1.25	2.73
9/5.6	90	50	5	9	7.212	5.66	0.287	60.5	121	18.3	29.5	11.0	2.90	1.59	1.23	9.92	4.21	3.49	0.385	1.25	2.91
			6		8.557	6.72	0.286	71.0	146	21.4	35.6	12.9	2.88	1.58	1.23	11.7	4.96	4.13	0.384	1.29	2.95
			7		9.881	7.76	0.286	81.0	170	24.4	41.7	14.7	2.86	1.57	1.22	13.5	5.70	4.72	0.382	1.33	3.00
			8		11.18	8.78	0.286	91.0	194	27.2	47.9	16.8	2.85	1.56	1.21	15.3	6.41	5.29	0.380	1.36	3.04
10/6.3	100	63	6	10	9.618	7.55	0.320	99.1	200	30.9	50.5	18.4	3.21	1.79	1.38	14.6	6.35	5.25	0.394	1.43	3.24
			7		11.11	8.72	0.320	113	233	35.3	39.1	21.0	3.20	1.78	1.38	16.9	7.29	6.02	0.394	1.47	3.28
			8		12.58	9.88	0.319	127	266	39.4	67.9	23.5	3.18	1.77	1.37	19.1	8.21	6.78	0.391	1.50	3.32
			10		15.47	12.1	0.319	154	333	47.1	85.7	28.3	3.15	1.74	1.35	23.3	9.98	8.24	0.387	1.58	3.40
10/8	100	80	6	10	10.64	8.35	0.354	107	200	61.2	103	31.7	3.17	2.40	1.72	15.2	10.2	8.37	0.627	1.97	2.95
			7		12.30	9.66	0.354	123	233	70.1	120	36.2	3.16	2.39	1.72	17.5	11.7	9.60	0.626	2.01	3.00
			8		13.94	10.9	0.353	138	267	78.6	137	40.6	3.14	2.37	1.71	19.8	13.2	10.8	0.625	2.05	3.04
			10		17.17	13.5	0.353	167	334	94.7	172	49.1	3.12	2.35	1.69	24.2	16.1	13.1	0.622	2.13	3.12
11/7	110	70	6	10	10.64	8.35	0.354	133	266	42.9	69.1	25.4	3.54	2.01	1.54	17.9	7.90	6.53	0.403	1.57	3.53
			7		12.30	9.66	0.354	153	310	49.0	80.8	29.0	3.53	2.00	1.53	20.6	9.09	7.50	0.402	1.61	3.57
			8		13.94	10.9	0.353	172	354	54.9	92.7	32.5	3.51	1.98	1.53	23.3	10.3	8.45	0.401	1.65	3.62
			10		17.17	13.5	0.353	208	443	65.9	117	39.2	3.48	1.96	1.51	28.5	12.5	10.3	0.397	1.72	3.70

续表

型号	截面尺寸/mm				截面面积	理论重量	外表面积	惯性矩/cm^4					惯性半径/cm			截面模数/cm^3			$\tan_\alpha$	重心距离/cm	
	B	b	d	r	/cm^2	/(kg/m)	/(m^2/m)	I_x	I_{x1}	I_y	I_{y1}	I_u	i_x	i_y	i_u	W_x	W_y	W_u		X_0	Y_0
12.5/8	125	80	7	11	14.10	11.1	0.403	228	455	74.4	120	43.8	4.02	2.30	1.76	26.9	12.0	9.92	0.408	1.80	4.01
			8		15.99	12.6	0.403	257	520	83.5	138	49.2	4.01	2.28	1.75	30.4	13.6	11.2	0.407	1.84	4.06
			10		19.71	15.5	0.402	312	650	101	173	59.5	3.98	2.26	1.74	37.3	16.6	13.6	0.404	1.92	4.14
			12		23.35	18.3	0.402	364	780	117	210	69.4	3.95	2.24	1.72	44.0	19.4	16.0	0.400	2.00	4.22
14/9	140	90	8	12	18.04	14.2	0.453	366	731	121	196	70.8	4.50	2.59	1.98	38.5	17.3	14.3	0.411	2.04	4.50
			10		22.26	17.5	0.452	446	913	140	246	85.8	4.47	2.56	1.96	47.3	21.2	17.5	0.409	2.12	4.58
			12		26.40	20.7	0.451	522	1 100	170	297	100	4.44	2.54	1.95	55.9	25.0	20.5	0.406	2.19	4.66
			14		30.46	23.9	0.451	594	1 280	192	349	114	4.42	2.51	1.94	64.2	28.5	23.5	0.403	2.27	4.74
15/9	150	90	8		18.84	14.8	0.473	442	898	123	196	74.1	4.84	2.55	1.98	48.9	17.5	14.5	0.364	1.97	4.92
			10		23.26	18.3	0.472	539	1 120	149	246	89.9	4.81	2.53	1.97	54.0	21.4	17.7	0.362	2.05	5.01
			12		27.60	21.7	0.471	632	1 350	173	297	105	4.79	2.50	1.95	63.8	25.1	20.8	0.359	2.12	5.09
			14		31.86	25.0	0.471	721	1 570	196	350	120	4.76	2.48	1.94	73.3	28.8	23.8	0.356	2.20	5.17
			15		33.95	26.7	0.471	764	1 680	207	376	127	4.74	247	1.93	78.0	30.5	25.3	0.354	2.24	5.21
			16		36.03	28.3	0.470	806	1 800	217	403	134	4.73	2.45	1.96	82.6	32.3	26.8	0.352	2.27	5.25
16/10	160	100	10	13	25.32	19.9	0.512	669	1 360	205	337	122	5.14	2.85	2.19	62.1	26.6	21.9	0.390	2.28	5.24
			12		30.05	28.6	0.511	785	1 640	239	406	142	5.11	2.82	2.17	78.6	31.3	25.8	0.388	2.36	5.32
			14		34.71	27.2	0.510	896	1 910	271	476	162	5.08	2.80	2.16	84.6	35.8	29.6	0.385	2.43	5.40
			16		39.28	30.8	0.510	1 000	2 180	302	548	183	5.05	2.77	2.16	95.3	40.2	33.4	0.382	2.51	5.48
18/11	180	110	10	14	28.37	22.3	0.571	956	1 940	278	447	167	5.80	3.13	2.42	79.0	32.5	26.9	0.376	2.44	5.89
			12		33.71	26.5	0.571	1 120	2 330	325	539	195	5.78	3.10	2.40	93.5	38.3	31.7	0.374	2.52	5.98
			14		38.97	30.6	0.570	1 290	2 720	370	632	222	5.75	3.08	2.39	108	44.0	36.3	0.372	2.59	6.06
			16		44.14	34.6	0.569	1 440	3 110	412	726	249	5.72	3.06	2.38	122	49.4	40.9	0.369	2.67	6.14
20/12.5	200	125	12		37.91	29.8	0.641	1 570	3 190	483	788	286	6.44	3.57	2.74	117	50.0	41.2	0.392	2.83	6.54
			14		43.87	34.4	0.640	1 800	3 730	551	922	327	6.41	3.54	2.73	135	57.4	47.3	0.390	2.91	6.62
			16		49.74	39.0	0.639	2 020	4 260	615	1 060	366	6.38	3.52	2.71	152	64.9	53.3	0.388	2.99	6.70
			18		55.53	43.6	0.639	2 240	4 790	677	1 200	405	6.35	3.49	2.70	169	71.7	59.2	0.385	3.06	6.78

注：截面图中的 $r_1=1/3d$ 及表中 r 的数据用于孔型设计，不做交货条件。

课后习题参考答案

第 1 章

1-1　$M_B(\boldsymbol{F})=35.35\text{N}\cdot\text{m}$。

1-2　$M_O(\boldsymbol{F}_\text{n})=-75.2\text{N}\cdot\text{m}$。

1-3　$M_A(\boldsymbol{F})=82.4\text{kN}\cdot\text{m}$。

1-4　$M_O(\boldsymbol{F}_1)=480\text{N}\cdot\text{m}$，$M_O(\boldsymbol{F}_2)=-480\text{N}\cdot\text{m}$。

1-5　(a) $M_C(\boldsymbol{F})=-2330\text{N}\cdot\text{mm}$；(b) $M_C(\boldsymbol{F})=-2330\text{N}\cdot\text{m}$。

1-6　(a) 三角形分布荷载对 A 点的力矩 $M_A=-3\text{kN}\cdot\text{m}$；(b) 均布荷载对 A 点的力矩 $M_A=-18\text{kN}\cdot\text{m}$；(c) 梯形分布荷载对 A 点的力矩 $M_A=-15\text{kN}\cdot\text{m}$。

第 2 章

2-1

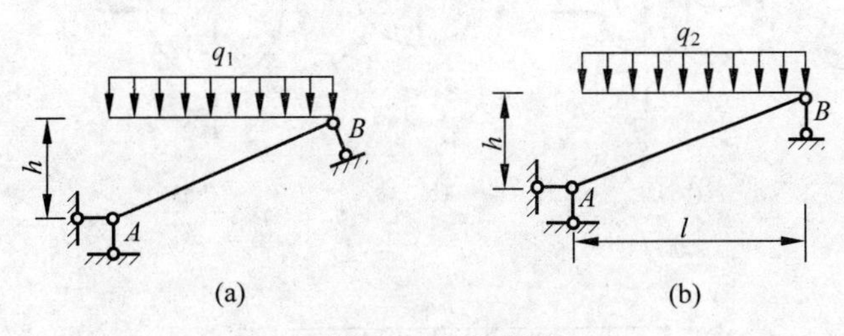

题 2-1　答案图

2-2

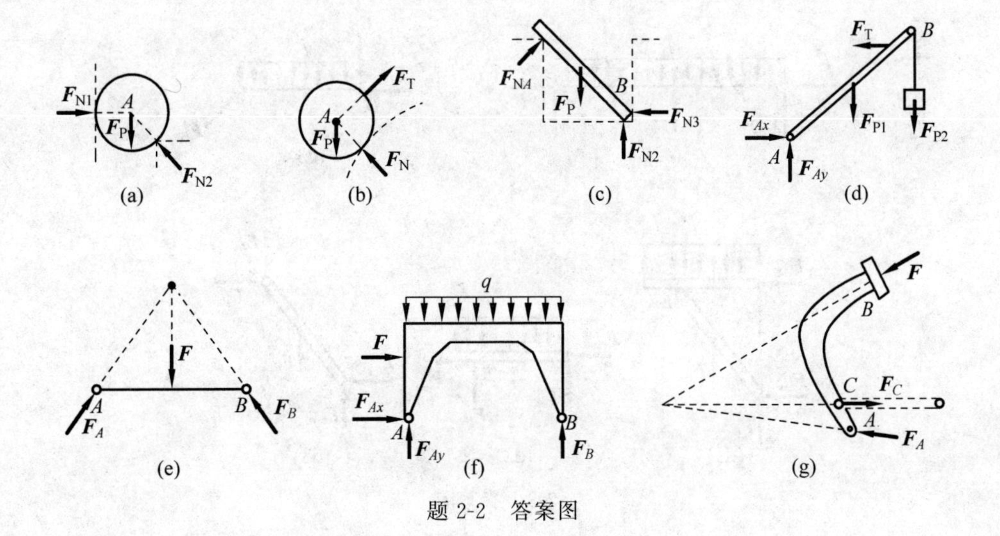

题 2-2　答案图

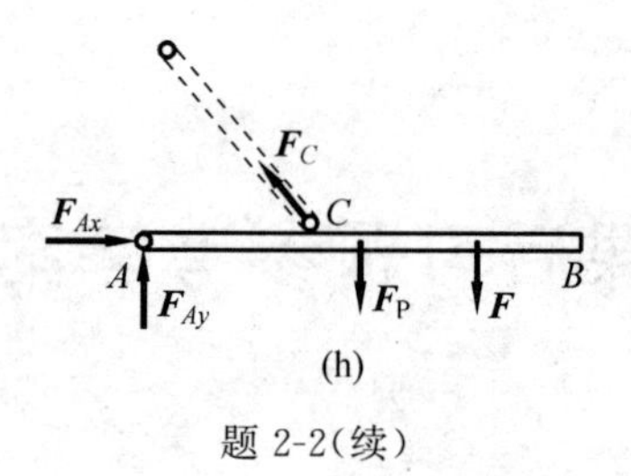

(h)

题 2-2(续)

2-3

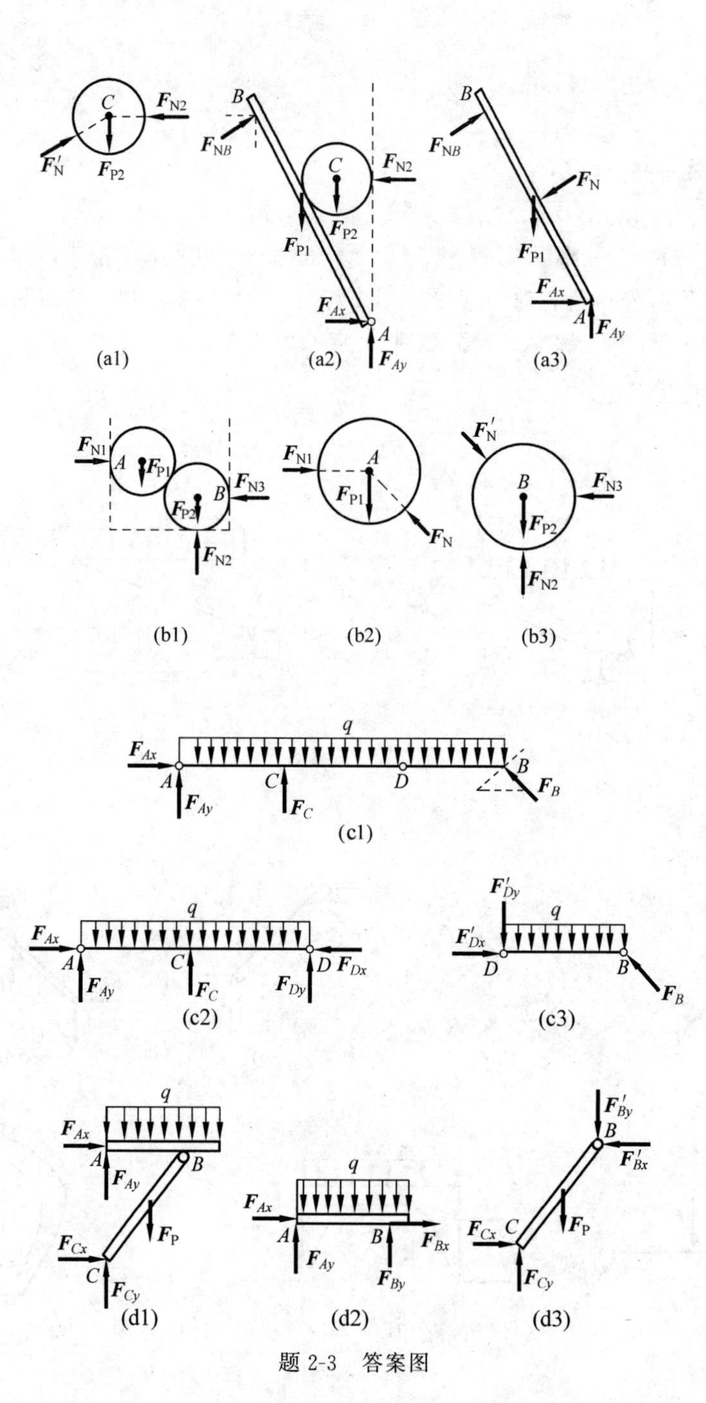

题 2-3 答案图

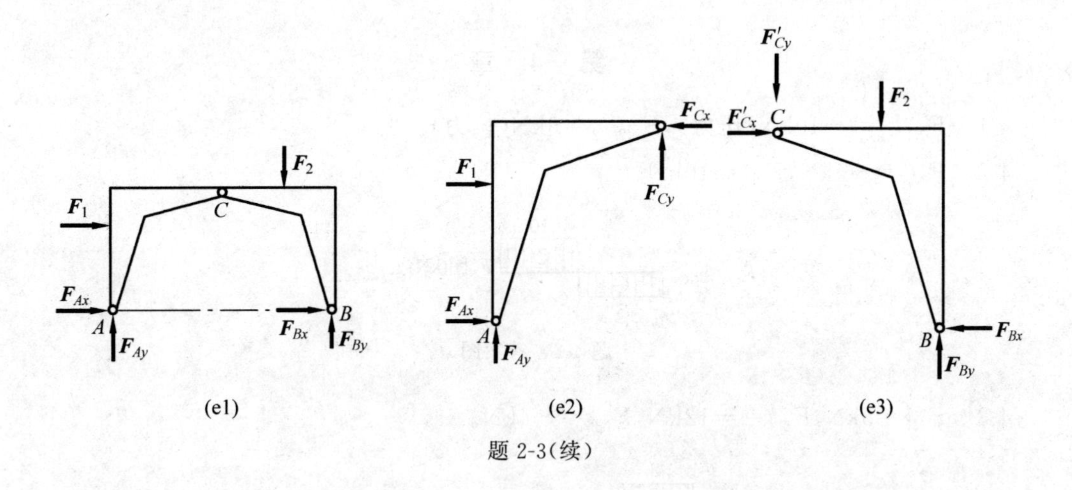

题 2-3(续)

第 3 章

3-1 $F_R=3.325\text{kN}$,合力 $\boldsymbol{F}_R$ 与 x 轴间所夹锐角 $\alpha=69.5°$。

3-2 (1) $M_O=-2355\text{kN}\cdot\text{m}$;(2) $F_R=709.4\text{kN}, d=1.319\text{m}$。

3-3 $F_N=5\sqrt{3}\text{N}, F_T=5\text{N}$。

3-4 $F_R=0$。

3-5 $F_{AC}=\dfrac{2G}{\sqrt{3}}=\dfrac{20}{\sqrt{3}}\text{kN}, F_{BC}=-\dfrac{G}{\sqrt{3}}=-\dfrac{10}{\sqrt{3}}\text{kN}$。

3-6 $F_{AB}=-2.07\text{kN}, F_{AC}=15.7\text{kN}$。

3-7 $M_R=-60\text{N}\cdot\text{m}$。

3-8 $M_2=8.48\text{N}\cdot\text{m}$。

3-9 $F_A=F_C=200\text{N}$。

3-10 $F_{Ay}=-G/2, F_{Ax}=2.6G, F_{BC}=3G$。

3-11 $F_{Ax}=10\text{kN}, F_{Ay}=14.9\text{kN}, F_B=22.4\text{kN}$。

3-12 (1) $Q\leqslant 110\text{kN}$;(2) $Q\geqslant 7.5\text{kN}$;(3) $F_A=45\text{kN}, F_B=255\text{kN}$。

3-13 $F_{Ax}=10\text{kN}, F_{Ay}=24.66\text{kN}, F_C=8.66\text{kN}, M_A=66\text{kN}\cdot\text{m}$。

3-14 $F_{Ax}=\dfrac{1}{4}(F_1+F_2), F_{Ay}=\dfrac{3}{4}F_1+\dfrac{1}{4}F_2, F_{Bx}=\dfrac{1}{4}(3F_1-F_2), F_{By}=\dfrac{1}{4}(F_1-F_2)$。

3-15 $F_{Ay}=28\text{kN}(\uparrow), F_{Ax}=12\text{kN}(\rightarrow), F_{By}=4\text{kN}(\uparrow), F_{Bx}=4\text{kN}(\rightarrow)$。

3-16 静止状态,$F_{\text{fmax}}=100\text{N}$。

3-17 $F=692.8\text{N}<F_{\text{fmax}}=700\text{N}$,物块 A 静止。

3-18 最短距离 1200mm。

3-19 $F_{\min}=\dfrac{f_{s1}+f_{s2}}{f_{s1}\tan 30°+1}F_{P1}+f_{s2}F_{P2}=2.366\text{kN}$。

第 4 章

4-1 $F_{N1-1}=-10kN$(压力),$F_{N2-2}=6kN$(拉力)。

4-2 $F_{N1}=-5kN$,$F_{N2}=10kN$。

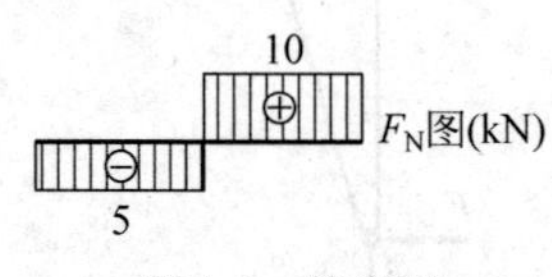

题 4-2 答案图

4-3 $F_{N1}=8kN$,$F_{N2}=-12kN$,$F_{N3}=-4kN$。

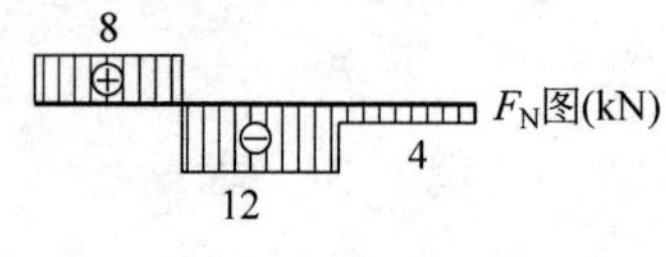

题 4-3 答案图

4-4 $F_{N1}=30kN$,$F_{N2}=-35kN$,$F_{N3}=-20kN$。

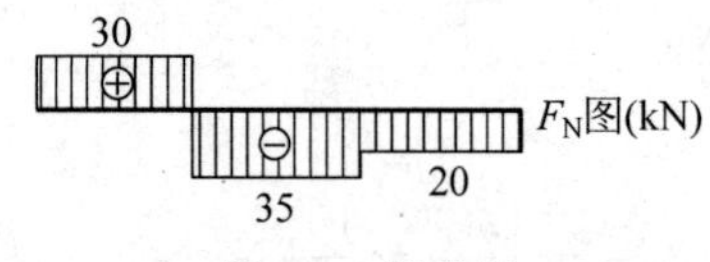

题 4-4 答案图

4-5 $F_{N1}=-4kN$,$F_{N2}=4kN$,$F_{N3}=-2kN$,$F_{N4}=8kN$。

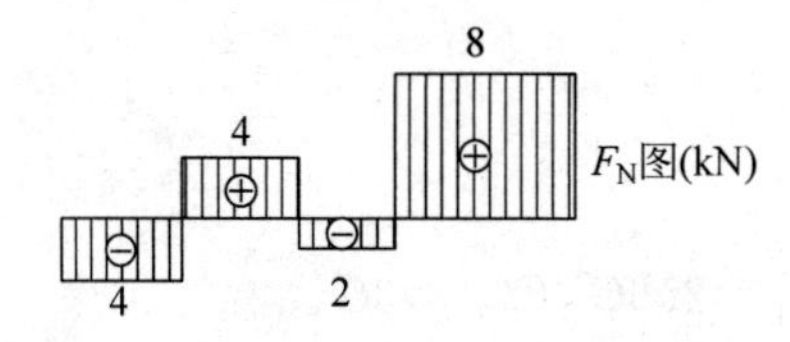

题 4-5 答案图

4-6 $F_N(x)=-F-\gamma Ax$。

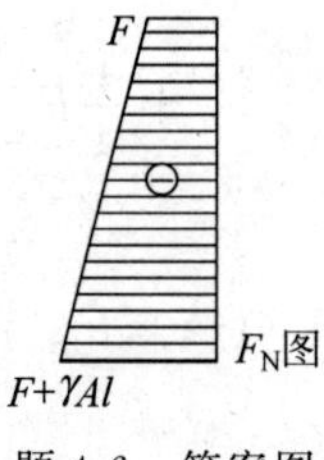

题 4-6 答案图

4-7 $\sigma_{cmax}=50.9MPa$,$\sigma_{tmax}=63.7MPa$。

4-8 $\varepsilon_{BC}=-2.5\times10^{-4}$,$\varepsilon_{AB}=-6.5\times10^{-4}$,$\Delta l=-1.475mm$。

4-9 $\sigma_{max}=1.1MPa$(压)。

4-10 $\sigma_{\max}=182\text{MPa}<[\sigma]=200\text{MPa}$，钢拉杆的强度是足够的。

4-11 杆的强度条件 $\sigma_{\max}=\dfrac{F}{A}+\gamma l\leqslant[\sigma]$ 或 $\dfrac{F}{A}\leqslant[\sigma]-\gamma l$。

第 5 章

5-1 $T_{1-1}=636.6\text{N}\cdot\text{m}, T_{2-2}=-954.9\text{N}\cdot\text{m}$。

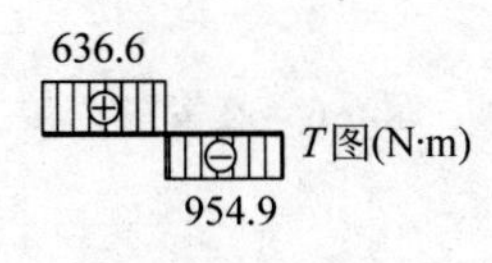

5-2 $T_{1-1}=-223\text{N}\cdot\text{m}, T_{2-2}=-573\text{N}\cdot\text{m}, T_{3-3}=350\text{N}\cdot\text{m}$。

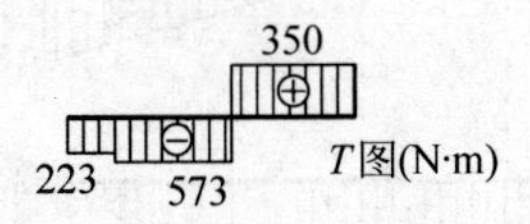

5-3 M 的最大许可值取为 $39.3\text{kN}\cdot\text{m}$。

5-4 (1) $D_1=0.062\text{m}$；(2) $D_2=0.0638\text{m}$；(3) 实心部分与空心部分的重量比为 $\dfrac{G_{实}}{G_{空}}=\dfrac{A_{实}}{A_{空}}=\dfrac{D_1^2}{D_2^2-(D_2/2)^2}=1.259$。

5-5 (1) $\tau_{\max}=51.2\text{MPa}<[\tau]=60\text{MPa}$，强度足够；(2) $D_1=53\text{mm}$；(3) 重量之比 $\dfrac{G_{实}}{G_{空}}=\dfrac{\pi D_1^2/4}{\pi(D^2-d^2)/4}=\dfrac{53^2}{90^2-85^2}=3.21$。

第 6 章

6-1 $M_1=10\text{kN}\cdot\text{m}, M_2=20\text{kN}\cdot\text{m}, M_3=10\text{kN}\cdot\text{m}, F_{S1}=10\text{kN}, F_{S2}=0, F_{S3}=-10\text{kN}$。

6-2 $M_1=4.5\text{kN}\cdot\text{m}, M_2=4.5\text{kN}\cdot\text{m}, F_{S1}=F_{Ay}=4.5\text{kN}, F_{S2}=-7.5\text{kN}$。

6-3 $M_1=-2.7\text{kN}\cdot\text{m}, F_{S1}=1.5\text{kN}$。

6-4

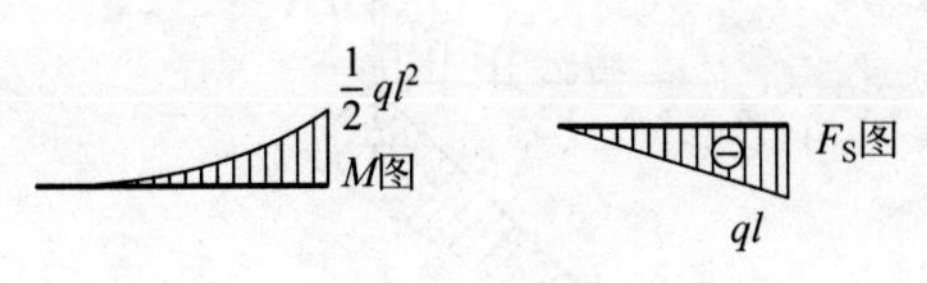

题 6-4 答案图

6-5

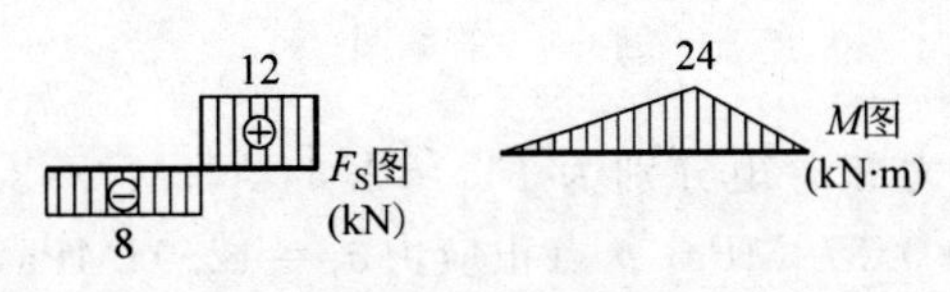

题 6-4 答案图

6-6

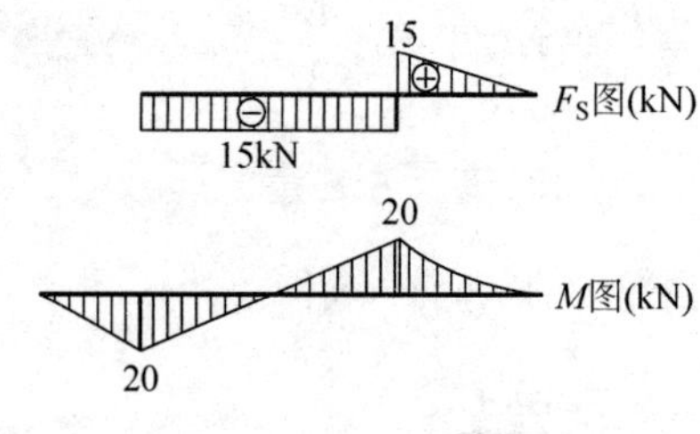

题 6-6 答案图

6-7

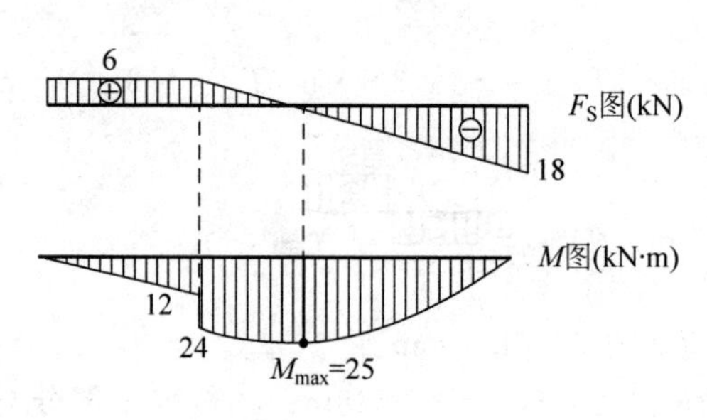

题 6-7 答案图

6-8 $M_D^L = -15\text{kN} \cdot \text{m}$, $M_D^R = -5\text{kN} \cdot \text{m}$, $M_{\max} = 32.5\text{kN} \cdot \text{m}$。

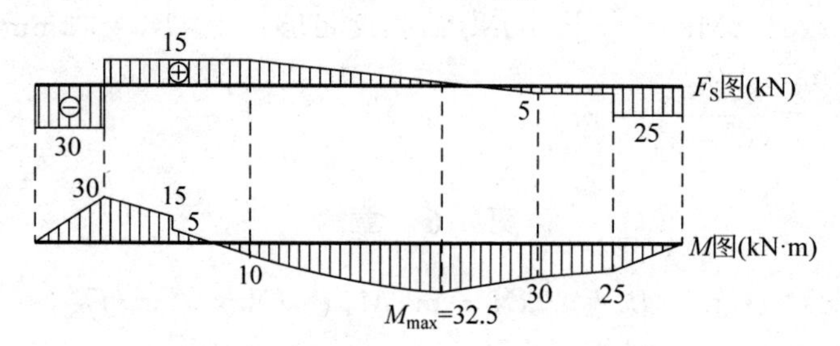

题 6-8 答案图

6-9

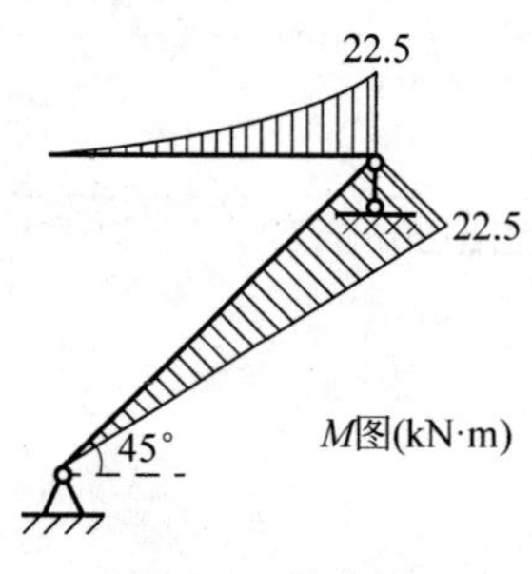

题 6-9 答案图

6-10 1—1截面的剪力和弯矩分别为 $F_{S1} = 3.64\text{kN}$, $M_1 = 3.64\text{kN} \cdot \text{m}$, a 点正应力 $\sigma_a = 6.04\text{MPa}$,切应力 $\tau_a = 0.379\text{MPa}$; b 点正应力 $\sigma_b = 12.94\text{MPa}$,切应力 $\tau_b = 0$。

6-11 (1) 梁的最大正应力为 $\sigma_{\max}^{+} = 16.05\text{MPa}$, $\sigma_{\max}^{-} = -28.09\text{MPa}$,最大切应力为

$\tau_{max}=1.31MPa$；

(2) K 点的正应力和切应力分别为 $\sigma_K=8.03MPa$，$\tau_K=-1.2MPa$。

6-12 $\sigma_{max}=\dfrac{3ql^2}{4bh^2}$，$\tau_{max}=\dfrac{3}{4}\cdot\dfrac{ql}{bh}$，最大正应力与最大切应力的比值为 $\dfrac{\sigma_{max}}{\tau_{max}}=\dfrac{l}{h}$。

6-13 横截面尺寸为 $b=180mm$，$h=240mm$。

6-14 $b=62mm$，$h=3b=186mm$。

6-15 $\sigma_{max}=27.15MPa<[\sigma]=40MPa$，$\tau_{max}=18.33MPa<[\tau]=15MPa$，满足强度要求。

6-16 选用 22b 号工字钢。

6-17 选择槽钢型号为 16。

6-18 $[F]=7.96kN$。

6-19 选定 20a 号工字钢。

6-20 $\sigma_{tmax}=28.2<[\sigma_t]$，$\sigma_{cmax}=46.2<[\sigma_c]$，满足强度条件。

第 7 章

7-1 $\sigma_1=32.4MPa<[\sigma_1]=35MPa$，铸铁构件满足强度条件。

7-2 a、b、c 三点主应力：a 点 $\sigma_1=142.2MPa$，$\sigma_3=0$；b 点 $\sigma_1=139.28MPa$，$\sigma_3=-10MPa$；C 点 $\sigma_1=53.49MPa$，$\sigma_3=-53.49MPa$，$\sqrt{\sigma^2+4\tau^2}=149.29MPa<[\sigma]=160MPa$，满足强度条件。

7-3 最大应力 $\sigma_{d\max}=8.8MPa$，$\sigma_{b\max}=-8.8MPa$，$\sigma_{d\max}=8.8MPa<[\sigma]=10MPa$，满足强度条件。

7-4 最大拉应力 $\sigma_{tmax}=122.8MPa$，最大压应力 $\sigma_{cmax}=-122.8MPa$。

7-5 选定 12.6 号槽钢。

7-6 $|\sigma_{cmax}|=94.9MPa<[\sigma]$，梁 AB 强度满足要求。

7-7 选 14 号工字钢。

7-8 $\sigma_{max}=\sigma_{BC}=2.7MPa$，$\sigma_{min}=\sigma_{AD}=0$。

7-9 切口允许深度 $x=5.2mm$。

7-10 $\sigma^+_{max}=26.9MPa<[\sigma]^+$，$\sigma^-_{max}=32.3MPa<[\sigma]^-$，立柱强度满足要求。

7-11 $h=22mm$。

7-12 $\sigma_{tmax}=6.75MPa$，$\sigma_{cmax}=-6.99MPa$。

7-13 (1) $h=3.7m$；(2) $\sigma_{cmax}=0.161MPa<[\sigma]=0.2MPa$，强度满足要求。

第 8 章

8-1 由 $(\mu L)_1>(\mu L)_2>(\mu L)_3$ 可知，杆 1 应首先失稳。

8-2 (1) $F_{cr}=110.8\times10^3N$；(2) $F_{cr}=273.56\times10^3N$。

8-3 圆形：$F_{cr}=77.5kN$；矩形：$F_{cr}=75.6kN$。

8-4 $F_{cr}=268.66kN$。

8-5 若轴向压力超过 177.47kN 时，此压杆将会失稳。

8-6 第一根杆 $F_{cr}=254kN$，第二根杆 $F_{cr}=4680kN$，第三根杆 $F_{cr}=4800kN$。

8-7　安全工作系数 $n=3.56>n_W=3$，满足稳定要求。

8-8　$F_{\max}=15.7\text{kN}$。

8-9　钢柱的许用荷载 $[F]_{st}=347.8\text{kN}$。

第 9 章

9-1

l　1　$l-a$　1

M_A的影响线　F_{Ay}的影响线　M_C的影响线　F_{SC}的影响线

题 9-1　答案图

9-2

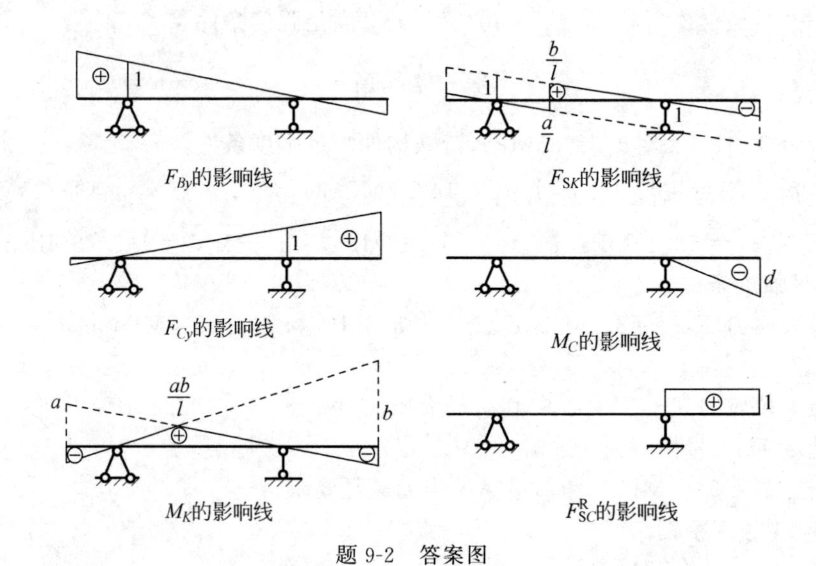

题 9-2　答案图

9-3

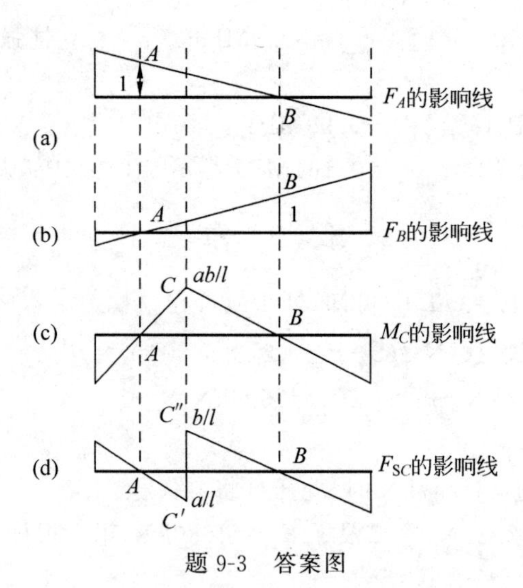

题 9-3　答案图

9-4

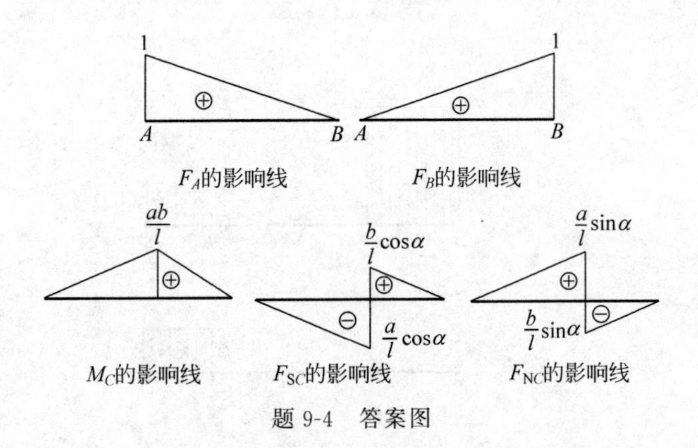

题 9-4　答案图

9-5

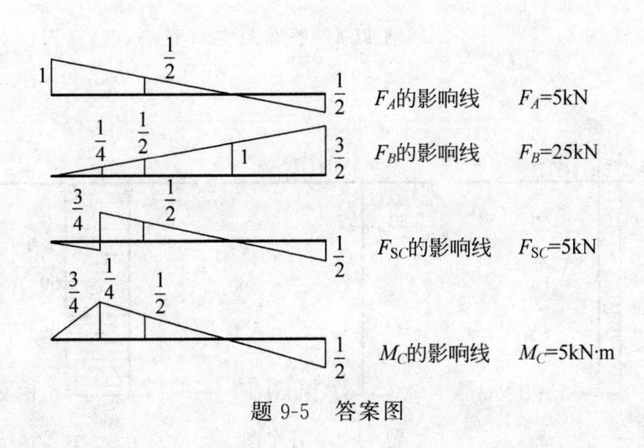

题 9-5　答案图

9-6　$M_C=6\text{kN}\cdot\text{m}$。

9-7　$M_{\max}=160.46\text{kN}\cdot\text{m}$，$M_{中\max}=160\text{kN}\cdot\text{m}$，绝对最大弯矩比跨中弯矩大0.286%。

9-8　$M_{绝\max}=752.5\text{kN}\cdot\text{m}$。

第 10 章

10-1　体系几何不变，且无多余约束。

10-2　体系几何不变，且无多余约束。

10-3　体系几何不变，且无多余约束。

10-4　体系几何不变，且无多余约束。

10-5　具有多余约束的几何瞬变体。

10-6　体系几何不变，且无多余约束。

10-7　体系几何不变，且无多余约束。

10-8　体系几何不变，且有三个多余约束。

10-9　体系几何不变，且无多余约束。

第 11 章

11-1

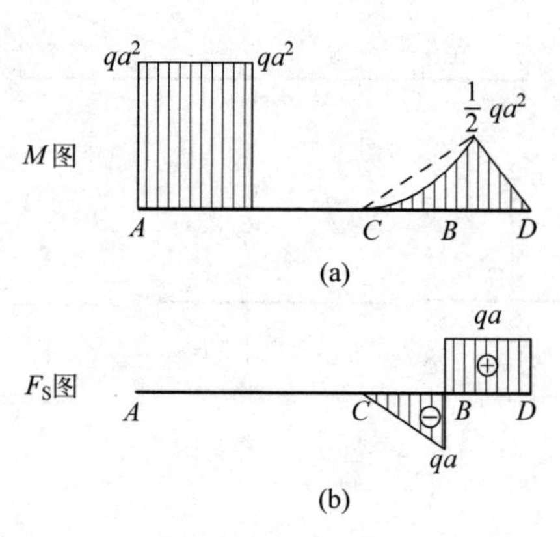

题 11-1 答案图

11-2

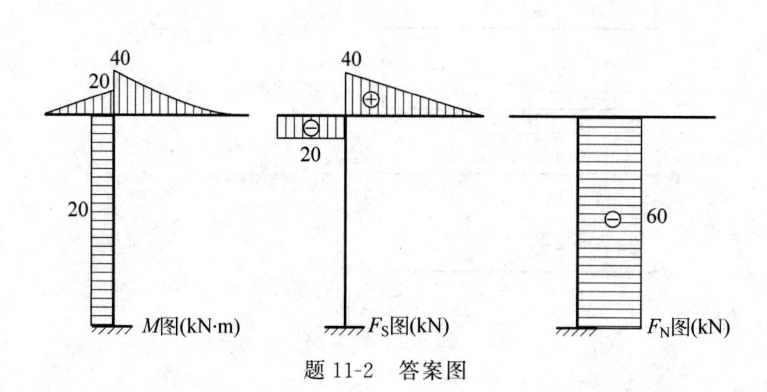

题 11-2 答案图

11-3

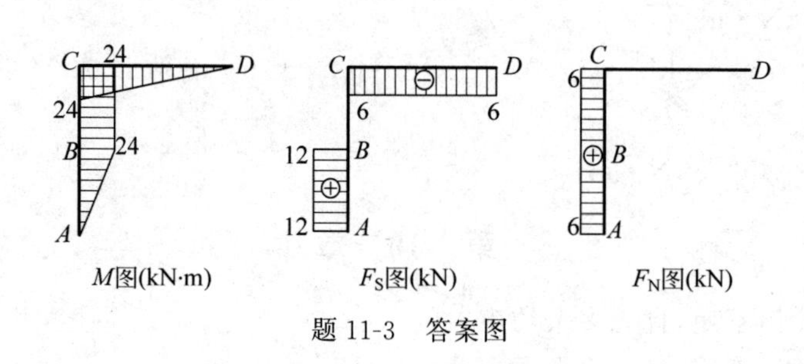

题 11-3 答案图

11-4

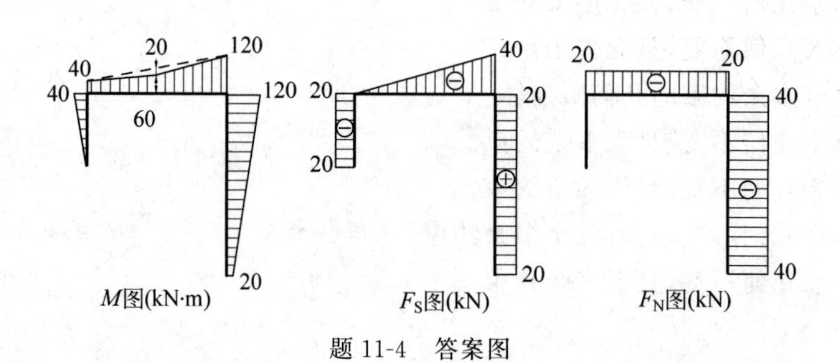

题 11-4 答案图

11-5

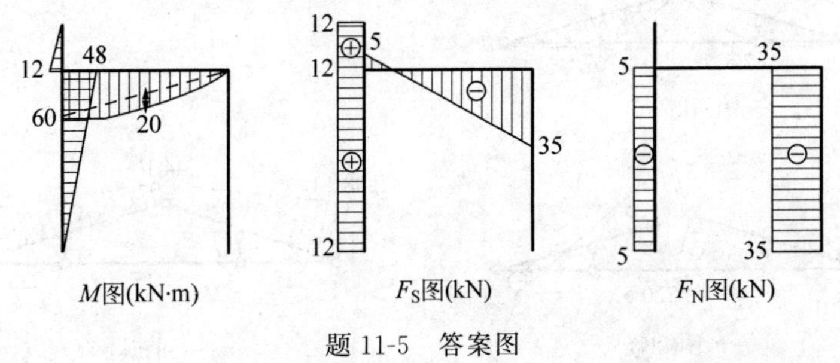

题 11-5 答案图

11-6

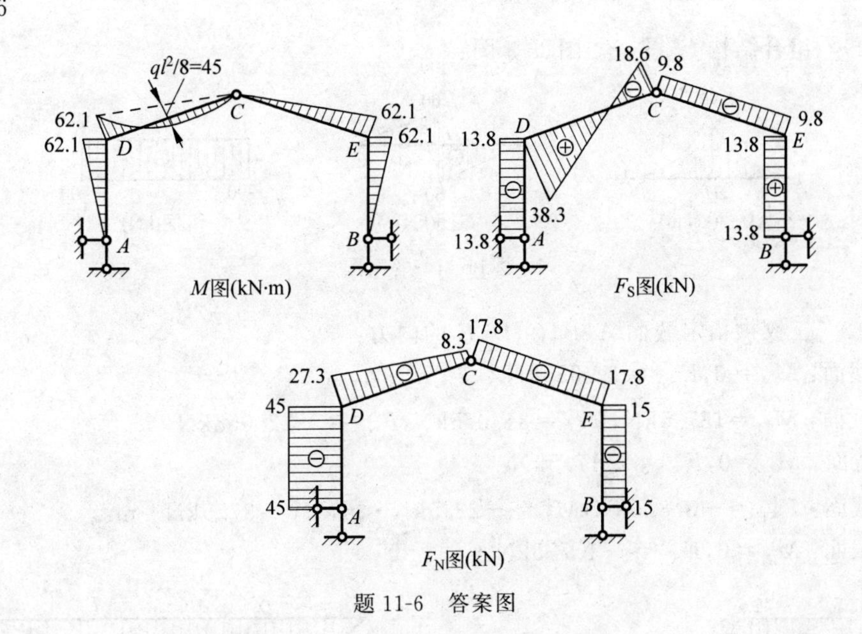

题 11-6 答案图

11-7

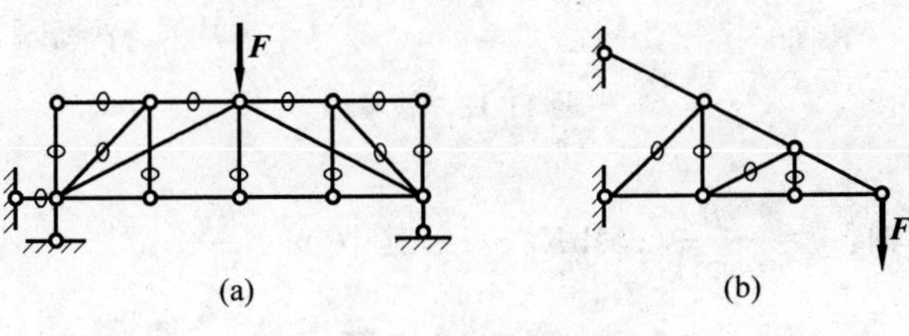

题 11-7 答案图

11-8 $F_{NAA'}=F_{NAC}=F_{NCD}=F\cot\alpha, F_{ND'D}=\dfrac{F}{\sin\alpha}$,其他杆为零杆。

11-9 $F_{NAF}=\dfrac{\sqrt{5}}{2}F, F_{NBF}=-\dfrac{1}{2}F, F_{NEF}=F_{NDE}=F$,其他杆为零杆。

11-10 组合结构的 M 图、F_S 图、F_N 图:

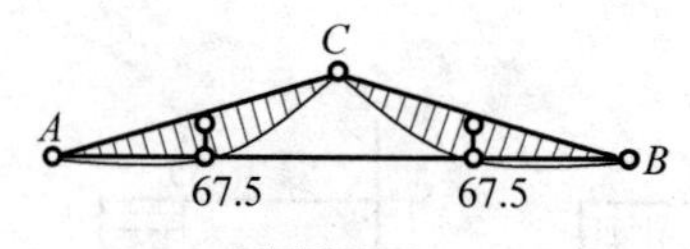

M图(kN·m)

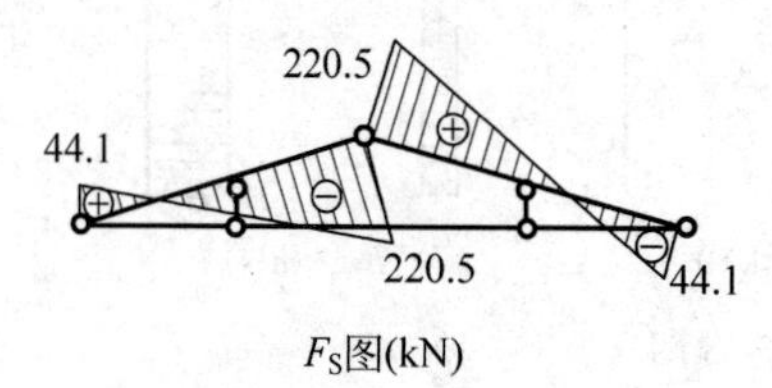

F_S图(kN)

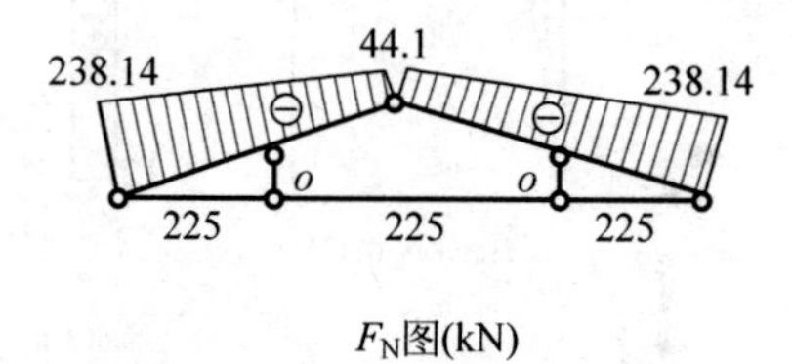

F_N图(kN)

题 11-10 答案图

11-11 组合结构 M 图、F_S 图、F_N 图：

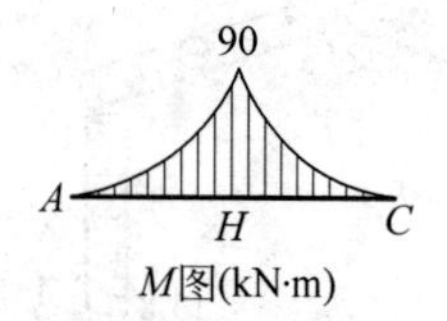

M图(kN·m)

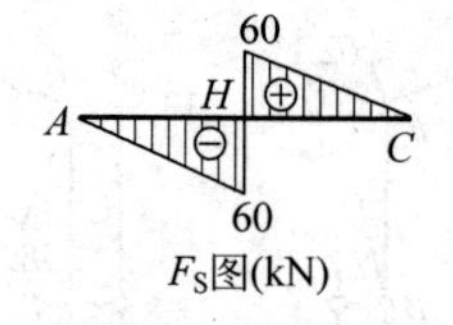

F_S图(kN)

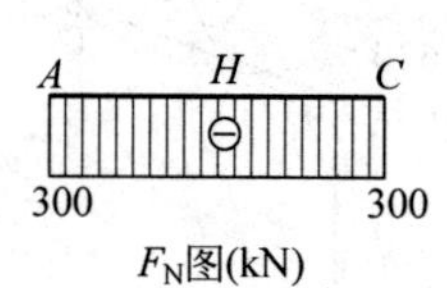

F_N图(kN)

题 11-11 答案图

11-12 三铰拱指定截面 A、B、C、D、E 的内力：

A 截面：$M_A=0, F_{SA}=19.525\text{kN}$

D 截面：$M_D=187.5\text{kN}, F_{SD}^L=31.075\text{kN}, F_{SD}^R=-22.058\text{kN}$

C 截面：$M_C=0, F_{SC}=-17.5\text{kN}$

E 截面：$F_{SE}=-8.825\text{kN}, M_E^L=-22.5\text{kN}\cdot\text{m}, M_E^R=37.5\text{kN}\cdot\text{m}$

B 截面：$M_B=0, F_{SB}=-1.775\text{kN}$

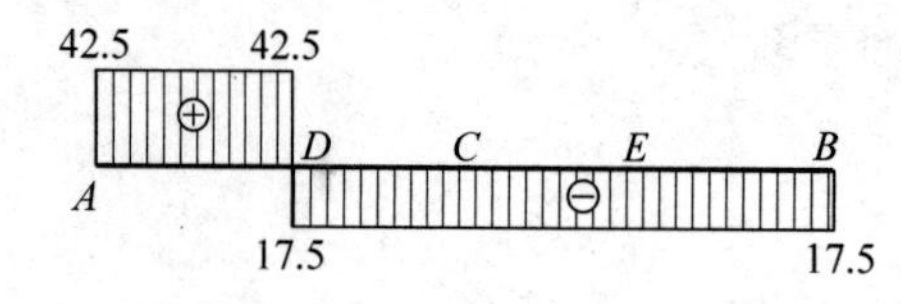

F_S^0图(kN)

M^0图(kN·m)

题 11-12 答案图

11-13 合理拱轴：$y=\dfrac{f}{m-1}(\cosh K\xi-1)$，其中，$m=\dfrac{q_k}{q_C}$。

第 12 章

12-1 $\Delta_{BV}=\dfrac{qr^4}{2EI}\left(\dfrac{2}{3}-\cos\alpha+\dfrac{1}{3}\cos\alpha\right)$。

12-2 $\theta_B=\dfrac{Fl^2}{2EI}$(↻)，$\Delta_{BV}=\dfrac{Fl^3}{3EI}(\downarrow)$，$\Delta_{CV}=\dfrac{5Fl^3}{48EI}(\downarrow)$。

12-3 $\Delta_{BV}=\dfrac{17ql^4}{16EI}(\downarrow)$。

12-4 $\Delta_{CH}=\dfrac{3Fl^3}{16EI}(\rightarrow),\Delta_{BH}=0$。

12-5 $\Delta_{CH}=-\dfrac{67Fl^3}{1536EI}(\leftarrow),\Delta_{BH}=\dfrac{35Fl^3}{384EI}(\rightarrow)$。

12-6 $\varphi=-\dfrac{ql^3}{24EI},\Delta_{EV}=\dfrac{ql^4}{96EI}(\downarrow)$。

12-7 $\Delta_{EV}=0.0259\text{m},\varphi_{CA-CD}=0.0058\text{rad}$。

12-8 $\Delta_{AV}=\dfrac{21dF}{EA}(\downarrow),\Delta_{AH}=\dfrac{16dF}{3EA}(\leftarrow)$。

12-9 $\Delta_{CV}=(2+\sqrt{2})\dfrac{Fa}{EA}(\downarrow),\varphi_{AC-CB}=(4+2\sqrt{2})\dfrac{F}{EA}$。

12-10 $\Delta_{BV}=0.4\text{cm}(\downarrow),\varphi_{C\text{截面相对转角}}=-0.008\text{rad}$。

12-11 $\Delta_{CV}=-2.5\text{cm}(\uparrow)$。

12-12 $\Delta_{AV}=-2.4\text{cm}(\uparrow)$。

12-13 选用 22a 号工字钢能满足刚度要求。

第 13 章

13-1 超静定次数 $n=3$。

13-2

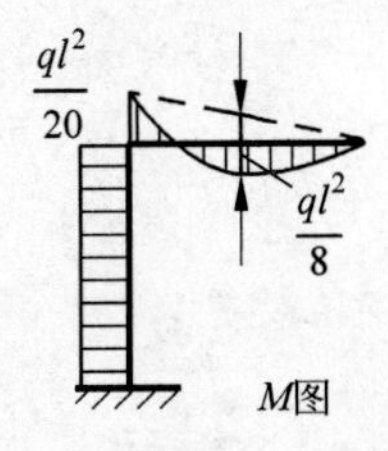

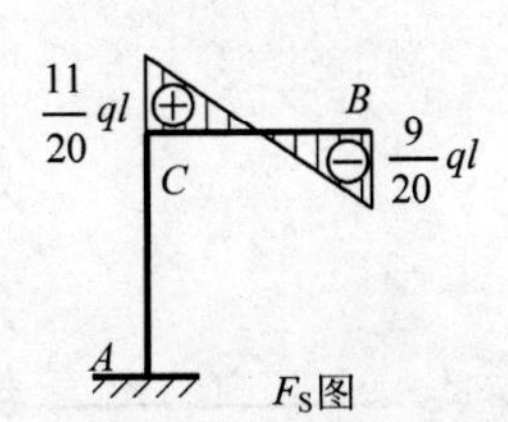

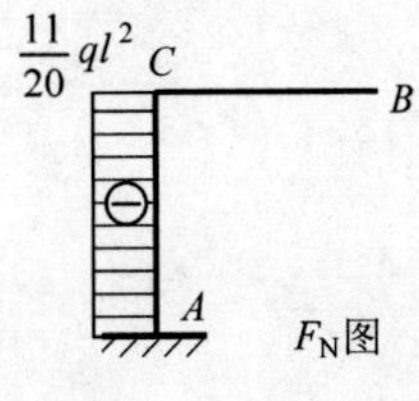

题 13-2 答案图

13-3

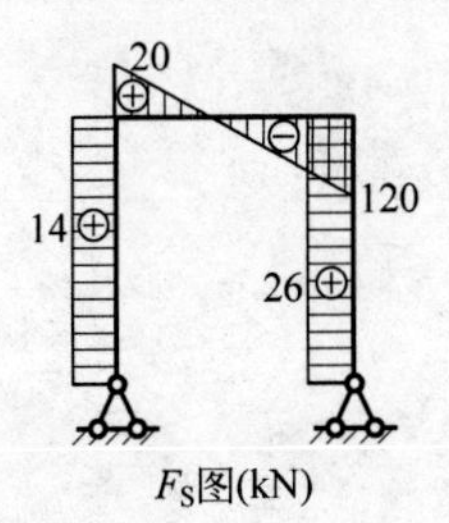

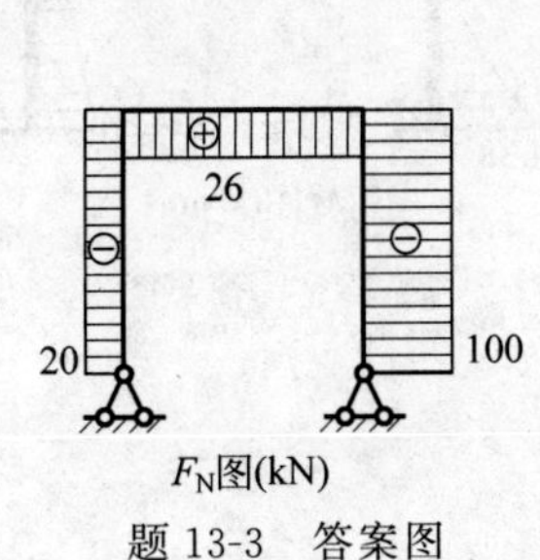

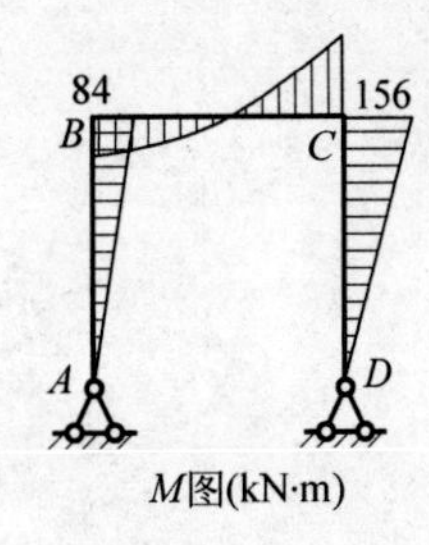

题 13-3 答案图

13-4

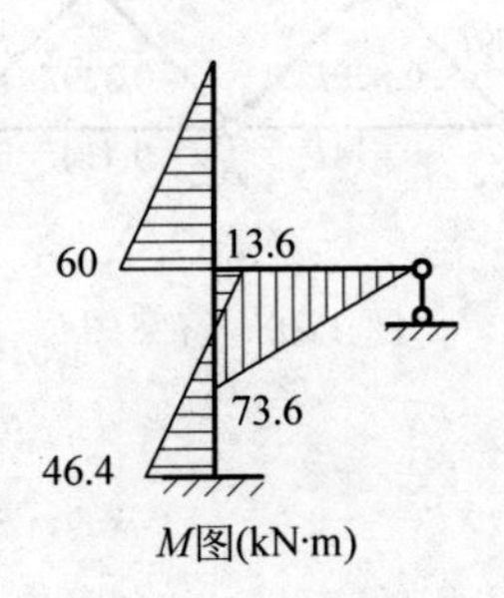

题 13-4 答案图

13-5

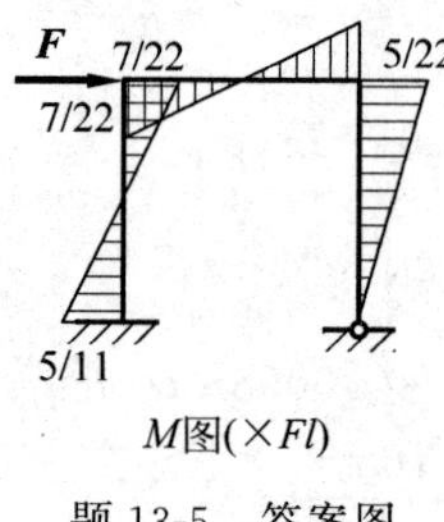

题 13-5 答案图

13-6

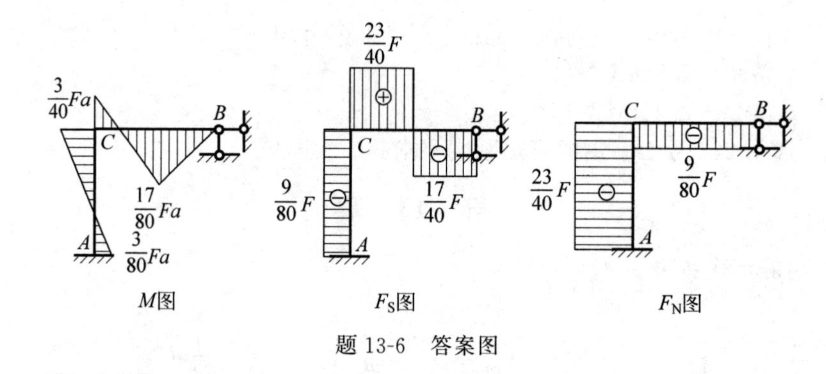

题 13-6 答案图

13-7

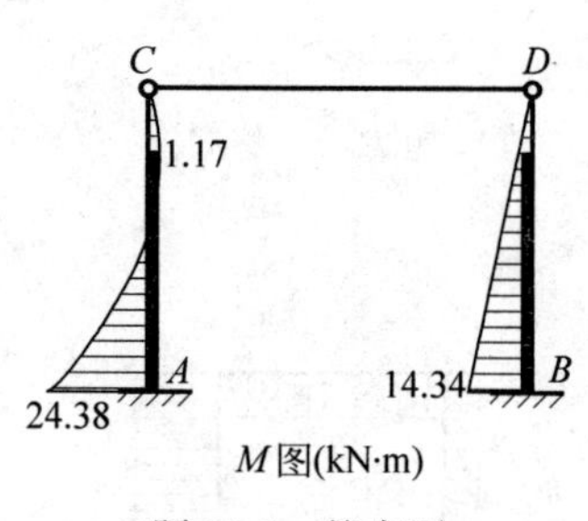

题 13-7 答案图

13-8

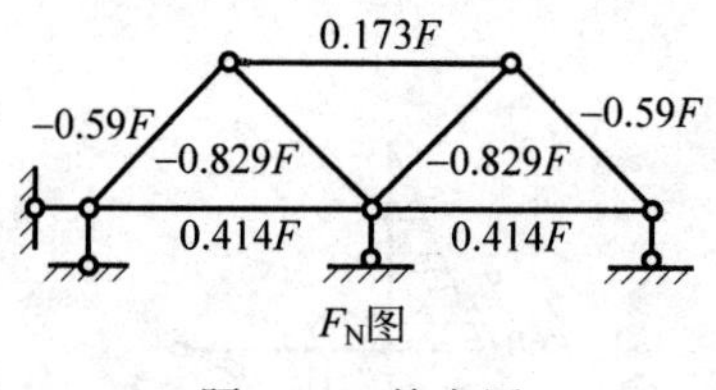

题 13-8 答案图

13-9

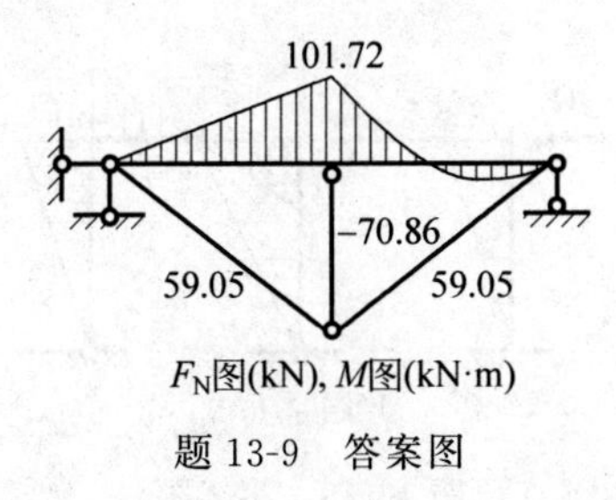

题 13-9　答案图

13-10

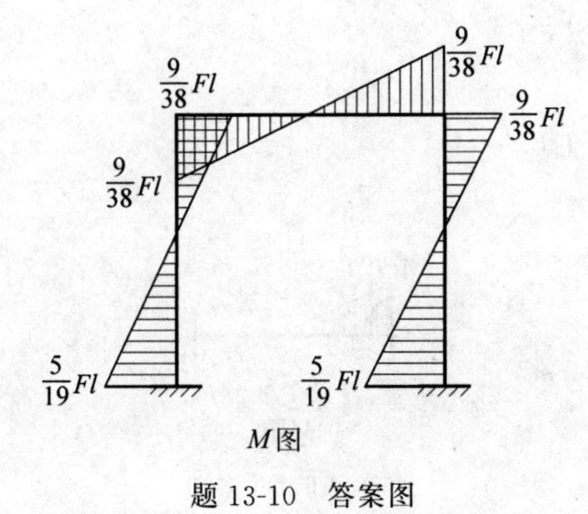

题 13-10　答案图

13-11

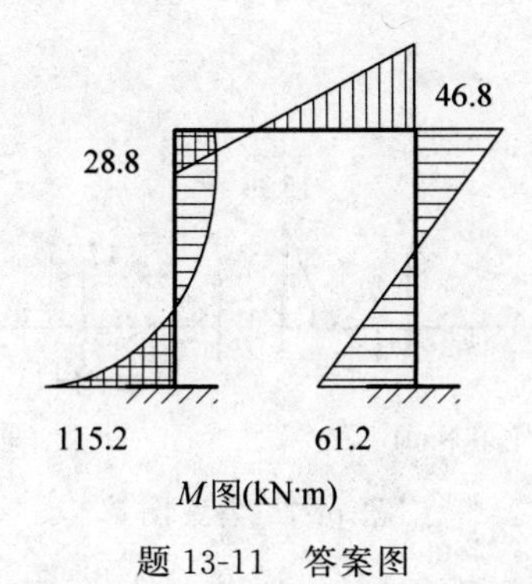

题 13-11　答案图

13-12

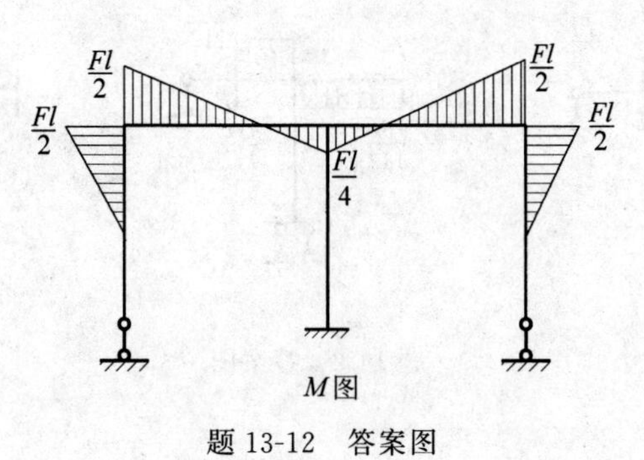

题 13-12　答案图

13-13

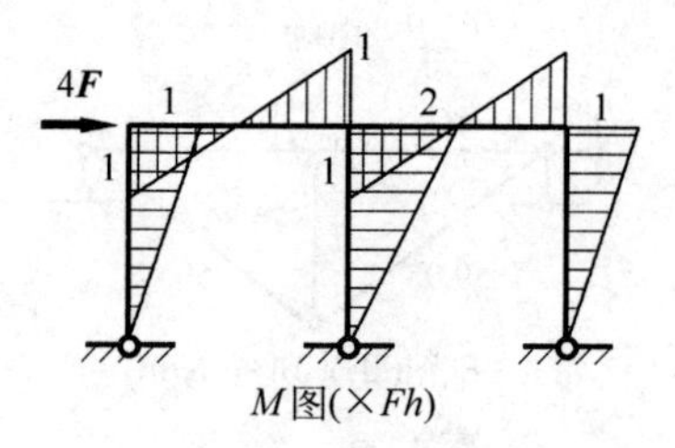

题 13-13　答案图

13-14　$\Delta=\frac{ql^4}{384EI}(\downarrow)$。

13-15　$\varphi_B\approx0.01637\frac{ql^3}{EI}$(↶)。

13-16

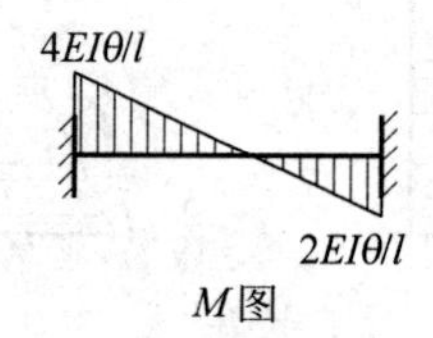

题 13-16　答案图

第 14 章

14-1　弯矩图和剪力图。

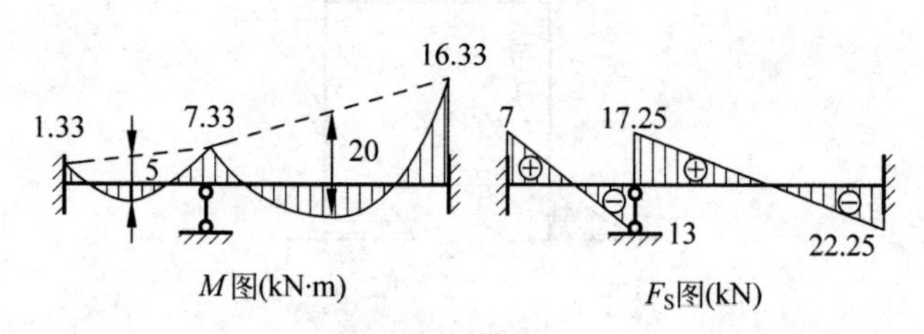

题 14-1　答案图

14-2　弯矩图、剪力图与轴力图。

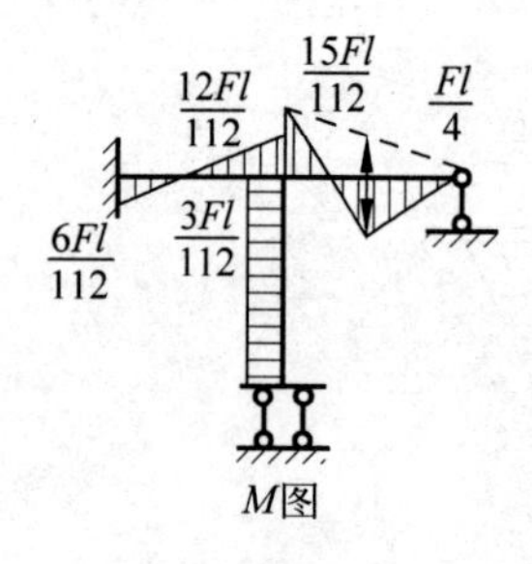

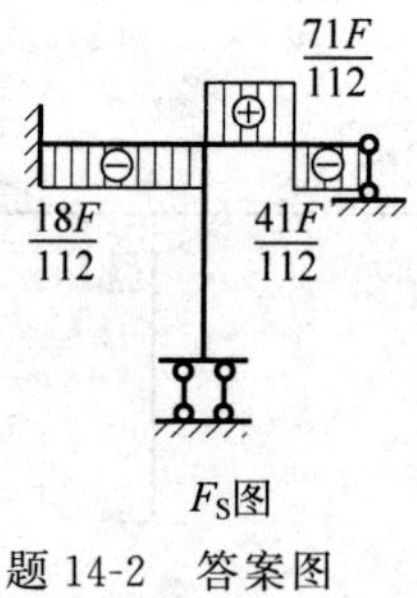

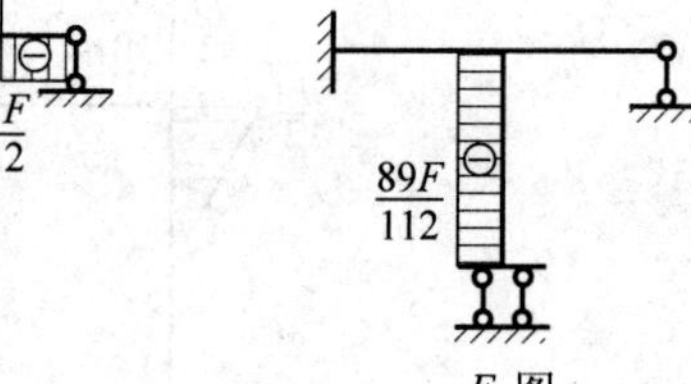

题 14-2　答案图

14-3

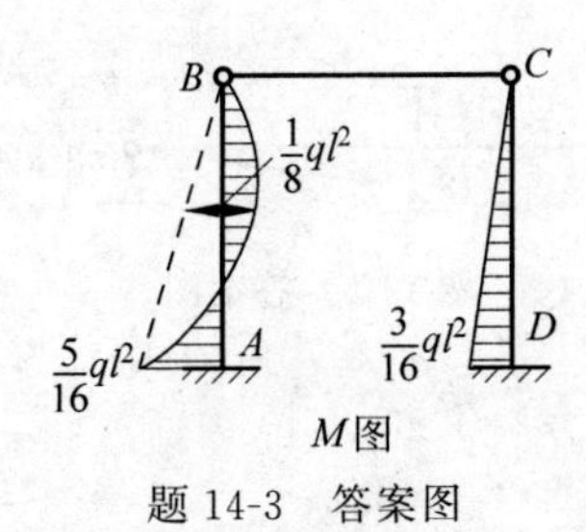

题 14-3 答案图

14-4

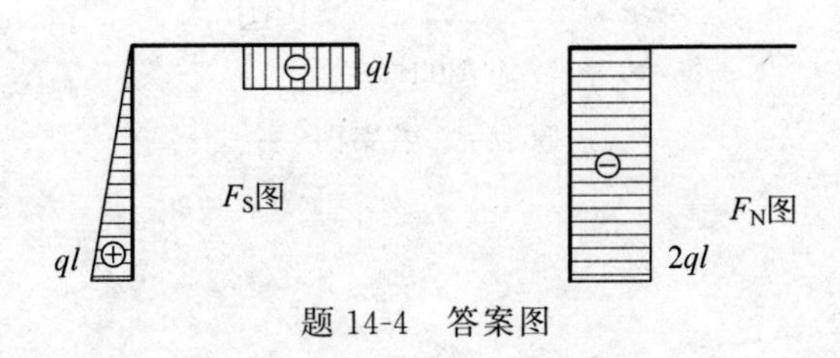

题 14-4 答案图

14-5

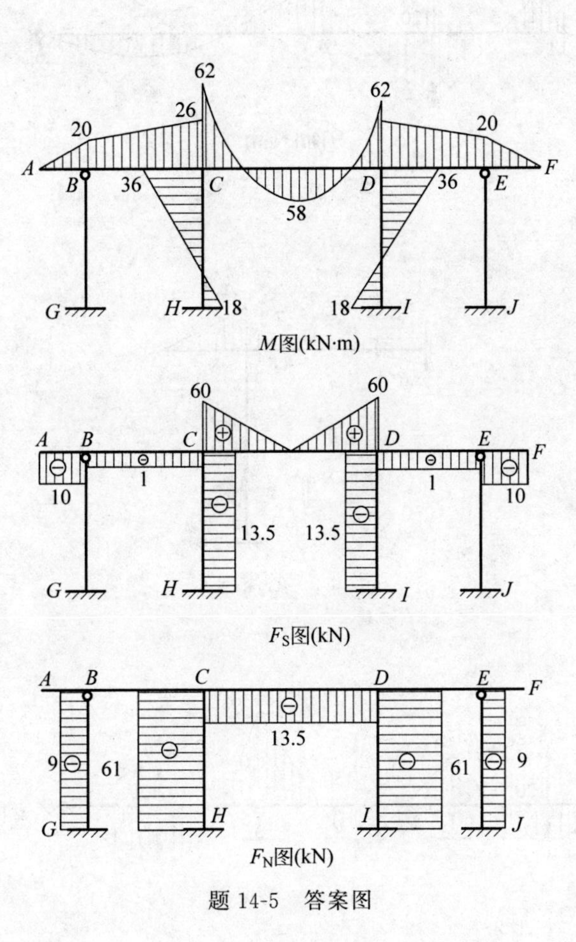

题 14-5 答案图

14-6

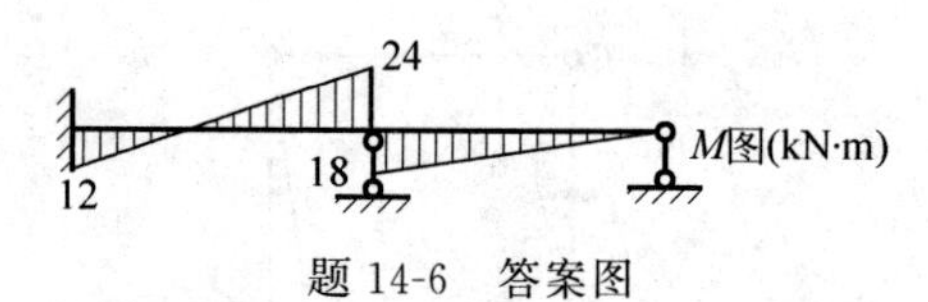

题 14-6 答案图

14-7

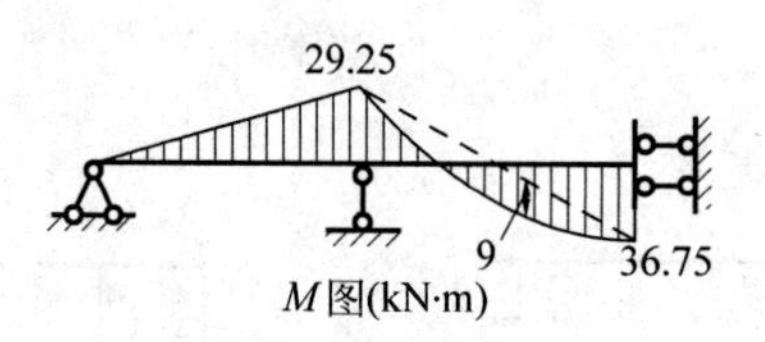

题 14-7 答案图

14-8

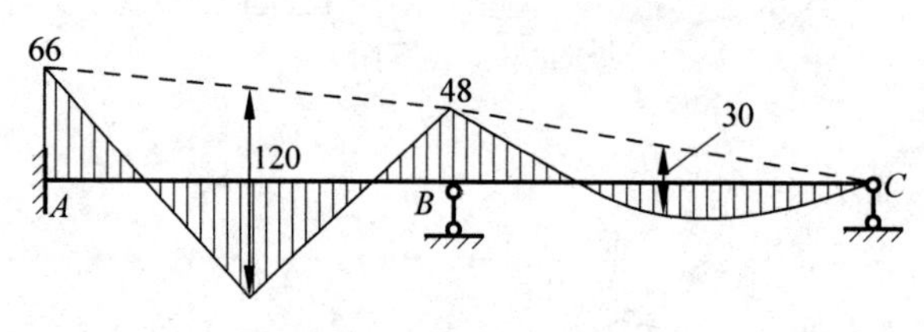

题 14-8 答案图

14-9

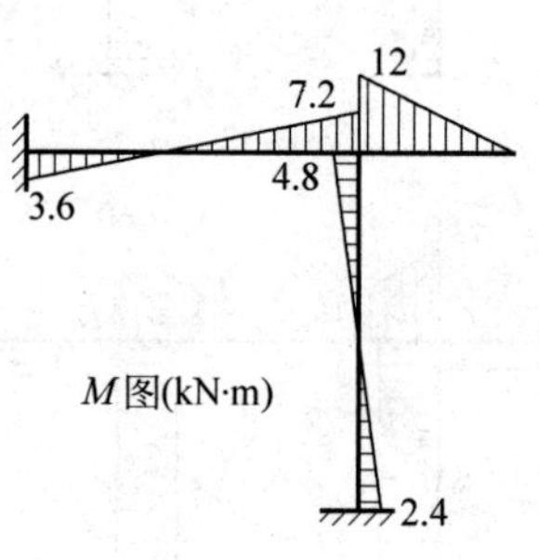

题 14-9 答案图

14-10

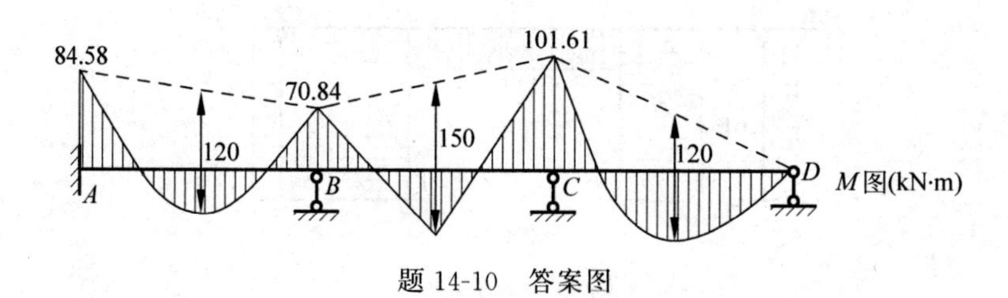

题 14-10 答案图

14-11

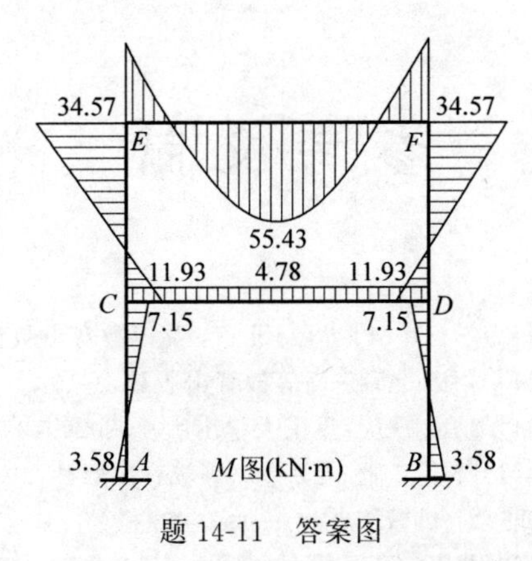

题 14-11 答案图

附 录 Ⅰ

Ⅰ-1 $x_C=140.9\text{mm}, y_C=136.4\text{mm}$。

Ⅰ-2 $I_z=I_{z1}+I_{z2}=136\times10^4\text{mm}^4, I_y=4\times10^5\text{mm}^4$。

Ⅰ-3 $I_{z0}=\dfrac{1}{12}(BH^3-bh^3), I_{y0}=\dfrac{(H-h)B^3+h(B-b)^3}{12}$。

Ⅰ-4 $I_x=10\,110\times10^4\text{mm}^4$。

Ⅰ-5 $I_x=6576\times10^4\text{mm}^4$。

Ⅰ-6 $I_{z0}=38.724\times10^6\text{mm}^4, I_{y0}=45.472\times10^6\text{mm}^4$。

参考文献

[1] 孙训方,方孝淑,关来泰.材料力学(I)[M].6版.北京:高等教育出版社,2019.
[2] 殷雅俊,范钦珊.材料力学[M].3版.北京:高等教育出版社,2019.
[3] 赵朝前,吴明军.建筑力学[M].2版.重庆:重庆大学出版社,2020.
[4] 王长连.土木工程力学(少学时)[M].2版.北京:高等教育出版社,2021.
[5] 王长连.土木工程力学[M].北京:机械工业出版社,2009.
[6] 沈养中,陈年和.建筑力学[M].北京:高等教育出版社,2012.
[7] 王焕定,祁皑.结构力学[M].北京:清华大学出版社,2013.
[8] [苏联]雅科夫·伊西达洛维奇·别莱利曼.趣味力学[M].周英芳,译.哈尔滨:哈尔滨出版社,2012.
[9] 李锋.材料力学案例[M].北京:科学出版社,2011.
[10] 王长连,孟庆东.结构力学[M].北京:清华大学出版社,2020.
[11] 刘鸿文.材料力学I[M].北京:高等教育出版社,2017.
[12] 吴明军,王长连.土木工程力学[M].北京:机械工业出版社,2021.
[13] 张曦.建筑力学[M].北京:中国建筑工业出版社,2020.